人力资源和社会保障部全国计算机信息高新技术考试

指定教材

Occupational Skill Testing Authority Ministry of MOLSS
全国计算机信息高新技术考试指定教材
OSTA BHP
人力资源和社会保障部职业技能鉴定中心 北京希望电子出版社
Beijing Hope Electronic Press

办公软件应用（Windows平台）

Windows 7、Office 2010 试题解答

（高级操作员级）

孙 平　王雅静　张 瑜　编写

北京希望电子出版社
Beijing Hope Electronic Press
www.bhp.com.cn

内容简介

由人力资源和社会保障部职业技能鉴定中心在全国统一组织实施的全国计算机信息高新技术考试是面向广大社会劳动者举办的计算机职业技能考试，考试采用国际通行的专项职业技能鉴定方式，测定应试者的计算机应用操作能力，以适应社会发展和科技进步的需要。

本书包含了全国计算机信息高新技术考试办公软件应用模块（Windows 平台）Windows 7、Office 2010 高级操作员级考试全部试题的解答。全部解答根据试题特点，重点突出，详略得当，使读者尽快掌握操作系统应用、文档处理的基本操作、文档处理的综合操作、数据表格处理的基本操作、数据表处理的综合操作、演示文稿的制作、办公软件的联合应用和桌面信息管理程序应用等知识和技巧。

本书以培训教材和试题汇编为依据，试题解答正确清晰，不但能满足培训考试需要，还可供广大读者学习办公软件应用模块的操作技能使用，更是各类大、中专院校、技校、职高作为办公软件应用模块技能培训的优秀参考书。

为方便考生考前练习，题库素材将在随书光盘、高新考试教材服务网（www.citt.org.cn）和北京希望电子出版社网站（www.bhp.com.cn）上提供。

需要本书或技术支持的读者，请与北京海淀区中关村大街 22 号中科大厦 A 座 9 层 906 室（邮编：100190）发行部联系，电话：010-62978181（总机），传真：010-82702698，E-mail：bhpjc@bhp.com.cn。体验高新技术考试教材及其网络服务，请访问 www.bhp.com.cn 或 www.citt.org.cn 网站。

图书在版编目（CIP）数据

办公软件应用（Windows 平台）Windows 7、Office 2010 试题解答：高级操作员级 / 孙平，王雅静，张瑜编写. —北京：北京希望电子出版社，2014.1

人力资源和社会保障部全国计算机信息高新技术考试指定教材

ISBN 978-7-83002-128-3

Ⅰ. ①办… Ⅱ. ①孙… ②王… ③张… Ⅲ. ①Windows 操作系统—技术培训—题解②办公自动化—应用软件—技术培训—题解 Ⅳ. ①TP316.7-44②TP317.1-44

中国版本图书馆 CIP 数据核字(2013)第 240133 号

出版：北京希望电子出版社

地址：北京市海淀区中关村大街 22 号
中科大厦 A 座 9 层 906 室

邮编：100190

网址：www.bhp.com.cn

电话：010-62978181（总机）转发行部
010-82702675（邮购）

传真：010-82702698

经销：各地新华书店

封面：张　洁

编辑：石文涛　刘　霞

校对：全　卫

开本：787mm×1092mm　1/16

印张：26.5

字数：628 千字

印刷：北京市密东印刷有限公司

版次：2017 年 4 月 1 版 4 次印刷

定价：39.80 元（配 1 张 CD 光盘）

国家职业技能鉴定专家委员会

计算机专业委员会名单

全国计算机信息高新技术考试简介

全国计算机信息高新技术考试是根据原劳动部发[1996]19 号《关于开展计算机信息高新技术培训考核工作的通知》文件，由人力资源和社会保障部职业技能鉴定中心统一组织的计算机及信息技术领域新职业国家考试。

原劳动部劳培司字[1997]63 号文件明确指出，参加培训并考试合格者由原劳动部职业技能鉴定中心统一核发**《全国计算机信息高新技术考试合格证书》**。“该证书作为反映计算机操作技能水平的基础性职业资格证书，在要求计算机操作能力并实行岗位准入控制的相应职业作为上岗证；在其他就业和职业评聘领域作为计算机相应操作能力的证明。通过计算机信息高新技术考试，获得操作员、高级操作员资格者，分别视同于中华人民共和国中级、高级技术等级，其使用及待遇参照国家相应规定执行；获得操作师、高级操作师资格者，参加技师、高级技师技术职务评聘时分别作为其专业技能的依据”。

劳社鉴发[2004]18 号文中，又进一步明确**“全国计算机信息高新技术考试作为国家职业鉴定工作和职业资格证书制度的有机组成部分”**。

全国计算机信息高新技术考试面向各类院校学生和社会劳动者，重点测评考生掌握计算机各类实际应用技能的水平。其考试内容主要是计算机信息应用技术。考试采用了一种新型的国际通用的专项职业技能鉴定方式。根据计算机信息技术在不同应用领域的特征，划分模块和平台，各模块按不同平台、不同等级分别进行考试。个人可根据实际需要选取考试模块，可根据职业和工作的需要选取若干相应模块进行组合而形成综合能力。目前划分了以下五个级别。

序号	级别	与国家职业资格对应关系
1	高级操作师级	中华人民共和国职业资格证书国家职业资格一级
2	操作师级	中华人民共和国职业资格证书国家职业资格二级
3	高级操作员级	中华人民共和国职业资格证书国家职业资格三级
4	操作员级	中华人民共和国职业资格证书国家职业资格四级
5	初级操作员级	中华人民共和国职业资格证书国家职业资格五级

目前划分了 14 个模块，45 个系列，67 个软件版本。

序号	模块	模 块 名 称	编号	平　台
1	00	初级操作员	001	Windows/Office（初级操作员）
		办公软件应用	002	Windows 平台（MS Office）（中、高级）
			003	Windows 平台（WPS）（中级）
2	01	数据库应用	012	Visual FoxPro 平台（中级）
			013	SQL Server 平台（中级）
			014	Access 平台（中级）
3	02	计算机辅助设计	021	AutoCAD 平台（中、高级）
			022	Protel 平台（中级）
4	03	图形图像处理	032	Photoshop 平台（中、高级）
			034	3D Studio MAX 平台（中、高级）
			035	CorelDRAW 平台（中、高级）
			036	Illustrator 平台（中级）

续表

序号	模块	模块名称	编号	平台
5	04	专业排版	042	PageMaker 平台（中级）
			043	Word 平台（中级）
6	05	因特网应用	052	Internet Explorer 平台（中级）
			053	ASP 平台（高级）
			054	电子政务（中级）
7	06	计算机中文速记	061	双文速记平台（初、中、高级）
8	07	微型计算机安装调试维修	071	IBM-PC 兼容机（中级）
9	08	局域网管理	081	Windows NT/2000 平台（中、高级）
			083	信息安全（中、高级）
10	09	多媒体软件制作	091	Director 平台（中级）
			092	Authorware 平台（中、高级）
11	10	应用程序设计编制	101	Visual Basic 平台（中级）
			102	Visual C++平台（中级）
			103	Delphi 平台（中级）
			104	Visual C#平台（中级）
12	11	会计软件应用	111	用友软件系列（中、高级）
			112	金蝶软件系列（中级）
13	12	网页制作	121	Dreamweaver 平台（中级）
			122	Fireworks 平台（中级）
			123	Flash 平台（中级）
			124	FrontPage 平台（中级）
			125	Macromedia 平台（高级）
14	13	视频编辑	131	Premiere 平台（中级）
			132	After Effects 平台（中级）

全国计算机信息高新技术考试密切结合计算机技术迅速发展的实际情况，根据软硬件发展的特点来设计考试内容和考核标准及方法，尽量采用优秀国产软件，采用标准化考试方法，重在考核计算机软件的操作能力，侧重专门软件的应用，培养具有熟练的计算机相关软件操作能力的劳动者。在考试管理上，采用随培随考的方法，不搞全国统一时间的考试，以适应考生需要。向社会公开考题和答案，不搞猜题战术，以求公平并提高学习效率。

人力资源和社会保障部职业技能鉴定中心根据“统一标准、统一命题、统一考务管理、统一考评员资格、统一培训考核机构条件标准、统一颁发证书”的原则进行质量管理，每一个考核模块都制定了相应的鉴定标准和考试大纲以及专门的培训教材，各地区的培训和考试都执行国家统一的标准和考试大纲，并使用统一教材，以避免“因人而异”的随意性，使证书获得者的水平具有等价性。

全国计算机高新技术考试面对广大计算机技术应用者，致力于计算机应用技术的普及和推广，提高应用人员的操作技术水平和高新技术装备的使用效率。为高新技术应用人员提供一个应用能力与水平的标准证明，以促进就业和人才流动。

详情请访问全国计算机信息高新技术考试教材服务网站（www.citt.org.cn），或是拨打咨询电话（010-82702672、010-82702665、010-62978181）进行咨询。

出 版 说 明

全国计算机信息高新技术考试是根据原劳动部发［1996］19号《关于开展计算机信息高新技术培训考核工作的通知》文件，由人力资源和社会保障部职业技能鉴定中心统一组织的计算机及信息技术领域新职业国家考试。

根据职业技能鉴定要求和劳动力市场化管理需要，职业技能鉴定必须做到操作直观、项目明确、能力确定、水平相当且可操作性强的要求。因此，全国计算机信息高新技术考试采用了一种新型的、国际通用的专项职业技能鉴定方式。根据计算机不同应用领域的特征，划分了模块和平台，各平台按等级分别独立进行考试，应试者可根据自己工作岗位的需要，选择考核模块和参加培训。

全国计算机信息高新技术考试特别强调规范性，人力资源和社会保障部职业技能鉴定中心根据“统一命题、统一考务管理、统一考评员资格、统一培训考核机构条件标准、统一颁发证书”的原则进行质量管理。每一个考试模块都制定了相应的鉴定标准和考试大纲，各地区进行培训和考试都执行统一的标准和大纲，并使用统一教材，以避免“因人而异”的随意性，使证书获得者的水平具有等价性。

本书包含了全国计算机信息高新技术考试办公软件应用模块（Windows 平台）Windows 7、Office 2010 高级操作员级考试全部试题的解答。全部解答根据试题特点，重点突出，详略得当，使读者尽快掌握操作系统应用、文档处理的基本操作、文档处理的综合操作、数据表格处理的基本操作、数据表处理的综合操作、演示文稿的制作、办公软件的联合应用和桌面信息管理程序应用等知识和技巧。

本书以培训教材和试题汇编为依据，试题解答正确清晰，不但能满足培训考试需要，还可供广大读者学习办公软件应用模块的操作技能使用，更是各类大、中专院校、技校、职高作为办公软件应用模块技能培训的优秀参考书。

本书执笔人有孙平、王雅静、张瑜、张立光、王晶晶等，并感谢北京智源时代科技有限公司提供技术支持，本书的不足之处敬请批评指正。

目　录

第一单元　操作系统应用

1.1　第 1 题解答

1. 操作系统的基本操作:

第 1 步:进入 Windows 7 操作系统后执行“开始”→“所有程序”→“附件”→“Windows 资源管理器”命令，如图 1-1 所示。或在“开始”按钮上单击鼠标右键，在弹出的快捷菜单中执行“打开 Windows 资源管理器”命令，也可打开资源管理器的窗口。

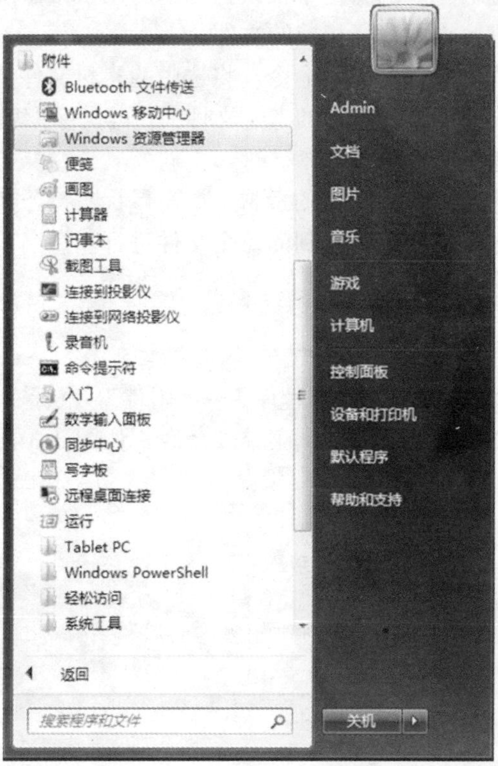

图 1-1

第 2 步：在资源管理器左边的窗格中选择“本地磁盘（C:)”，在右边窗格的空白位置单击鼠标右键，在弹出的快捷菜单中执行“新建”→“文件夹”命令。

第 3 步：在右边的窗格中出现了一个新建的文件夹，并且该文件夹名处于可编辑状态，输入考生准考证后 7 位作为该文件夹名称，如图 1-2 所示。

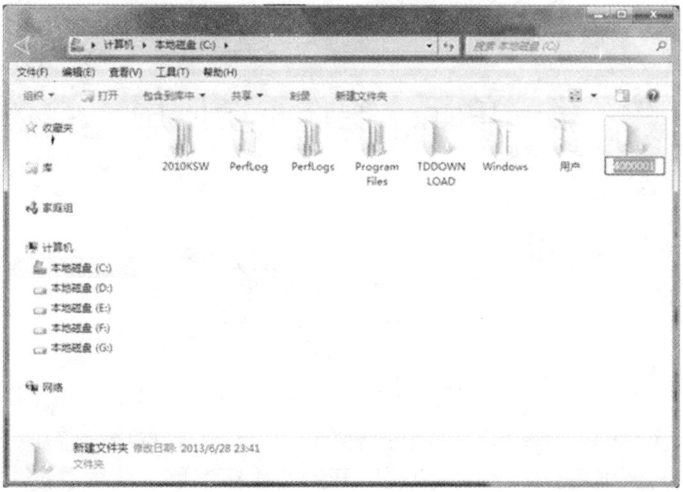

图 1-2

第 4 步：在资源管理器左边的窗格中依次打开“C:\Win2010GJW\KSML2”文件夹，根据选题单在右边的内容窗格中选择相应的文件。

第 5 步：执行“编辑”→“复制”命令，将选中的素材文件复制到剪切板中。在资源管理器左边的文件夹窗口中打开新建的考生文件夹，再执行“编辑”→“粘贴”命令，则素材文件就被复制到考生文件中了。

第 6 步：依次在考生文件夹中相应的素材上单击鼠标右键，在弹出的快捷菜单中执行“重命名”命令，根据操作要求对复制的每个文件进行重命名，重命名时注意不要改变原考题文件的扩展名。

2. 系统设置与优化：

第 7 步：依次打开“开始”→“所有程序”→“附件”，鼠标右键单击“截图工具”，在打开的下拉菜单中执行“附到「开始」菜单”命令，如图 1-3 所示，即可完成将“截图工具”附到“开始”菜单中的操作。

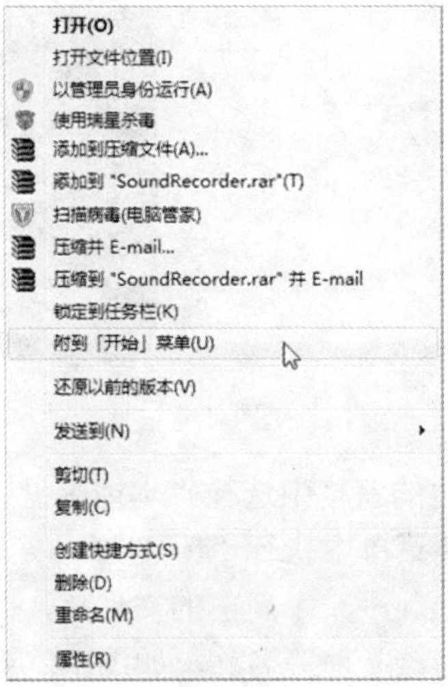

图 1-3

第 8 步：再次用鼠标右键单击“截图工具”，在弹出的快捷菜单中执行“锁定到任务栏”命令，如图 1-4 所示，即可将“截图工具”锁定到任务栏上。

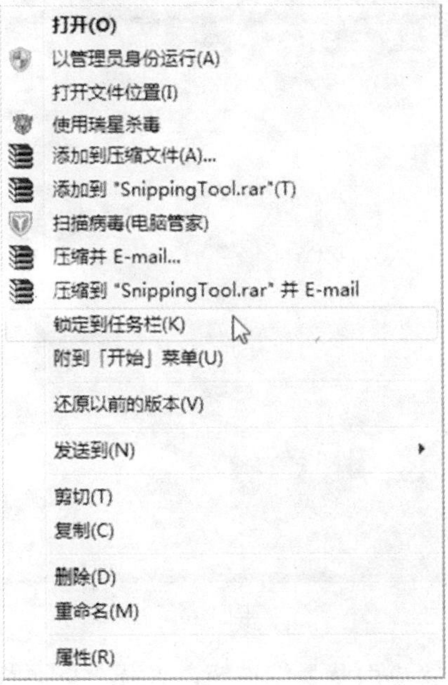

图 1-4

第 9 步：在“开始”菜单中执行“控制面板”命令，在打开的“控制面板”窗口中单击“外观和个性化”选项下的“更改主题”项，如图 1-5 所示。

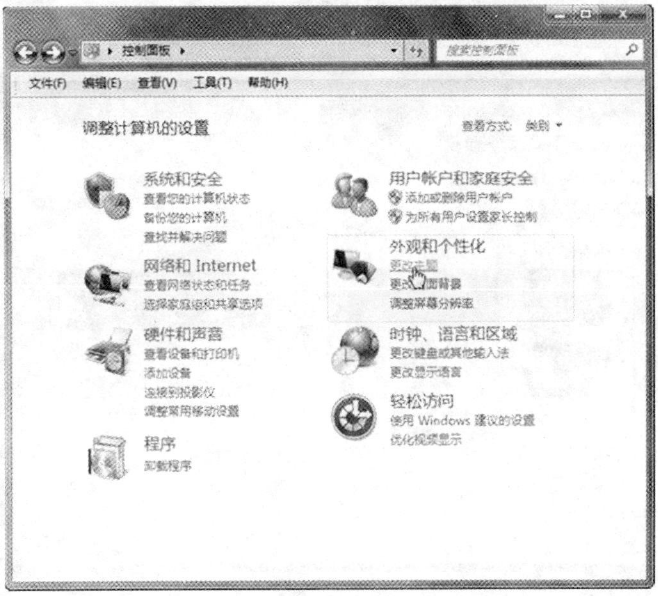

图 1-5

第 10 步：在打开的“个性化”窗口中，选择“Aero 主题”区域中的“建筑”，如图

1-6 所示。

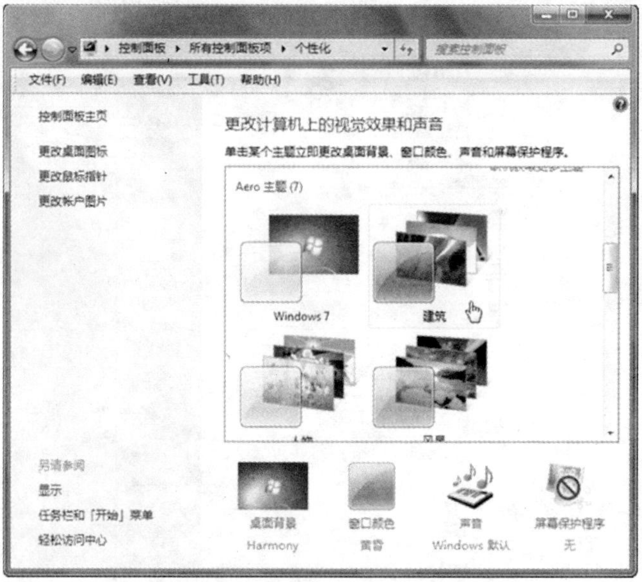

图 1-6

第 11 步：单击下方的“桌面背景”按钮，打开“桌面背景”窗口。在“图片位置”下拉列表中选择“Windows 桌面背景”，在预览窗格中选择“建筑”类，在“更改图片时间间隔”下拉列表中选择“30 秒”选项，勾选“无序播放”复选框，如图 1-7 所示，单击“保存修改”按钮，返回到“个性化”窗口。

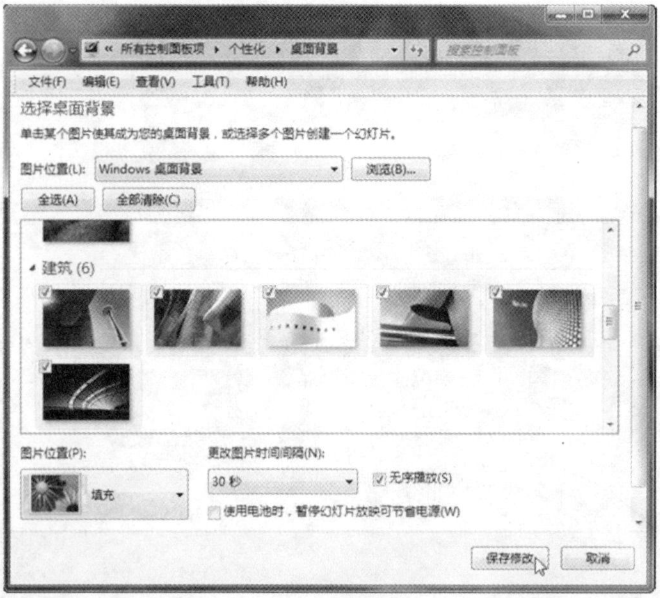

图 1-7

第 12 步：在“个性化”窗口中，单击“窗口颜色”按钮，在打开的“窗口颜色和外观”窗口中选择“大海”选项，取消“启用透明效果”的选中状态，如图 1-8 所示，单击“保存修改”按钮，返回到“个性化”窗口。

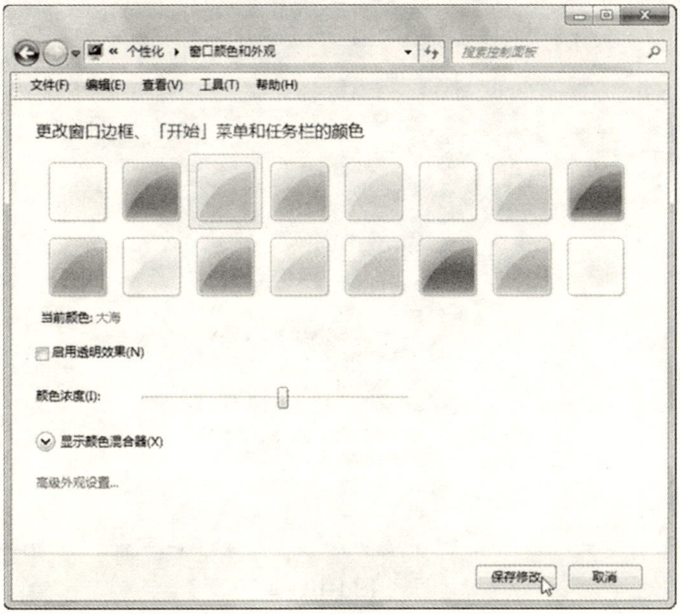

图 1-8

第 13 步：在“个性化”窗口的“我的主题”区域中单击“保存主题”项，弹出“将主题另存为”对话框，在“主题名称”文本框中输入“考生的主题”，如图 1-9 所示，单击“保存”按钮。

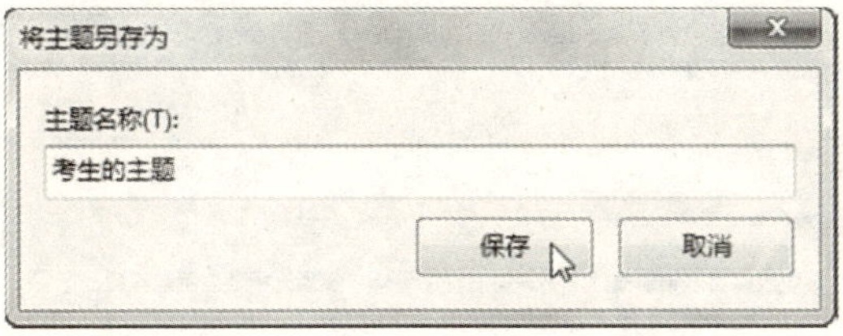

图 1-9

1.2　第 2 题解答

1. 操作系统的基本操作：

第 1～6 步请参考 1.1 解答，此处略。

2. 系统设置与优化：

第 7 步：执行“开始”→“控制面板”命令，在打开的“控制面板”窗口中单击“硬件和声音”项。在打开的“硬件和声音”窗口中单击“声音”选项下的“更改系统声音”项，如图 1-10 所示。

图 1-10

第 8 步：打开“声音”对话框，在“声音方案”下拉列表中选择“奏鸣曲”选项，在“程序事件”下拉列表框中选择“Windows 登录”，如图 1-11 所示，单击“浏览”按钮。

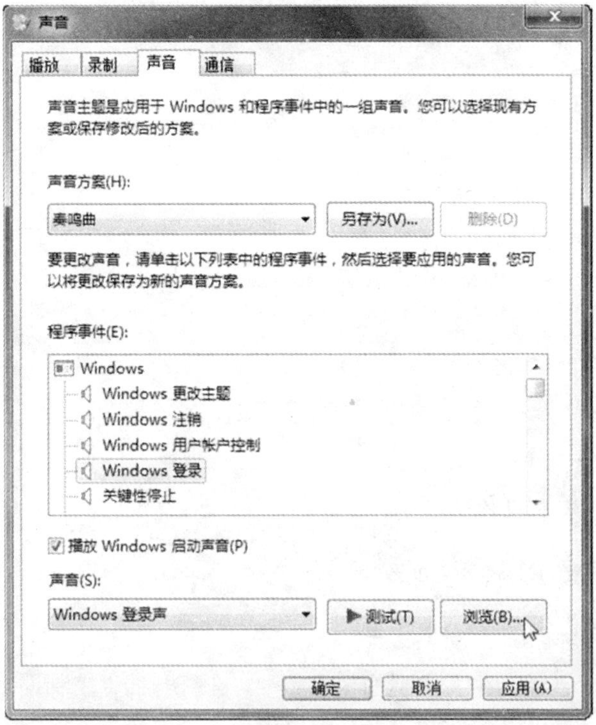

图 1-11

第 9 步：打开“浏览新的 Windows 登录 声音。”对话框，在“查找范围”列表框中选择“C:\Win2010GJW\KSML1”文件夹，在列表框中选择“KSWJ1-2.wav”文件，如图 1-12 所示，单击“打开”按钮，返回到“声音”对话框。

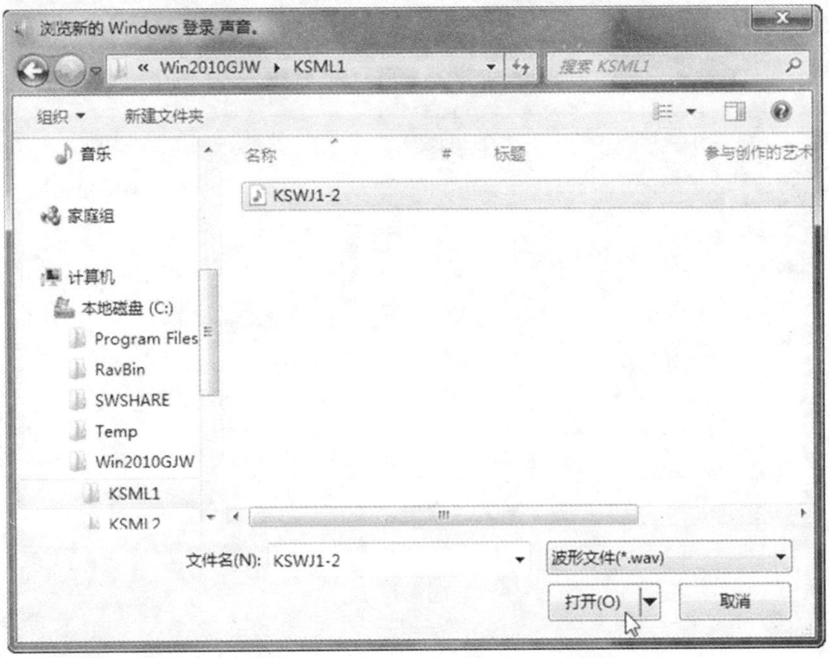

图 1-12

第 10 步：在“声音”对话框中单击“另存为”按钮，弹出“方案另存为”对话框，在“将此声音方案另存为”文本框中输入“考生声音方案”，如图 1-13 所示，单击“确定”按钮，返回到“声音”对话框，单击“确定”按钮即可。

图 1-13

第 11 步：执行“开始”→“控制面板”命令，在打开的“控制面板”窗口中单击“硬件和声音”项。打开“硬件和声音”窗口，单击“电源选项”项。在打开的“电源选项”窗口的左栏中单击“创建电源计划”项，如图 1-14 所示。

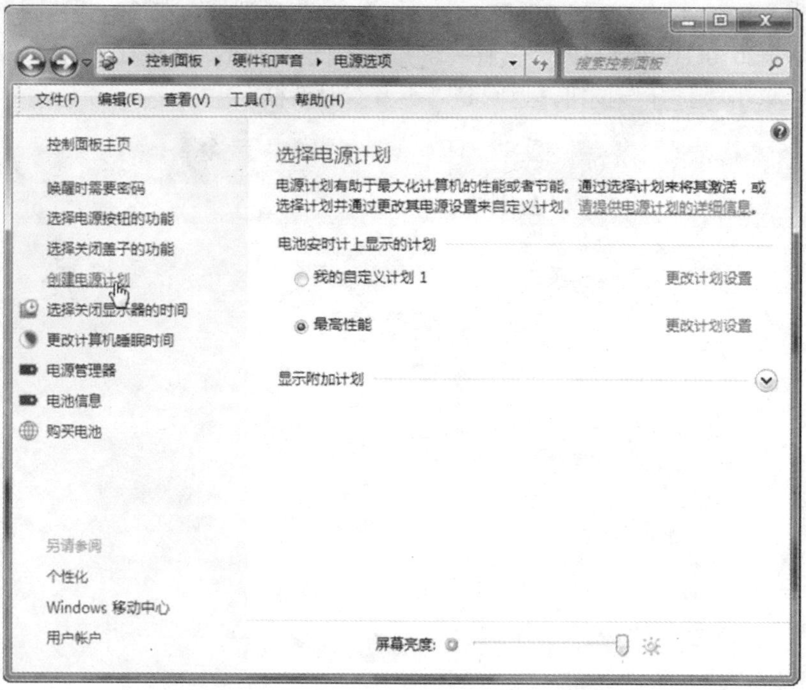

图 1-14

第 12 步：打开“创建电源计划”窗口，在“计划名称”文本框中输入“考生电源计划”，如图 1-15 所示，单击“下一步”按钮。

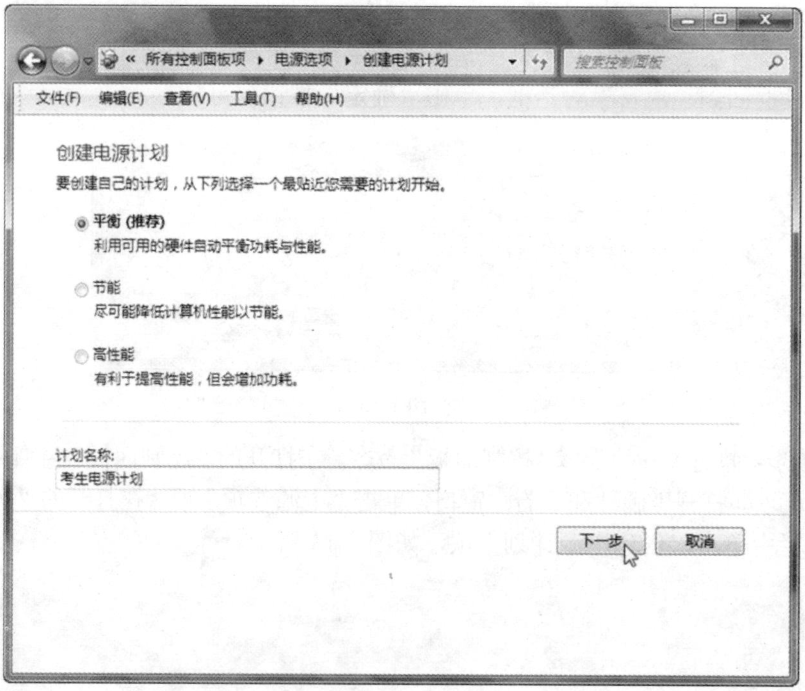

图 1-15

第 13 步：打开“编辑计划设置”窗口，在“用电池”和“接通电源”区域的“关闭显示器”下拉列表中均选择“1 小时”选项，在“使计算机进入睡眠状态”下拉列表中均选择“从不”选项，如图 1-16 所示，单击“创建”按钮。

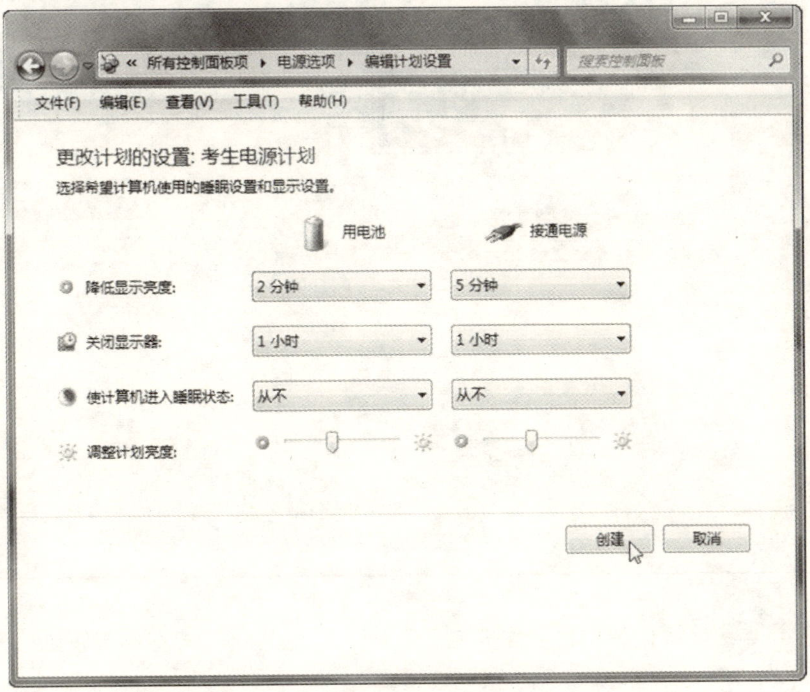

图 1-16

1.3　第 3 题解答

1. 操作系统的基本操作：

第 1～6 步请参考 1.1 解答，此处略。

2. 系统设置与优化：

第 7 步：执行“开始”→“控制面板”命令，在打开的“控制面板”窗口中单击“外观和个性化”选项下的“调整屏幕分辨率”项。

第 8 步：打开如图 1-17 所示的“更改显示器的外观”窗口，在“分辨率”下拉列表中调整为“1280×1024”像素，单击“高级设置”按钮。在打开的如图 1-18 所示的对话框中选择“监视器”选项卡，在“屏幕刷新频率”下拉列表中选择“75 赫兹”选项，在“颜色”下拉列表中选择“真彩色（32 位）”选项，单击“确定”按钮，返回到“更改显示器的外观”窗口，单击“确定”按钮。

控制面板 ▸ 外观和个性化 ▸ 显示 ▸ 屏幕分辨率
搜索控制面板
文件(F) 编辑(E) 查看(V) 工具(T) 帮助(H)
更改显示器的外观
检测(C)
识别(I)
显示器(S): 1. 移动 PC 显示屏
分辨率(R): 1366 × 768 (推荐)
方向(O): 横向
高级设置
连接到投影仪 (也可按住 键并点击 P)
放大或缩小文本和其他项目
我应该选择什么显示器设置?
确定
取消
应用(A)

图 1-17

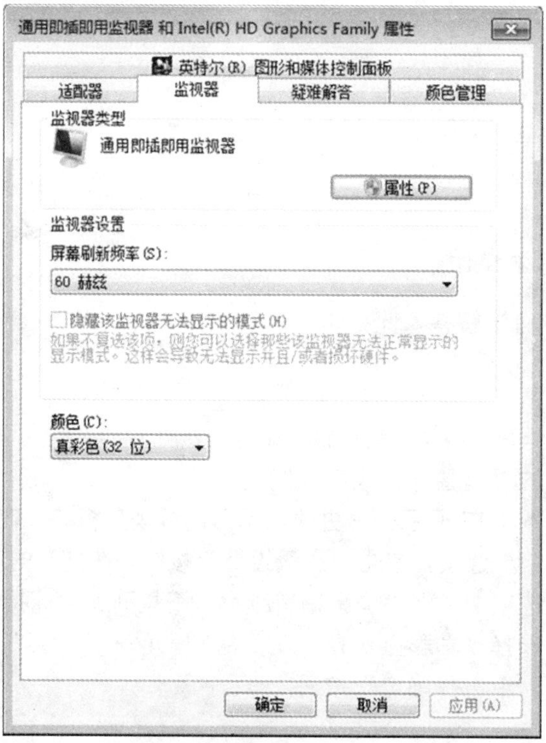
通用即插即用监视器 和 Intel(R) HD Graphics Family 属性
英特尔(R) 图形和媒体控制面板
适配器
监视器
疑难解答
颜色管理
监视器类型
通用即插即用监视器
属性(P)
监视器设置
屏幕刷新频率(S):
60 赫兹
隐藏该监视器无法显示的模式(H)
如果不复选该项，则您可以选择那些该监视器无法正常显示的显示模式。这样会导致无法显示并且/或者损坏硬件。
颜色(C):
真彩色(32 位)
确定
取消
应用(A)

图 1-18

第 9 步：执行“开始”→“控制面板”命令，在打开的“控制面板”窗口中单击“用户帐户和家庭安全”选项下的“添加或删除用户帐户”项。在打开的“管理帐户”窗口中单击“创建一个新帐户”项，如图 1-19 所示。

图 1-19

第 10 步：打开“创建新帐户”窗口，在“该名称将显示在欢迎屏幕和「开始」菜单上。”下面的文本框中输入“考生帐户”，在帐户类型区域点选“管理员”单选按钮，单击“创建帐户”按钮，如图 1-20 所示。

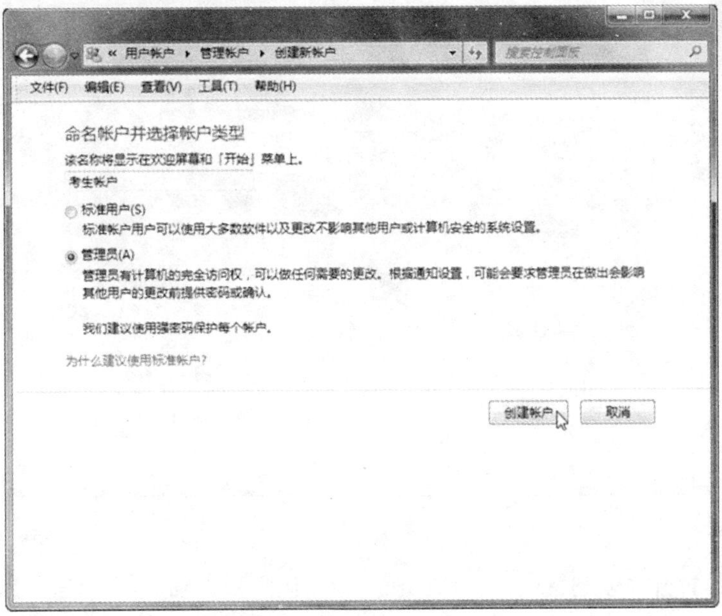

图 1-20

第 11 步：返回到“管理帐户”窗口，在“选择希望更改的帐户”区域中单击新创建的“考生帐户”项，如图 1-21 所示。

图 1-21

第 12 步：在打开的“更改帐户”窗口中单击“创建密码”选项，如图 1-22 所示。

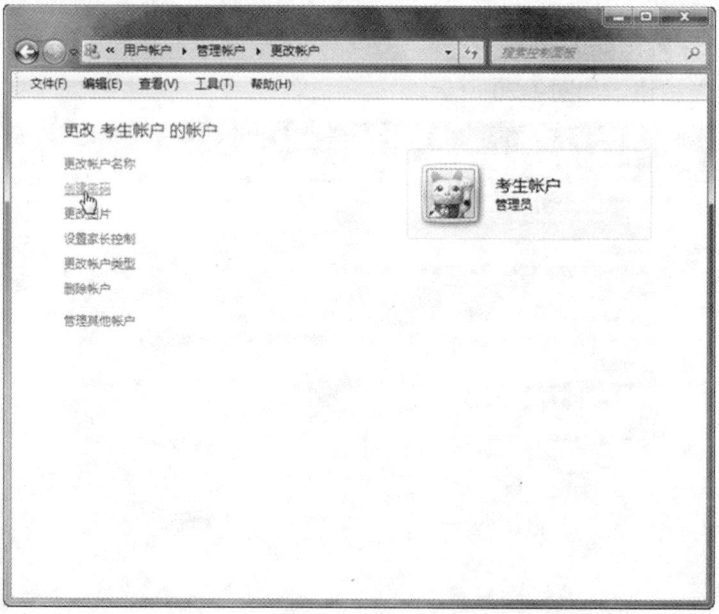

图 1-22

第 13 步：打开“创建密码”窗口，在“新密码”和“确认新密码”文本框中均输入“KAOSHENG123”，注意字母的大小写，单击“创建密码”按钮，如图 1-23 所示。

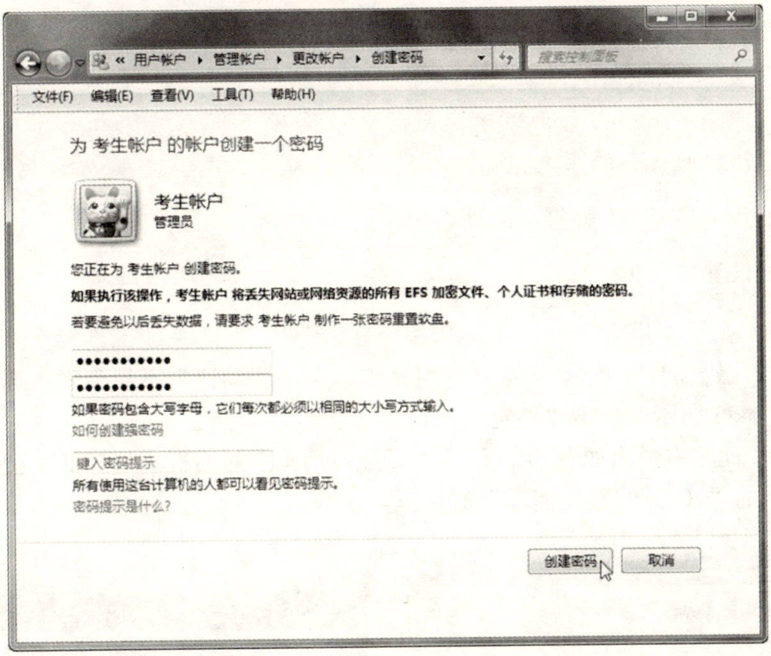

图 1-23

第 14 步：返回到“更改帐户”窗口，单击“更改图片”项，打开“选择图片”窗口，在图片库中选择试题要求的图片，如图 1-24 所示，单击“更改图片”按钮。

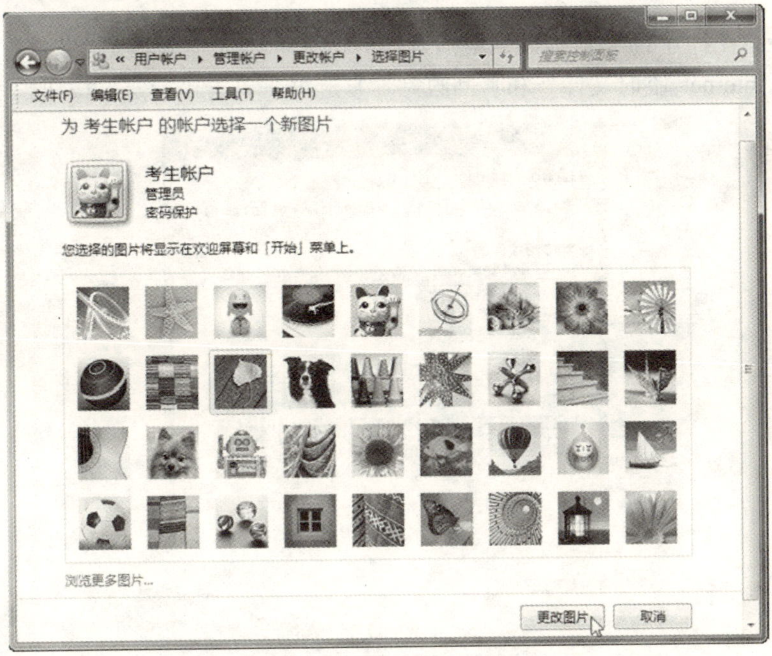

图 1-24

1.4　第 4 题解答

1. 操作系统的基本操作：

第 1～6 步请参考 1.1 解答，此处略。

2. 系统设置与优化：

第 7 步：执行“开始”→“所有程序”→“附件”→“系统工具”→“磁盘清理”命令，打开“磁盘清理：驱动器选择”对话框，在“驱动器”下拉列表中选择“（C:）”选项，如图 1-25 所示，单击“确定”按钮。

第 8 步：此时将弹出如图 1-26 所示的“磁盘清理”对话框，待扫描完毕后将弹出如图 1-27 所示的“（C:）的磁盘清理”对话框。

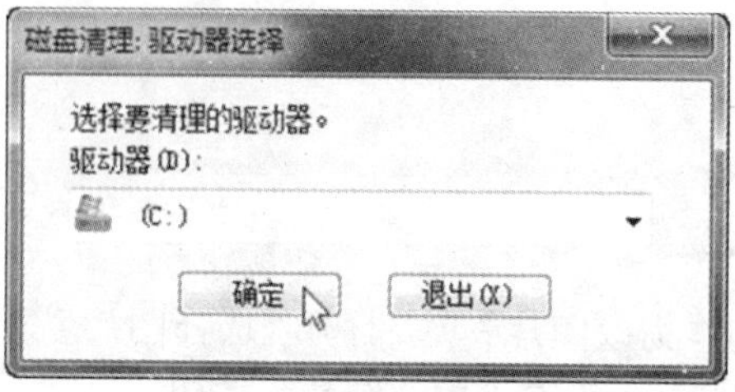

图 1-25

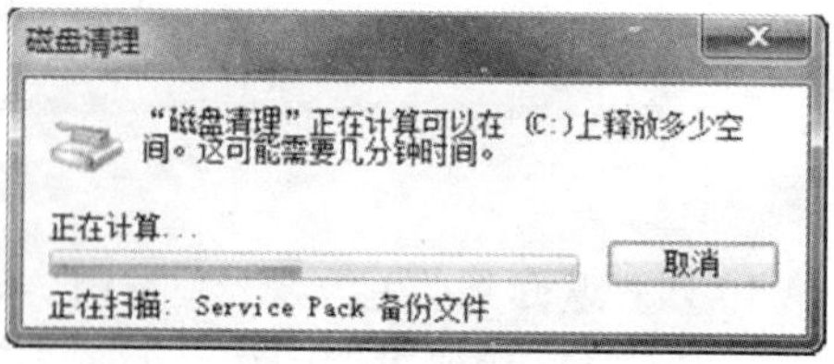

图 1-26

第 9 步：在打开的“（C:）的磁盘清理”对话框中，在“要删除的文件”下拉列表框中仅勾选“Internet 临时文件”和“回收站”复选框，单击“确定”按钮。

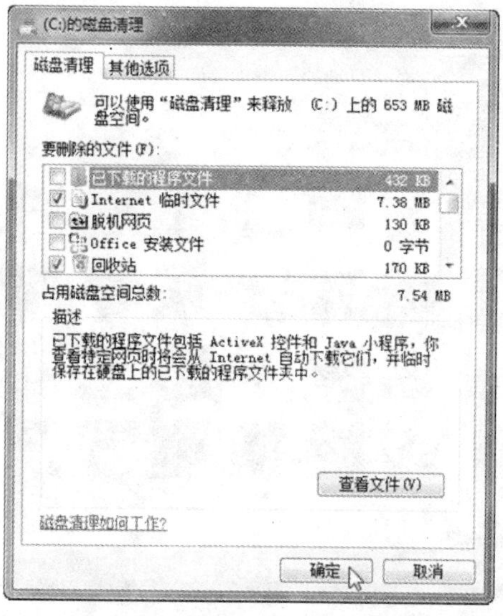

图 1-27

第 10 步：在弹出的如图 1-28 所示的“磁盘清理”对话框中单击“删除文件”按钮，

再次弹出如图 1-29 所示的“磁盘清理”对话框，等待清理完毕即可。

图 1-28

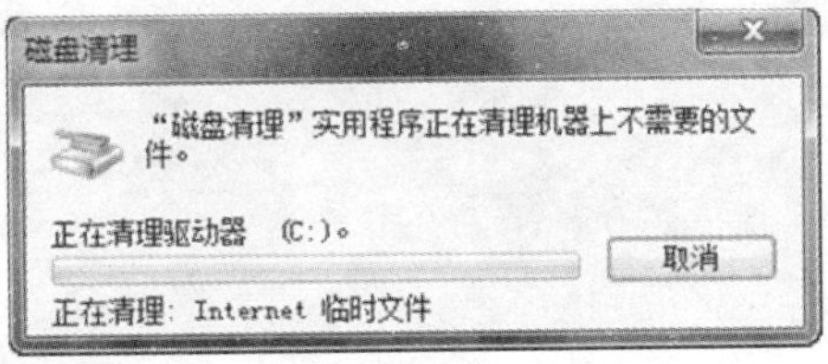

图 1-29

第 11 步：鼠标右键单击“开始”按钮，在弹出的快捷菜单中执行“打开 Windows 资源管理器”命令，打开资源管理器的窗口。

第 12 步：在“资源管理器”窗口中，在左栏窗格中选择“本地磁盘 C:”，在窗口右上角的搜索区域单击搜索文本框，将弹出如图 1-30 所示的设置框，单击“添加搜索筛选器”下的“修改日期”按钮，打开如图 1-31 所示的“选择日期或日期范围”设置框，选择“上星期”选项。

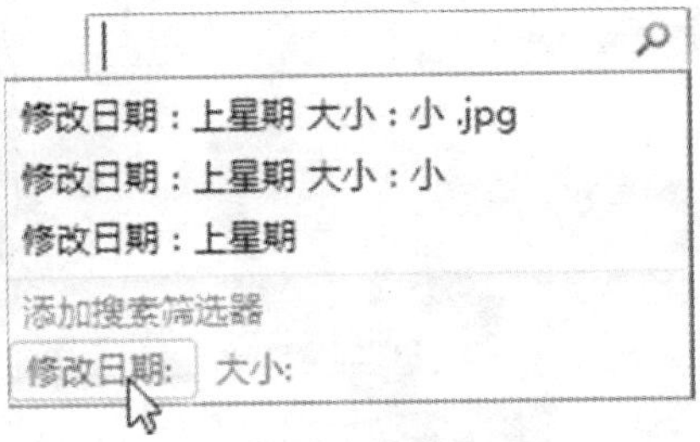

图 1-30

图 1-31

第 13 步：返回至搜索设置框，单击“添加搜索筛选器”下的“大小”项，如图 1-32 所示。打开大小选项设置框，选择“小（10 - 100KB）”选项，如图 1-33 所示。

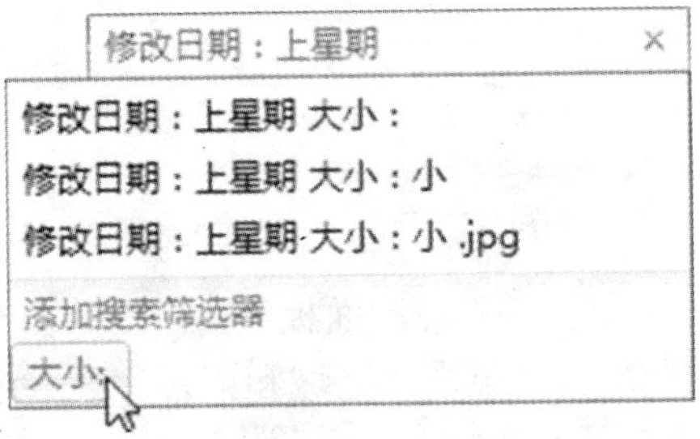

图 1-32

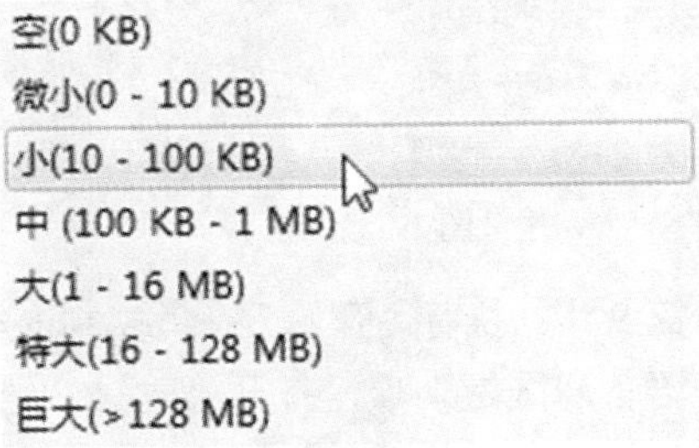

图 1-33

第 14 步：在搜索文本框中输入“.jpg”，如图 1-34 所示，系统会自动搜索出相应的文件。

图 1-34

1.5 第 5 题解答

1. 操作系统的基本操作：

第 1～6 步请参考 1.1 解答，此处略。

2. 系统设置与优化：

第 7 步：在任务栏上单击鼠标右键，在弹出的快捷菜单中执行“属性”命令，如图 1-35 所示。

第 8 步：打开“任务栏和「开始」菜单属性”对话框，在“任务栏”选项卡下，勾选“锁定任务栏”复选框，在“屏幕上的任务栏位置”下拉列表中选择“顶部”选项，在“任务栏按钮”下拉列表中选择“当任务栏被占满时合并”选项，如图 1-36 所示，单击“确定”按钮。

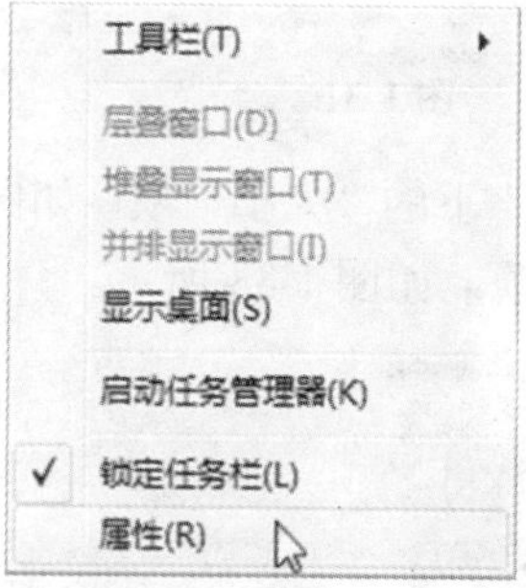

图 1-35

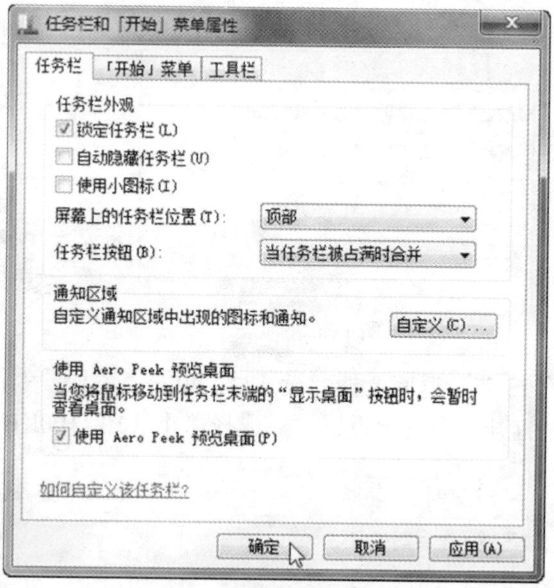

图 1-36

第 9 步：执行“开始”→“控制面板”命令，在打开的“控制面板”窗口中单击“时钟、语言和区域”项，打开“时钟、语言和区域”窗口，单击“区域和语言”区域中的“更改日期、时间或数字格式”项，如图 1-37 所示。

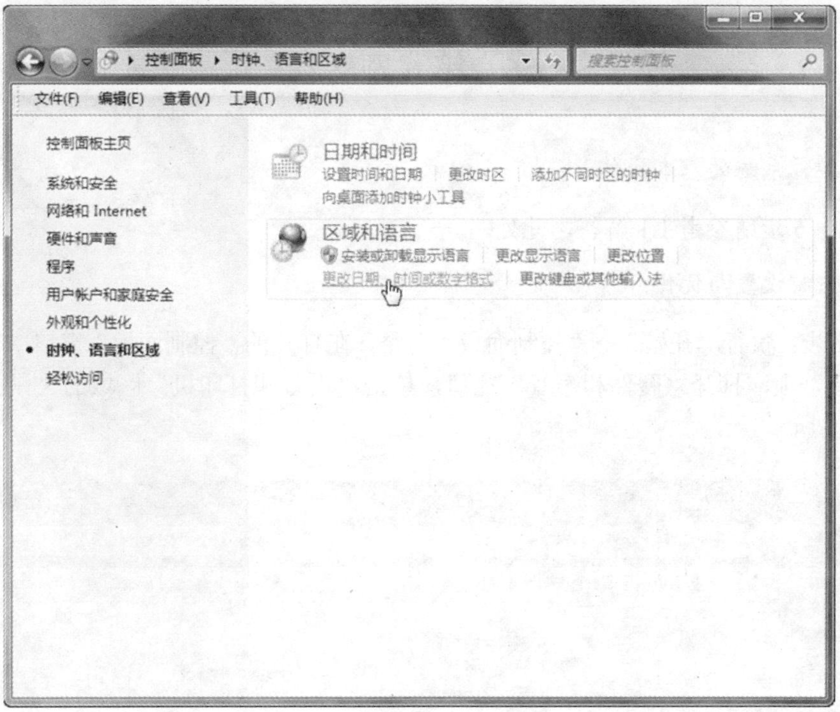

图 1-37

第 10 步：打开“区域和语言”对话框，在“格式”选项卡下的“短日期”下拉列表中选择“yyyy-M-d”选项，在“短时间”下拉列表中选择“HH:mm”选项，在“一周的第一天”下拉列表中选择“星期一”选项，如图 1-38 所示，单击“确定”按钮。

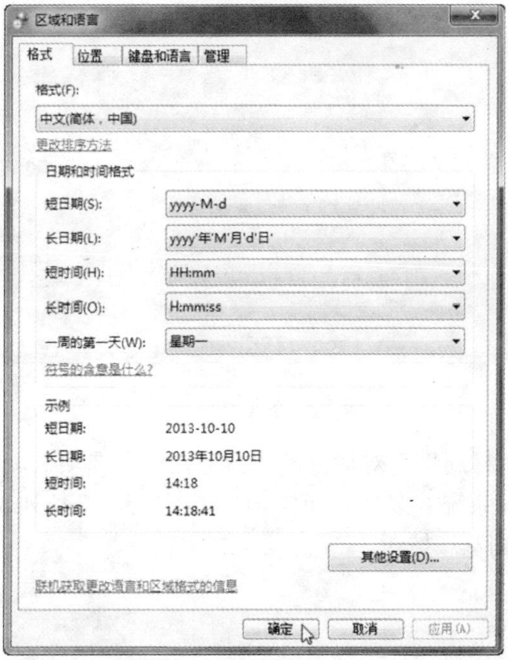

图 1-38

1.6 第 6 题解答

1. 操作系统的基本操作：

第 1～6 步请参考 1.1 解答，此处略。

2. 系统设置与优化：

第 7 步：执行“开始”→“控制面板”命令，在打开的“控制面板”窗口中单击“硬件和声音”项，打开“硬件和声音”窗口，单击“设备和打印机”区域的“鼠标”项，如图 1-39 所示。

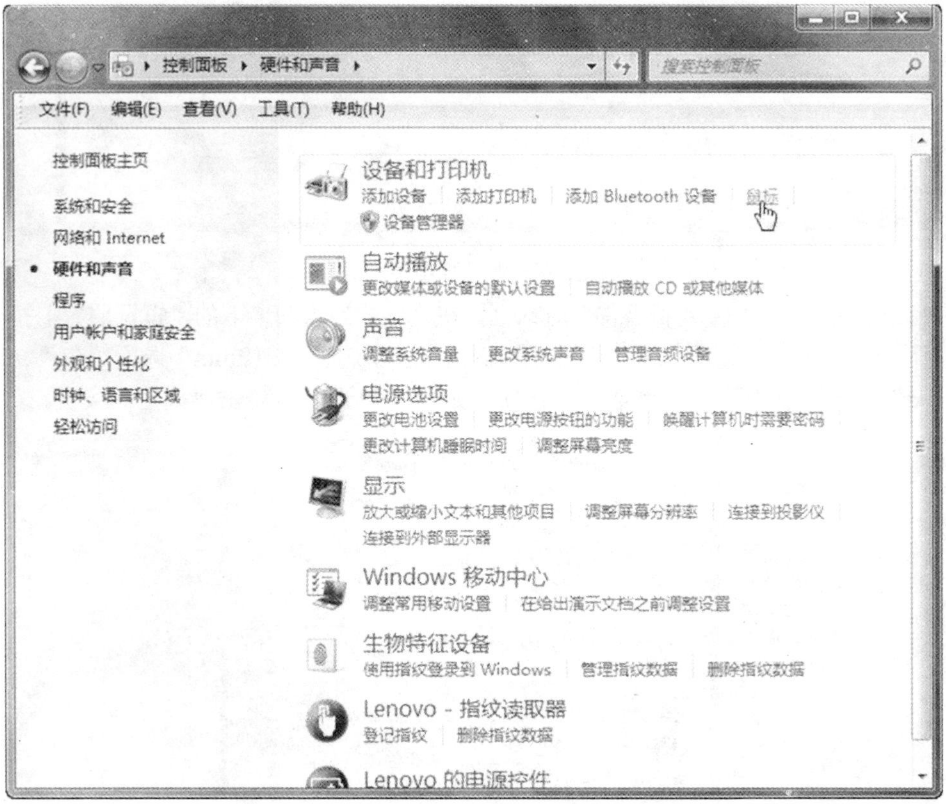

图 1-39

第 8 步：打开“鼠标属性”对话框，选择“指针”选项卡，在“方案”下拉列表中选择“Windows Aero（系统方案）”选项，在“自定义”下拉列表框中选择“移动”，如图 1-40 所示，单击“浏览”按钮。

图 1-40

第 9 步：打开“浏览”对话框，在“查找范围”列表框中选择“C:\Win2010GJW\KSML1”文件夹，在列表框中选择“SHUBIAO1-6.cur”文件，如图 1-41 所示，单击“打开”按钮。

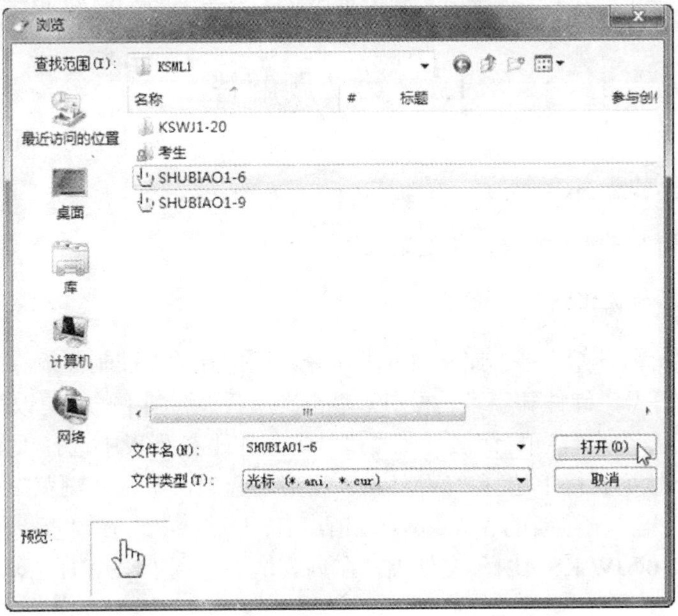

图 1-41

第 10 步：返回到“鼠标属性”对话框，单击“另存为”按钮，打开“保存方案”对话框，在“将该光标方案另存为:”文本框中输入“新鼠标方案”，如图 1-42 所示，单击“确定”按钮。返回到“鼠标属性”对话框，单击“确定”按钮即可。

图 1-42

第 11 步：执行“开始”→“控制面板”命令，在打开的“控制面板”窗口中单击“外观和个性化”选项下的“更改主题”项。弹出“个性化”窗口，选择“Aero 主题”区域中的“场景”选项。

第 12 步：单击下方的“桌面背景”按钮，在打开的“桌面背景”窗口中，在“图片位置”下拉列表中选择“Windows 桌面背景”选项，在预览窗格中选择“场景”类，在“更改图片时间间隔”下拉列表中选择“10 秒”选项，取消“无序播放”复选框的选中状态，单击“保存修改”按钮，返回到“个性化”窗口。

第 13 步：在“个性化”窗口中，单击“窗口颜色”按钮，在打开的“窗口颜色和外观”窗口中选择“南瓜色”选项，勾选“启用透明效果”复选框，单击“保存修改”按钮，返回到“个性化”窗口。

第 14 步：在“个性化”窗口的“我的主题”区域中单击“保存主题”项，弹出“将主题另存为”对话框，在“主题名称”文本框中输入“考生的主题”，单击“保存”按钮。

1.7 第 7 题解答

1. 操作系统的基本操作：

第 1～6 步请参考 1.1 解答，此处略。

2. 系统设置与优化：

第 7 步：执行“开始”→“控制面板”命令，在打开的“控制面板”窗口中单击“硬件和声音”项。打开“硬件和声音”窗口，单击“声音”选项下的“更改系统声音”项。

第 8 步：打开“声音”对话框，在“声音方案”下拉列表中选择“节日”选项，在“程序事件”下拉列表框中选择“Windows 注销”选项，单击“浏览”按钮。

第 9 步：打开“浏览新的 Windows 注销声音。”对话框，在“查找范围”列表框中选择“C:\Win2010GJW\KSML1”文件夹，在列表框中选择“KSWJ1-7.wav”文件，单击“打开”按钮。

第 10 步：返回到“声音”对话框，单击“另存为”按钮，弹出“方案另存为”对话框，在“将此声音方案另存为”文本框中输入“考生声音方案”，单击“确定”按钮。返回到“声音”对话框，单击“确定”按钮即可。

第 11 步：执行“开始”→“控制面板”命令，在打开的“控制面板”窗口中单击“时钟、语言和区域”项，打开“时钟、语言和区域”窗口，单击“区域和语言”选项下的“更改日期、时间或数字格式”项。

第 12 步：打开“区域和语言”对话框，在“格式”选项卡下的“短日期”下拉列表中选择“yyyy/M/d”选项，在“短时间”下拉列表中选择“HH:mm”选项，在“一周的第一天”下拉列表中选择“星期日”选项，单击“确定”按钮。

1.8　第 8 题解答

1. 操作系统的基本操作：

第 1～6 步请参考 1.1 解答，此处略。

2. 系统设置与优化：

第 7 步：在任务栏上单击鼠标右键，在弹出的快捷菜单中执行“属性”命令。

第 8 步：打开“任务栏和「开始」菜单属性”对话框，在“任务栏”选项卡下勾选“锁定任务栏”复选框，在“屏幕上的任务栏位置”下拉列表中选择“右侧”选项，在“任务栏按钮”下拉列表中选择“当任务栏被占满时合并”选项，单击“确定”按钮。

第 9 步：执行“开始”→“控制面板”命令，在打开的“控制面板”窗口中单击“硬件和声音”项。打开“硬件和声音”窗口，单击“电源选项”项。打开“电源选项”窗口，在左栏中单击“选择关闭显示器的时间”项。

第 10 步：打开“编辑计划设置”窗口，在“用电池”和“接通电源”区域的“关闭显示器”下拉列表中均选择“20 分钟”选项，在“使计算机进入睡眠状态”下拉列表中均选择“45 分钟”选项，单击“保存修改”按钮。

1.9　第 9 题解答

1. 操作系统的基本操作：

第 1～6 步请参考 1.1 解答，此处略。

2. 系统设置与优化：

第 7 步：执行“开始”→“控制面板”命令，在打开的“控制面板”窗口中单击“外观和个性化”项，打开“外观和个性化”窗口，单击“个性化”区域的“更改屏幕保护程序”项。

第 8 步：打开“屏幕保护程序设置”对话框，在“屏幕保护程序”下拉列表中选择“三维文字”选项，如图 1-43 所示，单击“设置”按钮。

第 9 步：打开“三维文字设置”对话框，在“文本”区域中点选“自定义文字”单选按钮，在后面的文本框中输入“考试系统”，如图 1-44 所示，单击“选择字体”按钮。

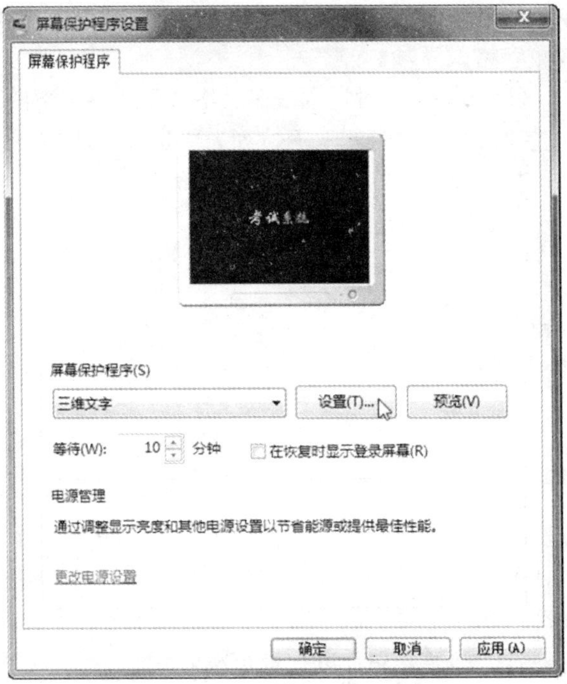

图 1-43

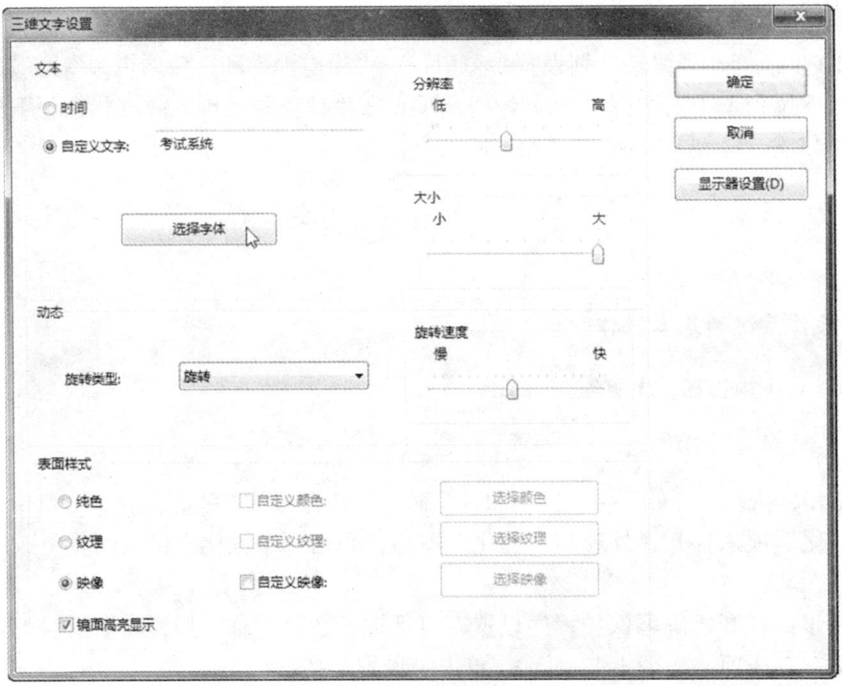

图 1-44

第 10 步：打开“字体”对话框，在“字体”下拉列表框中选择“华文行楷”选项，如图 1-45 所示，单击“确定”按钮，返回到“三维文字设置”对话框。

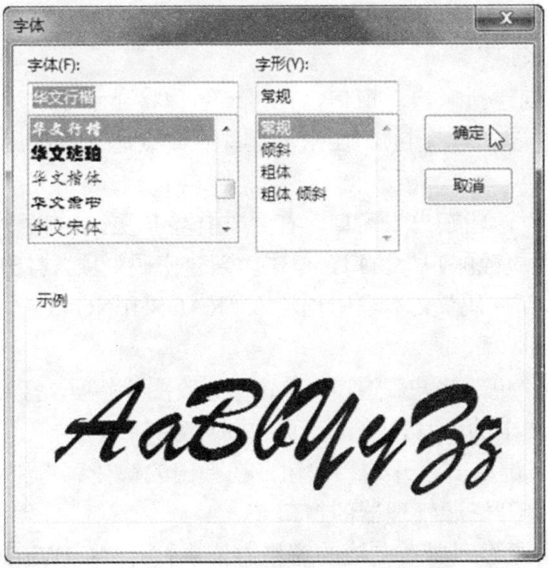

图 1-45

第 11 步：在“三维文字设置”对话框中，在“动态”区域中的“旋转类型”下拉列表中选择“旋转”选项；在“表面样式”区域中点选“映像”单选按钮，勾选“镜面高亮显示”复选框；单击“确定”按钮，返回到“屏幕保护程序设置”对话框，在“等待”微调框中微调或输入“10”分钟，单击“确定”按钮即可。

第 12 步：执行“开始”→“控制面板”命令，在打开的“控制面板”窗口中单击“硬件和声音”项。打开“硬件和声音”窗口，单击“设备和打印机”区域的“鼠标”项。

第 13 步：在打开的“鼠标属性”对话框中选择“指针”选项卡，在“方案”下拉列表中选择“Windows Aero（系统方案）”选项，在“自定义”下拉列表框中选择“链接选择”选项，单击“浏览”按钮。

第 14 步：打开“浏览”对话框，在“查找范围”列表框中选择“C:\Win2010GJW\KSML1”文件夹，在列表框中选择“SHUBIAO1-9.cur”文件，单击“打开”按钮。

第 15 步：返回到“鼠标属性”对话框，单击“另存为”按钮，打开“保存方案”对话框，在“将该光标方案另存为”文本框中输入“新鼠标方案”，单击“确定”按钮。返回到“鼠标属性”对话框，单击“确定”按钮即可。

1.10　第 10 题解答

1. 操作系统的基本操作：

第 1～6 步请参考 1.1 解答，此处略。

2. 系统设置与优化：

第 7 步：执行“开始”→“控制面板”命令，在打开的“控制面板”窗口中单击“用户帐户和家庭安全”选项下的“添加或删除用户帐户”项。在打开的“管理帐户”窗口中单击“创建一个新帐户” 项。

第 8 步：打开“创建新帐户”窗口，在“该名称将显示在欢迎屏幕和「开始」菜单上。”下面的文本框中输入“考生”，在帐户类型区域点选“标准用户”单选按钮，单击“创建帐户”按钮。

第 9 步：返回到“管理帐户”窗口，在“选择希望更改的帐户”区域中单击新创建的“考生”项。打开“更改帐户”窗口，单击“创建密码”项。打开“创建密码”窗口，在“新密码”和“确认新密码”文本框中均输入“KAOSHENG456”，注意字母的大小写，单击“创建密码”按钮。

第 10 步：返回到“更改帐户”窗口，单击“更改图片”项，打开“选择图片”窗口，在图片库中选择试题要求的图片，单击“更改图片”按钮。

第 11 步：鼠标右键单击“开始”按钮，在弹出的快捷菜单中执行“打开 Windows 资源管理器”命令，打开资源管理器的窗口。

第 12 步：在“资源管理器”左边的窗格中依次打开“C:\Win2010GJW\KSML1”文件夹，在右边的内容窗格中鼠标右键单击“KSWJ1-10.rar”文件，在弹出的快捷菜单中执行“解压文件”命令，如图 1-46 所示。

图 1-46

第 13 步：打开“解压路径和选项”对话框，在“常规”选项卡下的“目标路径”下拉列表框中找到考生文件夹所在位置，在“更新方式”区域中点选“解压并更新文件”

单选按钮，在“覆盖方式”区域中点选“自动重命名”单选按钮，如图 1-47 所示，单击“确定”按钮。

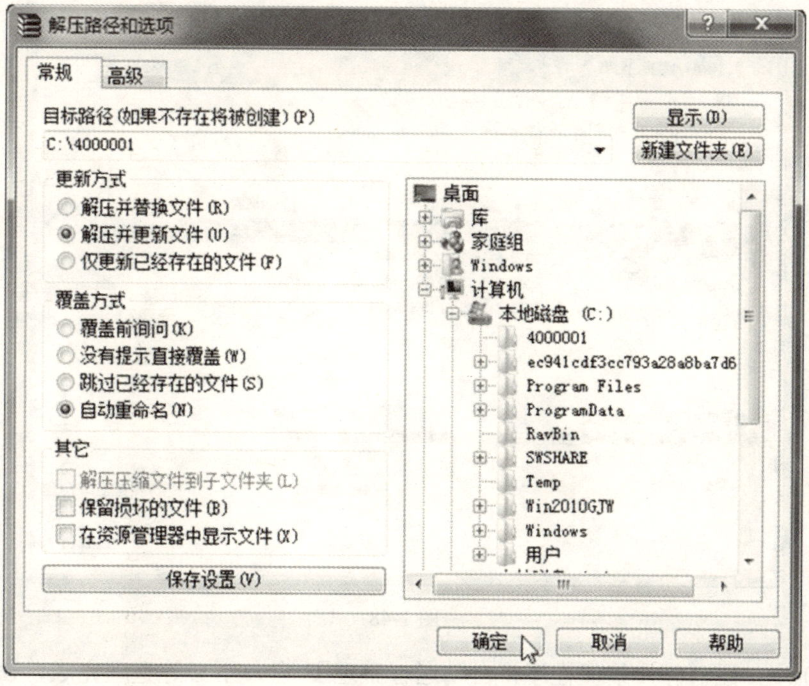

图 1-47

1.11　第 11 题解答

1. 操作系统的基本操作：

第 1～6 步请参考 1.1 解答，此处略。

2. 系统设置与优化：

第 7 步：依次打开“开始”→“所有程序”→“附件”下拉菜单，鼠标右键单击“便笺”，在打开的下拉菜单中执行“附到「开始」菜单”命令，即可完成将“便笺”附到“开始”菜单中的操作。

第 8 步：再次用鼠标右键单击“便笺”，在弹出的快捷菜单中执行“锁定到任务栏”命令，即可将“便笺”锁定到任务栏。

第 9 步：执行“开始”→“所有程序”→“附件”→“系统工具”→“磁盘碎片整理程序”命令，打开“磁盘碎片整理程序”对话框，在“当前状态”区域中选择“(C:)”磁盘，如图 1-48 所示，单击“磁盘碎片整理”按钮。

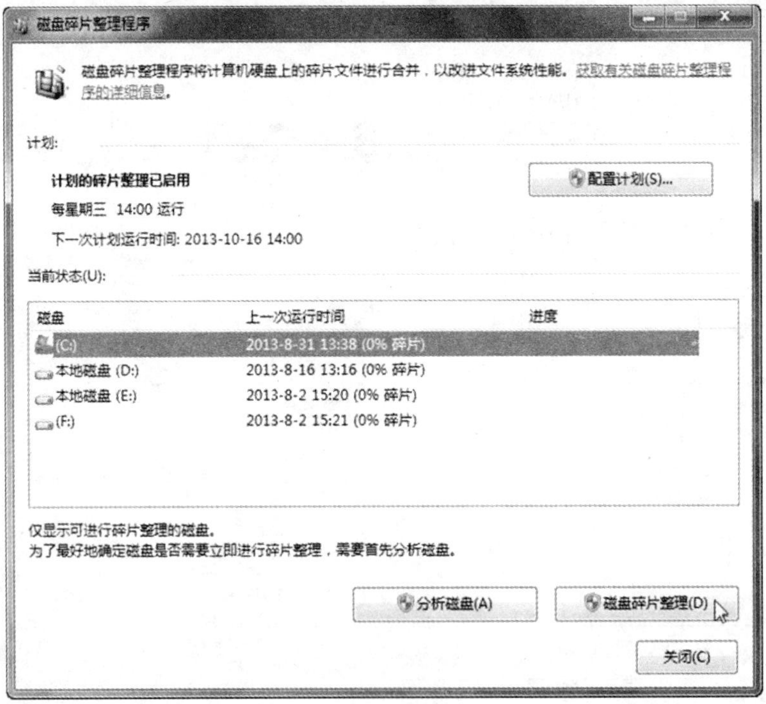

图 1-48

第 10 步：磁盘碎片整理程序将自动运行整理 C 盘，不必等整理完成，在“计划”区域中单击“配置计划”按钮，如图 1-49 所示。

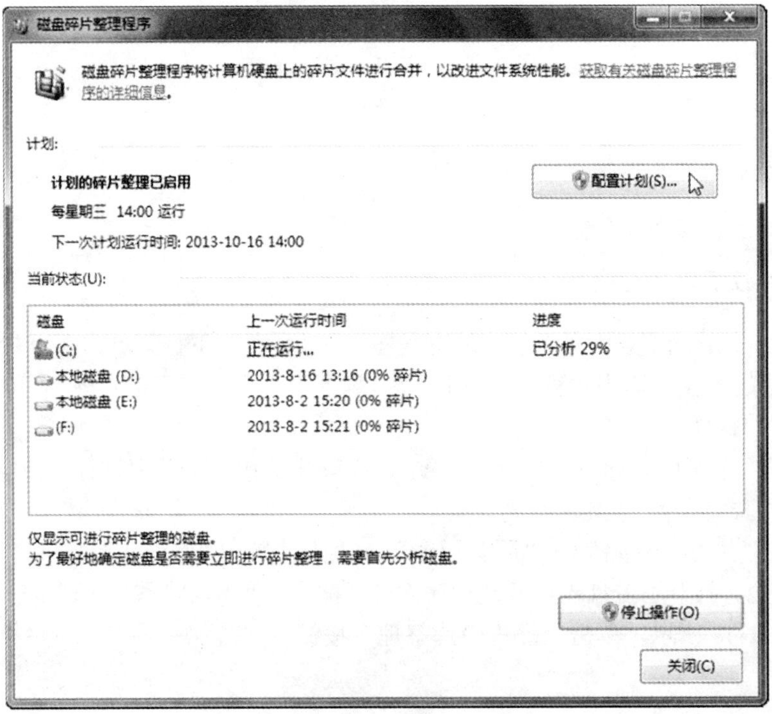

图 1-49

第 11 步：打开“磁盘碎片整理程序：修改计划”对话框，在“频率”下拉列表中选择“每周”，在“日期”下拉列表中选择“星期三”，在“时间”下拉列表中选择“14:00”，单击“选择磁盘”按钮，如图 1-50 所示。

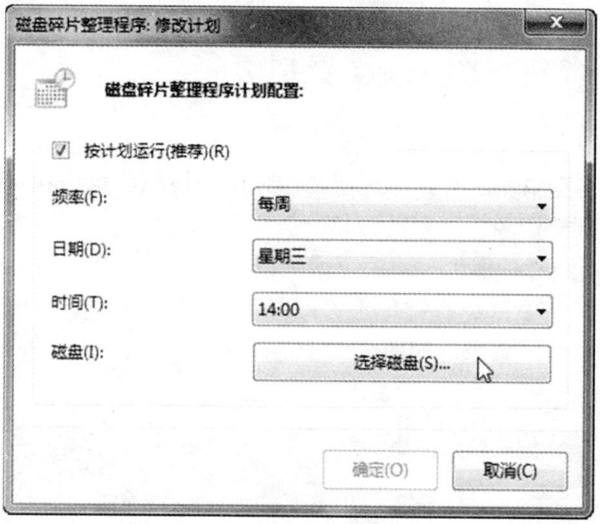

图 1-50

第 12 步：打开“磁盘碎片整理程序：选择计划整理的磁盘”对话框，在“要包含在计划中的磁盘”区域仅勾选“(C:)”复选框，单击“确定”按钮，如图 1-51 所示。返回到“磁盘碎片整理程序：修改计划”对话框，再次单击“确定”按钮即可。

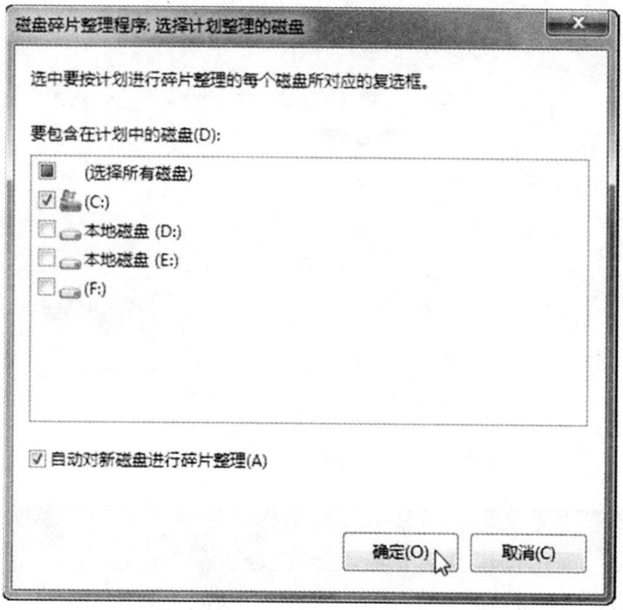

图 1-51

1.12 第 12 题解答

1. 操作系统的基本操作：

第 1～6 步请参考 1.1 解答，此处略。

2. 系统设置与优化：

第 7 步：鼠标右键单击“开始”按钮，在弹出的快捷菜单中执行“打开 Windows 资源管理器”命令，打开资源管理器的窗口。

第 8 步：在“资源管理器”左边的窗格中依次打开“C:\Win2010GJW\KSML1”文件夹，在右边的内容窗格中鼠标右键单击“KSWJ1-12.docx”文件，在弹出的快捷菜单中执行“添加到压缩文件”命令，如图 1-52 所示。

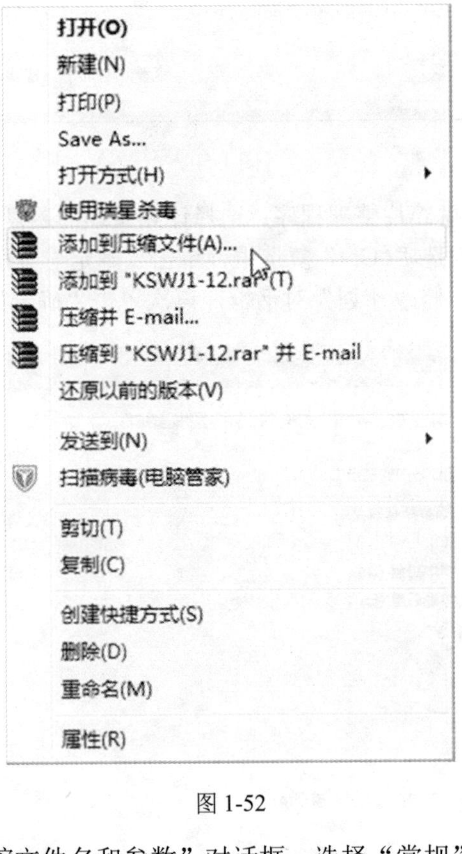

图 1-52

第 9 步：打开“压缩文件名和参数”对话框，选择“常规”选项卡，在“压缩文件名”中找到考生文件夹所在位置，并输入压缩文件名“考生.rar”，在“压缩文件格式”区域中点选“RAR”单选按钮，在“压缩方式”下拉列表中选择“标准”选项，在“更新方式”下拉列表中选择“添加并替换文件”选项，如图 1-53 所示。

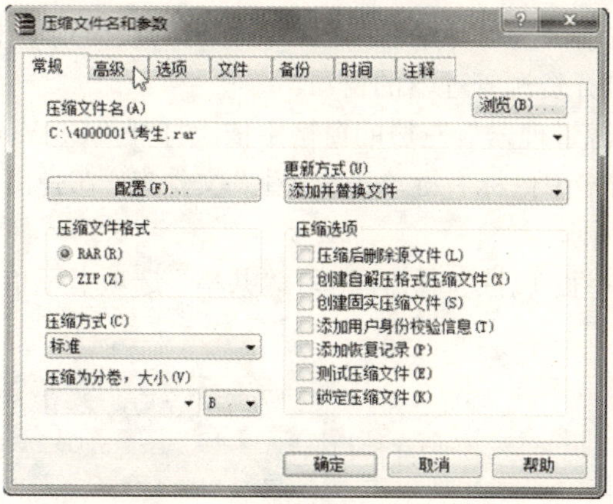

图 1-53

第 10 步：选择“高级”选项卡，单击“设置密码”按钮，如图 1-54 所示。

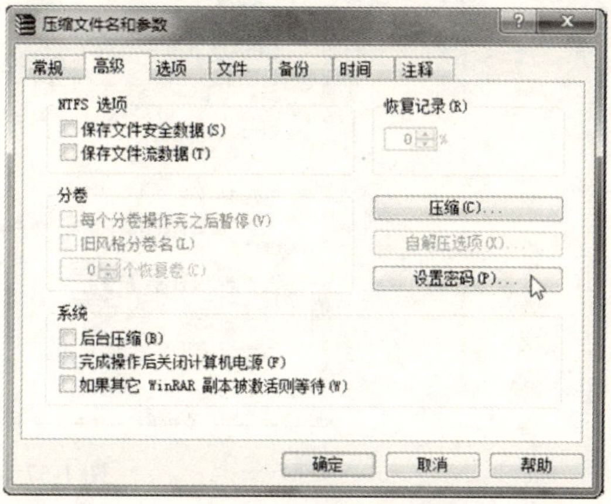

图 1-54

第 11 步：打开“输入密码”对话框，在“输入密码”和“再次输入密码以确认”文本框中均输入“KS123”，注意字母的大小写，勾选“加密文件名”复选框，如图 1-55 所示，单击“确定”按钮。返回到“压缩文件名和参数”对话框，单击“确定”按钮即可。

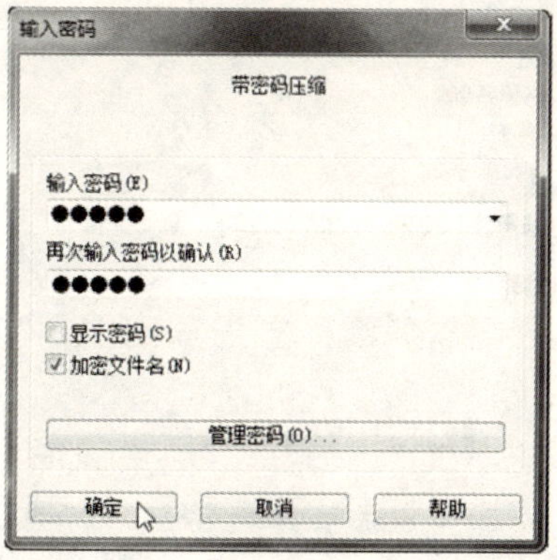

图 1-55

第 12 步：鼠标右键单击“开始”按钮，在弹出的快捷菜单中执行“打开 Windows 资源管理器”命令，打开资源管理器的窗口。

第 13 步：在“资源管理器”左边的窗格中依次打开“C:\Win2010GJW\KSML1”文件夹，在右边的内容窗格中鼠标右键单击“考生”文件夹，在弹出的快捷菜单中执行“属性”命令，如图 1-56 所示。

第 14 步：打开“考生 属性”对话框，在“共享”选项卡下单击“高级共享”按钮，如图 1-57 所示。

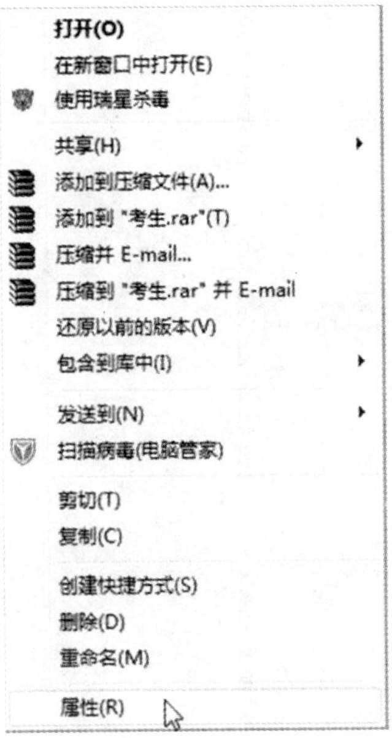

图 1-56

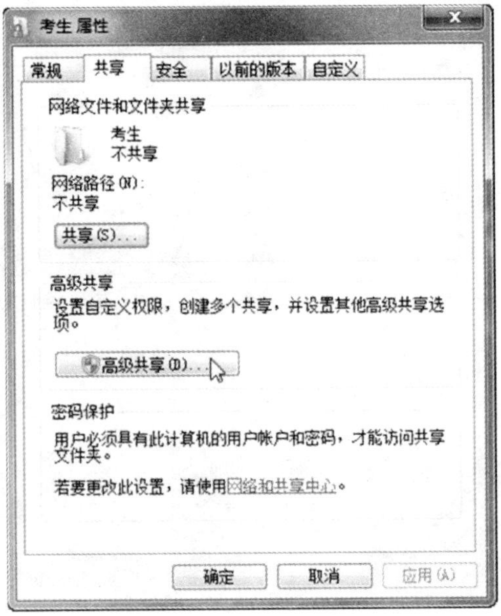

图 1-57

第 15 步：打开“高级共享”对话框，勾选“共享此文件夹”复选框，在“共享名”文本框中输入“考生”，在“将同时共享的用户数量限制为”微调框中微调或输入“15”，如图 1-58 所示，单击“权限”按钮。

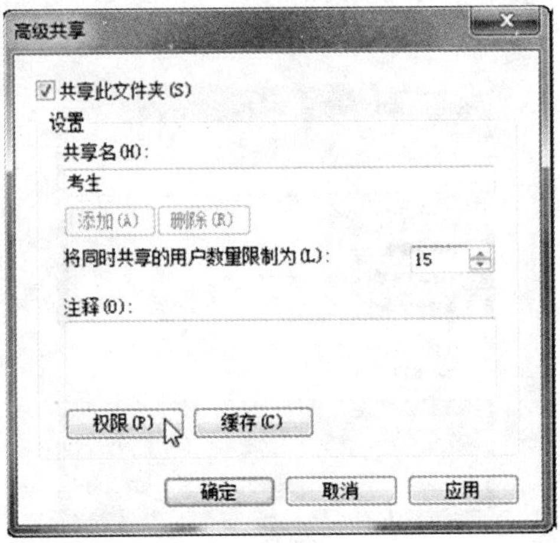

图 1-58

第 16 步：打开“考生的权限”对话框，在“组或用户名”区域选中“Everyone”，在“Everyone 的权限”区域中仅勾选“读取”后面的“允许”复选框，如图 1-59 所示，单击“确定”按钮。

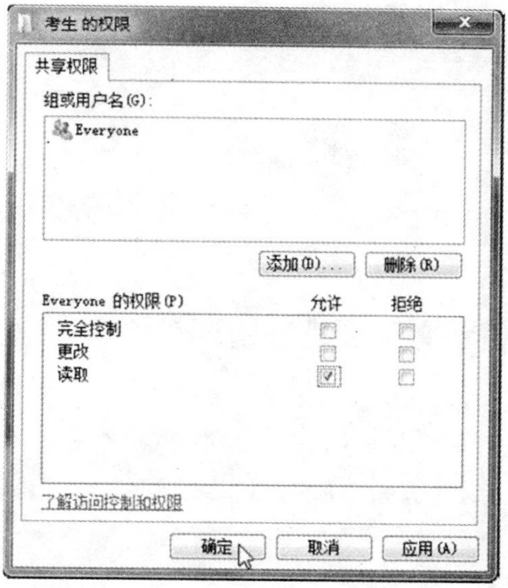

图 1-59

第 17 步：返回到“高级共享”对话框，单击“确定”按钮，返回到“考生 属性”对话框，单击“确定”按钮即可。

1.13　第 13 题解答

1. 操作系统的基本操作：

第 1～6 步请参考 1.1 解答，此处略。

2. 系统设置与优化：

第 7 步：执行“开始”→“控制面板”命令，在打开的“控制面板”窗口中单击“外观和个性化”选项下的“调整屏幕分辨率”项。

第 8 步：打开“更改显示器的外观”窗口，在“分辨率”下拉列表中调整为“1440×900”像素，在“方向”下拉列表中选择“横向”选项，单击“高级设置”按钮。在打开的对话框中选择“监视器”选项卡，在“屏幕刷新频率”下拉列表中选择“60 赫兹”选项，在“颜色”下拉列表中选择“真彩色（32 位）”选项，单击“确定”按钮，返回到“屏幕分辨率”窗口，再次单击“确定”按钮。

第 9 步：执行“开始”→“控制面板”命令，在打开的“控制面板”窗口中单击“硬件和声音”项，打开“硬件和声音”窗口，单击“设备和打印机”区域中的“鼠标”项。

第 10 步：打开“鼠标属性”对话框，选择“鼠标键”选项卡，勾选“启用单击锁定”复选框，如图 1-60 所示。

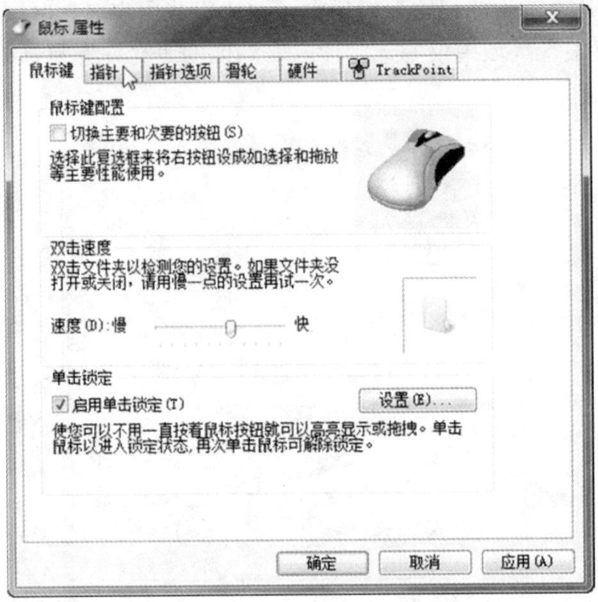

图 1-60

第 11 步：选择“指针”选项卡，勾选“启用指针阴影”复选框，取消“允许主题更改鼠标指针”的选中状态，如图 1-61 所示。

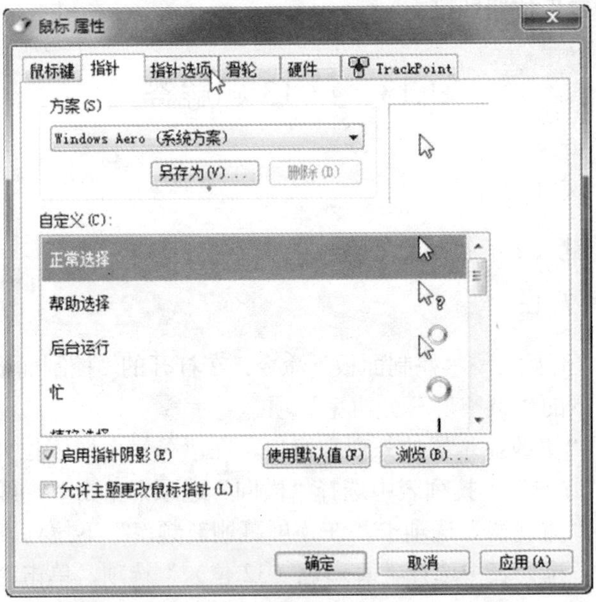

图 1-61

第 12 步：选择“指针选项”选项卡，调整“移动”区域的“选择指针移动速度”为“快”，勾选“可见性”区域的“显示指针轨迹”复选框，如图 1-62 所示，单击“确定”按钮。

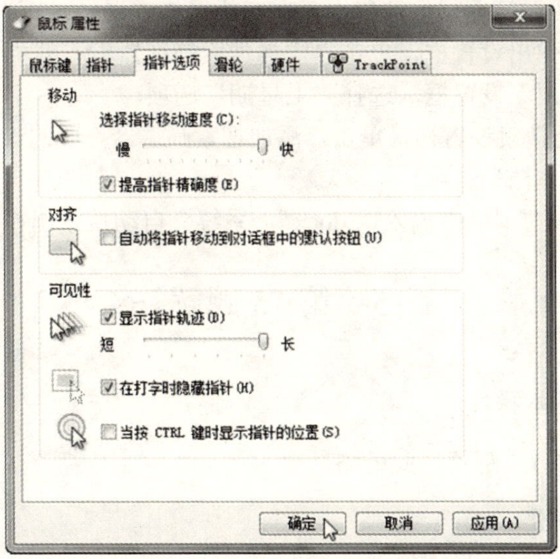

图 1-62

1.14　第 14 题解答

1. 操作系统的基本操作：

第 1～6 步请参考 1.1 解答，此处略。

2. 系统设置与优化：

第 7 步：在任务栏上单击鼠标右键，在弹出的快捷菜单中选择“工具栏”下拉菜单中的“桌面”选项，如图 1-63 所示。

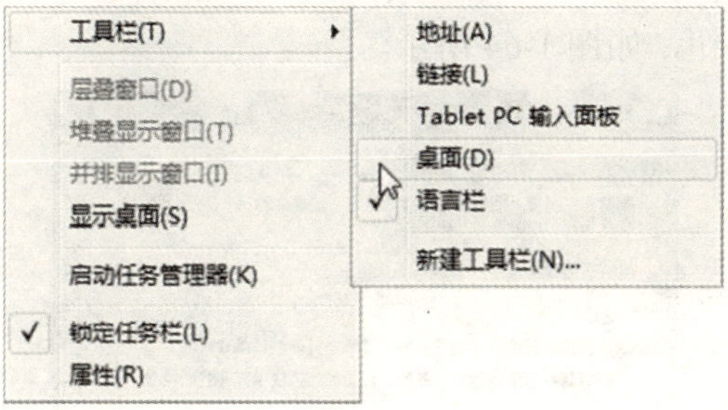

图 1-63

第 8 步：在任务栏上单击鼠标右键，在弹出的快捷菜单中执行“属性”命令。打开“任务栏和「开始」菜单属性”对话框，在“任务栏”选项卡下，勾选“自动隐藏任务栏”复选框，在“屏幕上的任务栏位置”下拉列表中选择“顶部”，单击“确定”按钮。

第 9 步：鼠标右键单击“开始”按钮，在弹出的快捷菜单中执行“打开 Windows 资源管理器”命令，打开资源管理器的窗口。

第 10 步：在“资源管理器”窗口中，在左栏窗格中选择“库”，在右上角的搜索区域单击搜索文本框，弹出设置框，单击“添加搜索筛选器”下的“修改日期”项。打开“选择日期或日期范围”设置框，选择“上星期”选项。

第 11 步：返回至搜索设置框，单击“添加搜索筛选器”下的“种类”项。打开种类选项设置框，选择“文档”选项。

第 12 步：在搜索文本框中输入“.docx”，系统会自动搜索出相应的文件。

1.15 第 15 题解答

1. 操作系统的基本操作:

第 1～6 步请参考 1.1 解答，此处略。

2. 系统设置与优化:

第 7 步：鼠标右键单击“开始”按钮，在弹出的快捷菜单中执行“打开 Windows 资源管理器”命令，打开资源管理器的窗口。

第 8 步：在“资源管理器”窗口中，在左栏窗格中选择“本地磁盘 C:”，在窗口右上角的搜索文本框中输入“.jpg”，系统会自动搜索出相应的文件。

第 9 步：按下 Ctrl + A 组合键全选搜索出的文件，执行“编辑”→“复制”命令，将选中的文件复制到剪切板中。在资源管理器左边的文件夹窗口中选择“库”→“图片”，再执行“编辑”→“粘贴”命令，文件将被复制到“图片”库中。使用相同方法把 C 盘中的“.docx”文件复制到“文档”库中。

第 10 步：执行“开始”→“控制面板”命令，在打开的“控制面板”窗口中单击“外观和个性化”项，打开“外观和个性化”窗口，单击“任务栏和「开始」菜单”区域的“自定义「开始」菜单”项。

第 11 步：打开“任务栏和「开始」菜单属性”对话框，选择“「开始」菜单”选项卡，单击“自定义”按钮，如图 1-64 所示。

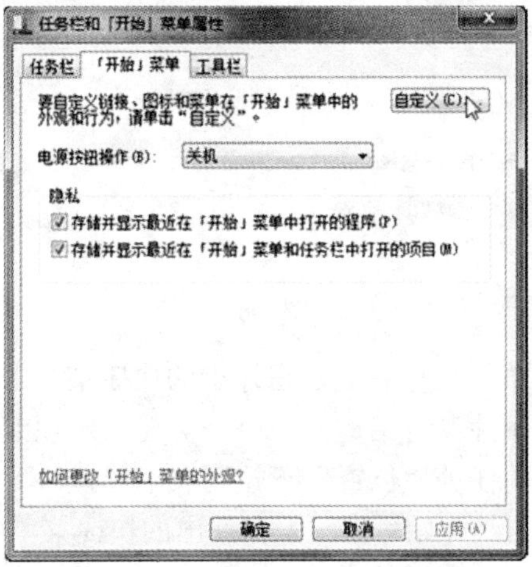

图 1-64

第 12 步：打开“自定义「开始」菜单”对话框，在“要显示的最近打开过的程序的数目”微调框中微调或输入“20”，在“要显示在跳转列表中的最近使用的项目数”微调框中微调或输入“15”，如图 1-65 所示，单击“确定”按钮。返回到“任务栏和「开始」菜单属性”对话框，在“「开始」菜单”选项卡下的“电源按钮操作”下拉列表中选择“注销”选项，单击“确定”按钮即可。

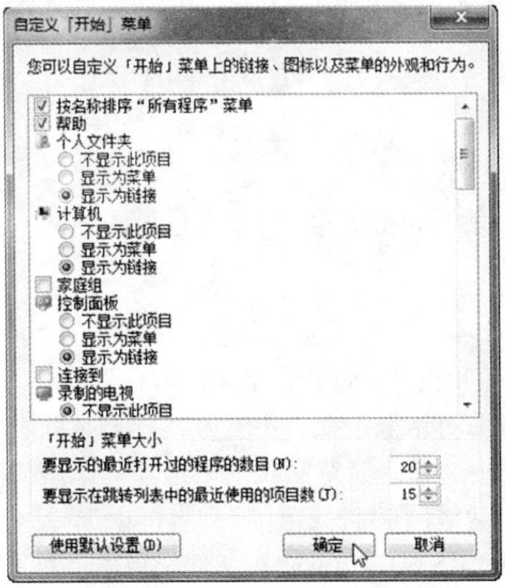

图 1-65

1.16　第 16 题解答

1. 操作系统的基本操作：

第 1～6 步请参考 1.1 解答，此处略。

2. 系统设置与优化：

第 7 步：依次打开“开始”→“所有程序”→“附件”，鼠标右键单击“画图”，在打开的下拉菜单中执行“附到「开始」菜单”命令，即可完成将“画图”附到“开始”菜单中的操作。

第 8 步：再次用鼠标右键单击“画图”，在弹出的快捷菜单中执行“锁定到任务栏”命令，即可将“画图”锁定到任务栏上。

第 9 步：在“开始”菜单中执行“控制面板”命令，在打开的“控制面板”窗口中单击“外观和个性化”选项下的“更改主题”项。

第 10 步：在“个性化”窗口中，选择“Aero 主题”区域中的“自然”选项。单击下方的“桌面背景”按钮，在打开的“桌面背景”窗口中，在“图片位置”下拉列表中选择“Windows 桌面背景”选项，在预览窗格中选择“自然”类，在“更改图片时间间隔”下拉列表中选择“5 分钟”选项，勾选“无序播放”复选框，单击“保存修改”按钮，返回到“个性化”窗口。

第 11 步：在“个性化”窗口中，单击“窗口颜色”按钮，在打开的“窗口颜色和外观”窗口中选择“太阳”选项，取消“启用透明效果”的选中状态，单击“保存修改”按钮，返回到“个性化”窗口。

第 12 步：在“个性化”窗口的“我的主题”区域中单击“保存主题”项，弹出“将主题另存为”对话框，在“主题名称”文本框中输入“新建主题”，单击“保存”按钮。

1.17 第 17 题解答

1. 操作系统的基本操作：

第 1～6 步请参考 1.1 解答，此处略。

2. 系统设置与优化：

第 7 步：执行“开始”→“控制面板”命令，在打开的“控制面板”窗口中单击“硬件和声音”项。打开“硬件和声音”窗口，单击“声音”选项下的“更改系统声音”项。

第 8 步：打开“声音”对话框，在“声音方案”下拉列表中选择“风景”选项，在“程序事件”下拉列表框中选择“清空回收站”选项，单击“浏览”按钮。打开“浏览新的清空回收站声音。”对话框，在“查找范围”列表框中选择“C:\Win2010GJW\KSML1”文件夹，在列表框中选择“KSWJ1-17.wav”文件，单击“打开”按钮。

第 9 步：返回到“声音”对话框，单击“另存为”按钮，弹出“方案另存为”对话框，在“将此声音方案另存为”文本框中输入“新声音方案”，单击“确定”按钮。返回到“声音”对话框，单击“确定”按钮即可。

第 10 步：执行“开始”→“控制面板”命令，在打开的“控制面板”窗口中单击“硬件和声音”项。打开“硬件和声音”窗口，单击“电源选项”项。打开“电源选项”窗口，在左栏中单击“创建电源计划”项。

第 11 步：打开“创建电源计划”窗口，在“计划名称”文本框中输入“新建电源计划”，单击“下一步”按钮。

第 12 步：打开“编辑计划设置”窗口，在“用电池”和“接通电源”区域的“关闭显示器”下拉列表中均选择“45 分钟”选项，在“使计算机进入睡眠状态”下拉列表中均选择“3 小时”选项，单击“创建”按钮。

1.18 第 18 题解答

1. 操作系统的基本操作：

第 1～6 步请参考 1.1 解答，此处略。

2. 系统设置与优化：

第 7 步：执行“开始”→“控制面板”命令，在打开的“控制面板”窗口中单击“硬件和声音”项，打开“硬件和声音”窗口，单击“设备和打印机”区域的“鼠标”项。

第 8 步：打开“鼠标属性”对话框，选择“指针”选项卡，在“方案”下拉列表中选择“Windows 黑色（系统方案）”选项，在“自定义”下拉列表框中选择“移动”选项，单击“浏览”按钮。

第 9 步：打开“浏览”对话框，在“查找范围”列表框中选择“C:\Win2010GJW\KSML1”文件夹，在列表框中选择“SHUBIAO1-18.cur”文件，单击“打开”按钮。

第 10 步：返回到“鼠标属性”对话框，单击“另存为”按钮，打开“保存方案”对话框，在“将该光标方案另存为”文本框中输入“考生鼠标方案”，单击“确定”按钮。返回到“鼠标属性”对话框，单击“确定”按钮即可。

第 11 步：执行“开始”→“控制面板”命令，在打开的“控制面板”窗口中单击“用户帐户和家庭安全”选项下的“添加或删除用户帐户” 项。在打开的“管理帐户”窗口中单击“创建一个新帐户”项。

第 12 步：打开“创建新帐户”窗口，在“该名称将显示在欢迎屏幕和「开始」菜单上。”下面的文本框中输入“新建帐户”，在帐户类型区域点选“管理员”单选按钮，单击“创建帐户”按钮。

第 13 步：返回到“管理帐户”窗口，在“选择希望更改的帐户”区域中单击新创建的“新建帐户”项。打开“更改帐户”窗口，单击“创建密码”项。打开“创建密码”窗口，在“新密码”和“确认新密码”文本框中均输入“KAOSHENG789”，注意字母的大小写，单击“创建密码”按钮。

第 14 步：返回到“更改帐户”窗口，单击“更改图片”项，打开“选择图片”窗口，在图片库中选择试题要求的图片，单击“更改图片”按钮。

1.19　第 19 题解答

1. 操作系统的基本操作：

第 1～6 步请参考 1.1 解答，此处略。

2. 系统设置与优化：

第 7 步：在任务栏上单击鼠标右键，在弹出的快捷菜单中执行“属性”命令。

第 8 步：打开“任务栏和「开始」菜单属性”对话框，在“任务栏”选项卡下，勾选“锁定任务栏”复选框，勾选“使用小图标”复选框，在“屏幕上的任务栏位置”下拉列表中选择“左侧”选项，在“任务栏按钮”下拉列表中选择“从不合并”选项，单击“确定”按钮。

第 9 步：执行“开始”→“控制面板”命令，在打开的“控制面板”窗口中单击“时钟、语言和区域”项，打开“时钟、语言和区域”窗口，单击“区域和语言”选项下的“更改日期、时间或数字格式”项。

第 10 步：打开“区域和语言”对话框，在“短日期”下拉列表中选择“yy.M.d”选项，在“短时间”下拉列表中选择“tt h:mm”，在“一周的第一天”下拉列表中选择“星期四”选项，单击“确定”按钮。

1.20 第 20 题解答

1. 操作系统的基本操作:

第 1～6 步请参考 1.1 解答，此处略。

2. 系统设置与优化:

第 7 步：执行“开始”→“控制面板”命令，在打开的“控制面板”窗口中单击“外观和个性化”项，打开“外观和个性化”窗口，单击“个性化”区域的“更改屏幕保护程序”项。

第 8 步：打开“屏幕保护程序设置”对话框，在“屏幕保护程序”下拉列表中选择“照片”选项，单击“设置”按钮。

第 9 步：打开“照片屏幕保护程序设置”对话框，如图 1-66 所示，单击“浏览”按钮。打开“浏览文件夹”对话框，在查找范围列表框中选择“C:\Win2010GJW\KSML1\KSWJ1-20”文件夹，如图 1-67 所示，单击“确定”按钮，返回至“照片屏幕保护程序设置”对话框。在“幻灯片放映速度”下拉列表中选择“慢速”选项，勾选“无序播放图片”复选框，如图 1-68 所示，单击“保存”按钮，返回至“屏幕保护程序设置”对话框。在“等待”微调框中微调或输入“3”分钟，单击“确定”按钮即可。

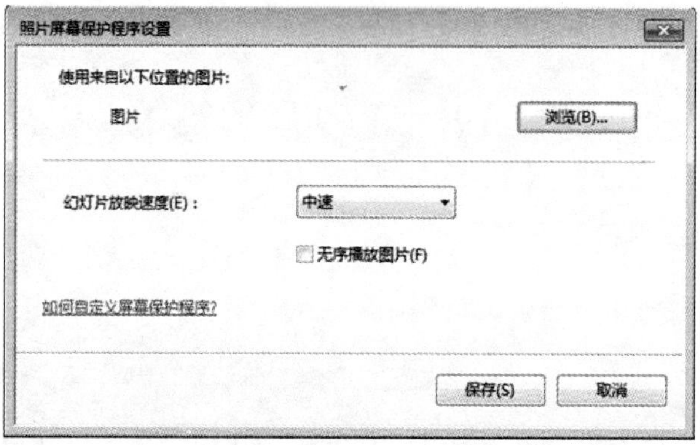

图 1-66

图 1-67

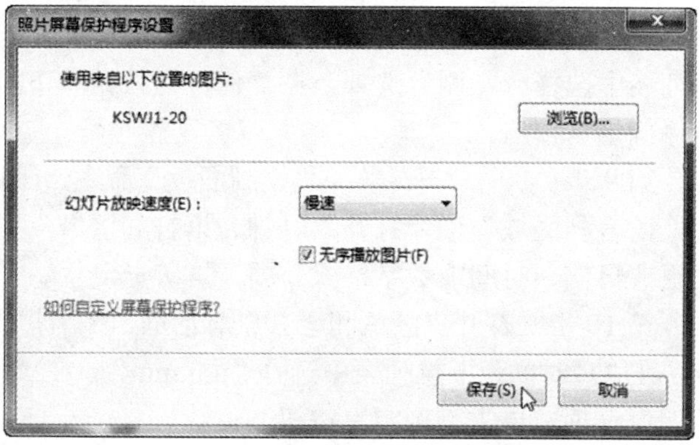

图 1-68

第 10 步：鼠标右键单击“开始”按钮，在弹出的快捷菜单中执行“打开 Windows 资源管理器”命令，打开资源管理器的窗口。

第 11 步：在“资源管理器”窗口中，在左栏窗格中选择“库”，在右上角的搜索区域单击搜索文本框，弹出设置框，单击“添加搜索筛选器”下的“修改日期”项。打开“选择日期或日期范围”设置框，选择“这个月的早些时候”选项。

第 12 步：返回至搜索设置框，单击“添加搜索筛选器”下的“种类”项。打开种类选项设置框，选择“图片”选项。

第 13 步：在搜索文本框中输入“.png”，系统会自动搜索出相应的文件。

第二单元　文档处理的基本操作

2.1　第 1 题解答

执行“文件”→“打开”命令，在“查找范围”文本框中找到指定路径，选择“A2.docx”文件，单击“打开”按钮。

1. 设置文档页面格式：

第 1 步：将光标定位在文档中的任意位置，单击“页面布局”选项卡下“页面设置”组右下角的“对话框启动器”按钮，弹出“页面设置”对话框。单击“页边距”选项卡，在“上”、“下”文本框中选择或输入“4.2 厘米”，在“左”、“右”文本框中选择或输入“3.3 厘米”，如图 2-1 所示。切换到“版式”选项卡，在“页眉和页脚”区域的“页眉”文本框中选择或输入“2.5 厘米”，如图 2-2 所示，单击“确定”按钮。

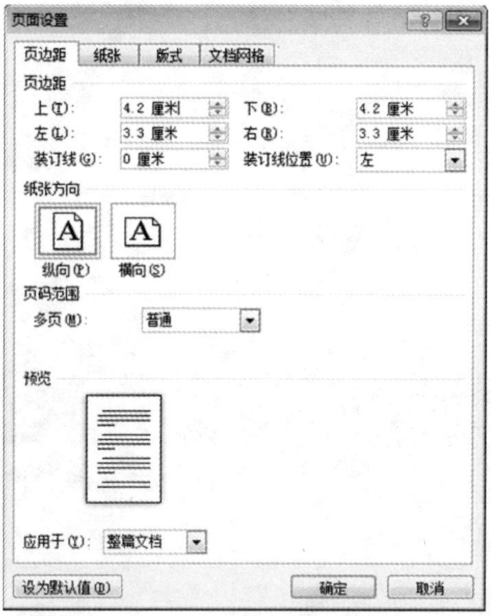

图 2-1

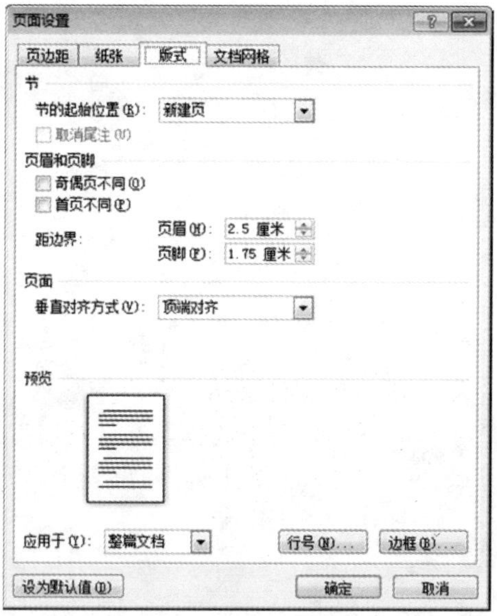

图 2-2

第 2 步：将光标定位在文档中的任意位置，单击“插入”选项卡下“页眉和页脚”组中的“页眉”按钮，在弹出的下拉列表中选择“危险性”页眉样式，如图 2-3 所示。

第 3 步：将光标定位在页眉左侧的“键入文档标题”标题框中，输入文字“环保漫谈”。将光标定位在页眉右侧的“选取日期”框中，输入文本“第 1 页”，如图 2-4 所示。

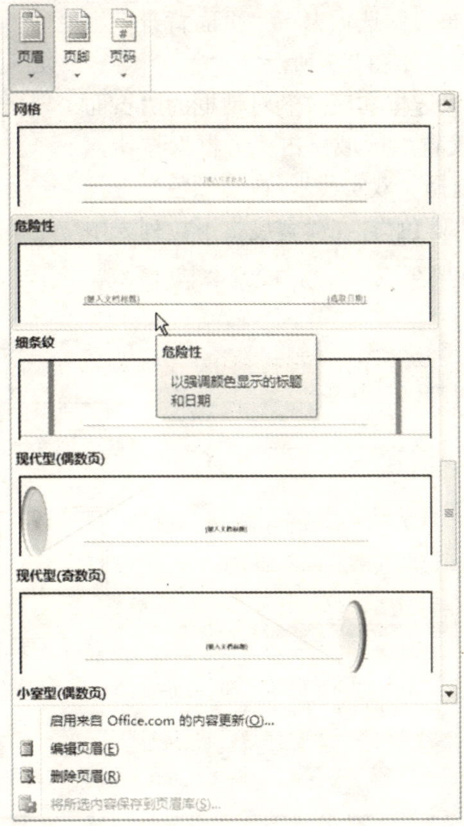

图 2-3

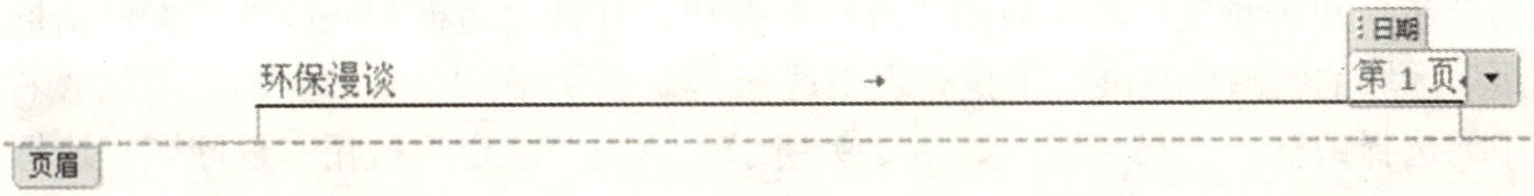

图 2-4

第 4 步：根据样文所示，选中输入的页眉文本，在“开始”选项卡下“字体”组中的“字体”下拉列表中选择“方正姚体”，在“字号”下拉列表中选择“小四”，如图 2-5 所示。在“页眉和页脚工具”的“设计”选项卡下“关闭”组中单击“关闭页眉和页脚”按钮，如图 2-6 所示。

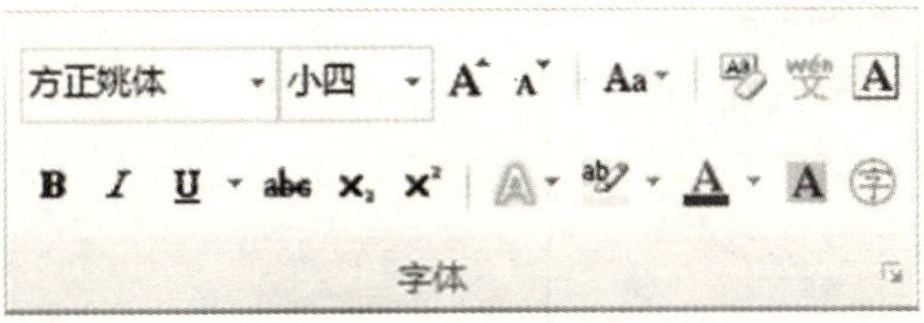

图 2-5

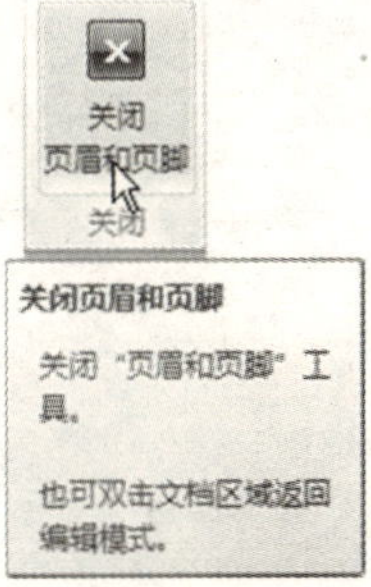

图 2-6

第 5 步：在“页面布局”选项卡下“页面背景”组中单击“页面边框”按钮，如图 2-7 所示。

图 2-7

第 6 步：在弹出的“边框和底纹”对话框的“页面边框”选项卡下，在“设置”区域单击“方框”按钮，在“样式”下拉列表中选择“双实线”，在“颜色”下拉列表中选择标准色中的“蓝色”，在“宽度”下拉列表中选择“1.5 磅”，如图 2-8 所示。

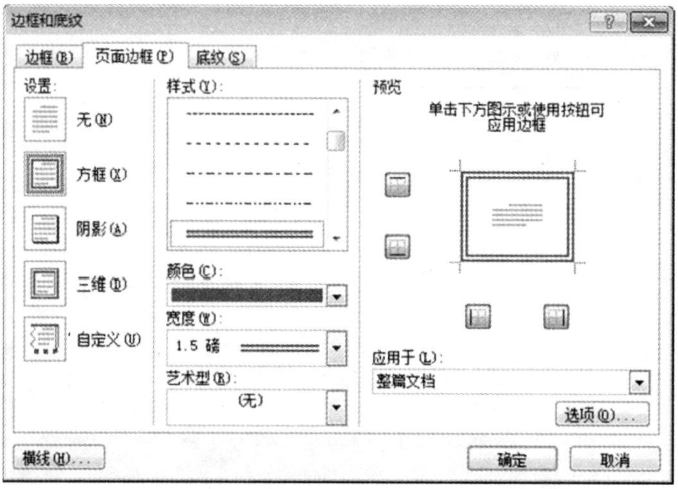

图 2-8

第 7 步：单击预览区域下方的“选项”按钮，打开“边框和底纹选项”对话框，在“边距”区域的“测量基准”下拉列表中选择“文字”，在“上”、“下”、“左”、“右”文本框中均选择或输入“15 磅”，如图 2-9 所示，单击“确定”按钮。返回到“边框和底纹”对话框，在“应用于”下拉列表中选择“整篇文档”选项，单击“确定”按钮。

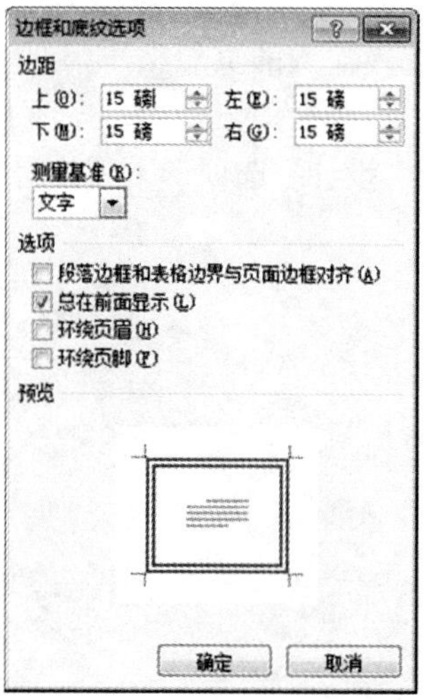

图 2-9

2. 设置文档编排格式:

第 8 步：选中文档的标题，单击“插入”选项卡下“文本”组中的“艺术字”按钮。在弹出的库中选择“填充 - 红色，强调文字颜色 2，暖色粗糙棱台”，如图 2-10 所示。

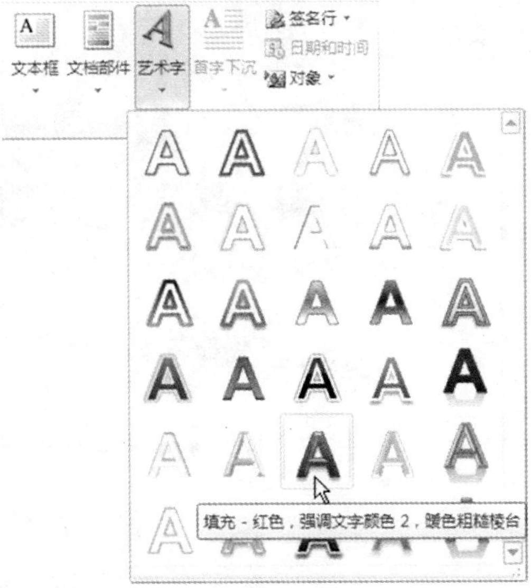

图 2-10

第 9 步：选中新插入的艺术字，在“开始”选项卡下“字体”组中的“字体”下拉列表中选择“华文新魏”。

第 10 步：在“绘图工具”的“格式”选项卡下“排列”组中单击“位置”按钮，在弹出的下拉列表中选择“文字环绕”区域下“顶端居中，四周型文字环绕”，如图 2-11 所示。

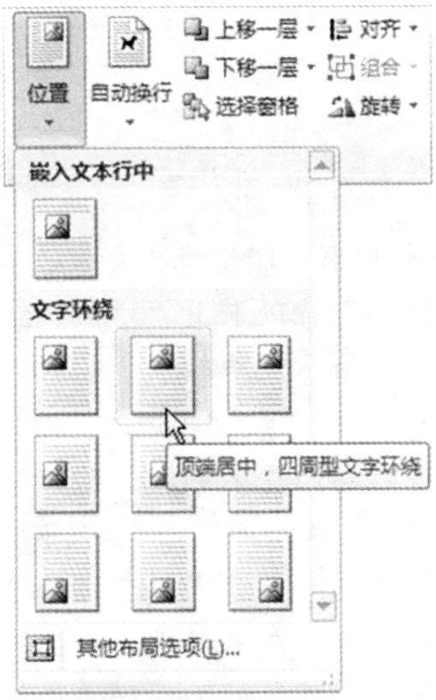

图 2-11

第 11 步：在“绘图工具”的“格式”选项卡下“艺术字样式”组中单击“文本效果”按钮，在弹出的下拉列表中选择“转换”选项下的“前近后远”弯曲效果，如图 2-12 所示。

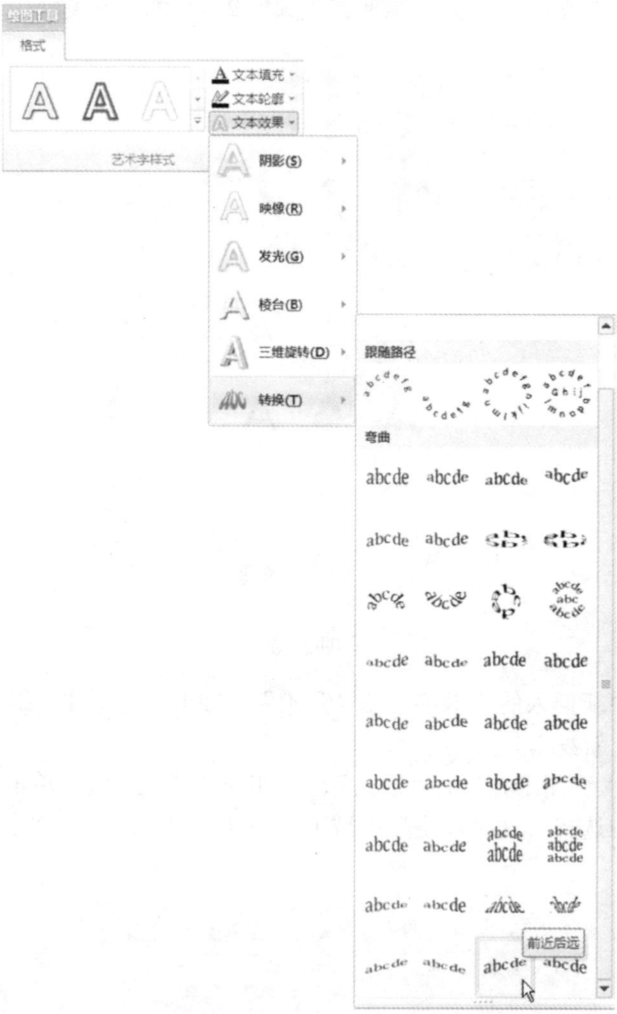

图 2-12

第 12 步：选中正文第 1 段中的第 1 句文本“湿地是指一年中至少有一段时间……滩涂和沼泽群落等。”，单击“开始”选项卡下“字体”组右下角的“对话框启动器”按钮，弹出“字体”对话框，在“字体”选项卡下的“中文字体”下拉列表中选择“楷体_GB2312”，在“字号”下拉列表中选择“小四”，在“字形”下拉列表中选择“加粗”；在“下划线线型”下拉列表中选择波浪线下划线，在“下划线颜色”下拉列表中选择标准色中的“红色”，如图 2-13 所示，单击“确定”按钮。

第 13 步：选中正文第 1 段，单击“开始”选项卡下“段落”组右下角的“对话框启动器”按钮，弹出“段落”对话框。在“缩进和间距”选项卡下的“行距”下拉列表中选择“固定值”项，在“设置值”文本框中选择或输入“23 磅”，如图 2-14 所示，单击“确定”按钮即可。

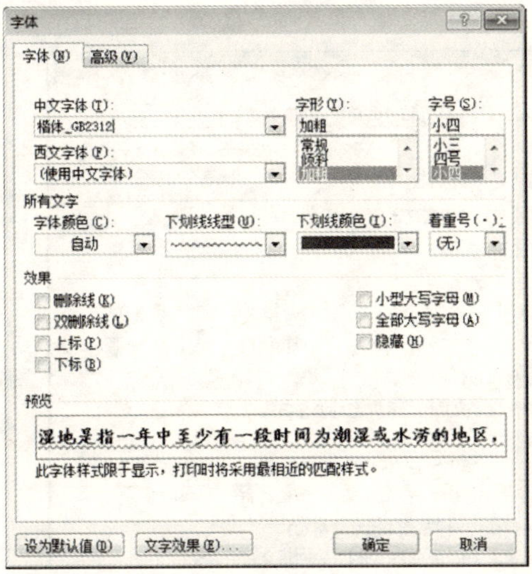

图 2-13

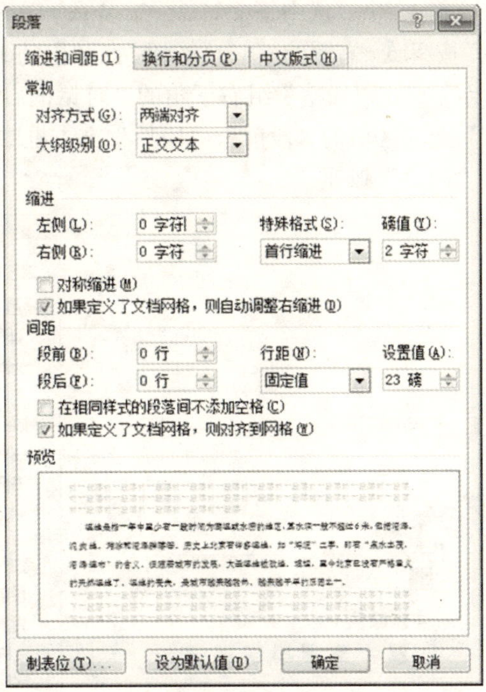

图 2-14

第 14 步：选中正文第 2、3、4 段，在“开始”选项卡下“段落”组中单击“项目符号”按钮右侧的下拉箭头，在打开的列表中执行“定义新项目符号”命令，如图 2-15 所示。打开“定义新项目符号”对话框，单击“符号”按钮，在弹出的“符号”框中选择符号样式“♦”，单击“确定”按钮，返回至“定义新项目符号”对话框，如图 2-16 所示，单击“确定”按钮即可。

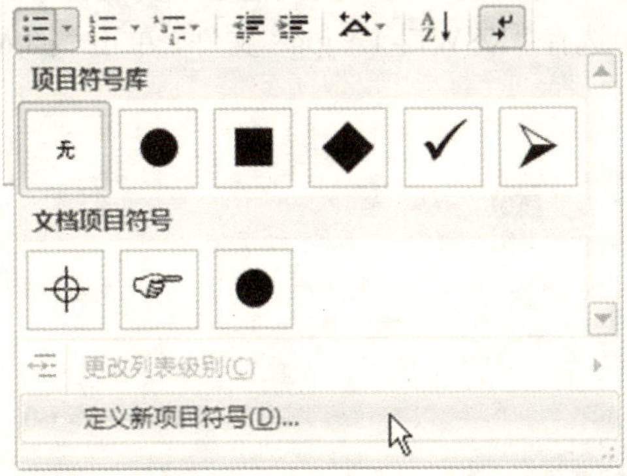

图 2-15

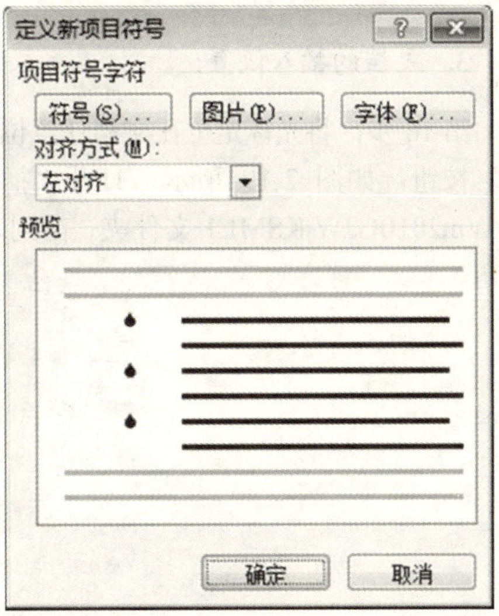

图 2-16

第 15 步：选中正文第 2、3、4 段，在“开始”选项卡下“字体”组中单击“字体颜色”按钮 右侧的下三角按钮，在弹出的下拉列表中选择标准色中的“蓝色”，如图 2-17 所示。单击“段落”组右下角的“对话框启动器”按钮 ，弹出“段落”对话框。在“间距”选项区域的“段前”、“段后”文本框中均选择或输入“0.5 行”，如图 2-18 所示，单击“确定”按钮。

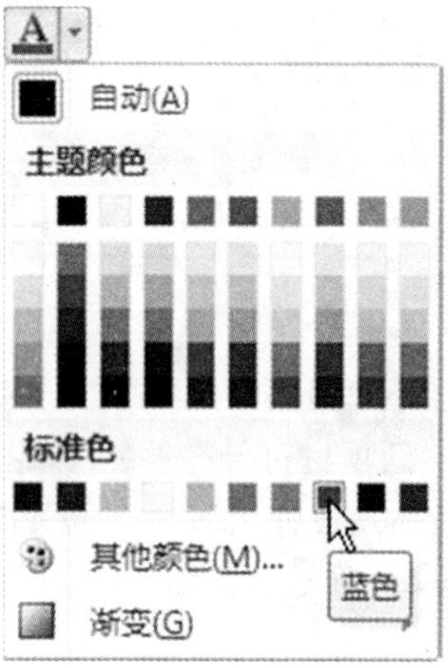

图 2-17

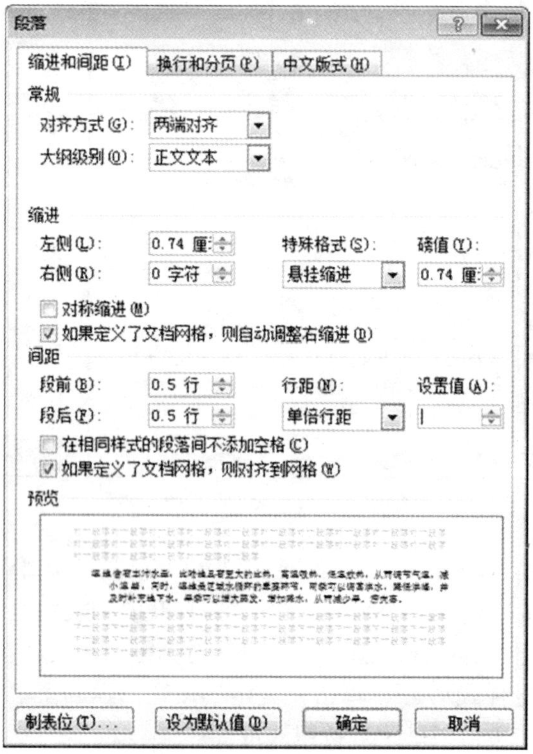

图 2-18

3. 文档的插入设置：

第 16 步：将光标定位在文档任意位置处，单击“插入”选项卡下“插图”组中的“图片”按钮，如图 2-19 所示，打开“插入图片”对话框。在“查找范围”列表框中选择 C:\Win2010GJW\KSML1 文件夹，在列表框中选择“KSWJ2-1A.jpg”文件，单击“插入”按钮。

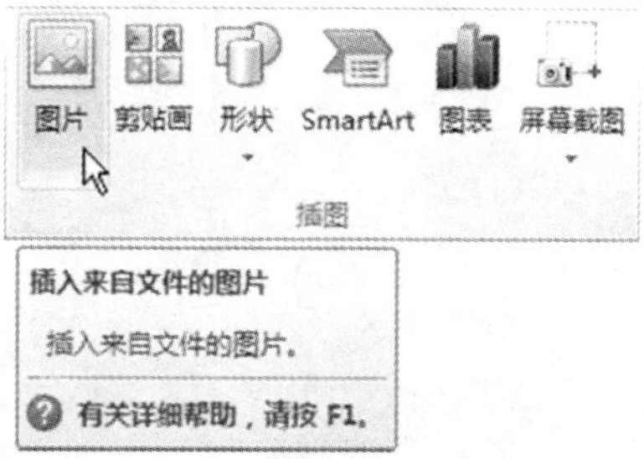

图 2-19

第 17 步：选中所插入的图片，在“图片工具”下的“格式”选项卡下单击“大小”组右下角的“对话框启动器”按钮，打开“布局”对话框。选择“大小”选项卡，先取消“锁定纵横比”的选中状态，在“高度”区域的“绝对值”文本框中选择或输入“4.5 厘米”，在“宽度”区域的“绝对值”文本框中选择或输入“6.8 厘米”，如图 2-20 所示，单击“确定”按钮。

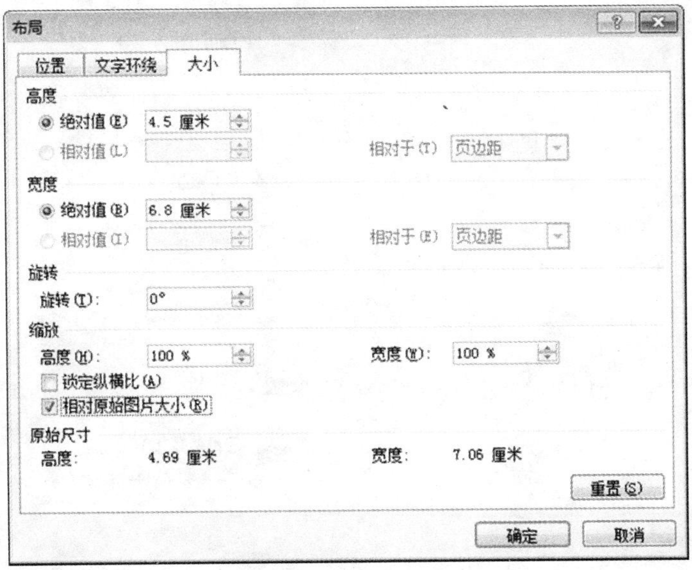

图 2-20

第 18 步：在“图片工具”下的“格式”选项卡下“排列”组中单击“自动换行”按钮，在其下拉列表中选择“紧密型环绕”，如图 2-21 所示。在图片上单击鼠标右键，在打开的快捷菜单中执行“置于底层”→“置于底层”命令，如图 2-22 所示。

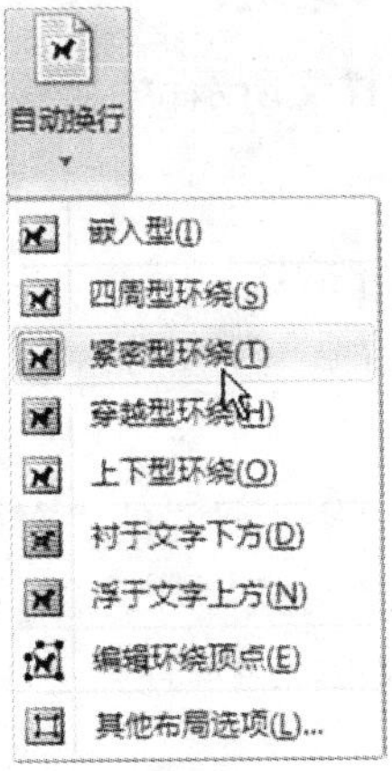

图 2-21

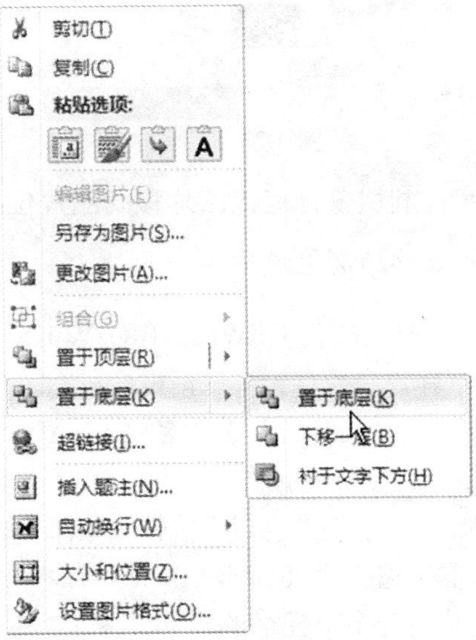

图 2-22

第 19 步：在“图片工具”下的“格式”选项卡下“调整”组中单击“艺术效果”按钮，在弹出的下拉列表中选择“马赛克气泡”艺术效果，如图 2-23 所示。在“图片样式”组中单击“图片效果”按钮，在弹出的下拉列表中选择“柔化边缘”选项下的“5 磅”图片效果，如图 2-24 所示。

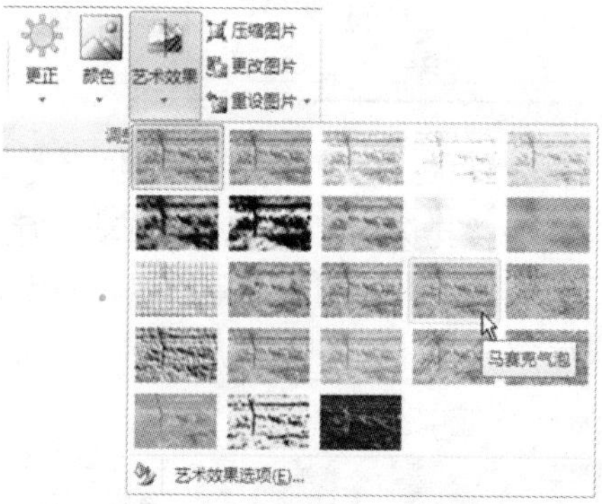

图 2-23

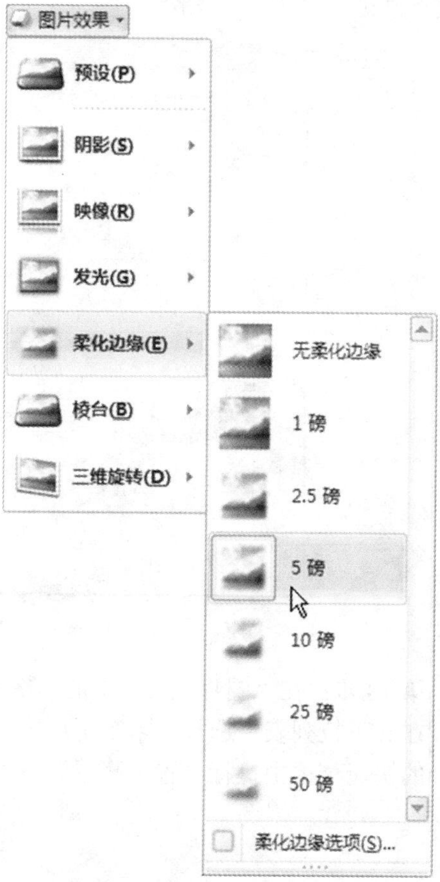

图 2-24

第 20 步：利用鼠标拖拽图片移动图片位置，使其位于样文所示位置。

4. 文档表格的高级操作：

第 21 步：打开文件 C:\Win2010GJW\KSML1\KSWJ2-1B.docx，执行“文件”→“另存为”命令，弹出“另存为”对话框，在“保存位置”列表中选择考生文件夹所在位置，在“文件名”文本框中输入文件名“A2-A”，如图 2-25 所示，单击“保存”按钮。

第 22 步：将光标定位在“总计”后的单元格中，在“表格工具”的“布局”选项卡下单击“数据”组中的“公式”按钮，如图 2-26 所示。弹出“公式”对话框，在“公式”下面的文本框中输入“=SUM(ABOVE)”，如图 2-27 所示，单击“确定”按钮。使用同样方法完成其他三个单元格的求和计算。

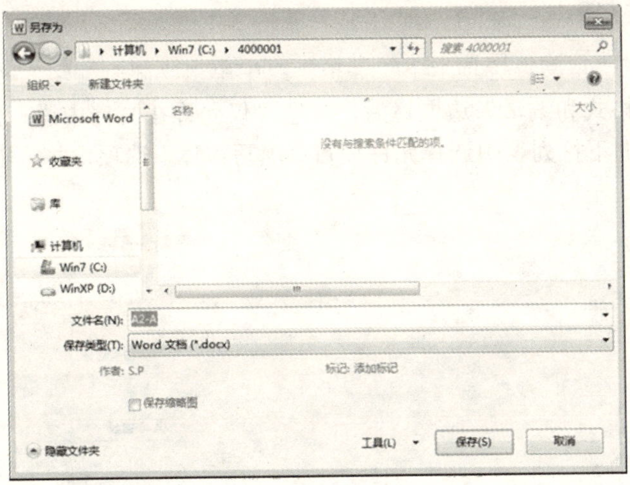

图 2-25

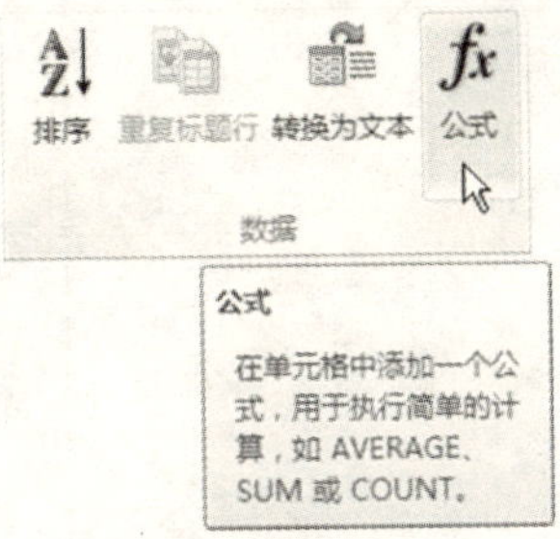

图 2-26

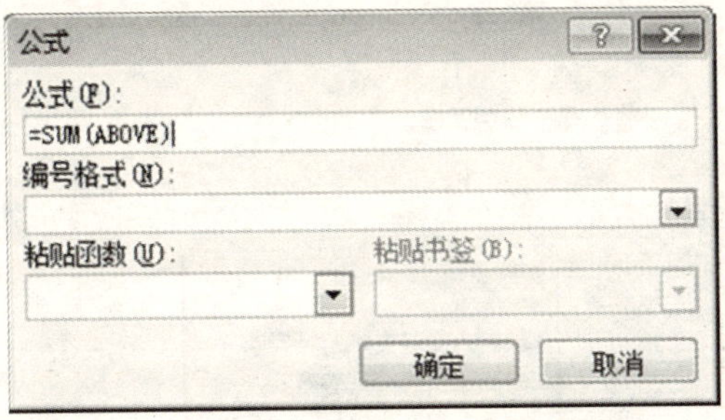

图 2-27

第 23 步：选中整个表格，打开“表格工具”的“设计”选项卡，在“表格样式”组中单击“表格样式”右侧的“其他”按钮，在打开的列表框的“内置”区域中选择“中等深浅底纹 1 - 强调文字颜色 6”表格样式，如图 2-28 所示。

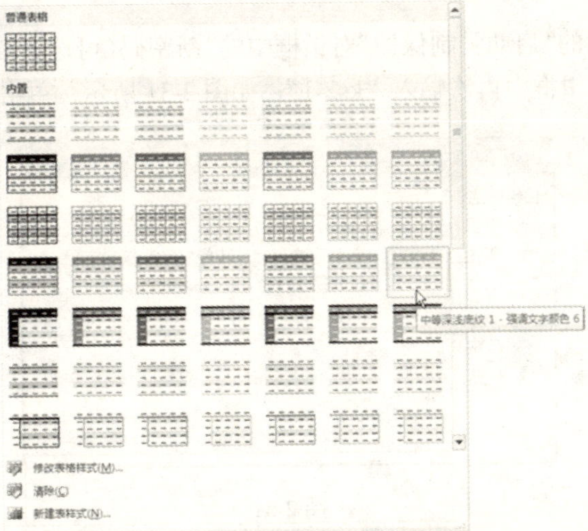

图 2-28

5. 文档的保护操作：

第 24 步：在“审阅”选项卡下“保护”组中单击“限制编辑”按钮，如图 2-29 所示。弹出“限制格式和编辑”边框栏后，勾选“仅允许在文档中进行此类型的编辑”复选框，在其下方的下拉列表中选择允许项目“填写窗体”选项，并单击“是，启动强制保护”按钮，如图 2-30 所示。

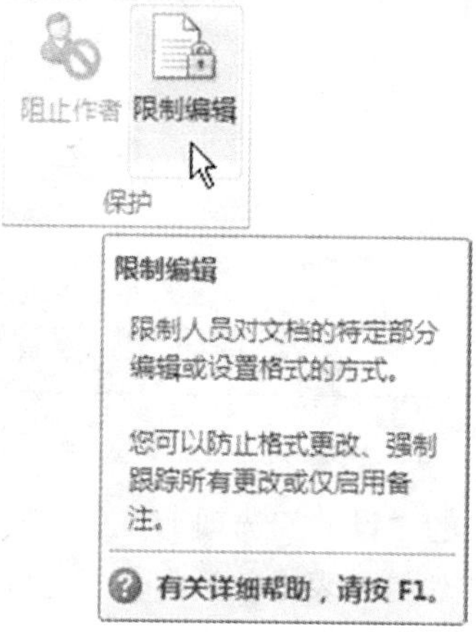

图 2-29

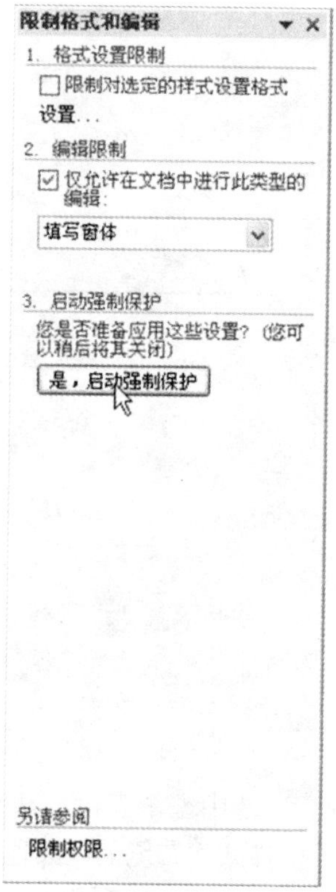

图 2-30

第 25 步：在弹出的“启动强制保护”对话框中的“新密码(可选)”编辑框中输入“ks2-1”，在“确认新密码”编辑框中再次输入“ks2-1”，如图 2-31 所示，单击“确定”按钮。

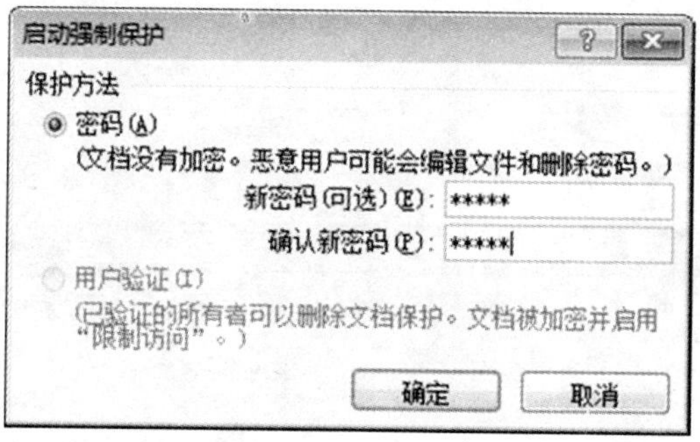

图 2-31

第 26 步：执行“文件”→“保存”命令。

2.2 第2题解答

执行"文件"→"打开"命令，在"查找范围"文本框中找到指定路径，选择"A2.docx"文件，单击"打开"按钮。

1. 设置文档页面格式：

第1步：将光标定位在文档中的任意位置，单击"页面布局"选项卡下"页面设置"组右下角的"对话框启动器"按钮，弹出"页面设置"对话框。单击"页边距"选项卡，在"上"、"下"、"左"、"右"文本框中均选择或输入"3 厘米"。切换到"版式"选项卡，在"页眉和页脚"区域的"页眉"文本框中选择或输入"2 厘米"，单击"确定"按钮。

第2步：将光标定位在文档中的任意位置，单击"插入"选项卡下"页眉和页脚"组中的"页眉"按钮，在弹出的下拉列表中选择"细条纹"页眉样式。

第3步：将光标定位在页眉的"键入文档标题"标题框中，输入文字"首都风貌"。选中页眉文字，在"开始"选项卡下"字体"组中的"字体"下拉列表中选择"华文楷体"，在"字号"下拉列表中选择"小四"，单击"加粗"按钮B，在"字体颜色"下拉列表中选择标准色中的"蓝色"。

第4步：在"页眉和页脚工具"的"设计"选项卡下，单击"页眉和页脚"组中的"页脚"按钮，在弹出的下拉列表中选择"细条纹"页脚样式。删除右侧的页码数字"1"，然后在"键入文字"框中输入"第5页"。选中新插入的页码文本，在"开始"选项卡下"字体"组中的"字体"下拉列表中选择"华文楷体"，在"字号"下拉列表中选择"小四"，单击"加粗"按钮B，在"字体颜色"下拉列表中选择标准色中的"蓝色"，单击"段落"组中的"居中"按钮。在"页眉和页脚工具"的"设计"选项卡下"关闭"组中单击"关闭页眉和页脚"按钮。

第5步：在"页面布局"选项卡下"页面背景"组中单击"页面颜色"按钮，在打开的下拉列表中执行"其他颜色"命令，如图2-32所示。打开"颜色"对话框，在"自定义"选项卡下输入RGB值（242，219，219），如图2-33所示，单击"确定"按钮。

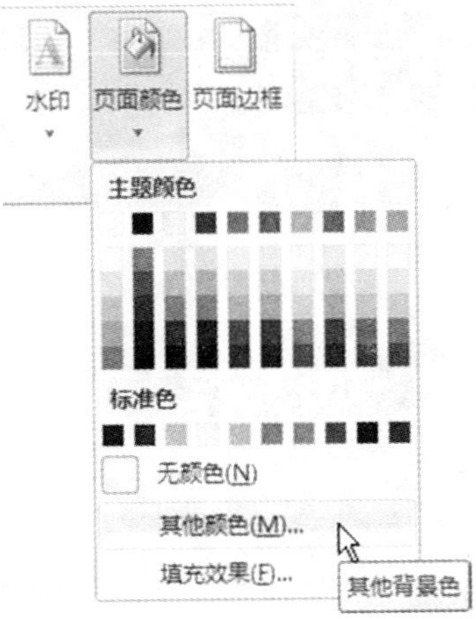

图2-32

图2-33

2. 设置文档编排格式:

第 6 步：选中文档的标题，单击“插入”选项卡下“文本”组中的“艺术字”按钮。在弹出的库中选择“填充 - 蓝色，强调文字颜色 1，塑料棱台，映像”。

第 7 步：选中新插入的艺术字，在“开始”选项卡下“字体”组中的“字体”下拉列表中选择“隶书”，在“字号”文本框中输入“60”磅。

第 8 步：在“绘图工具”的“格式”选项卡下“排列”组中单击“自动换行”按钮，在弹出的下拉列表中选择“嵌入型”，如图 2-34 所示。

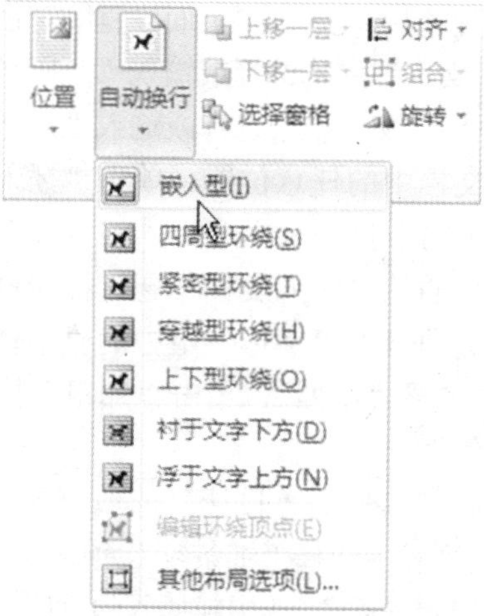

图 2-34

第 9 步：将鼠标移至标题行的左侧，当光标变成形状时，单击鼠标左键即可选中该行，在“开始”选项卡下单击“段落”组中的“居中”按钮。

第 10 步：在“绘图工具”的“格式”选项卡下“形状样式”组中单击“其他”按钮，在弹出的库中选择“细微效果 - 黑色，深色 1”的形状样式，如图 2-35 所示。

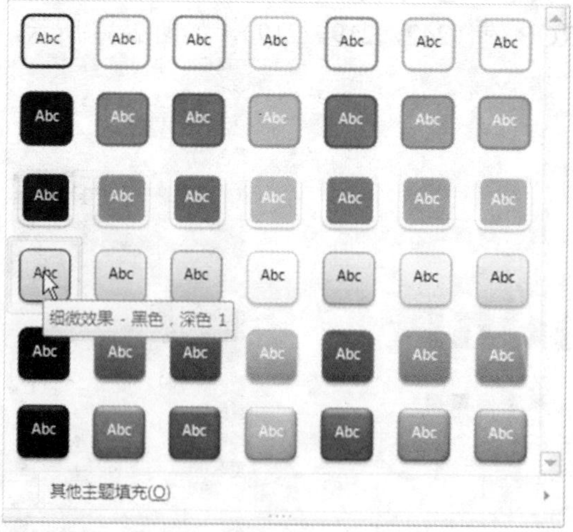

图 2-35

第 11 步：选中正文第 1 段文本，单击在“开始”选项卡下“段落”组中的“底纹”下拉按钮，在打开的下拉列表中执行“其他颜色”命令，如图 2-36 所示。打开“颜色”对话框，在“自定义”选项卡下输入 RGB 值（255，255，155），如图 2-37 所示，单击“确定”按钮。

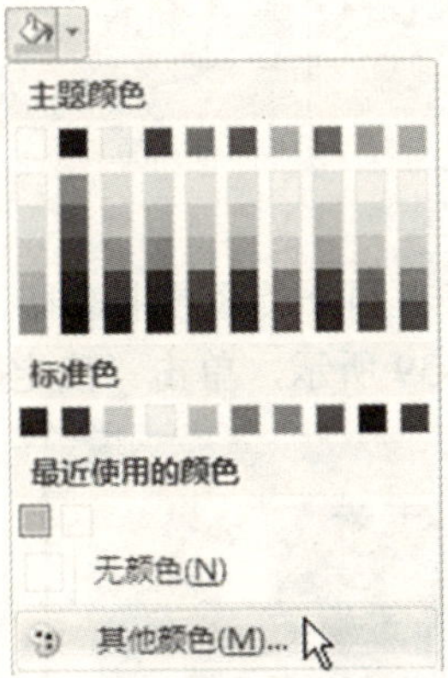

图 2-36

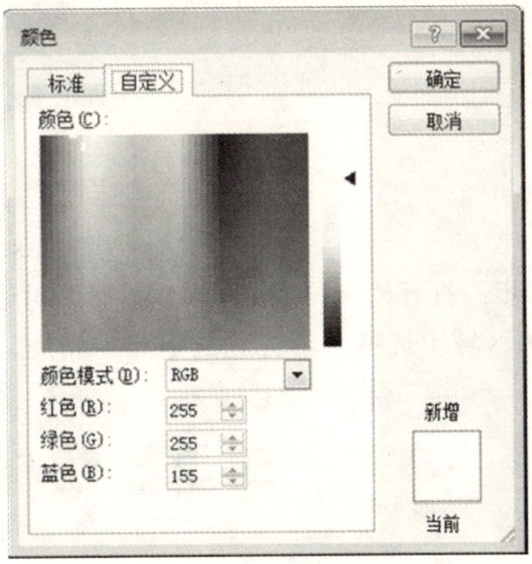

图 2-37

第 12 步：选中正文部分所有文本，在“开始”选项卡下“字体”组中的“字体”下拉列表中选择“楷体_GB2312”，在“字号”下拉列表中选择“小四”，单击“倾斜”按钮。单击“段落”组右下角的“对话框启动器”按钮，弹出“段落”对话框，在“缩进和间距”选项卡下，在“间距”区域的“段前”文本框中选择或输入“0.5 行”，在“行距”下拉列表中选择“固定值”项，在“设置值”文本框中选择或输入“16 磅”，单击“确定”按钮即可。

第 13 步：选中正文 3～6 段，在“开始”选项卡下“段落”组中单击“项目符号”按钮右侧的下拉按钮，在打开的列表中执行“定义新项目符号”命令。打开“定义新项目符号”对话框，单击“符号”按钮，在弹出的“符号”框中选择符号样式“⌘”，单击“确定”按钮，返回至“定义新项目符号”对话框，单击“确定”按钮即可。

第 14 步：选中正文 3～6 段，在“开始”选项卡下“字体”组中单击“字体颜色”按钮右侧的下拉按钮，在弹出的下拉列表中选择标准色中的“深红”色。在“段落”组中单击“对话框启动器”按钮，弹出“段落”对话框。在“缩进和间距”选项卡下，在“缩进”区域的“特殊格式”下拉列表中选择“悬挂缩进”项，在“磅值”文本框中选择或输入“1 字符”，单击“确定”按钮即可。

3. 文档的插入设置:

第 15 步：将光标定位在文档的结尾处，在“插入”选项卡下“插图”组中单击“SmartArt”按钮，如图 2-38 所示。

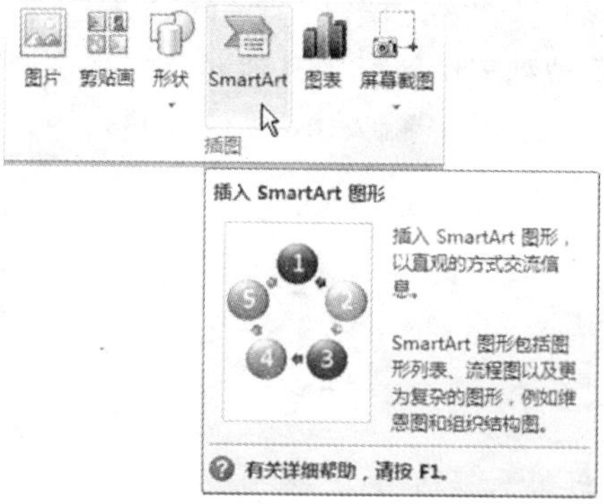

图 2-38

第 16 步：打开“选择 SmartArt 图形”对话框，在左侧分类区域中选择“矩阵”选项，在选项区域中选择“带标题的矩阵”布局，如图 2-39 所示，单击“确定”按钮。

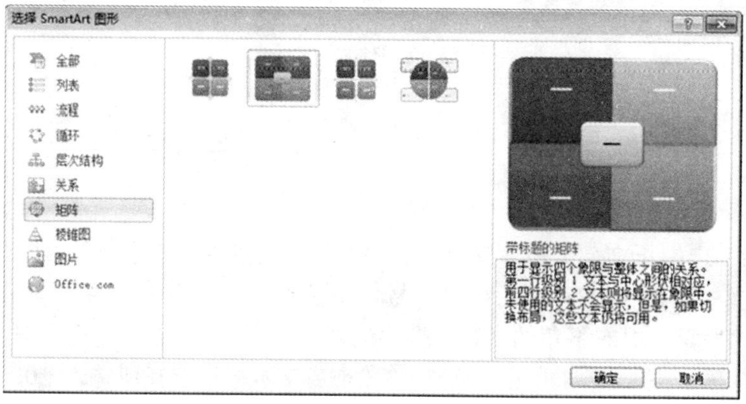

图 2-39

第 17 步：选中已插入的 SmartArt 图形，在“SmartArt 工具”的“设计”选项卡下单击“SmartArt 样式”组中的“更改颜色”按钮，在弹出的库中选择“彩色范围 - 强调文字颜色 3 至 4”的形状颜色，如图 2-40 所示。

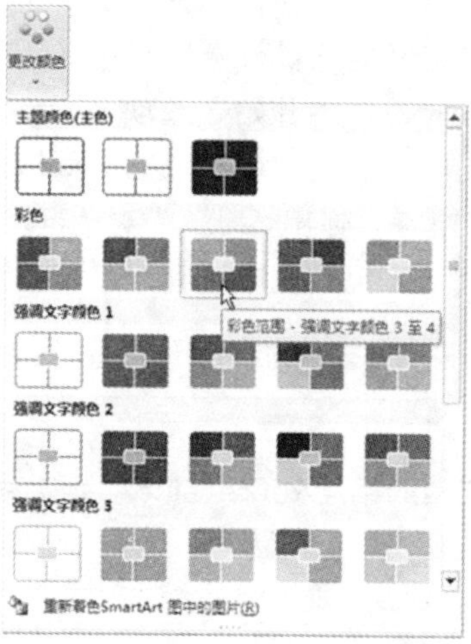

图 2-40

第 18 步：在“SmartArt 工具”的“设计”选项卡下单击“SmartArt 样式”组中的“其他”按钮，在弹出的库中选择“优雅”的三维效果，如图 2-41 所示。

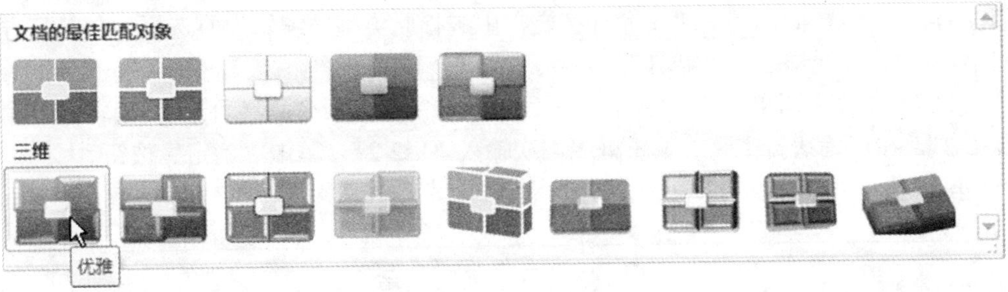

图 2-41

第 19 步：依照样文所示，在新插入的“SmartArt 图形”中录入相应的文本内容：“北京精神”、“爱国”、“创新”、“包容”、“厚德”。选中录入的文本，在“开始”选项卡下“字体”组中的“字体”下拉列表中选择“华文中宋”，在“字号”下拉列表中选择或输入“20”磅即可。

4. 文档表格的高级操作:

第 20 步：打开文件 C:\Win2010GJW\KSML1\KSWJ2-2A.docx，执行“文件”→“另存为”命令，弹出“另存为”对话框，在“保存位置”列表中选择考生文件夹所在位置，在“文件名”文本框中输入文件名“A2-A”，单击“保存”按钮。

第 21 步：选中整个表格，打开“表格工具”的“布局”选项卡，在“数据”组中单击“排序”按钮，打开“排序”对话框，在“主要关键字”下拉列表中选择“销售额”，勾选后面的“升序”单选按钮，如图 2-42 所示，单击“确定”按钮。

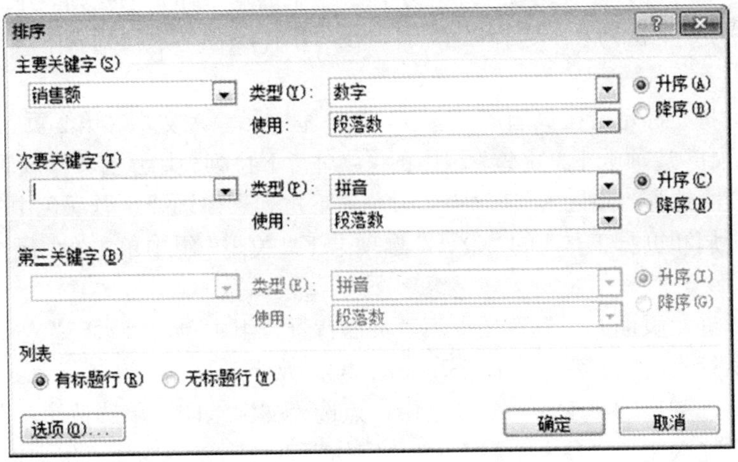

图 2-42

第 22 步：选中整个表格，打开“表格工具”的“设计”选项卡，在“表格样式”组中单击“表格样式”右侧的“其他”按钮，在打开的列表框中的“内置”区域中选择“浅色网格 - 强调文字颜色 4”表格样式。

5. 文档的保护操作：

第 23 步：在“审阅”选项卡下“保护”组中单击“限制编辑”按钮，弹出“限制格式和编辑”边框栏后，勾选“仅允许在文档中进行此类型的编辑”复选框，在其下方的下拉列表中选择允许项目“修订”，并单击“是，启动强制保护”按钮。

第 24 步：在弹出的“启动强制保护”对话框中的“新密码（可选）”编辑框中输入“ks2-2”，在“确认新密码”编辑框中再次输入“ks2-2”，单击“确定”按钮。

第 25 步：执行“文件”→“保存”命令。

2.3 第 3 题解答

执行“文件”→“打开”命令，在“查找范围”文本框中找到指定路径，选择“A2.docx”文件，单击“打开”按钮。

1. 设置文档页面格式：

第 1 步：将光标定位在文档中的任意位置，单击“页面布局”选项卡下“页面设置”组右下角的“对话框启动器”按钮，弹出“页面设置”对话框。单击“页边距”选项卡，在“上”、“下”文本框中选择或输入“2.8 厘米”，在“左”、“右”文本框中选择或输入“3.2 厘米”。切换到“版式”选项卡，在“页眉和页脚”区域的“页眉”文本框中选择或输入“2 厘米”，单击“确定”按钮。

第 2 步：将光标定位在文档中的任意位置，单击“插入”选项卡下“页眉和页脚”组中的“页眉”按钮，在弹出的下拉列表中选择“飞越型（偶数页）”页眉样式。

第 3 步：将光标定位在页眉的“键入文档标题”标题框中，输入文字“神秘的南极”。选中页眉文字，在“开始”选项卡下“字体”组中的“字体”下拉列表中选择“微软雅黑”，在“字号”下拉列表中选择“小四”，在“字体颜色”下拉列表中选择主题颜色中的“白色，背景 1”。

第 4 步：将光标定位在页眉的“选取日期”框中，输入文本“第 2 页”。选中插入的页码，在“开始”选项卡下“字体”组中的“字体”下拉列表中选择“微软雅黑”，在“字号”下拉列表中选择“小四”，在“字体颜色”下拉列表中选择主题颜色中的“白色，背景 1”。在“页眉和页脚工具”的“设计”选项卡下“关闭”组中单击“关闭页眉和页脚”按钮。

第 5 步：在“页面布局”选项卡下“页面背景”组中单击“水印”按钮，在打开的下拉列表中执行“自定义水印”命令，如图 2-43 所示。

第 6 步：在弹出的“水印”对话框中，点选“文字水印”单选按钮，在“文字”后面的文本框中输入文字“参考资料”，在“字体”下拉列表中选择“华文中宋”，在“字号”下拉列表中选择或输入“66”磅，在“颜色”下拉列表中选择标准色中的“紫色”，勾选“半透明”复选框，点选“版式”中的“水平”单选按钮，如图 2-44 所示，单击“确定”按钮即可。

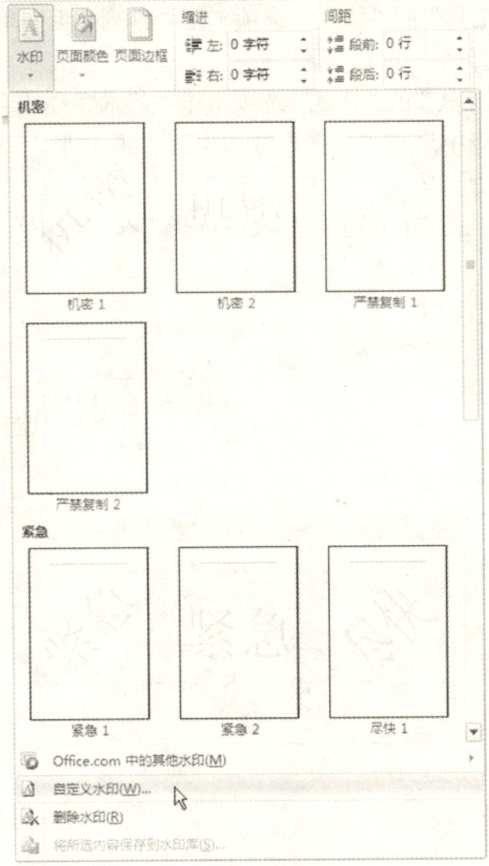

图 2-43

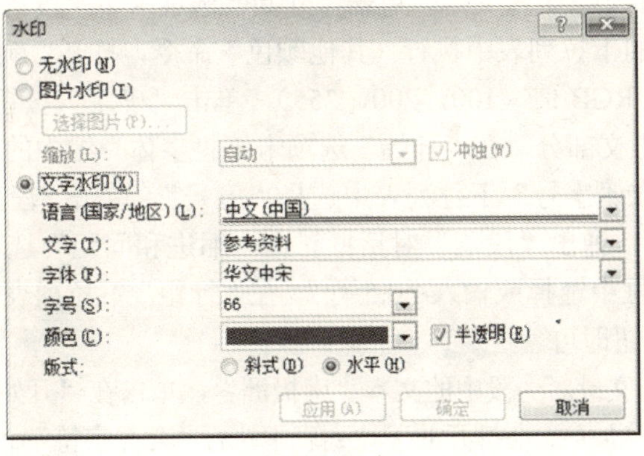

图 2-44

2. 设置文档编排格式:

第 7 步：选中文档的标题，单击“插入”选项卡下“文本”组中的“艺术字”按钮，在弹出的库中选择“填充 - 白色，渐变轮廓 - 强调文字颜色 1”。

第 8 步：选中新插入的艺术字，在“开始”选项卡下“字体”组中的“字体”下拉列表中选择“华文琥珀”，在“字号”文本框中输入“50”磅。

第 9 步：在“绘图工具”的“格式”选项卡下“排列”组中单击“自动换行”按钮，在弹出的下拉列表中选择“上下型环绕”。

第 10 步：在“绘图工具”的“格式”选项卡下“艺术字样式”组中单击“文本效果”按钮，在弹出的下拉列表中选择“转换”选项下的“正 V 形”效果。

第 11 步：根据样文所示，选中艺术字，在“绘图工具”的“格式”选项卡下“排列”组中单击“对齐”按钮，在弹出的下拉列表中选择“左右居中”，如图 2-45 所示。

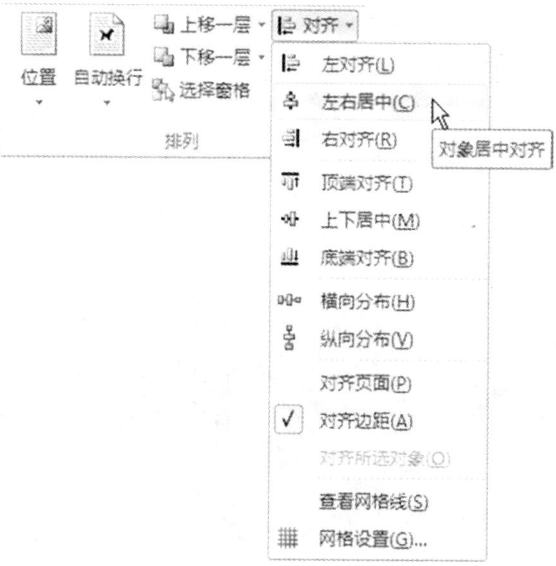

图 2-45

第 12 步：选中正文第 1 段文本，单击“开始”选项卡下“段落”组中的“底纹”下拉按钮，在打开的下拉列表中执行“其他颜色”命令，打开“颜色”对话框，在“自定义”选项卡下输入 RGB 值（100，200，255），单击“确定”按钮。

第 13 步：选中正文部分，在“开始”选项卡下“字体”组中的“字体”下拉列表中选择“方正姚体”，在“字号”下拉列表中选择“五号”。单击“段落”组右下角的“对话框启动器”按钮，弹出“段落”对话框。在“缩进和间距”选项卡下，在“间距”区域的“段后”文本框中选择或输入“0.5 行”，在“行距”下拉列表中选择“单倍行距”项，单击“确定”按钮即可。

第 14 步：选中正文最后一段中的文本“南极洲”，单击在“开始”选项卡下“段落”组中的“中文版式”按钮，在打开的下拉列表中执行“合并字符”命令，如图 2-46 所示。

图 2-46

第 15 步：在弹出的“合并字符”对话框中，在“文字（最多六个）”后面的文本框中输入“南极洲”，在“字体”下拉列表中选择“华文细黑”，在“字号”下拉列表中选择或输入“11”磅，如图 2-47 所示，单击“确定”按钮。

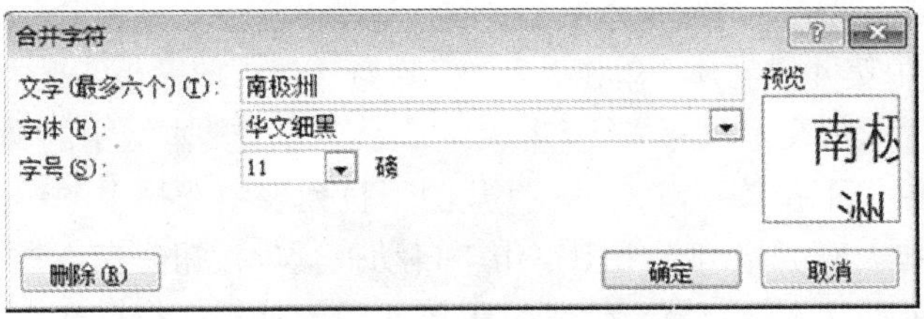

图 2-47

第 16 步：选中合并的字符“南极洲”，单击在“开始”选项卡下“字体”组中的“字体颜色”下拉按钮，在打开的下拉列表中执行“其他颜色”命令，打开“颜色”对话框，在“自定义”选项卡下输入 RGB 值（0，0，255），单击“确定”按钮即可。

3. 文档的插入设置：

第 17 步：单击“插入”选项卡下“文本”组中的“文本框”按钮，在弹出的库中选择“大括号型引述 2”文本框样式，如图 2-48 所示。

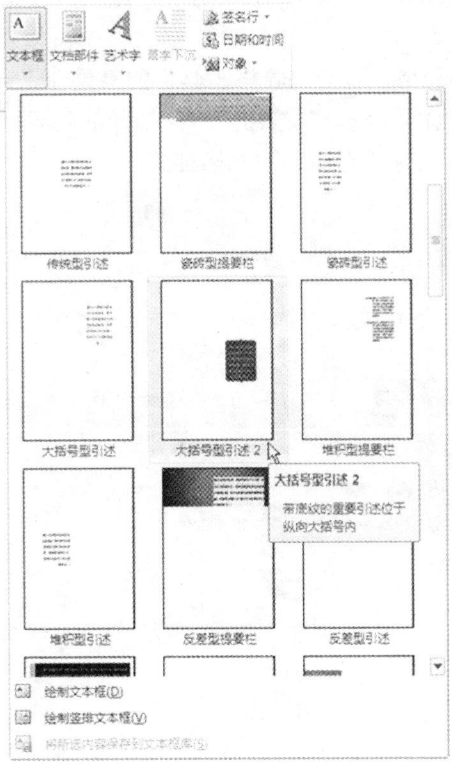

图 2-48

第 18 步：选中新插入的文本框，选择“绘图工具”下的“格式”选项卡，单击“大小”组右下角的“对话框启动器”按钮，打开“布局”对话框，选择“大小”选项卡，先取消“锁定纵横比”的选中状态，在“高度”区域的“绝对值”文本框中选择或输入“11.5 厘米”，在“宽度”区域的“绝对值”文本框中选择或输入“5 厘米”，单击“确定”按钮。

第 19 步：选中第 4 段文本，单击“开始”选项卡下“剪贴板”组中的“剪切”按钮，将光标定位在新插入的文本框，执行“粘贴”命令。选中文本框中的文字，单击“字体”组中的“字体颜色”下拉按钮，在打开的下拉列表中选择主题颜色中的“白色，背景 1”。选中文本框，在“排列”组中单击“自动换行”按钮，在下拉列表中选择“嵌入型”。利用鼠标拖动文本框位置，使其位于第 4 段的位置。根据样文所示，对文本框及内容做相对应的调整。

4. 文档表格的高级操作：

第 20 步：打开文件 C:\Win2010GJW\KSML1\KSWJ2-3A.docx，执行“文件”→“另存为”命令，弹出“另存为”对话框，在“保存位置”列表中选择考生文件夹所在位置，在“文件名”文本框中输入文件名“A2-A”，单击“保存”按钮。

第 21 步：将光标定位在“平均值”后的单元格中，在“表格工具”的“布局”选项卡下，单击“数据”组的“公式”按钮，弹出“公式”对话框，在“公式”下面的文本框中输入“=AVERAGE(ABOVE)”，单击“确定”按钮。使用同样方法完成其他两个单元格的平均值计算。

第 22 步：选中整个表格，打开“表格工具”的“设计”选项卡，在“表格样式”组中单击“表格样式”右侧的“其他”按钮，在打开的列表框中的“内置”区域中选择“中等深浅底纹 2 - 强调文字颜色 3”的表格样式。

5. 文档的保护操作：

第 23 步：在“文件”选项卡下选择左侧的“信息”项，在右侧的信息栏中单击“保护文档”按钮，在弹出的下拉列表中选择“用密码进行加密”，如图 2-49 所示。

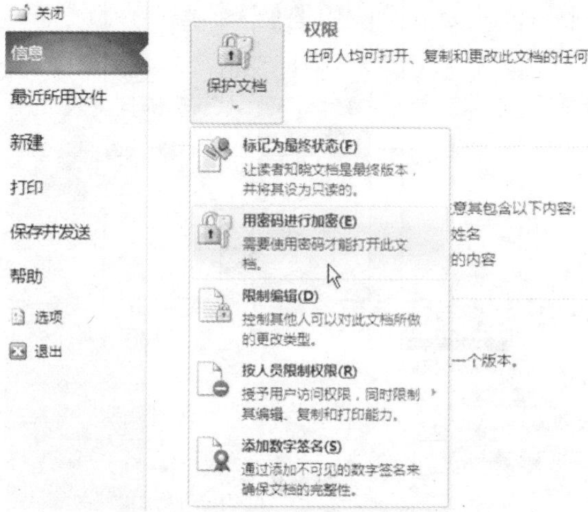

图 2-49

第 24 步：在弹出的“加密文档”对话框中输入密码“ks2-3”，单击“确定”按钮，如图 2-50 所示。在弹出的“确认密码”对话框中再次输入密码“ks2-3”，单击“确定”按钮，如图 2-51 所示。

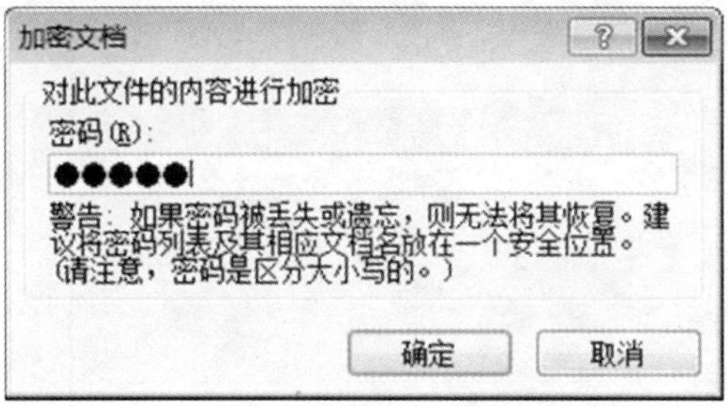

图 2-50

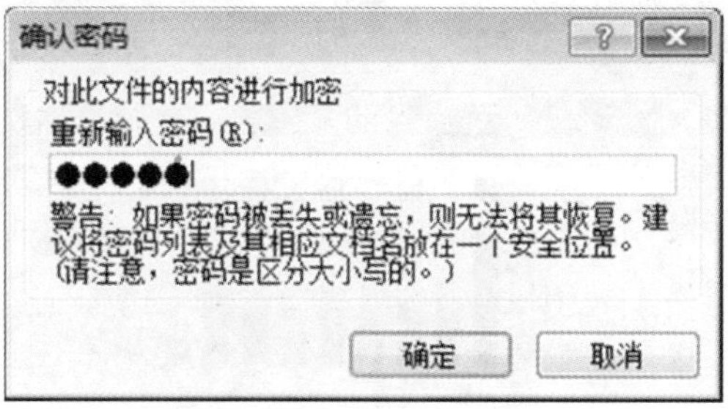

图 2-51

第 25 步：执行“文件”→“保存”命令。

2.4　第 4 题解答

执行“文件”→“打开”命令，在“查找范围”文本框中找到指定路径，选择“A2.docx”文件，单击“打开”按钮。

1. 设置文档页面格式：

第 1 步：将光标定位在文档中的任意位置，单击“页面布局”选项卡下“页面设置”组右下角的“对话框启动器”按钮，弹出“页面设置”对话框。单击“页边距”选项卡，在“上”、“下”、“左”、“右”文本框中均选择或输入“3.5 厘米”。切换到“版式”选项卡，在“页眉和页脚”区域的“页眉”文本框中选择或输入“3 厘米”，单击“确定”按钮。

第 2 步：将光标定位在文档中的任意位置，单击“插入”选项卡下“页眉和页脚”组中的“页眉”按钮，在弹出的下拉列表中选择“边线型”页眉样式。

第 3 步：将光标定位在页眉的“键入文档标题”标题框中，输入文字“冬眠之谜”。选中页眉文字，在“开始”选项卡下“字体”组中的“字体”下拉列表中选择“方正姚体”，在“字号”下拉列表中选择“四号”，在“字体颜色”下拉列表中选择主题颜色中的“黑色，文字 1”。

第 4 步：在“页眉和页脚工具”的“设计”选项卡下，单击“页眉和页脚”组中的“页码”按钮，在弹出的下拉列表中选择“页边距”选项下的“圆（右侧）”页码样式。选中插入的页码，在“开始”选项卡下，单击“段落”组中的“居中”按钮。在“页眉和页脚工具”的“设计”选项卡下“关闭”组中单击“关闭页眉和页脚”按钮。

第 5 步：在“页面布局”选项卡下“页面背景”组中单击“页面颜色”按钮，在打开的下拉列表中执行“填充效果”命令，如图 2-52 所示。

第 6 步：在弹出的“填充效果”对话框中，打开“图片”选项卡，单击“选择图片”按钮，弹出“选择图片”对话框，在指定目录（C:\Win2010GJW\KSML1 文件夹）中选择“KSWJ2-4A.jpg”图片文件，单击“插入”按钮。返回到“填充效果”对话框，如图2-53 所示，单击“确定”按钮即可。

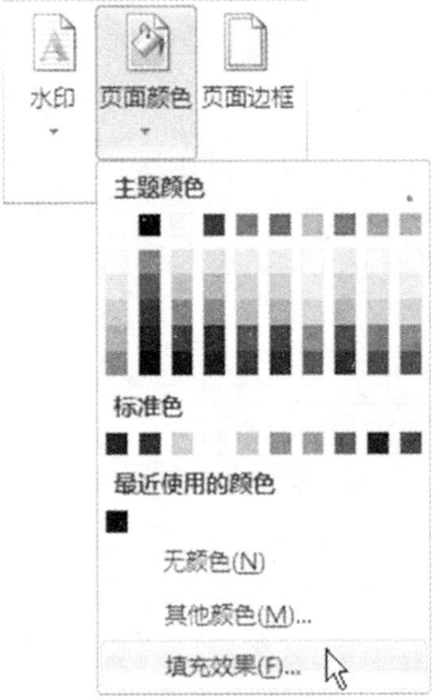

图 2-52

图 2-53

2. 设置文档编排格式:

第 7 步：选中文档的标题，单击“插入”选项卡下“文本”组中的“艺术字”按钮，在弹出的库中选择“填充 - 橙色，强调文字颜色 6，暖色粗糙棱台”。

第 8 步：选中新插入的艺术字，在“开始”选项卡下“字体”组中的“字体”下拉列表中选择“华文彩云”，在“字号”文本框中输入“40”磅，单击“加粗”按钮 B，单击“倾斜”按钮 I。

第 9 步：在“绘图工具”的“格式”选项卡下“排列”组中单击“位置”按钮，在弹出的下拉列表中选择“顶端居中，四周型文字环绕”。

第 10 步：在“绘图工具”的“格式”选项卡下“艺术字样式”组中单击“文本效果”按钮，在弹出的下拉列表中选择“转换”选项下的“正方形”效果。

第 11 步：选中正文最后一段文本，在“开始”选项卡下“段落”组中单击“边框线”按钮 右侧的下三角按钮，在弹出的下拉列表中执行“边框和底纹”命令，如图 2-54 所示。

图 2-54

第 12 步：打开“边框和底纹”对话框，在“底纹”选项卡下的“填充”下拉列表中执行“其他颜色”命令，打开“颜色”对话框，在“自定义”选项卡下输入 RGB 值（200，255，255），单击“确定”按钮，返回到“边框和底纹”对话框的“底纹”选项卡。在“应用于”下拉列表中选择“段落”，如图 2-55 所示，单击“确定”按钮。

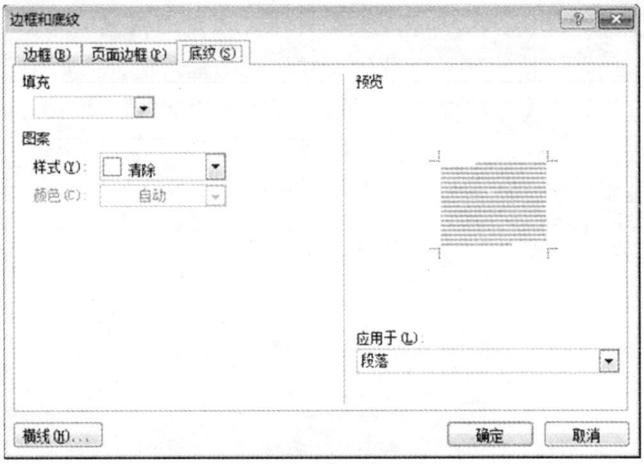

图 2-55

第 13 步：选中正文部分所有文本，在“开始”选项卡下“字体”组中的“字体”下拉列表中选择“华文中宋”，在“字号”下拉列表中选择“小四”。单击“段落”组右下角的“对话框启动器”按钮，弹出“段落”对话框，打开“缩进和间距”选项卡，在“间距”区域的“行距”下拉列表框中选择“固定值”项，在“设置值”文本框中选择或输入“20 磅”，单击“确定”按钮即可。

第 14 步：选中正文最后一段中的文本“冬眠动物”，单击“开始”选项卡下“段落”组中的“中文版式”按钮，在打开的下拉列表中执行“双行合一”命令。弹出“双行合一”对话框，在“文字”区域输入“冬眠动物”，勾选“带括号”复选框，在“括号样式”下拉列表中选择“（）”，如图 2-56 所示，单击“确定”按钮。选中双行合一的文本“冬眠动物”，在“开始”选项卡下“字体”组中的“字号”下拉列表中选择“四号”。

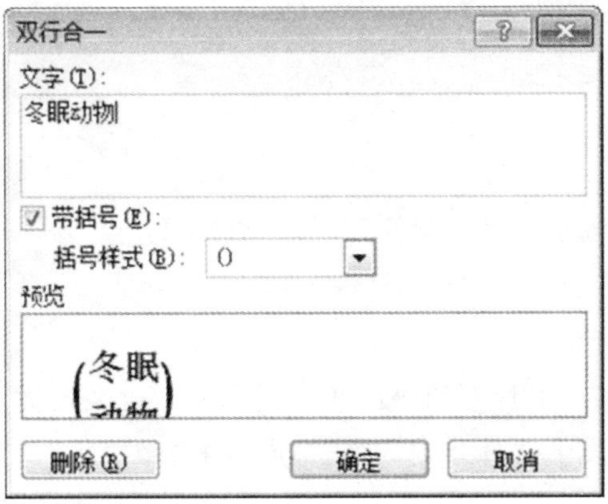

图 2-56

3. 文档的插入设置：

第 15 步：将光标定位在样文所示位置，单击“插入”选项卡下“插图”组中的“图片”按钮，打开“插入图片”对话框，在指定目录（C:\Win2010GJW\KSML1 文件夹）中选择“KSWJ2-4B.jpg”图片文件，单击“插入”按钮。

第 16 步：选中插入的图片，单击“图片工具”下的“格式”选项卡下“大小”组右下角的“对话框启动器”按钮 。打开“布局”对话框，选择“大小”选项卡，在“缩放”区域中“高度”和“宽度”文本框中选择或输入“60%”，单击“确定”按钮。

第 17 步：单击“图片工具”下的“格式”选项卡下“排列”组中的“自动换行”按钮，在其下拉列表中选择“四周型环绕”。

第 18 步：单击“图片工具”的“格式”选项卡下“调整”组中的“删除背景”按钮，如图 2-57 所示。

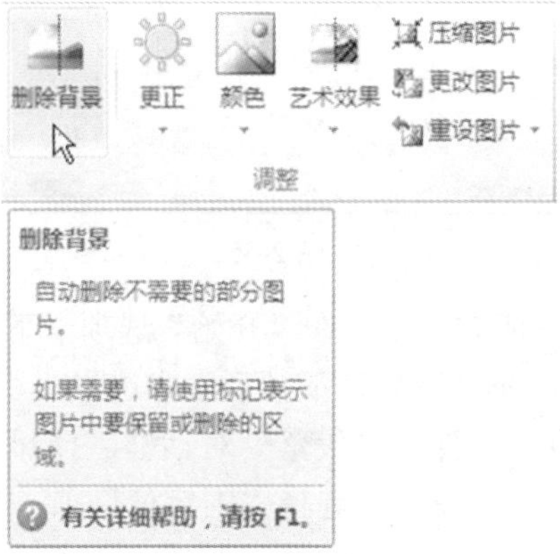

图 2-57

第 19 步：单击“背景消除”选项卡下“优化”组中的“标记要保留的区域”按钮，如图 2-58 所示。再单击“关闭”组的“保留更改”按钮，如图 2-59 所示，背景即可被删除。

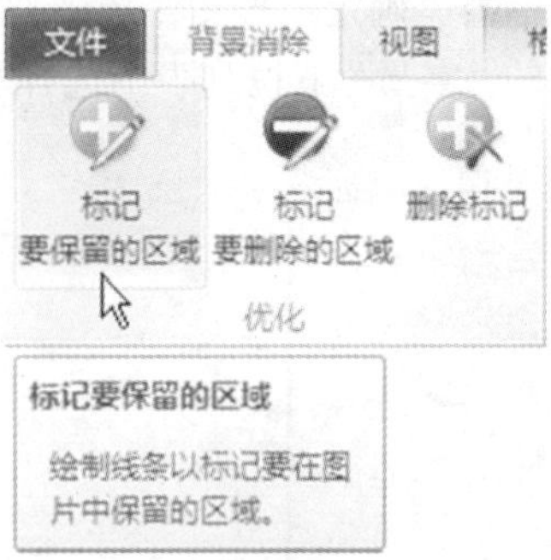

图 2-58

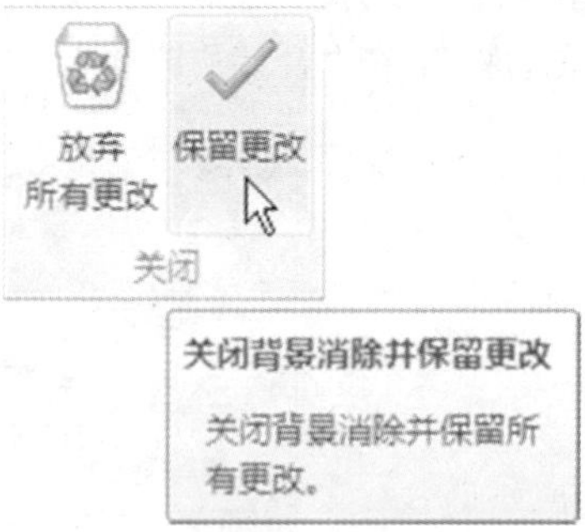

图 2-59

第 20 步：单击“图片工具”的“格式”选项卡下“图片样式”组中的“图片效果”按钮，在弹出的下拉列表中选择“发光”选项下的“橄榄色，11pt 发光，强调文字颜色 3”图片效果。

第 21 步：利用鼠标移动图片位置，使其位于样文所示位置。

4. 文档表格的高级操作：

第 22 步：打开文件 C:\Win2010GJW\KSML1\KSWJ2-4C.docx，执行“文件”→“另存为”命令，弹出“另存为”对话框，在“保存位置”列表中选择考生文件夹所在位置，在“文件名”文本框中输入文件名“A2-A”，单击“保存”按钮。

第 23 步：将光标定位在“年终总分”下面的单元格中，在“表格工具”的“布局”选项卡下单击“数据”组中的“公式”按钮，弹出“公式”对话框。在“公式”下面的文本框中输入“=SUM(LEFT)”，单击“确定”按钮。使用同样方法完成其余单元格的总分数计算。

第 24 步：选中整个表格，单击“表格工具”的“设计”选项卡下“表格样式”组中的“表格样式”右侧的“其他”按钮，在打开的列表框中的“内置”区域中选择“彩色网格 - 强调文字颜色 6”的表格样式。

5. 文档的保护操作：

第 25 步：在“审阅”选项卡下“保护”组中单击“限制编辑”按钮，弹出“限制格式和编辑”边框栏后，勾选“仅允许在文档中进行此类型的编辑”复选框，在其下方的下拉列表中选择允许项目“不允许任何更改（只读）”，并单击「是，启动强制保护」按钮。

第 26 步：在弹出的“启动强制保护”对话框中的“新密码（可选）”编辑框中输入“ks2-4”，在“确认新密码”编辑框中再次输入“ks2-4”，单击“确定”按钮。

第 27 步：执行“文件”→“保存”命令。

2.5　第 5 题解答

执行“文件”→“打开”命令，在“查找范围”文本框中找到指定路径，选择“A2.docx”文件，单击“打开”按钮。

1. 设置文档页面格式：

第 1 步：将光标定位在文档中的任意位置，单击“页面布局”选项卡下“页面设置”组右下角的“对话框启动器”按钮，弹出“页面设置”对话框。单击“页边距”选项卡，在“上”、“下”、“左”、“右”文本框中均选择或输入“3.5 厘米”。切换到“版式”选项卡，在“页眉和页脚”区域的“页眉”文本框中选择或输入“2.7 厘米”，单击“确定”按钮。

第 2 步：将光标定位在文档中的任意位置，单击“插入”选项卡下“页眉和页脚”组中的“页眉”按钮，在弹出的下拉列表中选择“现代型（奇数页）”页眉样式。

第 3 步：将光标定位在页眉的“键入文档标题”文本框中，输入文字“人体科学”。选中页眉文字，在“开始”选项卡下“字体”组中的“字体”下拉列表中选择“隶书”，在“字号”下拉列表中选择“小二”，单击“加粗”按钮 B。

第 4 步：在“页眉和页脚工具”的“设计”选项卡下单击“页眉和页脚”组中的“页码”按钮，在弹出的下拉列表中选择“页边距”选项下的“轨道（右侧）”页码样式。在

“页眉和页脚工具”的“设计”选项卡下“关闭”组中单击“关闭页眉和页脚”按钮。

第 5 步：在“页面布局”选项卡下“页面背景”组中单击“水印”按钮，在打开的下拉列表中执行“自定义水印”命令。

第 6 步：在弹出的“水印”对话框中，点选“文字水印”单选按钮，在“文字”后面的文本框中输入文字“科普资料”，在“字体”下拉列表中选择“微软雅黑”，在“字号”下拉列表中选择或输入“72”磅，勾选“半透明”复选框，点选“版式”中的“斜式”单选按钮，单击“确定”按钮即可。

2. 设置文档编排格式：

第 7 步：选中文档的标题，单击“插入”选项卡下“文本”组中的“艺术字”按钮，在弹出的库中选择“渐变填充 - 紫色，强调文字颜色 4，映像”。

第 8 步：选中新插入的艺术字，在“开始”选项卡下“字体”组中的“字体”下拉列表中选择“隶书”，在“字号”文本框中输入“60”磅。

第 9 步：在“绘图工具”的“格式”选项卡下“排列”组中单击“自动换行”按钮，在弹出的下拉列表中选择“嵌入型”。将鼠标移至标题行的左侧，当光标变成形状↗时，单击鼠标左键即可选中该行，在“开始”选项卡下单击“段落”组中的居中按钮≡。

第 10 步：在“绘图工具”的“格式”选项卡下“形状样式”组中单击“其他”按钮▾，在弹出的库中选择“细微效果 - 紫色，强调颜色 4”的形状样式。

第 11 步：在“形状样式”组中单击“形状效果”按钮，在弹出的下拉列表中选择“棱台”选项下的“柔圆”效果，如图 2-60 所示。

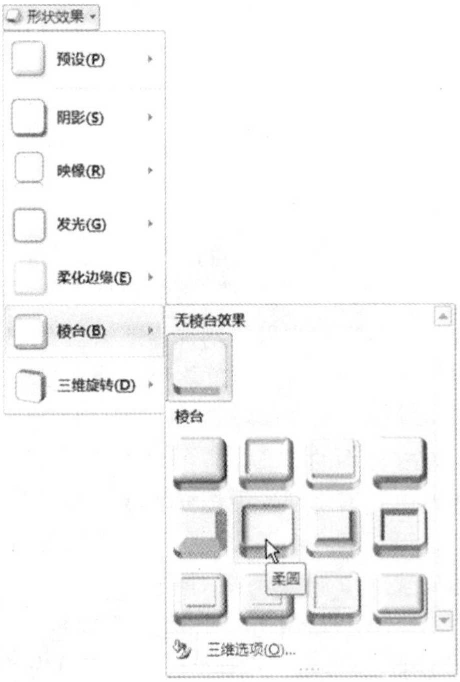

图 2-60

第 12 步：选中正文第 1、2 段文本，在“开始”选项卡下“字体”组中的“字体”下拉列表中选择“楷体_GB2312”，在“字号”下拉列表中选择“四号”，在“字体颜色”下拉列表中选择标准色中的“深蓝”色。

第 13 步：选中正文第 10 段文本，在“开始”选项卡下“字体”组中的“字体”下拉列表中选择“黑体”，在“字号”下拉列表中选择“小四”。

第 14 步：选中正文第 11 段文本，在“开始”选项卡下“字体”组中的“字体”下拉列表中选择“华文新魏”，在“字号”下拉列表中选择“小三”，在“字体颜色”下拉列表中执行“其他颜色”命令，打开“颜色”对话框，在“自定义”选项卡下输入 RGB 值（255，50，200），单击“确定”按钮。

第 15 步：选中正文部分所有文本，单击“开始”选项卡下“段落”组右下角的“对话框启动器”按钮，弹出“段落”对话框。打开“缩进和间距”选项卡，在“间距”区域的“行距”下拉列表中选择“固定值”项，在“设置值”文本框中选择或输入“20 磅”，单击“确定”按钮即可。

第 16 步：选中正文第 4、5、6、7、9 段，单击“开始”选项卡下“段落”组中的“项目符号”按钮右侧的下拉按钮，在打开的列表中执行“定义新项目符号”命令，打开“定义新项目符号”对话框。单击“符号”按钮，在弹出的“符号”框中选择符号样式“❖”，单击“确定”按钮，返回至“定义新项目符号”对话框，单击“确定”按钮即可。

第 17 步：选中正文第 4、5、6、7、9 段，单击“段落”组右下角的“对话框启动器”按钮，弹出“段落”对话框。打开“缩进和间距”选项卡，在“缩进”区域的“左侧”文本框中选择或输入“0 字符”，在“特殊格式”下拉列表中选择“悬挂缩进”，在“磅值”文本框中选择或输入“2 字符”，单击“确定”按钮。

3. 文档的插入设置：

第 18 步：将光标定位在样文所示位置，单击“插入”选项卡下“插图”组中的“图片”按钮，打开“插入图片”对话框，在指定目录（C:\Win2010GJW\KSML1 文件夹）中选择“KSWJ2-5A.jpg”图片文件，单击“插入”按钮。

第 19 步：选中插入的图片，选择“图片工具”下的“格式”选项卡单击“大小”组右下角的“对话框启动器”按钮。打开“布局”对话框，选择“大小”选项卡，在“缩放”区域中“高度”和“宽度”文本框中选择或输入“15%”，单击“确定”按钮。

第 20 步：选择“图片工具”下的“格式”选项卡，在“排列”组中单击“自动换行”按钮，在下拉列表中选择“穿越型环绕”。

第 21 步：选择“图片工具”下的“格式”选项卡，在“调整”组中单击“删除背景”按钮，进入“背景消除”选项卡。根据样文所示，用鼠标调整图片保留区域，单击“背景消除”选项卡下“优化”组中的“标记要保留的区域”按钮，再次单击“关闭”组的“保留更改”按钮，背景即可被删除。

第 22 步：单击“图片工具”下的“格式”选项卡下“调整”组中的“艺术效果”按钮，在弹出的下拉列表中选择“塑封”艺术效果，如图 2-61 所示。

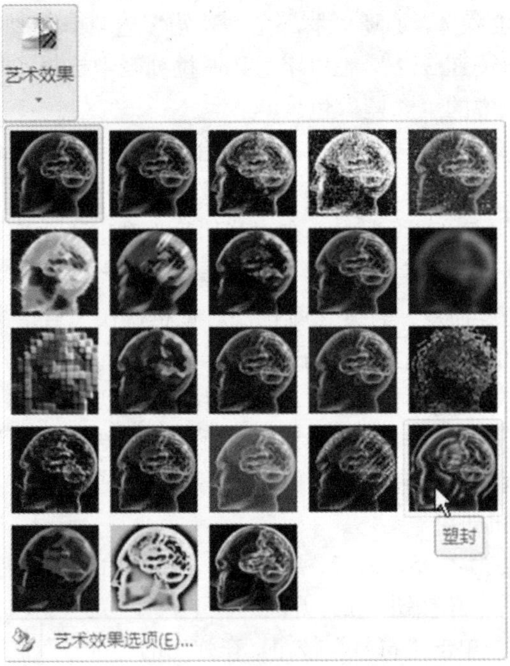

图 2-61

第 23 步：利用鼠标拖动图片移动图片位置，使其位于样文所示位置。

4. 文档表格的高级操作：

第 24 步：打开文件 C:\Win2010GJW\KSML1\KSWJ2-5B.docx，执行“文件”→“另存为”命令，弹出“另存为”对话框，在“保存位置”列表中选择考生文件夹所在位置，在“文件名”文本框中输入文件名“A2-A”，单击“保存”按钮。

第 25 步：选中表格 2～8 行，单击“表格工具”的“布局”选项卡下“数据”组中的“排序”按钮，打开“排序”对话框，在“主要关键字”下拉列表中选择“列 2”，勾选后面的“升序”复选框；在“次要关键字”下拉列表中选择“列 5”，勾选后面的“升序”复选框，如图 2-62 所示，单击“确定”按钮。

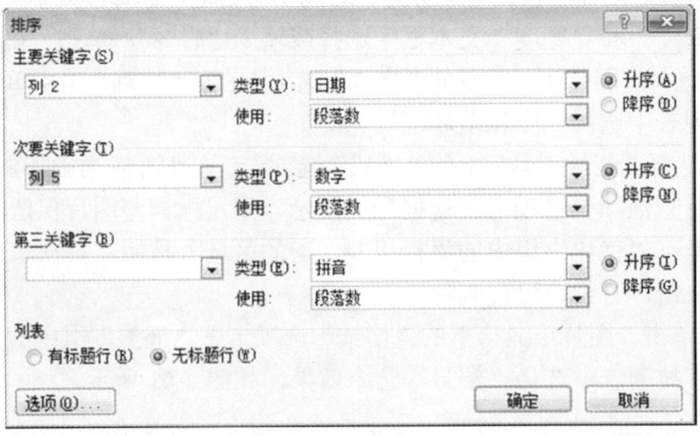

图 2-62

第 26 步：选中整个表格，打开“表格工具”的“设计”选项卡，在“表格样式”组中单击“表格样式”右侧的“其他”按钮，在打开的列表框中的“内置”区域中选择“浅色网格 - 强调文字颜色 2”的表格样式。

5. 文档的保护操作：

第 27 步：在“文件”选项卡下选择左侧的“信息”项，在右侧的信息栏中单击“保护文档”按钮，在弹出的下拉列表中选择“用密码进行加密”。

第 28 步：在弹出的“加密文档”对话框中输入密码“ks2-5”，单击“确定”按钮，在弹出的“确认密码”对话框中再次输入密码“ks2-5”，单击“确定”按钮。

第 29 步：执行“文件”→“保存”命令。

2.6　第 6 题解答

执行“文件”→“打开”命令，在“查找范围”文本框中找到指定路径，选择“A2.docx”文件，单击“打开”按钮。

1. 设置文档页面格式：

第 1 步：将光标定位在文档中的任意位置，单击“页面布局”选项卡下“页面设置”组右下角的“对话框启动器”按钮，弹出“页面设置”对话框。单击“页边距”选项卡，在“上”、“下”文本框中选择或输入“4 厘米”，在“左”、“右”文本框中选择或输入“3 厘米”。切换到“版式”选项卡，在“页眉和页脚”区域的“页眉”文本框中选择或输入“2 厘米”，单击“确定”按钮。

第 2 步：将光标定位在文档中的任意位置，单击“插入”选项卡下“页眉和页脚”组中的“页眉”按钮，在弹出的下拉列表中选择“传统型”页眉样式。

第 3 步：将光标定位在页眉的“键入文档标题”标题框中，输入文字“乐观者与悲观者”，单击日期框右侧的下拉按钮，调整至 2010 年 7 月，单击日期中的“1”日，如图 2-63 所示。选中页眉和日期文字，在“开始”选项卡下“字体”组中的“字体”下拉列表中选择“隶书”，在“字号”下拉列表中选择“小四”。

图 2-63

第 4 步：在“页眉和页脚工具”的“设计”选项卡下单击“页眉和页脚”组中的“页

脚”按钮，在弹出的下拉列表中选择“传统型”页脚样式，在页脚处输入“第 1 页”。选中新插入的页码，在“开始”选项卡下“字体”组中的“字体”下拉列表中选择“隶书”，在“字号”下拉列表中选择“小四”。在“页眉和页脚工具”的“设计”选项卡下“关闭”组中单击“关闭页眉和页脚”按钮。

第 5 步：在“页面布局”选项卡下“页面背景”组中，单击“页面边框”按钮。在弹出的“边框和底纹”对话框的“页面边框”选项卡下，在“设置”区域选择“方框”按钮，在“艺术型”下拉列表中选择与样文相同的艺术型边框，在“颜色”下拉列表中选择标准色中的“橙色”，在“宽度”下拉列表中选择“20 磅”，如图 2-64 所示，单击“确定”按钮。

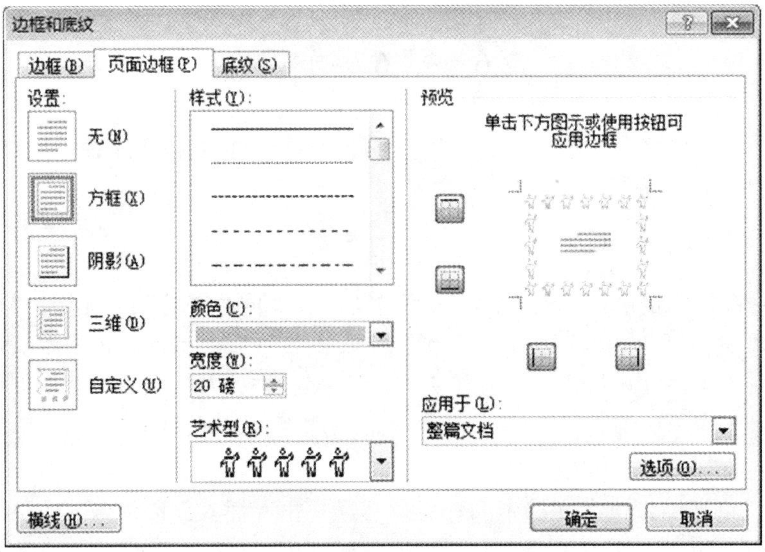

图 2-64

第 6 步：在“页面布局”选项卡下“页面背景”组中单击“页面颜色”按钮，在打开的下拉列表中执行“其他颜色”命令。打开“颜色”对话框，在“自定义”选项卡下输入 RGB 值（214，227，188），单击“确定”按钮。

2. 设置文档编排格式：

第 7 步：选中文档的标题，单击“插入”选项卡下“文本”组中的“艺术字”按钮。在弹出的库中选择“填充 - 蓝色，强调文字颜色 1，内部阴影 - 强调文字颜色 1”。

第 8 步：选中新插入的艺术字，在“开始”选项卡下“字体”组中的“字体”下拉列表中选择“华文行楷”。

第 9 步：在“绘图工具”的“格式”选项卡下“排列”组中单击“位置”按钮，在弹出的下拉列表中选择“顶端居中，四周型文字环绕”。

第 10 步：在“绘图工具”的“格式”选项卡下“艺术字样式”组中单击“文本效果”按钮，在弹出的下拉列表中选择“阴影”选项下的“右上对角透视”效果。

第 11 步：选中正文第 1 段文本，单击“开始”选项卡下“字体”组右下角的“对话框启动器”按钮，弹出“字体”对话框。在“字体”选项卡下“中文字体”下拉列表中选择“方正姚体”，在“字号”下拉列表中选择“小四”，在“字体颜色”下拉列表中选择标准色中的“紫色”；在“着重号”下拉列表中选择“• ”，如图 2-65 所示，单击“确定”按钮。

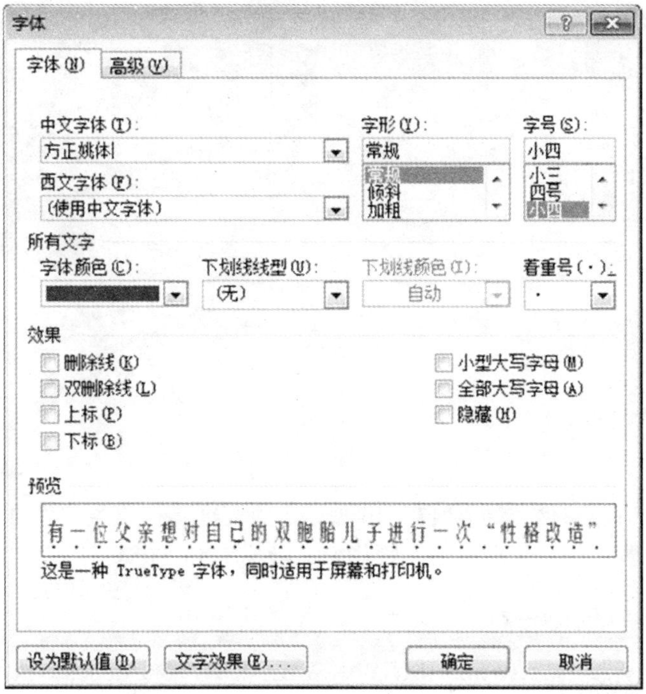

图 2-65

第 12 步：选中正文部分所有文本，单击“段落”组右下角的“对话框启动器”按钮，弹出“段落”对话框。在“缩进和间距”选项卡下，在“间距”区域的“行距”下拉列表中选择“固定值”项，在“设置值”文本框中选择或输入“25 磅”，单击“确定”按钮即可。

第 13 步：选中正文第 2 段文本，单击“段落”组中的“底纹”下拉按钮，在打开的下拉列表中选择标准色中的“浅蓝”色。

第 14 步：选中正文第 3、4 段文本，在“开始”选项卡下“字体”组中的“字体”下拉列表中选择“华文细黑”，在“字号”下拉列表中选择“小四”，在“字体颜色”下拉列表中执行“其他颜色”命令，打开“颜色”对话框。在“自定义”选项卡下输入 RGB 值（75，172，198），单击“确定”按钮。单击“段落”组右下角的“对话框启动器”按钮，弹出“段落”对话框，在“缩进和间距”选项卡下，在“间距”区域的“段前”、“段后”文本框中均选择或输入“1 行”，单击“确定”按钮即可。

3. 文档的插入设置：

第 15 步：将光标定位在文档的结尾处，在“插入”选项卡下“文本”组中单击“文档部件”按钮，在弹出的下拉列表中选择“文档属性”选项下的“摘要”，如图 2-66 所示。

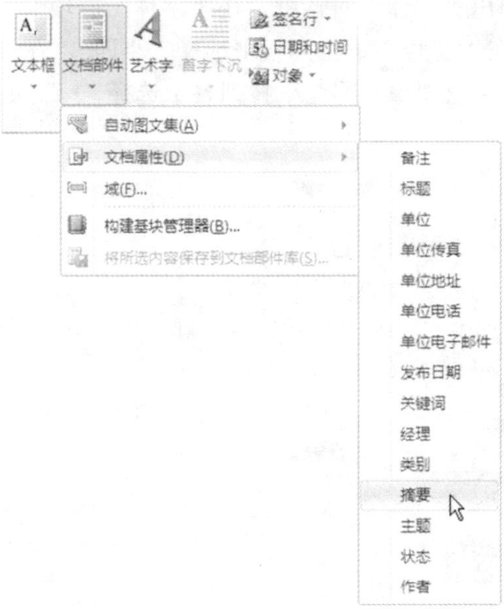

图 2-66

第 16 步：在文档的结尾处会自动出现一个摘要框，在“摘要”框中输入内容“康•帕乌斯托夫斯基是苏联著名小说家、剧作家、散文家和文艺评论家。”

4. 文档表格的高级操作：

第 17 步：打开文件 C:\Win2010GJW\KSML1\KSWJ2-6A.docx，执行“文件”→“另存为”命令，弹出“另存为”对话框，在“保存位置”列表中选择考生文件夹所在位置，在“文件名”文本框中输入文件名“A2-A”，单击“保存”按钮。

第 18 步：将光标定位在“实发工资”下的单元格中，在“表格工具”的“布局”选项卡下单击“数据”组的“公式”按钮，弹出“公式”对话框，在“公式”下面的文本框中输入“=SUM(LEFT)”，单击“确定”按钮。使用同样方法完成其余单元格的实发工资值计算。

第 19 步：选中整个表格，打开“表格工具”的“设计”选项卡，在“表格样式”组中单击“表格样式”右侧的“其他”按钮，在打开的列表框中的“内置”区域中选择“中等深浅底纹 2 - 强调文字颜色 5”的表格样式。

5. 文档的保护操作：

第 20 步：在“审阅”选项卡下“保护”组中单击“限制编辑”按钮，弹出“限制格式和编辑”边框栏后，勾选“仅允许在文档中进行此类型的编辑”复选框，在其下方的下拉列表中选择允许项目“填写窗体”，并单击 是，启动强制保护 按钮。

第 21 步：在弹出的“启动强制保护”对话框中的“新密码（可选）”编辑框中输入“ks2-6”，在“确认新密码”编辑框中再次输入“ks2-6”，单击“确定”按钮。

第 22 步：执行“文件”→“保存”命令。

2.7　第 7 题解答

执行“文件”→“打开”命令，在“查找范围”文本框中找到指定路径，选择“A2.docx”文件，单击“打开”按钮。

1. 设置文档页面格式：

第 1 步：将光标定位在文档中的任意位置，单击“页面布局”选项卡下“页面设置”组右下角的“对话框启动器”按钮，弹出“页面设置”对话框。单击“页边距”选项卡，在“上”、“下”文本框中选择或输入“2.5 厘米”，在“左”、“右”文本框中选择或输入“3 厘米”。切换到“版式”选项卡，在“页眉和页脚”区域的“页眉”文本框中选择或输入“2.7 厘米”，单击“确定”按钮。

第 2 步：将光标定位在文档中的任意位置，单击“插入”选项卡下“页眉和页脚”组中的“页眉”按钮，在弹出的下拉列表中选择“字母表型”页眉样式。

第 3 步：将光标定位在页眉的“键入文档标题”框中，输入文字“再试一次”。选中页眉文字，在“开始”选项卡下“字体”组中的“字体”下拉列表中选择“方正姚体”，在“字号”下拉列表中选择“四号”，单击“加粗”按钮 B，在“字体颜色”下拉列表中选择标准色中的“紫色”。在“页眉和页脚工具”的“设计”选项卡下“关闭”组中单击“关闭页眉和页脚”按钮。

第 4 步：在“页面布局”选项卡下“页面背景”组中，单击“页面颜色”按钮，在打开的下拉列表中执行“填充效果”命令。打开“填充效果”对话框，在“纹理”选项卡下选择“水滴”纹理效果，如图 2-67 所示，单击“确定”按钮。

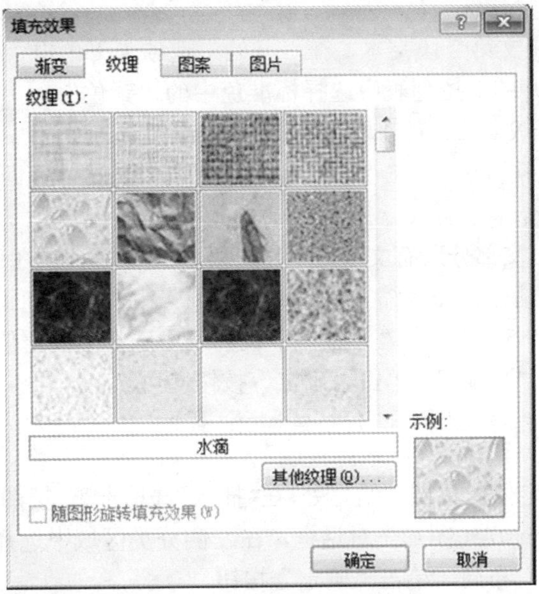

图 2-67

2. 设置文档编排格式：

第 5 步：选中文档的标题，单击“插入”选项卡下“文本”组中的“艺术字”按钮。在弹出的库中选择“填充 - 蓝色，透明强调文字颜色 1，轮廓 - 强调文字颜色 1”。

第 6 步：选中新插入的艺术字，在“开始”选项卡下“字体”组中的“字体”下拉列表中选择“华文行楷”，在“字号”文本框中输入“48”磅。

第 7 步：在“绘图工具”的“格式”选项卡下“排列”组中单击“自动换行”按钮，在弹出的下拉列表中选择“嵌入型”。

第 8 步：将鼠标移至标题行的左侧，当光标变成形状时，单击即可选中该行，在“开始”选项卡下单击“段落”组中的“居中”按钮。

第 9 步：在“绘图工具”的“格式”选项卡下“形状样式”组中单击“其他”按钮，在弹出的库中选择“其他主题填充”选项下的“样式 6”样式，如图 2-68 所示。

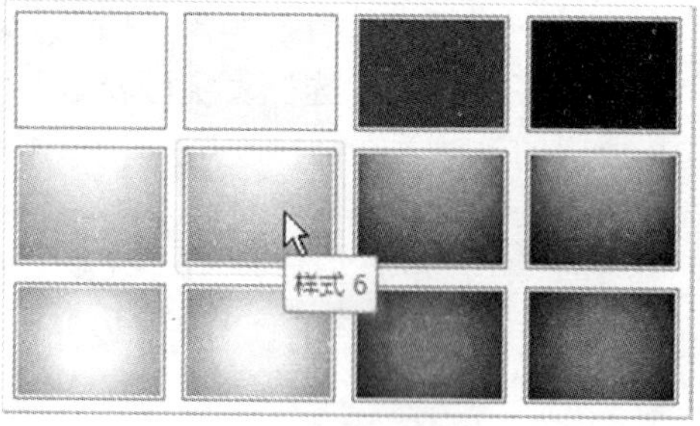

图 2-68

第 10 步：选中正文第 1 段文本，在“开始”选项卡下“字体”组中的“字体”下拉列表中选择“华文新魏”，在“字号”下拉列表中选择“三号”，在“字体颜色”下拉列表中选择标准色中的“深红”色。

第 11 步：选中正文第 2 段文本，在“开始”选项卡下单击“段落”组中的“底纹”下拉按钮，在打开的下拉列表中选择标准色中的“紫色”。

第 12 步：选中正文第 2、3、4 段文本，在“开始”选项卡下“字体”组中的“字体”下拉列表中选择“微软雅黑”，在“字号”下拉列表中选择“小四”，单击加粗按钮，单击“倾斜”按钮。

第 13 步：选中正文部分所有文本，单击“段落”组右下角的“对话框启动器”按钮，弹出“段落”对话框。在“缩进和间距”选项卡下，在“间距”区域的“段前”文本框中选择或输入“0.5 行”，在“行距”下拉列表中选择“固定值”项，在“设置值”文本框中选择或输入“18 磅”，单击“确定”按钮即可。

3. 文档的插入设置：

第 14 步：将光标定位在文档的结尾处，在“插入”选项卡下“插图”组中单击“SmartArt”按钮。打开“选择 SmartArt 图形”对话框，在左侧分类区域中选择“关系”选项，在选项区域中选择“公式”布局，单击“确定”按钮。

第 15 步：选中已插入的 SmartArt 图形，单击“SmartArt 工具”的“设计”选项卡下“SmartArt 样式”组中的“更改颜色”按钮，在弹出的库中选择“彩色范围 - 强调文字颜色 2 至 3”的形状颜色。

第 16 步：单击“SmartArt 工具”的“设计”选项卡下“SmartArt 样式”组中的“其他”按钮，在弹出的库中选择“优雅”三维效果。

第 17 步：依照样文所示，在新插入的“SmartArt 图形”中录入相应的文本内容：“努力”、“坚持”、“成功”。选中录入的文本，在“开始”选项卡下“字体”组中的“字体”下拉列表中选择“华文中宋”，在“字号”下拉列表中输入“30”磅即可。

4. 文档表格的高级操作：

第 18 步：打开文件 C:\Win2010GJW\KSML1\KSWJ2-7A.docx，执行“文件”→“另存为”命令，弹出“另存为”对话框，在“保存位置”列表中选择考生文件夹所在位置，在“文件名”文本框中输入文件名“A2-A”，单击“保存”按钮。

第 19 步：将光标定位在“合计”后的单元格中，单击“表格工具”的“布局”选项卡下“数据”组中的“公式”按钮，弹出“公式”对话框。在“公式”下面的文本框中输入“=SUM(ABOVE)”，单击“确定”按钮。使用同样方法完成其他三个单元格的求和计算。

第 20 步：选中整个表格，打开“表格工具”的“设计”选项卡，在“表格样式”组中单击“表格样式”右侧的“其他”按钮，在打开的列表框中的“内置”区域中选择“中等深浅网格 3 - 强调文字颜色 3”的表格样式。

5. 文档的保护操作：

第 21 步：在“审阅”选项卡下“保护”组中单击“限制编辑”按钮，弹出“限制格式和编辑”边框栏后，勾选“仅允许在文档中进行此类型的编辑”复选框，在其下方的下拉列表中选择允许项目“修订”，并单击“是，启动强制保护”按钮。

第 22 步：在弹出的“启动强制保护”对话框中的“新密码（可选）”编辑框中输入“ks2-7”，在“确认新密码”编辑框中再次输入“ks2-7”，单击“确定”按钮。

第 23 步：执行“文件”→“保存”命令。

2.8　第 8 题解答

执行“文件”→“打开”命令，在“查找范围”文本框中找到指定路径，选择“A2.docx”文件，单击“打开”按钮。

1. 设置文档页面格式：

第 1 步：将光标定位在文档中的任意位置，单击“页面布局”选项卡下“页面设置”组右下角的“对话框启动器”按钮，弹出“页面设置”对话框。单击“页边距”选项卡，在“上”、“下”、“左”、“右”文本框中均选择或输入“3 厘米”。切换到“版式”选项卡，在“页眉和页脚”区域的“页眉”文本框中选择或输入“2 厘米”，单击“确定”按钮。

第 2 步：将光标定位在文档中的任意位置，单击“插入”选项卡下“页眉和页脚”组中的“页眉”按钮，在弹出的下拉列表中选择“网格”页眉样式。

第 3 步：将光标定位在页眉的“键入文档标题”框中，输入文字“人生彩虹总在风雨后”。选中页眉文字，在“开始”选项卡下“字体”组中的“字体”下拉列表中选择“隶书”，在“字号”下拉列表中选择“四号”，在“字体颜色”下拉列表中选择标准色中的“红色”，单击“文本右对齐”按钮。

第 4 步：在“页眉和页脚工具”的“设计”选项卡下单击“页眉和页脚”组中的“页码”按钮，在弹出的下拉列表中选择“页边距”选项下的“箭头（左侧）”页码样式。选中插入的页码，在“开始”选项卡下，单击“段落”组中的“居中”按钮。在“页眉和页脚工具”的“设计”选项卡下“关闭”组中单击“关闭页眉和页脚”按钮。

第 5 步：在“页面布局”选项卡下“页面背景”组中，单击“页面颜色”按钮，在打开的下拉列表中执行“填充效果”命令。

第 6 步：在弹出的“填充效果”对话框中，打开“图片”选项卡，单击“选择图片”按钮，弹出“选择图片”对话框，在指定目录（C:\Win2010GJW\KSML1 文件夹）中选择“KSWJ2-8A.jpg”图片文件，单击“插入”按钮。返回到“填充效果”对话框，单击“确定”按钮即可。

2. 设置文档编排格式：

第 7 步：选中文档的标题，单击“插入”选项卡下“文本”组中的“艺术字”按钮，在弹出的库中选择“填充 - 无，轮廓 - 强调文字颜色 2”。

第 8 步：选中新插入的艺术字，在“开始”选项卡下“字体”组中的“字体”下拉列表中选择“楷体_GB2312”，在“字号”文本框中输入“40”磅。

第 9 步：在“绘图工具”的“格式”选项卡下“艺术字样式”组中单击“文本效果”按钮，在弹出的下拉列表中选择“发光”选项下的“橄榄色，5pt 发光，强调文字颜色 3”效果。

第 10 步：在“绘图工具”的“格式”选项卡下“排列”组中单击“位置”按钮，在弹出的下拉列表中选择“顶端居中，四周型文字环绕”。

第 11 步：选中正文第 1 段文本，单击“开始”选项卡下“段落”组中的“底纹”下拉按钮，在打开的下拉列表中执行“其他颜色”命令。打开“颜色”对话框，在“自定义”选项卡下输入 RGB 值（178，161，199），单击“确定”按钮。

第 12 步：选中正文部分所有文本，在“开始”选项卡下“字体”组中的“字体”下拉列表中选择“华文新魏”，在“字号”下拉列表中选择“四号”，在“字体颜色”下拉列表中选择标准色中的“黄色”。单击“段落”组右下角的“对话框启动器”按钮，弹出“段落”对话框，打开“缩进和间距”选项卡，在“间距”区域的“行距”下拉列表框中选择“固定值”项，在“设置值”文本框中选择或输入“16 磅”，单击“确定”按钮即可。

第 13 步：选中正文最后一段中的文本“那美丽的彩虹”，单击“开始”选项卡下“段落”组中的“中文版式”按钮，在打开的下拉列表中执行“双行合一”命令，弹出“双行合一”对话框。在“文字”区域输入“那美丽的彩虹”，勾选“带括号”复选框，在“括号样式”下拉列表中选择“()”，单击“确定”按钮。选中双行合一的文本“那美丽的彩虹”，在“开始”选项卡下“字体”组中的“字号”下拉列表中选择“小三”。

3. 文档的插入设置：

第 14 步：将光标定位在样文所示位置，单击“插入”选项卡下“插图”组中的“图片”按钮。打开“插入图片”对话框，在指定目录（C:\Win2010GJW\KSML1 文件夹）中选择“KSWJ2-8B.jpg”图片文件，单击“插入”按钮。

第 15 步：选中插入的图片，选择“图片工具”下的“格式”选项卡，单击“大小”组右下角的“对话框启动器”按钮。打开“布局”对话框，选择“大小”选项卡，在“缩放”区域中“高度”和“宽度”文本框中选择或输入“30%”，单击“确定”按钮。

第 16 步：选择“图片工具”下的“格式”选项卡，在“排列”组中单击“自动换行”按钮，在下拉列表中选择“四周型环绕”。

第 17 步：选择“图片工具”下的“格式”选项卡，在“调整”组中单击“删除背景”按钮。调整好要删除背景的区域，按 Enter 键即可。

第 18 步：选择“图片工具”下的“格式”选项卡，单击“图片样式”组中的“图片效果”按钮，在弹出的下拉列表中选择“发光”选项下的“蓝色，11pt 发光，强调文字颜色 1”图片效果。

第 19 步：利用鼠标拖动图片移动图片位置，使其位于样文所示位置。

4. 文档表格的高级操作：

第 20 步：打开文件 C:\Win2010GJW\KSML1\KSWJ2-8C.docx，执行“文件”→“另存为”命令，弹出“另存为”对话框，在“保存位置”列表中选择考生文件夹所在位置，在“文件名”文本框中输入文件名“A2-A”，单击“保存”按钮。

第 21 步：选中表格 3～10 行，打开“表格工具”的“布局”选项卡，在“数据”组中单击“排序”按钮，打开“排序”对话框，在“主要关键字”下拉列表中选择“列 9”，在“次要关键字”下拉列表中选择“列 3”，均勾选后面的“降序”复选框，单击“确定”按钮。

第 22 步：选中整个表格，打开“表格工具”的“设计”选项卡，在“表格样式”组中单击“表格样式”右侧的“其他”按钮，在打开的列表框中的“内置”区域中选择“彩色网格 - 强调文字颜色 4”的表格样式。

5. 文档的保护操作：

第 23 步：在“审阅”选项卡下“保护”组中单击“限制编辑”按钮，弹出“限制格式和编辑”边框栏后，勾选“仅允许在文档中进行此类型的编辑”复选框，在其下方的下拉列表中选择“不允许任何更改（只读）”选项，并单击 是，启动强制保护 按钮。

第 24 步：在弹出的“启动强制保护”对话框中的“新密码（可选）”编辑框中输入“ks2-8”，在“确认新密码”编辑框中再次输入“ks2-8”，单击“确定”按钮。

第 25 步：执行“文件”→“保存”命令。

2.9　第 9 题解答

执行“文件”→“打开”命令，在“查找范围”文本框中找到指定路径，选择“A2.docx”文件，单击“打开”按钮。

1. 设置文档页面格式：

第 1 步：将光标定位在文档中的任意位置，单击“页面布局”选项卡下“页面设置”组右下角的“对话框启动器”按钮，弹出“页面设置”对话框。单击“页边距”选项卡，在“上”、“下”、“左”、“右”文本框中均选择或输入“3 厘米”。切换到“版式”选项卡，在“页眉和页脚”区域的“页眉”文本框中选择或输入“2.5 厘米”，单击“确定”按钮。

第 2 步：将光标定位在文档中的任意位置，单击“插入”选项卡下“页眉和页脚”组中的“页眉”按钮，在弹出的下拉列表中选择“奥斯汀”页眉样式。

第 3 步：将光标定位在页眉的“键入文档标题”框中，输入文字“保护黄河”。选中页眉文字，在“开始”选项卡下“字体”组中的“字体”下拉列表中选择“华文琥珀”，在“字号”下拉列表中选择“四号”，在“字体颜色”下拉列表中选择标准色中的“蓝色”。

第 4 步：在“页眉和页脚工具”的“设计”选项卡下，单击“页眉和页脚”组中的“页脚”按钮，在弹出的下拉列表中选择“奥斯汀”页脚样式，在页脚文本“页 1”处输入“第 3 页”。选中新插入的页码文本，在“开始”选项卡下“字体”组中的“字体”下拉列表中选择“华文琥珀”，在“字号”下拉列表中选择“四号”，在“字体颜色”下拉列表中选择标准色中的“蓝色”。在“页眉和页脚工具”的“设计”选项卡下“关闭”组中单击“关闭页眉和页脚”按钮。

第 5 步：在“页面布局”选项卡下“页面背景”组中单击“水印”按钮，在打开的下拉列表中执行“自定义水印”命令。

第 6 步：在弹出的“水印”对话框中，点选“文字水印”单选按钮，在“文字”后面的文本框中输入文字“保护黄河”，在“字体”下拉列表中选择“华文行楷”，在“字号”下拉列表中选择或输入“72”磅，在“颜色”下拉列表中选择标准色中的“橙色”，勾选“半透明”复选框，点选“版式”中的“水平”单选按钮，单击“确定”按钮即可。

2. 设置文档编排格式：

第 7 步：选中文档的标题，单击“插入”选项卡下“文本”组中的“艺术字”按钮，在弹出的库中选择“填充 - 橙色，强调文字颜色 6，暖色粗糙棱台”。

第 8 步：选中新插入的艺术字，在“开始”选项卡下“字体”组中的“字体”下拉列表中选择“华文彩云”，在“字号”文本框中输入“50”磅。

第 9 步：在“绘图工具”的“格式”选项卡下“排列”组中单击“自动换行”按钮，在弹出的下拉列表中选择“上下型环绕”。

第 10 步：在“绘图工具”的“格式”选项卡下“形状样式”组中单击“其他”按钮，在弹出的库中选择“细微效果 - 水绿色，强调颜色 5”的形状样式。

第 11 步：选中正文第 2 段文本，单击“开始”选项卡下“段落”组中的“底纹”下拉按钮，在打开的下拉列表中选择标准色中的“浅蓝”色。

第 12 步：选中正文部分所有文本，在“开始”选项卡下“字体”组中的“字体”下拉列表中选择“楷体_GB2312”，在“字号”下拉列表中选择“小四”，在“字体颜色”下拉列表中选择标准色中的“深红”色。单击“段落”组右下角的“对话框启动器”按钮，弹出“段落”对话框，在“缩进和间距”选项卡下，在“间距”区域的“段前”文本框中选择或输入“0.5 行”，在“行距”下拉列表中选择“固定值”项，在“设置值”文本框中选择或输入“24 磅”，单击“确定”按钮即可。

第 13 步：选中正文最后一段中的文本“母亲河”，单击“开始”选项卡下“段落”组中的“中文版式”按钮，在打开的下拉列表中执行“合并字符”命令。

第 14 步：在弹出的“合并字符”对话框中，在“文字（最多六个）”后面的文本框中输入“母亲河”，在“字体”下拉列表中选择“微软雅黑”，在“字号”下拉列表中选择或输入“10”磅，单击“确定”按钮。

第 15 步：选中合并的字符“母亲河”，单击“开始”选项卡下“字体”组中的“字体颜色”下拉按钮，在打开的下拉列表中选择标准色中的“蓝色”。

3. 文档的插入设置：

第 16 步：单击“插入”选项卡下“文本”组中的“文本框”按钮，在弹出的库中选择“字母表型引述”文本框样式。

第 17 步：选中新插入的文本框，选择“绘图工具”下的“格式”选项卡，在“大小”组中“高度”文本框中微调或输入“7.07 厘米”，“宽度”文本框中微调或输入“14.5 厘米”。在“排列”组中单击“自动换行”按钮，在弹出的下拉列表中选择“嵌入型”。

第 18 步：选中第 1 段文本，单击“开始”选项卡下“剪贴板”组中的“剪切”按钮，将光标定位在新插入的文本框中，执行“粘贴”命令。选中文本框中的文字，单击“段落”组右下角的“对话框启动器”按钮，弹出“段落”对话框，在“缩进和间距”选项卡下，在“间距”区域的“行距”下拉列表中选择“固定值”项，在“设置值”文本框中选择或输入“20 磅”，单击“确定”按钮。

第 19 步：选中文本框，打开“绘图工具”的“格式”选项卡，在“形状样式”组中单击“形状轮廓”按钮，在打开的下拉列表中选择标准色中的“绿色”。利用鼠标拖拽文本框位置，使其位于第 1 段的位置。根据样文所示，对文本框及内容做相对应的调整。

4. 文档表格的高级操作：

第 20 步：打开文件 C:\Win2010GJW\KSML1\KSWJ2-9A.docx，执行“文件”→“另存为”命令，弹出“另存为”对话框，在“保存位置”列表中选择考生文件夹所在位置，在“文件名”文本框中输入文件名“A2-A”，单击“保存”按钮。

第 21 步：将光标定位在“合计”下面的单元格中，在“表格工具”的“布局”选项卡下，单击“数据”组的“公式”按钮，弹出“公式”对话框，在“公式”下面的文本框中输入“=SUM(LEFT)”，单击“确定”按钮。使用同样方法完成其他六个单元格的合计值计算。

第 22 步：选中整个表格，打开“表格工具”的“设计”选项卡，在“表格样式”组中单击“表格样式”右侧的“其他”按钮，在打开的列表框中的“内置”区域中选择“浅色网格 - 强调文字颜色 3”的表格样式。

5. 文档的保护操作：

第 23 步：在“文件”选项卡下选择左侧的“信息”项，在右侧的信息栏中单击“保护文档”按钮，在弹出的下拉列表中选择“用密码进行加密”。

第 24 步：在弹出的“加密文档”对话框中输入密码“ks2-9”，单击“确定”按钮。在弹出的“确认密码”对话框中再次输入密码“ks2-9”，单击“确定”按钮。

第 25 步：执行“文件”→“保存”命令。

2.10 第 10 题解答

执行“文件”→“打开”命令，在“查找范围”文本框中找到指定路径，选择“A2.docx”文件，单击“打开”按钮。

1. 设置文档页面格式：

第 1 步：将光标定位在文档中的任意位置，单击“页面布局”选项卡下“页面设置”组右下角的“对话框启动器”按钮，弹出“页面设置”对话框。单击“页边距”选项卡，在“上”、“下”、“左”、“右”文本框中均选择或输入“3.5 厘米”。切换到“版式”选项卡，在“页眉和页脚”区域的“页眉”文本框中选择或输入“2.2 厘米”，单击“确定”按钮。

第 2 步：将光标定位在文档中的任意位置，单击“插入”选项卡下“页眉和页脚”组中的“页眉”按钮，在弹出的下拉列表中选择“朴素型（奇数页）”页眉样式。

第 3 步：将光标定位在页眉的“键入文档标题”框中，输入文字“明清漆饰家具”。选中页眉文字，在“开始”选项卡下“字体”组中的“字体”下拉列表中选择“隶书”，在“字号”下拉列表中选择“小二”。

第 4 步：在“页眉和页脚工具”的“设计”选项卡下，单击“导航”组中的“转至页脚”按钮，如图 2-69 所示。此时光标自动跳到“页脚”处，在页脚处输入“第 1 页”，选中页码文字，在“开始”选项卡下“字体”组中的“字体”下拉列表中选择“隶书”，在“字号”下拉列表中选择“小二”。在“页眉和页脚工具”的“设计”选项卡下“关闭”组中单击“关闭页眉和页脚”按钮。

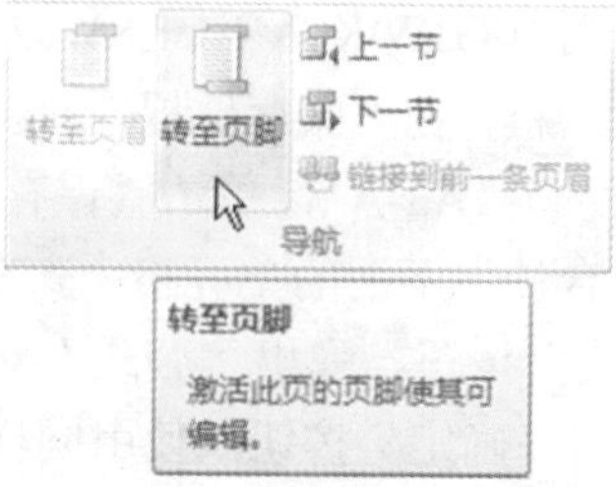

图 2-69

第 5 步：在“页面布局”选项卡下“页面背景”组中单击“水印”按钮，在打开的下拉列表中执行“自定义水印”命令。

第 6 步：在弹出的“水印”对话框中，点选“文字水印”单选按钮，在“文字”后面的文本框中输入文字“历史资料”，在“字体”下拉列表中选择“微软雅黑”，在“字号”下拉列表中选择或输入“72”磅，在“颜色”下拉列表中选择标准色中的“蓝色”，勾选“半透明”复选框，点选“版式”中的“斜式”单选按钮，单击“确定”按钮即可。

2. 设置文档编排格式：

第 7 步：选中文档的标题，单击“插入”选项卡下“文本”组中的“艺术字”按钮，在弹出的库中选择“渐变填充 - 紫色，强调文字颜色 4，映像”。

第 8 步：选中新插入的艺术字，在“开始”选项卡下“字体”组中的“字体”下拉列表中选择“华文琥珀”，在“字号”文本框中输入“60”磅，取消“加粗”按钮的选中状态。

第 9 步：在“绘图工具”的“格式”选项卡下“排列”组中单击“自动换行”按钮，在弹出的下拉列表中选择“嵌入型”。将鼠标指针移至标题行的左侧，当鼠标指针变成形状时，单击即可选中该行，在“开始”选项卡下单击“段落”组中的“居中”按钮。

第 10 步：在“绘图工具”的“格式”选项卡下“艺术字样式”组中单击“文本效果”按钮，在弹出的下拉列表中选择“发光”选项下的“橙色，5pt 发光，强调文字颜色 6”效果。在“形状样式”组中单击“其他”按钮，在弹出的库中选择“彩色轮廓 - 水绿色，强调颜色 5”的形状样式。

第 11 步：选中正文第 1 段文本，在“开始”选项卡下“字体”组中的“字体”下拉列表中选择“楷体_GB2312”，在“字号”下拉列表中选择“四号”，在“字体颜色”下拉列表中选择标准色中的“深红”色。

第 12 步：选中正文第 2 段文本，在“开始”选项卡下“字体”组中的“字体”下拉列表中选择“黑体”，在“字号”下拉列表中选择“小四”，在“字体颜色”下拉列表中选择标准色中的“橙色”。

第 13 步：选中正文第 3 段文本，单击“开始”选项卡下“字体”组右下角的“对话框启动器”按钮，弹出“字体”对话框。在“字体”选项卡下，在“中文字体”下拉列表中选择“华文新魏”，在“字号”下拉列表中选择“小三”，在“字体颜色”下拉列表中执行“其他颜色”命令，打开“颜色”对话框。在“自定义”选项卡下输入 RGB 值（255，50，200），单击“确定”按钮。返回到“字体”对话框的“字体”选项卡下，在“下划线线型”下拉列表中选择“粗线”，在“下划线颜色”下拉列表中选择标准色中的“浅蓝”色，单击“确定”按钮。

第 14 步：选中正文部分所有文本，单击“开始”选项卡下“段落”组右下角的“对话框启动器”按钮，弹出“段落”对话框。在“缩进和间距”选项卡下，在“间距”区域的“行距”下拉列表中选择“固定值”项，在“设置值”文本框中选择或输入“20 磅”，单击“确定”按钮即可。

3. 文档的插入设置：

第 15 步：将光标定位在样文所示位置，单击“插入”选项卡下“插图”组中的“图片”按钮。打开“插入图片”对话框，在指定目录（C:\Win2010GJW\KSML1 文件夹）中选择“KSWJ2-10A.jpg”图片文件，单击“插入”按钮。

第 16 步：选中插入的图片，选择“图片工具”下的“格式”选项卡，单击“大小”组右下角的“对话框启动器”按钮。打开“布局”对话框，选择“大小”选项卡，在“缩放”区域中“高度”和“宽度”文本框中选择或输入“20%”，单击“确定”按钮。

第 17 步：选择“图片工具”下的“格式”选项卡，在“排列”组中单击“自动换行”按钮，在下拉列表中选择“穿越型环绕”。

第 18 步：选择“图片工具”下的“格式”选项卡，在“调整”组中单击“艺术效果”按钮。在弹出的下拉列表中选择“艺术效果选项”，打开“设置图片格式”对话框的“艺术效果”设置框，在右侧的“艺术效果”下拉列表框中选择“纹理化”选项，在“缩放比例”后面的文本框中选择或输入“100”，如图 2-70 所示，单击“关闭”按钮。利用鼠标拖拽图片移动图片位置，使其位于样文所示位置。

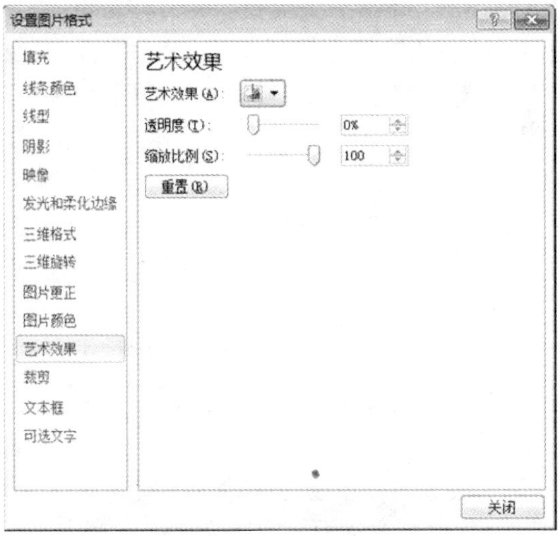

图 2-70

4. 文档表格的高级操作：

第 19 步：打开文件 C:\Win2010GJW\KSML1\KSWJ2-10B.docx，执行“文件”→“另存为”命令，弹出“另存为”对话框，在“保存位置”列表中选择考生文件夹所在位置，在“文件名”文本框中输入文件名“A2-A”，单击“保存”按钮。

第 20 步：选中表格 3～8 行，打开“表格工具”的“布局”选项卡，在“数据”组中单击“排序”按钮，打开“排序”对话框，在“主要关键字”下拉列表中选择“列 5”，在“次要关键字”下拉列表中选择“列 4”，均勾选后面的“降序”复选框，单击“确定”按钮。

第 21 步：选中整个表格，打开“表格工具”的“设计”选项卡，在“表格样式”组中单击“表格样式”右侧的“其他”按钮，在打开的列表框中的“内置”区域中选择“浅色列表 - 强调文字颜色 1”的表格样式。

5. 文档的保护操作：

第 22 步：在“文件”选项卡下选择左侧的“信息”项，在右侧的信息栏中单击“保护文档”按钮，在弹出的下拉列表中选择“用密码进行加密”。

第 23 步：在弹出的“加密文档”对话框中输入密码“ks2-10”，单击“确定”按钮。在弹出的“确认密码”对话框中再次输入密码“ks2-10”，单击“确定”按钮。

第 24 步：执行“文件”→“保存”命令。

2.11　第 11 题解答

执行“文件”→“打开”命令，在“查找范围”文本框中找到指定路径，选择“A2.docx”文件，单击“打开”按钮。

1. 设置文档页面格式：

第 1 步：将光标定位在文档中的任意位置，单击“页面布局”选项卡下“页面设置”组右下角的“对话框启动器”按钮，弹出“页面设置”对话框。单击“页边距”选项卡，在“上”、“下”、“左”、“右”文本框中均选择或输入“3 厘米”。切换到“版式”选项卡，在“页眉和页脚”区域的“页眉”文本框中选择或输入“2 厘米”，单击“确定”按钮。

第 2 步：将光标定位在文档中的任意位置，单击“插入”选项卡下“页眉和页脚”组中的“页眉”按钮，在弹出的下拉列表中选择“堆积型”页眉样式。

第 3 步：将光标定位在页眉的“键入文档标题”标题框中，输入文字“《儒德李生之墓铭》”。选中页眉文字，在“开始”选项卡下“字体”组中的“字体”下拉列表中选择“华文行楷”，在“字号”下拉列表中选择“小四”，在“字体颜色”下拉列表中选择标准色中的“深红”色，单击加粗按钮 **B**；在页码文本框中输入数字“3”，选中页码文字，在“开始”选项卡下“字体”组中的“字体”下拉列表中选择“华文行楷”，在“字号”下拉列表中选择“小四”，在“字体颜色”下拉列表中选择标准色中的“深红”色，单击加粗按钮 **B**。

第 4 步：在“页眉和页脚工具”的“设计”选项卡下单击“页眉和页脚”组中的“页脚”按钮，在弹出的下拉列表中选择“堆积型”页脚样式，在“公司”框中输入“《中国书法史》”。选中插入的页脚，在“开始”选项卡下“字体”组中的“字体”下拉列表中选择“华文行楷”，在“字号”下拉列表中选择“小四”，在“字体颜色”下拉列表中选择标准色中的“深红”色，单击加粗按钮 **B**。在“页眉和页脚工具”的“设计”选项卡下“关闭”组中单击“关闭页眉和页脚”按钮。

第 5 步：在“页面布局”选项卡下“页面背景”组中，单击“页面颜色”按钮，在打开的下拉列表中执行“填充效果”命令。

第 6 步：在弹出的“填充效果”对话框中，打开“渐变”选项卡，点选“颜色”区域中的“预设”单选按钮，在“预设颜色”下拉列表中选择“雨后初晴”选项，在“变形”区域选择第 4 种效果，如图 2-71 所示，单击“确定”按钮即可。

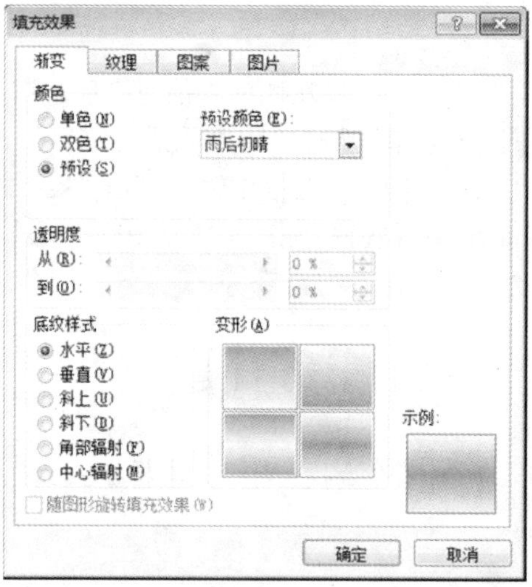

图 2-71

2. 设置文档编排格式：

第 7 步：选中文档的标题，单击“插入”选项卡下“文本”组中的“艺术字”按钮，在弹出的库中选择“填充 - 红色，强调文字颜色 2，粗糙棱台”。

第 8 步：选中新插入的艺术字，在“开始”选项卡下“字体”组中的“字体”下拉列表中选择“微软雅黑”，在“字号”文本框中输入“45”磅。

第 9 步：在“绘图工具”的“格式”选项卡下“排列”组中单击“自动换行”按钮，在弹出的下拉列表中选择“上下型环绕”。

第 10 步：在“绘图工具”的“格式”选项卡下，单击“排列”组的“对齐”按钮，在弹出的下拉列表中选择“左右居中”项。

第 11 步：选中正文第 1 段文本，单击“开始”选项卡下“字体”组右下角的“对话框启动器”按钮，弹出“字体”对话框，在“字体”选项卡下，在“下划线线型”下拉列表中选择“点 - 短线”下划线，在“下划线颜色”下拉列表中选择主题颜色中的“黑色，文字 1”，单击“确定”按钮。

第 12 步：选中正文部分所有文本，在“开始”选项卡下“字体”组中的“字体”下拉列表中选择“华文新魏”，在“字号”下拉列表中选择“四号”，在“字体颜色”下拉列表中选择标准色中的“紫色”。单击“段落”组右下角的“对话框启动器”按钮，弹出“段落”对话框，打开“缩进和间距”选项卡，在“间距”区域的“段前”文本框中选择或输入“1 行”，在“行距”下拉框中选择“固定值”项，在“设置值”文本框中选择或输入“22 磅”，单击“确定”按钮即可。

第 13 步：选中正文第 2 段文本，单击“开始”选项卡下“段落”组中的“底纹”下拉按钮，在打开的下拉列表中执行“其他颜色”命令，打开“颜色”对话框，在“自定义”选项卡下输入 RGB 值（255，204，102），单击“确定”按钮。

3. 文档的插入设置：

第 14 步：将光标定位在样文所示位置，单击“插入”选项卡下“插图”组中的“图片”按钮。打开“插入图片”对话框，在指定目录（C:\Win2010GJW\KSML1 文件夹）中选择“KSWJ2-11A.jpg”图片文件，单击“插入”按钮。

第 15 步：选中插入的图片，选择“图片工具”下的“格式”选项卡，单击“大小”组右下角的“对话框启动器”按钮。打开“布局”对话框，选择“大小”选项卡，在“缩放”区域中“高度”和“宽度”文本框中选择或输入“80%”，单击“确定”按钮。

第 16 步：选择“图片工具”下的“格式”选项卡，在“排列”组中单击“自动换行”按钮，在下拉列表中选择“四周型环绕”。

第 17 步：选择“图片工具”下的“格式”选项卡，在“图片样式”组中单击“图片样式”右侧的“其他”按钮，在打开的列表框中选择“棱台左透视，白色”图片样式。

第 18 步：选择“图片工具”下的“格式”选项卡，在“图片样式”组中单击“图片效果”按钮，在弹出的下拉列表中选择“发光”选项下的“橄榄色，11pt 发光，强调文字颜色 3”图片效果。利用鼠标拖拽图片移动图片位置，使其位于样文所示位置。

4. 文档表格的高级操作：

第 19 步：打开文件 C:\Win2010GJW\KSML1\KSWJ2-11B.docx，执行“文件”→“另存为”命令，弹出“另存为”对话框，在“保存位置”列表中选择考生文件夹所在位置，在“文件名”文本框中输入文件名“A2-A”，单击“保存”按钮。

第 20 步：选中表格 3～8 行，打开“表格工具”的“布局”选项卡，在“数据”组中单击“排序”按钮，打开“排序”对话框，在“主要关键字”下拉列表中选择“列 4”，勾选后面的“升序”复选框，单击“确定”按钮。

第 21 步：选中整个表格，打开“表格工具”的“设计”选项卡，在“表格样式”组中单击“表格样式”右侧的“其他”按钮，在打开的列表框中的“内置”区域中选择“浅色网格 - 强调文字颜色 4”的表格样式。

5. 文档的保护操作：

第 22 步：在“审阅”选项卡下“保护”组中单击“限制编辑”按钮，弹出“限制格式和编辑”边框栏后，勾选“仅允许在文档中进行此类型的编辑”复选框，在其下方的下拉列表中选择允许项目“修订”，并单击[是，启动强制保护]按钮。

第 23 步：在弹出的“启动强制保护”对话框中的“新密码（可选）”编辑框中输入“ks2-11”，在“确认新密码”编辑框中再次输入“ks2-11”，单击“确定”按钮。

第 24 步：执行“文件”→“保存”命令。

2.12　第 12 题解答

执行“文件”→“打开”命令，在“查找范围”文本框中找到指定路径，选择“A2.docx”文件，单击“打开”按钮。

1. 设置文档页面格式:

第 1 步：将光标定位在文档中的任意位置，单击“页面布局”选项卡下“页面设置”组右下角的“对话框启动器”按钮，弹出“页面设置”对话框。单击“页边距”选项卡，在“上”、“下”文本框中选择或输入“3.5 厘米”，在“左”、“右”文本框中选择或输入“3 厘米”。切换到“版式”选项卡，在“页眉和页脚”区域的“页眉”、“页脚”文本框中均选择或输入“2 厘米”，单击“确定”按钮。

第 2 步：将光标定位在文档中的任意位置，单击“插入”选项卡下“页眉和页脚”组中的“页眉”按钮，在弹出的下拉列表中选择“危险性”页眉样式。

第 3 步：将光标定位在页眉的“键入文档标题”标题框中，输入文字“电脑病毒的预防”。选中页眉文字，在“开始”选项卡下“字体”组中的“字体”下拉列表中选择“华文中宋”，在“字号”下拉列表中选择“四号”，在“字体颜色”下拉列表中选择标准色中的“深蓝”色，单击“文本左对齐”按钮。

第 4 步：在“页眉和页脚工具”的“设计”选项卡下，单击“导航”组中的“转至页脚”按钮。此时光标自动跳到“页脚”处，在页脚处输入“第 1 页”。选中页码文字，在“开始”选项卡下“字体”组中的“字体”下拉列表中选择“华文中宋”，在“字号”下拉列表中选择“四号”，在“字体颜色”下拉列表中选择标准色中的“深蓝”色，单击“文本左对齐”按钮。在“页眉和页脚工具”的“设计”选项卡下“关闭”组中单击“关闭页眉和页脚”按钮。

第 5 步：在“页面布局”选项卡下“页面背景”组中单击“页面边框”按钮，在弹出的“边框和底纹”对话框中的“页面边框”选项卡下，在“设置”区域选择“方框”，在“样式”下拉列表中选择如样文所示的“三线”线型，在“颜色”下拉列表中选择标准色中的“紫色”，在“宽度”下拉列表中选择“3.0 磅”。单击预览区域下方的“选项”按钮，打开“边框和底纹选项”对话框，在“边距”区域的“测量基准”下拉列表中选择“文字”，在“上”、“下”文本框中选择或输入“1 磅”，在“左”、“右”文本框中选择或输入“4 磅”，单击“确定”按钮。返回到“边框和底纹”对话框，在“应用于”下拉列表中选择“整篇文档”选项，单击“确定”按钮。

第 6 步：在“页面布局”选项卡下“页面背景”组中单击“页面颜色”按钮，在打开的下拉列表中执行“填充效果”命令。

第 7 步：在弹出的“填充效果”对话框中，打开“渐变”选项卡，点选“颜色”区域的“单色”单选按钮，在“颜色 1”下拉列表中选择标准色中的“浅蓝”色，调整深浅度至“浅”，在“变形”区域选择第 2 种效果，如图 2-72 所示，单击“确定”按钮即可。

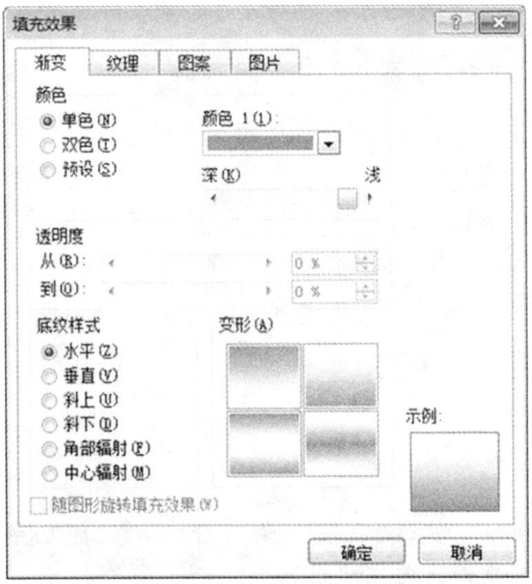

图 2-72

2. 设置文档编排格式:

第 8 步：选中文档的标题，单击“插入”选项卡下“文本”组中的“艺术字”按钮，在弹出的库中选择“填充 - 红色，强调文字颜色 2，暖色粗糙棱台”。

第 9 步：选中新插入的艺术字，在“开始”选项卡下“字体”组中的“字体”下拉列表中选择“华文新魏”，在“字号”文本框中输入“43”磅。

第 10 步：在“绘图工具”的“格式”选项卡下“排列”组中单击“位置”按钮，在弹出的下拉列表中选择“顶端居中，四周型文字环绕”。

第 11 步：在“绘图工具”的“格式”选项卡下“艺术字样式”组中单击“文本效果”按钮，在弹出的下拉列表中选择“转换”选项下的“腰鼓”效果。

第 12 步：选中正文第 1 段文本，单击“开始”选项卡下“字体”组右下角的“对话框启动器”按钮，弹出“字体”对话框。在“字体”选项卡下，在“中文字体”下拉列表中选择“华文行楷”，在“字号”下拉列表中选择“小四”，在“字形”下拉列表中选择“倾斜”；在“下划线线型”下拉列表中选择“粗点式”下划线，在“下划线颜色”下拉列表中选择标准色中的“红色”，单击“确定”按钮。单击“段落”组右下角的“对话框启动器”按钮，弹出“段落”对话框，打开“缩进和间距”选项卡，在“间距”区域的“行距”下拉列表框中选择“固定值”项，在“设置值”文本框中选择或输入“20 磅”，单击“确定”按钮即可。

第 13 步：选中正文第 3 段文本，单击“插入”选项卡下“文本”组中的“文本框”按钮，在弹出的下拉列表中执行“绘制竖排文本框”命令。选中文本框，在“开始”选项卡下“字体”组中的“字体”下拉列表中选择“隶书”，在“字号”下拉列表中选择“小四”。单击“段落”组右下角的“对话框启动器”按钮，弹出“段落”对话框，打开“缩进和间距”选项卡，在“间距”区域的“行距”下拉框中选择“固定值”项，在“设置值”文本框中选择或输入“18 磅”，单击“确定”按钮。

第 14 步：选中文本框，在“绘图工具”的“格式”选项卡下，单击“排列”组中的“自动换行”按钮，在下拉列表中选择“上下型环绕”。根据样文所示，对文本框大小及内容做相对应的调整。

第 15 步：选中正文第 6～11 段，在“开始”选项卡下“段落”组中单击“项目符号”按钮右侧的下拉按钮，在打开的列表中执行“定义新项目符号”命令。打开“定义新项目符号”对话框，单击“符号”按钮，在弹出的“符号”框中选择符号样式“✧”，单击“确定”按钮。返回至“定义新项目符号”对话框，单击“确定”按钮即可。

第 16 步：在“开始”选项卡的“字体”组中，在“字体颜色”下拉列表中选择标准色中的“深红”色。再次在“字体颜色”下拉列表中选择“渐变”选项下的“深色变体”区域中的“中心辐射”，如图 2-73 所示。单击“段落”组右下角的“对话框启动器”按钮，弹出“段落”对话

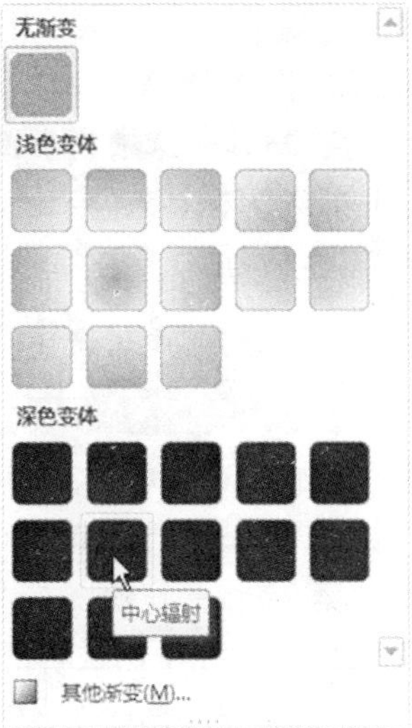

图 2-73

框，打开“缩进和间距”选项卡，在“间距”区域的“段前”、“段后”文本框中均选择或输入“0.5 行”，单击“确定”按钮即可。

3. 文档的插入设置：

第 17 步：将光标定位在样文所示位置，单击“插入”选项卡下“插图”组中的“图片”按钮。打开“插入图片”对话框，在指定目录（C:\Win2010GJW\KSML1 文件夹）中选择“KSWJ2-12A.jpg”图片文件，单击“插入”按钮。

第 18 步：选中所插入的图片，选择“图片工具”下的“格式”选项卡，单击“大小”组右下角的“对话框启动器”按钮，打开“布局”对话框。选择“大小”选项卡，先取消“锁定纵横比”的选中状态，在“高度”区域的“绝对值”文本框中选择或输入“4.5 厘米”，在“宽度”区域的“绝对值”文本框中选择或输入“5.8 厘米”，单击“确定”按钮。

第 19 步：选择“图片工具”下的“格式”选项卡，在“排列”组中单击“自动换行”按钮，在下拉列表中选择“紧密型环绕”。在图片上单击鼠标右键，在打开的快捷菜单中选择“置于底层”选项下的“置于底层”。

第 20 步：选择“图片工具”下的“格式”选项卡，在“调整”组中单击“艺术效果”按钮，在弹出的下拉列表中选择“胶片颗粒”艺术效果。在“图片样式”组中单击“图片效果”按钮，在弹出的下拉列表中选择“柔化边缘”选项下的“10 磅”效果。利用鼠标拖拽图片移动图片位置，使其位于样文所示位置。

4. 文档表格的高级操作：

第 21 步：打开文件 C:\Win2010GJW\KSML1\KSWJ2-12B.docx，执行“文件”→“另存为”命令，弹出“另存为”对话框，在“保存位置”列表中选择考生文件夹所在位置，在“文件名”文本框中输入文件名“A2-A”，单击“保存”按钮。

第 22 步：将光标定位在“平均分”下面的单元格中，在“表格工具”的“布局”选项卡下，单击“数据”组的“公式”按钮，弹出“公式”对话框，在“公式”下面的文本框中输入“=AVERAGE(LEFT)”，单击“确定”按钮。使用同样方法完成其他七个单元格的平均值计算。

第 23 步：选中整个表格，打开“表格工具”的“设计”选项卡，在“表格样式”组中单击“表格样式”右侧的“其他”按钮，在打开的列表框中的“内置”区域中选择“中等深浅底纹 1 - 强调文字颜色 5”的表格样式。

5. 文档的保护操作：

第 24 步：在“审阅”选项卡下“保护”组中单击“限制编辑”按钮，弹出“限制格式和编辑”边框栏后，勾选“仅允许在文档中进行此类型的编辑”复选框，在其下方的下拉列表中选择允许项目“填写窗体”，并单击[是，启动强制保护]按钮。

第 25 步：在弹出的“启动强制保护”对话框中的“新密码（可选）”编辑框中输入“ks2-12”，在“确认新密码”编辑框中再次输入“ks2-12”，单击“确定”按钮。

第 26 步：执行“文件”→“保存”命令。

2.13 第13题解答

执行“文件”→“打开”命令，在“查找范围”文本框中找到指定路径，选择“A2.docx”文件，单击“打开”按钮。

1. 设置文档页面格式：

第1步：将光标定位在文档中的任意位置，单击“页面布局”选项卡下“页面设置”组右下角的“对话框启动器”按钮，弹出“页面设置”对话框。单击“页边距”选项卡，在“上”、“下”、“左”、“右”文本框中均选择或输入“2.5 厘米”。切换到“版式”选项卡，在“页眉和页脚”区域的“页眉”、“页脚”文本框中均选择或输入“1.5 厘米”，单击“确定”按钮。

第2步：将光标定位在文档中的任意位置，单击“插入”选项卡下“页眉和页脚”组中的“页眉”按钮，在弹出的下拉列表中选择“细条纹”页眉样式。

第3步：将光标定位在页眉的“键入文档标题”标题框中，输入文字“沙尘暴简介”。选中页眉文字，在“开始”选项卡下“字体”组中的“字体”下拉列表中选择“华文楷体”，在“字号”下拉列表中选择“四号”，在“字体颜色”下拉列表中选择标准色中的“深蓝”色，单击“加粗”按钮B。

第4步：在“页眉和页脚工具”的“设计”选项卡下，单击“页眉和页脚”组中的“页脚”按钮，在弹出的下拉列表中选择“细条纹”页脚样式，在页脚处输入“第1页”。选中新插入的页码，在“开始”选项卡下“字体”组中的“字体”下拉列表中选择“华文楷体”，在“字号”下拉列表中选择“四号”，在“字体颜色”下拉列表中选择标准色中的“深蓝”色，单击“加粗”按钮B。在“页眉和页脚工具”的“设计”选项卡下“关闭”组中单击“关闭页眉和页脚”按钮。

第5步：在“页面布局”选项卡下“页面背景”组中，单击“页面颜色”按钮，在打开的下拉列表中执行“填充效果”命令。在弹出的“填充效果”对话框中，打开“图片”选项卡，单击“选择图片”按钮，弹出“选择图片”对话框，在指定目录（C:\Win2010GJW\KSML1 文件夹）中选择“KSWJ2-13A.jpg”图片文件，单击“插入”按钮。返回到“填充效果”对话框，单击“确定”按钮即可。

2. 设置文档编排格式：

第6步：选中文档的标题，单击“插入”选项卡下“文本”组中的“艺术字”按钮，在弹出的库中选择“填充 - 红色，强调文字颜色 2，双轮廓 - 强调文字颜色 2”。

第7步：选中新插入的艺术字，在“开始”选项卡下“字体”组中的“字体”下拉列表中选择“隶书”，在“字号”文本框中输入“60”磅。

第8步：在“绘图工具”的“格式”选项卡下“排列”组中单击“自动换行”按钮，在弹出的下拉列表中选择“嵌入型”。将鼠标指针移至标题行的左侧，当鼠标指针变成形状时，单击鼠标左键即可选中该行，在“开始”选项卡下单击“段落”组中的“居中”按钮。

第 9 步：在“绘图工具”的“格式”选项卡下“艺术字样式”组中单击“文本效果”按钮，在弹出的下拉列表中选择“映像”选项下的“紧密映像，4pt 偏移量”。

第 10 步：选中正文第 1 段文本，单击“开始”选项卡下“段落”组中的“底纹”下拉按钮，在打开的下拉列表中执行“其他颜色”命令，打开“颜色”对话框，在“自定义”选项卡下输入 RGB 值（204，192，217），单击“确定”按钮。

第 11 步：选中正文部分所有文本，在“开始”选项卡下“字体”组中的“字体”下拉列表中选择“华文新魏”，在“字号”下拉列表中选择“小四”，单击“倾斜”按钮。单击“段落”组右下角的“对话框启动器”按钮，弹出“段落”对话框，在“缩进和间距”选项卡下，在“间距”区域的“段前”文本框中选择或输入“0.5 行”，在“行距”下拉列表中选择“固定值”项，在“设置值”文本框中选择或输入“16 磅”，单击“确定”按钮即可。

第 12 步：选中正文第 4 段文本，在“开始”选项卡下“字体”组中的“字体颜色”下拉列表中执行“其他颜色”命令，打开“颜色”对话框，在“自定义”选项卡下输入 RGB 值（100，50，200），单击“确定”按钮。

3. 文档的插入设置：

第 13 步：单击“插入”选项卡下“文本”组中的“文本框”按钮，在弹出的库中选择“条纹型引述”文本框样式。

第 14 步：选中新插入的文本框，选择“绘图工具”下的“格式”选项卡，在“大小”组中“高度”文本框中微调或输入“6 厘米”，在“宽度”文本框中微调或输入“15 厘米”。在“排列”组中单击“自动换行”按钮，在下拉列表中选择“上下型环绕”。

第 15 步：选中第 3 段文本，单击“开始”选项卡下“剪贴板”组中的“剪切”按钮，将光标定位在新插入的文本框中，执行“粘贴”命令。选中文本框中的文字，单击“字体”组中的“字体颜色”下拉按钮，在打开的下拉列表中选择主题颜色中的“白色，背景 1”。利用鼠标拖拽文本框位置，使其位于第 3 段的位置。根据样文所示，对文本框及内容做相对应的调整。

4. 文档表格的高级操作：

第 16 步：打开文件 C:\Win2010GJW\KSML1\KSWJ2-13B.docx，执行“文件”→“另存为”命令，弹出“另存为”对话框，在“保存位置”列表中选择考生文件夹所在位置，在“文件名”文本框中输入文件名“A2-A”，单击“保存”按钮。

第 17 步：将光标定位在“合计”下面的单元格中，在“表格工具”的“布局”选项卡下，单击“数据”组的“公式”按钮。弹出“公式”对话框，在“公式”下面的文本框中输入“=SUM(LEFT)”，单击“确定”按钮。使用同样方法完成其他五个单元格的求和计算。

第 18 步：将光标定位在“最高销售量”右侧的单元格中，在“表格工具”的“布局”选项卡下，单击“数据”组的“公式”按钮。弹出“公式”对话框，在“公式”下面的文本框中输入“=MAX(ABOVE)”，单击“确定”按钮。使用同样方法完成其他四个单元格的最大值计算。

第 19 步：选中整个表格，打开“表格工具”的“设计”选项卡，在“表格样式”组中单击“表格样式”右侧的“其他”按钮，在打开的列表框中的“内置”区域中选择“浅色网格 - 强调文字颜色 4”的表格样式。

第 20 步：打开“表格工具”的“布局”选项卡，在“对齐方式”组中单击“水平居中”按钮，如图 2-74 所示。

图 2-74

5. 文档的保护操作：

第 21 步：在“审阅”选项卡下“保护”组中单击“限制编辑”按钮，弹出“限制格式和编辑”边框栏后，勾选“仅允许在文档中进行此类型的编辑”复选框，在其下方的下拉列表中选择允许项目“修订”，并单击“是，启动强制保护”按钮。

第 22 步：在弹出的“启动强制保护”对话框中的“新密码（可选）”编辑框中输入“ks2-13”，在“确认新密码”编辑框中再次输入“ks2-13”，单击“确定”按钮。

第 23 步：执行“文件”→“保存”命令。

2.14　第 14 题解答

执行“文件”→“打开”命令，在“查找范围”文本框中找到指定路径，选择“A2.docx”文件，单击“打开”按钮。

1. 设置文档页面格式：

第 1 步：将光标定位在文档中的任意位置，单击“页面布局”选项卡下“页面设置”组右下角的“对话框启动器”按钮，弹出“页面设置”对话框。单击“页边距”选项卡，在“上”、“下”、“左”、“右”文本框中均选择或输入“2.5 厘米”。切换到“版式”选项卡，在“页眉和页脚”区域的“页眉”文本框中选择或输入“2.2 厘米”，单击“确定”按钮。

第 2 步：将光标定位在文档中的任意位置，单击“插入”选项卡下“页眉和页脚”组中的“页眉”按钮，在弹出的下拉列表中选择“现代型（偶数页）”页眉样式。

第 3 步：将光标定位在页眉的“键入文档标题”标题框中，输入文字“科学精神和人文精神”。选中页眉文字，在“开始”选项卡下“字体”组中的“字体”下拉列表中选择“隶书”，在“字号”下拉列表中选择“小二”，单击“加粗”按钮。

第 4 步：在“页眉和页脚工具”的“设计”选项卡下，单击“页眉和页脚”组中的

“页码”按钮，在弹出的下拉列表中选择“页边距”选项下的“箭头（右侧）”页码样式。在“页眉和页脚工具”的“设计”选项卡下“关闭”组中单击“关闭页眉和页脚”按钮。

第 5 步：在“页面布局”选项卡下“页面背景”组中单击“水印”按钮，在打开的下拉列表中执行“自定义水印”命令。

第 6 步：在弹出的“水印”对话框中，点选“文字水印”单选按钮，在“文字”后面的文本框中输入文字“科学人文”，在“字体”下拉列表中选择“华文行楷”，在“字号”下拉列表中选择或输入“96”磅，在“颜色”下拉列表中选择标准色中的“浅蓝”色，勾选“半透明”复选框，点选“版式”中的“斜式”单选按钮，单击“确定”按钮即可。

2. 设置文档编排格式：

第 7 步：选中文档的标题，单击“插入”选项卡下“文本”组中的“艺术字”按钮，在弹出的库中选择“填充 - 红色，强调文字颜色 2，粗糙棱台”。

第 8 步：选中新插入的艺术字，在“开始”选项卡下“字体”组中的“字体”下拉列表中选择“隶书”，在“字号”文本框中输入“40”磅。

第 9 步：在“绘图工具”的“格式”选项卡下“排列”组中单击“自动换行”按钮，在弹出的下拉列表中选择“嵌入型”。将鼠标指针移至标题行的左侧，当鼠标指针变成形状时，单击鼠标左键即可选中该行，在“开始”选项卡下单击“段落”组中的“居中”按钮。

第 10 步：在“绘图工具”的“格式”选项卡下“艺术字样式”组中单击“文本效果”按钮，在弹出的下拉列表中选择“转换”选项下的“前近后远”效果。

第 11 步：选中正文第 1 段文本，在“开始”选项卡下单击“字体”组右下角的“对话框启动器”按钮，弹出“字体”对话框。在“字体”选项卡下，在“中文字体”下拉列表中选择“楷体_GB2312”，在“字号”下拉列表中选择“四号”，在“字体颜色”下拉列表中选择标准色中的“蓝色”；在“下划线线型”下拉列表中选择“双波浪线”下划线，在“下划线颜色”下拉列表中选择标准色中的“红色”，单击“确定”按钮。

第 12 步：单击“段落”组右下角的“对话框启动器”按钮，弹出“段落”对话框，打开“缩进和间距”选项卡，在“间距”区域的“行距”下拉框中选择“固定值”项，在“设置值”文本框中选择或输入“23 磅”，单击“确定”按钮即可。

第 13 步：选中正文第 3～14 段文本，在“开始”选项卡下“段落”组中单击“编号”按钮右侧的下拉按钮，在打开的编号库中选择与样文相同的编号，如图 2-75 所示。

图 2-75

第 14 步：单击“开始”选项卡下“段落”组右下角的“对话框启动器”按钮，弹出“段落”对话框。在“缩进”选项区域的“左侧”文本框中选择或输入“0 字符”，在“特殊格式”下拉列表框中选择“悬挂缩进”项，在“设置值”文本框中选择或输入“2 字符”；在“间距”区域“行距”下拉列表框中选择“固定值”项，在“设置值”文本框中选择或输入“18 磅”，单击“确定”按钮。

第 15 步：在“开始”选项卡下“字体”组中的“字体”下拉列表中选择“黑体”，在“字号”下拉列表中选择“五号”，在“字体颜色”下拉列表中选择标准色中的“深红”色。

3. 文档的插入设置：

第 16 步：单击“插入”选项卡下“文本”组中的“文本框”按钮，在弹出的库中选择“年刊型引述”文本框样式。

第 17 步：选中第 2 段文本，单击“开始”选项卡下“剪贴板”组中的“剪切”按钮，将光标定位在新插入的文本框中，执行“粘贴”命令。选中文本框中的文字，在“开始”选项卡下“字体”组中的“字体”下拉列表中选择“华文新魏”，在“字号”下拉列表中选择“四号”，在“字体颜色”下拉列表中选择主题颜色中的“黑色，文字 1”。

第 18 步：选中文本框，打开“绘图工具”的“格式”选项卡，在“文本”组中单击“文字方向”按钮，在弹出的下拉列表中选择“垂直”，如图 2-76 所示。

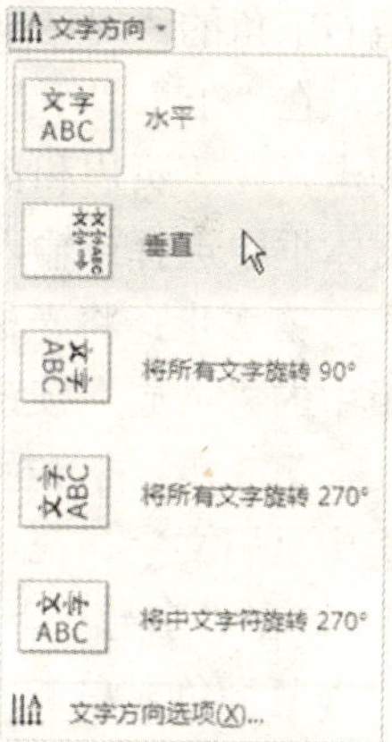

图 2-76

第 19 步：单击“开始”选项卡下“段落”组右下角的“对话框启动器”按钮，弹出“段落”对话框。在“缩进”区域的“特殊格式”下拉列表框中选择“首行缩进”，在“设置值”文本框中选择或输入“2 字符”；在“间距”区域的“行距”下拉列表框中选择“固定值”项，在“设置值”文本框中选择或输入“17 磅”，单击“确定”按钮。

第 20 步：选择“绘图工具”下的“格式”选项卡，在“大小”组中“高度”文本框中微调或输入“5.2 厘米”，在“宽度”文本框中微调或输入“15.8 厘米”；在“排列”组中单击“自动换行”按钮，在下拉列表中选择“四周型环绕”。利用鼠标拖拽文本框位置，使其位于第 2 段的位置。根据样文所示，对文本框及内容做相对应的调整。

4. 文档表格的高级操作：

第 21 步：打开文件 C:\Win2010GJW\KSML1\KSWJ2-14A.docx，执行“文件”→“另存为”命令，弹出“另存为”对话框，在“保存位置”列表中选择考生文件夹所在位置，在“文件名”文本框中输入文件名“A2-A”，单击“保存”按钮。

第 22 步：选中表格 3～14 行，打开“表格工具”的“布局”选项卡，在“数据”组中单击“排序”按钮，打开“排序”对话框，在“主要关键字”下拉列表中选择“列 8”，在“次要关键字”下拉列表中选择“列 3”，均勾选后面的“降序”复选框，单击“确定”按钮。

第 23 步：选中整个表格，打开“表格工具”的“设计”选项卡，在“表格样式”组中单击“表格样式”右侧的“其他”按钮，在打开的列表框中的“内置”区域中选择“中等深浅网格 3 - 强调文字颜色 6”的表格样式。

5. 文档的保护操作：

第 24 步：在“文件”选项卡下选择左侧的“信息”项，在右侧的信息栏中单击“保护文档”按钮，在弹出的下拉列表中选择“用密码进行加密”。

第 25 步：在弹出的“加密文档”对话框中输入密码“ks2-14”，单击“确定”按钮。在弹出的“确认密码”对话框中再次输入密码“ks2-14”，单击“确定”按钮。

第 26 步：执行“文件”→“保存”命令。

2.15 第 15 题解答

执行“文件”→“打开”命令，在“查找范围”文本框中找到指定路径，选择“A2.docx”文件，单击“打开”按钮。

1. 设置文档页面格式:

第 1 步：将光标定位在文档中的任意位置，单击“页面布局”选项卡下“页面设置”组右下角的“对话框启动器”按钮，弹出“页面设置”对话框。单击“页边距”选项卡，在“上”、“下”、“左”、“右”文本框中均选择或输入“3 厘米”。切换到“版式”选项卡，在“页眉和页脚”区域的“页眉”文本框中选择或输入“1.5 厘米”，在“页脚”文本框中选择或输入“2 厘米”，单击“确定”按钮。

第 2 步：将光标定位在文档中的任意位置，单击“插入”选项卡下“页眉和页脚”组中的“页眉”按钮，在弹出的下拉列表中选择“拼板型（奇数页）”页眉样式。

第 3 步：将光标定位在页眉的“键入文档标题”标题框中，输入文字“蒙古国简介”。选中页眉文字，在“开始”选项卡下“字体”组中的“字体”下拉列表中选择“华文行楷”，在“字号”下拉列表中选择“四号”，在“字体颜色”下拉列表中选择标准色中的“深蓝”色，单击“加粗”按钮**B**。

第 4 步：在“页眉和页脚工具”的“设计”选项卡下，单击“页眉和页脚”组中的“页脚”按钮，在弹出的下拉列表中选择“拼板型（奇数页）”页脚样式。在“[键入公司名称] 机密”框中输入“第 5 页”，选中新插入的页码文本，在“开始”选项卡下“字体”组中的“字体”下拉列表中选择“华文楷体”，在“字号”下拉列表中选择“四号”，在“字体颜色”下拉列表中选择标准色中的“紫色”，单击“加粗”按钮**B**。在“页眉和页脚工具”的“设计”选项卡下“关闭”组中单击“关闭页眉和页脚”按钮。

第 5 步：在“页面布局”选项卡下“页面背景”组中，单击“页面颜色”按钮，在打开的下拉列表中执行“填充效果”命令。

第 6 步：在弹出的“填充效果”对话框中，打开“图案”选项卡，在“图案”区域选择“30%”，在“前景”下拉列表中选择标准色中的“浅绿”色，在“背景”下拉列表中选择主题颜色中的“白色，背景 1”，如图 2-77 所示，单击“确定”按钮。

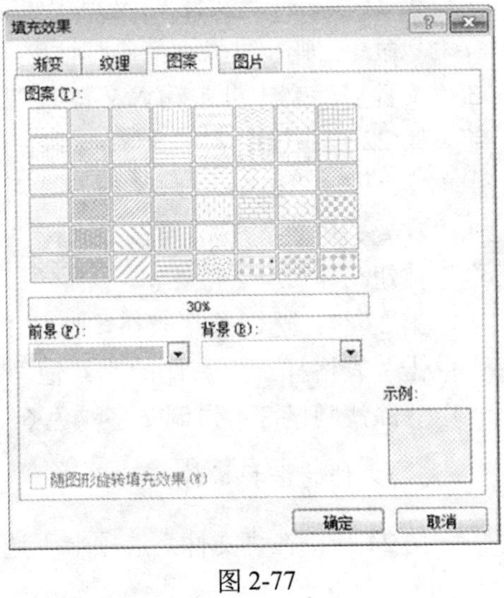

图 2-77

2. 设置文档编排格式：

第 7 步：选中文档的标题，单击“插入”选项卡下“文本”组中的“艺术字”按钮，在弹出的库中选择“填充 - 白色，投影”。

第 8 步：选中新插入的艺术字，在“开始”选项卡下“字体”组中的“字体”下拉列表中选择“华文彩云”，在“字号”文本框中输入“60”磅。

第 9 步：在“绘图工具”的“格式”选项卡下“排列”组中单击“自动换行”按钮，在弹出的下拉列表中选择“嵌入型”。将鼠标指针移至标题行的左侧，当鼠标指针变成形状时，单击鼠标左键即可选中该行，在“开始”选项卡下单击“段落”组中的“居中”按钮。

第 10 步：在“绘图工具”的“格式”选项卡下“形状样式”组中单击“其他”按钮，在弹出的库中选择“强烈效果 - 水绿色，强调颜色 5”的形状样式。

第 11 步：选中正文部分所有文本，在“开始”选项卡下“字体”组中的“字体”下拉列表中选择“隶书”，在“字号”下拉列表中选择“四号”。单击“段落”组右下角的“对话框启动器”按钮，弹出“段落”对话框，在“缩进和间距”选项卡下，在“间距”区域的“段后”文本框中选择或输入“0.5 行”，在“行距”下拉列表中选择“固定值”项，在“设置值”文本框中选择或输入“18 磅”，单击“确定”按钮即可。

第 12 步：选中正文第 3 段文本，单击“开始”选项卡下“字体”组右下角的“对话框启动器”按钮，弹出“字体”对话框。在“字体”选项卡下，在“字体颜色”下拉列表中选择标准色中的“红色”，在“下划线线型”下拉列表中选择“粗虚下划线”，在“下划线颜色”下拉列表中选择主题颜色中的“黑色，文字 1”，单击“确定”按钮。

3. 文档的插入设置：

第 13 步：将光标定位在第 1 段文本“蒙古国”的后面，在“插入”选项卡下“文本”组中单击“文档部件”按钮，在弹出的下拉列表中选择“文档属性”下的“备注”。系统会自动出现一个备注框，在“备注”框中输入内容“（蒙古语：Монгол улс）”。

第 14 步：选中“备注”框中的文本，在“开始”选项卡下“字体”组中的“字体”下拉列表中选择“宋体”，在“字号”下拉列表中选择“五号”，在“字体颜色”下拉列表中选择标准色中的“紫色”。

第 15 步：将光标定位在第 2 段文档的段首，在“插入”选项卡下“文本”组中单击“文档部件”按钮，在弹出的下拉列表中选择“文档属性”下的“主题”。系统会自动出现一个主题框，在“主题”框中输入内容“地理位置：”。

第 16 步：选中“主题”框中的文本，在“开始”选项卡下“字体”组中的“字体”下拉列表中选择“华文中宋”，在“字号”下拉列表中选择“三号”，在“字体颜色”下拉列表中选择标准色中的“蓝色”。

4. 文档表格的高级操作：

第 17 步：打开文件 C:\Win2010GJW\KSML1\KSWJ2-15A.docx，执行“文件”→“另存为”命令，弹出“另存为”对话框，在“保存位置”列表中选择考生文件夹所在位置，在“文件名”文本框中输入文件名“A2-A”，单击“保存”按钮。

第 18 步：将光标定位在“平均消费”下面的单元格中，在“表格工具”的“布局”选项卡下，单击“数据”组的“公式”按钮，弹出“公式”对话框，在“公式”下面的文本框中输入“=AVERAGE(LEFT)”，单击“确定”按钮。使用同样方法完成其他五个单元格的平均值计算。

第 19 步：选中整个表格，打开“表格工具”的“设计”选项卡，在“表格样式”组中单击“表格样式”右侧的“其他”按钮，在打开的列表框中的“内置”区域中选择“中等深浅网格 3”的表格样式。

5. 文档的保护操作：

第 20 步：在“审阅”选项卡下“保护”组中单击“限制编辑”按钮，弹出“限制格式和编辑”边框栏后，勾选“仅允许在文档中进行此类型的编辑”复选框，在其下方的下拉列表中选择允许项目“不允许任何更改（只读）”，并单击“是，启动强制保护”按钮。

第 21 步：在弹出的“启动强制保护”对话框中的“新密码（可选）”编辑框中输入“ks2-15”，在“确认新密码”编辑框中再次输入“ks2-15”，单击“确定”按钮。

第 22 步：执行“文件”→“保存”命令。

2.16 第 16 题解答

执行“文件”→“打开”命令，在“查找范围”文本框中找到指定路径，选择“A2.docx”文件，单击“打开”按钮。

1. 设置文档页面格式：

第 1 步：将光标定位在文档中的任意位置，单击“页面布局”选项卡下“页面设置”组右下角的“对话框启动器”按钮，弹出“页面设置”对话框。单击“页边距”选项卡，在“上”、“下”文本框中选择或输入“4.5 厘米”，在“左”、“右”文本框中选择或输入“4 厘米”。切换到“版式”选项卡，在“页眉和页脚”区域的“页眉”、“页脚”文本框中均选择或输入“2 厘米”，单击“确定”按钮。

第 2 步：将光标定位在文档中的任意位置，单击“插入”选项卡下“页眉和页脚”组中的“页眉”按钮，在弹出的下拉列表中选择“拼板型（偶数页）”页眉样式。

第 3 步：将光标定位在页眉的“键入文档标题”标题框中，输入文字“健康之路”。选中页眉文字，在“开始”选项卡下“字体”组中的“字体”下拉列表中选择“华文彩云”，在“字号”下拉列表中选择“小三”，在“字体颜色”下拉列表中选择标准色中的“深红”色，单击“加粗”按钮 B。根据样文所示，删除页码文字。

第 4 步：在“页眉和页脚工具”的“设计”选项卡下单击“页眉和页脚”组中的“页脚”按钮，在弹出的下拉列表中选择“拼板型（偶数页）”页脚样式，在页脚处输入页码“第 1 页”。选中新插入的页码文本，在“开始”选项卡下“字体”组中的“字体”下拉列表中选择“华文彩云”，在“字号”下拉列表中选择“小三”，在“字体颜色”下拉列表中选择标准色中的“深红”色，单击“加粗”按钮 B。在“页眉和页脚工具”的“设计”选项卡下“关闭”组中单击“关闭页眉和页脚”按钮。

第 5 步：在“页面布局”选项卡下“页面背景”组中，单击“页面边框”按钮。在弹出的“边框和底纹”对话框的“页面边框”选项卡下，在“设置”区域选择“方框”，在“艺术型”下拉列表中选择与样文相同的艺术型边框，在“颜色”下拉列表中选择标准色中的“浅绿”色，在“宽度”下拉列表中选择“18 磅”。单击预览区域下方的“选项”按钮，打开“边框和底纹选项”对话框，在“边距”区域的“测量基准”下拉列表中选择“页边”，在“上”、“下”、“左”、“右”文本框中均选择或输入“30 磅”，单击“确定”按钮。返回到“边框和底纹”对话框，在“应用于”下拉列表中选择“整篇文档”选项，单击“确定”按钮。

第 6 步：在“页面布局”选项卡下“页面背景”组中，单击“页面颜色”按钮，在打开的下拉列表中执行“填充效果”命令。

第 7 步：在弹出的“填充效果”对话框中，打开“渐变”选项卡，点选“颜色”区域的“单色”单选按钮，在“颜色 1”下拉列表中执行“其他颜色”命令。打开“颜色”对话框，在“自定义”选项卡下输入 RGB 值（102，255，255），单击“确定”按钮，返回至“填充效果”对话框。调整深浅度至“浅”，在“底纹样式”区域点选“斜上”单选按钮，在“变形”区域选择第 1 种效果，单击“确定”按钮即可。

2. 设置文档编排格式：

第 8 步：选中文档的标题，单击“插入”选项卡下“文本”组中的“艺术字”按钮。在弹出的库中选择“填充 - 蓝色，强调文字颜色 1，塑料棱台，映像”。

第 9 步：选中新插入的艺术字，在“开始”选项卡下“字体”组中的“字体”下拉列表中选择“华文行楷”，在“字号”下拉列表中选择“初号”。

第 10 步：在“绘图工具”的“格式”选项卡下“排列”组中单击“自动换行”按钮，在弹出的下拉列表中选择“嵌入型”。

第 11 步：在“绘图工具”的“格式”选项卡下“艺术字样式”组中单击“文本效果”按钮，在弹出的下拉列表中选择“转换”选项下的“停止”效果。

第 12 步：选中正文第 2 段文本，单击“开始”选项卡下“段落”组中的“底纹”下拉按钮，在打开的下拉列表中选择标准色中的“浅蓝”色。

第 13 步：选中正文部分所有文本，在“开始”选项卡下“字体”组中的“字体”下拉列表中选择“华文细黑”，在“字号”下拉列表中选择“小四”。单击“段落”组右下角的“对话框启动器”按钮，弹出“段落”对话框，在“缩进和间距”选项卡下，在“间距”区域的“段后”文本框中选择或输入“1 行”，在“行距”下拉列表框中选择“固定值”项，在“设置值”文本框中选择或输入“25 磅”，单击“确定”按钮即可。

第 14 步：选中正文最后一段中的文本“海滨空气”，单击“开始”选项卡下“段落”组中的“中文版式”按钮，在打开的下拉列表中执行“双行合一”命令。弹出“双行合一”对话框，在“文字”区域输入“海滨空气”，勾选“带括号”复选框，在“括号样式”下拉列表中选择“[]”，单击“确定”按钮。选中双行合一的文本“海滨空气”，在“开始”选项卡下“字体”组中的“字体”下拉列表中选择“华文琥珀”，在“字号”下拉列表中选择“三号”，在“字体颜色”下拉列表中选择标准色中的“紫色”。

3. 文档的插入设置：

第 15 步：将光标定位在样文所示位置，单击“插入”选项卡“插图”组中的“图片”按钮。打开“插入图片”对话框，在指定目录（C:\Win2010GJW\KSML1 文件夹）中选择“KSWJ2-16A.jpg”图片文件，单击“插入”按钮。

第 16 步：选中所插入的图片，选择“图片工具”下的“格式”选项卡，单击“大小”组右下角的“对话框启动器”按钮，打开“布局”对话框，选择“大小”选项卡，先取消“锁定纵横比”复选框的选中状态，在“高度”区域的“绝对值”文本框中选择或输入“5 厘米”，在“宽度”区域的“绝对值”文本框中选择或输入“6 厘米”，单击“确定”按钮。

第 17 步：选择“图片工具”下的“格式”选项卡，在“排列”组中单击“自动换行”按钮，在下拉列表中选择“四周型环绕”。

第 18 步：选择“图片工具”下的“格式”选项卡，在“图片样式”组中单击“图片样式”右侧的“其他”按钮，在打开的列表框中选择“映像圆角矩形”。利用鼠标拖拽图片移动图片位置，使其位于样文所示位置。

4. 文档表格的高级操作：

第 19 步：打开文件 C:\Win2010GJW\KSML1\KSWJ2-16B.docx，执行“文件”→“另存为”命令，弹出“另存为”对话框，在“保存位置”列表中选择考生文件夹所在位置，在“文件名”文本框中输入文件名“A2-A”，单击“保存”按钮。

第 20 步：将光标定位在“总计”右侧的单元格中，在“表格工具”的“布局”选项卡下，单击“数据”组的“公式”按钮，弹出“公式”对话框，在“公式”下面的文本框中输入“=SUM(ABOVE)”，单击“确定”按钮。使用同样方法完成其他三个单元格的总计值计算。

第 21 步：选中整个表格，打开“表格工具”的“设计”选项卡，在“表格样式”组中单击“表格样式”右侧的“其他”按钮，在打开的列表框中的“内置”区域中选择“中等深浅网格 1 - 强调文字颜色 3”的表格样式。

5. 文档的保护操作：

第 22 步：在“审阅”选项卡下“保护”组中单击“限制编辑”按钮，弹出“限制格式和编辑”边框栏后，勾选“仅允许在文档中进行此类型的编辑”复选框，在其下方的下拉列表中选择允许项目“修订”，并单击“是，启动强制保护”按钮。

第 23 步：在弹出的“启动强制保护”对话框中的“新密码（可选）”编辑框中输入“ks2-16”，在“确认新密码”编辑框中再次输入“ks2-16”，单击“确定”按钮。

第 24 步：执行“文件”→“保存”命令。

2.17　第 17 题解答

执行“文件”→“打开”命令，在“查找范围”文本框中找到指定路径，选择“A2.docx”文件，单击“打开”按钮。

1. 设置文档页面格式：

第 1 步：将光标定位在文档中的任意位置，单击“页面布局”选项卡下“页面设置”组右下角的“对话框启动器”按钮，弹出“页面设置”对话框。单击“页边距”选项卡，在“上”、“下”、“左”、“右”文本框中均选择或输入“2 厘米”。切换到“版式”选项卡，在“页眉和页脚”区域的“页眉”、“页脚”文本框中均选择或输入“1.8 厘米”，单击“确定”按钮。

第 2 步：将光标定位在文档中的任意位置，单击“插入”选项卡下“页眉和页脚”组中的“页眉”按钮，在弹出的下拉列表中选择“字母表型”页眉样式。

第 3 步：将光标定位在页眉的“键入文档标题”标题框中，输入文字“名花简介”。选中页眉文字，在“开始”选项卡下“字体”组中的“字体”下拉列表中选择“隶书”，在“字号”下拉列表中选择“三号”，在“字体颜色”下拉列表中选择标准色中的“黄色”，单击“加粗”按钮B。

第 4 步：在“页眉和页脚工具”的“设计”选项卡下，单击“页眉和页脚”组中的“页脚”按钮，在弹出的下拉列表中选择“字母表型”页脚样式，在页脚处输入“第 2 页”。选中新插入的页码，在“开始”选项卡下“字体”组中的“字体”下拉列表中选择“隶书”，在“字号”下拉列表中选择“三号”，在“字体颜色”下拉列表中选择标准色中的“黄色”，单击“加粗”按钮B，单击“段落”组的“居中”按钮。在“页眉和页脚工具”的“设计”选项卡下“关闭”组中单击“关闭页眉和页脚”按钮。

第 5 步：在“页面布局”选项卡下“页面背景”组中单击“页面颜色”按钮，在打开的下拉列表中执行“填充效果”命令，在弹出的“填充效果”对话框中，打开“图片”选项卡，单击“选择图片”按钮，弹出“选择图片”对话框，在指定目录（C:\Win2010GJW\KSML1 文件夹）中选择“KSWJ2-17A.jpg”图片文件，单击“插入”按钮。返回到“填充效果”对话框，单击“确定”按钮即可。

2. 设置文档编排格式：

第 6 步：选中文档的标题，单击“插入”选项卡下“文本”组中的“艺术字”按钮，在弹出的库中选择“填充 - 橄榄色，强调文字颜色 3，粉状棱台”。

第 7 步：选中新插入的艺术字，在“开始”选项卡下“字体”组中的“字体”下拉列表中选择“华文新魏”，在“字号”文本框中输入“70”磅。

第 8 步：在“绘图工具”的“格式”选项卡下“排列”组中单击“自动换行”按钮，在弹出的下拉列表中选择“嵌入型”。将鼠标指针移至标题行的左侧，当鼠标指针变成形状时，单击鼠标左键即可选中该行，在“开始”选项卡下单击“段落”组中的“居中”按钮。

第 9 步：在“绘图工具”的“格式”选项卡下“形状样式”组中单击“其他”按钮，在弹出的库中选择“细微效果 - 橙色，强调颜色 6”的形状样式。

第 10 步：在“形状样式”组中单击“形状效果”按钮，在弹出的下拉列表中选择“预设”选项下的“预设 7”效果。

第 11 步：选中正文第 2 段文本，单击“开始”选项卡下“段落”组中的“底纹”下拉按钮，在打开的下拉列表中选择标准色中的“浅蓝”色。

第 12 步：选中正文部分所有文本，在“开始”选项卡下“字体”组中的“字体”下拉列表中选择“黑体”，在“字号”下拉列表中选择“五号”，在“字体颜色”下拉列表中选择标准色中的“黄色”，单击“加粗”按钮。单击“段落”组右下角的“对话框启动器”按钮，弹出“段落”对话框，在“缩进和间距”选项卡下，在“间距”区域的“段后”文本框中选择或输入“0.5 行”，在“行距”下拉列表中选择“多倍行距”项，在“设置值”文本框中选择或输入“1.25”行，单击“确定”按钮即可。

第 13 步：选中正文最后一段文本中的“蝴蝶兰”，单击“开始”选项卡下“段落”组中的“中文版式”按钮，在打开的下拉列表中执行“合并字符”命令。在弹出的“合并字符”对话框中，在“文字（最多六个）”后面的文本框中输入“蝴蝶兰”，在“字体”下拉列表中选择“华文细黑”，在“字号”下拉列表中选择或输入“8”磅，单击“确定”按钮。

第 14 步：选中合并的字符“蝴蝶兰”，在“开始”选项卡“字体”组中的“字体颜色”下拉列表中选择标准色中的“红色”。

3. 文档的插入设置：

第 15 步：单击“插入”选项卡下“文本”组中的“文本框”按钮，在弹出列表中选择“Office.com 中的其他文本框”选项下的“平衡引言”文本框样式。

第 16 步：选中新插入的文本框，选择“绘图工具”下的“格式”选项卡，在“大小”组的“高度”文本框中微调或输入“3.5 厘米”，在“宽度”文本框中微调或输入“14 厘米”。

第 17 步：选中第 3 段文本，单击“开始”选项卡下“剪贴板”组中的“剪切”按钮，将光标定位在新插入的文本框中，执行“粘贴”命令。选中文本框中的文字，在“开始”选项卡下“字体”组中的“字体颜色”下拉列表中选择标准色中的“紫色”。选中文本框，在“绘图工具”下的“格式”选项卡的“排列”组中单击“自动换行”按钮，在下拉列表中选择“嵌入型”。利用鼠标拖拽文本框位置，使其位于第 3 段的位置。根据样文所示，对文本框及内容做相对应的调整。

4. 文档表格的高级操作：

第 18 步：打开文件 C:\Win2010GJW\KSML1\KSWJ2-17B.docx，执行“文件”→“另存为”命令，弹出“另存为”对话框，在“保存位置”列表中选择考生文件夹所在位置，在“文件名”文本框中输入文件名“A2-A”，单击“保存”按钮。

第 19 步：选中表格的 3～9 行，打开“表格工具”的“布局”选项卡，在“数据”组中单击“排序”按钮，打开“排序”对话框，在“主要关键字”下拉列表中选择“列 4”，在“次要关键字”下拉列表中选择“列 3”，均勾选后面的“降序”复选框，单击“确定”按钮。

第 20 步：选中整个表格，打开“表格工具”的“设计”选项卡，在“表格样式”组中单击“表格样式”右侧的“其他”按钮，在打开的列表框中的“内置”区域中选择“中等深浅底纹 2 - 强调文字颜色 5”的表格样式。

5. 文档的保护操作:

第 21 步：在“审阅”选项卡下“保护”组中单击“限制编辑”按钮，弹出“限制格式和编辑”边框栏后，勾选“仅允许在文档中进行此类型的编辑”复选框，在其下方的下拉列表中选择允许项目“填写窗体”，并单击“是，启动强制保护”按钮。

第 22 步：在弹出的“启动强制保护”对话框中的“新密码（可选）”编辑框中输入“ks2-17”，在“确认新密码”编辑框中再次输入“ks2-17”，单击“确定”按钮。

第 23 步：执行“文件”→“保存”命令。

2.18　第 18 题解答

执行“文件”→“打开”命令，在“查找范围”文本框中找到指定路径，选择“A2.docx”文件，单击“打开”按钮。

1. 设置文档页面格式:

第 1 步：将光标定位在文档中的任意位置，单击“页面布局”选项卡下“页面设置”组右下角的“对话框启动器”按钮，弹出“页面设置”对话框。单击“页边距”选项卡，在“上”、“下”、“左”、“右”文本框中均选择或输入“2.5 厘米”。切换到“版式”选项卡，在“页眉和页脚”区域的“页眉”文本框中选择或输入“2 厘米”，单击“确定”按钮。

第 2 步：将光标定位在文档中的任意位置，单击“插入”选项卡下“页眉和页脚”组中的“页眉”按钮，在弹出的下拉列表中选择“边线型”页眉样式。

第 3 步：将光标定位在页眉的“键入文档标题”标题框中，输入文字“三茶小知识”。选中页眉文字，在“开始”选项卡下“字体”组中的“字体”下拉列表中选择“华文新魏”，在“字号”下拉列表中选择“四号”，在“字体颜色”下拉列表中选择标准色中的“绿色”。

第 4 步：在“页眉和页脚工具”的“设计”选项卡下，单击“页眉和页脚”组中的“页码”按钮，在弹出的下拉列表中选择“页边距”选项下的“圆（右侧）”页码样式。选中页码文字，在“开始”选项卡下单击“段落”组中的“居中”按钮。

第 5 步：选中页码对象，单击“绘图工具”的“格式”选项卡下“排列”组的“对齐”按钮，在弹出的下拉列表中选择“顶端对齐”。在“页眉和页脚工具”的“设计”选项卡下“关闭”组中单击“关闭页眉和页脚”按钮。

第 6 步：在“页面布局”选项卡下“页面背景”组中，单击“水印”按钮，在打开的下拉列表中执行“自定义水印”命令。

第 7 步：在弹出的“水印”对话框中，点选“文字水印”单选按钮，在“文字”后面的文本框中输入文字“茶树特征”，在“字体”下拉列表中选择“华文行楷”，在“字号”下拉列表中选择或输入“96”磅，在“颜色”下拉列表中选择标准色中的“浅蓝”色，勾选“半透明”复选框，点选“版式”中的“斜式”单选按钮，单击“确定”按钮即可。

2. 设置文档编排格式：

第 8 步：选中文档的标题，单击“插入”选项卡下“文本”组中的“艺术字”按钮，在弹出的库中选择“填充 - 橄榄色，强调文字颜色 3，轮廓 - 文本 2”。

第 9 步：选中新插入的艺术字，在“开始”选项卡下“字体”组中的“字体”下拉列表中选择“华文中宋”，在“字号”文本框中输入“36”磅。

第 10 步：在“绘图工具”的“格式”选项卡下“排列”组中单击“位置”按钮，在弹出的下拉列表中选择“顶端居中，四周型文字环绕”。

第 11 步：在“绘图工具”的“格式”选项卡下“艺术字样式”组中单击“文本轮廓”按钮，在弹出的下拉列表中选择“粗细”选项下的“0.75 磅”。单击“文本效果”按钮，在弹出的下拉列表中选择“转换”选项下的“波形 2”效果。

第 12 步：选中正文第 1 段文本，在“开始”选项卡下单击“字体”组右下角的“对话框启动器”按钮，弹出“字体”对话框。在“字体”选项卡下“中文字体”下拉列表中选择“微软雅黑”，在“字号”下拉列表中选择“小四”，在“字形”下拉列表中选择“加粗”，在“字体颜色”下拉列表中执行“其他颜色”命令。打开“颜色”对话框，在“自定义”选项卡下输入 RGB 值（102，51，0），单击“确定”按钮，返回至“字体”对话框。在“下划线线型”下拉列表中选择“双波浪线”下划线，在“下划线颜色”下拉列表中选择标准色中的“红色”，单击“确定”按钮。

第 13 步：选中正文第 2～8 段文本，在“开始”选项卡下“字体”组中的“字体”下拉列表中选择“华文中宋”，在“字号”下拉列表中选择“小四”，在“字体颜色”下拉列表中选择标准色中的“深蓝”色。

第 14 步：选中正文部分所有文本，单击“开始”选项卡下“段落”组右下角的“对话框启动器”按钮，弹出“段落”对话框，打开“缩进和间距”选项卡，在“间距”区域的“段前”、“段后”文本框中均选择或输入“0.5 行”，单击“确定”按钮。

第 15 步：选中正文第 1 段文本，单击“开始”选项卡下“段落”组右下角的“对话框启动器”按钮，弹出“段落”对话框，打开“缩进和间距”选项卡，在“间距”区域的“行距”下拉框中选择“1.5 倍行距”，单击“确定”按钮。

第 16 步：选中正文 2～8 段文本，单击“开始”选项卡下“段落”组右下角的“对话框启动器”按钮，弹出“段落”对话框。打开“缩进和间距”选项卡，在“间距”区域的“行距”下拉框中选择“固定值”项，在“设置值”文本框中选择或输入“22 磅”，单击“确定”按钮。

第 17 步：选中正文第 2～8 段文本，在“开始”选项卡下“段落”组中单击“项目符号”按钮右侧的下拉按钮，在打开的列表中执行“定义新项目符号”命令，打开“定义新项目符号”对话框。单击“符号”按钮，在弹出的“符号”框中选择符号样式“🕮”，单击“确定”按钮，返回至“定义新项目符号”对话框，单击“确定”按钮即可。

第 18 步：选中正文第 2～8 段文本，单击“段落”组右下角的“对话框启动器”按钮，弹出“段落”对话框。打开“缩进和间距”选项卡，在“缩进”区域的“左侧”文本框中选择或输入“0 字符”，在“特殊格式”下拉列表中选择“悬挂缩进”，在“磅值”文本框中选择或输入“2 字符”，单击“确定”按钮。

3．文档的插入设置：

第19步：将光标定位在文档的结尾处，在“插入”选项卡下“插图”组中单击“SmartArt”按钮。打开“选择SmartArt图形”对话框，在左侧分类区域中选择“关系”选项，在选项区域中选择“标签式拱形”布局，单击“确定”按钮。

第20步：选中已插入的SmartArt图形，在“SmartArt工具”的“设计”选项卡下，单击“SmartArt样式”组中的“更改颜色”按钮，在弹出的库中选择“彩色 - 强调文字颜色”的形状颜色。

第21步：在“SmartArt工具”的“设计”选项卡下，单击“SmartArt样式”组中的“其他”按钮，在弹出的库中选择“优雅”三维效果。

第22步：依照样文所示，在新插入的“SmartArt图形”中录入相应的文本内容：“山茶”、“油茶”、“茶梅”。选中SmartArt图形，并在“开始”选项卡下“字体”组中的“字体”下拉列表中选择“华文细黑”，在“字号”下拉列表中选择或输入“32”磅，在“字体颜色”下拉列表中选择标准色中的“深蓝”色。

4．文档表格的高级操作：

第23步：打开文件C:\Win2010GJW\KSML1\KSWJ2-18A.docx，执行“文件”→“另存为”命令，弹出“另存为”对话框，在“保存位置”列表中选择考生文件夹所在位置，在“文件名”文本框中输入文件名“A2-A”，单击“保存”按钮。

第24步：将光标定位在“平均成绩”下面的单元格中，在“表格工具”的“布局”选项卡下，单击“数据”组的“公式”按钮，弹出“公式”对话框，在“公式”下面的文本框中输入“=AVERAGE(LEFT)”，单击“确定”按钮。使用同样方法完成其他六个单元格的平均值计算。

第25步：选中整个表格，打开“表格工具”的“设计”选项卡，在“表格样式”组中单击“表格样式”右侧的“其他”按钮，在打开的列表框中的“内置”区域中选择“中等深浅网格3 - 强调文字颜色5”的表格样式。

5．文档的保护操作：

第26步：在“文件”选项卡下选择左侧的“信息”项，在右侧的信息栏中单击“保护文档”按钮，在弹出的下拉列表中选择“用密码进行加密”。

第27步：在弹出的“加密文档”对话框中输入密码“ks2-18”，单击“确定”按钮。在弹出的“确认密码”对话框中再次输入密码“ks2-18”，单击“确定”按钮。

第28步：执行“文件”→“保存”命令。

2.19　第19题解答

执行“文件”→“打开”命令，在“查找范围”文本框中找到指定路径，选择“A2.docx”文件，单击“打开”按钮。

1. 设置文档页面格式:

第 1 步：将光标定位在文档中的任意位置，单击“页面布局”选项卡下“页面设置”组右下角的“对话框启动器”按钮，弹出“页面设置”对话框。单击“页边距”选项卡，在“上”、“下”文本框中选择或输入“4 厘米”，在“左”、“右”文本框中选择或输入“3 厘米”。切换到“版式”选项卡，在“页眉和页脚”区域的“页眉”、“页脚”文本框中均选择或输入“2.3 厘米”，单击“确定”按钮。

第 2 步：将光标定位在文档中的任意位置，单击“插入”选项卡下“页眉和页脚”组中的“页眉”按钮，在弹出的下拉列表中选择“危险性”页眉样式。

第 3 步：将光标定位在页眉左侧的“键入文档标题”标题框中，输入文字“未来世界”，将光标定位在页眉右侧的“选取日期”框中，输入文本“第 4 页”。

第 4 步：根据样文所示，选中输入的页眉文本和页码文本，在“开始”选项卡下“字体”组中的“字体”下拉列表中选择“黑体”，在“字号”下拉列表中选择“小四”，在“字体颜色”下拉列表中选择标准色中的“紫色”。在“页眉和页脚工具”的“设计”选项卡下“关闭”组中单击“关闭页眉和页脚”按钮。

第 5 步：在“页面布局”选项卡下“页面背景”组中，单击“页面颜色”按钮，在打开的下拉列表中执行“填充效果”命令。

第 6 步：在弹出的“填充效果”对话框中，打开“渐变”选项卡，点选“颜色”区域的“预设”单选按钮，在“预设颜色”下拉列表中选择“茵茵绿原”，在“底纹样式”区域选择“斜上”，在“变形”区域选择第 2 种效果，单击“确定”按钮即可。

2. 设置文档编排格式:

第 7 步：选中文档的标题，单击“插入”选项卡下“文本”组中的“艺术字”按钮。在弹出的库中选择“填充 - 橙色，强调文字颜色 6，暖色粗糙棱台”。

第 8 步：选中新插入的艺术字，在“开始”选项卡下“字体”组中的“字体”下拉列表中选择“方正姚体”，在“字号”下拉列表中选择或输入“36”磅。

第 9 步：在“绘图工具”的“格式”选项卡下“排列”组中单击“自动换行”按钮，在弹出的下拉列表中选择“紧密型环绕”。

第 10 步：在“绘图工具”的“格式”选项卡下“艺术字样式”组中单击“文本效果”按钮，在弹出的下拉列表中选择“映像”选项下的“半映像，接触”效果。再次单击“文本效果”按钮，在弹出的下拉列表中选择“三维旋转”选项下的“离轴 1 右”效果。

第 11 步：选中正文第 4 段文本，单击“开始”选项卡下“段落”组中的“底纹”下拉按钮，在打开的下拉列表中执行“其他颜色”命令，打开“颜色”对话框，在“自定义”选项卡下输入 RGB 值（255，0，255），单击“确定”按钮。

第 12 步：选中正文部分所有文本，在“开始”选项卡下“字体”组中的“字体”下拉列表中选择“华文行楷”，在“字号”下拉列表中选择“小四”。单击“段落”组右下角的“对话框启动器”按钮，弹出“段落”对话框，在“缩进和间距”选项卡下，在“间距”区域的“段后”文本框中均选择或输入“0.5 行”，在“行距”下拉框中选择“固定值”项，在“设置值”文本框中选择或输入“18 磅”，单击“确定”按钮即可。

第 13 步：选中正文最后一段中的文本“农业工厂”，单击“开始”选项卡下“段落”组中的“中文版式”按钮，在打开的下拉列表中执行“双行合一”命令。弹出“双行合一”对话框，在“文字”区域输入“农业工厂”，勾选“带括号”复选框，在“括号样式”下拉列表中选择“{}”，单击“确定”按钮。选中双行合一的文本“农业工厂”，在“开始”选项卡下“字体”组中的“字体”下拉列表中选择“幼圆”，在“字号”下拉列表中选择“小三”，在“字体颜色”下拉列表中选择标准色中的“红色”，单击“加粗”按钮B。

3. 文档的插入设置：

第 14 步：将光标定位在样文所示位置，单击“插入”选项卡“插图”组中的“图片”按钮。打开“插入图片”对话框，在指定目录（C:\Win2010GJW\KSML1 文件夹）中选择“KSWJ2-19A.jpg”图片文件，单击“插入”按钮。

第 15 步：选中所插入的图片，选择“图片工具”下的“格式”选项卡，单击“大小”组右下角的“对话框启动器”按钮，打开“布局”对话框，选择“大小”选项卡，在“缩放”区域的“高度”和“宽度”文本框中均选择或输入“120%”，单击“确定”按钮。

第 16 步：选择“图片工具”下的“格式”选项卡，在“排列”组中单击“自动换行”按钮，在下拉列表中选择“紧密型环绕”。

第 17 步：选择“图片工具”下的“格式”选项卡，在“图片样式”组中单击“图片样式”右侧的“其他”按钮，在打开的列表框中选择“简单框架，白色”样式。单击“图片效果”按钮，在弹出的下拉列表中选择“三维旋转”选项下的“极左极大透视”效果。单击“图片边框”按钮，在弹出的下拉列表中选择标准色中的“黄色”。利用鼠标拖拽图片移动图片位置，使其位于样文所示位置。

4. 文档表格的高级操作：

第 18 步：打开文件 C:\Win2010GJW\KSML1\KSWJ2-19B.docx，执行“文件”→“另存为”命令，弹出“另存为”对话框，在“保存位置”列表中选择考生文件夹所在位置，在“文件名”文本框中输入文件名“A2-A”，单击“保存”按钮。

第 19 步：将光标定位在“总计”下面的单元格中，在“表格工具”的“布局”选项卡下，单击“数据”组的“公式”按钮，弹出“公式”对话框，在“公式”下面的文本框中输入“=SUM(LEFT)”，单击“确定”按钮。使用同样方法完成其他五个单元格的总计值计算。

第 20 步：选中整个表格，打开“表格工具”的“设计”选项卡，在“表格样式”组中单击“表格样式”右侧的“其他”按钮，在打开的列表框中的“内置”区域中选择“彩色列表 - 强调文字颜色 4”的表格样式。

5. 文档的保护操作：

第 21 步：在“审阅”选项卡下“保护”组中单击“限制编辑”按钮，弹出“限制格式和编辑”边框栏后，勾选“仅允许在文档中进行此类型的编辑”复选框，在其下方的下拉列表中选择允许项目“不允许任何更改（只读）”，并单击“是，启动强制保护”按钮。

第 22 步：在弹出的“启动强制保护”对话框中的“新密码（可选）”编辑框中输入“ks2-19”，在“确认新密码”编辑框中再次输入“ks2-19”，单击“确定”按钮。

第 23 步：执行“文件”→“保存”命令。

2.20 第 20 题解答

执行“文件”→“打开”命令，在“查找范围”文本框中找到指定路径，选择“A2.docx”文件，单击“打开”按钮。

1. 设置文档页面格式：

第 1 步：将光标定位在文档中的任意位置，单击“页面布局”选项卡下“页面设置”组右下角的“对话框启动器”按钮，弹出“页面设置”对话框。单击“页边距”选项卡，在“上”、“下”、“左”、“右”文本框中均选择或输入“3.3 厘米”。切换到“版式”选项卡，在“页眉和页脚”区域的“页眉”、“页脚”文本框中均选择或输入“2 厘米”，单击“确定”按钮。

第 2 步：将光标定位在文档中的任意位置，单击“插入”选项卡下“页眉和页脚”组中的“页眉”按钮，在弹出的下拉列表中选择“奥斯汀”页眉样式。

第 3 步：将光标定位在页眉的“键入文档标题”标题框中，输入文字“赏析珠宝”。选中页眉文字，在“开始”选项卡下“字体”组中的“字体”下拉列表中选择“楷体_GB2312”，在“字号”下拉列表中选择“四号”，在“字体颜色”下拉列表中选择标准色中的“橙色”，单击“加粗”按钮，单击“段落”组中的“居中”按钮。

第 4 步：在“页眉和页脚工具”的“设计”选项卡下，单击“导航”组中的“转至页脚”按钮，在页脚处输入文本“第 1 页”，选中新插入的页码，在“开始”选项卡下“字体”组中的“字体”下拉列表中选择“楷体_GB2312”，在“字号”下拉列表中选择“四号”，在“字体颜色”下拉列表中选择标准色中的“橙色”，单击“加粗”按钮，单击“段落”组中的“居中”按钮。

第 5 步：选中边框，在“绘图工具”的“格式”选项卡“大小”组中，在“高度”文本框中输入“26.5 厘米”，在“宽度”文本框中输入“16.5 厘米”，如图 2-78 所示。在“页眉和页脚工具”的“设计”选项卡下“关闭”组中单击“关闭页眉和页脚”按钮。

图 2-78

第 6 步：在“页面布局”选项卡下“页面背景”组中，单击“水印”按钮，在打开的下拉列表中执行“自定义水印”命令。

第 7 步：在弹出的“水印”对话框中，点选“文字水印”单选按钮，在“文字”后面的文本框中输入文字“珠宝特质”，在“字体”下拉列表中选择“微软雅黑”，在“字号”下拉列表中选择或输入“80”磅，在“颜色”下拉列表中选择标准色中的“紫色”，勾选“半透明”复选框，点选“版式”中的“水平”单选按钮，单击“确定”按钮即可。

2. 设置文档编排格式：

第 8 步：选中文档的标题，单击“插入”选项卡下“文本”组中的“艺术字”按钮，在弹出的库中选择“填充 - 蓝色，强调文字颜色 1，金属棱台，映像”。

第 9 步：选中新插入的艺术字，在“开始”选项卡下“字体”组中的“字体”下拉列表中选择“黑体”，在“字号”文本框中输入“60”磅。

第 10 步：在“绘图工具”的“格式”选项卡下“排列”组中单击“自动换行”按钮，在弹出的下拉列表中选择“嵌入型”。

第 11 步：在“绘图工具”的“格式”选项卡下“形状样式”组中单击“其他”按钮，在弹出的库中选择“细微效果 - 橄榄色，强调颜色 3”的形状样式。

第 12 步：选中正文第 2 段文本，在“开始”选项卡下“字体”组中的“字体”下拉列表中选择“华文琥珀”，在“字号”下拉列表中选择“小三”，在“字体颜色”下拉列表中选择标准色中的“深蓝”色。单击“段落”组中的“底纹”下拉按钮，在打开的下拉列表中选择标准色中的“橙色”。

第 13 步：选中正文第 4～6 段文本，在“开始”选项卡下“字体”组中的“字体”下拉列表中选择“幼圆”，在“字体颜色”下拉列表中选择标准色中的“蓝色”，单击“加粗”按钮B。

第 14 步：选中正文部分所有文本，单击“开始”选项卡下“段落”组右下角的“对话框启动器”按钮，弹出“段落”对话框。在“缩进和间距”选项卡下，在“间距”区域的“段前”、“段后”文本框中均选择或输入“0.5 行”，在“行距”下拉列表中选择“固定值”项，在“设置值”文本框中选择或输入“16 磅”，单击“确定”按钮即可。

第 15 步：选中正文第 4～6 段文本，在“开始”选项卡下“段落”组中单击“编号”按钮右侧的下拉按钮，在打开的编号库中选择与样文相同的编号。

第 16 步：单击“开始”选项卡下“段落”组右下角的“对话框启动器”按钮，弹出“段落”对话框，在“缩进和间距”选项卡下，在“缩进”选项区域的“左侧”文本框中选择或输入“0 字符”，在“特殊格式”下拉框中选择“悬挂缩进”项，在“设置值”文本框中选择或输入“2 字符”，单击“确定”按钮。

3. 文档的插入设置：

第 17 步：单击“插入”选项卡下“文本”组中的“文本框”按钮，在弹出的库中选择“Office.com 中的其他文本框”选项下的“原创引言”文本框样式。

第 18 步：选中新插入的文本框，选择“绘图工具”下的“格式”选项卡，在“大小”组的“高度”文本框中微调或输入“4.7 厘米”，在“宽度”文本框中微调或输入“14.5 厘米”。在“排列”组中单击“自动换行”按钮，在下拉列表中选择“嵌入型”。

第 19 步：选中第 3 段文本，单击“开始”选项卡下“剪贴板”组中的“剪切”按钮，将光标定位在新插入的文本框中，执行“粘贴”命令。选中文本框中的文字，在“字体”组中的“字体”下拉列表中选择“华文隶书”，在“字号”下拉列表中选择“小四”，在“字体颜色”下拉列表中选择标准色中的“绿色”。

第 20 步：单击“开始”选项卡下“段落”组右下角的“对话框启动器”按钮，弹出“段落”对话框，在“缩进和间距”选项卡下，在“缩进”选项区域的“特殊格式”下拉框中选择“首行缩进”项，在“磅值”文本框中选择或输入“2 字符”；在“间距”区域的“行距”下拉列表中选择“固定值”项，在“设置值”文本框中选择或输入“15磅”，单击“确定”按钮。利用鼠标拖拽文本框位置，使其位于第 3 段的位置。根据样文所示，对文本框及内容做相对应的调整。

4. 文档表格的高级操作：

第 21 步：打开文件 C:\Win2010GJW\KSML1\KSWJ2-20A.docx，执行“文件”→“另存为”命令，弹出“另存为”对话框，在“保存位置”列表中选择考生文件夹所在位置，在“文件名”文本框中输入文件名“A2-A”，单击“保存”按钮。

第 22 步：选中表格的 3～10 行，打开“表格工具”的“布局”选项卡，在“数据”组中单击“排序”按钮，打开“排序”对话框，在“主要关键字”下拉列表中选择“列 3”，在“次要关键字”下拉列表中选择“列 5”，均勾选后面的“升序”复选框，单击“确定”按钮。

第 23 步：选中整个表格，打开“表格工具”的“设计”选项卡，在“表格样式”组中单击“表格样式”右侧的“其他”按钮，在打开的列表框中的“内置”区域中选择“浅色底纹 - 强调文字颜色 2”的表格样式。

5. 文档的保护操作：

第 24 步：在“文件”选项卡下选择左侧的“信息”项，在右侧的信息栏中单击“保护文档”按钮，在弹出的下拉列表中选择“用密码进行加密”。

第 25 步：在弹出的“加密文档”对话框中输入密码“ks2-20”，单击“确定”按钮。在弹出的“确认密码”对话框中再次输入密码“ks2-20”，单击“确定”按钮。

第 26 步：执行“文件”→“保存”命令。

第三单元　文档处理的综合操作

3.1　第 1 题解答

执行“文件”→“打开”命令，在“查找范围”文本框中找到指定路径，选择“A3.docx”文件，单击“打开”按钮。

1. 应用样式：

第 1 步：选中文档的第 1 行文本“多媒体的知识”，单击“开始”选项卡下“样式”组右下角的“对话框启动器”按钮，在弹出的“样式”任务窗格中选择“文章标题”样式，如图 3-1 所示。

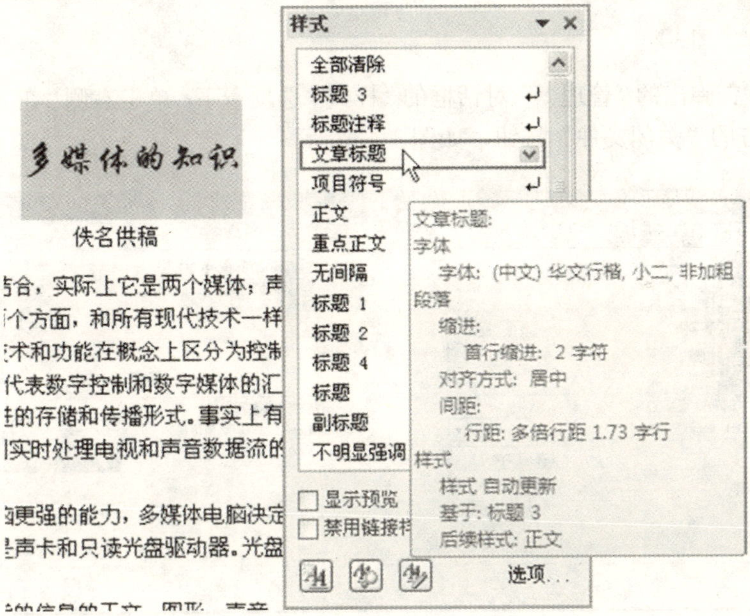

图 3-1

第 2 步：选中文档的第 2 行文本“佚名供稿”，在“样式”任务窗格中选择“标题注释”样式。

2. 模板的应用：

第 3 步：在已打开的“样式”任务窗格中单击“管理样式”按钮，如图 3-2 所示，弹出“管理样式”对话框，单击其下方的“导入/导出”按钮，如图 3-3 所示。

图 3-2

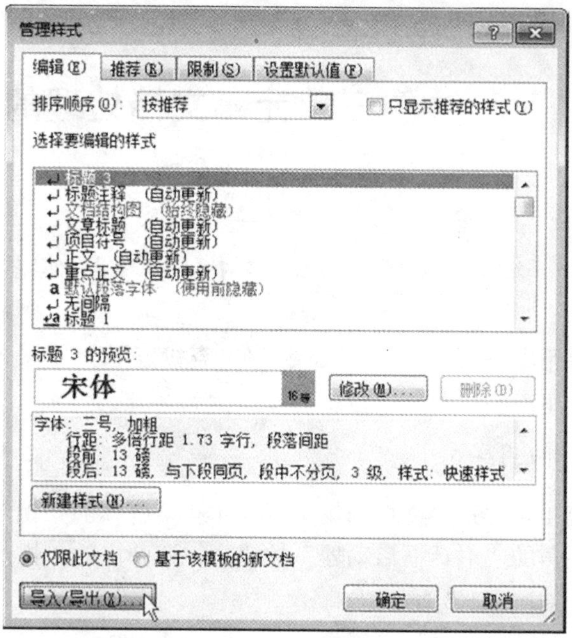

图 3-3

第 4 步：在弹出的“管理器”对话框的“样式”选项卡下，单击右侧“在 Normal.dotm 中”列表下方的“关闭文件”按钮，如图 3-4 所示。

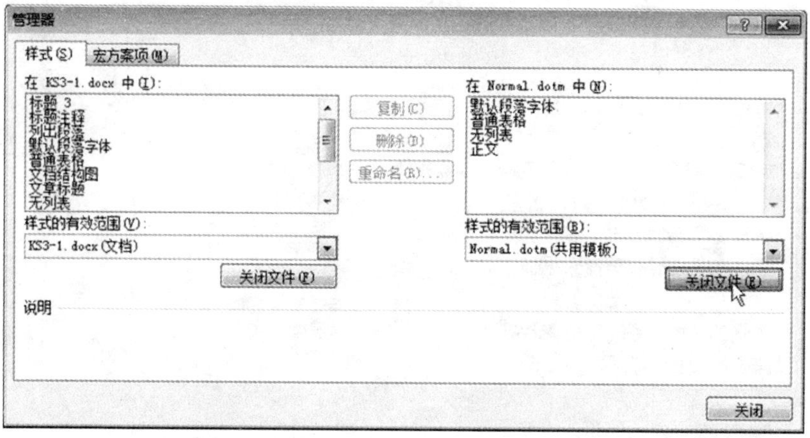

图 3-4

第 5 步：当“关闭文件”按钮变为“打开文件”按钮时，单击该按钮，弹出“打开”对话框，在指定目录（C:\Win2010GJW\KSML1 文件夹）中选择“KSDOTX3.dotx”文件，如图 3-5 所示，单击“打开”按钮。

第 6 步：返回到“管理器”对话框之后，在右侧列表中选择“正文段落”样式，单击“复制”按钮，如图 3-6 所示，即可将模板中的样式复制到左侧的列表中。最后，单击“关闭”按钮。

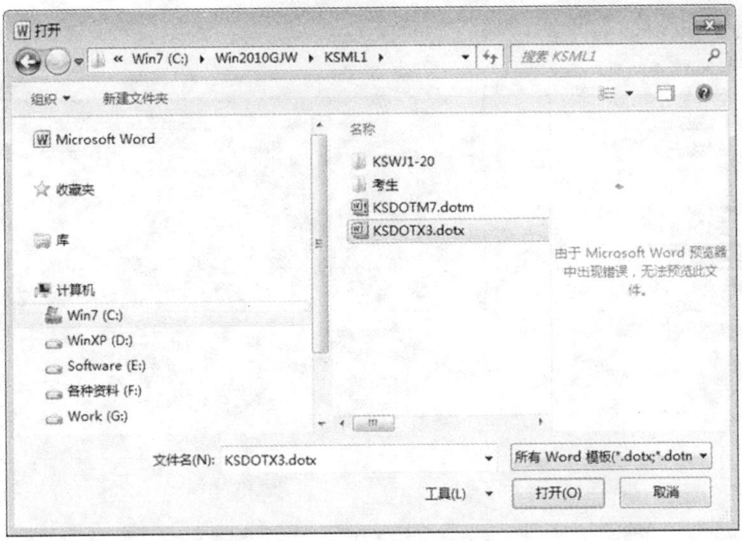

图 3-5

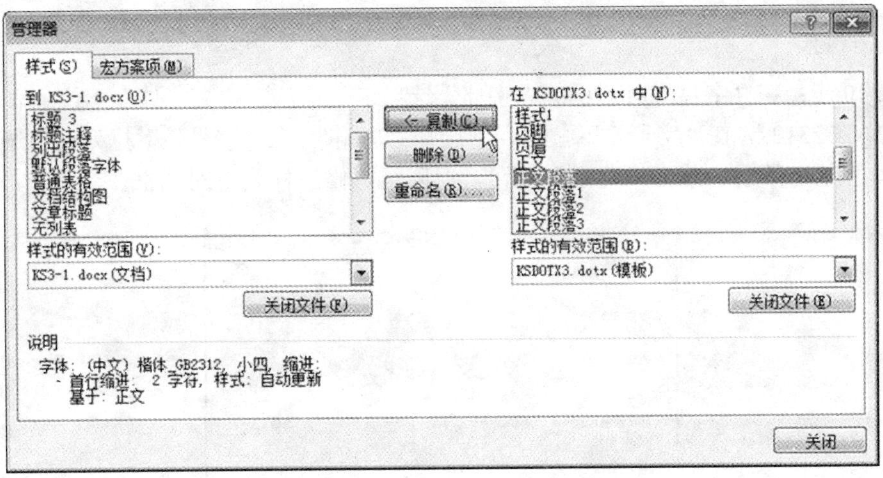

图 3-6

第 7 步：选中正文第 1～3 段，在已打开的“样式”任务窗格中选择“正文段落”样式，即可将该样式应用于所选文本。

3. 修改样式:

第 8 步：单击“开始”选项卡下“样式”组右下角的“对话框启动器”按钮，打开“样式”任务窗格，单击“重点正文”样式右侧的下拉列按钮，在打开的快捷菜单中执行“修改”命令，如图 3-7 所示，弹出“修改样式”对话框。

第9步：在“修改样式”对话框中的“样式基准”下拉列表中选择“正文”，再单击下方的“格式”下拉按钮，在弹出的快捷菜单中执行“字体”命令，如图3-8所示，打开“字体”对话框。

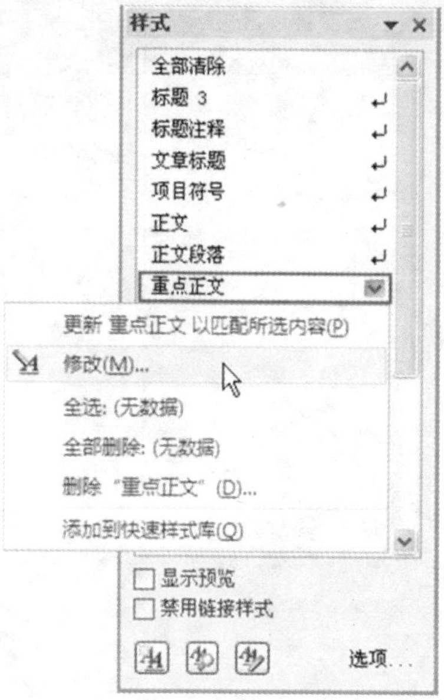

图 3-7

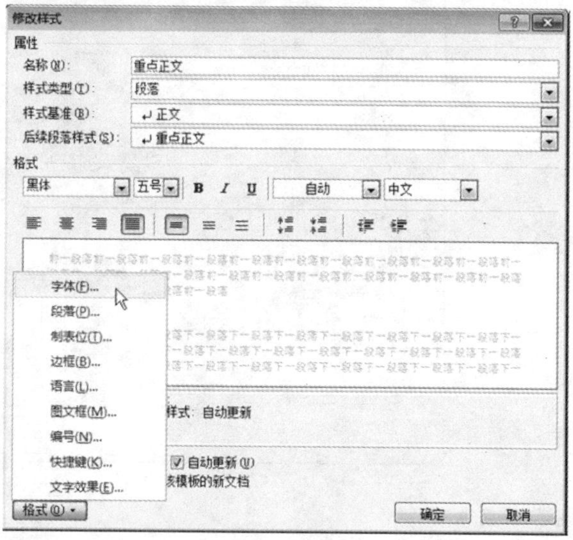

图 3-8

第 10 步：在“字体”对话框的“字体”选项卡下，从“中文字体”下拉列表中选择“仿宋_GB2312”，在“字形”下拉列表中选择“加粗”，在“字号”下拉列表中选择“小四”，如图 3-9 所示，单击“确定”按钮，返回至“修改样式”对话框。

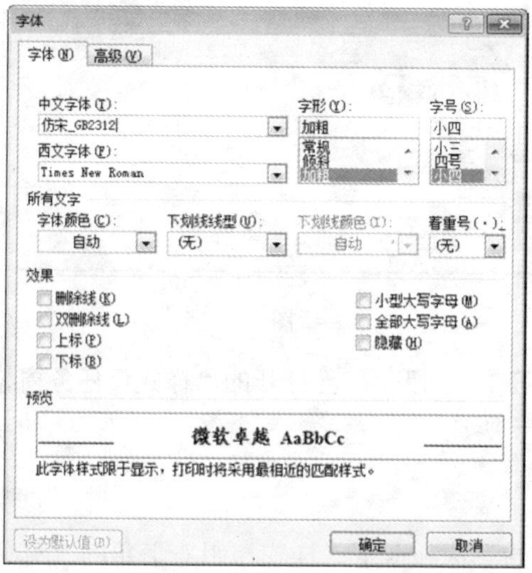

图 3-9

第 11 步：再次单击“修改样式”对话框下方的“格式”按钮，在弹出的快捷菜单中执行“文字效果”命令，打开“设置文本效果格式”对话框。在该对话框的左栏中单击“文本填充”选项，在右侧设置栏中点选“渐变填充”单选按钮，单击“预设颜色”按钮，在弹出的库中选择“熊熊火焰”文本效果，如图 3-10 所示。单击“方向”按钮，在弹出的下拉列表中选择“线性向下”，如图 3-11 所示，单击“关闭”按钮返回至“修改样式”对话框。

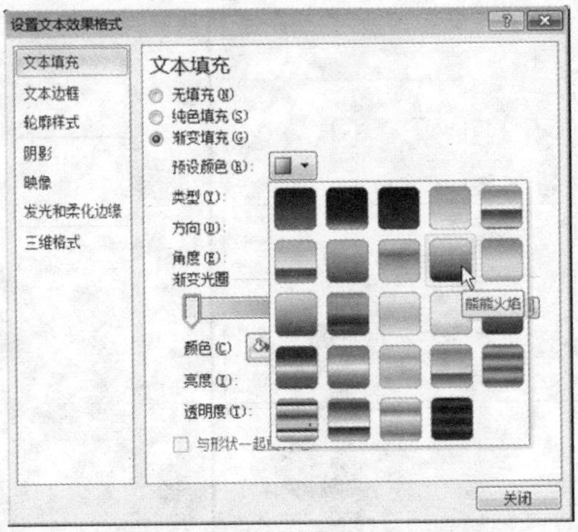

图 3-10

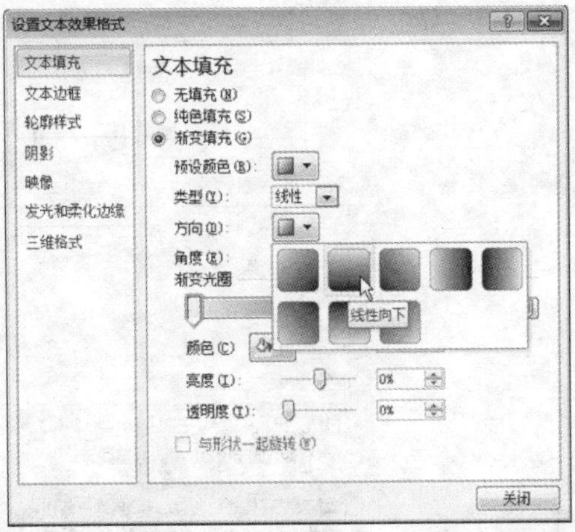

图 3-11

第 12 步：单击“修改样式”对话框下方的“格式”按钮，在弹出的快捷菜单中执行“段落”命令，打开“段落”对话框。在该对话框中的“缩进和间距”选项卡下，在“行距”下拉列表中选择“固定值”，在“设置值”文本框中选择或输入“18 磅”，如图 3-12 所示，单击“确定”按钮返回至“修改样式”对话框。

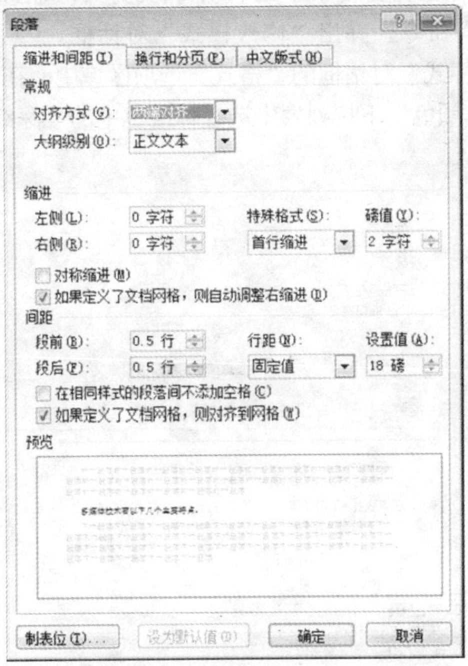

图 3-12

第13步：在“修改样式”对话框下方勾选“自动更新”复选框，如图3-13所示，单击“确定”按钮即可完成对样式“重点正文”的修改。

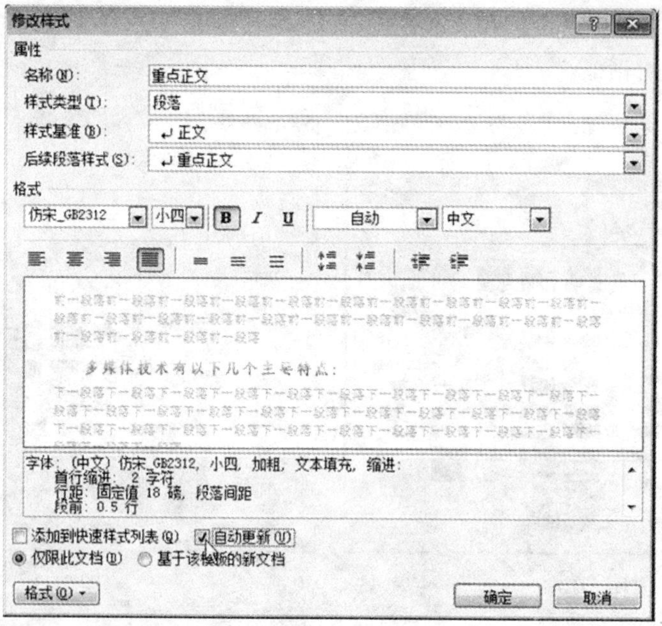

图 3-13

第 14 步：选中正文第 4 段，在“样式”任务窗格中选择“重点正文”样式，即可完成对该样式的应用。

第 15 步：在“样式”任务窗格中单击“项目符号”样式右侧的下拉按钮，在打开的快捷菜单中执行“修改”命令，弹出“修改样式”对话框。

第 16 步：在“修改样式”对话框的“格式”选项区域中，在“字体”下拉列表中选择“方正姚体”，在“字体颜色”下拉列表中选择标准色中的“深红”色，如图 3-14 所示。

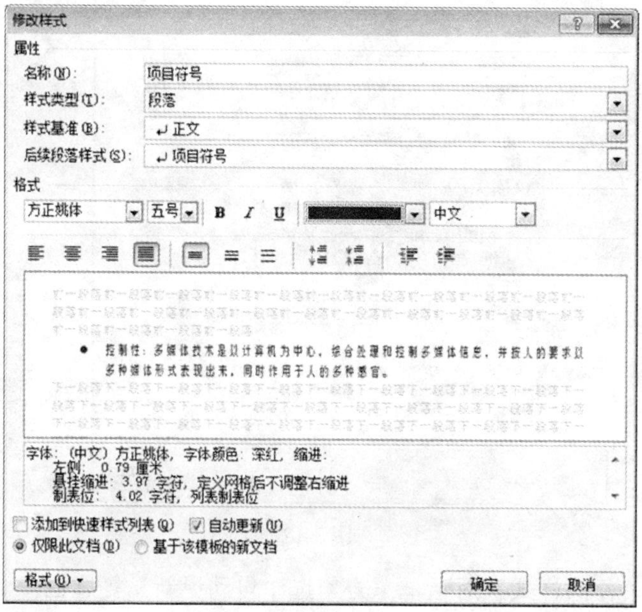

图 3-14

第 17 步：单击“修改样式”对话框下方的“格式”按钮，在弹出的快捷菜单中执行“编号”命令，打开“编号和项目符号”对话框；在“项目符号”选项卡下单击“定义新项目符号”按钮，如图 3-15 所示，弹出“定义新项目符号”对话框。

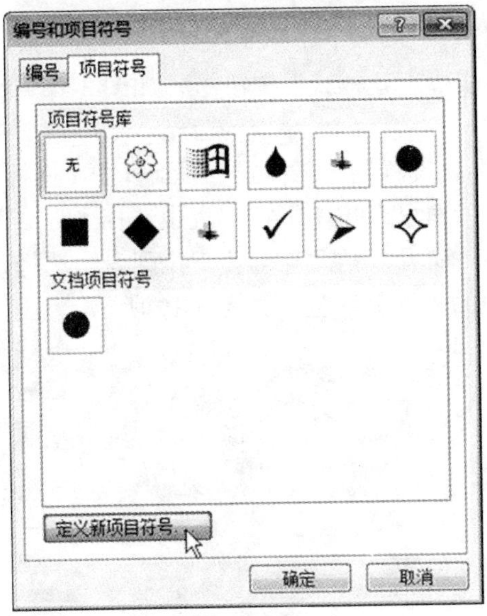

图 3-15

第 18 步：在“定义新项目符号”对话框中单击“符号”按钮，如图 3-16 所示，打开“符号”对话框，从中选择需要应用的符号“▦”，单击“确定”按钮返回至“定义新项目符号”对话框，如图 3-17 所示，单击“确定”按钮返回至“编号和项目符号”对话框，再单击“确定”按钮返回至“修改样式”对话框，最后单击“确定”按钮完成对该样式的修改。

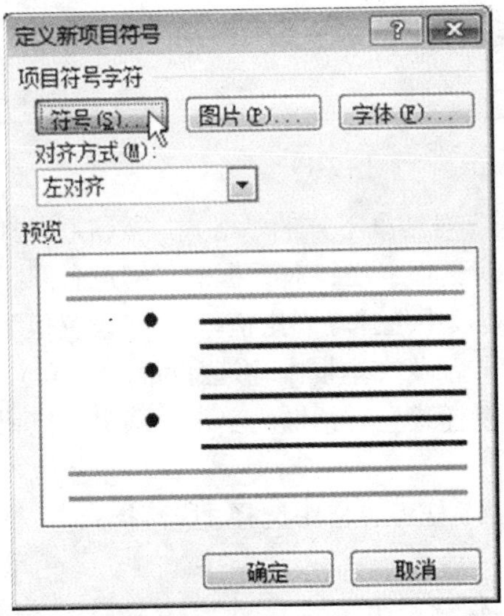

图 3-16

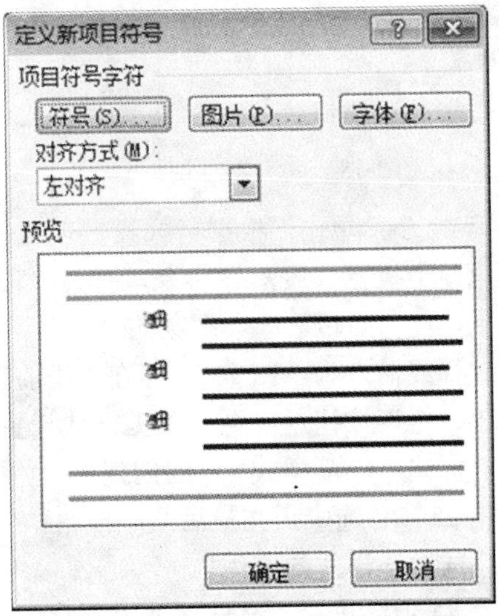

图 3-17

第 19 步：选中正文第 5～10 段，在“样式”任务窗格中选择“项目符号”样式，即可完成对该样式的应用。

4. 新建样式：

第 20 步：单击“开始”选项卡下“样式”组右下角的“对话框启动器”按钮，打开“样式”任务窗格，单击“新建样式”按钮，如图 3-18 所示，弹出“根据格式设置创建新样式”对话框。

第 21 步：在“根据格式设置创建新样式”对话框中“属性”区域的“名称”文本框中输入“段落样式 1”，在“样式基准”下拉列表中选择“正文”；在“格式”区域的“字体”下拉列表中选择“华文细黑”，在“字号”下拉列表中选择“小四”，在“字体颜色”下拉列表中选择标准色中的“深蓝”色，如图 3-19 所示。

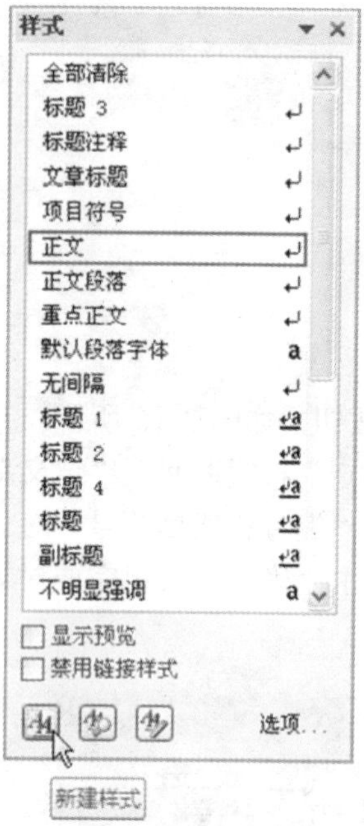

图 3-18

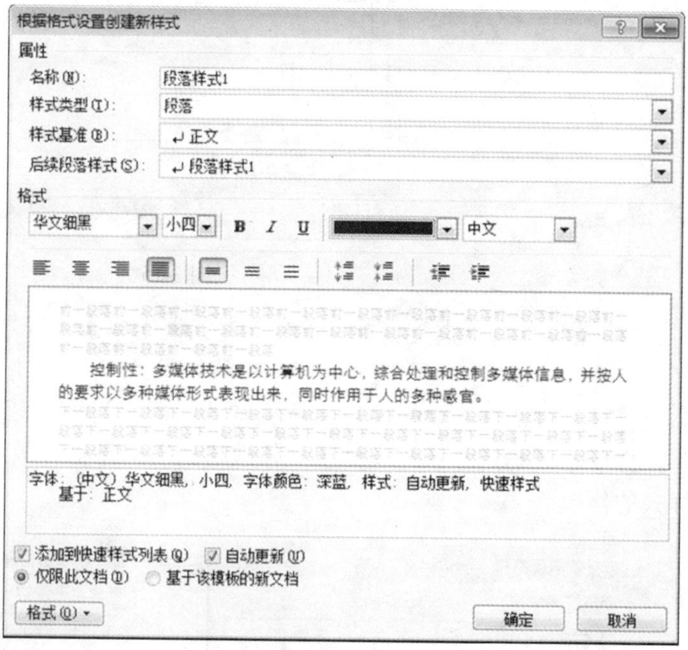

图 3-19

第 22 步：单击“根据格式设置创建新样式”对话框下方的“格式”按钮，在打开的快捷菜单中执行“段落”命令，打开“段落”对话框。在该对话框的“缩进和间距”选项卡下，在“间距”选项区域的“行距”下拉列表中选择“固定值”，在“设置值”文本框中选择或输入为“18 磅”，并在“段前”和“段后”文本框中均选择或输入“0.5 行”，单击“确定”按钮返回至“根据格式设置创建新样式”对话框。单击“确定”按钮即可完成对样式“段落样式 1”的创建。

第 23 步：选中正文最后两个段落，在“样式”任务窗格中选择“段落样式 1”样式，即可完成对该样式的应用。

第 24 步：执行“文件”→“保存”命令，保存整个文档。

3.2　第 2 题解答

执行“文件”→“打开”命令，在“查找范围”文本框中找到指定路径，选择“A3.docx”文件，单击“打开”按钮。

1. 应用样式：

第 1 步：选中文档的第 1 行文本“氨基酸的作用”，单击“开始”选项卡下“样式”组右下角的“对话框启动器”按钮，弹出“样式”任务窗格，从中选择“主标题”样式。

第 2 步：选中文档的第 2 行文本“——摘自《中国科普博览》”，在“样式”任务窗格中选择“副标题”样式。

2. 修改样式：

第 3 步：单击“开始”选项卡下“样式”组右下角的“对话框启动器”按钮，打开“样式”任务窗格，单击“首段落”样式右侧的下拉按钮，在打开的快捷菜单中执行“修改”命令，弹出“修改样式”对话框。

第 4 步：在“修改样式”对话框中的“样式基准”下拉列表中选择“正文”，再单击下方的“格式”按钮，在弹出的快捷菜单中执行“字体”命令，打开“字体”对话框。

第 5 步：在“字体”对话框的“字体”选项卡下，从“中文字体”下拉列表中选择“楷体_GB2312”，在“字号”下拉列表中选择“小四”，在“字体颜色”下拉列表中执行“其他颜色”命令，如图 3-20 所示。在打开的“颜色”对话框中“自定义”选项卡下输入 RGB 值（20，10，230），如图 3-21 所示，单击“确定”按钮返回至“字体”对话框的“字体”选项卡下。

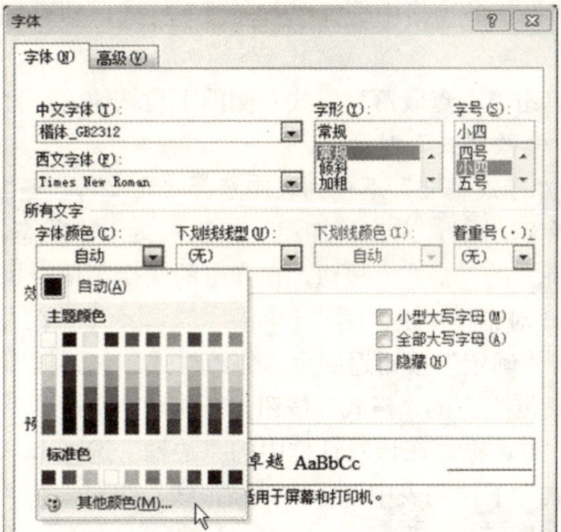

图 3-20

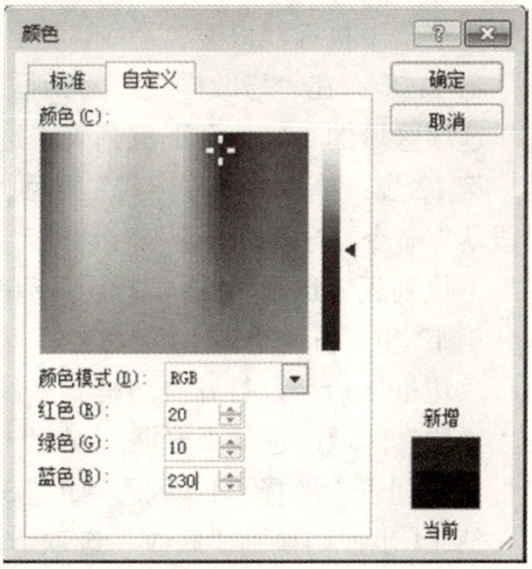

图 3-21

第 6 步：在“下划线线型”下拉列表中选择“双实线”，如图 3-22 所示，在“下划线颜色”下拉列表中选择标准色中的“红色”，如图 3-23 所示，单击“确定”按钮返回至“修改样式”对话框。

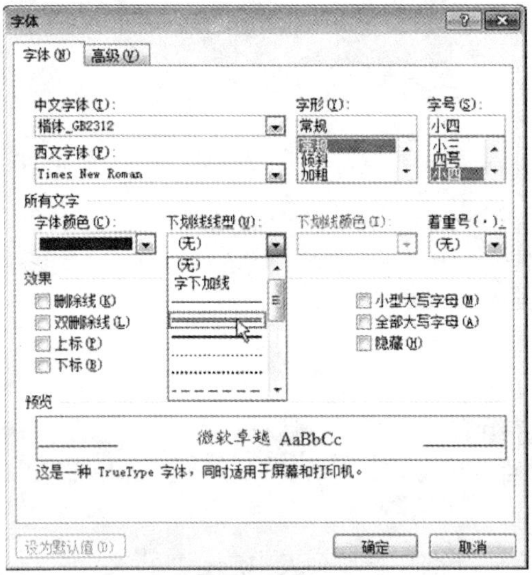

图 3-22

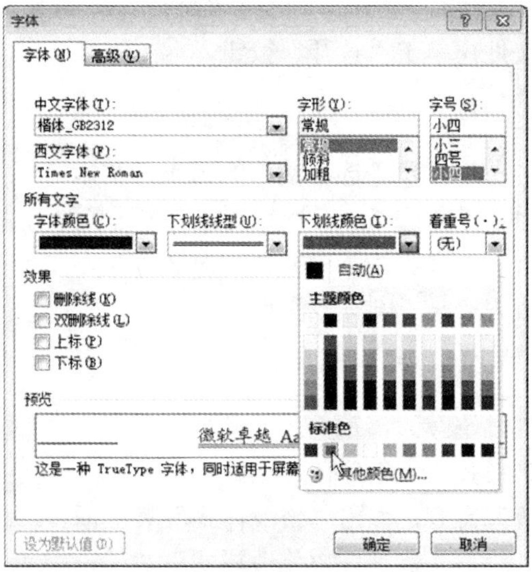

图 3-23

第 7 步：单击“修改样式”对话框下方的“格式”按钮，在弹出的快捷菜单中执行“段落”命令，打开“段落”对话框。在该对话框中的“缩进和间距”选项卡下，在“行距”下拉列表中选择“1.5 倍行距”，单击“确定”按钮返回至“修改样式”对话框。

第 8 步：在“修改样式”对话框下方勾选“自动更新”复选框，单击“确定”按钮即可完成对样式“首段落”的修改。

第 9 步：选中正文第 1 段，在“样式”任务窗格中选择“首段落”样式，即可完成对该样式的应用。

第 10 步：在“样式”任务窗格中，单击“重点段落”样式右侧的下拉按钮，在打开的快捷菜单中执行“修改”命令，弹出“修改样式”对话框。

第 11 步：在“修改样式”对话框的“样式基准”下拉列表中选择“正文”，在“格式”选项区域的“字体”下拉列表中选择“幼圆”，单击“加粗”按钮 B 为选中状态。

第 12 步：单击“修改样式”对话框下方的“格式”按钮，在弹出的快捷菜单中执行“段落”命令，打开“段落”对话框。在该对话框中的“缩进和间距”选项卡下，在“行距”下拉列表中选择“1.5 倍行距”，单击“确定”按钮返回至“修改样式”对话框。

第 13 步：再次单击“修改样式”对话框下方的“格式”按钮，在弹出的快捷菜单中执行“边框”命令，打开“边框和底纹”对话框。在该对话框中的“边框”选项卡下，在“设置”区域中选择“方框”，在“样式”下拉列表中选择“单波浪线”线型，在“宽度”下拉列表中选择“1.5 磅”，如图 3-24 所示。

第 14 步：切换到“底纹”选项卡，在“填充”下拉列表中执行“其他颜色”命令，如图 3-25 所示。在打开的“颜色”对话框中“自定义”选项卡下输入 RGB 值（200，230，255），单击“确定”按钮返回至“边框和底纹”对话框的“底纹”选项卡下，如图 3-26

所示，单击“确定”按钮返回至“修改样式”对话框。

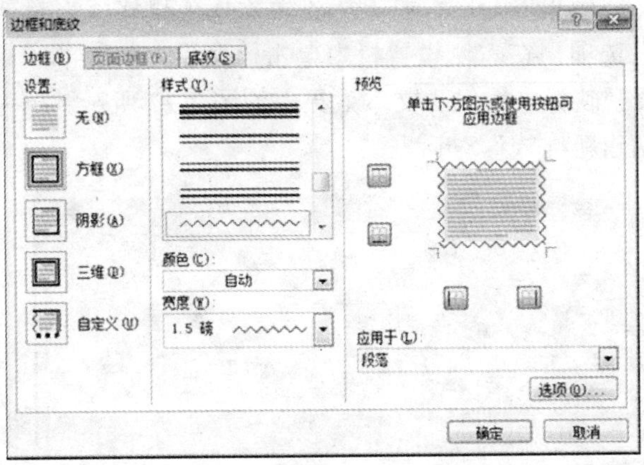

图 3-24

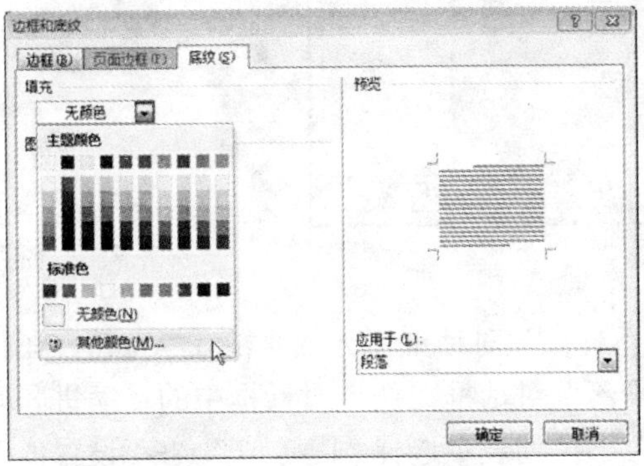

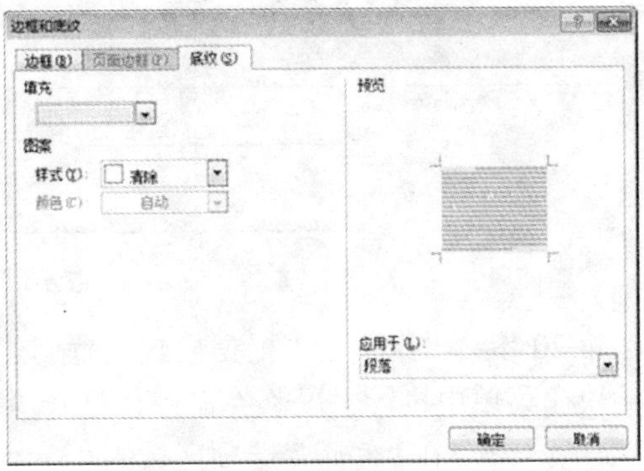

图 3-25　　　　图 3-26

第 15 步：在“修改样式”对话框下方勾选“自动更新”复选框，单击“确定”按钮即可完成对样式“重点段落”的修改。

第 16 步：选中正文第 2、3 段，在“样式”任务窗格中选择“重点段落”样式，即可完成对该样式的应用。

3. 新建样式:

第 17 步：单击“开始”选项卡下“样式”组右下角的“对话框启动器”按钮，打开“样式”任务窗格，单击“新建样式”按钮，弹出“根据格式设置创建新样式”对话框。

第 18 步：在“根据格式设置创建新样式”对话框中“属性”区域的“名称”文本框中输入“段落样式 2”，在“样式基准”下拉列表中选择“正文”；在“格式”区域的“字体”下拉列表中选择“华文中宋”，在“字号”下拉列表中选择“三号”，单击“加粗”按钮B为选中状态；在“字体颜色”下拉列表中执行“其他颜色”命令，在打开的“颜色”对话框中“自定义”选项卡下输入 RGB 值（0，100，0），单击“确定”按钮返回至“根据格式设置创建新样式”对话框。

第 19 步：单击“根据格式设置创建新样式”对话框下方的“格式”按钮，在弹出的快捷菜单中执行“文字效果”命令，打开“设置文本效果格式”对话框。在该对话框的左栏中单击“映像”选项，在右侧设置栏中单击“预设”后面的“映像”按钮，在弹出的库中选择“紧密映像，接触”文本效果，如图 3-27 所示。单击“关闭”按钮返回至“根据格式设置创建新样式”对话框。

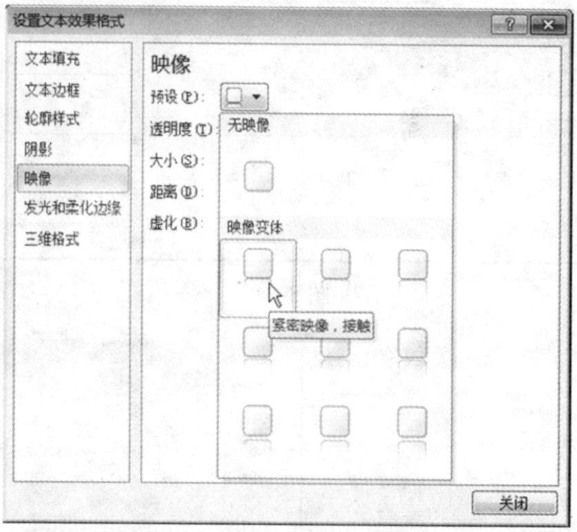

图 3-27

第 20 步：再次单击“根据格式设置创建新样式”对话框下方的“格式”按钮，在打开的快捷菜单中执行“段落”命令，打开“段落”对话框。在该对话框中的“缩进和间距”选项卡下，在“间距”选项区域的“行距”下拉列表中选择“固定值”，在“设置值”文本框中选择或输入为“18 磅”，并在“段后”文本框中选择或输入“1 行”，单击“确定”按钮返回至“根据格式设置创建新样式”对话框。单击“确定”按钮即可完成对样式“段落样式 2”的创建。

第 21 步：选中正文第 4 段，在“样式”任务窗格中选择“段落样式 2”样式，即可完成对该样式的应用。

4. 模板的应用：

第 22 步：在已打开的“样式”任务窗格中单击“管理样式”按钮，弹出“管理样式”对话框，单击其下方的“导入/导出”按钮。

第 23 步：在弹出的“管理器”对话框的“样式”选项卡下，单击右侧“在 Normal.dotm 中”列表下方的“关闭文件”按钮。

第 24 步：当“关闭文件”按钮变为“打开文件”按钮时，单击该按钮，弹出“打开”对话框，在指定目录（C:\Win2010GJW\KSML1 文件夹）中选择“KSDOTX3.dotx”文件，单击“打开”按钮。

第 25 步：返回到“管理器”对话框之后，在右侧列表中选择“项目符号”样式，单击“复制”按钮，即可将模板中的样式复制到左侧的列表中。最后，单击“关闭”按钮。

第 26 步：选中正文第 5～10 段，在已打开的“样式”任务窗格中选择“项目符号”

样式，即可将该样式应用于所选文本。

第 27 步：执行“文件”→“保存”命令，保存整个文档。

第 28 步：执行“文件”→“另保存”命令，弹出“另存为”对话框，在“保存位置”列表中选择考生文件夹所在位置，在“文件名”文本框中输入文件名“A3a”，在“保存类型”下拉列表中选择“Word 模板”，单击“保存”按钮。

3.3　第 3 题解答

执行“文件”→“打开”命令，在“查找范围”文本框中找到指定路径，选择“A3.docx”文件，单击“打开”按钮。

1. 创建主控文档、子文档：

第 1 步：将光标定位在文档任意位置处，单击“视图”选项卡下“文档视图”组中的“大纲视图”按钮，如图 3-28 所示。在“大纲”选项卡下“大纲工具”组中，在“显示级别”下拉列表中选择“1 级”，如图 3-29 所示。

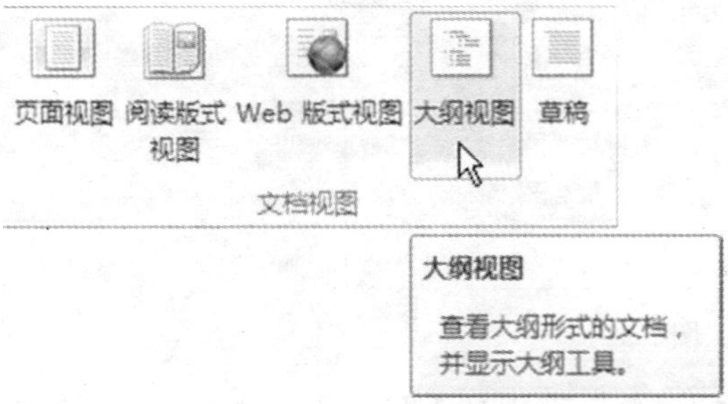

图 3-28

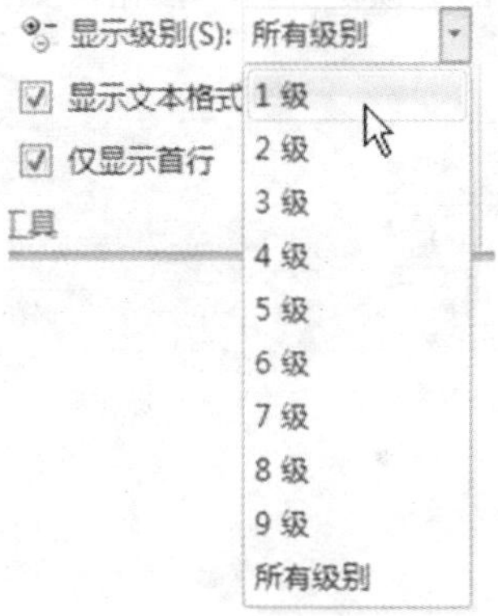

图 3-29

第 2 步：将光标定位在“作者简介”标题中，在“大纲”选项卡下“主控文档”组中单击“显示文档”按钮，如图 3-30 所示，该组中的其他命令均被展开。

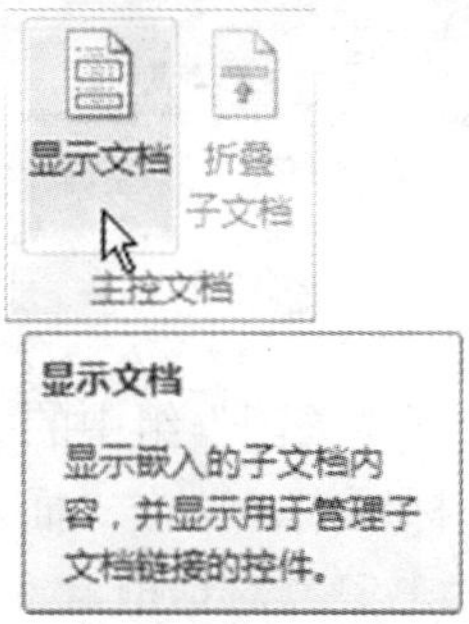

图 3-30

第 3 步：单击“大纲”选项卡下“主控文档”组中的“创建”按钮，如图 3-31 所示，文档中“作者简介”段落被创建的主控文档、子文档如图 3-32 所示。

图 3-31

图 3-32

第 4 步：将光标定位在“作者简介”标题中，单击“大纲”选项卡下“主控文档”组中的“锁定文档”按钮，如图 3-33 所示。

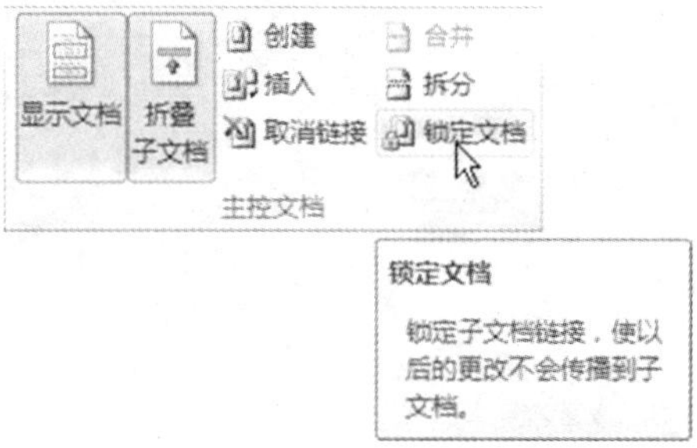

图 3-33

第 5 步：弹出“是否保存对子文档的更改”确认对话框，在该对话框中单击“是”按钮，如图 3-34 所示，文档中“作者简介”段落前会自动出现一个小锁的图标，如图 3-35 所示。

图 3-34

图 3-35

2. 插入书签、批注：

第 6 步：单击“大纲”选项卡下“关闭”组中的“关闭大纲视图”按钮，如图 3-36 所示。将光标定位在“狂人日记”标题中，单击“插入”选项卡下“链接”组中的“书签”按钮，如图 3-37 所示，弹出“书签”对话框。

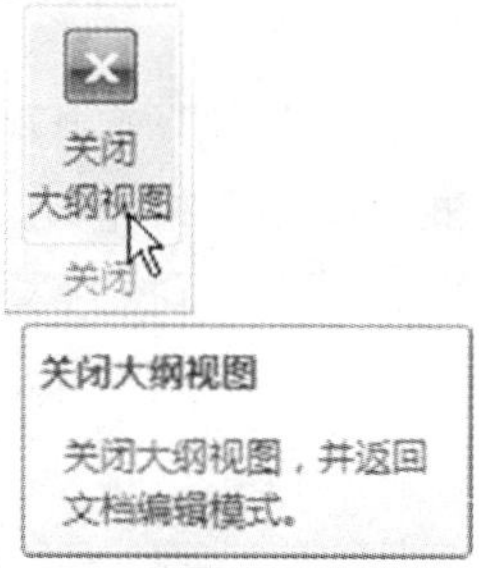

图 3-36

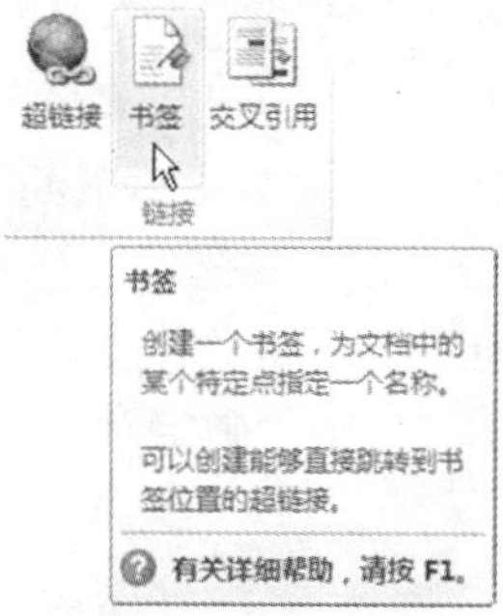

图 3-37

第 7 步：在“书签”对话框中的“书签名”下的文本框中输入“已阅读”文本，在“排序依据”区域点选“位置”单选按钮，单击“添加”按钮即可，如图 3-38 所示。

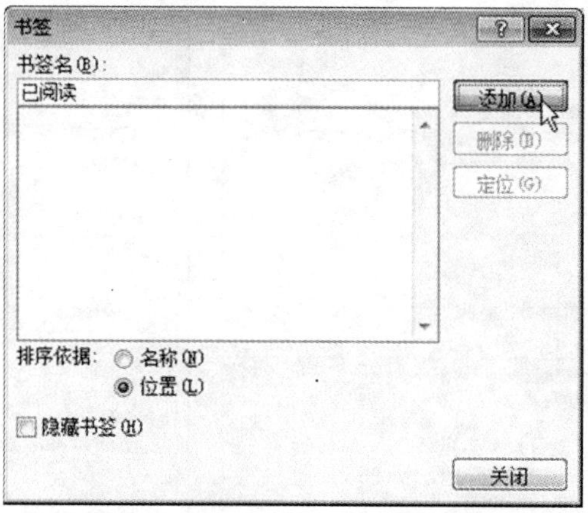

图 3-38

第 8 步：选中标题“一件小事”文本，单击“审阅”选项卡下“批注”组中的“新建批注”按钮，如图 3-39 所示。在文本“一件小事”的右侧出现一个批注文本框，在文本框中输入文本“本篇最初发表于 1919 年 12 月 1 日北京《晨报-周年纪念增刊》。”即可。

图 3-39

3. 创建封面、目录:

第 9 步：将光标定位在文档开头“呐喊”文本之前，单击“引用”选项卡下“目录”

组中的“目录”按钮，在弹出的下拉列表中选择“自动目录 1”，如图 3-40 所示。文档的开头处将自动创建一个目录。

第 10 步：选中“目录”文本下的整个目录，在“开始”选项卡下“字体”组中单击“加粗”按钮B。单击“段落”组右下角的“对话框启动器”按钮，打开“段落”对话框。在该对话框中的“缩进和间距”选项卡下，在“行距”下拉列表中选择“1.5 倍行距”，如 3-41 所示，单击“确定”按钮。

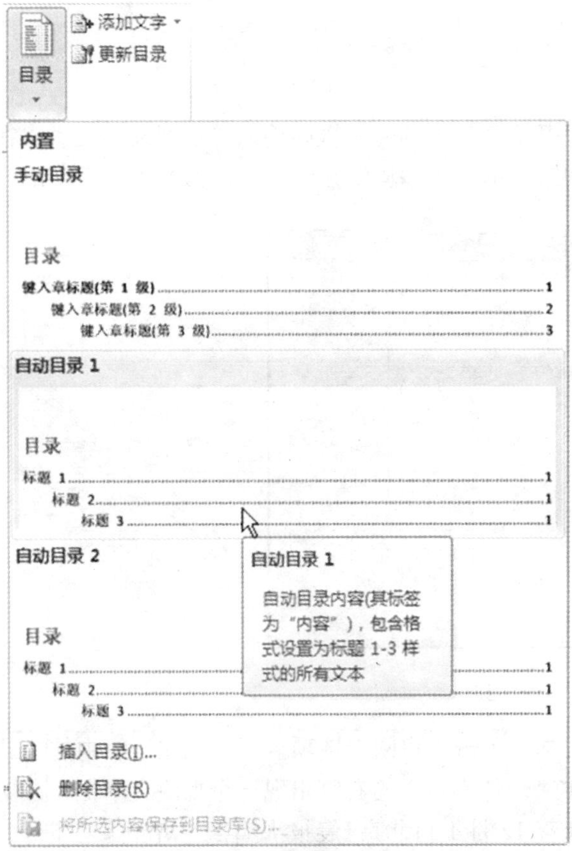

图 3-40

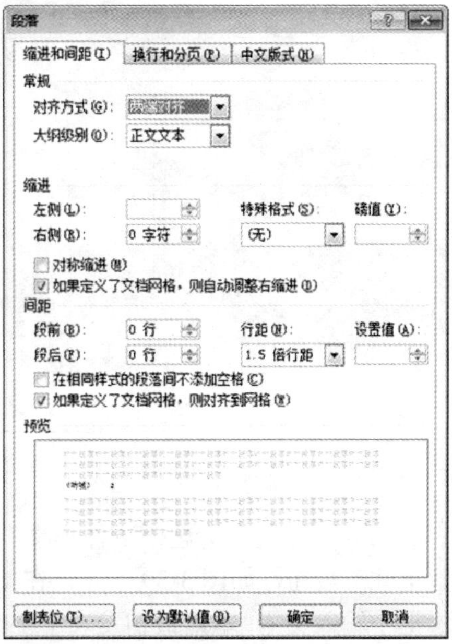

图 3-41

第 11 步：单击“插入”选项卡下“页”组中的“封面”按钮，在弹出的库中选择“对比度”，如图 3-42 所示，文档的开头处将自动创建一个封面。

第 12 步：在新创建的封面上选中“标题”区域，输入文本“鲁迅作品集”；选中“作者”区域，输入文本“鲁迅”；选中“摘要”区域，输入文本“鲁迅的作品包括杂文、短篇小说、评论、散文、翻译作品。”，如图 3-43 所示。

第 13 步：执行“文件”→“保存”命令，保存整个文档。

图 3-42

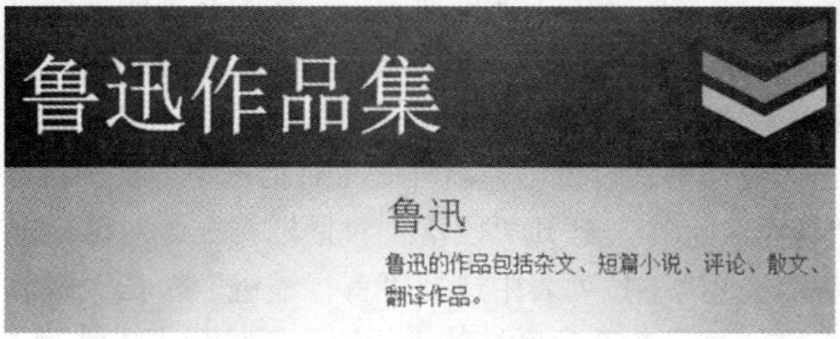

图 3-43

3.4　第 4 题解答

执行“文件”→“打开”命令，在“查找范围”文本框中找到指定路径，选择“A3.docx”文件，单击“打开”按钮。

1．应用样式：

第 1 步：选中文档的第 1 行文本“生物材料的未来”，单击“开始”选项卡下“样式”组右下角的“对话框启动器”按钮，弹出“样式”任务窗格，从中选择“文章标题”样式。

第 2 步：选中文档的第 2 行文本“——摘自《益寿文摘》”，在“样式”任务窗格中选择“标题注释”样式。

2．模板的应用：

第 3 步：在已打开的“样式”任务窗格中单击“管理样式”按钮，弹出“管理样式”对话框，单击其下方的“导入/导出”按钮。

第 4 步：在弹出的“管理器”对话框的“样式”选项卡下，单击右侧“在 Normal.dotm 中”列表下方的“关闭文件”按钮。

第 5 步：当“关闭文件”按钮变为“打开文件”按钮时，单击该按钮，弹出“打开”对话框，在指定目录（C:\Win2010GJW\KSML1 文件夹）中选择“KSDOTX3.dotx”文件，单击“打开”按钮。

第 6 步：返回到“管理器”对话框之后，在右侧列表中选择“正文段落 5”样式，单击“复制”按钮，即可将模板中的样式复制到左侧的列表中。最后，单击“关闭”按钮。

第 7 步：选中正文第 1 段，在已打开的“样式”任务窗格中选择“正文段落 5”样式，即可将该样式应用于所选文本。

3．新建样式：

第 8 步：单击“开始”选项卡下“样式”组右下角的“对话框启动器”按钮，打开“样式”任务窗格，单击“新建样式”按钮，弹出“根据格式设置创建新样式”对话框。

第 9 步：在“根据格式设置创建新样式”对话框中“属性”区域的“名称”文本框中输入“考生样式 1”，在“样式基准”下拉列表中选择“正文”；在“格式”区域的“字体”下拉列表中选择“方正姚体”，在“字号”下拉列表中选择“四号”，单击“加粗”按钮B为选中状态；在“字体颜色”下拉列表中执行“其他颜色”命令，在打开的“颜色”对话框中的“自定义”选项卡下输入 RGB 值（0，50，200），单击“确定”按钮返回至“根据格式设置创建新样式”对话框。

第 10 步：单击“根据格式设置创建新样式”对话框下方的“格式”按钮，在打开的快捷菜单中执行“段落”命令，打开“段落”对话框。在该对话框中的“缩进和间距”选项卡下，在“特殊格式”下拉列表中选择“首行缩进”，在“磅值”文本框中选择或输入为“2 字符”，在“间距”选项区域的“行距”下拉列表中选择“固定值”，在“设置值”文本框中选择或输入为“18 磅”，并在“段前”和“段后”文本框中均选择或输入“1 行”，单击“确定”按钮返回至“根据格式设置创建新样式”对话框。单击“确定”按钮即可完成对样式“考生样式 1”的创建。

第 11 步：选中正文第 2 段，在“样式”任务窗格中选择“考生样式 1”样式，即可完成对该样式的应用。

4. 修改样式：

第 12 步：单击“开始”选项卡下“样式”组右下角的“对话框启动器”按钮，打开“样式”任务窗格，单击“要点段落”样式右侧的下拉按钮，在打开的快捷菜单中执行“修改”命令，弹出“修改样式”对话框。

第 13 步：在“修改样式”对话框中的“样式基准”下拉列表中选择“正文”，在“格式”选项区域的“字体”下拉列表中选择“华文新魏”，在“字号”下拉列表中选择“小三”，在“字体颜色”下拉列表中选择标准色中的“浅绿”色，单击“加粗”按钮 B 为选中状态。单击“确定”按钮返回至“修改样式”对话框。

第 15 步：单击“修改样式”对话框下方的“格式”按钮，在弹出的快捷菜单中执行“段落”命令，打开“段落”对话框。在该对话框中的“缩进和间距”选项卡下，在“间距”选项区域的“段前”和“段后”文本框中均选择或输入“0.5 行”，单击“确定”按钮返回至“修改样式”对话框。

第 16 步：在“修改样式”对话框下方勾选“自动更新”复选框，单击“确定”按钮即可完成对样式“要点段落”的修改。

第 17 步：选中正文第 3、4 段，在“样式”任务窗格中选择“要点段落”样式，即可完成对该样式的应用。

第 18 步：在“样式”任务窗格中，单击“明显参考”样式右侧的下拉按钮，在打开的快捷菜单中执行“修改”命令，弹出“修改样式”对话框。

第 19 步：在“修改样式”对话框的“格式”选项区域的“字体”下拉列表中选择“华文细黑”，在“字号”下拉列表中选择“小四”，单击“加粗”按钮 B 为选中状态。

第 20 步：单击“修改样式”对话框下方的“格式”按钮，在弹出的快捷菜单中执行“边框”命令，打开“边框和底纹”对话框。在该对话框中的“边框”选项卡下，在“设置”区域选择“方框”，在“样式”下拉列表中选择“粗虚线”线型，在“颜色”下拉列表中选择标准色中的“红色”，在“宽度”下拉列表中选择“1.5 磅”，在“应用于”下拉列表中选择“文字”，单击“确定”按钮返回至“修改样式”对话框，单击“确定”按钮即可完成对样式“明显参考”的修改。

第 21 步：选中正文第 5 段，在“样式”任务窗格中选择“明显参考”样式，即可完成对该样式的应用。

第 22 步：执行“文件”→“保存”命令，保存整个文档。

3.5　第 5 题解答

执行“文件”→“打开”命令，在“查找范围”文本框中找到指定路径，选择“A3.docx”文件，单击“打开”按钮。

1. 创建主文档、获取数据源：

第 1 步：单击“邮件”选项卡下“开始邮件合并”组中的“开始邮件合并”按钮，在打开的下拉列表中选择“信函”文档类型，如图 3-44 所示。再单击该组中的“选择收件人”按钮，在打开的下拉列表中执行“使用现有列表”命令，如图 3-45 所示。

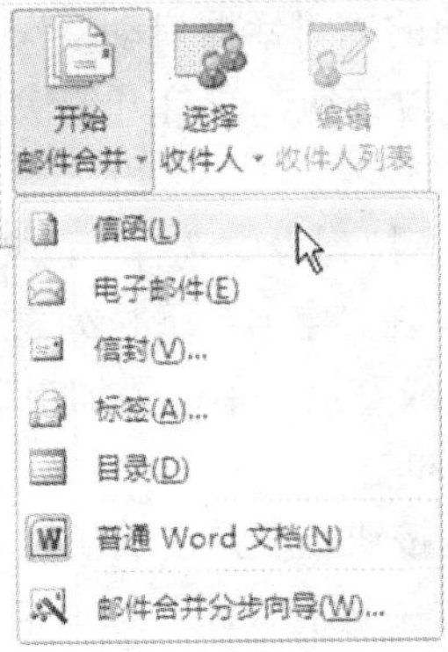

图 3-44

图 3-45

第 2 步：弹出“选取数据源”对话框，从中选择 C:\Win2010GJW\KSML1\KSWJ3-5.xlsx 文件，单击“打开”按钮，如图 3-46 所示。

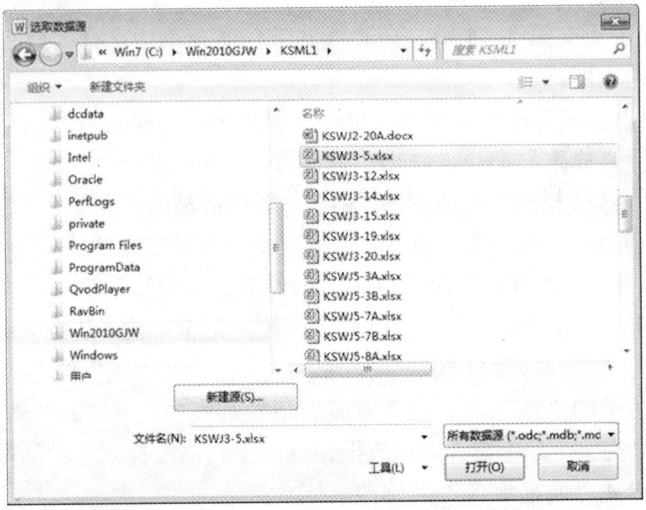

图 3-46

第 3 步：弹出“选择表格”对话框，选中“Sheet1”工作表，如图 3-47 所示，单击“确定”按钮。

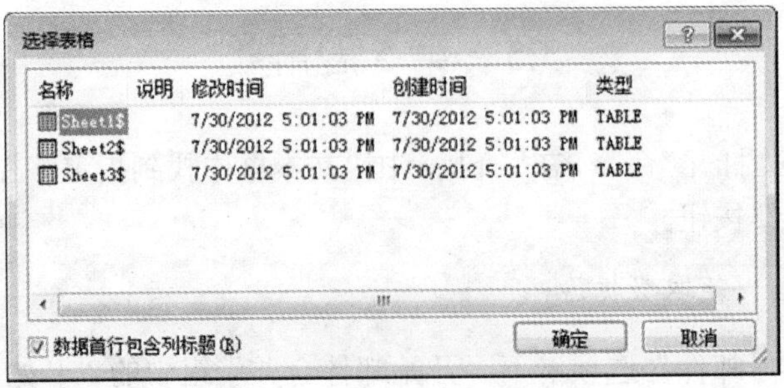

图 3-47

2. 编辑主文档:

第 4 步：将光标定位在文本“您好：”上面一行处，在“邮件”选项卡下的“编写和插入域”组中单击“插入合并域”下拉按钮，从拉开的下拉列表中选择“姓名”域，如图 3-48 所示。以此类推，分别将“电话号码”域、“欠费月数”域和“欠费金额”域插入到相应的位置处。

第 5 步：将光标定位在文本“恒利达通讯公司”下面一行处，在“插入”选项卡下的“文本”组中单击“文档部件”下拉按钮，从拉开的下拉列表中选择“域”，如图 3-49 所示，弹出“域”对话框。

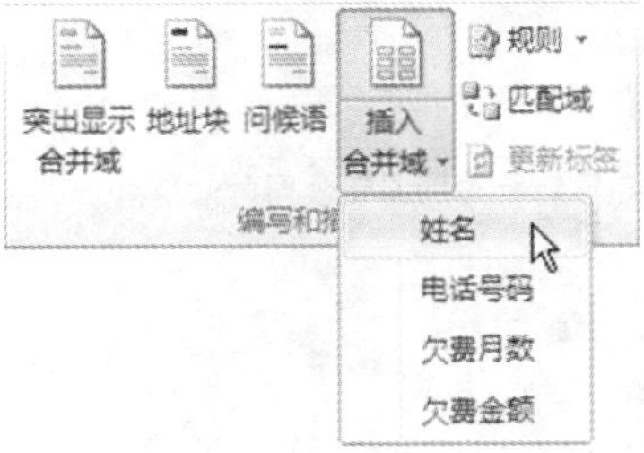

图 3-48

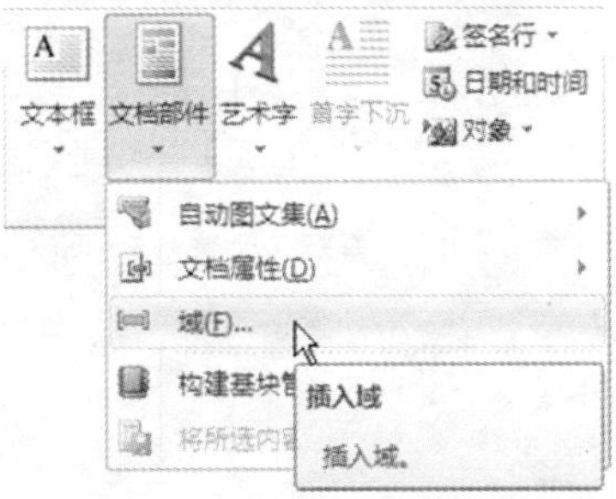

图 3-49

第 6 步：在“域”对话框中“请选择域”区域的“域名”下拉列表框中选择“Fill-in”；在“域属性”区域的“提示”文本框中输入文本“请输入日期!”；在“域选项”区域中勾选“对提示的默认反应”复选框，并在其后面的文本框中输入文本“年月日”，如图 3-50 所示，单击“确定”按钮即弹出“Microsoft Word”对话框。

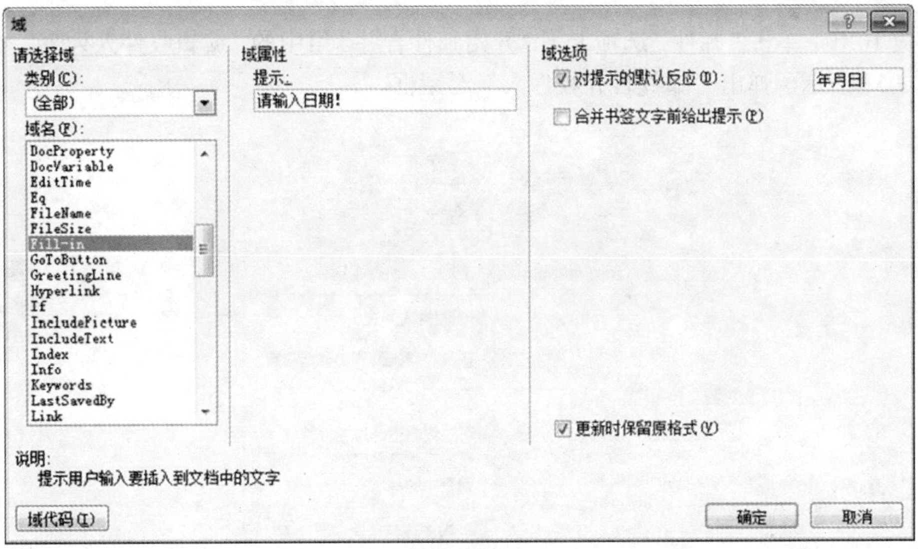

图 3-50

第 7 步：在“Microsoft Word”对话框中“请输入日期!”下的文本框中输入文本“2010 年 9 月 10 日”，单击“确定”按钮即可完成插入 Word 域操作，如图 3-51 所示。

图 3-51

第 8 步：完成以上操作，依次进行核对并确保无误，如图 3-52 所示。

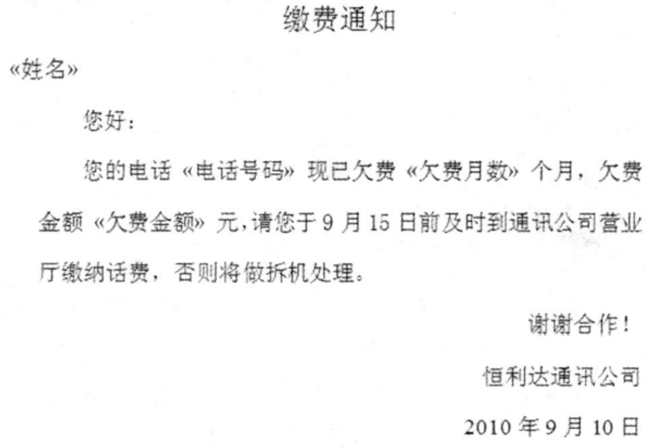
缴费通知

«姓名»

您好：

您的电话 «电话号码» 现已欠费 «欠费月数» 个月，欠费金额 «欠费金额» 元，请您于 9 月 15 日前及时到通讯公司营业厅缴纳话费，否则将做拆机处理。

谢谢合作！

恒利达通讯公司

2010 年 9 月 10 日

图 3-52

第 9 步：执行“文件”→“保存”命令，保存整个文档。

3. 合并邮件：

第 10 步：单击“邮件”选项卡下“开始邮件合并”组中的“编辑收件人列表”按钮，如图 3-53 所示，弹出“邮件合并收件人”对话框。

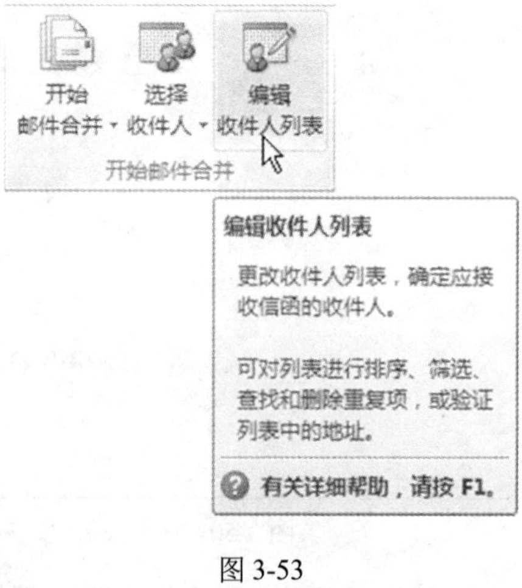

图 3-53

第 11 步：在“邮件合并收件人”对话框中单击“欠费金额”下拉按钮，在“欠费金额”下拉列表中执行“高级”命令，如图 3-54 所示，弹出“筛选和排序”对话框。

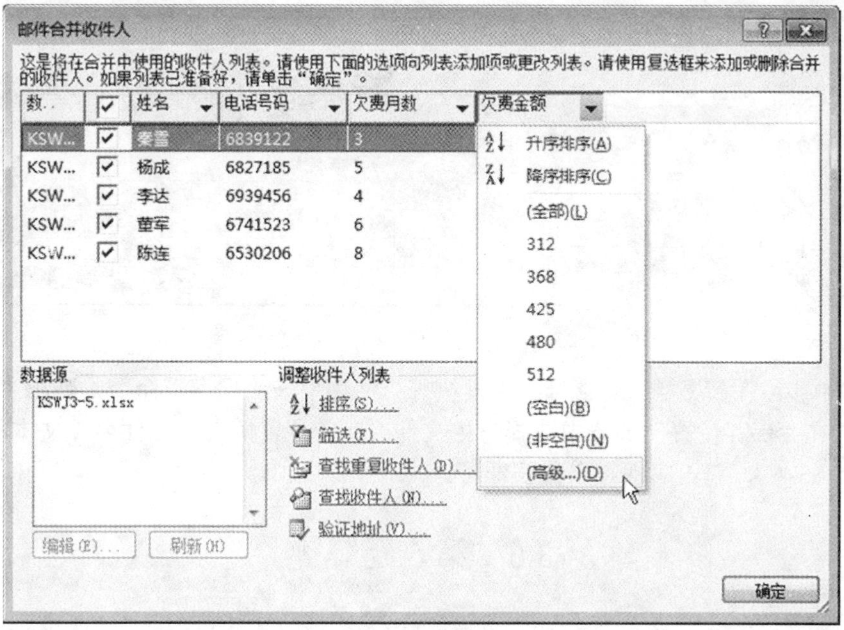

图 3-54

第 12 步：在"筛选和排序"对话框的"筛选记录"选项卡下，单击"域"文本框后面的下拉按钮，在打开的列表中选择"欠费金额"。单击"比较关系"文本框后面的下拉按钮，在打开的列表中选择"大于"。在"比较对象"文本框中输入数值"400"，如图 3-45 所示，单击"确定"按钮返回至"邮件合并收件人"对话框，单击"确定"按钮即可。

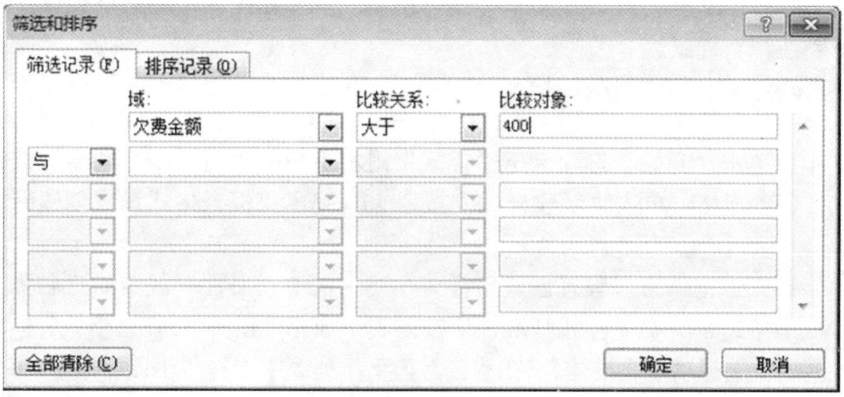

图 3-55

第 13 步：在"邮件"选项卡下的"完成"组中单击"完成并合并"按钮，在打开的下拉列表中执行"编辑单个文档"命令，如图 3-56 所示。

第14步：弹出"合并到新文档"对话框，点选"全部"单选按钮，如图3-57所示，单击"确定"按钮。弹出"Microsoft Word"对话框，在"请输入日期！"下的文本框中输入文本"2010年9月10日"，单击"确定"按钮，分别输入三次即可完成邮件合并操作，并自动生成新文档“信函1”。

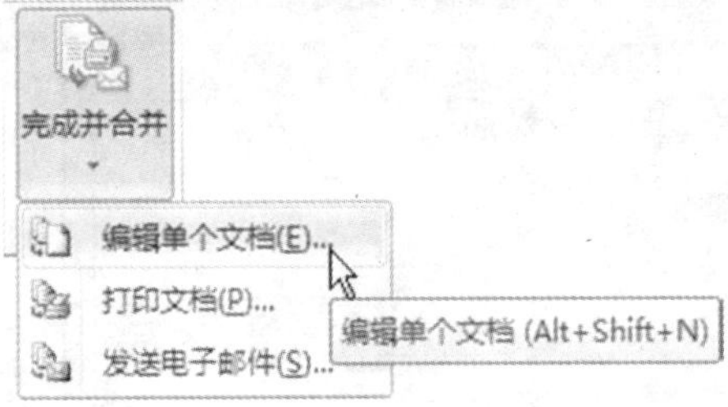

图 3-56

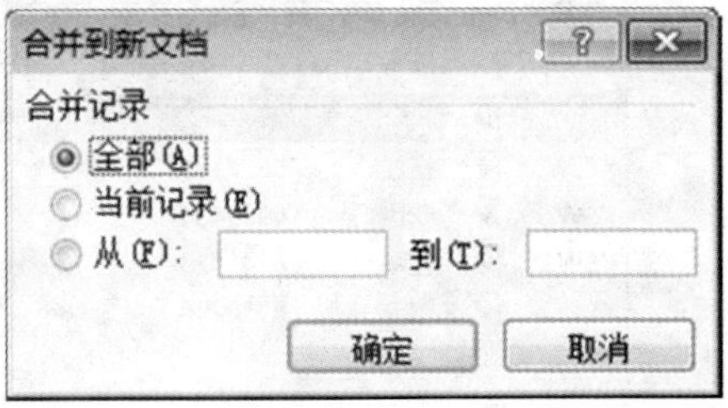

图 3-57

第 15 步：在新文档“信函 1”中，执行“文件”→“保存”命令，弹出“另存为”对话框，在“保存位置”列表中选择考生文件夹所在位置，在“文件名”文本框中输入文件名“A3-A”，单击“保存”按钮即可。

3.6 第 6 题解答

执行“文件”→“打开”命令，在“查找范围”文本框中找到指定路径，选择“A3.docx”文件，单击“打开”按钮。

1. *应用样式：*

第 1 步：选中文档的第 1 行文本“取之不尽、用之不竭的太阳能”，单击“开始”选项卡下“样式”组右下角的“对话框启动器”按钮，弹出“样式”任务窗格，从中选择“主标题”样式。

第 2 步：选中文档的第 2 行文本“——摘自《科普知识》”，在“样式”任务窗格中选择“标题注释”样式。

2. *新建样式：*

第 3 步：单击“开始”选项卡下“样式”组右下角的“对话框启动器”按钮，打开“样式”任务窗格，单击“新建样式”按钮，弹出“根据格式设置创建新样式”对话框。

第 4 步：在“根据格式设置创建新样式”对话框中“属性”区域的“名称”文本框中输入“段落样式 6”，在“样式基准”下拉列表中选择“正文”；在“格式”区域的“字体”下拉列表中选择“华文楷体”，在“字号”下拉列表中选择“小四”；在“字体颜色”下拉列表中执行“其他颜色”命令，在打开的“颜色”对话框中“自定义”选项卡下输入 RGB 值（255，0，255），单击“确定”按钮返回至“根据格式设置创建新样式”对话框。

第 5 步：单击“根据格式设置创建新样式”对话框下方的“格式”按钮，在弹出的快捷菜单中执行“文字效果”命令，打开“设置文本效果格式”对话框。在该对话框的左栏中单击“阴影”选项，在右侧设置栏中单击“预设”后面的“阴影”按钮，在弹出的库中选择“向右偏移”文本效果，单击“关闭”按钮返回至“根据格式设置创建新样式”对话框。

第 6 步：再次单击“根据格式设置创建新样式”对话框下方的“格式”按钮，在打开的快捷菜单中执行“段落”命令，打开“段落”对话框。在该对话框中的“缩进和间距”选项卡下，在“间距”选项区域的“行距”下拉列表中选择“固定值”，在“设置值”文本框中选择或输入为“18 磅”，并在“段前”和“段后”文本框中均选择或输入“0.5 行”，单击“确定”按钮返回至“根据格式设置创建新样式”对话框。单击“确定”按钮即可完成对样式“段落样式 6”的创建。

第 7 步：选中正文第 1 段，在“样式”任务窗格中选择“段落样式 6”样式，即可完成对该样式的应用。

3. 修改样式:

第 8 步：单击“开始”选项卡下“样式”组右下角的“对话框启动器”按钮，打开“样式”任务窗格，单击“重点正文”样式右侧的下拉按钮，在打开的快捷菜单中执行“修改”命令，弹出“修改样式”对话框。

第 9 步：在“修改样式”对话框中的“样式基准”下拉列表中选择“正文”，在“格式”选项区域的“字体”下拉列表中选择“华文新魏”，在“字号”下拉列表中选择“四号”，在“字体颜色”下拉列表中执行“其他颜色”命令，在打开的“颜色”对话框中“自定义”选项卡下输入 RGB 值（0，0，255），单击“确定”按钮返回至“修改样式”对话框。

第 10 步：单击“修改样式”对话框下方的“格式”按钮，在弹出的快捷菜单中执行“文字效果”命令，打开“设置文本效果格式”对话框。在该对话框的左栏中单击“文本边框”选项，在右侧设置栏中点选“渐变线”单选按钮，单击“预设颜色”后面的“预设颜色”按钮，在弹出的库中选择“碧海青天”文本效果，如图 3-58 所示，单击“关闭”按钮返回至“修改样式”对话框。

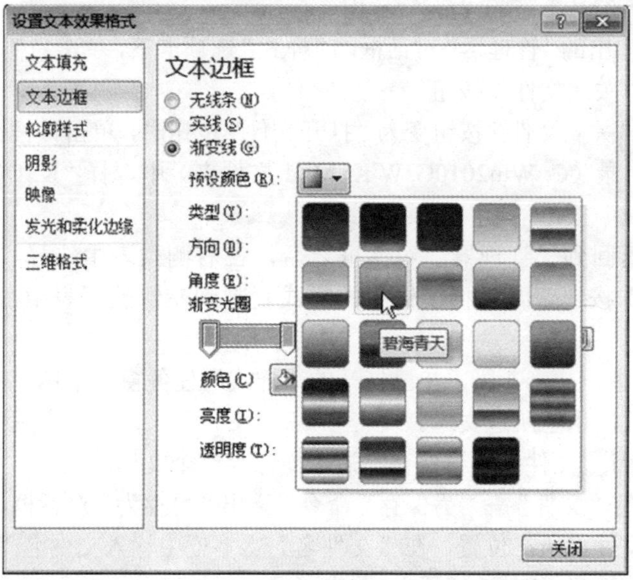

图 3-58

第 11 步：再次单击“修改样式”对话框下方的“格式”按钮，在弹出的快捷菜单中执行“段落”命令，打开“段落”对话框。在该对话框中的“缩进和间距”选项卡下，在“间距”选项区域的“行距”下拉列表中选择“固定值”，在“设置值”文本框中选择或输入为“16 磅”，单击“确定”按钮返回至“修改样式”对话框。

第 12 步：在“修改样式”对话框下方勾选“自动更新”复选框，单击“确定”按钮即可完成对样式“重点正文”的修改。

第 13 步：选中正文第 2 段，在“样式”任务窗格中选择“重点正文”样式，即可完成对该样式的应用。

第 14 步：在“样式”任务窗格中，单击“列出段落”样式右侧的下拉按钮，在打开的快捷菜单中执行“修改”命令，弹出“修改样式”对话框。

第 15 步：在“修改样式”对话框中的“样式基准”下拉列表中选择“正文”，在“格式”选项区域，在“字体”下拉列表中选择“隶书”，在“字号”下拉列表中选择“四号”，在“字体颜色”下拉列表中选择标准色中的“紫色”。

第 16 步：单击“修改样式”对话框下方的“格式”按钮，在弹出的快捷菜单中执行“段落”命令，打开“段落”对话框。在该对话框中的“缩进和间距”选项卡下，在“间距”选项区域的“行距”下拉列表中选择“固定值”，在“设置值”文本框中选择或输入为“16 磅”，并在“段前”文本框中选择或输入“0.5 行”，单击“确定”按钮返回至“修改样式”对话框，单击“确定”按钮即可完成对样式“列出段落”的修改。

第 17 步：选中正文第 3 段，在“样式”任务窗格中选择“列出段落”样式，即可完成对该样式的应用。

4. 模板的应用：

第 18 步：在已打开的“样式”任务窗格中单击“管理样式”按钮，弹出“管理样式”对话框，单击其下方的“导入/导出”按钮。

第 19 步：在弹出的“管理器”对话框的“样式”选项卡下，单击右侧“在 Normal.dotm 中”列表下方的“关闭文件”按钮。

第 20 步：当“关闭文件”按钮变为“打开文件”按钮时，单击该按钮，弹出“打开”对话框，在指定目录（C:\Win2010GJW\KSML1 文件夹）中选择“KSDOTX3.dotx”模板文件，单击“打开”按钮。

第 21 步：返回到“管理器”对话框之后，在右侧列表中选择“正文段落 4”样式，单击“复制”按钮，即可将模板中的样式复制到左侧的列表中。最后，单击“关闭”按钮。

第 22 步：选中正文第 4 段，在已打开的“样式”任务窗格中选择“正文段落 4”样式，即可将该样式应用于所选文本。

第 23 步：执行“文件”→“保存”命令，保存整个文档。

第 24 步：执行“文件”→“另保存”命令，弹出“另存为”对话框，在“保存位置”列表中选择考生文件夹所在位置，在“文件名”文本框中输入文件名“A3a”，在“保存类型”下拉列表中选择“Word 模板”，单击“保存”按钮。

3.7 第7题解答

执行“文件”→“打开”命令，在“查找范围”文本框中找到指定路径，选择“A3.docx”文件，单击“打开”按钮。

1. 应用样式：

第1步：选中文档的第1行文本“生物电脑概述”，单击“开始”选项卡下“样式”组右下角的“对话框启动器”按钮，弹出“样式”任务窗格，从中选择“标题7”样式。

第2步：选中文档的第2行文本“——摘自《羊城晚报》”，在“样式”任务窗格中选择“副标题，引用1”样式。

2. 模板的应用：

第3步：在已打开的“样式”任务窗格中单击“管理样式”按钮，弹出“管理样式”对话框，单击其下方的“导入/导出”按钮。

第4步：在弹出的“管理器”对话框的“样式”选项卡下，单击右侧“在Normal.dotm中”列表下方的“关闭文件”按钮。

第5步：当“关闭文件”按钮变为“打开文件”按钮时，单击该按钮，弹出“打开”对话框，在指定目录（C:\Win2010GJW\KSML1文件夹）中选择“KSDOTX3.dotx”模板文件，单击“打开”按钮。

第6步：返回到“管理器”对话框之后，在右侧列表中选择“正文段落6”样式，单击“复制”按钮，即可将模板中的样式复制到左侧的列表中。最后，单击“关闭”按钮。

第7步：选中正文第1段，在已打开的“样式”任务窗格中选择“正文段落6”样式，即可将该样式应用于所选文本。

3. 新建样式：

第8步：单击“开始”选项卡下“样式”组右下角的“对话框启动器”按钮，打开“样式”任务窗格，单击“新建样式”按钮，弹出“根据格式设置创建新样式”对话框。

第9步：在“根据格式设置创建新样式”对话框中“属性”区域的“名称”文本框中输入“新建样式7”，在“样式基准”下拉列表中选择“正文02”；在“格式”区域的“字体”下拉列表中选择“楷体_GB2312”，在“字号”下拉列表中选择“小四”，单击“加粗”按钮**B**为选中状态，在“字体颜色”下拉列表中选择标准色中的“深红”色。

第10步：单击“根据格式设置创建新样式”对话框下方的“格式”按钮，在弹出的快捷菜单中执行“文字效果”命令，打开“设置文本效果格式”对话框。在该对话框的左栏中单击“文本填充”选项，在右侧设置栏中点选“渐变填充”单选按钮，单击“预设颜色”后面的“预设颜色”按钮，在弹出的库中选择“红日西斜”文本效果，单击“关闭”按钮，返回至“根据格式设置创建新样式”对话框。

第 11 步：再次单击“根据格式设置创建新样式”对话框下方的“格式”按钮，在打开的快捷菜单中执行“段落”命令，打开“段落”对话框。在该对话框中的“缩进和间距”选项卡下，在“特殊格式”下拉列表中选择“首行缩进”，在“磅值”文本框中选择或输入为“2 字符”，在“间距”选项区域的“行距”下拉列表中选择“单倍行距”，并在“段后”文本框中选择或输入“1 行”，单击“确定”按钮返回至“根据格式设置创建新样式”对话框。单击“确定”按钮即可完成对样式“段落样式 7”的创建。

第 12 步：选中正文第 3、5 段，在“样式”任务窗格中选择“新建样式 7”样式，即可完成对该样式的应用。

4. 修改样式:

第 13 步：单击“开始”选项卡下“样式”组右下角的“对话框启动器”按钮，打开“样式”任务窗格，单击“行号”样式右侧的下拉按钮，在打开的快捷菜单中执行“修改”命令，弹出“修改样式”对话框。

第 14 步：在“修改样式”对话框中的“样式基准”下拉列表中选择“强调”，在“格式”选项区域的“字体”下拉列表中选择“华文彩云”，在“字号”下拉列表中选择“小三”，单击“加粗”按钮 B 为选中状态，在“字体颜色”下拉列表中选择标准色中的“橙色”。

第 15 步：单击“修改样式”对话框下方的“格式”按钮，在弹出的快捷菜单中执行“文字效果”命令，打开“设置文本效果格式”对话框。在该对话框的左栏中单击“文本边框”选项，在右侧设置栏中点选“渐变线”单选按钮，单击“预设颜色”后面的“预设颜色”按钮，在弹出的库中选择“彩虹出岫 II”文本效果，单击“关闭”按钮返回至“修改样式”对话框。

第 16 步：选中正文第 2、4 段，在“样式”任务窗格中选择“行号”样式，即可完成对该样式的应用。

第 17 步：在“样式”任务窗格中，单击“文本块”样式右侧的下拉按钮，在打开的快捷菜单中执行“修改”命令，弹出“修改样式”对话框。

第 18 步：在“修改样式”对话框中单击下方的“格式”按钮，在弹出的快捷菜单中执行“字体”命令，打开“字体”对话框。

第 19 步：在“字体”对话框的“字体”选项卡下，在“中文字体”下拉列表中选择“楷体_GB2312”，在“字形”下拉列表中选择“加粗”、“倾斜”，在“字号”下拉列表中选择“四号”；在“字体颜色”下拉列表中执行“其他颜色”命令，在打开的“颜色”对话框中“自定义”选项卡下输入 RGB 值（75，172，198），单击“确定”按钮返回至“字体”对话框。在“下划线线型”下拉列表中选择“双实线”下划线，在“下划线颜色”下拉列表中选择标准色中的“蓝色”，单击“确定”按钮返回至“修改样式”对话框，单击“确定”按钮即可完成对样式“文本块”的修改。

第 20 步：选中正文第 6 段，在“样式”任务窗格中选择“文本块”样式，即可完成对该样式的应用。

第 21 步：执行“文件”→“保存”命令，保存整个文档。

3.8 第8题解答

执行"文件"→"打开"命令，在"查找范围"文本框中找到指定路径，选择"A3.docx"文件，单击"打开"按钮。

1. 创建主控文档、子文档：

第1步：将光标定位在文档任意位置处，单击"视图"选项卡下"文档视图"组中的"大纲视图"按钮。在"大纲"选项卡下"大纲工具"组中，在"显示级别"下拉列表中选择"1级"。

第2步：将光标定位在"第十五章 总结"标题中，在"大纲"选项卡下"主控文档"组中单击"显示文档"按钮，则该组中的其他命令均被展开。

第3步：单击"大纲"选项卡下"主控文档"组中的"创建"按钮，文档中"第十五章 总结"段落被创建主控文档、子文档。

第4步：将光标定位在"第十五章 总结"标题中，单击"大纲"选项卡下"主控文档"组中的"锁定文档"按钮。

第5步：弹出"是否保存对子文档的更改"确认对话框，在该对话框中单击"是"按钮，文档中"第十五章 总结"段落前会自动出现一个小锁的图标。

2. 插入书签、批注：

第6步：单击"大纲"选项卡下"关闭"组中的"关闭大纲视图"按钮。将光标定位在"第三章 路径工具的使用"标题中，单击"插入"选项卡下"链接"组中的"书签"按钮，弹出"书签"对话框。

第7步：在"书签"对话框中的"书签名"下的文本框中输入文本"考试内容"，在"排序依据"区域点选"名称"单选按钮，勾选"隐藏书签"复选框，单击"添加"按钮即可。

第8步：选中标题"第十章 综合案例——邮票"文本，单击"审阅"选项卡下"批注"组中的"新建批注"按钮。在文本"第十章 综合案例——邮票"的右侧出现一个批注文本框，在文本框中输入文本"本章主要是考核画笔工具、描边工具、文字工具等综合运用。"即可。

3. 创建封面、目录：

第9步：将光标定位在文档开头"PhotoShop教案"文本之前，单击"引用"选项卡下"目录"组中的"目录"按钮，在弹出的下拉列表中选择"自动目录1"，文档的开头处将自动创建一个目录。

第10步：选中"目录"文本下的整个目录，在"开始"选项卡下"字体"组中单击"加粗"按钮**B**。单击"段落"组右下角的"对话框启动器"按钮，打开"段落"对话框。在该对话框中的"缩进和间距"选项卡下，在"行距"下拉列表中选择"2倍行距"，单击"确定"按钮。

第 11 步：单击“插入”选项卡下“页”组中的“封面”按钮，在弹出的库中选择“瓷砖型”，文档的开头处将自动创建一个封面。

第 12 步：在新创建的封面上选中“标题”区域，输入文本“PhotoShop 教案”。

第 13 步：在新创建的封面上选中标题文本“PhotoShop 教案”，在“开始”选项卡下的“字体”组中的“字体”下拉列表中选择“华文行楷”，在“字号”下拉列表中输入“60”磅，如图 3-59 所示。

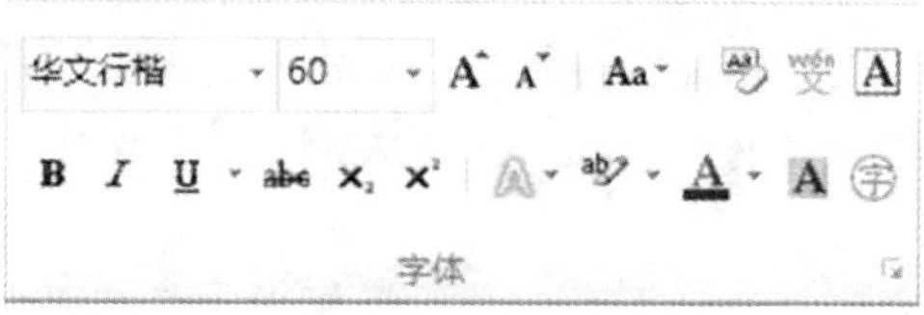

图 3-59

第 14 步：在“开始”选项卡下的“字体”组中单击“文本效果”按钮，在弹出的下拉列表中选择“发光”选项下的“红色，5pt 发光，强调文字颜色 2”，如图 3-60 所示。

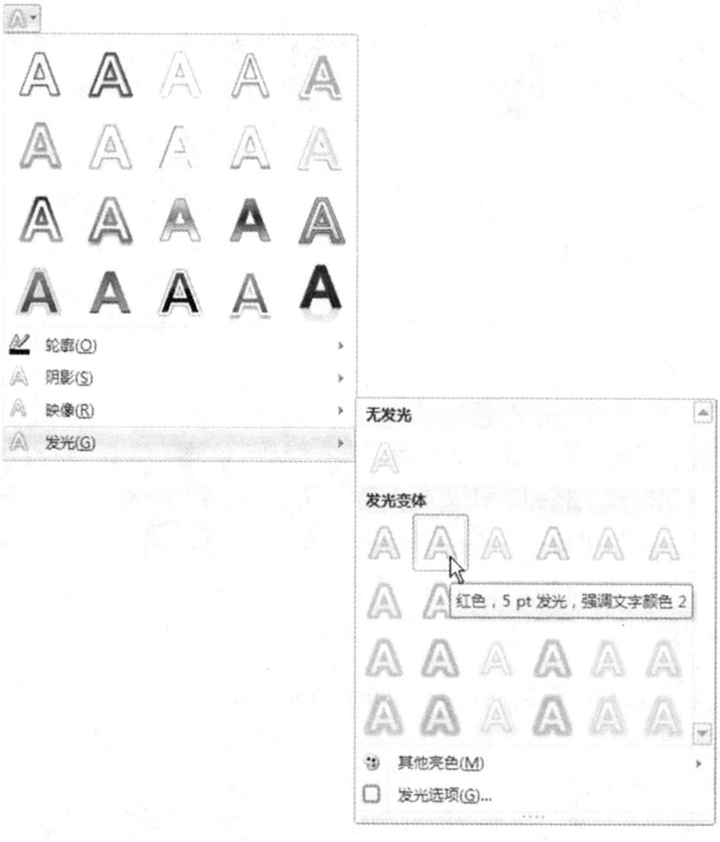

图 3-60

第 15 步：执行“文件”→“保存”命令，保存整个文档。

3.9　第 9 题解答

执行“文件”→“打开”命令，在“查找范围”文本框中找到指定路径，选择“A3.docx”文件，单击“打开”按钮。

1. 创建主控文档、子文档：

第 1 步：将光标定位在文档任意位置处，单击“视图”选项卡下“文档视图”组中的“大纲视图”按钮。在“大纲”选项卡下“大纲工具”组中，在“显示级别”下拉列表中选择“1 级”。

第 2 步：将光标定位在“第十章　会计工作的组织”标题中，在“大纲”选项卡下“主控文档”组中单击“显示文档”按钮，则该组中的其他命令均被展开。

第 3 步：单击“大纲”选项卡下“主控文档”组中的“创建”按钮，文档中“第十章　会计工作的组织”段落被创建主控文档、子文档。

第 4 步：将光标定位在“第十章　会计工作的组织”标题中，单击“大纲”选项卡下“主控文档”组中的“锁定文档”按钮。

第 5 步：弹出“是否保存对子文档的更改”确认对话框，在该对话框中单击“是”按钮，文档中“第十章会计工作的组织”段落前会自动出现一个小锁的图标。

2. 插入题注、书签、批注：

第 6 步：单击“大纲”选项卡下“关闭”组中的“关闭大纲视图”按钮。选中“第一章　总论”中的第 1 张图片，在“引用”选项卡下“题注”组中单击“插入题注”按钮，如图 3-61 所示。

图 3-61

第 7 步：打开“题注”对话框，单击“新建标签”按钮，如图 3-62 所示。打开“新建标签”对话框，在“标签”文本框中输入文本“图”，如图 3-63 所示，单击“确定”按钮返回到“题注”对话框。

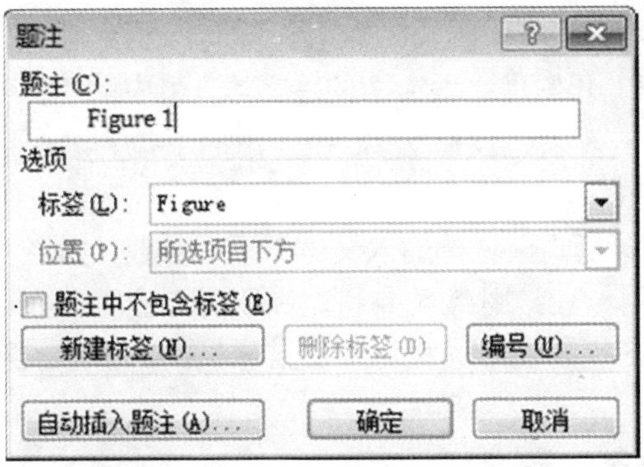

图 3-62

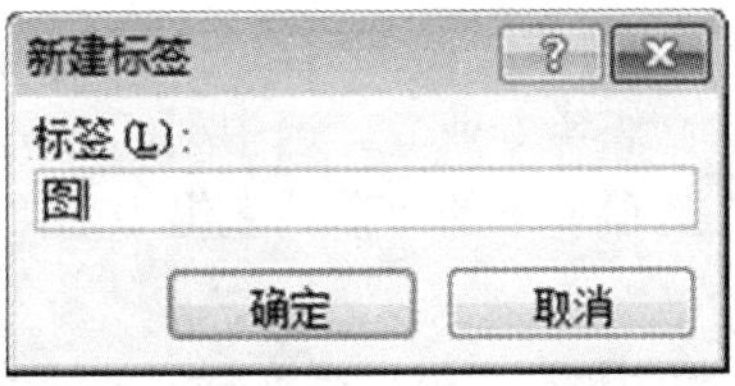

图 3-63

第 8 步：在“题注”对话框中单击“编号”按钮，打开“题注编号”对话框，在“格式”下拉列表中选择“一，二，三（简）…”选项，如图 3-64 所示，单击“确定”按钮，返回到“题注”对话框，再次单击“确定”按钮。

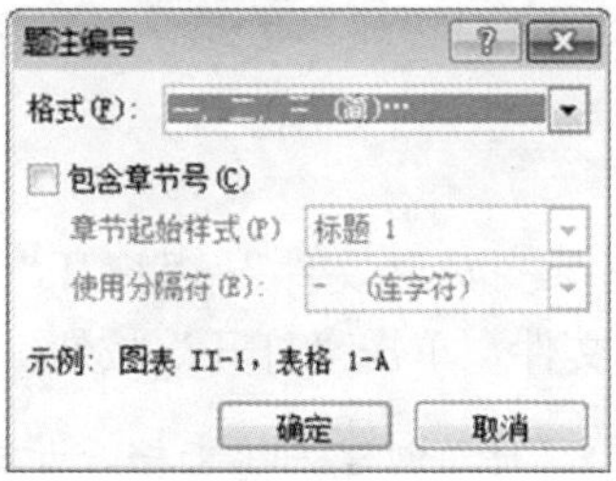

图 3-64

第 9 步：在文档中选中题注文本，在“开始”选项卡的“字体”组中的“字体”下拉列表中选择“幼圆”，在“字号”下拉列表中选择“五号”，单击“加粗”按钮 B。

第 10 步：选中“第一章　总论”中的第 2 张图片，在“引用”选项卡下“题注”组中单击“插入题注”按钮，打开“题注”对话框，单击“确定”按钮。在文档中选中题注文本，在“开始”选项卡的“字体”组中的“字体”下拉列表中选择“幼圆”，在“字号”下拉列表中选择“五号”，单击“加粗”按钮 B。用同样的方法设置第 3 张图片的题注。

第 11 步：将光标定位在“第五章　主要经济业务的核算”标题中，单击“插入”选项卡下“链接”组中的“书签”按钮，弹出“书签”对话框。

第 12 步：在“书签”对话框中的“书签名”下的文本框中输入文本“重点内容”，在“排序依据”区域中点选“位置”单选按钮，取消“隐藏书签”复选框的选中状态，单击“添加”按钮即可。

3. 创建封面、目录：

第 13 步：将光标定位在文档开头“《基础会计学》教案”文本之前，单击“引用”选项卡下“目录”组中的“目录”按钮，在弹出的下拉列表中选择“自动目录 2”，文档的开头处将自动创建一个目录。

第 14 步：选中“目录”文本下的整个目录，在“开始”选项卡的“字体”组中的“字体”下拉列表中选择“隶书”，在“字号”下拉列表中选择“小四”，单击“加粗”按钮 B。单击“段落”组右下角的“对话框启动器”按钮，打开“段落”对话框。在该对话框中的“缩进和间距”选项卡下，在“行距”下拉列表中选择“固定值”，在“设置值”文本框中选择或输入“16 磅”，单击“确定”按钮。

第 15 步：单击“插入”选项卡下“页”组中的“封面”按钮，在弹出的库中选择“细条纹”，文档的开头处将自动创建一个封面。

第 16 步：在新创建的封面上选中“标题”区域，输入文本“《基础会计学》教案”。选中标题文本“《基础会计学》教案”，在“开始”选项卡下的“字体”组中的“字体”下拉列表中选择“华文行楷”。单击“文本效果”按钮，在弹出的下拉列表中选择“渐变填充 - 紫色，强调文字颜色 4，映像”。

第 17 步：在新创建的封面上选中“副标题”区域，输入文本“适用专业：财经类专科、高职各专业”。选中副标题文本“适用专业：财经类专科、高职各专业”，在“开始”选项卡下的“字体”组中的“字体”下拉列表中选择“华文楷体”，单击“加粗”按钮 B。

第 18 步：执行“文件”→“保存”命令，保存整个文档。

3.10 第10题解答

执行“文件”→“打开”命令，在“查找范围”文本框中找到指定路径，选择“A3.docx”文件，单击“打开”按钮。

1. 应用样式:

第1步：选中文档的第1行文本“光纤网络的知识”，单击“开始”选项卡下“样式”组右下角的“对话框启动器”按钮，弹出“样式”任务窗格，从中选择“书籍标题”样式。

第2步：选中文档的第2行文本“秩名供稿”，在“样式”任务窗格中选择“副标题”样式。

2. 新建样式:

第3步：单击“开始”选项卡下“样式”组右下角的“对话框启动器”按钮，打开“样式”任务窗格，单击“新建样式”按钮，弹出“根据格式设置创建新样式”对话框。

第4步：在“根据格式设置创建新样式”对话框中“属性”区域的“名称”文本框中输入“正文文本 5”，在“样式基准”下拉列表中选择“正文”。单击“根据格式设置创建新样式”对话框下方的“格式”按钮，在弹出的快捷菜单中执行“字体”命令，打开“字体”对话框。

第5步：在“字体”对话框的“字体”选项卡下，在“中文字体”下拉列表中选择“方正舒体”，在“字号”下拉列表中选择“四号”。在“字体颜色”下拉列表中执行“其他颜色”命令，在打开的“颜色”对话框中“自定义”选项卡下输入RGB值（75，172，198），单击“确定”按钮返回至“字体”对话框。在“下划线线型”下拉列表中选择“粗实线”下划线，在“下划线颜色”下拉列表中选择标准色中的“紫色”，单击“确定”按钮返回至“根据格式设置创建新样式”对话框。

第6步：单击“根据格式设置创建新样式”对话框下方的“格式”按钮，在弹出的快捷菜单中执行“文字效果”命令，打开“设置文本效果格式”对话框。在该对话框的左栏中单击“阴影”选项，在右侧设置栏中单击“预设”后面的“阴影”按钮，在弹出的库中选择“右上对角透视”文本效果，单击“关闭”按钮返回至“根据格式设置创建新样式”对话框。

第7步：再次单击“根据格式设置创建新样式”对话框下方的“格式”按钮，在打开的快捷菜单中执行“段落”命令，打开“段落”对话框。在该对话框中的“缩进和间距”选项卡下，在“间距”选项区域的“行距”下拉列表中选择“固定值”，在“设置值”文本框中选择或输入为“24磅”，单击“确定”按钮返回至“根据格式设置创建新样式”对话框。单击“确定”按钮即可完成对样式“正文文本 5”的创建。

第8步：选中正文第1段，在“样式”任务窗格中选择“正文文本 5”样式，即可完成对该样式的应用。

3. 修改样式:

第9步：单击“开始”选项卡下“样式”组右下角的“对话框启动器”按钮，打开“样式”任务窗格，单击“引用”样式右侧的下拉按钮，在打开的快捷菜单中执行“修改”命令，弹出“修改样式”对话框。

第 10 步：在“修改样式”对话框中的“样式基准”下拉列表中选择“正文”，在“格式”选项区域的“字体”下拉列表中选择“华文隶书”，在“字号”下拉列表中选择“小四”，单击“加粗”按钮 B 为选中状态。在“字体颜色”下拉列表中执行“其他颜色”命令，在打开的“颜色”对话框中“自定义”选项卡下输入 RGB 值（0，0，255），单击“确定”按钮返回至“修改样式”对话框。

第 11 步：单击“修改样式”对话框下方的“格式”按钮，在弹出的快捷菜单中执行“文字效果”命令，打开“设置文本效果格式”对话框。在该对话框的左栏中单击“文本边框”选项，在右侧设置栏中点选“实线”单选按钮，在“颜色”下拉列表中执行“其他颜色”命令，在打开的“颜色”对话框中“自定义”选项卡下输入 RGB 值（255，0，255），单击“确定”按钮返回至“设置文本效果格式”对话框，单击“关闭”按钮返回至“修改样式”对话框。

第 12 步：单击“修改样式”对话框下方的“格式”按钮，在弹出的快捷菜单中执行“段落”命令，打开“段落”对话框。在该对话框中的“缩进和间距”选项卡下，在“特殊格式”下拉列表中选择“悬挂缩进”，在“磅值”文本框中选择或输入为“2 字符”；在“间距”选项区域的“行距”下拉列表中选择“固定值”，在“设置值”文本框中选择或输入为“16 磅”，并在“段前”文本框中选择或输入“0.5 行”，单击“确定”按钮返回至“修改样式”对话框。

第 13 步：再次单击“修改样式”对话框下方的“格式”按钮，在弹出的快捷菜单中执行“编号”命令，打开“编号和项目符号”对话框。在该对话框的“编号”选项卡下，在“编号库”中选择“1.、2.……”，如图 3-65 所示，单击“确定”按钮返回至“修改样式”对话框。

图 3-65

第 14 步：在“修改样式”对话框下方勾选“自动更新”复选框，单击“确定”按钮即可完成对样式“引用”的修改。

第 15 步：选中正文第 2～9 段，在“样式”任务窗格中选择“引用”样式，即可完成对该样式的应用。

第 16 步：在“样式”任务窗格中，单击“重点正文”样式右侧的下拉按钮，在打开的快捷菜单中执行“修改”命令，弹出“修改样式”对话框。

第 17 步：在“修改样式”对话框的“格式”选项区域的“字体”下拉列表中选择“微软雅黑”，在“字号”下拉列表中选择“四号”。

第 18 步：单击“修改样式”对话框下方的“格式”按钮，在弹出的快捷菜单中执行“文字效果”命令，打开“设置文本效果格式”对话框。在该对话框的左栏中单击“文本填充”选项，在右侧设置栏中点选“渐变填充”单选按钮，单击“预设颜色”后面的“预设颜色”按钮，在弹出的库中选择“漫漫黄沙”文本效果，单击“关闭”按钮返回至“修改样式”对话框。

第 19 步：再次单击“修改样式”对话框下方的“格式”按钮，在弹出的快捷菜单中执行“段落”命令，打开“段落”对话框。在该对话框中的“缩进和间距”选项卡下，在“间距”选项区域的“行距”下拉列表中选择“1.5 倍行距”，并在“段前”、“段后”文本框中均选择或输入“1 行”，单击“确定”按钮返回至“修改样式”对话框，单击“确定”按钮即可完成对样式“重点正文”的修改。

第 20 步：选中正文第 10 段，在“样式”任务窗格中选择“重点正文”样式，即可完成对该样式的应用。

4. 模板的应用：

第 21 步：在已打开的“样式”任务窗格中单击“管理样式”按钮，弹出“管理样式”对话框，单击其下方的“导入/导出”按钮。

第 22 步：在弹出的“管理器”对话框的“样式”选项卡下，单击右侧“在 Normal.dotm 中”列表下方的“关闭文件”按钮。

第 23 步：当“关闭文件”按钮变为“打开文件”按钮时，单击该按钮，弹出“打开”对话框，在指定目录（C:\Win2010GJW\KSML1 文件夹）中选择“KSDOTX3.dotx”模板文件，单击“打开”按钮。

第 24 步：返回到“管理器”对话框之后，在右侧列表中选择“正文段落 9”样式，单击“复制”按钮，即可将模板中的样式复制到左侧的列表中，单击“关闭”按钮。

第 25 步：选中正文第 11 段，在已打开的“样式”任务窗格中选择“正文段落 9”样式，即可将该样式应用于所选文本。

第 26 步：执行“文件”→“保存”命令，保存整个文档。

第 27 步：执行“文件”→“另保存”命令，弹出“另存为”对话框，在“保存位置”列表中选择考生文件夹所在位置，在“文件名”文本框中输入文件名“A3a”，在“保存类型”下拉列表中选择“Word 模板”，单击“保存”按钮。

3.11　第 11 题解答

执行“文件”→“打开”命令，在“查找范围”文本框中找到指定路径，选择“A3.docx”文件，单击“打开”按钮。

1. 应用样式：

第 1 步：选中文档的第 1 行文本“生物材料的未来”，单击“开始”选项卡下“样式”组右下角的“对话框启动器”按钮，弹出“样式”任务窗格，从中选择“标题”样式。

第 2 步：选中文档的第 2 行文本“——摘自《益寿文摘》”，在“样式”任务窗格中选择“副标题”样式。

2. 模板的应用：

第 3 步：在已打开的“样式”任务窗格中单击“管理样式”按钮，弹出“管理样式”对话框，单击其下方的“导入/导出”按钮。

第 4 步：在弹出的“管理器”对话框的“样式”选项卡下，单击右侧“在 Normal.dotm 中”列表下方的“关闭文件”按钮。

第 5 步：当“关闭文件”按钮变为“打开文件”按钮时，单击该按钮，弹出“打开”对话框，在指定目录（C:\Win2010GJW\KSML1 文件夹）中选择“KSDOTX3.dotx”模板文件，单击“打开”按钮。

第 6 步：返回到“管理器”对话框之后，在右侧列表中选择“正文段落 2”样式，单击“复制”按钮，即可将模板中的样式复制到左侧的列表中。最后，单击“关闭”按钮。

第 7 步：选中正文第 1 段，在已打开的“样式”任务窗格中选择“正文段落 2”样式，即可将该样式应用于所选文本。

3. 修改样式：

第 8 步：单击“开始”选项卡下“样式”组右下角的“对话框启动器”按钮，打开“样式”任务窗格，单击“文章正文”样式右侧的下拉按钮，在打开的快捷菜单中执行“修改”命令，弹出“修改样式”对话框。

第 9 步：在“修改样式”对话框中的“样式基准”下拉列表中选择“正文”，在“格式”选项区域，在“字体”下拉列表中选择“华文行楷”，在“字号”下拉列表中选择“四号”，单击“加粗”按钮 B 为选中状态，在“字体颜色”下拉列表中选择标准色中的“深红”色。

第 10 步：单击“修改样式”对话框下方的“格式”按钮，在弹出的快捷菜单中执行“文字效果”命令，打开“设置文本效果格式”对话框。在该对话框的左栏中单击“映像”选项，在右侧设置栏中单击“预设”后面的“映像”按钮，在弹出的库中选择“紧密映像，接触”文本效果，单击“关闭”按钮返回至“修改样式”对话框。

第 11 步：再次单击“修改样式”对话框下方的“格式”按钮，在弹出的快捷菜单中执行“段落”命令，打开“段落”对话框。在该对话框中的“缩进和间距”选项卡下，在“间距”选项区域的“行距”下拉列表中选择“1.5 倍行距”，单击“确定”按钮返回至“修改样式”对话框。

第 12 步：在“修改样式”对话框下方勾选“自动更新”复选框，单击“确定”按钮即可完成对样式“文章正文”的修改。

第 13 步：选中正文第 2 段，在“样式”任务窗格中选择“文章正文”样式，即可完成对该样式的应用。

第 14 步：在“样式”任务窗格中，单击“列出段落”样式右侧的下拉按钮，在打开的快捷菜单中执行“修改”命令，弹出“修改样式”对话框。

第 15 步：在“修改样式”对话框的“格式”选项区域，在“字体”下拉列表中选择“华文细黑”，在“字号”下拉列表中选择“四号”，单击“加粗”按钮 B、“倾斜”按钮 I 为选中状态；在“字体颜色”下拉列表中执行“其他颜色”命令，在打开的“颜色”对话框中“自定义”选项卡下输入 RGB 值（102，51，0），单击“确定”按钮返回至“修改样式”对话框。

第 16 步：单击“修改样式”对话框下方的“格式”按钮，在弹出的快捷菜单中执行

“段落”命令，打开“段落”对话框。在该对话框中的“缩进和间距”选项卡下，在“间距”选项区域的“段前”、“段后”文本框中均选择或输入“0.5 行”，单击“确定”按钮返回至“修改样式”对话框。

第 17 步：在“修改样式”对话框下方勾选“自动更新”复选框，单击“确定”按钮即可完成对样式“列出段落”的修改。

第 18 步：选中正文第 3 段，在“样式”任务窗格中选择“列出段落”样式，即可完成对该样式的应用。

4. 新建样式：

第 19 步：单击“开始”选项卡下“样式”组右下角的“对话框启动器”按钮，打开“样式”任务窗格，单击“新建样式”按钮，弹出“根据格式设置创建新样式”对话框。

第 20 步：在“根据格式设置创建新样式”对话框中“属性”区域的“名称”文本框中输入“段落样式 11”，在“样式基准”下拉列表中选择“正文”；在“格式”区域的“字体”下拉列表中选择“华文彩云”，在“字号”下拉列表中选择“四号”，在“字体颜色”下拉列表中选择标准色中的“绿色”。

第 21 步：单击“根据格式设置创建新样式”对话框下方的“格式”按钮，在弹出的快捷菜单中执行“文字效果”命令，打开“设置文本效果格式”对话框。在该对话框的左栏中单击“轮廓样式”选项，在右侧设置栏中的“宽度”微调框中微调或输入“0.75 磅”，在“短划线类型”下拉列表中选择“圆点”短划线，如图 3-66 所示，单击“关闭”按钮返回至“根据格式设置创建新样式”对话框。

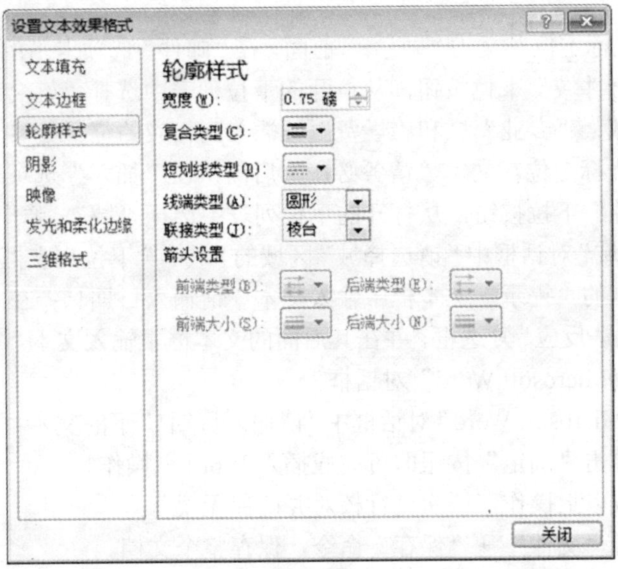

图 3-66

第 22 步：再次单击“根据格式设置创建新样式”对话框下方的“格式”按钮，在打开的快捷菜单中执行“段落”命令，打开“段落”对话框。在该对话框中的“缩进和间距”选项卡下，在“间距”选项区域的“行距”下拉列表中选择“固定值”，在“设置值”文本框中选择或输入为“20 磅”，并在“段前”、“段后”文本框中均选择或输入“0.5 行”，单击“确定”按钮返回至“根据格式设置创建新样式”对话框。单击“确定”按钮即可完成对样式“段落样式 11”的创建。

第 23 步：选中正文最后两段，在“样式”任务窗格中选择“段落样式 11”样式，即可完成对该样式的应用。

第 24 步：执行“文件”→“保存”命令，保存整个文档。

3.12　第 12 题解答

执行“文件”→“打开”命令，在“查找范围”文本框中找到指定路径，选择“A3.docx”文件，单击“打开”按钮。

1. 创建主文档、获取数据源：

第 1 步：单击“邮件”选项卡下“开始邮件合并”组中的“开始邮件合并”按钮，在打开的下拉列表中选择“信函”文档类型。再单击该组中的“选择收件人”按钮，在打开的下拉列表中执行“使用现有列表”命令。

第 2 步：弹出“选取数据源”对话框，从中选择 C:\Win2010GJW\KSML1\KSWJ3-12.xlsx 文件，单击“打开”按钮。

第 3 步：弹出“选择表格”对话框，选中“Sheet1”工作表，单击“确定”按钮。

2. 编辑主文档：

第 4 步：将光标定位在文本“同学：”前面，在“邮件”选项卡下的“编写和插入域”组中单击“插入合并域”下拉按钮，从拉开的下拉列表中选择“姓名”域。以此类推，分别将“系别”域、“专业”域和“学费”域插入到相应的位置处。

第 5 步：将光标定位在文本“请务必在”后面，在“插入”选项卡下的“文本”组中单击“文档部件”下拉按钮，从打开的下拉列表中选择“域”，弹出“域”对话框。

第 6 步：在“域”对话框中“请选择域”区域的“域名”下拉列表框中选择“Fill-in”；在“域属性”区域的“提示”文本框中输入文本“请输入日期!”；在“域选项”区域中勾选“对提示的默认反应”复选框，并在其后面的文本框中输入文本“年月日”，单击“确定”按钮即弹出“Microsoft Word”对话框。

第 7 步：在“Microsoft Word”对话框中“请输入日期!”下的文本框中输入文本“2010 年 8 月 28 日”，单击“确定”按钮即可完成插入 Word 域操作。

第 8 步：完成以上操作，依次进行核对并确保无误。

第 9 步：执行“文件”→“保存”命令，保存整个文档。

3. 合并邮件：

第 10 步：单击“邮件”选项卡下“开始邮件合并”组中的“编辑收件人列表”按钮，弹出“邮件合并收件人”对话框。

第 11 步：在“邮件合并收件人”对话框中单击“系别”下拉按钮，在“系别”下拉列表中选择“外语”选项，如图 3-67 所示，单击“确定”按钮。

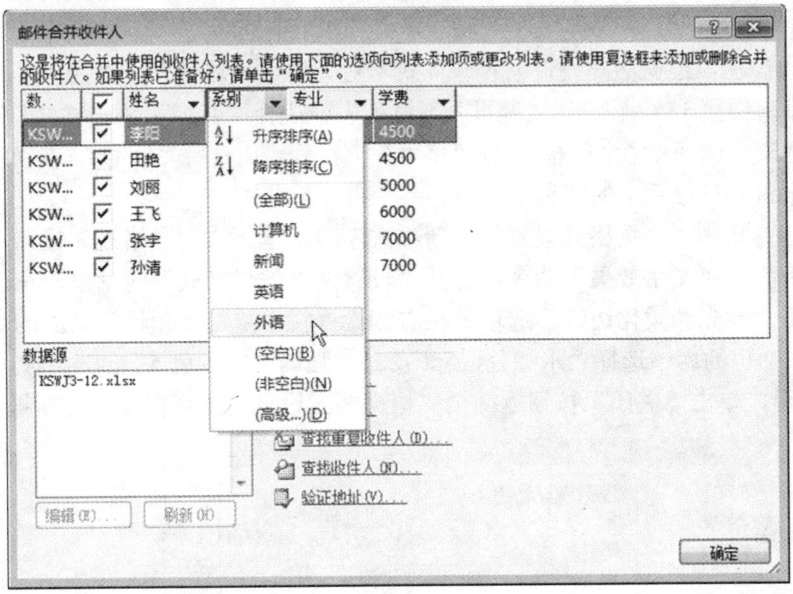

图 3-67

第 12 步：在“邮件”选项卡下的“完成”组中单击“完成并合并”按钮，在打开的下拉列表中执行“编辑单个文档”命令。

第 13 步：弹出“合并到新文档”对话框，点选“全部”单选按钮，单击“确定”按钮。弹出“Microsoft Word”对话框，在“请输入日期！”下的文本框中输入文本“2010 年 8 月 28 日”，单击“确定”按钮，再输入一次即可完成邮件合并操作，并自动生成新文档“信函 1”。

第 14 步：在新文档“信函 1”中，执行“文件”→“保存”命令，弹出“另存为”对话框，在“保存位置”列表中选择考生文件夹所在位置，在“文件名”文本框中输入文件名“A3-A”，单击“保存”按钮即可。

3.13　第 13 题解答

执行“文件”→“打开”命令，在“查找范围”文本框中找到指定路径，选择“A3.docx”文件，单击“打开”按钮。

1. 应用样式：

第 1 步：选中文档的第 1 行文本“候鸟迁徙路线”，单击“开始”选项卡下“样式”组右下角的“对话框启动器”按钮，弹出“样式”任务窗格，从中选择“标题 3”样式。

第 2 步：选中文档的第 2 行文本“——摘自《森林报》”，在“样式”任务窗格中选择“标题 4”样式。

2. 新建样式：

第 3 步：单击“开始”选项卡下“样式”组右下角的“对话框启动器”按钮，打开“样式”任务窗格，单击“新建样式”按钮，弹出“根据格式设置创建新样式”对话框。

第 4 步：在“根据格式设置创建新样式”对话框中“属性”区域的“名称”文本框中输入“段落样式 13”，在“样式基准”下拉列表中选择“正文”；在“格式”区域的“字体”下拉列表中选择“华文行楷”，在“字号”下拉列表中选择“四号”，在“字体颜色”下拉列表中选择标准色中的“黄色”。

第 5 步：单击“根据格式设置创建新样式”对话框下方的“格式”按钮，在弹出的快捷菜单中执行“文字效果”命令，打开“设置文本效果格式”对话框。在该对话框的左栏中单击“发光和柔化边缘”选项，在右侧设置栏中单击“预设”后面的“发光”按钮，在弹出的库中选择“水绿色，5pt 发光，强调文字颜色 5”的发光文本效果，如图 3-68 所示，单击“关闭”按钮返回至“根据格式设置创建新样式”对话框。

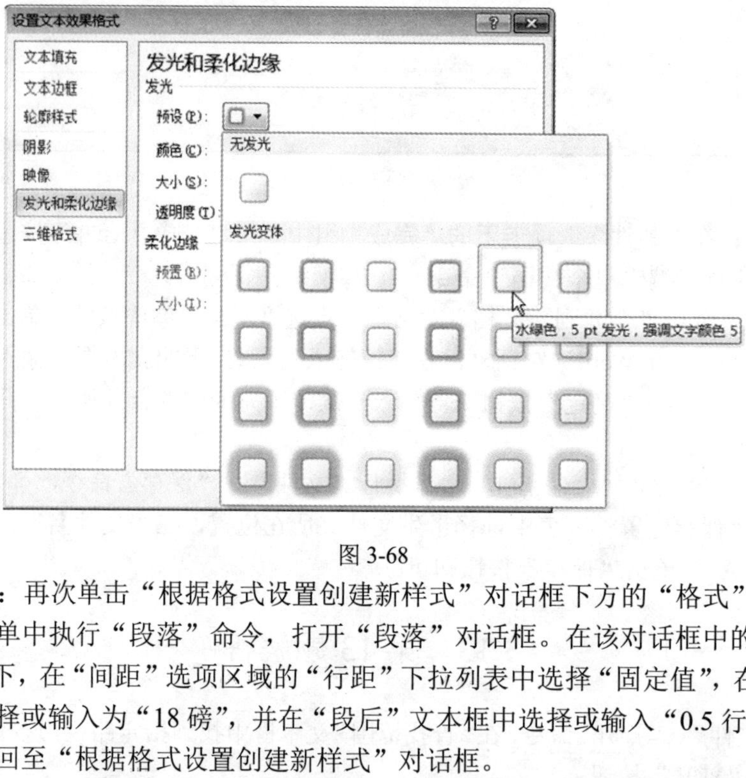

图 3-68

第 6 步：再次单击“根据格式设置创建新样式”对话框下方的“格式”按钮，在打开的快捷菜单中执行“段落”命令，打开“段落”对话框。在该对话框中的“缩进和间距”选项卡下，在“间距”选项区域的“行距”下拉列表中选择“固定值”，在“设置值”文本框中选择或输入为“18 磅”，并在“段后”文本框中选择或输入“0.5 行”，单击“确定”按钮返回至“根据格式设置创建新样式”对话框。

第 7 步：在“根据格式设置创建新样式”对话框下方勾选“自动更新”复选框，单击“确定”按钮即可完成对样式“段落样式 13”的创建。

第 8 步：选中正文第 1～4 段，在“样式”任务窗格中选择“段落样式 13”样式，即可完成对该样式的应用。

3. 模板的应用：

第 9 步：在已打开的“样式”任务窗格中单击“管理样式”按钮，弹出“管理样式”对话框，单击其下方的“导入/导出”按钮。

第 10 步：在弹出的“管理器”对话框的“样式”选项卡下，单击右侧“在 Normal.dotm 中”列表下方的“关闭文件”按钮。

第 11 步：当“关闭文件”按钮变为“打开文件”按钮时，单击该按钮，弹出“打开”对话框，在指定目录（C:\Win2010GJW\KSML1 文件夹）中选择“KSDOTX3.dotx”模板文件，单击“打开”按钮。

第 12 步：返回到“管理器”对话框之后，在右侧列表中选择“正文段落 3”样式，单击“复制”按钮，即可将模板中的样式复制到左侧的列表中。最后，单击“关闭”按钮。

第 13 步：选中正文第 5～8 段，在已打开的“样式”任务窗格中选择“正文段落 3”样式，即可将该样式应用于所选文本。

4. 修改样式：

第 14 步：单击“开始”选项卡下“样式”组右下角的“对话框启动器”按钮，打开“样式”任务窗格，单击“列出段落”样式右侧的下拉按钮，在打开的快捷菜单中执行“修改”命令，弹出“修改样式”对话框。

第 15 步：在“修改样式”对话框中的“样式基准”下拉列表中选择“正文”；单击下方的“格式”按钮，在弹出的快捷菜单中执行“字体”命令，打开“字体”对话框。

第 16 步：在“字体”对话框的“字体”选项卡下，在“中文字体”下拉列表中选择“华文楷体”，在“字号”下拉列表中选择“四号”，在“字形”下拉列表中选择“加粗”，在“下划线线型”下拉列表中选择“双波浪线”下划线，在“下划线颜色”下拉列表中选择标准色中的“紫色”，单击“确定”按钮返回至“修改样式”对话框。

第 17 步：再次单击“修改样式”对话框下方的“格式”按钮，在弹出的快捷菜单中执行“段落”命令，打开“段落”对话框。在该对话框中的“缩进和间距”选项卡下，在“特殊格式”下拉列表中选择“无”；在“间距”选项区域的“行距”下拉列表中选择“固定值”，在“设置值”文本框中选择或输入为“20 磅”，并在“段前”、“段后”文本框中均选择或输入“0.5 行”，单击“确定”按钮返回至“修改样式”对话框。

第 18 步：在“修改样式”对话框下方勾选“自动更新”复选框，单击“确定”按钮即可完成对样式“列出段落”的修改。

第 19 步：选中正文第 9 段，在“样式”任务窗格中选择“列出段落”样式，即可完成对该样式的应用。

第 20 步：在“样式”任务窗格中，单击“项目符号”样式右侧的下拉按钮，在打开的快捷菜单中执行“修改”命令，弹出“修改样式”对话框。

第 21 步：在“修改样式”对话框的“格式”选项区域，在“字体”下拉列表中选择“方正姚体”，在“字号”下拉列表中选择“小四”，在“字体颜色”下拉列表中选择标准色中的“浅蓝”色。

第 22 步：单击“修改样式”对话框下方的“格式”按钮，在弹出的快捷菜单中执行“段落”命令，打开“段落”对话框。在该对话框中的“缩进和间距”选项卡下，在“缩进”选项区域的“左侧”文本框中选择或输入“0 字符”，单击“确定”按钮返回至“修改样式”对话框。

第 23 步：单击“修改样式”对话框下方的“格式”按钮，在弹出的快捷菜单中执行“编号”命令，打开“编号和项目符号”对话框；在“项目符号”选项卡下单击“定义新项目符号”按钮，弹出“定义新项目符号”对话框。

第 24 步：在“定义新项目符号”对话框中单击“符号”按钮，打开“符号”选择对话框，从中选择需要应用的符号“✧”，单击“确定”按钮返回至“定义新项目符号”对话框，单击“确定”按钮返回至“编号和项目符号”对话框，再单击“确定”按钮返回至“修改样式”对话框，最后单击“确定”按钮完成对该样式的修改。

第 25 步：选中正文第 10～12 段，在“样式”任务窗格中选择“项目符号”样式，即可完成对该样式的应用。

第 26 步：执行“文件”→“保存”命令，保存整个文档。

3.14 第 14 题解答

执行“文件”→“打开”命令，在“查找范围”文本框中找到指定路径，选择“A3.docx”文件，单击“打开”按钮。

1. 创建主文档、获取数据源：

第 1 步：单击“邮件”选项卡下“开始邮件合并”组中的“开始邮件合并”按钮，在打开的下拉列表中选择“信函”文档类型。再单击该组中的“选择收件人”按钮，在打开的下拉列表中执行“使用现有列表”命令。

第 2 步：弹出“选取数据源”对话框，从中选择 C:\Win2010GJW\KSML1\KSWJ3-14.xlsx 文件，单击“打开”按钮。

第 3 步：弹出“选择表格”对话框，选中“Sheet1”工作表，单击“确定”按钮。

2. 编辑主文档：

第 4 步：将光标定位在文本“楼号：”后面，在“邮件”选项卡下的“编写和插入域”组中单击“插入合并域”下拉按钮，从打开的下拉列表中选择“楼号”域。以此类推，分别将“室号”域、“水费”域、“电费”域、“卫生费”域、“燃气费”域和“共计费用”域插入到相应的位置处。

第 5 步：将光标定位在文本“请您务必在”后面，在“插入”选项卡下的“文本”组中单击“文档部件”下拉按钮，从打开的下拉列表中选择“域”，弹出“域”对话框。

第 6 步：在“域”对话框中“请选择域”区域的“域名”下拉列表框中选择“Fill-in”；在“域属性”区域的“提示”文本框中输入文本“请输入日期！”；在“域选项”区域中勾选“对提示的默认反应”复选框，并在其后面的文本框中输入文本“年月日”，单击“确定”按钮即弹出“Microsoft Word”对话框。

第 7 步：在“Microsoft Word”对话框中“请输入日期！”下的文本框中输入文本“2010 年 8 月 15 日”，单击“确定”按钮即可完成插入 Word 域操作。

第 8 步：完成以上操作，依次进行核对并确保无误。

第 9 步：执行“文件”→“保存”命令，保存整个文档。

3. 合并邮件：

第 10 步：单击“邮件”选项卡下“开始邮件合并”组中的“编辑收件人列表”按钮，弹出“邮件合并收件人”对话框。

第 11 步：在“邮件合并收件人”对话框中单击“共计费用”下拉按钮，在“共计费用”下拉列表中执行“降序排序”命令，再次单击“共计费用”下拉按钮，在“共计费用”下拉列表中执行“高级”命令，弹出“筛选和排序”对话框。

第 12 步：在“筛选和排序”对话框的“筛选记录”选项卡下，单击“域”文本框后面的下拉按钮，在打开的列表中选择“共计费用”；单击“比较关系”文本框后面的下拉按钮，在打开的列表中选择“大于”；在“比较对象”文本框中输入数值“400”；单击“与”文本框后面的“域”下拉按钮，在打开的列表中选择“共计费用”；单击“比较关系”文本框后面的下拉按钮，在打开的列表中选择“小于”；在“比较对象”文本框中输入数值“600”，单击“确定”按钮。返回至“邮件合并收件人”对话框中，单击“确定”按钮即可。

第 13 步：在“邮件”选项卡下的“完成”组中单击“完成并合并”按钮，在打开的下拉列表中，执行“编辑单个文档”命令。

第 14 步：弹出“合并到新文档”对话框，点选“全部”单选按钮，单击“确定”按钮，如下图所示。弹出“Microsoft Word”对话框，在“请输入日期！”下的文本框中输入文本“2010 年 8 月 15 日”，单击“确定”按钮，再输入一次即可完成邮件合并操作，并自动生成新文档“信函 1”。

第 15 步：在新文档“信函 1”中，执行“文件”→“保存”命令，弹出“另存为”对话框，在“保存位置”列表中选择考生文件夹所在位置，在“文件名”文本框中输入文件名“A3-A”，单击“保存”按钮即可。

3.15　第 15 题解答

执行“文件”→“打开”命令，在“查找范围”文本框中找到指定路径，选择“A3.docx”文件，单击“打开”按钮。

1. 创建主文档、获取数据源：

第 1 步：单击“邮件”选项卡下“开始邮件合并”组中的“开始邮件合并”按钮，在打开的下拉列表中选择“信函”文档类型。再单击该组中的“选择收件人”按钮，在打开的下拉列表中执行“使用现有列表”命令。

第 2 步：弹出“选取数据源”对话框，从中选择 C:\Win2010GJW\KSML1\KSWJ3-15.xlsx 文件，单击“打开”按钮。

第 3 步：弹出“选择表格”对话框，选中“Sheet1”工作表，单击“确定”按钮。

2. 编辑主文档：

第 4 步：将光标定位在文本“您好：”前面处，在“邮件”选项卡下的“编写和插入域”组中单击“插入合并域”下拉按钮，从打开的下拉列表中选择“公司名称”域。

第 5 步：将光标定位在文本“本公司将于”后面，在“插入”选项卡下的“文本”组中单击“文档部件”下拉按钮，从打开的下拉列表中选择“域”，弹出“域”对话框。

第 6 步：在“域”对话框中“请选择域”区域的“域名”下拉列表框中选择“Fill-in”；在“域属性”区域的“提示”文本框中输入文本“请输入日期和时间！”；在“域选项”区域中勾选“对提示的默认反应”复选框，并在其后面的文本框中输入文本“年月日下午”，单击“确定”按钮即弹出“Microsoft Word”对话框。

第 7 步：在“Microsoft Word”对话框中“请输入日期和时间！”下的文本框中输入文本“2010 年 8 月 27 日下午 14:00”，单击“确定”按钮即可完成插入 Word 域操作。

第 8 步：完成以上操作，依次进行核对并确保无误。

第 9 步：执行“文件”→“保存”命令，保存整个文档。

3. 合并邮件：

第 10 步：单击“邮件”选项卡下“开始邮件合并”组中的“编辑收件人列表”按钮，弹出“邮件合并收件人”对话框。

第 11 步：在“邮件合并收件人”对话框中单击“公司名称”下拉按钮，在“公司名称”下拉列表中执行“降序排序”命令。仅选中“公司名称”下面的前两项，如图 3-69 所示，单击“确定”按钮。

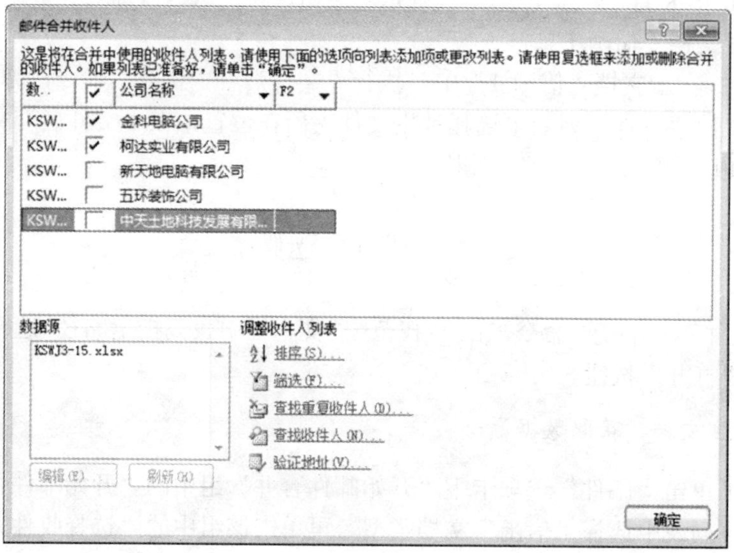

图 3-69

第 12 步：在“邮件”选项卡下的“完成”组中单击“完成并合并”按钮，在打开的下拉列表中，执行“编辑单个文档”命令。

第 13 步：弹出“合并到新文档”对话框，点选“全部”单选按钮，单击“确定”按钮。弹出“Microsoft Word”对话框，在“请输入日期和时间！”下的文本框中输入文本“2010 年 8 月 27 日下午 14:00”，单击“确定”按钮，再输入一次即可完成邮件合并操作，并自动生成新文档“信函 1”。

第 14 步：在新文档“信函 1”中，执行“文件”→“保存”命令，弹出“另存为”

对话框，在“保存位置”列表中选择考生文件夹所在位置，在“文件名”文本框中输入文件名“A3-A”，单击“保存”按钮即可。

3.16　第 16 题解答

执行“文件”→“打开”命令，在“查找范围”文本框中找到指定路径，选择“A3.docx”文件，单击“打开”按钮。

1. 应用样式：

第 1 步：选中文档的第 1 行文本“版纳植物园的美丽暮秋”，单击“开始”选项卡下“样式”组右下角的“对话框启动器”按钮，弹出“样式”任务窗格，从中选择“文章标题”样式。

第 2 步：选中文档的第 2 行文本“——摘自《中国科学网》”，在“样式”任务窗格中选择“标题注释”样式。

2. 模板的应用：

第 3 步：在已打开的“样式”任务窗格中单击“管理样式”按钮，弹出“管理样式”对话框，单击其下方的“导入/导出”按钮。

第 4 步：在弹出的“管理器”对话框的“样式”选项卡下，单击右侧“在 Normal.dotm 中”列表下方的“关闭文件”按钮。

第 5 步：当“关闭文件”按钮变为“打开文件”按钮时，单击该按钮，弹出“打开”对话框，在指定目录（C:\Win2010GJW\KSML1 文件夹）中选择“KSDOTX3.dotx”模板文件，单击“打开”按钮。

第 6 步：返回到“管理器”对话框之后，在右侧列表中选择“正文段落 7”样式，单击“复制”按钮，即可将模板中的样式复制到左侧的列表中。最后，单击“关闭”按钮。

第 7 步：选中正文第 1 段，在已打开的“样式”任务窗格中选择“正文段落 7”样式，即可将该样式应用于所选文本。

3. 修改样式：

第 8 步：单击“开始”选项卡下“样式”组右下角的“对话框启动器”按钮，打开“样式”任务窗格，单击“正文要点”样式右侧的下拉按钮，在打开的快捷菜单中执行“修改”命令，弹出“修改样式”对话框。

第 9 步：在“修改样式”对话框中的“样式基准”下拉列表中选择“正文”，在“格式”选项区域，在“字体”下拉列表中选择“华文新魏”，在“字号”下拉列表中选择“四号”，单击“加粗”按钮B为选中状态。

第 10 步：单击“修改样式”对话框下方的“格式”按钮，在弹出的快捷菜单中执行“文字效果”命令，打开“设置文本效果格式”对话框。在该对话框的左栏中单击“文本填充”选项，在右侧设置栏中点选“渐变填充”单选按钮，单击“预设颜色”按钮，在弹出的库中选择“心如止水”文本效果，在“类型”下拉列表中选择“射线”，在“方向”下拉列表中选择“从左上角”，单击“关闭”按钮返回至“修改样式”对话框。

第 11 步：再次单击“修改样式”对话框下方的“格式”按钮，在弹出的快捷菜单中执行“段落”命令，打开“段落”对话框。在该对话框中的“缩进和间距”选项卡下，在“间距”选项区域的“段前”文本框中选择或输入“0.5 行”，在“行距”下拉列表中选择“固定值”，在“设置值”文本框中选择或输入“18 磅”，单击“确定”按钮返回至“修改样式”对话框。

第 12 步：在“修改样式”对话框下方勾选“自动更新”复选框，单击“确定”按钮即可完成对样式“正文要点”的修改。

第 13 步：选中正文第 2 段，在“样式”任务窗格中选择“正文要点”样式，即可完成对该样式的应用。

第 14 步：在“样式”任务窗格中，单击“重点段落”样式右侧的下拉按钮，在打开的快捷菜单中执行“修改”命令，弹出“修改样式”对话框。

第 15 步：在“修改样式”对话框的“格式”选项区域，在“字体”下拉列表中选择“华文彩云”，在“字号”下拉列表中选择“小四”，在“字体颜色”下拉列表中选择标准色中的“深红”色，单击“加粗”按钮 B 为选中状态。

第 16 步：单击“修改样式”对话框下方的“格式”按钮，在弹出的快捷菜单中执行“文字效果”命令，打开“设置文本效果格式”对话框。在该对话框的左栏中单击“发光和柔化边缘”选项，在右侧设置栏中单击“预设”后面的“发光”按钮，在弹出的库中选择“水绿色，8pt 发光，强调文字颜色 5”的发光文本效果，单击“关闭”按钮返回至“修改样式”对话框。

第 17 步：再次单击“修改样式”对话框下方的“格式”按钮，在弹出的快捷菜单中执行“段落”命令，打开“段落”对话框。在该对话框中的“缩进和间距”选项卡下，在“间距”选项区域的“段前”、“段后”文本框中均选择或输入“0.5 行”，在“行距”下拉列表中选择“固定值”，在“设置值”文本框中选择或输入“16 磅”，单击“确定”按钮返回至“修改样式”对话框，单击“确定”按钮即可完成对样式“重点段落”的修改。

第 18 步：选中正文第 3 段，在“样式”任务窗格中选择“重点段落”样式，即可完成对该样式的应用。

4. 新建样式：

第 19 步：单击“开始”选项卡下“样式”组右下角的“对话框启动器”按钮，打开“样式”任务窗格，单击“新建样式”按钮，弹出“根据格式设置创建新样式”对话框。

第 20 步：在“根据格式设置创建新样式”对话框中“属性”区域的“名称”文本框中输入“考生样式 16”，在“样式基准”下拉列表中选择“正文”；在“格式”区域的“字体”下拉列表中选择“方正舒体”，在“字号”下拉列表中选择“小三”；在“字体颜色”下拉列表中执行“其他颜色”命令，在打开的“颜色”对话框中“自定义”选项卡下输入 RGB 值（102，51，0），单击“确定”按钮返回至“根据格式设置创建新样式”对话框。

第 21 步：单击“根据格式设置创建新样式”对话框下方的“格式”按钮，在弹出的快捷菜单中执行“文字效果”命令，打开“设置文本效果格式”对话框。在该对话框的左栏中单击“映像”选项，在右侧设置栏中单击“预设”后面的“映像”按钮，在弹出的库中选择“紧密映像，接触”文本效果，单击“关闭”按钮返回至“根据格式设置创建新样式”对话框。

第 22 步：再次单击“根据格式设置创建新样式”对话框下方的“格式”按钮，在打开的快捷菜单中执行“段落”命令，打开“段落”对话框。在该对话框中的“缩进和间距”选项卡下，在“间距”选项区域的“行距”下拉列表中选择“1.5 倍行距”，单击“确定”按钮返回至“根据格式设置创建新样式”对话框。单击“确定”按钮即可完成对样式“考生样式 16”的创建。

第 23 步：选中正文第 4 段，在“样式”任务窗格中选择“考生样式 16”样式，即可完成对该样式的应用。

第 24 步：执行“文件”→“保存”命令，保存整个文档。

3.17　第 17 题解答

执行“文件”→“打开”命令，在“查找范围”文本框中找到指定路径，选择“A3.docx”文件，单击“打开”按钮。

1. 应用样式：

第 1 步：选中文档的第 1 行文本“时间即生命”，单击“开始”选项卡下“样式”组右下角的“对话框启动器”按钮，弹出“样式”任务窗格，从中选择“标题”样式。

第 2 步：选中文档的第 2 行文本“梁实秋”，在“样式”任务窗格中选择“副标题”样式。

2. 修改样式：

第 3 步：单击“开始”选项卡下“样式”组右下角的“对话框启动器”按钮，打开“样式”任务窗格，单击“文章正文”样式右侧的下拉按钮，在打开的快捷菜单中执行“修改”命令，弹出“修改样式”对话框。

第 4 步：在“修改样式”对话框中的“样式基准”下拉列表中选择“正文”，再单击下方的“格式”按钮，在弹出的快捷菜单中执行“字体”命令，打开“字体”对话框。

第 5 步：在“字体”对话框的“字体”选项卡下，在“中文字体”下拉列表中选择“方正姚体”，在“字号”下拉列表中选择“小四”。在“字体颜色”下拉列表中选择标准色中的“紫色”，在“着重号”下拉列表中选择“•”，单击“确定”按钮返回至“修改样式”对话框。

第 6 步：再次单击“修改样式”对话框下方的“格式”按钮，在弹出的快捷菜单中执行“段落”命令，打开“段落”对话框。在该对话框中的“缩进和间距”选项卡下，在“间距”选项区域的“段后”文本框中选择或输入“0.5 行”，在“行距”下拉列表中选择“固定值”，在“设置值”文本框中选择或输入“24 磅”，单击“确定”按钮返回至“修改样式”对话框。

第 7 步：在“修改样式”对话框下方勾选“自动更新”复选框，单击“确定”按钮即可完成对样式“文章正文”的修改。

第8步：选中正文第1段，在“样式”任务窗格中选择“文章正文”样式，即可完成对该样式的应用。

第9步：在“样式”任务窗格中，单击“正文样式”样式右侧的下拉按钮，在打开的快捷菜单中执行“修改”命令，弹出“修改样式”对话框。

第10步：在“修改样式”对话框的“样式基准”下拉列表中选择“正文”，在“格式”选项区域的“字体”下拉列表中选择“华文琥珀”，在“字号”下拉列表中选择“小四”。

第11步：单击“修改样式”对话框下方的“格式”按钮，在弹出的快捷菜单中执行“文字效果”命令，打开“设置文本效果格式”对话框。在该对话框的左栏中单击“文本填充”选项，在右侧设置栏中点选“渐变填充”单选按钮，单击“预设颜色”按钮，在弹出的库中选择“孔雀开屏”文本效果，在“类型”下拉列表中选择“矩形”，在“方向”下拉列表中选择“从右下角”，单击“关闭”按钮返回至“修改样式”对话框。

第12步：再次单击“修改样式”对话框下方的“格式”按钮，在弹出的快捷菜单中执行“段落”命令，打开“段落”对话框。在该对话框中的“缩进和间距”选项卡下，在“行距”下拉列表中选择“固定值”，在“设置值”文本框中选择或输入“18 磅”，单击“确定”按钮返回至“修改样式”对话框。

第13步：在“修改样式”对话框下方勾选“自动更新”复选框，单击“确定”按钮即可完成对“正文样式”样式的修改。

第14步：选中正文第2段，在“样式”任务窗格中选择“正文样式”样式，即可完成对该样式的应用。

3. 新建样式:

第15步：单击“开始”选项卡下“样式”组右下角的“对话框启动器”按钮，打开“样式”任务窗格，单击“新建样式”按钮，弹出“根据格式设置创建新样式”对话框。

第16步：在“根据格式设置创建新样式”对话框中“属性”区域的“名称”文本框中输入“段落样式17”，在“样式基准”下拉列表中选择“正文”。

第17步：单击“根据格式设置创建新样式”对话框下方的“格式”按钮，在弹出的快捷菜单中执行“字体”命令，打开“字体”对话框。

第18步：在“字体”对话框的“字体”选项卡下，在“中文字体”下拉列表中选择“华文新魏”，在“字号”下拉列表中选择“四号”，在“字体颜色”下拉列表中选择标准色中的“绿色”，在“下划线线型”下拉列表中选择“双波浪线”下划线，在“下划线颜色”下拉列表中选择标准色中的“橙色”，单击“确定”按钮返回至“根据格式设置创建新样式”对话框。

第19步：再次单击“根据格式设置创建新样式”对话框下方的“格式”按钮，在打开的快捷菜单中执行“段落”命令，打开“段落”对话框。在该对话框中的“缩进和间距”选项卡下，在“间距”选项区域的“行距”下拉列表中选择“1.5倍行距”，在“段前”、“段后”文本框中均选择或输入“1 行”，单击“确定”按钮返回至“根据格式设置创建新样式”对话框。单击“确定”按钮即可完成对样式“段落样式17”的创建。

第20步：选中正文第3段，在“样式”任务窗格中选择“段落样式17”样式，即可完成对该样式的应用。

4. 模板的应用：

第 21 步：在已打开的“样式”任务窗格中单击“管理样式”按钮，弹出“管理样式”对话框，单击其下方的“导入/导出”按钮。

第 22 步：在弹出的“管理器”对话框的“样式”选项卡下，单击右侧“在 Normal.dotm 中”列表下方的“关闭文件”按钮。

第 23 步：当“关闭文件”按钮变为“打开文件”按钮时，单击该按钮，弹出“打开”对话框，在指定目录（C:\Win2010GJW\KSML1 文件夹）中选择“KSDOTX3.dotx”模板文件，单击“打开”按钮。

第 24 步：返回到“管理器”对话框之后，在右侧列表中选择“正文段落 8”样式，单击“复制”按钮，即可将模板中的样式复制到左侧的列表中。最后，单击“关闭”按钮。

第 25 步：选中正文第 4、5 段，在已打开的“样式”任务窗格中选择“正文段落 8”样式，即可将该样式应用于所选文本。

第 26 步：执行“文件”→“保存”命令，保存整个文档。

第 27 步：执行“文件”→“另保存”命令，弹出“另存为”对话框，在“保存位置”列表中选择考生文件夹所在位置，在“文件名”文本框中输入文件名“A3a”，在“保存类型”下拉列表中选择“Word 模板”，单击“保存”按钮。

3.18　第 18 题解答

执行“文件”→“打开”命令，在“查找范围”文本框中找到指定路径，选择“A3.docx”文件，单击“打开”按钮。

1. 创建主控文档、子文档：

第 1 步：将光标定位在文档任意位置处，单击“视图”选项卡下“文档视图”组中的“大纲视图”按钮。在“大纲”选项卡下“大纲工具”组中，在“显示级别”下拉列表中选择“1 级”。

第 2 步：将光标定位在“第七章　局域网中常用的网络操作系统”标题中，在“大纲”选项卡下“主控文档”组中单击“显示文档”按钮，则该组中的其他命令均被展开。

第 3 步：单击“大纲”选项卡下“主控文档”组中的“创建”按钮，文档中“第七章　局域网中常用的网络操作系统”段落被创建主控文档、子文档。

第 4 步：将光标定位在“第七章　局域网中常用的网络操作系统”标题中，单击“大纲”选项卡下“主控文档”组中的“锁定文档”按钮。

第 5 步：弹出“是否保存对子文档的更改”确认对话框，在该对话框中单击“是”按钮，文档中“第七章　局域网中常用的网络操作系统”段落前会自动出现一个小锁的图标。

2. 插入书签、批注：

第 6 步：单击“大纲”选项卡下“关闭”组中的“关闭大纲视图”按钮。将光标定位在“第二章　计算机网络的结构”标题中，单击“插入”选项卡下“链接”组中的“书签”按钮，弹出“书签”对话框。

第 7 步：在“书签”对话框中的“书签名”下的文本框中输入“认识计算机网络”文本，在“排序依据”区域点选“位置”单选按钮，勾选“隐藏书签”复选框，单击“添加”按钮即可。

第 8 步：选中标题“第三章　计算机网络的分类”文本，单击“审阅”选项卡下“批注”组中的“新建批注”按钮。在文本“第三章　计算机网络的分类”的右侧出现一个批注文本框，在文本框中输入文本“计算机网络的分类方法多种多样，最常用是按照网络覆盖的地理范围进行分类，在日常生活中，人们也普遍接受这样的分类方式。”即可。

3. 创建封面、目录：

第 9 步：将光标定位在文档开头“计算机网络基础知识”文本之前，单击“引用”选项卡下“目录”组中的“目录”按钮，在弹出的下拉列表中选择“自动目录 2”，文档的开头处将自动创建一个目录。

第 10 步：选中“目录”文本下的整个目录，在“开始”选项卡的“字体”组中的“字体”下拉列表中选择“华文细黑”，在“字号”下拉列表中选择“五号”，单击“加粗”按钮 B。单击“段落”组右下角的“对话框启动器”按钮，打开“段落”对话框。在该对话框中的“缩进和间距”选项卡下，在“行距”下拉列表中选择“固定值”，在“设置值”文本框中选择或输入“16 磅”，单击“确定”按钮。

第 11 步：单击“插入”选项卡下“页”组中的“封面”按钮，在弹出的列表中选择“Office.com 中的其他封面”选项下的“平衡”，文档的开头处将自动创建一个封面。

第 12 步：在新创建的封面上选中“标题”区域，输入文本“计算机网络基础”。在新创建的封面上选中标题文本“计算机网络基础”，在“开始”选项卡下的“字体”组中的“字体”下拉列表中选择“华文细黑”，在“字号”下拉列表中选择“小初”，在“字体颜色”下拉列表中选择标准色中的“浅绿”色，单击“加粗”按钮 B。

第 13 步：在新创建的封面上选中“副标题”区域，输入文本“应用教程”。选中副标题文本“应用教程”，在“开始”选项卡下的“字体”组中的“字体”下拉列表中选择“华文中宋”，在“字号”下拉列表中选择“一号”，在“字体颜色”下拉列表中选择标准色中的“紫色”。

第 14 步：执行“文件”→“保存”命令，保存整个文档。

3.19　第 19 题解答

执行“文件”→“打开”命令，在“查找范围”文本框中找到指定路径，选择“A3.docx”文件，单击“打开”按钮。

1. 创建主文档、获取数据源：

第 1 步：单击“邮件”选项卡下“开始邮件合并”组中的“开始邮件合并”按钮，在打开的下拉列表中选择“信函”文档类型。再单击该组中的“选择收件人”按钮，在打开的下拉列表中执行“使用现有列表”命令。

第 2 步：弹出“选取数据源”对话框，从中选择 C:\Win2010GJW\KSML1\KSWJ3-19.xlsx 文件，单击“打开”按钮。

第 3 步：弹出“选择表格”对话框，选中“Sheet1”工作表，单击“确定”按钮。

2. 编辑主文档：

第 4 步：将光标定位在文本“尊敬的”后面，在“邮件”选项卡下的“编写和插入域”组中单击“插入合并域”下拉按钮，从拉开的下拉列表中选择“姓名”域。以此类推，分别将“语文”域、“数学”域、“英语”域和“总分”域插入到相应的位置处。

第 5 步：将光标定位在文本“新学期将于”后面，在“插入”选项卡下的“文本”组中单击“文档部件”下拉按钮，从拉开的下拉列表中选择“域”，弹出“域”对话框。

第 6 步：在“域”对话框中“请选择域”区域的“域名”下拉列表框中选择“Fill-in”；在“域属性”区域的“提示”文本框中输入文本“请输入日期和时间！”；在“域选项”区域中勾选“对提示的默认反应”复选框，并在其后面的文本框中输入文本“年月日上午”，单击“确定”按钮即弹出“Microsoft Word”对话框。

第 7 步：在“Microsoft Word”对话框中“请输入日期和时间！”下的文本框中输入文本“2010 年 8 月 25 日上午 9:00”，单击“确定”按钮即可完成插入 Word 域操作。

第 8 步：完成以上操作，依次进行核对并确保无误。

第 9 步：执行“文件”→“保存”命令，保存整个文档。

3. 合并邮件：

第 10 步：单击“邮件”选项卡下“开始邮件合并”组中的“编辑收件人列表”按钮，弹出“邮件合并收件人”对话框。

第 11 步：在“邮件合并收件人”对话框中单击“总分”下拉按钮，在“总分”下拉列表中执行“降序排序”命令，仅选中“总分”最高的前两项记录，单击“确定”按钮。

第 12 步：在“邮件”选项卡下的“完成”组中单击“完成并合并”按钮，在打开的下拉列表中执行“编辑单个文档”命令。

第 13 步：弹出“合并到新文档”对话框，点选“全部”单选按钮，单击“确定”按钮。弹出“Microsoft Word”对话框，在“请输入日期和时间！”下的文本框中输入文本“2010 年 8 月 25 日上午 9:00”，单击“确定”按钮，再输入一次即可完成邮件合并操作，并自动生成新文档“信函 1”。

第 14 步：在新文档“信函 1”中，执行“文件”→“保存”命令，弹出“另存为”对话框，在“保存位置”列表中选择考生文件夹所在位置，在“文件名”文本框中输入文件名“A3-A”，单击“保存”按钮即可。

3.20　第 20 题解答

执行“文件”→“打开”命令，在“查找范围”文本框中找到指定路径，选择“A3.docx”文件，单击“打开”按钮。

1. 创建主文档、获取数据源：

第 1 步：单击“邮件”选项卡下“开始邮件合并”组中的“开始邮件合并”按钮，在打开的下拉列表中选择“信函”文档类型。再单击该组中的“选择收件人”按钮，在打开的下拉列表中执行“使用现有列表”命令。

第 2 步：弹出“选取数据源”对话框，从中选择 C:\Win2010GJW\KSML1\KSWJ3-20.xlsx 文件，单击“打开”按钮。

第 3 步：弹出“选择表格”对话框，选中“Sheet1”工作表，单击“确定”按钮。

2. 编辑主文档：

第 4 步：将光标定位在文本“先生/女士：”前面，在“邮件”选项卡下的“编写和插入域”组中单击“插入合并域”下拉按钮，从拉开的下拉列表中选择“姓名”域。以此类推，分别将“部门”域、和“职位”域插入到相应的位置。

第 5 步：将光标定位在文本“请于”后面，在“插入”选项卡下的“文本”组中单击“文档部件”下拉按钮，从打开的下拉列表中选择“域”，弹出“域”对话框。

第 6 步：在“域”对话框中“请选择域”区域的“域名”下拉列表框中选择“Fill-in”；在“域属性”区域的“提示”文本框中输入文本“请输入日期和时间！”；在“域选项”区域中勾选“对提示的默认反应”复选框，并在其后面的文本框中输入文本“年月日上午”，单击“确定”按钮即弹出“Microsoft Word”对话框。

第 7 步：在“Microsoft Word”对话框中“请输入日期和时间！”下的文本框中输入文本“2010 年 8 月 2 日上午 8:00”，单击“确定”按钮即可完成插入 Word 域操作。

第 8 步：完成以上操作，依次进行核对并确保无误。

第 9 步：执行“文件”→“保存”命令，保存整个文档。

3. 合并邮件：

第 10 步：单击“邮件”选项卡下“开始邮件合并”组中的“编辑收件人列表”按钮，弹出“邮件合并收件人”对话框。

第 11 步：在“邮件合并收件人”对话框中单击“职位”下拉按钮，在“职位”下拉列表中选择“经理”，单击“确定”按钮。

第 12 步：在“邮件”选项卡下的“完成”组中单击“完成并合并”按钮，在打开的下拉列表中，执行“编辑单个文档”命令。

第 13 步：弹出“合并到新文档”对话框，点选“全部”单选按钮，单击“确定”按钮。弹出“Microsoft Word”对话框，在“请输入日期和时间！”下的文本框中输入文本“2010 年 8 月 2 日上午 8:00”，单击“确定”按钮，再输入一次即可完成邮件合并操作，并自动生成新文档“信函 1”。

第 14 步：在新文档“信函 1”中，执行“文件”→“保存”命令，弹出“另存为”对话框，在“保存位置”列表中选择考生文件夹所在位置，在“文件名”文本框中输入文件名“A3-A”，单击“保存”按钮即可。

第四单元 数据表格处理的基本操作

4.1 第 1 题解答

执行“文件”→“打开”命令，在“查找范围”文本框中找到指定路径，选择“A4.xlsx”文件，单击“打开”按钮。

1. 表格环境的设置与修改：

第 1 步：选中 Sheet1 工作表中标题行的下一行，右击，在打开的快捷菜单中执行“插入”命令，如图 4-1 所示。

第 2 步：选中表格的第 1 列，右击，在打开的快捷菜单中执行“插入”命令。

第 3 步：在 Sheet1 工作表中，选中单元格区域 B1:F2，在上方的“名称框”编辑栏内输入“统计表标题”，按 Enter 键，如图 4-2 所示。

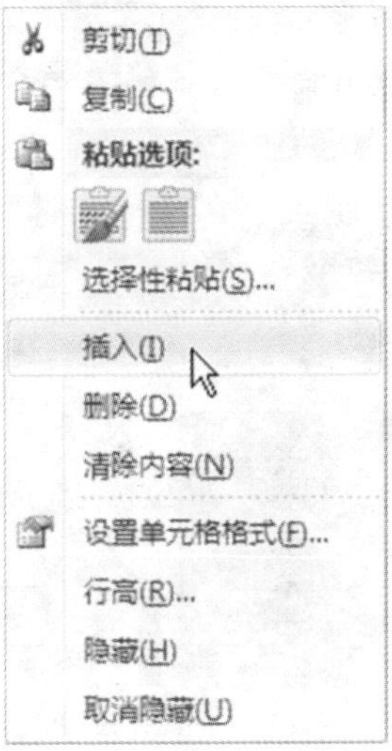

图 4-1

图 4-2

2. 表格格式的编排与修改：

第 4 步：在 Sheet1 工作表中，选中单元格区域 B1:F2，单击“开始”选项卡下“对齐方式”组中的“合并后居中”按钮，如图 4-3 所示。

第 5 步：在“开始”选项卡下“字体”组中的“字体”下拉列表中选择“华文行楷”，在“字号”下拉列表中选择“18”磅，如图 4-4 所示。

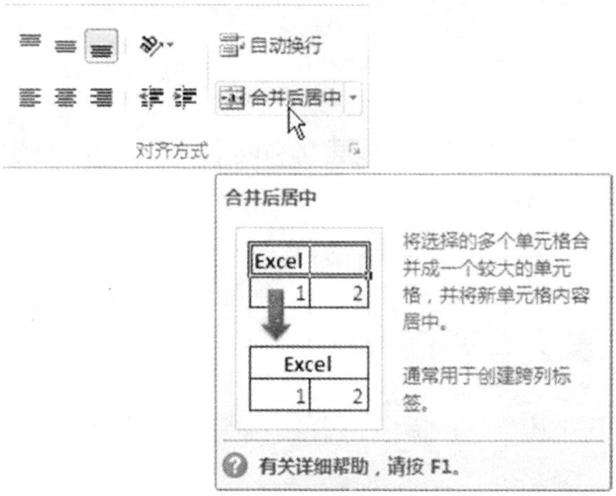

图 4-3

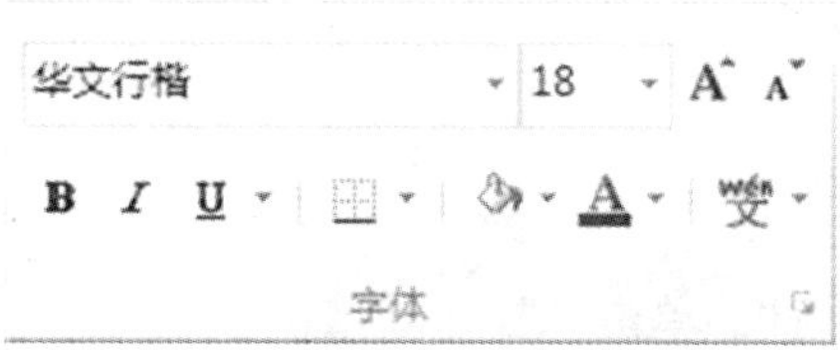

图 4-4

第 6 步：选中单元格区域 B3:F3，在“开始”选项卡下“字体”组中的“字体”下拉列表中选择“隶书”，在“字号”下拉列表中选择“16”磅，在“颜色”下拉列表中选择标准色中的“蓝色”，如图 4-5 所示。

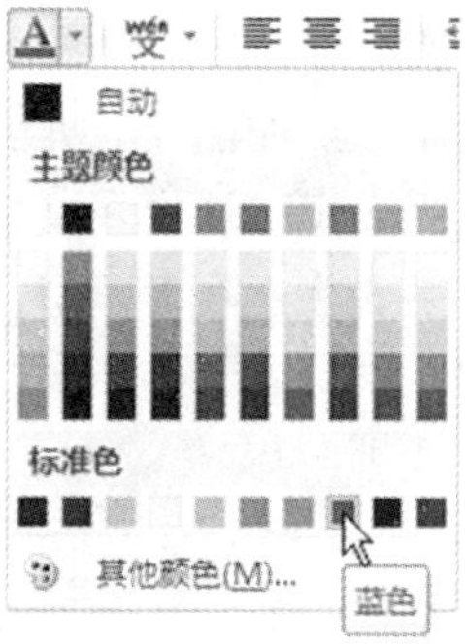

图 4-5

第 7 步：选中表格的标题行（单元格区域 B1:F2），在“填充颜色”下拉列表中执行“其他颜色”命令，如图 4-6 所示。打开“颜色”对话框，在“自定义”选项卡下输入 RGB 值（200，250，220），如图 4-7 所示，单击“确定”按钮。

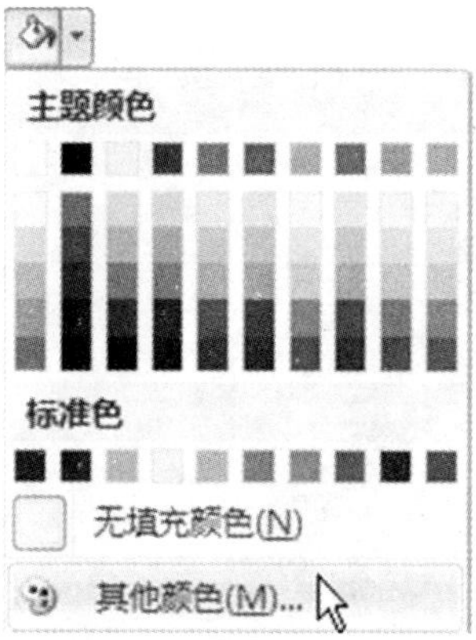

图 4-6

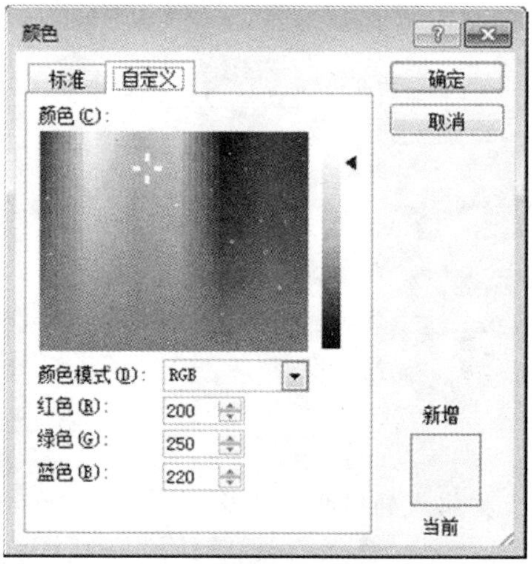

图 4-7

第 8 步：选中单元格区域 B3:C11，在“填充颜色”下拉列表中执行“其他颜色”命令，打开“颜色”对话框，在“自定义”选项卡下输入 RGB 值（255，255，153），单击“确定”按钮。选中单元格区域 D3:F11，在“填充颜色”下拉列表中执行“其他颜色”

命令，打开“颜色”对话框，在“自定义”选项卡下输入 RGB 值（255，204，255），单击“确定”按钮。

第 9 步：选中单元格区域 B1:F11，单击“开始”选项卡下“字体”组中的“框线”按钮右侧的下拉按钮，在弹出的下拉列表中执行“其他边框”命令，如图 4-8 所示。

第 10 步：打开“设置单元格格式”对话框，在“边框”选项卡的“样式”列表中选择第 2 列第 2 行的样式，在“颜色”下拉列表中选择标准色中的“蓝色”，在“预置”区域中分别单击“外边框”按钮和“内部”按钮，如图 4-9 所示，单击“确定”按钮。

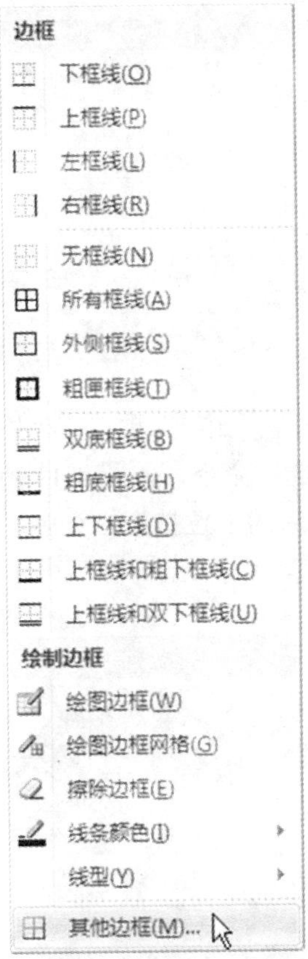

图 4-8

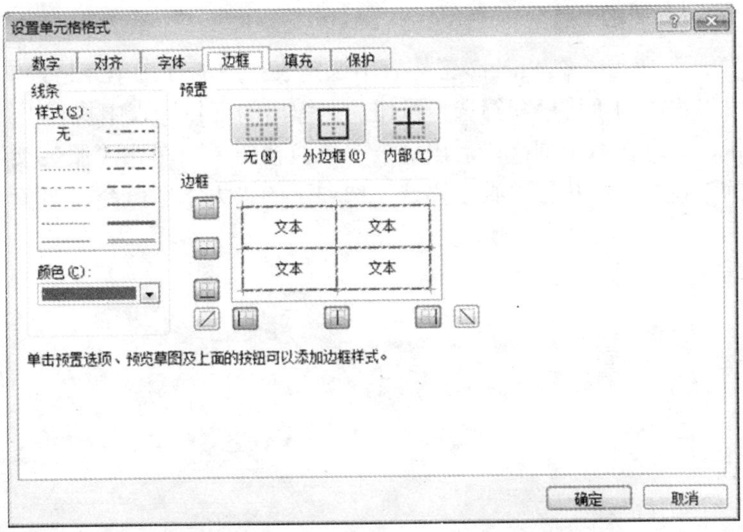

图 4-9

第 11 步：选中单元格区域 B3:F11，单击“开始”选项卡下“单元格”组中的“格式”下拉按钮，在弹出的下拉列表中执行“单元格大小”选项下的“自动调整列宽”命令，如图 4-10 所示。选中单元格区域 D4:F11，单击“开始”选项卡下“对齐方式”组中的“居中”按钮。

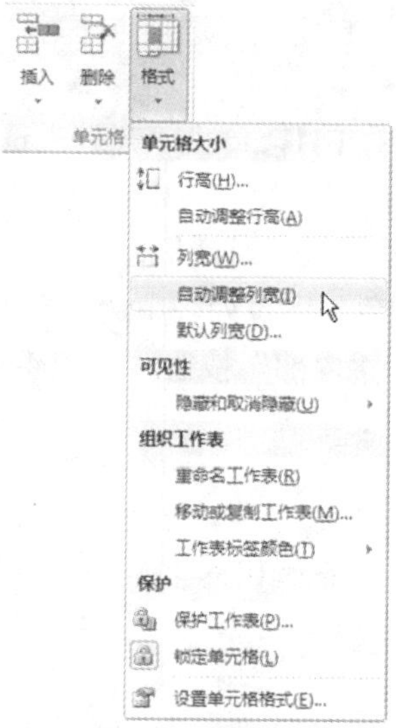

图 4-10

3. 数据的管理与分析：

第 12 步：在 Sheet2 工作表中选定表格中的任意单元格，单击“开始”选项卡下“编辑”组中的“排序和筛选”按钮，在弹出的下拉列表中执行“筛选”命令，如图 4-11 所示，即可在每个列字段后出现一个下拉按钮▼。单击“服装类”后的下拉按钮，在弹出的下拉列表中执行“数字筛选”选项下的“大于”命令，如图 4-12 所示。

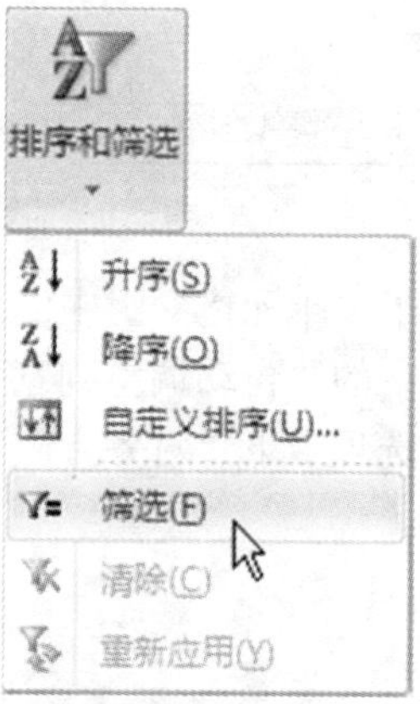

图 4-11

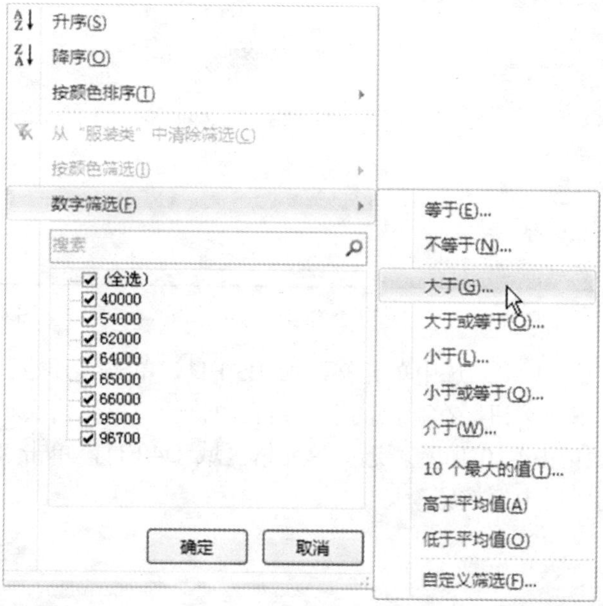

图 4-12

第 13 步：打开“自定义自动筛选方式”对话框，在右侧的文本框中输入“60000”，如图 4-13 所示，单击“确定”按钮即可。使用相同方法将“百货类”大于或等于 65000

的记录筛选出来。

图 4-13

第 14 步：在 Sheet2 工作表中，选中单元格区域 C3:E9，在“开始”选项卡下“样式”组中单击“条件格式”下拉按钮，在弹出的下拉列表中执行“突出显示单元格规则”选项下的“介于”命令，如图 4-14 所示。

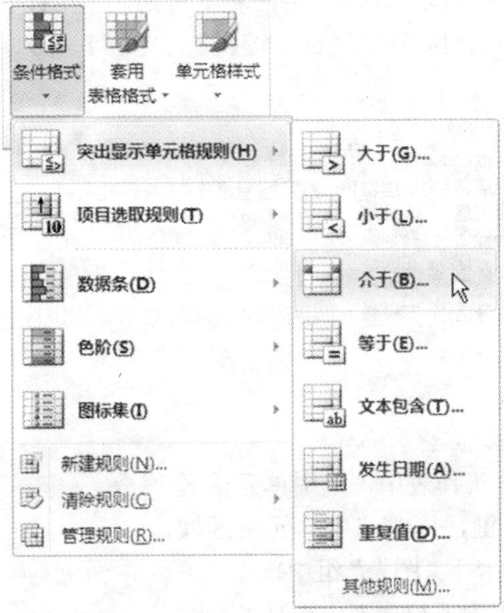

图 4-14

第 15 步：在打开的“介于”对话框中，在第 1 个编辑框中输入“60000”，在第 2 个编辑框中输入“90000”，在“设置为”下拉列表框中选择“绿填充色深绿色文本”选项，如图 4-15 所示，单击“确定”按钮。

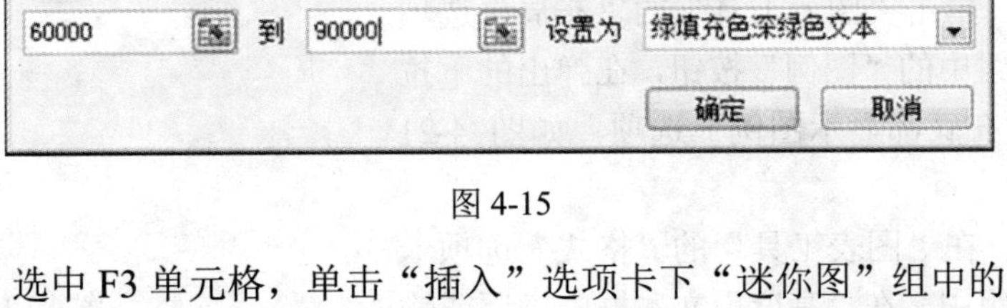

图 4-15

第 16 步：选中 F3 单元格，单击“插入”选项卡下“迷你图”组中的“折线图”按钮，如图 4-16 所示。

第17步：在打开的“创建迷你图”对话框中，在“数据范围”文本框中输入“C3:E3”，在“位置范围”文本框中输入“$F$3”，如图4-17所示，单击“确定”按钮。

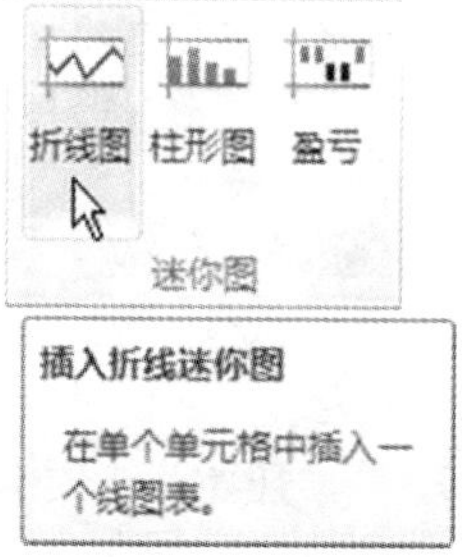

图 4-16

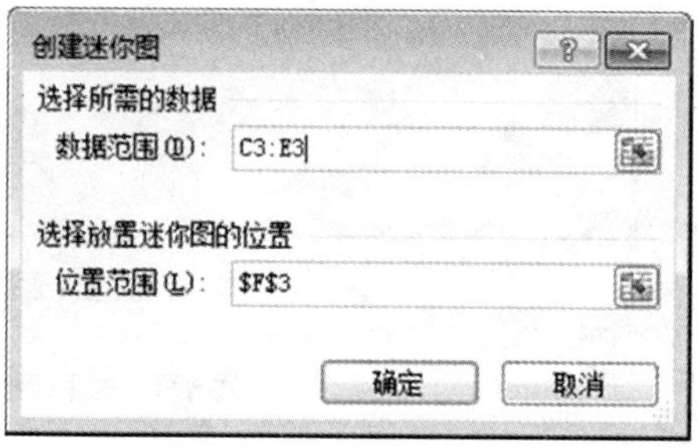

图 4-17

第 18 步：将鼠标指针置于 F3 单元格的右下角处，当指针变为✚形状时，按住鼠标左键不放拖拽至 F9 单元格处，释放鼠标左键，即可完成 F3:F9 单元格迷你图的复制填充操作，如图 4-18 所示。

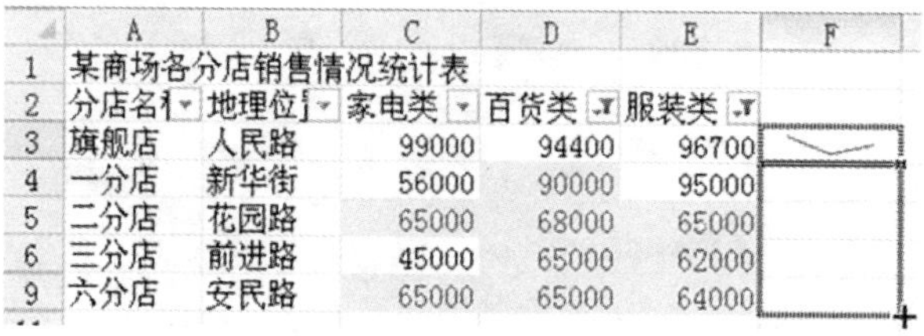

图 4-18

4. 图表的运用：

第 19 步：在 Sheet3 工作表中，选中单元格区域 A2:A10，按住 Ctrl 键，同时选中单元格区域 C2:E10，在“插入”选项卡下“图表”组中单击“条形图”下拉按钮，在弹出的下拉列表中选择“三维条形图”中的“三维簇状条形图”，生成基本图表，如图 4-19 所示。

第 20 步：选中新插入的图表，在“图表工具”的“设计”选项卡下“数据”组中单击“切换行/列”按钮，如图 4-20 所示，将图表调整为样文中所示格式。

第 21 步：单击“图表工具”的“布局”选项卡下“标签”组中的“图例”按钮，在弹出的下拉列表中选择“在底部显示图例”选项，如图 4-21 所示。

第 22 步：在“图表工具”的“格式”选项卡下的“大小”组中，在“高度”文本框中微调或输

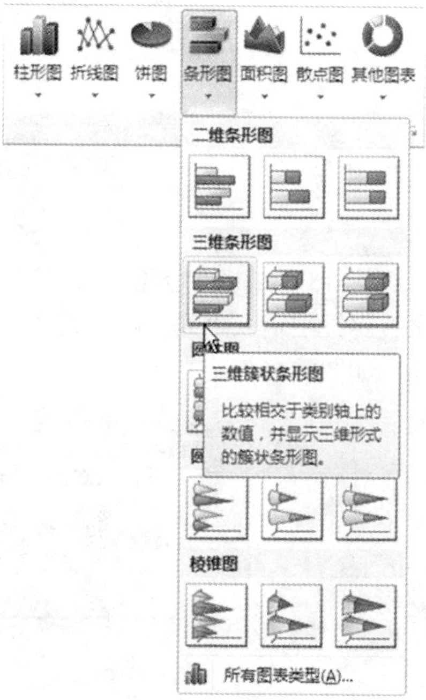

图 4-19

入“11 厘米”，在“宽度”文本框中微调或输入“15 厘米”，如图 4-22 所示。

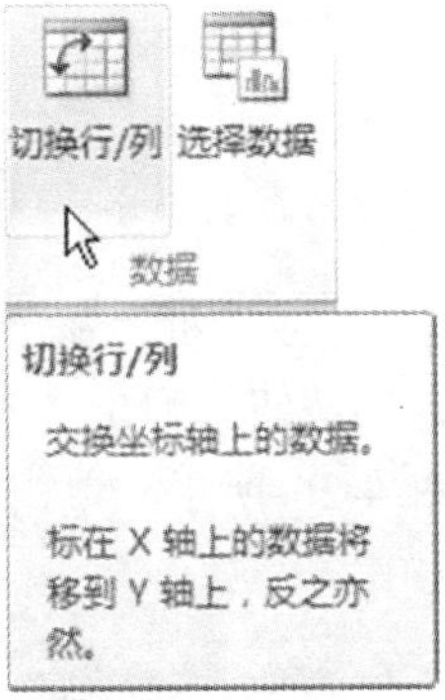

图 4-20

图 4-21

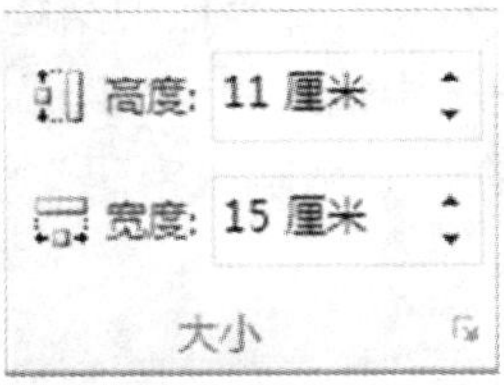

图 4-22

第 23 步：在“图表工具”的“布局”选项卡下“标签”组中单击“图表标题”下拉按钮，在弹出的下拉列表中选择“图表上方”选项，如图 4-23 所示，在图表标题中输入“商场销售情况统计表”。

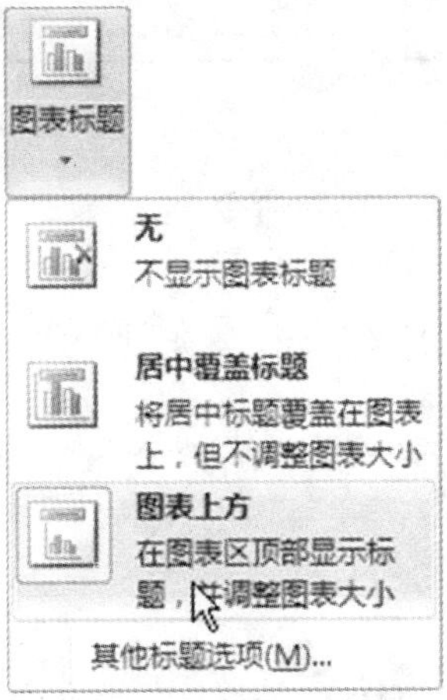

图 4-23

5. 数据文档的修订与保护:

第 24 步：单击“审阅”选项卡下“更改”组中的“保护工作簿”按钮，如图 4-24 所示。

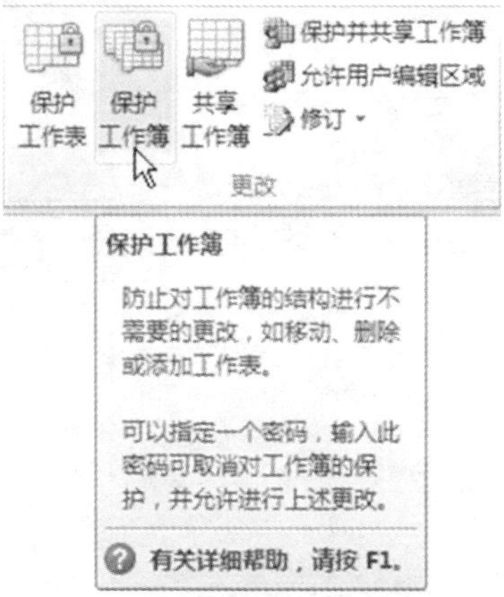

图 4-24

第 25 步：打开“保护结构和窗口”对话框，仅勾选“结构”复选框，在“密码（可选）”编辑框中输入“gjks4-1”，如图 4-25 所示，单击“确定”按钮。弹出“确认密码”对话框，在“重新输入密码”编辑框中输入“gjks4-1”，如图 4-26 所示，单击“确定”按钮。

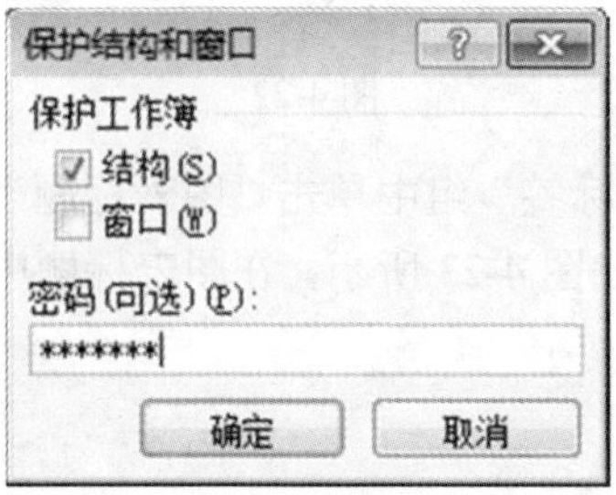

图 4-25

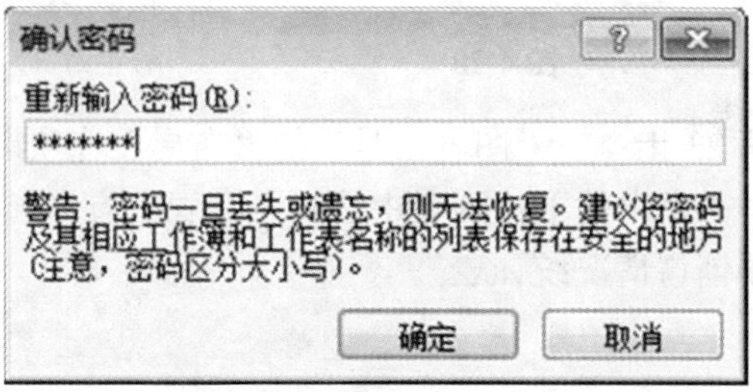

图 4-26

第 26 步：执行“文件”→“保存”命令。

4.2 第 2 题解答

执行“文件”→“打开”命令，在“查找范围”文本框中找到指定路径，选择“A4.xlsx”文件，单击“打开”按钮。

1. 表格环境的设置与修改:

第 1 步：在工作簿下方单击“插入工作表”按钮，自动生成 Sheet4 工作表。在 Sheet4 工作表标签上单击鼠标右键，在打开的快捷菜单中执行“重命名”命令，如图

4-27 所示。此时的 Sheet4 工作表标签呈反白显示，输入新的工作表名“抽样调查表”，按 Enter 键即可。

第 2 步：在 Sheet1 工作表中，按下 Ctrl+A 组合键选中整个工作表，单击“开始”选项卡下“剪贴板”组中的“复制”按钮。切换至“抽样调查表”工作表，选中 A1 单元格，执行“开始”选项卡下“剪贴板”中的“粘贴”命令。

第3步：选中“抽样调查表”工作表的标题单元格A1，在上方的“名称框”编辑栏内输入文本“抽样调查”，按Enter键即可。

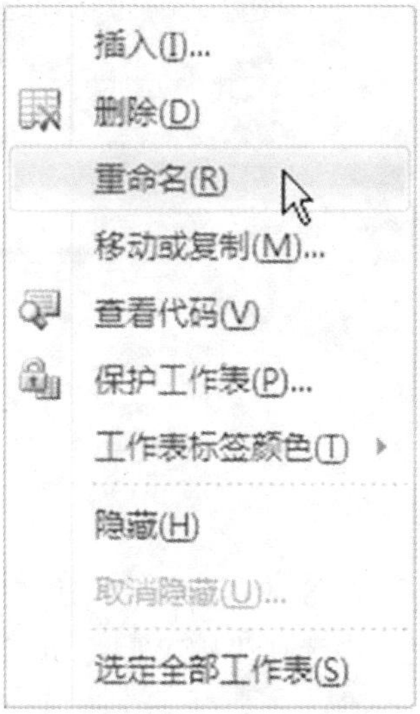

图 4-27

2. *表格格式的编排与修改*：

第 4 步：在 Sheet1 工作表中，选中单元格区域 A1:G1，单击“开始”选项卡下“对齐方式”组中的“合并后居中”按钮。在“开始”选项卡下“字体”组中的“字体”下拉列表中选择“隶书”，在“字号”下拉列表中选择“18”磅。

第 5 步：选中 Sheet1 工作表中标题行，单击鼠标右键，在打开的快捷菜单中执行“行高”命令，如图 4-28 所示。打开“行高”设置对话框，在“行高”文本框中输入数值“25”，如图 4-29 所示，单击“确定”按钮即可。

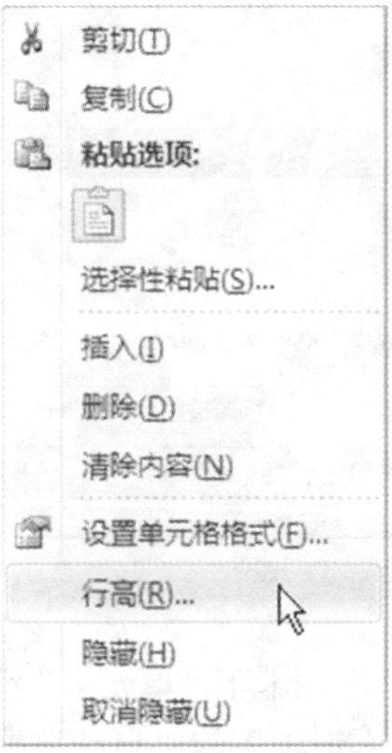

图 4-28

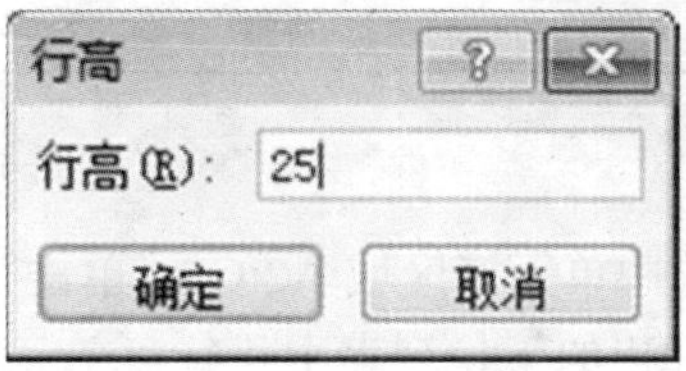

图 4-29

第 6 步：选中单元格区域 A2:G2，按住 Ctrl 键，同时选中单元格区域 A3:B9，在“开始”选项卡下“字体”组中的“字体”下拉列表中选择“楷体_GB2312”，在“字号”下拉列表中选择“14”磅。

第 7 步：单击“页面布局”选项卡下“页面设置”组中的“背景”按钮，如图 4-30 所示。

图 4-30

第 8 步：打开“工作表背景”对话框，在指定目录（C:\Win2010GJW\KSML1 文件夹）中选择“KSWJ4-2.jpg”图片文件，如图 4-31 所示，单击“插入”按钮。

图 4-31

第 9 步：选中单元格区域 A2:G9，单击“开始”选项卡下“单元格”组中的“格式”下拉按钮，在弹出的下拉列表中执行“单元格大小”选项下的“自动调整列宽”命令。选中单元格区域 C3:G9，在“开始”选项卡的“对齐方式”组中单击“居中”按钮。

3. 数据的管理与分析：

第 10 步：在 Sheet1 工作表中，选中单元格 G3，单击“开始”选项卡下“编辑”组中“自动求和”下拉按钮，在弹出的下拉列表中执行“求和”命令，如图 4-32 所示。

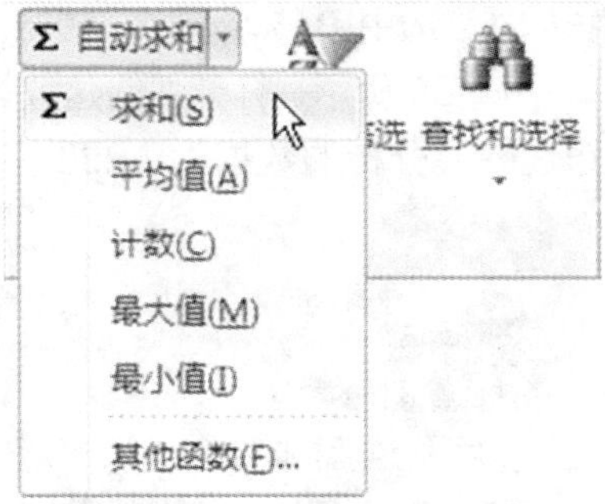

图 4-32

第 11 步：在 G3 单元格中会自动插入 SUM 求和函数，根据试题要求调整求和区域为 C3:F3 单元格区域，如图 4-33 所示，按 Enter 键即可。

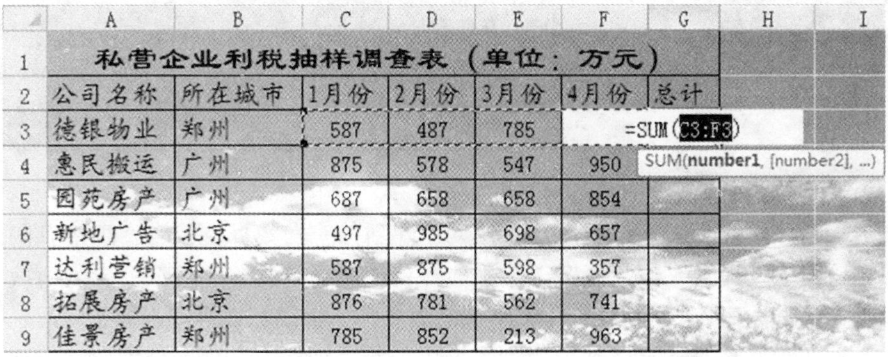

	A	B	C	D	E	F	G	H	I
1	私营企业利税抽样调查表（单位：万元）								
2	公司名称	所在城市	1月份	2月份	3月份	4月份	总计		
3	德银物业	郑州	587	487	785	=SUM(C3:F3)			
4	惠民搬运	广州	875	578	547	950	SUM(number1, [number2], ...)		
5	园苑房产	广州	687	658	658	854			
6	新地广告	北京	497	985	698	657			
7	达利营销	郑州	587	875	598	357			
8	拓展房产	北京	876	781	562	741			
9	佳景房产	郑州	785	852	213	963			

图 4-33

第 12 步：将鼠标指针置于 G3 单元格的右下角处，当指针变为✚形状时，按住鼠标左键拖拽至 G9 单元格处，释放鼠标左键，即可完成 G3:G9 单元格函数的复制填充操作，如图 4-34 所示。

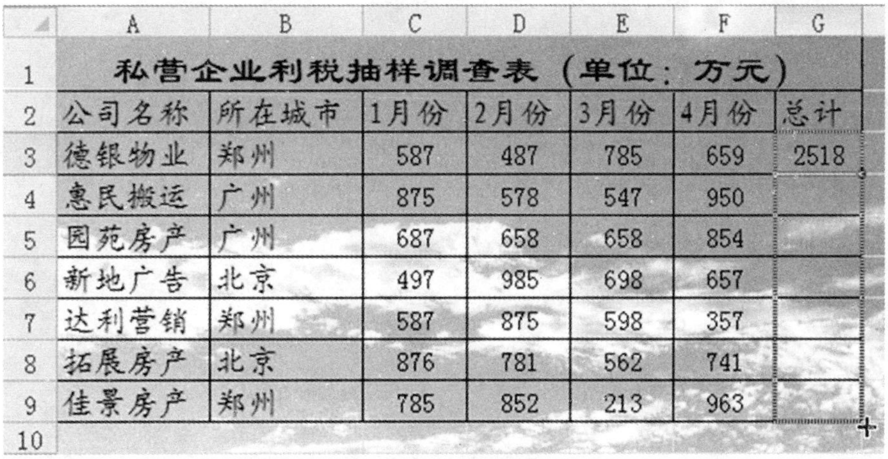

	A	B	C	D	E	F	G
1	私营企业利税抽样调查表（单位：万元）						
2	公司名称	所在城市	1月份	2月份	3月份	4月份	总计
3	德银物业	郑州	587	487	785	659	2518
4	惠民搬运	广州	875	578	547	950	
5	园苑房产	广州	687	658	658	854	
6	新地广告	北京	497	985	698	657	
7	达利营销	郑州	587	875	598	357	
8	拓展房产	北京	876	781	562	741	
9	佳景房产	郑州	785	852	213	963	
10							

图 4-34

第 13 步：在 Sheet2 工作表中，选中 B15 单元格，单击“插入”选项卡下“表格”组中的“数据透视表”按钮，如图 4-35 所示。打开“创建数据透视表”对话框。单击“表/区域”文本框后面的折叠按钮选择要分析的数据为 A2:F9 单元格区域并返回，如图 4-36 所示，单击“确定”按钮。

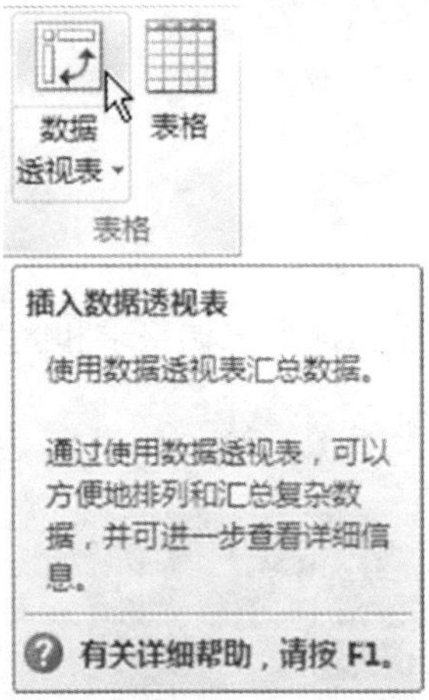

图 4-35

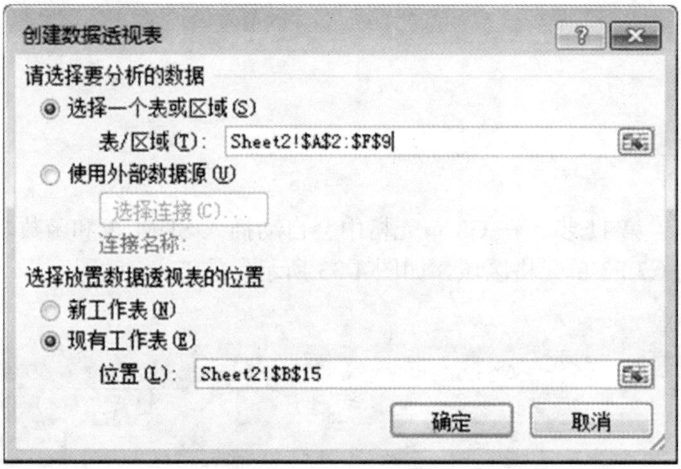

图 4-36

第 14 步：在 Sheet2 工作表中，将自动创建新的空白数据透视表，表格右侧会显示“数据透视表字段列表”任务窗格。在“选择要添加到报表的字段”列表中拖拽“所在城市”字段至“报表筛选”列表框中，将“公司名称”字段拖拽至“列标签”列表框中，将“1～4 月份”字段拖拽至“数值”列表框中，将“列标签”列表框中自动出现的“数值”字段拖拽至“行标签”列表框中，如图 4-37 所示。

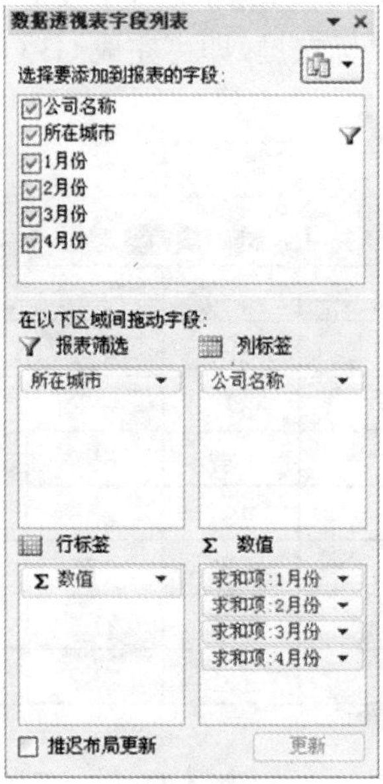

图 4-37

第 15 步：单击文本“所在城市（全部）”右侧的下拉按钮，在打开的列表中选择“郑州”选项，如图 4-38 所示，单击“确定”按钮。

第 16 步：选中单元格区域 C17:E20，在“开始”选项卡的“样式”组中单击“条件格式”下拉按钮，在弹出的下拉列表中执行“项目选取规则”选项下的“值最大的 10 项”命令，如图 4-39 所示。

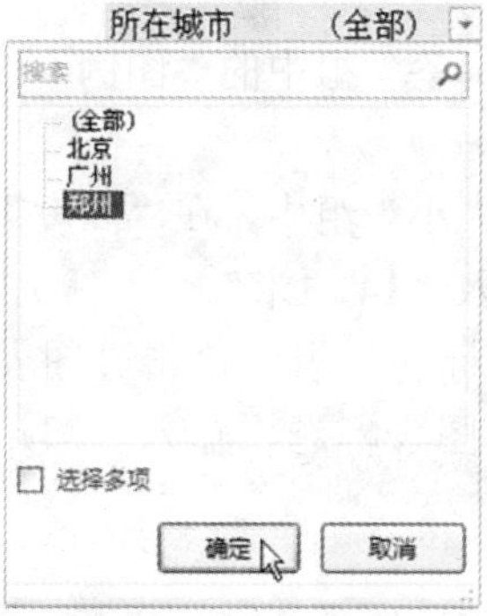

图 4-38

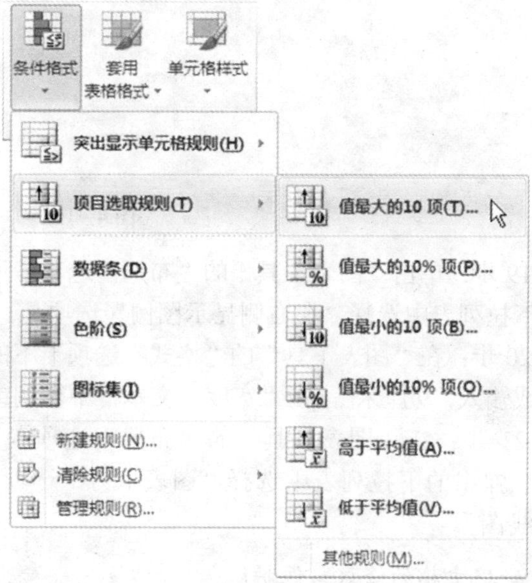

图 4-39

第 17 步：打开“10 个最大的项”对话框，在“设置为”前面的文本框中微调或输入“5”，在“设置为”后面的下拉列表框中选择“浅红填充色深红色文本”，如图 4-40 所示，单击“确定”按钮。

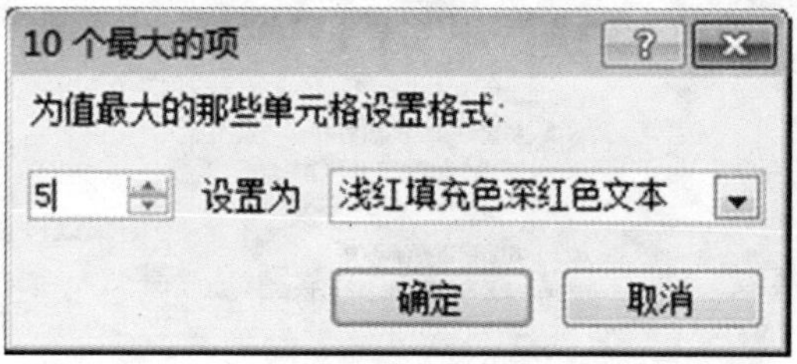

图 4-40

4. 图表的运用:

第 18 步：在 Sheet3 工作表中，选中单元格区域 A3，按住 Ctrl 键，同时选中单元格区域 C3:F3、A7、C7:F7、A9、C9:F9，在“插入”选项卡下“图表”组中单击“折线图”下拉按钮，在弹出的下拉列表中选择“二维折线图”中的“折线图”，生成基本图表，如图 4-41 所示。

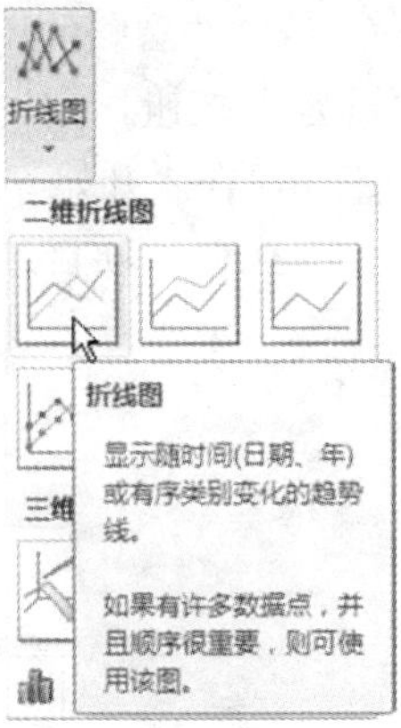

图 4-41

第 19 步：单击“图表工具”的“布局”选项卡下“标签”组中的“图例”按钮，在弹出的下拉列表中选择“在右侧显示图例”选项。

第 20 步：在“图表工具”的“格式”选项卡下的“大小”组中，在“高度”文本框中微调或输入“9 厘米”，在“宽度”文本框中微调或输入“14 厘米”。

第 21 步：在“图表工具”的“布局”选项卡下“标签”组中单击“图表标题”按钮，在弹出的下拉列表中选择“图表上方”选项。在图表标题中输入“郑州各企业利税折线图”。

5. 数据文档的修订与保护：

第 22 步：在“文件”选项卡下选择左侧的“信息”项，在右侧的信息栏中单击“保护工作簿”下拉按钮，在弹出的下拉列表中执行“用密码进行加密”命令，如图 4-42 所示。

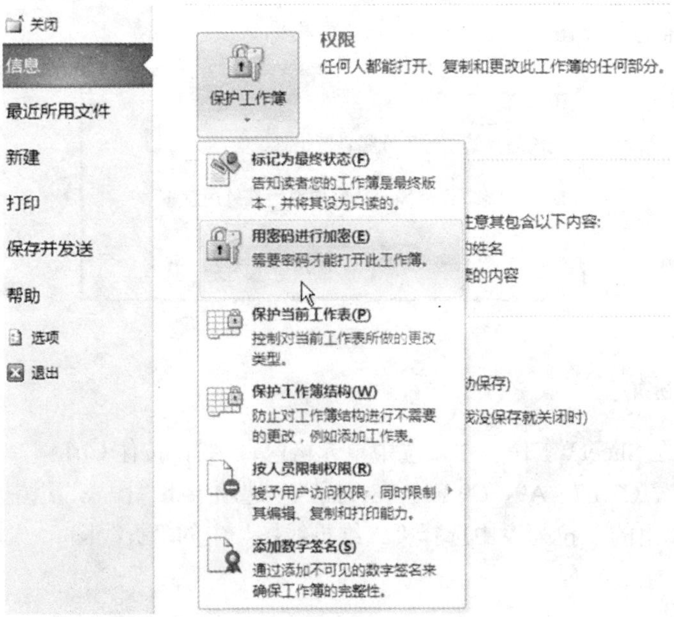

图 4-42

第 23 步：在弹出的“加密文档”对话框中输入密码“gjks4-2”，如图 4-43 所示，单击“确定”按钮。在弹出的“确认密码”对话框中再次输入密码“gjks4-2”，如图 4-44 所示，单击“确定”按钮。

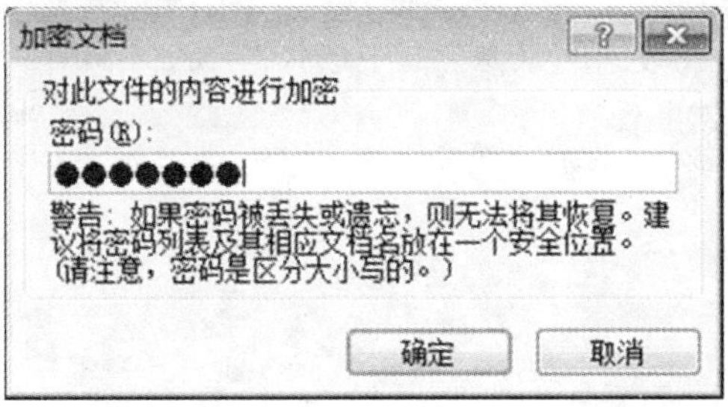

图 4-43

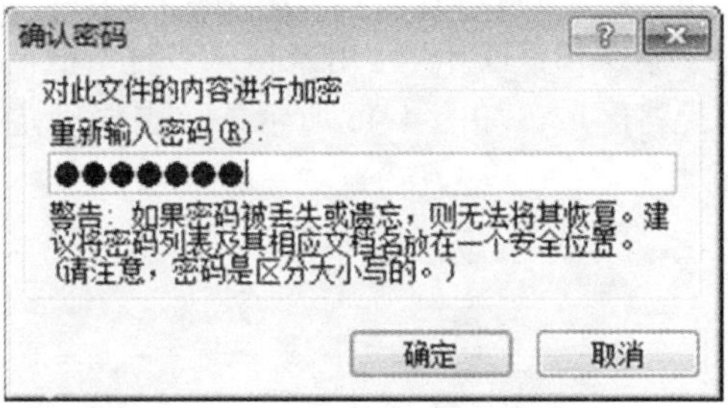

图 4-44

第 24 步：执行“文件”→“保存”命令。

4.3　第 3 题解答

执行“文件”→“打开”命令，在“查找范围”文本框中找到指定路径，选择“A4.xlsx”文件，单击“打开”按钮。

1. 表格环境的设置与修改：

第 1 步：选中 Sheet1 工作表中的第 10 行，单击鼠标右键，在打开的快捷菜单中执行“插入”命令。根据样文所示录入相应的内容：“关悦”、“男”、“1987/5/4”、“研究生”、“高级工程师”、“3500”、“2300”、“500”。

第 2 步：选中 Sheet1 工作表的单元格区域 A2:I2，在上方的“名称框”编辑栏内键入“一览表”，按 Enter 键即可。

第 3 步：在 Sheet1 工作表标签上单击鼠标右键，在打开的快捷菜单中执行“重命名”命令。此时的 Sheet1 工作表标签呈反白显示，输入新的工作表名称“职工资料统计表”，按 Enter 键即可。

2. 表格格式的编排与修改：

第 4 步：在“职工资料统计表”工作表中，选中单元格区域 A2:I2，单击“开始”选项卡下“对齐方式”组中的“合并后居中”按钮。

第 5 步：选中单元格区域 A2:I2，在“开始”选项卡下“字体”组中的“字体”下拉列表中选择“华文新魏”，在“字号”下拉列表中选择“24”磅。在“填充颜色”下拉列表中执行“其他颜色”命令，打开“颜色”对话框，在“自定义”选项卡下输入 RGB 值（230，185，185）。

第 6 步：选中表格的第 2 行，单击鼠标右键，在打开的快捷菜单中执行“行高”命令，打开“行高”对话框，在“行高”文本框中输入数值“35”，单击“确定”按钮即可。

第 7 步：选中单元格区域 A4:I13，在“开始”选项卡下“字体”组中的“字体”下拉列表中选择“华文细黑”，在“字号”下拉列表中选择“14”磅，在“字体颜色”下拉列表中选择标准色中的“深红”色。

第 8 步：选中单元格区域 A4:I13，在“开始”选项卡下“样式”组中单击“套用表格格式”下拉按钮，在弹出的库中选择“表样式中等深浅 24”样式，如图 4-45 所示。

第 9 步：打开“套用表格式”对话框，在“表数据的来源”框中选择“=$A$4:$I$13”单元格区域，如图 4-46 所示，单击“确定”按钮。

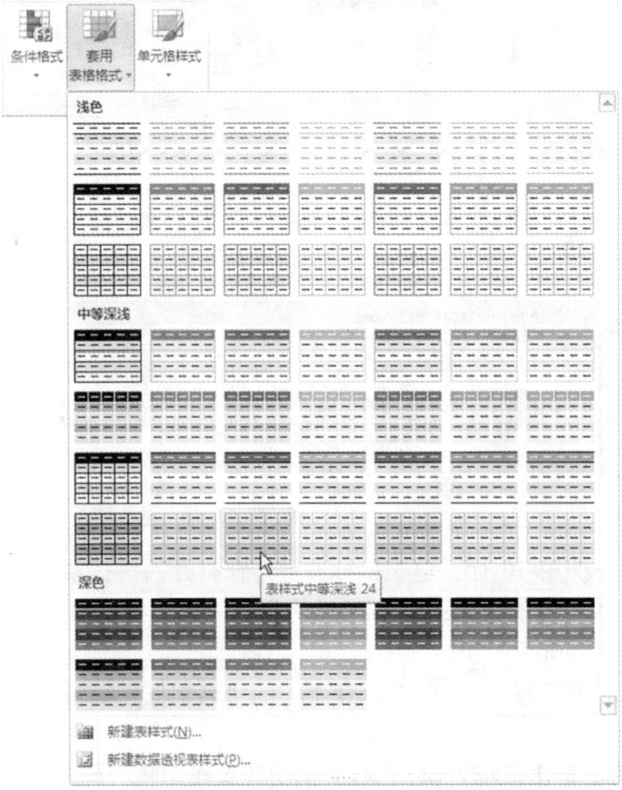

图 4-45

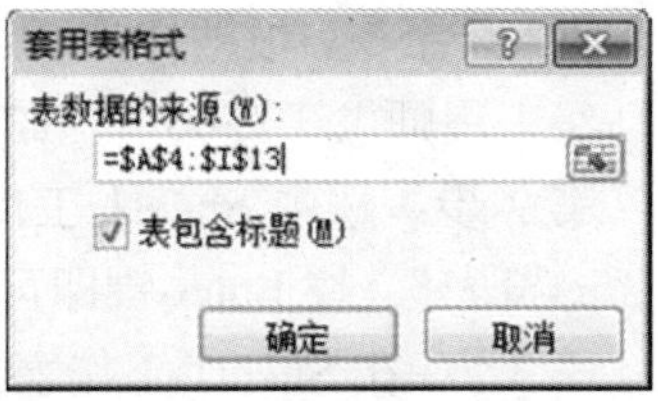

图 4-46

第 10 步：选中单元格区域 A4:I13，单击“开始”选项卡下“单元格”组中的“格式”下拉按钮，在弹出的下拉列表中执行“单元格大小”选项下的“自动调整列宽”命令。选中单元格区域 A4:I13，在“开始”选项卡下“对齐方式”组中单击“文本左对齐”按钮。

3. 数据的管理与分析：

第 11 步：在“职工资料统计表”工作表中，选中单元格 I5，单击“开始”选项卡下“编辑”组中“自动求和”下拉按钮，在弹出的下拉列表中执行“求和”命令，在 I5 单元格中会自动插入 SUM 求和函数，根据试题要求调整求和区域为 F5:H5 单元格区域，按 Enter 键即可。

第 12 步：将鼠标指针置于 I5 单元格的右下角处，当指针变为＋形状时，按住鼠标左键拖拽至 I13 单元格处，释放鼠标左键，即可完成 I5:I13 单元格函数的复制填充操作。

第 13 步：在 Sheet2 工作表中，选定表格中任意单元格，单击“开始”选项卡下“编辑”组中的“排序和筛选”按钮，在弹出的下拉列表中执行“自定义排序”命令。在弹出的“排序”对话框中，单击“添加条件”按钮，下方显示区域会增加“次要关键字”列。在“主要关键字”下拉列表中选择“学历”选项，在“次要关键字”下拉列表中选择“职务”选项，在“次序”下拉列表中均选择“升序”选项，如图 4-47 所示，单击“确定”按钮。

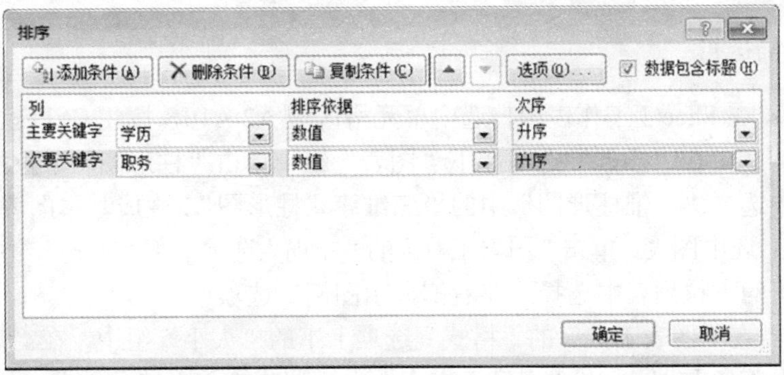

图 4-47

第 14 步：在“数据”选项卡下“分级显示”组中单击“分类汇总”按钮，如图 4-48 所示。

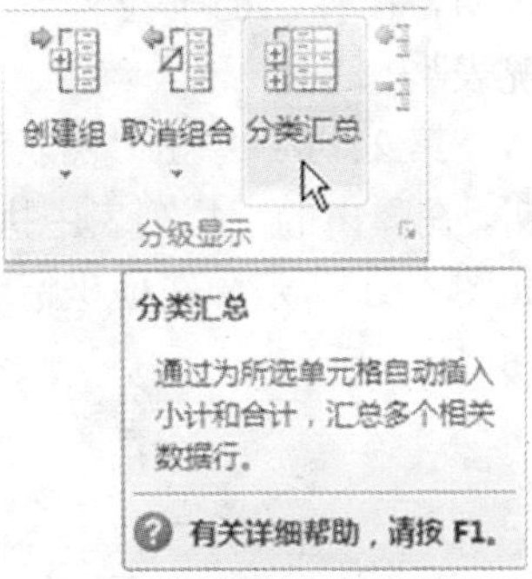

图 4-48

第 15 步：打开“分类汇总”对话框，在“分类字段”下拉列表框中选择“学历”，在“汇总方式”下拉列表框中选择“平均值”，在“选定汇总项”列表中勾选“总收入”复选框，如图 4-49 所示，单击“确定”按钮。再次打开“分类汇总”对话框，在“分类字段”下拉列表框中选择“职务”，在“汇总方式”下拉列表框中选择“平均值”，在“选定汇总项”列表中勾选“总收入”复选框，取消“替换当前分类汇总”复选框的选中状态，如图 4-50 所示，单击“确定”按钮。

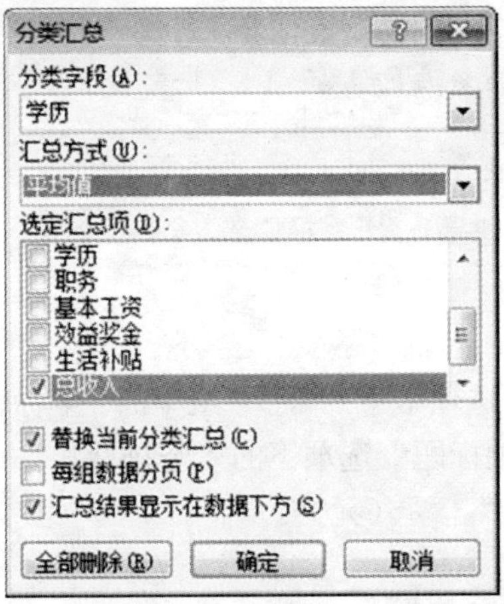

图 4-49

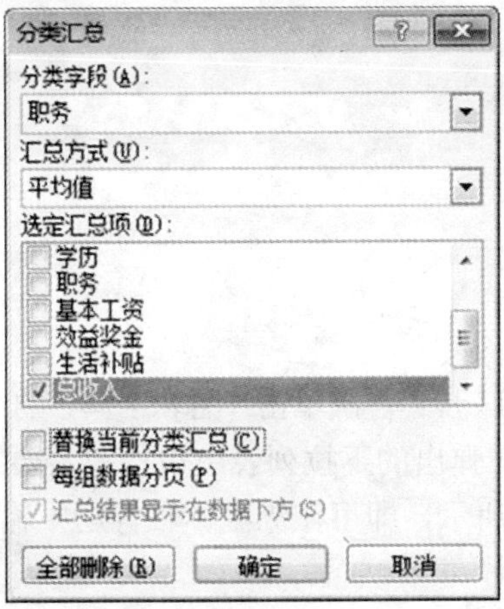

图 4-50

第 16 步：在 Sheet2 工作表，选中单元格区域 G3:J17，在“开始”选项卡下“样式”组中单击“条件格式”下拉按钮，在弹出的下拉列表中执行“突出显示单元格规则”选项下的“介于”命令。

第 17 步：在打开的“介于”对话框中，在第 1 个编辑框中输入“3000”，在第 2 个编辑框中输入“5000”，在“设置为”下拉列表中选择“浅红色填充”选项，单击“确定”按钮。

4. 图表的运用：

第 18 步：在 Sheet3 工作表中，选中单元格区域 A2:A10，按住 Ctrl 键，同时选中单元格区域 F2:I10，在“插入”选项卡下“图表”组中单击“柱形图”下拉按钮，在弹出的下拉列表中选择“三维柱形图”中的“三维簇状柱形图”，生成基本图表。

第 19 步：选中图表，单击“图表工具”的“布局”选项卡下“标签”组中的“图例”按钮，在弹出的下拉列表中选择“在右侧显示图例”选项。

第 20 步：在“图表工具”的“格式”选项卡下的“大小”组中，在“高度”文本框中微调或输入“10 厘米”，在“宽度”文本框中微调或输入“15 厘米”。

第 21 步：在“图表工具”的“布局”选项卡下“标签”组中单击“图表标题”按钮，在弹出的下拉列表中选择“图表上方”选项，在图表标题中输入“职工工资情况表”。

第 22 步：单击“图表工具”的“布局”选项卡下“标签”组中的“坐标轴标题”按钮，在弹出的下拉列表中执行“主要横坐标轴标题”选项下的“坐标轴下方标题”命令，如图 4-51 所示，在横坐标轴标题中输入文本“职工姓名”。

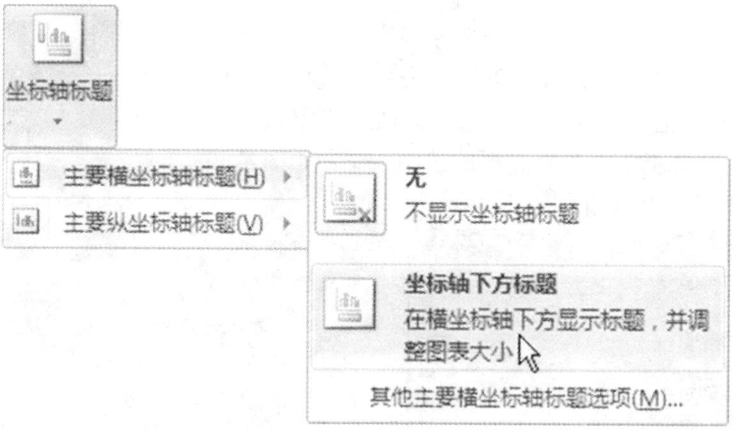

图 4-51

第 23 步：再次单击“图表工具”的“布局”选项卡下“标签”组中的“坐标轴标题”按钮，在弹出的下拉列表中执行“主要纵坐标轴标题”选项下的“竖排标题”命令，如图 4-52 所示，即可在纵坐标轴标题中输入文本“工资（元）”。

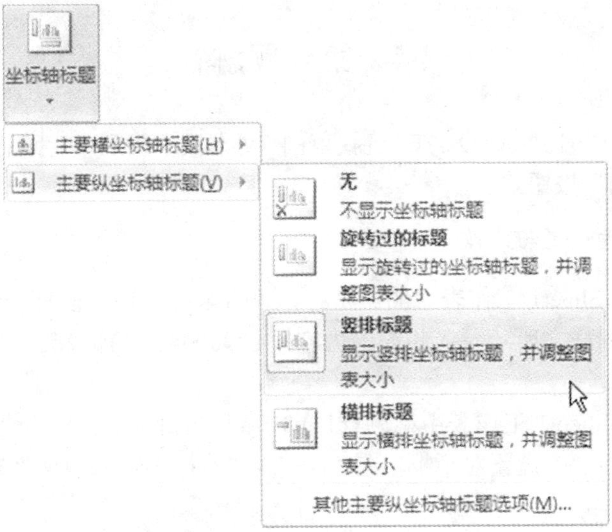

图 4-52

5. 数据文档的修订与保护：

第 24 步：在“职工资料统计表”工作表中，单击“审阅”选项卡下“更改”组中的“保护工作表”按钮。

第 25 步：打开“保护工作表”对话框，在“取消工作表保护时使用的密码”编辑框中输入“gjks4-3”，在“允许此工作表的所有用户进行”下面的列表中仅勾选“设置列格式”和“设置行格式”复选框，如图 4-53 所示，单击“确定”按钮。

第 26 步：在弹出的“确认密码”对话框中，在“重新输入密码”编辑框中再次键入“gjks4-3”，如图 4-54 所示，单击“确定”按钮。

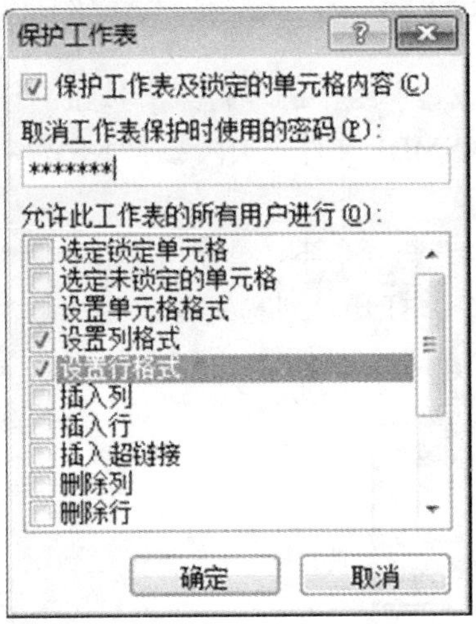

图 4-53

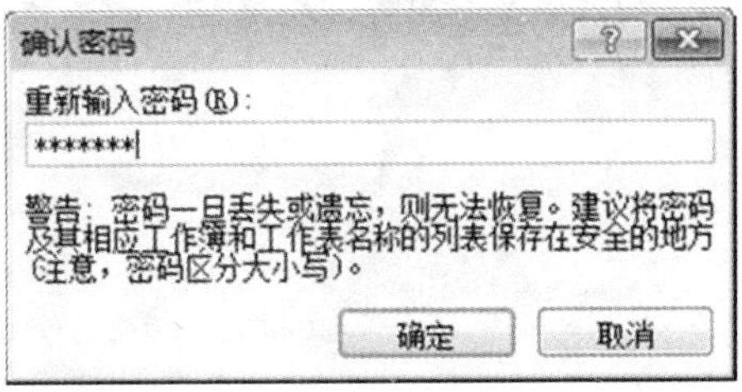

图 4-54

第 27 步：执行“文件”→“保存”命令。

4.4 第 4 题解答

执行“文件”→“打开”命令，在“查找范围”文本框中找到指定路径，选择“A4.xlsx”文件，单击“打开”按钮。

1. 表格环境的设置与修改：

第 1 步：选中 Sheet1 工作表中的第 7 行，单击鼠标右键，在打开的快捷菜单中执行“插入”命令。根据样文所示录入相应的内容：“s200004”、“孙殿英”、“85”、“74”、“98”、“76”。

第 2 步：选中 Sheet1 工作表中标题行，单击鼠标右键，在打开的快捷菜单中执行“行高”命令，打开“行高”设置对话框，在“行高”文本框中输入数值“25”，单击“确定”按钮即可。

第 3 步：选中 Sheet1 工作表的 A1 单元格，在上方的“名称框”编辑栏内输入“学生成绩”，按 Enter 键即可。

2. 表格格式的编排与修改：

第 4 步：在 Sheet1 工作表中，选中单元格区域 A1:G1，单击“开始”选项卡下“对齐方式”组中的“合并后居中”按钮；在“开始”选项卡下“字体”组中的“字体”下拉列表中选择“方正姚体”，在“字号”下拉列表中选择“20”磅。

第 5 步：选中单元格区域 A2:G2，在“开始”选项卡下“字体”组中的“字号”下拉列表中选择“14”磅，单击“加粗”按钮 B，在“对齐方式”组中单击“居中”按钮≡。

第 6 步：选中单元格区域 A3:G13，在“开始”选项卡下“字体”组中的“字体”下拉列表中选择“华文中宋”，在“字号”下拉列表中选择“11”磅，在“字体颜色”下拉列表中选择标准色中的“深红”色。

第 7 步：单击“页面布局”选项卡下“页面设置”组中的“背景”按钮。打开“工作表背景”对话框，在指定目录（C:\Win2010GJW\KSML1 文件夹）中选择“KSWJ4-4.jpg”图片文件，单击“插入”按钮即可。

第 8 步：选中单元格区域 A2:G13，单击“开始”选项卡下“单元格”组中的“格式”下拉按钮，执行“单元格大小”下的“列宽”命令。打开“列宽”对话框，在“列宽”文本框中输入数值“10”，如图 4-55 所示，单击“确定”按钮。

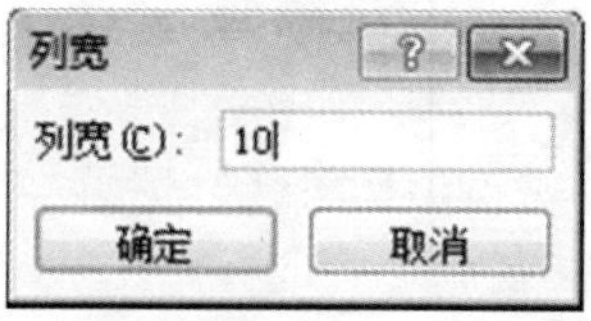

图 4-55

第 9 步：选中单元格区域 A1:G13，在“开始”选项卡下“字体”组中单击“框线”下拉按钮，在弹出的下拉列表中选择“边框”区域中的“粗匣框线”，如图 4-56 所示。

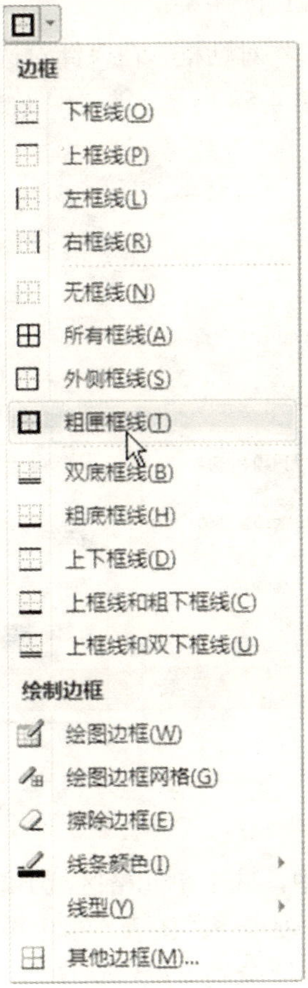

图 4-56

3. 数据的管理与分析：

第 10 步：在 Sheet1 工作表中，选中单元格 G3，单击“开始”选项卡下“编辑”组中的“自动求和”下拉按钮，在弹出的下拉列表中执行“平均值”命令。在 G3 单元格中会自动插入 AVERAGE 求平均值函数，根据试题要求调整求平均值区域为 C3:F3 单元格区域，按 Enter 键即可。

第 11 步：将鼠标指针置于 G3 单元格的右下角处，当指针变为+形状时，按住鼠标左键拖拽至 G13 单元格处，释放鼠标左键，即可完成 G3:G13 单元格函数的复制填充操作。

第 12 步：在 Sheet2 工作表中，选定表格中任意单元格，单击“开始”选项卡下“编辑”组中的“排序和筛选”按钮，在弹出的下拉列表中执行“自定义排序”命令。在弹出的“排序”对话框中，两次单击“添加条件”按钮，下方显示区域会增加两个“次要关键字”列。在“主要关键字”下拉列表中选择“数学”选项，在第 1 个“次要关键字”下拉列表中选择“语文”选项，在第 2 个“次要关键字”下拉列表中选择“地理”选项，在“次序”下拉列表中均选择“降序”选项，单击“确定”按钮。

第 13 步：在 Sheet2 工作表中，选中单元格区域 C3:F12，在“开始”选项卡下“样式”组中单击“条件格式”下拉按钮，在弹出的下拉列表中执行“项目选取规则”选项下的“低于平均值”命令，如图 4-57 所示。

第 14 步：打开“低于平均值”对话框，在“针对选定区域，设置为”下拉列表中选择“绿填充色深绿色文本”，如图 4-58 所示，单击“确定”按钮。

图 4-57

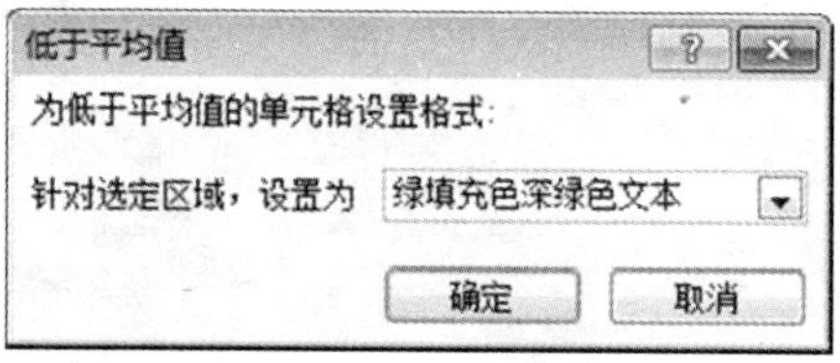

图 4-58

4. 图表的运用:

第 15 步：在 Sheet3 工作表中，选中单元格区域 B2:B13，按住 Ctrl 键，同时选中单元格区域 D2:D13，在“插入”选项卡下“图表”组中单击“饼图”下拉按钮，在弹出的下拉列表中选择“三维饼图”中的“分离型三维饼图”，生成基本图表，如图 4-59 所示。

第16步：单击“图表工具”的“布局”选项卡下“标签”组中的“数据标签”按钮，在弹出的下拉列表中选择“居中”选项，如图4-60所示。

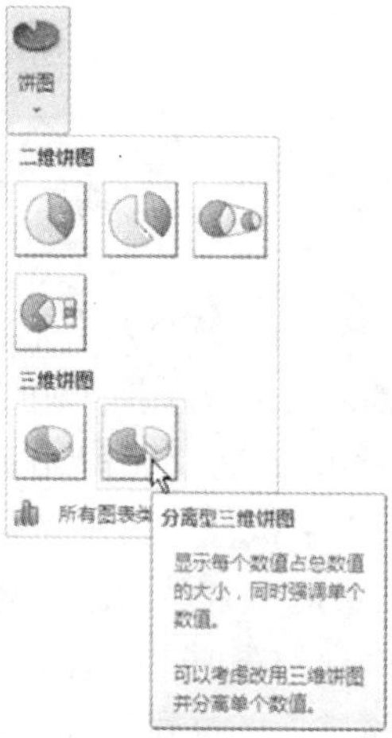

图 4-59

图 4-60

第 17 步：在“标签”组中单击“图例”按钮，在弹出的下拉列表中选择“在顶部显示图例”选项。在图表的“图表标题”区域中输入“语文成绩表”。

5. 数据文档的修订与保护：

第 18 步：单击“审阅”选项卡下“更改”组中的“保护工作簿”按钮，打开“保护结构和窗口”对话框，勾选“结构”和“窗口”复选框，在“密码（可选）”编辑框中输入“gjks4-4”，单击“确定”按钮。弹出“确认密码”对话框，在“重新输入密码”编辑框中输入“gjks4-4”，单击“确定”按钮。

第 19 步：执行“文件”→“保存”命令。

4.5　第 5 题解答

执行“文件”→“打开”命令，在“查找范围”文本框中找到指定路径，选择“A4.xlsx”文件，单击“打开”按钮。

1. 表格环境的设置与修改：

第 1 步：选中 Sheet1 工作表中的第 2 行，单击鼠标右键，在打开的快捷菜单中执行“插入”命令。选中插入的新行，单击鼠标右键，在弹出的下拉列表中执行“行高”命令，打开“行高”对话框，在“行高”文本框中输入数值“10”，单击“确定”按钮即可。

第 2 步：选中 A1 单元格，在上方的“名称框”编辑栏内输入“大李乡统计表”，按 Enter 键即可。

第 3 步：在 Sheet1 工作表标签上单击鼠标右键，在打开的快捷菜单中执行“重命名”命令，此时的 Sheet1 工作表标签呈反白显示，输入新的工作表名“统计表”，按回车键即可。

2. 表格格式的编排与修改：

第 4 步：在“统计表”工作表中，选中单元格区域 A1:E2，单击“开始”选项卡下“对齐方式”组中的“合并后居中”按钮；在“开始”选项卡下“样式”组中单击“单元格样式”按钮，在弹出的下拉列表中选择“标题 1”单元格样式，如图 4-61 所示。

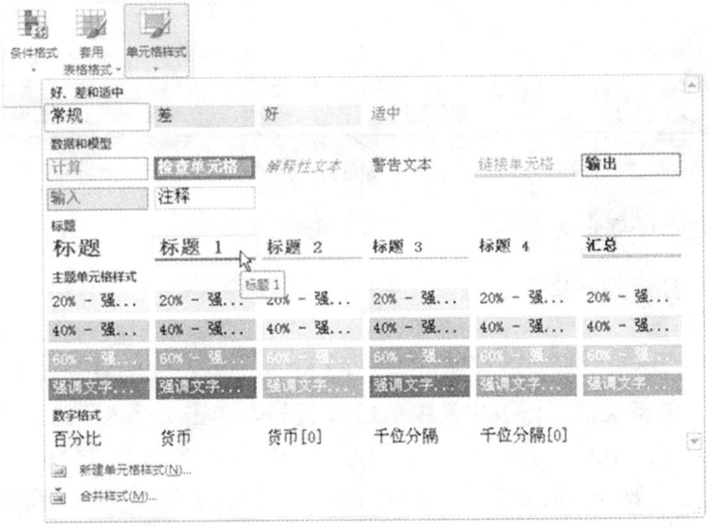

图 4-61

第 5 步：选中单元格区域 A3:E3，在“开始”选项卡下“样式”组中单击“单元格样式”按钮，在弹出的下拉列表中选择“汇总”单元格样式；选中单元格区域 A4:E9，单击“样式”组的“单元格样式”按钮，在弹出的下拉列表中选择“注释”单元格样式。

第 6 步：选中单元格区域 A3:E9，单击“开始”选项卡下“对齐方式”组中的“居中”按钮和“垂直居中”按钮。在“样式”组中单击“套用表格样式”按钮，在弹出的下拉列表中选择“表样式中等深浅 14”样式，弹出“套用表格式”对话框，在“表数据的来源”文本框中输入“=$A$3:$E$9”，单击“确定”按钮。

第 7 步：选中单元格区域 A3:E9，单击“开始”选项卡下“单元格”组中的“格式”下拉按钮，在弹出的下拉列表中执行“单元格大小”选项下的“自动调整列宽”命令。

第 8 步：选中单元格区域 A1:E9，在“开始”选项卡下“字体”组中单击“框线”下拉按钮，在弹出的下拉列表中执行“其他边框”命令。

第 9 步：打开“设置单元格格式”对话框，选择“边框”选项卡，在“样式”列表中选择“双实线（第 7 行第 2 列）”的样式，在“预置”区域中单击“外边框”按钮，如图 4-62 所示，单击“确定”按钮。

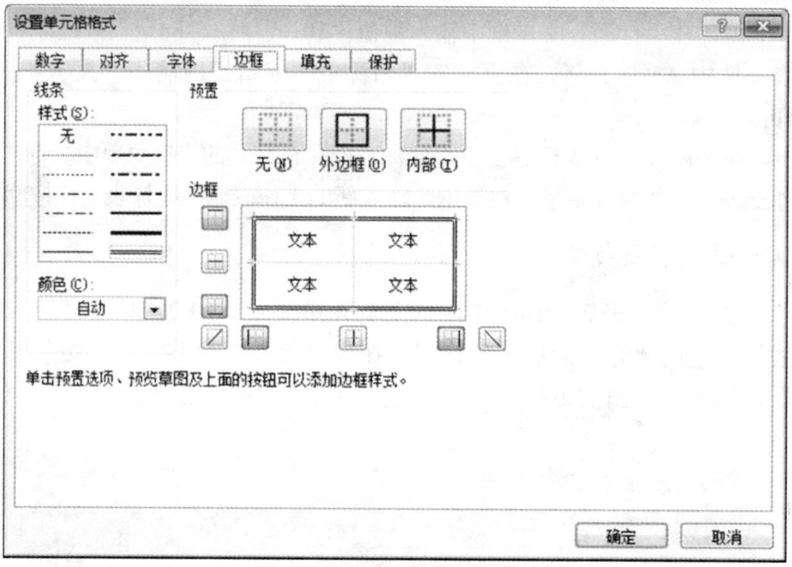

图 4-62

3. 数据的管理与分析:

第 10 步：打开 Sheet2 工作表，在 F3 单元格中输入公式“=D3-E3”，按 Enter 键即可。将鼠标指针置于 F3 单元格的右下角处，当指针变为✚形状时，按住鼠标左键拖拽至 F8 单元格处，释放鼠标左键，即可完成 F3:F8 单元格公式的复制填充操作。

第 11 步：在 Sheet2 工作表中选中 A13 单元格，单击“插入”选项卡下“表格”组中的“数据透视表”按钮，打开“创建数据透视表”对话框。单击“表/区域”文本框后面的折叠按钮选择要分析的数据为 A2:F8 单元格区域并返回，单击“确定”按钮。

第 12 步：在 Sheet2 工作表中，将自动创建新的空白数据透视表，表格右侧会显示

“数据透视表字段列表”任务窗格。在“选择要添加到报表的字段”列表中拖拽“编号”字段至“报表筛选”列表框中，将“负责人”字段拖拽至“列标签”列表框中，将“农产品名称”字段拖拽至“行标签”列表框中，将“实缴数量（千克）”、“应缴数量（千克）”和“超额（千克）”字段拖拽至“数值”列表框中，将“列标签”列表框中自动出现的“数值”字段拖拽至“行标签”列表框中“农产品名称”字段的下面。

第 13 步：选中单元格区域 B16:E38，在“开始”选项卡下“样式”组中单击“条件格式”下拉按钮，在弹出的下拉列表中选择“图标集”下的“四等级”选项，如图 4-63 所示，完成后单击任意单元格。

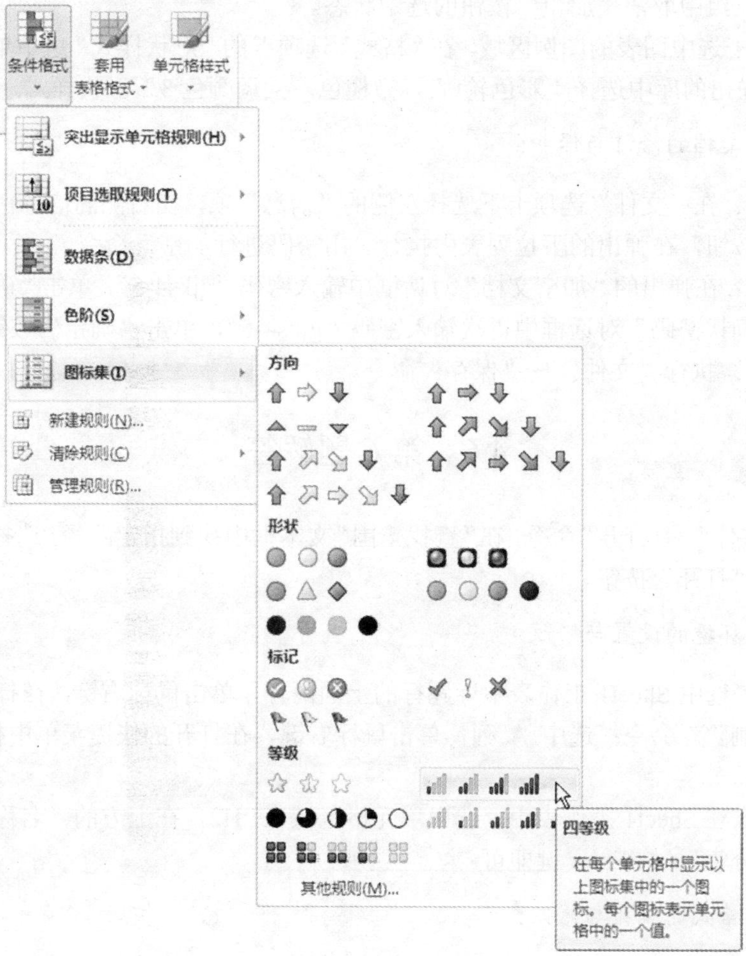

图 4-63

4. 图表的运用：

第 14 步：在 Sheet3 工作表中，选中单元格区域 B2:B8，按住 Ctrl 键，同时选中单元格区域 D2:F8，在“插入”选项卡下“图表”组中单击“柱形图”下拉按钮，在弹出的下拉列表中选择“圆锥图”中的“簇状圆锥图”，生成基本图表。

第 15 步：选中图表，在“图表工具”的“布局”选项卡下“标签”组中单击“图表标题”按钮，在弹出的下拉列表中选择“图表上方”选项。在图表标题中输入“缴售公粮统计表”。

第 16 步：单击“图表工具”的“布局”选项卡下“标签”组中的“坐标轴标题”按钮，在弹出的下拉列表中执行“主要横坐标轴标题”选项下的“坐标轴下方标题”命令，即可在横坐标轴标题中输入文本“农产品名称”。

第 17 步：单击“坐标轴标题”按钮，在弹出的下拉列表中选择“主要纵坐标轴标题”选项下的“旋转过的标题”，即可在纵坐标轴标题中输入文本“数量”。

第 18 步：根据样文所示，分别选中横坐标轴标题和纵坐标轴标题，在“开始”选项卡下“字体”组中取消“加粗”按钮的选中状态。

第 19 步：选中图表的图例区域，在“格式”选项卡的“形状样式”组中单击“其他”按钮，在弹出的库中选择“彩色轮廓 - 橄榄色，强调颜色 3”形状样式。

5. 数据文档的修订与保护：

第 20 步：在“文件”选项卡下选择左侧的“信息”项，在右侧的信息栏中单击“保护工作簿”按钮，在弹出的下拉列表中执行“用密码进行加密”命令。

第 21 步：在弹出的“加密文档”对话框中输入密码“gjks4-5”，单击“确定”按钮。在弹出的“确认密码”对话框中再次输入密码“gjks4-5”，单击“确定”按钮。

第 22 步：执行“文件”→“保存”命令。

4.6 第 6 题解答

执行“文件”→“打开”命令，在“查找范围”文本框中找到指定路径，选择“A4.xlsx”文件，单击“打开”按钮。

1. 表格环境的设置与修改：

第 1 步：选中 Sheet1 工作表中标题行的上面两行，单击鼠标右键，在打开的快捷菜单中执行“删除”命令；选中 A 列，单击鼠标右键，在打开的快捷菜单中执行“删除”命令。

第 2 步：在 Sheet1 工作表中，选中单元格区域 A1:H2，在上方的“名称框”编辑栏内输入“积分表”，按 Enter 键即可。

2. 表格格式的编排与修改：

第 3 步：在 Sheet1 工作表中，选中单元格区域 A1:H2，单击“开始”选项卡下“对齐方式”组中的“合并后居中”按钮。

第 4 步：在“开始”选项卡下“字体”组中的“字体”下拉列表中选择“华文行楷”，在“字号”下拉列表中选择“22”磅，在“字体颜色”下拉列表中选择标准色中的“蓝色”。

第 5 步：选中表格的标题行（单元格区域 A1:H2），在“填充颜色”下拉列表中执行“其他颜色”命令。打开“颜色”对话框，在“自定义”选项卡下输入 RGB 值（200，150，255），单击“确定”按钮。

第 6 步：选中单元格区域 A3:H3，在“开始”选项卡下“字体”组中的“字体”下拉列表中选择“华文新魏”，在“字号”下拉列表中选择“16”磅，在“字体颜色”下拉列表中选择主题颜色中的“白色，背景 1”，在“填充颜色”下拉列表中选择标准色中的“浅蓝”色。

第 7 步：选中单元格区域 D4:H13，在“填充颜色”下拉列表中执行“其他颜色”命令，打开“颜色”对话框，在“自定义”选项卡下输入 RGB 值（255，255，153），单击“确定”按钮。选中单元格区域 A4:C13，在“填充颜色”下拉列表中执行“其他颜色”命令，打开“颜色”对话框，在“自定义”选项卡下输入 RGB 值（200，250，220），单击“确定”按钮。

第 8 步：选中单元格区域 A1:H13，在“开始”选项卡下“字体”组中单击“框线”下拉按钮，在弹出的下拉列表中执行“其他边框”命令。

第 9 步：打开“设置单元格格式”对话框，在“边框”选项卡中，在“样式”列表框中选择第 2 列第 6 行的样式，在“颜色”下拉列表中选择标准色中的“红色”，在“预置”区域中单击“外边框”按钮；在“样式”列表框中选择第 2 列第 3 行的样式，在“预置”区域中单击“内部”按钮，单击“确定”按钮。

第 10 步：选中单元格区域 A1:H13，单击“开始”选项卡下“单元格”组中的“格式”下拉按钮，在弹出的下拉列表中执行“单元格大小”选项下的“自动调整列宽”命令。选中单元格区域 D4:H13，单击“开始”选项卡下“对齐方式”组中的“居中”按钮和“垂直居中”按钮。

3. 数据的管理与分析：

第 11 步：在 Sheet1 工作表中，选中单元格 H4，单击“开始”选项卡下“编辑”组中“自动求和”下拉按钮，在弹出的下拉列表中执行“求和”命令。在 G4 单元格中会自动插入 SUM 求和函数，根据试题要求调整求和区域为 D4:G4 单元格区域，按 Enter 键即可。

第 12 步：将鼠标指针置于 H4 单元格的右下角处，当指针变为＋形状时，按住鼠标左键拖拽至 H13 单元格处，释放鼠标左键，即可完成 H4:H13 单元格函数的复制填充操作。

第 13 步：在 Sheet2 工作表中，选定表格中任意单元格，单击“开始”选项卡下“编辑”组中的“排序和筛选”按钮，在弹出的下拉列表中执行“自定义排序”命令。在弹出的“排序”对话框中，单击“添加条件”按钮，下方显示区域会增加“次要关键字”列。在“主要关键字”下拉列表中选择“年终总分”选项，在“次要关键字”下拉列表中选择“评教得分”选项，在“次序”下拉列表中均选择“降序”选项，单击“确定”按钮。

第 14 步：在 Sheet2 工作表中，选中单元格区域 D3:H12，在“开始”选项卡下“样式”组中单击“条件格式”下拉按钮，在弹出的下拉列表中选择“色阶”选项下的“蓝 - 白 - 红色阶”。

4. 图表的运用：

第 15 步：在 Sheet3 工作表中，选中单元格区域 A2:A12，按住 Ctrl 键，同时选中单元格区域 H2:H12，在“插入”选项卡下“图表”组中单击“其他图表”下拉按钮，在弹出的下拉列表中选择“圆环图”中的“圆环图”，生成基本图表。

第 16 步：单击“图表工具”的“布局”选项卡下“标签”组中的“图例”按钮，在弹出的下拉列表中选择“在底部显示图例”选项。

第 17 步：在“图表工具”的“格式”选项卡下的“大小”组中，在“高度”文本框中微调或输入“8 厘米”，在“宽度”文本框中微调或输入“10 厘米”。

第 18 步：选中整个图表，单击“图表工具”的“格式”选项卡下“形状样式”组中的“其他”按钮，在弹出的库中选择“彩色轮廓 - 橙色，强调颜色 6”形状样式。

第 19 步：在图表标题中输入“华信学院教师年终总分”。选中图表标题，单击“图表工具”的“格式”选项卡下“艺术字样式”组中的“其他”按钮，在弹出的库中选择“渐变填充 - 紫色，强调文字颜色 4，映像”艺术字样式，如图 4-64 所示。

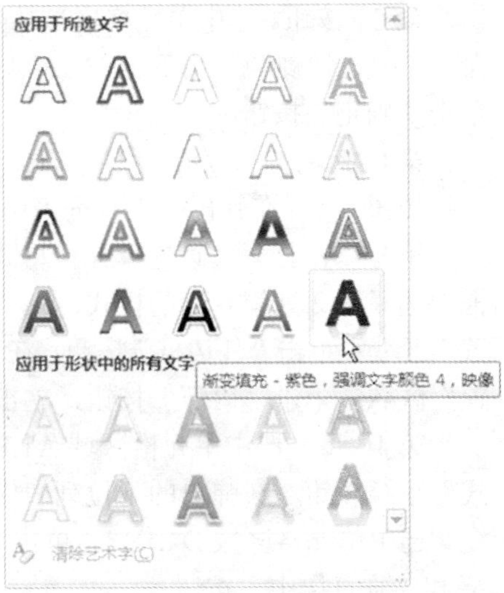

图 4-64

5. 数据文档的修订与保护：

第 20 步：单击“审阅”选项卡下“更改”组中的“保护工作簿”按钮。

第 21 步：打开“保护结构和窗口”对话框，仅勾选“结构”复选框，在“密码（可选）”编辑框中输入“gjks4-6”，单击“确定”按钮。弹出“确认密码”对话框，在“重新输入密码”编辑框中输入“gjks4-6”，单击“确定”按钮。

第 22 步：执行“文件”→“保存”命令。

4.7 第 7 题解答

执行“文件”→“打开”命令，在“查找范围”文本框中找到指定路径，选择“A4.xlsx”文件，单击“打开”按钮。

1. 表格环境的设置与修改：

第 1 步：在工作簿下方单击“插入工作表”按钮，自动生成 Sheet4 工作表。在 Sheet4 工作表标签上单击鼠标右键，在打开的快捷菜单中执行“重命名”命令，此时的 Sheet4 工作表标签呈反白显示，输入新的工作表名“职员工资表”，按 Enter 键即可。

第 2 步：在“职员工资表”工作表标签上按住鼠标左键拖拽到 Sheet2 工作表标签的

前方，释放鼠标左键，即可完成新工作表的移动。

第 3 步：在 Sheet1 工作表中，按下 Ctrl+A 组合键选中整个工作表，单击“开始”选项卡下“剪贴板”组中的“复制”按钮。切换至“职员工资表”工作表，选中 A1 单元格，单击“剪贴板”组中的“粘贴”按钮。

第 4 步：选中“职员工资表”工作表中第 7 行，单击鼠标右键，在打开的快捷菜单中执行“插入”命令。根据样文所示录入相应的内容：“财务部”、“张雪”、“1300”、“400”、“40”、“200”、“40”、“42”、“120”。

第 5 步：选中“职员工资表”工作表的标题单元格 A1，在上方的“名称框”编辑栏内输入“工资表”，按 Enter 键即可。

2. 表格格式的编排与修改：

第 6 步：在“职员工资表”工作表中，选中单元格区域 A1:J1，单击“开始”选项卡下“对齐方式”组中的“合并后居中”按钮。

第 7 步：选中表格标题行（单元格区域 A1:J1），在“开始”选项卡下“字体”组中的“字体”下拉列表中选择“华文隶书”，在“字号”下拉列表中选择“22”磅。

第 8 步：选中表格第 1 行，单击鼠标右键，在打开的快捷菜单中执行“行高”命令，打开“行高”对话框，在“行高”文本框中输入数值“30”，单击“确定”按钮即可。

第 9 步：选中单元格区域 A2:J2，在“开始”选项卡下“字体”组中的“字体”下拉列表中选择“华文新魏”，在“字号”下拉列表中选择“16”磅。选中单元格区域 A3:B18，在“开始”选项卡下“字体”组中的“字体”下拉列表中选择“华文行楷”，在“字号”下拉列表中选择“14”磅。

第 10 步：选中单元格区域 A2:J18，在“开始”选项卡下，在“样式”组中单击“套用表格格式”下拉按钮，在弹出的库中选择“表样式深色 11”样式。

第 11 步：打开“套用表格式”对话框，在“表数据的来源”框中选择“=$A$2:$J$18”单元格区域，单击“确定”按钮。

第 12 步：选中单元格区域 A2:J18，单击“开始”选项卡下“单元格”组中的“格式”下拉按钮，在弹出的下拉列表中执行“单元格大小”选项下的“自动调整列宽”命令。选中单元格区域 C3:J18，单击“开始”选项卡下“对齐方式”组中的“居中”按钮和“垂直居中”按钮。

3. 数据的管理与分析：

第 13 步：在“职员工资表”工作表中，在 J3 单元格中输入公式“=C3+D3+E3+F3-G3-H3-I3”，按 Enter 键即可。将鼠标指针置于 J3 单元格的右下角处，当指针变为＋形状时，按住鼠标左键拖拽至 J18 单元格处，释放鼠标左键，即可完成 J3:J18 单元格公式的复制填充操作。

第 14 步：在 Sheet2 工作表中，选定“部门名称”列的任意单元格，单击“开始”选项卡下“编辑”组中的“排序和筛选”按钮，在弹出的下拉列表中执行“升序”命令。

第 15 步：在“数据”选项卡下“分级显示”组单击“分类汇总”按钮。

第 16 步：打开“分类汇总”对话框，在“分类字段”下拉列表框中选择“部门名称”，在“汇总方式”下拉列表框中选择“平均值”，在“选定汇总项”列表中勾选“实发工资”，单击“确定”按钮。

第 17 步：在 Sheet2 工作表，选中单元格区域 C3:J26，在“开始”选项卡下“样式”组中单击“条件格式”下拉按钮，在弹出的下拉列表中执行“突出显示单元格规则”选项下的“文本包含”命令。

第 18 步：在打开的“文本中包含”对话框中，在前面的编辑框中输入“5”，在“设置为”下拉列表框中选择“绿填充色深绿色文本”，如图 4-65 所示，单击“确定”按钮。

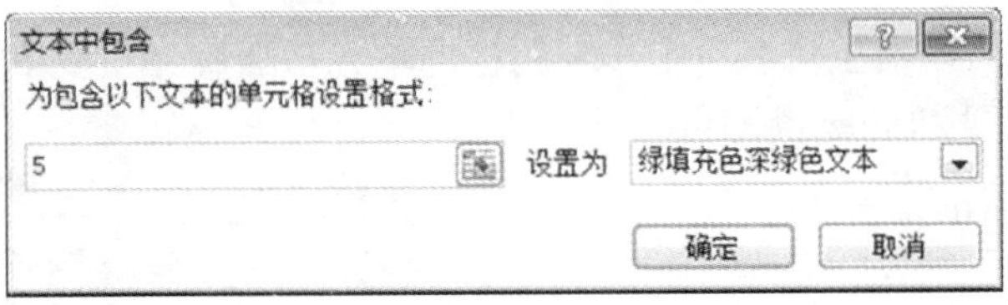

图 4-65

4. 图表的运用:

第 19 步：在 Sheet3 工作表中，选中单元格区域 B2:B18，按住 Ctrl 键，同时选中单元格区域 J2:J18，在“插入”选项卡下“图表”组中单击“条形图”下拉按钮，在弹出的下拉列表中选择“二维条形图”中的“簇状条形图”，生成基本图表。

第 20 步：选中图表，在“图表工具”的“布局”选项卡下，单击“标签”组中的“图例”按钮，在弹出的下拉列表中选择“在右侧显示图例”选项。

第 21 步：在“图表工具”的“格式”选项卡下，单击“大小”组右下角的“对话框启动器”按钮，弹出“设置图表区格式”对话框，在左栏选择“大小”选项，在右栏先勾选“锁定纵横比”复选框，在“尺寸和旋转”区域的“高度”文本框中选择或输入“10 厘米”，如图 4-66 所示，单击“关闭”按钮。

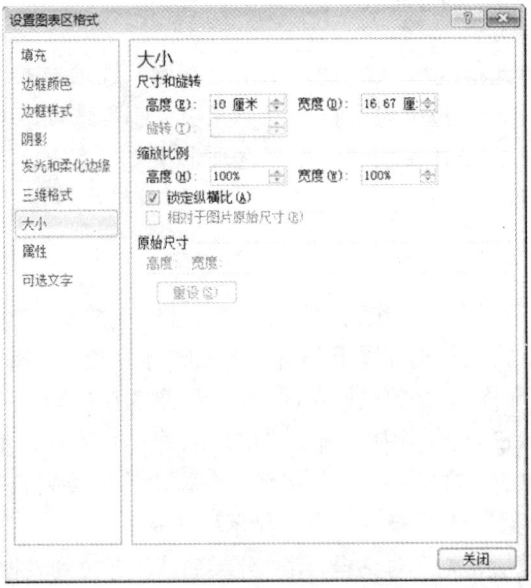

图 4-66

第 22 步：在图表标题中输入“某公司职员工资表”。选中整个图表，在“图表工具”的“格式”选项卡下“形状样式”组中单击“形状效果”按钮，在弹出的下拉列表中选择“棱台”选项下的“角度”形状效果，如图 4-67 所示。

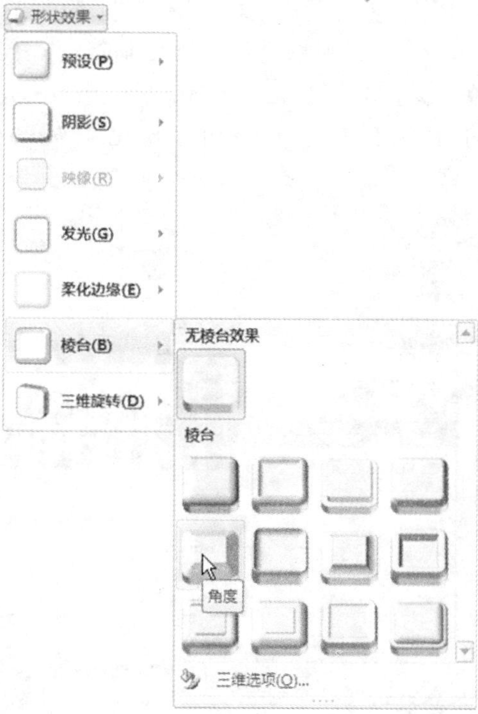

图 4-67

5. 数据文档的修订与保护：

第 23 步：在“文件”选项卡下选择左侧的“信息”项，在右侧的信息栏中单击“保护工作簿”按钮，在弹出的下拉列表中执行“用密码进行加密”命令。

第 24 步：在弹出的“加密文档”对话框中输入密码“gjks4-7”，单击“确定”按钮。在弹出的“确认密码”对话框中再次输入密码“gjks4-7”，单击“确定”按钮。

第 25 步：执行“文件”→“保存”命令。

4.8　第 8 题解答

执行“文件”→“打开”命令，在“查找范围”文本框中找到指定路径，选择“A4.xlsx”文件，单击“打开”按钮。

1. 表格环境的设置与修改：

第 1 步：选中 Sheet1 工作表中的第 1 行，单击鼠标右键，在打开的快捷菜单中执行“插入”命令。在 B1 单元格中输入文本“成绩单”。

第 2 步：选中插入的新行，单击鼠标右键，在弹出的下拉列表中执行“行高”命令，打开“行高”对话框，在“行高”文本框中输入数值“30”，单击“确定”按钮即可。

第 3 步：选中 B1 单元格，在上方的“名称框”编辑栏内输入“成绩单”，按 Enter 键即可。

第 4 步：在 Sheet1 工作表标签上单击鼠标右键，在打开的快捷菜单中执行“重命名”命令，此时的 Sheet1 工作表标签呈反白显示，输入新的工作表名“成绩单”，按 Enter 键即可。再次在“成绩单”标签上单击鼠标右键，在打开的快捷菜单中执行“工作表标签颜色”命令，在打开的列表中选择标准色中的“红色”，如图 4-68 所示。

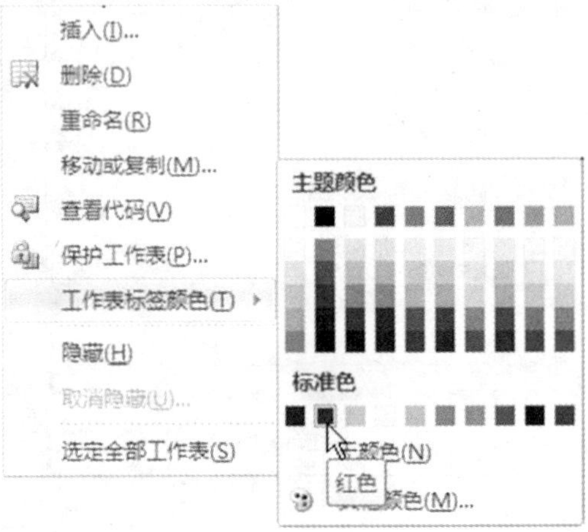

图 4-68

2. *表格格式的编排与修改:*

第 5 步：在“成绩单”工作表中，选中单元格区域 B1:E1，单击“开始”选项卡下“对齐方式”组中的“合并后居中”按钮，单击“垂直居中”按钮。在“开始”选项卡下“样式”组中单击“单元格样式”按钮，在弹出的下拉列表中选择“标题 4”单元格样式；在“开始”选项卡下“字体”组中的“字体”下拉列表中选择“隶书”，在“字号”下拉列表中选择“24”磅。

第 6 步：选中单元格区域 B2:E2，在“开始”选项卡下“样式”组中单击“单元格样式”按钮，在弹出的下拉列表中选择“60% - 强调文字颜色 3”单元格样式；在“开始”选项卡下“字体”组中的“字体”下拉列表中选择“幼圆”，在“字号”下拉列表中选择“12”磅，单击“加粗”按钮。

第 7 步：选中单元格区域 B3:E17，单击“样式”组的“单元格样式”按钮，在弹出的下拉列表中选择“注释”单元格样式。

第 8 步：选中单元格区域 B2:E17，在“开始”选项卡下“对齐方式”组中单击“文本右对齐”按钮和“垂直居中”按钮。

第 9 步：在“成绩单”工作表中，选中单元格区域 B1:E17，单击“开始”选项卡下“单元格”组中的“格式”下拉按钮，在弹出的下拉列表中执行“单元格大小”选项下的“自动调整列宽”命令。在“开始”选项卡下“字体”组中单击“框线”下拉按钮，在弹出的下拉列表中执行“其他边框”命令。

第 10 步：打开“设置单元格格式”对话框，选择“边框”选项卡，在“样式”列表框中选择第 2 列第 3 行的样式，在“颜色”下拉列表中选择标准色中的“深红”色，在“预置”区域中单击“外边框”按钮；在“样式”列表框中选择第 1 列第 2 行的样式，在“预置”区域中单击“内部”按钮，单击“确定”按钮。

3. 数据的管理与分析：

第 11 步：在 Sheet2 工作表中，选中单元格 G3，单击“开始”选项卡下“编辑”组中“自动求和”下拉按钮，在弹出的下拉列表中执行“求和”命令。在 G3 单元格中会自动插入 SUM 求和函数，根据试题要求调整求和区域为 D3:F3 单元格区域，按 Enter 键即可。

第 12 步：将鼠标指针置于 G3 单元格的右下角处，当指针变为＋形状时，按住鼠标左键拖拽至 G10 单元格处，释放鼠标左键，即可完成 G3:G10 单元格函数的复制填充操作。

第 13 步：在 Sheet2 工作表中选中 A15 单元格，单击“插入”选项卡下“表格”组中的“数据透视表”按钮，打开“创建数据透视表”对话框。单击“表/区域”文本框后面的折叠按钮选择要分析的数据为 A2:F10 单元格区域并返回，单击“确定”按钮。

第 14 步：在 Sheet2 工作表中，将自动创建新的空白数据透视表，表格右侧会显示“数据透视表字段列表”任务窗格。在“选择要添加到报表的字段”列表中拖拽“性别”字段至“报表筛选”列表框中，将“部门”字段拖拽至“列标签”列表框中，将“姓名”字段拖拽至“行标签”列表框中，将“月薪”、“补助”和“奖金”字段拖拽至“数值”列表框中，将“列标签”列表框中自动出现的“数值”字段拖拽至“行标签”列表框中“姓名”字段的下面。

第 15 步：单击“列标签”后面的下拉按钮，在打开的列表中仅选中“开发部”和“市场部”复选框，如图 4-69 所示，单击“确定”按钮。

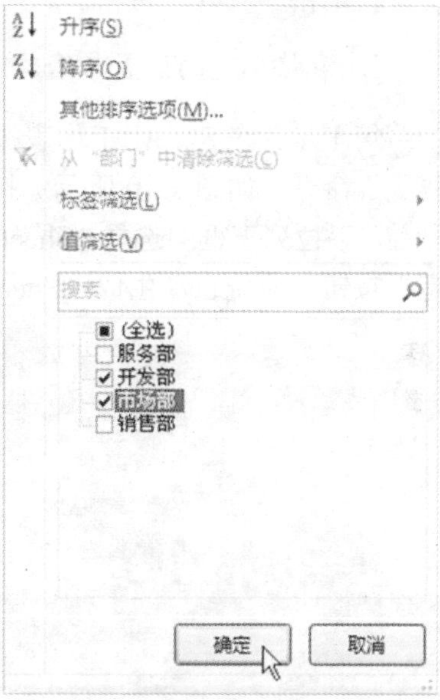

图 4-69

第 16 步：选中单元格区域 B18:D35，单击“开始”选项卡下“样式”组中的“条件格式”下拉按钮，在弹出的下拉列表中选择“图标集”下的“三色旗”，完成后单击任意单元格。

4. 图表的运用：

第 17 步：在 Sheet3 工作表中，选中单元格区域 A2:A10，按住 Ctrl 键，同时选中单元格区域 D2:G10，在“插入”选项卡下“图表”组中单击“其他图表”下拉按钮，选择“雷达图”中的“雷达图”，生成基本图表。

第 18 步：选中整个图表，在“图表工具”的“布局”选项卡下“标签”组中单击“图表标题”按钮，在弹出的下拉列表中选择“图表上方”选项。在图表标题中输入“天都公司员工工资表”。

第 19 步：选中整个图表，在“图表工具”的“格式”选项卡下“形状样式”组中单击“其他”按钮，在弹出的库中选择“细微效果 - 蓝色，强调颜色 1”形状样式。

第 20 步：选中图表的图例区域，在“图表工具”的“格式”选项卡下“形状样式”组中单击“其他”按钮，在弹出的库中选择“强烈效果 - 橙色，强调颜色 6”形状样式。

5．数据文档的修订与保护：

第 21 步：在“文件”选项卡下选择左侧的“信息”项，在右侧的信息栏中单击“保护工作簿”按钮，在弹出的下拉列表中执行“用密码进行加密”命令。

第 22 步：在弹出的“加密文档”对话框中输入密码“gjks4-8”，单击“确定”按钮。在弹出的“确认密码”对话框中再次输入密码“gjks4-8”，单击“确定”按钮。

第 23 步：执行“文件”→“保存”命令。

4.9　第 9 题解答

执行“文件”→“打开”命令，在“查找范围”文本框中找到指定路径，选择“A4.xlsx”文件，单击“打开”按钮。

1．表格环境的设置与修改：

第 1 步：在 Sheet1 工作表标签上单击鼠标右键，在打开的快捷菜单中执行“移动或复制”命令，如图 4-70 所示。打开“移动或复制工作表”对话框，在“下列选定工作表之前”下拉列表框中选择“Sheet1”，勾选“建立副本”复选框，如图 4-71 所示，单击“确定”按钮，系统自动生成“Sheet1（2）”工作表。

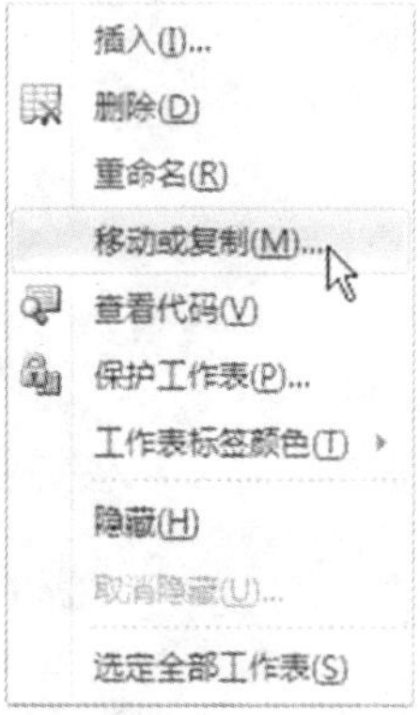

图 4-70

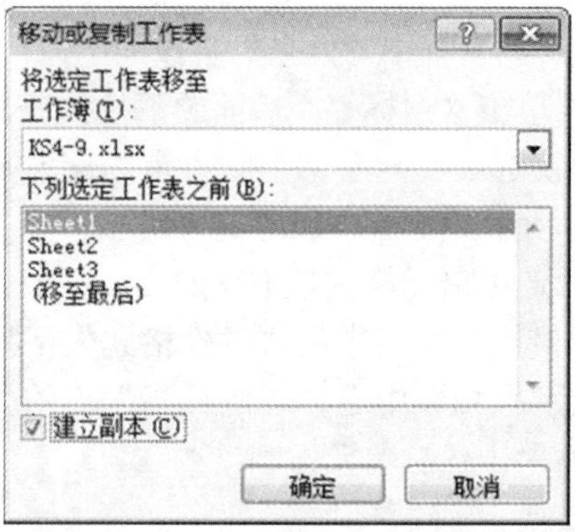

图 4-71

第 2 步：在“Sheet1（2）”工作表标签上单击鼠标右键，在打开的快捷菜单中执行“重命名”命令，此时的“Sheet1（2）”工作表标签呈反白显示，输入新的工作表名“销售统计表”，按 Enter 键即可。

第 3 步：在“销售统计表”工作表标签上按住鼠标左键拖拽到 Sheet2 工作表标签的前方，释放鼠标左键，即可完成新工作表的移动。

第 4 步：选中“销售统计表”工作表的标题行，单击鼠标右键，在打开的快捷菜单中执行“行高”命令，打开“行高”对话框，在“行高”文本框中输入数值“30”，单击“确定”按钮。选中题单元格区域 A1:G1，在上方的“名称框”编辑栏内输入“统计表”，按 Enter 键即可。

2. 表格格式的编排与修改:

第 5 步：在“销售统计表”工作表中，选中单元格区域 A1:G1，单击“开始”选项卡下“对齐方式”组中的“合并后居中”按钮。

第 6 步：选中表格标题，在“开始”选项卡下“字体”组中的“字体”下拉列表中选择“华文行楷”，在“字号”下拉列表中选择“22”磅。单击“字体”组右下角的“对话框启动器”按钮，弹出“设置单元格格式”对话框，选择“填充”选项卡，单击“填充效果”按钮，如图 4-72 所示。

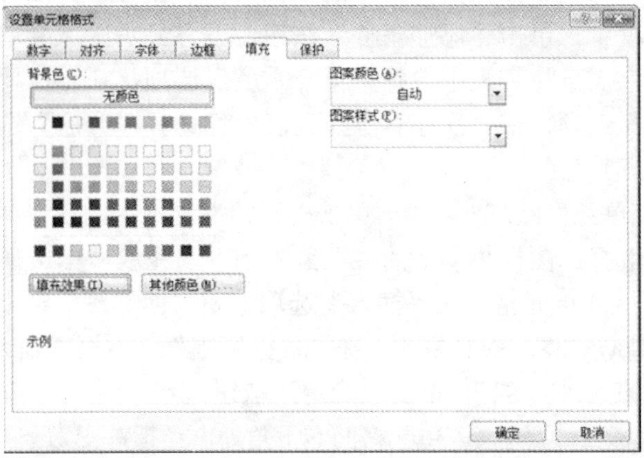

图 4-72

第 7 步：打开“填充效果”对话框，在“颜色”区域点选“双色”单选按钮，在“颜色 1”下拉列表中选择主题颜色中的“白色，背景 1”，在“颜色 2”下拉列表中选择标准色中的“蓝色”。在“底纹样式”区域点选“水平”单选按钮，在“变形”区域选择第 1 种效果，如图 4-73 所示，单击“确定”按钮。

第 8 步：选中单元格区域 A2:G2，在“开始”选项卡下“字体”组中的“字体”下拉列表中选择“隶书”，在“字号”下拉列表中选择“16”磅。

第 9 步：选中单元格区域 A3:G15，在“开始”选项卡下“字体”组中的“字体”下拉

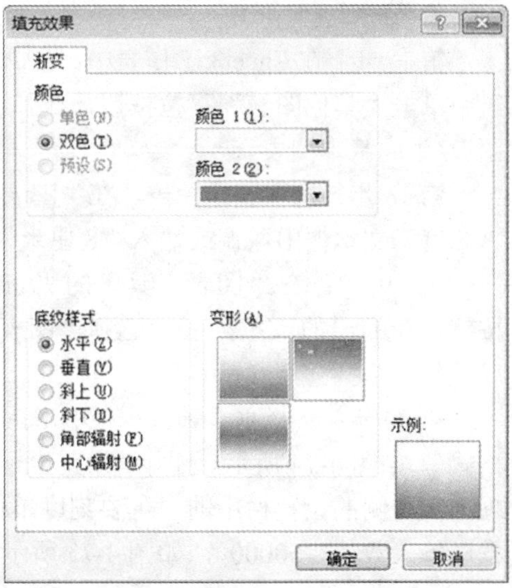

图 4-73

列表中选择“华文细黑”，在“字号”下拉列表中选择“12”磅，在“字体颜色”下拉列表中选择标准色中的“紫色”。

第 10 步：选中单元格区域 A2:G15，在“开始”选项卡下，在“样式”组中单击“套用表格格式”下拉按钮，在弹出的库中选择“表样式浅色 6”样式。

第 11 步：打开“套用表格式”对话框，在“表数据的来源”框中选择“=$A$2:$G$15”单元格区域，单击“确定”按钮。

第 12 步：选中单元格区域 A1:G15，单击“开始”选项卡下“单元格”组中的“格式”下拉按钮，在弹出的下拉列表中执行“单元格大小”选项下的“自动调整列宽”命令；单击“开始”选项卡下“对齐方式”组中的“居中”按钮。

3. 数据的管理与分析：

第 13 步：在 Sheet2 工作表中，选定表格中任意单元格，单击“开始”选项卡下“编辑”组中的“排序和筛选”按钮，在弹出的下拉列表中执行“自定义排序”命令。在弹出的“排序”对话框中，单击“添加条件”按钮，下方显示区域会增加“次要关键字”列。在“主要关键字”下拉列表中选择“第一季度”选项，在“次要关键字”下拉列表中选择“第二季度”选项，在“次序”下拉列表中均选择“升序”选项，单击“确定”按钮。

第 14 步：选中单元格区域 C4:F9，单击“开始”选项卡，在“样式”组中单击“条件格式”下拉按钮选择“图标集”下的“五象限图”，完成后单击任意单元格。

第 15 步：选中 G4 单元格，在“插入”选项卡下“迷你图”组中单击“柱形图”按钮，在打开的“创建迷你图”对话框中，在“数据范围”文本框中输入“C4:F4”，在“位置范围”文本框中输入“$G$4”，单击“确定”按钮。

第 16 步：将鼠标指针置于 G4 单元格的右下角处，当指针变为＋形状时，按住鼠标左键拖拽至 G9 单元格处，释放鼠标左键，即可完成 G4:G9 单元格迷你图的复制填充操作。

4. 图表的运用：

第 17 步：在 Sheet3 工作表中，选中单元格区域 B3:E9，在“插入”选项卡下“图表”组中单击“其他图表”下拉按钮，在弹出的下拉列表中选择“曲面图”中的“三维曲面图”，生成基本图表。

第 18 步：选中整个图表，在“图表工具”的“格式”选项卡下的“大小”组中，在“高度”文本框中微调或输入“8 厘米”，在“宽度”文本框中微调或输入“20 厘米”。

第 19 步：在“图表工具”的“布局”选项卡下“标签”组中单击“图表标题”按钮，在弹出的下拉列表中选择“图表上方”选项，在图表标题中输入“产品销售情况统计表”。

第 20 步：选择垂直轴数据，单击鼠标右键，在打开的快捷菜单中选择“设置坐标轴格式”，如图 4-74 所示。打开“设置坐标轴格式”对话框，在左栏中选择“坐标轴选项”项，在右侧的设置栏中的“主要刻度单位”后面点选“固定”单选按钮，在后面的文本框中输入数值“50000”，如图 4-75 所示，单击“关闭”按钮即可。

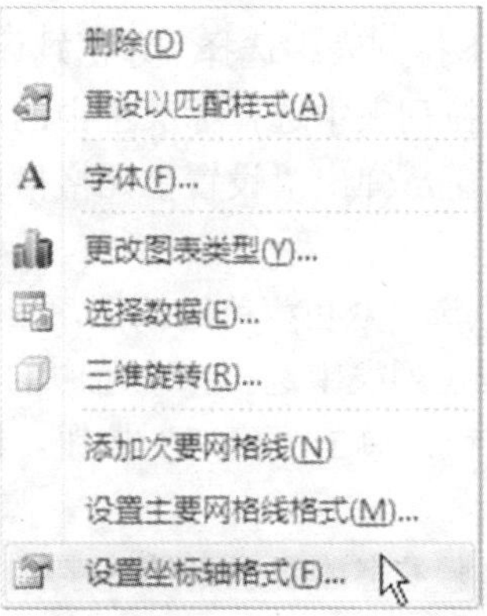

图 4-74

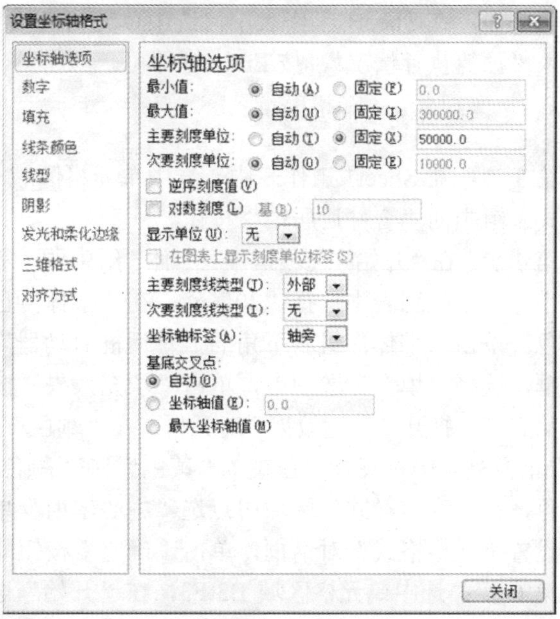

图 4-75

第 21 步：选中整个图表，在“图表工具”的“格式”选项卡下“形状样式”组中单击“其他”按钮，在弹出的库中选择“细微效果 - 黑色，深色 1”形状样式。

5. 数据文档的修订与保护:

第 22 步：在“销售统计表”工作表中，单击“审阅”选项卡下“更改”组中的“保护工作表”按钮。

第 23 步：打开“保护工作表”对话框，在“取消工作表保护时使用的密码”编辑框中输入“gjks4-9”，在“允许此工作表的所有用户进行”下面的列表中仅勾选“选定锁定单元格”和“选定未锁定的单元格”的复选框，单击“确定”按钮。

第 24 步：在弹出的“确认密码”对话框中，在“重新输入密码”编辑框中再次输入“gjks4-9”，单击“确定”按钮。

第 25 步：执行“文件”→“保存”命令。

4.10　第 10 题解答

执行“文件”→“打开”命令，在“查找范围”文本框中找到指定路径，选择“A4.xlsx”文件，单击“打开”按钮。

1. 表格环境的设置与修改:

第 1 步：选中 Sheet1 工作表中的第 2 行，单击鼠标右键，在打开的快捷菜单中执行“插入”命令。选中表格的第 A 列，单击鼠标右键，在打开的快捷菜单中执行“插入”命令。

第 2 步：在 Sheet1 工作表中，选中单元格区域 B1:F2，在上方的“名称框”编辑栏内输入“预算执行情况”，按 Enter 键即可。

2. 表格格式的编排与修改：

第 3 步：在 Sheet1 工作表中，选中单元格区域 B1:F2，单击“开始”选项卡下“对齐方式”组中的“合并后居中”按钮。

第 4 步：在“开始”选项卡下“字体”组中的“字体”下拉列表中选择“方正姚体”，在“字号”下拉列表中选择“20”磅，在“字体颜色”下拉列表中选择标准色中的“深红”色。单击“字体”组右下角的“对话框启动器”按钮，弹出“设置单元格格式”对话框，选择“填充”选项卡，单击“填充效果”按钮。

第 5 步：打开“填充效果”对话框，在“颜色”区域点选“双色”单选按钮，在“颜色 1”下拉列表中选择标准色中的“黄色”，在“颜色 2”下拉列表中选择标准色中的“浅绿”色，在“底纹样式”区域中点选“中心辐射”单选按钮，单击“确定”按钮，返回到“设置单元格格式”对话框，单击“确定”按钮即可。

第 6 步：选中单元格区域 B3:F3，在“开始”选项卡下“字体”组中的“字体”下拉列表中选择“隶书”，在“字号”下拉列表中选择“16”磅，在“颜色”下拉列表中选择标准色中的“蓝色”。单击“字体”组右下角的“对话框启动器”按钮，弹出“设置单元格格式”对话框，选择“填充”选项卡，在“图案样式”下拉列表中选择“6.25% 灰色”底纹，单击“确定”按钮。

第 7 步：选中单元格区域 B4:B10，在“填充颜色”下拉列表中选择标准色中的“黄色”。选中单元格区域 C4:F10，在“填充颜色”下拉列表中选择标准色中的“浅蓝”色。

第 8 步：选中单元格区域 B1:F10，在“开始”选项卡下“字体”组中单击“框线”下拉按钮，在弹出的下拉列表中执行“其他边框”命令。

第 9 步：打开“设置单元格格式”对话框，在“边框”选项卡中，在“样式”列表框中选择第 2 列第 1 行的样式，在“颜色”下拉列表中选择标准色中的“红色”，在“预置”区域中单击“外边框”按钮；在“样式”列表框中选择第 1 列第 3 行的样式，在“预置”区域中单击“内部”按钮，单击“确定”按钮。

第 10 步：选中单元格区域 B1:F10，单击“开始”选项卡下“单元格”组中的“格式”下拉按钮，在弹出的下拉列表中执行“单元格大小”选项下的“自动调整列宽”命令。选中单元格区域 C4:F10，在“开始”选项卡下“对齐方式”组中单击“文本右对齐”按钮。

3. 数据的管理与分析：

第 11 步：在 Sheet2 工作表中，选中单元格 F3，单击“开始”选项卡下“编辑”组中“自动求和”下拉按钮，在弹出的下拉列表中执行“最大值”命令。在 F3 单元格中会自动插入 MAX 求最大值函数，根据试题要求调整求最大值区域为 B3:E3 单元格区域，按 Enter 键即可。

第 12 步：将鼠标指针置于 F3 单元格的右下角处，当指针变为+形状时，按住鼠标左键拖拽至 F9 单元格处，释放鼠标左键，即可完成 F3:F9 单元格函数的复制填充操作。

第 13 步：在 Sheet2 工作表，选中单元格区域 B3:F9，在“开始”选项卡下“样式”组中单击“条件格式”下拉按钮，在弹出的下拉列表中执行“突出显示单元格规则”选项下的“介于”命令。在打开的“介于”对话框中，在第 1 个编辑框中输入“2000”，在第 2 个编辑框中输入“5000”，在“设置为”下拉框中选择“红色边框”选项，单击“确定”按钮。

第 14 步：选中 G3 单元格，在“插入”选项卡下“迷你图”组中单击“盈亏”按钮。

第 15 步：在打开的“创建迷你图”对话框中，在“数据范围”文本框中输入“B3:F3”，在“位置范围”文本框中输入“$G$3”，单击“确定”按钮。

第 16 步：将鼠标指针置于 G3 单元格的右下角处，当指针变为✚形状时，按住鼠标左键拖拽至 G9 单元格处，释放鼠标左键，即可完成 G3:G9 单元格迷你图的复制填充操作。

4. 图表的运用：

第 17 步：在 Sheet3 工作表中，选中单元格区域 A2:E9，在“插入”选项卡下“图表”组中单击“折线图”下拉按钮，在弹出的下拉列表中选择“二维折线图”中的“带数据标记的折线图”，生成基本图表。

第 18 步：选中新插入的图表，在“图表工具”的“布局”选项卡下“标签”组中单击“图表标题”按钮，在弹出的下拉列表中选择“居中覆盖标题”选项，在图表标题中输入“预算执行情况统计表”。

第 19 步：选中图表标题，在“开始”选项卡下“字体”组中的“字体”下拉列表中选择“方正舒体”，在“字号”下拉列表中选择“20”磅。在“图表工具”的“格式”选项卡下，在“艺术字样式”组中单击“其他”按钮，在弹出的库中选择“填充 - 无，轮廓 - 强调文字颜色 2”艺术字样式，如图 4-76 所示。

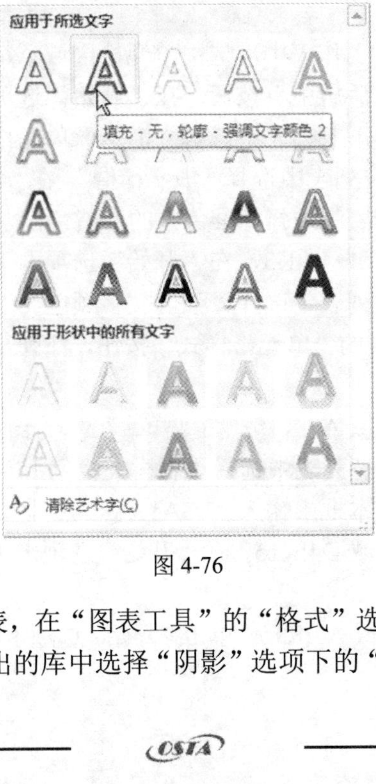

图 4-76

第 20 步：选中整个图表，在“图表工具”的“格式”选项卡下“形状样式”组中单击“形状效果”按钮，在弹出的库中选择“阴影”选项下的“左上对角透视”形状效果。

5. 数据文档的修订与保护：

第 21 步：单击“审阅”选项卡下“更改”组中的“保护工作簿”按钮。

第 22 步：打开“保护结构和窗口”对话框，仅勾选“结构”复选框，在“密码（可选）”编辑框中输入“gjks4-10”，单击“确定”按钮。弹出“确认密码”对话框，在“重新输入密码”编辑框中输入“gjks4-10”，单击“确定”按钮。

第 23 步：执行“文件”→“保存”命令。

4.11　第 11 题解答

执行“文件”→“打开”命令，在“查找范围”文本框中找到指定路径，选择“A4.xlsx”文件，单击“打开”按钮。

1. 表格环境的设置与修改：

第 1 步：选中 Sheet1 工作表中的第 2 行，单击鼠标右键，在打开的快捷菜单中执行“插入”命令。选中插入的新行，单击鼠标右键，在弹出的下拉列表中执行“行高”命令，打开“行高”对话框，在“行高”文本框中输入数值“25”，单击“确定”按钮即可。

第 2 步：选中 A1 单元格，在上方的“名称框”编辑栏内输入“工资表”，按 Enter 键即可。

第 3 步：在 Sheet1 工作表标签上单击鼠标右键，在打开的快捷菜单中执行“重命名”命令，此时的 Sheet1 工作表标签呈反白显示，输入新的工作表名“工资表”，按 Enter 键即可。

2. 表格格式的编排与修改：

第 4 步：在“工资表”工作表中，选中单元格区域 A1:K2，单击“开始”选项卡下“对齐方式”组中的“合并后居中”按钮。在“开始”选项卡下“样式”组中单击“单元格样式”按钮，在弹出的下拉列表中选择“汇总”单元格样式。在“开始”选项卡下“字体”组中的“字体”下拉列表中选择“华文行楷”，在“字号”下拉列表中选择“26”磅，在“字体颜色”下拉列表中选择标准色中的“紫色”。

第 5 步：选中单元格区域 A3:K3，在“开始”选项卡下“样式”组中单击“单元格样式”按钮，在弹出的下拉列表中选择“强调文字颜色 6”单元格样式。选中单元格区域 A4:K15，单击“样式”组的“单元格样式”按钮，在弹出的下拉列表中选择“解释性文本”单元格样式。

第 6 步：选中单元格区域 A3:K15，在“开始”选项卡下“样式”组中单击“套用表格格式”按钮，在弹出的下拉列表中选择“表样式浅色 15”，弹出“套用表格式”对话框，在“表数据的来源”文本框中输入“=$A$3:$K$15”，单击“确定”按钮。

第 7 步：选中单元格区域 D4:K15，在“开始”选项卡下“对齐方式”组中单击“文本右对齐”按钮。

第 8 步：选中单元格区域 A3:K15，单击“开始”选项卡下“单元格”组中的“格式”

下拉按钮，在弹出的下拉列表中执行“单元格大小”选项下的“自动调整列宽”命令。再次单击“格式”下拉按钮，执行“单元格大小”下的“行高”命令。打开“行高”对话框，在“行高”文本框中输入“16”，单击“确定”按钮。

第 9 步：选中单元格区域 A3:K15，在“开始”选项卡下“字体”组中单击“框线”下拉按钮，在弹出的下拉列表中执行“其他边框”命令。

第 10 步：打开“设置单元格格式”对话框，选择“边框”选项卡，在“样式”列表框中选择“粗实线（第 6 行第 2 列）”的样式，在“颜色”下拉列表中选择标准色中的“紫色”，在“预置”区域中单击“外边框”按钮，单击“确定”按钮。

3. 数据的管理与分析：

第 11 步：在“工资表”工作表中，选中单元格 K4，单击“开始”选项卡下“编辑”组中“自动求和”下拉按钮，在弹出的下拉列表中执行“求和”命令。在 K4 单元格中会自动插入 SUM 求和函数，根据试题要求调整求和区域为 D4:J4 单元格区域，按 Enter 键即可。

第 12 步：将鼠标指针置于 K4 单元格的右下角处，当指针变为✚形状时，按住鼠标左键拖拽至 K15 单元格处，释放鼠标左键，即可完成 K4:K15 单元格函数的复制填充操作。

第 13 步：在 Sheet2 工作表中选中 A20 单元格，单击“插入”选项卡下“表格”组中的“数据透视表”按钮，打开“创建数据透视表”对话框。单击“表/区域”文本框后面的折叠按钮选择要分析的数据为 A2:J14 单元格区域并返回，单击“确定”按钮。

第 14 步：在 Sheet2 工作表中，将自动创建新的空白数据透视表，表格右侧会显示“数据透视表字段列表”任务窗格。在“选择要添加到报表的字段”列表中拖拽“性别”字段至“报表筛选”列表框中，将“部门”字段拖拽至“列标签”列表框中，将“姓名”字段拖拽至“行标签”列表框中，将“基本工资”、“岗位工资”、“餐补”、“交通费”、“电话费”、“加班补助”和“住房补助”字段拖拽至“数值”列表框中，将“列标签”列表框中自动出现的“数值”字段拖拽至“行标签”列表框中“姓名”字段的下面。

第 15 步：单击“行标签”后面的下拉按钮，在打开的列表中仅选择“金玉”、“马俊”和“张平”选项，单击“确定”按钮。

第 16 步：选中单元格区域 B23:E52，在“开始”选项卡下“样式”组中单击“条件格式”下拉按钮，在弹出的下拉列表中选择“数据条”下的“渐变填充”区域中的“紫色数据条”，完成后单击任意单元格。

4. 图表的运用：

第 17 步：在 Sheet3 工作表中，选中单元格区域 A2:A14，按住 Ctrl 键，同时选中单元格区域 D2:D14，在“插入”选项卡下“图表”组中单击“面积图”下拉按钮，在弹出的下拉列表中选择“三维面积图”中的“三维面积图”，生成基本图表。

第 18 步：在图表标题中输入“员工基本工资情况表”。选中整个图表，在“图表工具”的“布局”选项卡下，单击“标签”组中的“坐标轴标题”按钮，在弹出的下拉列表中执行“主要横坐标轴标题”选项下的“坐标轴下方标题”命令，即可在横坐标轴标题中输入文本“姓名”。

第 19 步：选中整个图表，在“图表工具”的“布局”选项卡下，单击“标签”组中的“坐标轴标题”按钮，在弹出的下拉列表中执行“主要纵坐标轴标题”选项下的“竖排标题”命令，即可在纵坐标轴标题中输入文本“基本工资”。

第 20 步：在“图表工具”的“格式”选项卡下，单击“大小”组右下角的“对话框启动器”按钮，弹出“设置图表区格式”对话框，在左栏选择“大小”选项，在右栏先勾选“锁定纵横比”复选框，在“尺寸和旋转”区域的“高度”文本框中选择或输入“10 厘米”，单击“关闭”按钮。

第 21 步：选中整个图表，在“图表工具”的“格式”选项卡下“形状样式”组中单击“其他”按钮，在弹出的库中选择“细微效果 - 紫色，强调颜色 4”形状样式。

5. *数据文档的修订与保护：*

第 22 步：在“文件”选项卡下选择左侧的“信息”项，在右侧的信息栏中单击“保护工作簿”按钮，在弹出的下拉列表中执行“用密码进行加密”命令。

第 23 步：在弹出的“加密文档”对话框中输入密码“gjks4-11”，单击“确定”按钮。在弹出的“确认密码”对话框中再次输入密码“gjks4-11”，单击“确定”按钮。

第 24 步：执行“文件”→“保存”命令。

4.12 第 12 题解答

执行“文件”→“打开”命令，在“查找范围”文本框中找到指定路径，选择“A4.xlsx”文件，单击“打开”按钮。

1. *表格环境的设置与修改：*

第 1 步：选中 Sheet1 工作表中的第 2 行，单击鼠标右键，在打开的快捷菜单中执行“插入”命令。选中插入的新行，单击鼠标右键，在弹出的下拉列表中执行“行高”命令，打开“行高”对话框，在“行高”文本框中输入数值“30”，单击“确定”按钮即可。

第 2 步：选中 A1 单元格，在上方的“名称框”编辑栏内输入“啤酒销售情况”，按 Enter 键即可。

第 3 步：在 Sheet1 工作表标签上单击鼠标右键，在打开的快捷菜单中执行“重命名”命令，此时的 Sheet1 工作表标签呈反白显示，输入新的工作表名“啤酒销售情况表”，按 Enter 键即可。使用相同方法分别将 Sheet2、Sheet3 工作表重命名为“评分表”、“银行存取表”。

2. *表格格式的编排与修改：*

第 4 步：在“啤酒销售情况表”工作表中，选中单元格区域 A1:P2，单击“开始”选项卡下“对齐方式”组中的“合并后居中”按钮，单击“垂直居中”按钮。

第 5 步：选中表格的标题，在“开始”选项卡下“样式”组中单击“单元格样式”按钮，在弹出的下拉列表中选择“适中”单元格样式。在“开始”选项卡下“字体”组中的“字体”下拉列表中选择“幼圆”，在“字号”下拉列表中选择“24”磅，单击“加粗”按钮 B。

第 6 步：选中单元格区域 A3:P4，在“开始”选项卡下“字体”组中的“字体”下拉列表中选择“宋体”，在“字号”下拉列表中选择“12”磅，在“字体颜色”下拉列表中选择标准色中的“深蓝”色，单击“加粗”按钮 B。

第 7 步：选中单元格区域 A3:D4，在“开始”选项卡下“字体”组中的“填充颜色”下拉列表中选择标准色中的“浅绿”色；选中单元格区域 E3:K4，在“填充颜色”下拉列表中选择标准色中的“橙色”；选中单元格区域 L3:P4，在“填充颜色”下拉列表中选择标准色中的“浅蓝”色；选中单元格区域 A5:A10，在“填充颜色”下拉列表中选择标准色中的“黄色”；选中单元格区域 O5:P10，在“填充颜色”下拉列表中选择标准色中的“紫色”。

第 8 步：选中单元格区域 A3:P10，在“开始”选项卡下“字体”组中单击“框线”下拉按钮，在弹出的下拉列表中执行“其他边框”命令。

第 9 步：打开“设置单元格格式”对话框，在“边框”选项卡中，在“样式”列表框中选择“双实线（第 7 行第 2 列）”的样式；在“颜色”下拉列表中执行“其他颜色”命令，打开“颜色”对话框，在“自定义”选项卡下输入 RGB 值（255，0，255），单击“确定”按钮，返回到“设置单元格格式”对话框，在“预置”区域中单击“外边框”按钮。在“样式”列表框中选择“双点划线（第 1 行第 2 列）”的样式，在“颜色”下拉列表中选择标准色中的“红色”，在“预置”区域中单击“内部”按钮，单击“确定”按钮。

第 10 步：选中单元格区域 A1:P10，单击“开始”选项卡下“单元格”组中的“格式”下拉按钮，在弹出的下拉列表中执行“单元格大小”选项下的“自动调整列宽”命令。选中单元格区域 A1:P10，单击“开始”选项卡下“对齐方式”组中的“居中”按钮。

3. 数据的管理与分析：

第 11 步：在“评分表”工作表中，选中单元格 C12，单击“开始”选项卡下“编辑”组中“自动求和”下拉按钮，在弹出的下拉列表中执行“最大值”命令。在 C12 单元格中会自动插入 MAX 求最大值函数，根据试题要求调整求最大值区域为 C2:C11 单元格区域，按 Enter 键即可。

第 12 步：将鼠标指针置于 C12 单元格的右下角处，当指针变为✚形状时，按住鼠标左键拖拽至 L12 单元格处，释放鼠标左键，即可完成 C12:L12 单元格函数的复制填充操作。

第 13 步：选中单元格 C13，单击“开始”选项卡下“编辑”组中“自动求和”下拉按钮，在弹出的下拉列表中执行“最小值”命令。在 C13 单元格中会自动插入 MIN 求最小值函数，根据试题要求调整求最小值区域为 C2:C11 单元格区域，按 Enter 键即可。

第 14 步：将鼠标指针置于 C13 单元格的右下角处，当指针变为✚形状时，按住鼠标左键拖拽至 L13 单元格处，释放鼠标左键，即可完成 C13:L13 单元格函数的复制填充操作。

第 15 步：选中单元格 C14，单击“开始”选项卡下“编辑”组中“自动求和”下拉按钮，在弹出的下拉列表中执行“求和”命令。在 C14 单元格中会自动插入 SUM 求和函数，根据试题要求调整求和区域为 C2:C11 单元格区域，按 Enter 键即可。

第 16 步：将鼠标指针置于 C14 单元格的右下角处，当指针变为✚形状时，按住鼠标左键拖拽至 L14 单元格处，释放鼠标左键，即可完成 C14:L14 单元格函数的复制填充操作。

第 17 步：在 C15 单元格中输入公式“=C14-C13-C12”，按 Enter 键即可。将鼠标置于 C15 单元格的右下角处，当指针变为✚形状时，按住鼠标左键拖拽至 L15 单元格处，释放鼠标左键，即可完成 C15:L15 单元格公式的复制填充操作。

第 18 步：在 C16 单元格中输入公式“=C15/10”，按 Enter 键即可。将鼠标指针置于 C16 单元格的右下角处，当指针变为✚形状时，按住鼠标左键拖拽至 L16 单元格处，释放鼠标左键，即可完成 C16:L16 单元格公式的复制填充操作。

第 19 步：在“评分表”工作表中，选中单元格区域 C16:L16，在“开始”选项卡下“样式”组中单击“条件格式”下拉按钮，在弹出的下拉列表中选择“图标集”下的“三色交通灯（有边框）”，完成后单击任意单元格。

第 20 步：在“评分表”工作表中，选中 C17 单元格，单击“插入”选项卡下“迷你图”组中的“折线图”按钮。在打开的“创建迷你图”对话框中，在“数据范围”文本框中输入“C2:C11”，在“位置范围”文本框中输入“$C$17”，单击“确定”按钮。

第 21 步：将鼠标指针置于 C17 单元格的右下角处，当指针变为✚形状时，按住鼠标左键拖拽至 L17 单元格处，释放鼠标左键，即可完成 C17:L17 单元格迷你图的复制填充操作。

第 22 步：选中单元格区域 C17:L17，在“迷你图工具”的“设计”选项卡下“样式”组中单击“其他”按钮，在弹出的库中选择“迷你图样式彩色 #4”样式，如图 4-77 所示。

图 4-77

4. 图表的运用：

第 23 步：在“银行存取表”工作表中，选中单元格区域 F2:F16，按住 Ctrl 键，同时选中单元格区域 I2:I16，在“插入”选项卡下“图表”组中单击“饼图”下拉按钮，在弹出的下拉列表中选择“二维饼图”中的“复合饼图”，生成基本图表。

第 24 步：选中新插入的图表，在“图表工具”的“布局”选项卡下“标签”组中单击“数据标签”按钮，在弹出的下拉列表中选择“最佳匹配”选项。

第 25 步：选中整个图表，在“图表工具”的“布局”选项卡下，单击“标签”组中的“图例”按钮，在弹出的下拉列表中选择“在顶部显示图例”选项。在图表标题中输入“银行利息对比”。

第 26 步：选中整个图表，在“图表工具”的“格式”选项卡下的“大小”组中，在“高度”文本框中微调或输入“10 厘米”，在“宽度”文本框中微调或输入“15 厘米”。

第 27 步：在“图表工具”的“格式”选项卡下“形状样式”组中单击“形状效果”按钮，在弹出的库中选择“棱台”选项下的“草皮”形状效果。

5. 数据文档的修订与保护：

第 28 步：单击“审阅”选项卡下“更改”组中的“保护工作簿”按钮。

第 29 步：打开“保护结构和窗口”对话框，勾选“结构”和“窗口”复选框，在“密码（可选）”编辑框中输入“gjks4-12”，单击“确定”按钮。弹出“确认密码”对话框，在“重新输入密码”编辑框中输入“gjks4-12”，单击“确定”按钮。

第 30 步：执行“文件”→“保存”命令。

4.13　第 13 题解答

执行“文件”→“打开”命令，在“查找范围”文本框中找到指定路径，选择“A4.xlsx”文件，单击“打开”按钮。

1. 表格环境的设置与修改：

第 1 步：选中 Sheet1 工作表中的第 2 行，单击鼠标右键，在打开的快捷菜单中执行“插入”命令。选中插入的新行，单击鼠标右键，在弹出的下拉列表中执行“行高”命令，打开“行高”对话框，在“行高”文本框中输入数值“20”，单击“确定”按钮即可。

第 2 步：选中 A 列，单击鼠标右键，在打开的快捷菜单中执行“插入”命令。选中插入的新列，单击鼠标右键，在弹出的下拉列表中执行“列宽”命令，打开“列宽”对话框，在“列宽”文本框中输入数值“10”，单击“确定”按钮即可。

第 3 步：选中 B1 单元格，在上方的“名称框”编辑栏内输入“销售情况统计表”，按 Enter 键即可。

2. 表格格式的编排与修改：

第 4 步：在 Sheet1 工作表中，选中单元格区域 B1:F2，单击“开始”选项卡下“对齐方式”组中的“合并后居中”按钮。在“开始”选项卡下“字体”下拉列表中选择“华文彩云”，在“字号”下拉列表中选择“20”磅，在“字体颜色”下拉列表中选择标准色中的“深红”色，单击“加粗”按钮B。

第 5 步：选中单元格区域 B3:F3，在“开始”选项卡下“样式”组中单击“单元格样式”按钮，在弹出的下拉列表中选择“标题 1”单元格样式；在“字体”组中的“字体”下拉列表中选择“隶书”，在“字号”下拉列表中选择“16”磅，在“字体颜色”下拉列表中选择标准色中的“浅蓝”色。

第 6 步：选中单元格区域 B1:F2，单击“开始”选项卡下“字体”组右下角的“对话框启动器”按钮，弹出“设置单元格格式”对话框，选择“填充”选项卡，在“图案颜色”下拉列表中执行“其他颜色”命令，打开“颜色”对话框，在“自定义”选项卡下输入 RGB 值（51，204，255），单击“确定”按钮返回到“设置单元格格式”对话框；在“图案样式”下拉列表中选择“12.5% 灰色”底纹，单击“确定”按钮。

第 7 步：选中单元格区域 B4:C11，单击“开始”选项卡下“字体”组右下角的“对话框启动器”按钮，弹出“设置单元格格式”对话框，选择“填充”选项卡，单击“填充效果”按钮。打开“填充效果”对话框，在“颜色”区域点选“双色”单选按钮，在“颜色 1”下拉列表中选择主题颜色中的“白色，背景 1”，在“颜色 2”下拉列表中选择标准色中的“橙色”，在“底纹样式”区域点选“水平”单选按钮，选择“变形”区域的第 1 种效果，单击“确定”按钮。返回到“设置单元格格式”对话框，单击“确定”按钮。

第 8 步：选中单元格区域 D4:F11，在“开始”选项卡下“字体”组中，在“填充颜色”下拉列表中执行“其他颜色”命令，打开“颜色”对话框，在“自定义”选项卡下输入 RGB 值（200，255，200），单击“确定”按钮。

第 9 步：选中单元格区域 B1:F11，在“开始”选项卡下“字体”组中单击“框线”下拉按钮，在弹出的下拉列表中执行“其他边框”命令。

第 10 步：打开“设置单元格格式”对话框，在“边框”选项卡中，在“样式”列表框中选择“粗虚线（第 4 行第 2 列）”的样式，在“颜色”下拉列表中选择标准色中的“紫色”，在“预置”区域中单击“外边框”按钮，单击“确定”按钮。

第 11 步：选中单元格区域 B4:F11，在“开始”选项卡下“字体”组中单击“框线”下拉按钮，在弹出的下拉列表中执行“其他边框”命令。

第 12 步：打开“设置单元格格式”对话框，在“边框”选项卡下，在“样式”列表框中选择“粗虚线（第 4 行第 2 列）”的样式，在“颜色”下拉列表中选择标准色中的“红色”，在“预置”区域中单击“内部”按钮，单击“确定”按钮。

第 13 步：选中单元格区域 B1:F11，单击“开始”选项卡下“单元格”组中的“格式”下拉按钮，在弹出的下拉列表中执行“单元格大小”选项下的“自动调整列宽”命令；在“对齐方式”组中单击“居中”按钮和“垂直居中”按钮。

3. 数据的管理与分析：

第 14 步：在 Sheet2 工作表中选定表格区域的任意单元格，单击“开始”选项卡下“编辑”组中的“排序和筛选”按钮，在弹出的下拉列表中执行“筛选”命令，即可在每个列字段后出现一个下拉按钮▾。单击“家电类”后的下拉按钮，在弹出的下拉列表中执行“数字筛选”选项下的“小于”命令；打开“自定义自动筛选方式”对话框，在右侧的文本框中输入“60000”，单击“确定”按钮。

第 15 步：再次单击“百货类”后的下拉按钮，在弹出的下拉列表中执行“数字筛选”选项下的“大于或等于”命令；打开“自定义自动筛选方式”对话框，在右侧的文本框中输入“65000”，单击“确定”按钮即可。

第 16 步：在 Sheet2 工作表中，选中单元格区域 C3:E8，在“开始”选项卡下“样式”组中单击“条件格式”下拉按钮，在弹出的下拉列表中选择“图标集”下的“五等级”，完成后单击任意单元格。

第 17 步：在 Sheet2 工作表中，选中 F3 单元格，在“插入”选项卡下“迷你图”组中单击“柱形图”按钮。在打开的“创建迷你图”对话框中，在“数据范围”文本框中输入“C3:E3”，在“位置范围”文本框中输入“$F$3”，单击“确定”按钮。

第 18 步：将鼠标指针置于 F3 单元格的右下角处，当指针变为✚形状时，按住鼠标左键拖拽至 F8 单元格处，释放鼠标左键，即可完成 F3:F8 单元格迷你图的复制填充操作。

第 19 步：选中单元格区域 F3:F8，在“迷你图工具”的“设计”选项卡下，在“样式”组中单击“标记颜色”按钮，在弹出的下拉列表中选择“高点”选项，在“颜色”下拉列表中选择标准色中的“红色”，如图 4-78 所示。再次单击“标记颜色”按钮，在弹出的下拉列表中选择“低点”选项，在“颜色”下拉列表中选择标准色中的“绿色”。

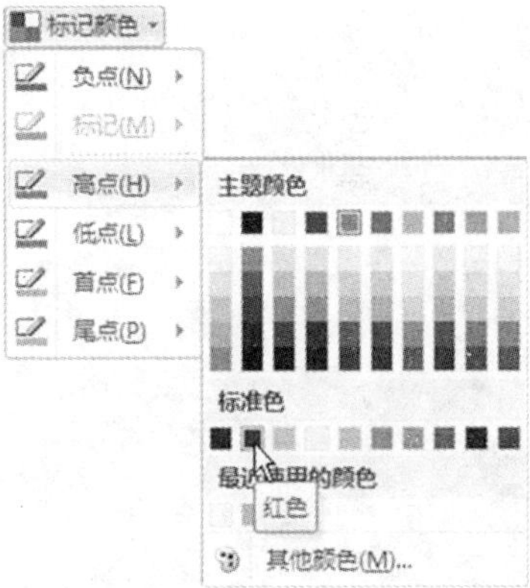

图 4-78

4. 图表的运用：

第 20 步：在 Sheet3 工作表中，选中单元格区域 A2:A10，按住 Ctrl 键，同时选中单元格区域 C2:E10，在“插入”选项卡下“图表”组中单击“柱形图”下拉按钮，在弹出的下拉列表中选择“圆柱图”中的“簇状圆柱图”，生成基本图表。

第 21 步：选中新插入的图表，在“图表工具”的“布局”选项卡下，单击“标签”组中的“图例”按钮，在弹出的下拉列表中选择“在左侧显示图例”选项。

第 22 步：选中整个图表，在“图表工具”的“格式”选项卡下的“大小”组中，在“高度”文本框中微调或输入“10 厘米”，在“宽度”文本框中微调或输入“18 厘米”。

第 23 步：在“图表工具”的“布局”选项卡下“标签”组中单击“图表标题”按钮，在弹出的下拉列表中选择“图表上方”选项，在图表标题中输入“销售情况统计表”。

第 24 步：选中整个图表，在“图表工具”的“格式”选项卡下“形状样式”组中单击“形状填充”按钮，在弹出的列表中选择“纹理”选项下的“粉色面巾纸”纹理效果，如图 4-79 所示。

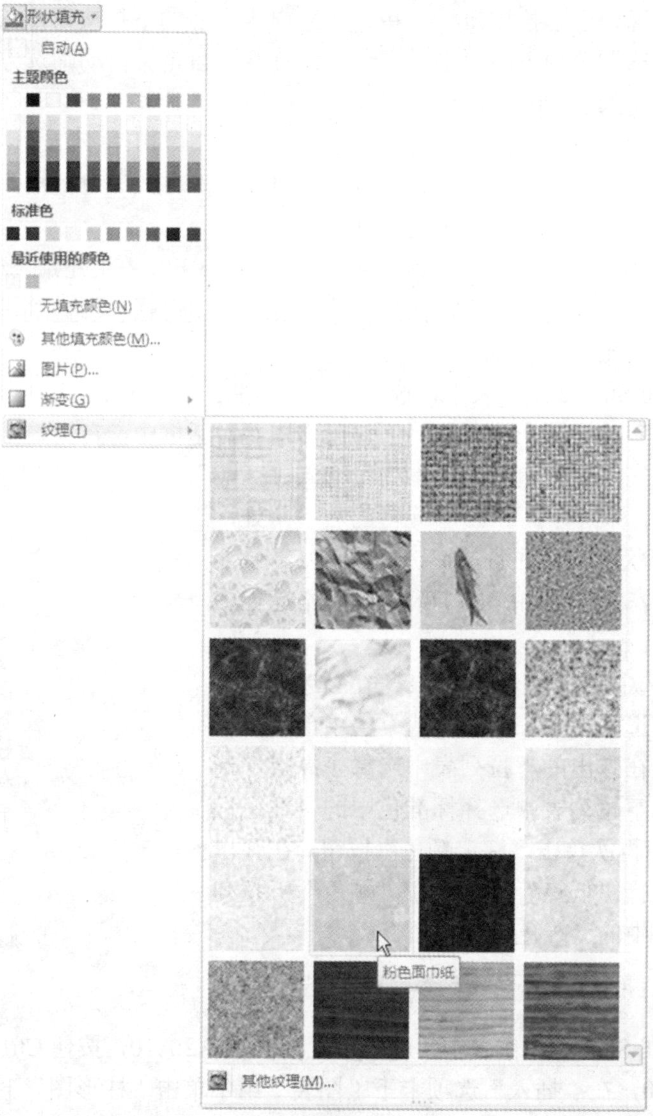

图 4-79

第 25 步：在“图表工具”的“格式”选项卡下“形状样式”组中单击“形状效果”按钮，在弹出的库中选择“阴影”选项下的“内部居中”阴影效果。

5．数据文档的修订与保护：

第 26 步：单击“审阅”选项卡下“更改”组中的“保护工作簿”按钮。

第 27 步：打开“保护结构和窗口”对话框，仅勾选“窗口”复选框，在“密码（可选）”编辑框中输入“gjks4-13”，单击“确定”按钮。弹出“确认密码”对话框，在“重新输入密码”编辑框中输入“gjks4-13”，单击“确定”按钮。

第 28 步：执行“文件”→“保存”命令。

4.14　第 14 题解答

执行“文件”→“打开”命令，在“查找范围”文本框中找到指定路径，选择“A4.xlsx”文件，单击“打开”按钮。

1. *表格环境的设置与修改:*

第 1 步：选中 Sheet1 工作表中的第 1 行，单击鼠标右键，在打开的快捷菜单中执行“插入”命令。根据样文所示录入相应的内容“某建筑公司全年销售盈利统计表”。

第 2 步：选中 Sheet1 工作表中标题行，单击鼠标右键，在打开的快捷菜单中执行“行高”命令，打开“行高”对话框，在“行高”文本框中输入数值“35”，单击“确定”按钮即可。

第 3 步：选中 A1 单元格，在上方的“名称框”编辑栏内输入“盈利统计”，按 Enter 键即可。

2. *表格格式的编排与修改:*

第 4 步：在 Sheet1 工作表中，选中单元格区域 A1:F1，单击“开始”选项卡下“对齐方式”组中的“合并后居中”按钮。在“开始”选项卡下“字体”组中的“字体”下拉列表中选择“华文行楷”，在“字号”下拉列表中选择“20”磅；在“字体颜色”下拉列表中执行“其他颜色”命令，打开“颜色”对话框，在“自定义”选项卡下输入 RGB 值（0，51，0），单击“确定”按钮。在“对齐方式”组中单击“垂直居中”按钮。

第 5 步：选中单元格区域 A2:F2，在“开始”选项卡下“字体”组中的“字体”下拉列表中选择“华文新魏”，在“字号”下拉列表中选择“14”磅，单击“加粗”按钮 B。

第 6 步：选中单元格区域 A3:F14，在“开始”选项卡下“字体”组中的“字体”下拉列表中选择“隶书”，在“字号”下拉列表中选择“14”磅；在“字体颜色”下拉列表中执行“其他颜色”命令，打开“颜色”对话框，在“自定义”选项卡下输入 RGB 值（102，51，0），单击“确定”按钮。

第 7 步：选中单元格区域 A1:F14，单击“开始”选项卡下“对齐方式”组中的“居中”按钮。

第 8 步：在 Sheet1 工作表中，单击“页面布局”选项卡下“页面设置”组中的“背景”按钮。打开“工作表背景”对话框，在指定目录（C:\Win2010GJW\KSML1 文件夹）中选择“KSWJ4-14.jpg”图片文件，单击“插入”按钮即可。

第 9 步：选中单元格区域 A2:F14，单击“开始”选项卡下“单元格”组中的“格式”下拉按钮，执行“单元格大小”下的“列宽”命令。打开“列宽”对话框，在“列宽”文本框中输入数值“10”，单击“确定”按钮。

第 10 步：选中单元格区域 A1:F14，在“开始”选项卡下“字体”组中单击“框线”下拉按钮，在弹出的下拉列表中执行“其他边框”命令。打开“设置单元格格式”对话框，在“边框”选项卡中，在“样式”列表框中选择“粗虚线（第 4 行第 2 列）”的样式，在“颜色”下拉列表中选择标准色中的“紫色”，在“预置”区域中单击“外边框”按钮，单击“确定”按钮。

3. 数据的管理与分析：

第 11 步：在 Sheet1 工作表中，在 F3 单元格中输入公式“=D3-E3”，按 Enter 键即可。将鼠标指针置于 F3 单元格的右下角处，当指针变为✚形状时，按住鼠标左键拖拽至 F14 单元格处，释放鼠标左键，即可完成 F3:F14 单元格公式的复制填充操作。

第 12 步：在 Sheet2 工作表中，选定“产品名称”中任意单元格，单击“开始”选项卡下“编辑”组中的“排序和筛选”按钮，在弹出的下拉列表中执行“升序”命令。

第 13 步：在“数据”选项卡下“分级显示”组中单击“分类汇总”按钮。打开“分类汇总”对话框，在“分类字段”下拉列表框中选择“产品名称”，在“汇总方式”下拉列表框中选择“最小值”，在“选定汇总项”列表中勾选“销售价”、“成本价”和“盈利”，单击“确定”按钮。

第 14 步：在 Sheet2 工作表中，用选中单元格区域 D3:F18，在“开始”选项卡下“样式”组中单击“条件格式”下拉按钮，选择“数据条”下的“实心填充”区域的“绿色数据条”。

4. 图表的运用：

第 15 步：在 Sheet3 工作表中，选中单元格区域 A2:A14，按住 Ctrl 键，同时选中单元格区域 F2:F14，在“插入”选项卡下“图表”组中单击“饼图”下拉按钮，在弹出的下拉列表中选择“三维饼图”中的“三维饼图”，生成基本图表。

第 16 步：选中新插入的图表，在“图表工具”的“格式”选项卡下的“大小”组中，在“高度”文本框中微调或输入“9 厘米”，在“宽度”文本框中微调或输入“11 厘米”。

第 17 步：在“图表工具”的“布局”选项卡下，单击“标签”组中的“数据标签”按钮，在弹出的下拉列表中选择“数据标签内”选项。单击“图例”按钮，在弹出的下拉列表中选择“在底部显示图例”选项。在图表的标题区域中输入“全年销售盈利统计图”。

第 18 步：选中整个图表，在“图表工具”的“格式”选项卡下“形状样式”组中单击“其他”按钮▾，在弹出的库中选择“强烈效果 - 黑色，深色 1”形状样式。

5. 数据文档的修订与保护：

第 19 步：单击“审阅”选项卡下“更改”组中的“保护工作簿”按钮，打开“保护结构和窗口”对话框，勾选“结构”和“窗口”复选框，在“密码（可选）”编辑框中输入“gjks4-14”，单击“确定”按钮；弹出“确认密码”对话框，在“重新输入密码”编辑框中输入“gjks4-14”，单击“确定”按钮。

第 20 步：执行“文件”→“保存”命令。

4.15 第 15 题解答

执行“文件”→“打开”命令，在“查找范围”文本框中找到指定路径，选择“A4.xlsx”文件，单击“打开”按钮。

1. 表格环境的设置与修改:

第 1 步：选中 Sheet1 工作表中的第 2 行，单击鼠标右键，在打开的快捷菜单中执行“插入”命令。选中插入的新行，单击鼠标右键，在弹出的下拉列表中执行“行高”命令，打开“行高”对话框，在“行高”文本框中输入数值“15”，单击“确定”按钮即可。

第 2 步：选中 A1 单元格，在上方的“名称框”编辑栏内输入“人均消费统计表”，按 Enter 键即可。

第 3 步：在 Sheet1 工作表标签上单击鼠标右键，在打开的快捷菜单中执行“重命名”命令，此时的 Sheet1 工作表标签呈反白显示，输入新的工作表名“消费统计表”，按 Enter 键即可。再次在“消费统计表”标签上单击鼠标右键，在打开的快捷菜单中执行“工作表标签颜色”命令，在打开的列表中选择标准色中的“紫色”。

2. 表格格式的编排与修改:

第 4 步：在“消费统计表”工作表中，选中单元格区域 A1:G1，单击“开始”选项卡下“对齐方式”组中的“合并后居中”按钮。在“样式”组中单击“单元格样式”按钮，在弹出的下拉列表中选择“标题”单元格样式。

第 5 步：选中单元格区域 A3:G3，在“开始”选项卡下“样式”组中单击“单元格样式”按钮，在弹出的下拉列表中选择“标题 4”单元格样式；选中单元格区域 A4:G14，单击“样式”组的“单元格样式”按钮，在弹出的下拉列表中选择“输出”单元格样式。

第 6 步：选中单元格区域 A3:G14，在“开始”选项卡下“对齐方式”组中单击“底端对齐”按钮和“居中”按钮。在“样式”组中单击“套用表格格式”按钮，在弹出的下拉列表中选择“表样式浅色 13”，弹出“套用表格式”对话框，在“表数据的来源”文本框中输入“=$A$3:$G$14”，单击“确定”按钮。

第 7 步：选中单元格区域 A1:G1，按住 Ctrl 键，同时选中单元格区域 A3:G14，单击“开始”选项卡下“单元格”组中的“格式”下拉按钮，在弹出的列表中选择“单元格大小”下的“自动调整行高”；再次单击“格式”下拉按钮，在弹出的列表中执行“单元格大小”选项下的“自动调整列宽”命令。

第 8 步：选中单元格区域 A3:G14，在“开始”选项卡下“字体”组中单击“框线”下拉按钮，在弹出的下拉列表中执行“其他边框”命令。打开“设置单元格格式”对话框，选择“边框”选项卡，在“样式”列表框中选择“虚线（第 6 行第 1 列）”的样式，在“预置”区域中单击“内部”按钮，单击“确定”按钮。

3. 数据的管理与分析:

第 9 步：在“消费统计表”工作表中，选中 G4 单元格，单击“开始”选项卡下“编辑”组中的“自动求和”下拉按钮，在弹出的下拉列表中执行“求和”命令。在 G4 单元格中会自动插入 SUM 求和函数，根据试题要求调整求和区域为 C4:F4 单元格区域，按 Enter 键即可。

第 10 步：将鼠标指针置于 G4 单元格的右下角处，当指针变为＋形状时，按住鼠标左键拖拽至 G14 单元格处，释放鼠标左键，即可完成 G4:G14 单元格函数的复制填充操作。

第 11 步：在 Sheet2 工作表中选中 A20 单元格，单击“插入”选项卡下“表格”组中的“数据透视表”按钮，打开“创建数据透视表”对话框。单击“表/区域”文本框后面的折叠按钮选择要分析的数据为 A2:F13 单元格区域并返回，单击“确定”按钮。

第 12 步：在 Sheet2 工作表中，将自动创建新的空白数据透视表，表格右侧会显示“数据透视表字段列表”任务窗格。在“选择要添加到报表的字段”列表中拖拽“地区”字段至“列标签”列表框中，将“城市”字段拖拽至“行标签”列表框中，将“食品”、“服装”、“日常生活用品”和“耐用消费品”字段拖拽至“数值”列表框中，将“列标签”列表框中自动出现的“数值”字段拖拽至“行标签”列表框中“城市”字段的下面。

第 13 步：在“数据透视表字段列表”任务窗格的“数值”列表框中，单击“求和项：食品”后面的下拉按钮，在打开的列表中执行“值字段设置”命令，如图 4-80 所示。打开“值字段设置”对话框，在“计算类型”列表中选择“最大值”选项，如图 4-81 所示，单击“确定”按钮。使用同样方法分别完成“服装”、“日常生活用品”和“耐用消费品”的求最大值项。

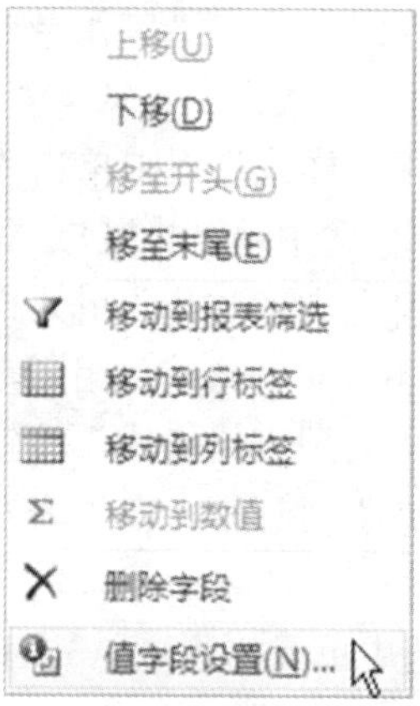

图 4-80

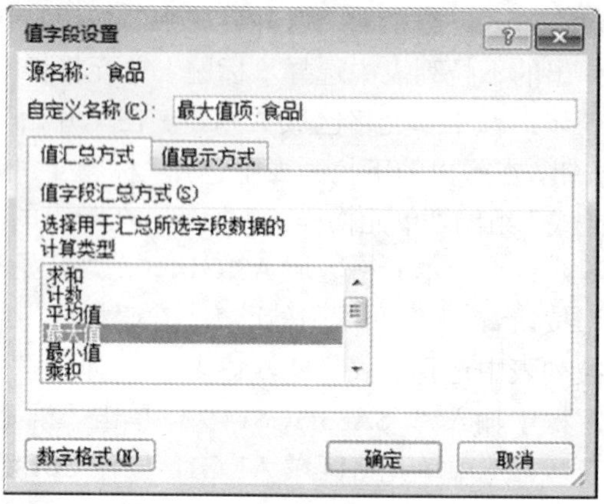

图 4-81

第 14 步：单击“列标签”后面的下拉按钮，在打开的列表中仅选择“华东”和“西北”选项，单击“确定”按钮。

第 15 步：选中单元格区域 B23:D45，在“开始”选项卡下“样式”组中单击“条件格式”下拉按钮，在弹出的下拉列表中选择“色阶”下的“红 - 白 - 蓝色阶”，完成后单击任意单元格。

4. 图表的运用：

第 16 步：在 Sheet3 工作表中，选中单元格区域 B2:F13，在“插入”选项卡下“图表”组中单击“柱形图”下拉按钮，在弹出的下拉列表中选择“二维柱形图”中的“簇状柱形图”，生成基本图表。

第 17 步：选中新插入的图表，在“图表工具”的“布局”选项卡下“标签”组中单击“图表标题”按钮，在弹出的下拉列表中选择“图表上方”选项，在图表标题中输入“大中城市人均消费统计表”。

第 18 步：在“图表工具”的“布局”选项卡下，单击“标签”组中的“坐标轴标题”

按钮，在弹出的下拉列表中执行“主要横坐标轴标题”选项下的“坐标轴下方标题”命令，即可在横坐标轴标题中输入文本“城市”；再次单击“坐标轴标题”按钮，在弹出的下拉列表中执行“主要纵坐标轴标题”选项下的“竖排标题”命令，即可在纵坐标轴标题中输入文本“消费水平”。

第 19 步：选中整个图表，在“图表工具”的“格式”选项卡下“形状样式”组中单击“形状效果”按钮，在弹出的下拉列表中选择“发光”选项下的“水绿色，18pt 发光，强调文字颜色 5”形状效果。

5. 数据文档的修订与保护：

第 20 步：在“文件”选项卡下选择左侧的“信息”项，在右侧的信息栏中单击“保护工作簿”按钮，在弹出的下拉列表中执行“用密码进行加密”命令。

第 21 步：在弹出的“加密文档”对话框中输入密码“gjks4-15”，单击“确定”按钮。在弹出的“确认密码”对话框中再次输入密码“gjks4-15”，单击“确定”按钮。

第 22 步：执行“文件”→“保存”命令。

4.16　第 16 题解答

执行“文件”→“打开”命令，在“查找范围”文本框中找到指定路径，选择“A4.xlsx”文件，单击“打开”按钮。

1. 表格环境的设置与修改：

第 1 步：在工作簿下方单击“插入工作表”按钮，自动生成 Sheet4 工作表；在 Sheet4 工作表标签上单击鼠标右键，在打开的快捷菜单中执行“重命名”命令，此时的 Sheet4 工作表标签呈反白显示，输入新的工作表名“学生成绩表”，按 Enter 键即可。

第 2 步：在 Sheet1 工作表中，按下 Ctrl+A 组合键选中整个工作表，单击“开始”选项卡下“剪贴板”组中的“复制”按钮。切换至“学生成绩表”工作表，选中 A1 单元格，单击“剪贴板”组中的“粘贴”按钮。

第 3 步：选中“学生成绩表”工作表的标题单元格 A1，在上方的“名称框”编辑栏内输入“成绩表”，按 Enter 键即可。

2. 表格格式的编排与修改：

第 4 步：在 Sheet1 工作表中，选中单元格区域 A1:H1，单击“开始”选项卡下“对齐方式”组中的“合并后居中”按钮。在“开始”选项卡下“字体”组中的“字体”下拉列表中选择“方正舒体”，在“字号”下拉列表中选择“20”磅，单击“加粗”按钮 B。选中单元格区域 A2:H2，在“字体”下拉列表中选择“幼圆”，在“字号”文本框中输入“13”磅，单击“加粗”按钮 B；选中单元格区域 A3:H12，在“字体”下拉列表中选择“华文细黑”，在“字号”下拉列表中选择“12”磅。选中单元格区域 A1:H12，在“字体颜色”下拉列表中选择标准色中的“深红”色。

第 5 步：单击“页面布局”选项卡下“页面设置”组中的“背景”按钮。打开“工作表背景”对话框，在指定目录（C:\Win2010GJW\KSML1 文件夹）中选择图片文件“KSWJ4-16.jpg”，单击“插入”按钮。

第 6 步：选中单元格区域 A1:H12，单击“开始”选项卡下“单元格”组中的“格式”下拉按钮，在弹出的下拉列表中执行“单元格大小”选项下的“自动调整列宽”命令；在“对齐方式”组中单击“居中”按钮。

3. 数据的管理与分析：

第 7 步：在 Sheet1 工作表中，选中 H3 单元格，单击“开始”选项卡下“编辑”组中“自动求和”下拉按钮，在弹出的下拉列表中执行“求和”命令。

第 8 步：在 H3 单元格中会自动插入 SUM 求和函数，根据试题要求调整求和区域为 D3:G3 单元格区域，按 Enter 键即可。

第 9 步：将鼠标指针置于 H3 单元格的右下角处，当指针变为+形状时，按住鼠标左键拖拽至 H12 单元格处，释放鼠标左键，即可完成 H3:H12 单元格函数的复制填充操作。

第 10 步：在 Sheet2 工作表中选中 A20 单元格，单击“插入”选项卡下“表格”组中的“数据透视表”按钮，打开“创建数据透视表”对话框。单击“表/区域”文本框后面的折叠按钮选择要分析的数据为 A2:G12 单元格区域并返回，单击“确定”按钮。

第 11 步：在 Sheet2 工作表中，将自动创建新的空白数据透视表，表格右侧会显示“数据透视表字段列表”任务窗格。在“选择要添加到报表的字段”列表中拖拽“性别”字段至“报表筛选”列表框中，将“班级”字段拖拽至“列标签”列表框中，将“姓名”字段拖拽至“行标签”列表框中，将“语文”、“数学”、“英语”、“政治”字段拖拽至“数值”列表框中，将“列标签”列表框中自动出现的“数值”字段拖拽至“行标签”列表框中“姓名”字段的下方。

第 12 步：单击“行标签”后面的下拉按钮，在打开的列表中仅选择“江峰”、“任勇”和“杨洋”三项，单击“确定”按钮。

第 13 步：选中单元格区域 B23:D40，在“开始”选项卡下“样式”组中单击“条件格式”下拉按钮，在弹出的下拉列表中选择“色阶”项下的“绿 - 黄色阶”。

4. 图表的运用：

第 14 步：在 Sheet3 工作表中，选中单元格区域 A2:A12，按住 Ctrl 键，同时选中单元格区域 H2:H12，在“插入”选项卡下“图表”组中单击“饼图”下拉按钮，在弹出的下拉列表中选择“二维饼图”中的“复合饼图”，生成基本图表。

第 15 步：在“图表工具”的“布局”选项卡下，单击“标签”组中的“图例”按钮，在弹出的下拉列表中选择“在左侧显示图例”选项。单击“数据标签”按钮，在弹出的下拉列表中选择“居中”选项。

第 16 步：在“图表工具”的“格式”选项卡下的“大小”组中，在“高度”文本框中微调或输入“8 厘米”，在“宽度”文本框中微调或输入“13.5 厘米”。在图表标题中输入“学生成绩表”。

第 17 步：选中整个图表，在“图表工具”的“格式”选项卡下“形状样式”组中单击“其他”按钮，在弹出的库中选择“细微效果 - 橙色，强调颜色 6”形状样式。

5. 数据文档的修订与保护：

第 18 步：在“文件”选项卡下选择左侧的“信息”项，在右侧的信息栏中单击“保护工作簿”按钮，在弹出的下拉列表中执行“用密码进行加密”命令。

第 19 步：在弹出的“加密文档”对话框中输入密码“gjks4-16”，单击“确定”按钮。在弹出的“确认密码”对话框中再次输入密码“gjks4-16”，单击“确定”按钮。

第 20 步：执行“文件”→“保存”命令。

4.17 第 17 题解答

执行“文件”→“打开”命令，在“查找范围”文本框中找到指定路径，选择“A4.xlsx”文件，单击“打开”按钮。

1. 表格环境的设置与修改：

第 1 步：选中 Sheet1 工作表第 2 行，单击鼠标右键，在打开的快捷菜单中执行“插入”命令。选中插入的新行，单击鼠标右键，在弹出的下拉列表中执行“行高”命令。打开“行高”对话框，在“行高”文本框中输入数值“15”，单击“确定”按钮。

第 2 步：选中 A1 单元格，在上方的“名称框”编辑栏内输入“上半年销售报表”，按 Enter 键即可。

第 3 步：在 Sheet1 工作表标签上单击鼠标右键，在打开的快捷菜单中执行“重命名”命令。此时的 Sheet1 工作表标签呈反白显示，输入新的工作表名称“销售报表”，按 Enter 键即可。

2. 表格格式的编排与修改：

第 4 步：在“销售报表”工作表中，选中单元格区域 A1:F2，单击“开始”选项卡下“对齐方式”组中的“合并后居中”按钮。在“样式”组中单击“单元格样式”按钮，在弹出的下拉列表中选择“标题”单元格样式。

第 5 步：选中单元格区域 A3:F3，在“开始”选项卡下“样式”组中单击“单元格样式”按钮，在弹出的下拉列表中选择“好”单元格样式；选中单元格区域 A4:F19，单击“样式”组的“单元格样式”按钮，在弹出的下拉列表中选择“计算”单元格样式。

第 6 步：选中单元格区域 A3:F3，在“开始”选项卡下“字体”组中的“字体”下拉列表中选择“华文中宋”，在“字号”下拉列表中选择“14”磅。

第 7 步：选中单元格区域 A3:F19，在“开始”选项卡下“样式”组中单击“套用表格格式”下拉按钮，在弹出的库中选择“表样式浅色 19”。

第 8 步：打开“套用表格式”对话框，在“表数据的来源”框中选择“=$A$3:$F$19”单元格区域，单击“确定”按钮。

第 9 步：选中单元格区域 A1:F19，单击“开始”选项卡下“单元格”组中的“格式”下拉按钮，在弹出的下拉列表中执行“单元格大小”选项下的“自动调整列宽”命令；单击“开始”选项卡下“对齐方式”组中的“居中”按钮和“垂直居中”按钮。

3. 数据的管理与分析：

第 10 步：在“销售报表”工作表中，在 F4 单元格中输入公式“=E4*D4”，按 Enter 键。将鼠标指针置于 F4 单元格的右下角处，当指针变为＋形状时，按住鼠标左键拖拽至 F19 单元格处，释放鼠标左键，即可完成 F4:F19 单元格公式的复制填充操作。

第 11 步：在 Sheet2 工作表中，选定“类别”一列中的任意单元格，单击“开始”选项卡下“编辑”组中的“排序和筛选”按钮，在弹出的下拉列表中选择“升序”。

第 12 步：在“数据”选项卡下“分级显示”组单击“分类汇总”按钮。打开“分类汇总”对话框，在“分类字段”下拉列表框中选择“类别”，在“汇总方式”下拉列表框中选择“最大值”，在“选定汇总项”列表中勾选“销售总额”，单击“确定”按钮。

第 13 步：在 Sheet2 工作表中，选中单元格区域 F3:F22，在“开始”选项卡下“样式”组中单击“条件格式”下拉按钮，在弹出的下拉列表中选择“数据条”选项下的“渐变填充”区域的“红色数据条”。

4. 图表的运用：

第 14 步：在 Sheet3 工作表中，选中单元格区域 A2:A18，按住 Ctrl 键，同时选中单元格区域 F2:F18，在“插入”选项卡下“图表”组中单击“饼图”下拉按钮，在弹出的下拉列表中选择“三维饼图”中的“分离型三维饼图”，生成基本图表。

第 15 步：在图表标题中输入“上半年销售总额”。选中图表，在“图表工具”的“布局”选项卡下，单击“标签”组中的“图例”按钮，在弹出的下拉列表中选择“在底部显示图例”选项。

第 16 步：在“图表工具”的“格式”选项卡下的“大小”组中，在“高度”文本框中微调或输入“9 厘米”，在“宽度”文本框中微调或输入“13 厘米”。

第 17 步：在“图表工具”的“格式”选项卡下的“形状样式”组中单击右下角的“对话框启动器”按钮，弹出“设置图表区格式”对话框，在该对话框的左栏选择“填充”选项，在右侧设置栏中点选“渐变填充”单选按钮，单击“预设颜色”按钮，在弹出的库中选择“麦浪滚滚”的渐变效果，如图 4-82 所示，单击“关闭”按钮。

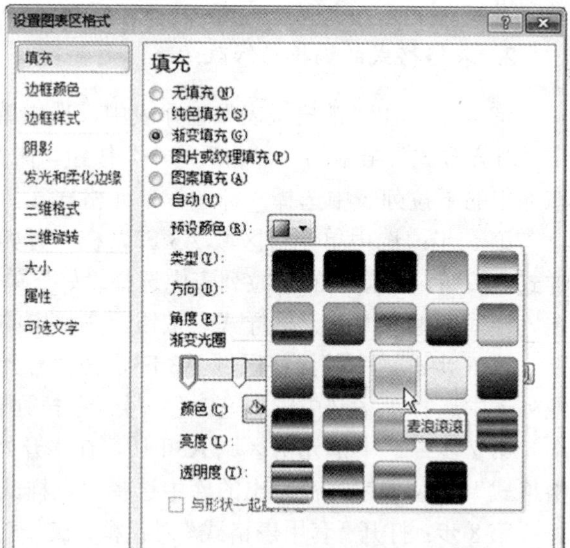

图 4-82

第 18 步：选中图表标题，在“图表工具”的“格式”选项卡下，在“艺术字样式”组中单击“其他”按钮，在弹出的库中选择“渐变填充 - 紫色，强调文字颜色 4，映像”艺术字样式。

第 19 步：选中新插入的艺术字，在“开始”选项卡下“字体”组中的“字体”下拉列表中选择“华文新魏”，在“字号”下拉列表中选择“24”磅。

5. 数据文档的修订与保护：

第 20 步：单击“审阅”选项卡下“更改”组中的“保护工作簿”按钮。

第 21 步：打开“保护结构和窗口”对话框，勾选“结构”和“窗口”复选框，在“密码（可选）”编辑框中输入“gjks4-17”，单击“确定”按钮。弹出“确认密码”对话框，在“重新输入密码”编辑框中输入“gjks4-17”，单击“确定”按钮。

第 22 步：执行“文件”→“保存”命令。

4.18　第 18 题解答

执行“文件”→“打开”命令，在“查找范围”文本框中找到指定路径，选择“A4.xlsx”文件，单击“打开”按钮。

1. 表格环境的设置与修改：

第 1 步：选中 Sheet1 工作表中的第 2 行，单击鼠标右键，在打开的快捷菜单中执行“插入”命令；选中 A 列，单击鼠标右键，在打开的快捷菜单中执行“插入”命令。

第 2 步：选中单元格区域 B1:G2，在上方的“名称框”编辑栏内输入“业绩表标题”，按 Enter 键即可。

2. 表格格式的编排与修改：

第 3 步：在 Sheet1 工作表中，选中单元格区域 B1:G2，单击“开始”选项卡下“对齐方式”组中的“合并后居中”按钮。在“字体”组中的“字体”下拉列表中选择“方正姚体”，在“字号”下拉列表中选择“18”磅，在“字体颜色”下拉列表中选择标准色中的“深蓝”色，单击“加粗”按钮 B。

第 4 步：选中单元格区域 B3:G3，在“开始”选项卡下“字体”组中的“字体”下拉列表中选择“华文楷体”，在“字号”下拉列表中选择“14”磅，在“字体颜色”下拉列表中选择标准色中的“深红”色。

第 5 步：选中单元格区域 B4:G15，在“开始”选项卡下“字体”组中的“字体”下拉列表中选择“华文细黑”；在“字体颜色”下拉列表中执行“其他颜色”命令。打开“颜色”对话框，在“自定义”选项卡下输入 RGB 值（0，0，255），单击“确定”按钮。

第 6 步：选中表格的标题行（单元格区域 B1:G2），单击“开始”选项卡下“字体”组右下角的“对话框启动器”按钮，弹出“设置单元格格式”对话框，选择“填充”选项卡，单击“填充效果”按钮。

第 7 步：打开“填充效果”对话框，在“颜色”区域点选“双色”单选按钮，在“颜色 1”下拉列表中执行“其他颜色”命令，打开“颜色”对话框，在“自定义”选项卡下输入 RGB 值（255，102，204），单击“确定”按钮返回到“填充效果”对话框；在

“颜色 2”下拉列表中选择标准色中的“浅绿”色；在“底纹样式”区域点选“水平”单选按钮；选择“变形”区域的第 3 种效果，单击“确定”按钮返回到“设置单元格格式”对话框，单击“确定”按钮。

第 8 步：选中单元格区域 B3:G3，单击“开始”选项卡下“字体”组右下角的“对话框启动器”按钮，弹出“设置单元格格式”对话框，选择“填充”选项卡，在“图案颜色”下拉列表中选择标准色中的“浅绿”色；在“图案样式”下拉列表中选择“对角线 剖面线”底纹，单击“确定”按钮。

第 9 步：选中单元格区域 B4:G15，在“开始”选项卡下“字体”组中，在“填充颜色”下拉列表中执行“其他颜色”命令，打开“颜色”对话框，在“自定义”选项卡下输入 RGB 值（255，204，153），单击“确定”按钮。

第 10 步：选中单元格区域 B1:G15，在“开始”选项卡下“字体”组中单击“框线”下拉按钮，在弹出的下拉列表中执行“其他边框”命令。

第 11 步：打开“设置单元格格式”对话框，在“边框”选项卡中，在“样式”列表框中选择“粗虚线（第 4 行第 2 列）”的样式，在“颜色”下拉列表中选择标准色中的“紫色”，在“预置”区域中单击“外边框”按钮和“内部”按钮，单击“确定”按钮。

第 12 步：选中单元格区域 B1:G15，单击“开始”选项卡下“单元格”组中的“格式”下拉按钮，在弹出的下拉列表中执行“单元格大小”选项下的“自动调整列宽”命令；在“对齐方式”组中单击“居中”按钮和“垂直居中”按钮。

3. 数据的管理与分析：

第 13 步：在 Sheet2 工作表中选定表格区域的任意单元格，单击“开始”选项卡下“编辑”组中的“排序和筛选”按钮，在弹出的下拉列表中执行“筛选”命令，即可在每个列字段后出现一个下拉按钮。单击“部门”后的下拉按钮，在弹出的下拉列表中仅勾选“销售三部”选项，单击“确定”按钮。

第 14 步：选中单元格区域 D4:F12，在“开始”选项卡下“样式”组中单击“条件格式”下拉按钮，在弹出的下拉列表中执行“突出显示单元格规则”选项下的“大于”命令。

第 15 步：在打开的“大于”对话框中，在第 1 个编辑框中输入“80000”，在“设置为”下拉列表框中选择“黄填充色深黄色文本”，单击“确定”按钮。

第 16 步：在 Sheet2 工作表中，选中 G4 单元格，在“插入”选项卡下“迷你图”组中单击“柱形图”按钮。在打开的“创建迷你图”对话框中，在“数据范围”文本框中输入“D4:F4”，在“位置范围”文本框中输入“$G$4”，单击“确定”按钮。

第 17 步：将鼠标指针置于 G4 单元格的右下角处，当指针变为╋形状时，按住鼠标左键拖拽至 G12 单元格处，释放鼠标左键，即可完成 G4:G12 单元格迷你图的复制填充操作。

第 18 步：选中单元格区域 G4:G12，在“迷你图工具”的“设计”选项卡下，在“样式”组中单击“标记颜色”按钮，在弹出的下拉列表中选择“高点”选项，在“颜色”下拉列表中选择标准色中的“浅蓝”色。再次单击“标记颜色”按钮，在弹出的下拉列表中选择“低点”选项，在“颜色”下拉列表中选择标准色中的“红色”。

4. 图表的运用：

第 19 步：在 Sheet3 工作表中，选中单元格区域 B2:B14，按住 Ctrl 键，同时选中单元格区域 D2:F14，在“插入”选项卡下“图表”组中单击“柱形图”下拉按钮，在弹出下拉列表中选择“三维柱形图”中的“三维簇状柱形图”，生成基本图表。

第 20 步：选中垂直轴数据，单击鼠标右键，在打开的快捷菜单中选择“设置坐标轴格式”。打开“设置坐标轴格式”对话框，在左栏中选择“坐标轴选项”项，在右侧的设置栏中的“最小值”后面点选“固定”单选按钮，在后面的文本框中输入数值“50000”，单击“关闭”按钮即可。

第 21 步：选中整个图表，在“图表工具”的“格式”选项卡下的“大小”组中，在“高度”文本框中微调或输入“8 厘米”，在“宽度”文本框中微调或输入“15 厘米”。

第 22 步：在“图表工具”的“布局”选项卡下“标签”组中单击“图表标题”按钮，在弹出的下拉列表中选择“图表上方”选项，在图表标题中输入“第一季度销售业绩统计表”。

第 23 步：选中整个图表，在“图表工具”的“设计”选项卡下，在“图表样式”组中单击“其他”按钮，在弹出的库中选择“样式 10”图表样式。

第 24 步：在“图表工具”的“格式”选项卡下“形状样式”组中单击“其他”按钮，在弹出的库中选择“强烈效果 - 水绿色，强调颜色 5”形状样式。

5. 数据文档的修订与保护：

第 25 步：单击“审阅”选项卡下“更改”组中的“保护工作簿”按钮。

第 26 步：打开“保护结构和窗口”对话框，仅勾选“结构”复选框，在“密码（可选）”编辑框中输入“gjks4-18”，单击“确定”按钮。弹出“确认密码”对话框，在“重新输入密码”编辑框中输入“gjks4-18”，单击“确定”按钮。

第 27 步：执行“文件”→“保存”命令。

4.19　第 19 题解答

执行“文件”→“打开”命令，在“查找范围”文本框中找到指定路径，选择“A4.xlsx”文件，单击“打开”按钮。

1. 表格环境的设置与修改：

第 1 步：选中 Sheet1 工作表中的第 5 行，单击鼠标右键，在打开的快捷菜单中执行“插入”命令。根据样文所示录入相应的内容：“GZ”、“亚热带”、“64”、“81”、“73”、“80”、“80”、“81”。

第 2 步：选中 Sheet1 工作表中标题行（第 1 行），单击鼠标右键，在打开的快捷菜单中执行“行高”命令，打开“行高”对话框，在“行高”文本框中输入数值“30”，单击“确定”按钮即可。

第 3 步：选中单元格区域 A1:I12，在上方的“名称框”编辑栏内输入“相对湿度表”，按 Enter 键即可。

2. 表格格式的编排与修改：

第 4 步：在 Sheet1 工作表中，选中单元格区域 A1:I1，单击“开始”选项卡下“对齐方式”组中的“合并后居中”按钮。在“开始”选项卡下“字体”组中的“字体”下拉列表中选择“华文行楷”，在“字号”下拉列表中选择“20”磅，在“字体颜色”下拉列表中选择标准色中的“深红”色，单击“加粗”按钮 B。

第 5 步：选中单元格区域 A2:I2，在“开始”选项卡下“字体”组中的“字体”下拉列表中选择“方正姚体”，在“字号”下拉列表中选择“14”磅。

第 6 步：选中单元格区域 A3:I12，在“开始”选项卡下“字体”组中的“字体”下拉列表中选择“华文行楷”，在“字号”下拉列表中选择“14”磅，在“字体颜色”下拉列表中选择标准色中的“紫色”。

第 7 步：选中单元格区域 A3:B12，在“开始”选项卡下“对齐方式”组中单击“文本左对齐”按钮；选中单元格区域 C3:I12，在“开始”选项卡下“对齐方式”组中单击“文本右对齐”按钮。

第 8 步：在 Sheet1 工作表中，单击“页面布局”选项卡下“页面设置”组中的“背景”按钮。打开“工作表背景”对话框，在指定目录（C:\Win2010GJW\KSML1 文件夹）中选择“KSWJ4-19.jpg”图片文件，单击“插入”按钮即可。

第 9 步：选中单元格区域 A1:I12，单击“开始”选项卡下“单元格”组中的“格式”下拉按钮，执行“单元格大小”下的“列宽”命令。打开“列宽”对话框，在“列宽”文本框中输入数值“10”，单击“确定”按钮。

第 10 步：选中单元格区域 A1:I12，在“开始”选项卡下“字体”组中，单击“框线”下拉按钮，在弹出的下拉列表中执行“其他边框”命令。打开“设置单元格格式”对话框，在“边框”选项卡中，在“样式”列表框中选择“粗点划线（第 3 行第 2 列）”的样式，在“颜色”下拉列表中执行“其他颜色”命令，打开“颜色”对话框，在“自定义”选项卡下输入 RGB 值（255，0，255），单击“确定”按钮返回到“设置单元格格式”对话框。在“预置”区域中单击“外边框”按钮，在“样式”列表框中选择“单实线（第 7 行第 1 列）”的样式，在“预置”区域中单击“内部”按钮，单击“确定”按钮。

3. 数据的管理与分析：

第 11 步：在 Sheet1 工作表中，选中 I3 单元格，单击“开始”选项卡下“编辑”组中“自动求和”下拉按钮，在弹出的下拉列表中执行“平均值”命令。在 I3 单元格中会自动插入 AVERAGE 求平均值函数，根据试题要求调整求平均值区域为 C3:H3 单元格区域，按 Enter 键即可。

第 12 步：将鼠标指针置于 I3 单元格的右下角处，当指针变为+形状时，按住鼠标左键拖拽至 I12 单元格处，释放鼠标左键，即可完成 I3:I12 单元格函数的复制填充操作。

第 13 步：选中单元格区域 I3:I12，单击“开始”选项卡下“数字”组右下角的“对话框启动器”按钮，弹出“设置单元格格式”对话框，选择“数字”选项卡。在“分类”列表框中选择“数值”选项，在“小数位数”文本框中选择或输入“2”，单击“确定”按钮。

第 14 步：在 Sheet2 工作表中，选定表格中任意单元格，单击“开始”选项卡下“编辑”组中的“排序和筛选”按钮，在弹出的下拉列表中执行“自定义排序”命令。在弹出的“排序”对话框中，两次单击“添加条件”按钮，下方显示区域会增加两个“次要关键字”列。在“主要关键字”下拉列表中选择“气候类型”选项，在第 1 个“次要关键字”下拉列表中选择“一月份”选项，在第 2 个“次要关键字”下拉列表中选择“二月份”选项，在“次序”下拉列表中均选择“降序”选项，单击“确定”按钮。

第 15 步：在 Sheet2 工作表中，选中单元格区域 C3:H12，在“开始”选项卡下“样式”组中单击“条件格式”下拉按钮，在弹出的下拉列表中选择“图标集”下的“四色交通灯”。

4. 图表的运用：

第 16 步：在 Sheet3 工作表中，选中单元格区域 A2:A12，按住 Ctrl 键，同时选中单元格区域 C2:H12，在“插入”选项卡下“图表”组中单击“柱形图”下拉按钮，在弹出的下拉列表中选择“三维柱形图”中的“三维堆积柱形图”，生成基本图表。

第 17 步：在“图表工具”的“布局”选项卡下，在“标签”组中单击“图例”按钮，在弹出的下拉列表中选择“在底部显示图例”选项；单击“图表标题”按钮，在弹出的下拉列表中选择“图表上方”选项，在图表标题中输入“上半年相对湿度表”。

第 18 步：选中整个图表，在“图表工具”的“格式”选项卡下“形状样式”组中单击“形状填充”按钮，在弹出的列表中选择“纹理”选项下的“白色大理石”纹理效果。

第 19 步：选中图例区域，在“图表工具”的“格式”选项卡下“形状样式”组中单击“其他”按钮，在弹出的库中选择“彩色填充 - 橄榄色，强调颜色 3”形状样式。

5. 数据文档的修订与保护：

第 20 步：在 Sheet1 工作表中，单击“审阅”选项卡下“更改”组中的“保护工作表”按钮。

第 21 步：打开“保护工作表”对话框，在“取消工作表保护时使用的密码”编辑框中输入“gjks4-19”，在“允许此工作表的所有用户进行”下面的列表中仅勾选“排序”和“使用自动筛选”复选框，单击“确定”按钮。

第 22 步：在弹出的“确认密码”对话框中，在“重新输入密码”编辑框中再次输入“gjks4-19”，单击“确定”按钮。

第 23 步：执行“文件”→“保存”命令。

4.20　第 20 题解答

执行“文件”→“打开”命令，在“查找范围”文本框中找到指定路径，选择“A4.xlsx”文件，单击“打开”按钮。

1. 表格环境的设置与修改：

第 1 步：选中 Sheet1 工作表第 2 行，单击鼠标右键，在打开的快捷菜单中执行“插入”命令。选中插入的新行，单击鼠标右键，在弹出的下拉列表中执行“行高”命令。打开“行高”对话框，在“行高”文本框中输入数值“12”，单击“确定”按钮。

第 2 步：选中单元格区域 A1:F11，在上方的“名称框”编辑栏内输入“销售表”，按 Enter 键即可。

第 3 步：在 Sheet1 工作表标签上单击鼠标右键，在打开的快捷菜单中执行“重命名”命令。此时的 Sheet1 工作表标签呈反白显示，输入新的工作表名称“销售情况表”，按 Enter 键即可。

2. 表格格式的编排与修改：

第 4 步：在“销售情况表”工作表中，选中单元格区域 A1:F2，单击“开始”选项卡下“对齐方式”组中的“合并后居中”按钮。在“开始”选项卡下“样式”组中单击“单元格样式”按钮，在弹出的下拉列表中选择“标题 1”单元格样式。在“开始”选项卡下“字体”组中的“字体”下拉列表中选择“华文行楷”，在“字号”下拉列表中选择“18”磅。

第 5 步：选中单元格区域 A3:F11，在“开始”选项卡下“字体”组中的“字体”下拉列表中选择“华文宋体”，在“字号”下拉列表中选择“12”磅，在“字体颜色”下拉列表中选择标准色中的“紫色”。在“开始”选项卡下“样式”组中单击“套用表格格式”下拉按钮，在弹出的库中选择“表样式深色 11”。

第 6 步：打开“套用表格式”对话框，在“表数据的来源”框中选择“=$A$3:$F$11”单元格区域，单击“确定”按钮。

第 7 步：选中单元格区域 A3:F11，单击“开始”选项卡下“单元格”组中的“格式”下拉按钮，在弹出的下拉列表中执行“单元格大小”选项下的“自动调整列宽”命令；在“对齐方式”组中单击“文本左对齐”按钮。

3. 数据的管理与分析：

第 8 步：在“销售情况表”工作表中，选中 F4 单元格，单击“开始”选项卡下“编辑”组中“自动求和”下拉按钮，在弹出的下拉列表中执行“求和”命令。在 F4 单元格中会自动插入 SUM 求和函数，根据试题要求调整求和区域为 B4:E4 单元格区域，按 Enter 键即可。

第 9 步：将鼠标指针置于 F4 单元格的右下角处，当指针变为✚形状时，按住鼠标左键拖拽至 F11 单元格处，释放鼠标左键，即可完成 F4:F11 单元格函数的复制填充操作。

第 10 步：在 Sheet2 工作表中选定表格中的任意单元格，单击“开始”选项卡下“编辑”组中的“排序和筛选”按钮，在弹出的下拉列表中执行“筛选”命令，即可在每个列字段后出现一个下拉按钮。单击“第一季度”后的下拉按钮，在弹出的下拉列表中执行“数字筛选”选项下的“小于”命令。

第 11 步：打开“自定义自动筛选方式”对话框，在右侧的文本框中输入“200”，单击“确定”按钮。使用相同方法将“第三季度”大于 100 的记录筛选出来。

第 12 步：在 Sheet2 工作表中，选中单元格区域 B4:E10，在“开始”选项卡下“样式”组中单击“条件格式”下拉按钮，在弹出的下拉列表中执行“突出显示单元格规则”

选项下的“文本包含”命令。

第 13 步：在打开的“文本中包含”对话框中，在第 1 个编辑框中输入“3”，在“设置为”下拉框中执行“自定义格式”命令。打开“设置单元格格式”对话框，在“字体”选项卡的“颜色”下拉列表中选择标准色中的“黄色”；在“填充”选项卡的“背景色”区域中选择“浅蓝”色，单击“确定”按钮返回到“文本中包含”对话框，单击“确定”按钮即可。

4. 图表的运用：

第 14 步：在 Sheet3 工作表中，选中单元格区域 A2:E10，在“插入”选项卡下“图表”组中单击“条形图”下拉按钮，在弹出的下拉列表中选择“棱锥图”中的“簇状水平棱锥图”，生成基本图表。

第 15 步：选中新插入的图表，在“图表工具”的“格式”选项卡下的“大小”组中，在“高度”文本框中微调或输入“9 厘米”，在“宽度”文本框中微调或输入“13 厘米”。

第 16 步：在“图表工具”的“布局”选项卡下，单击“标签”组中的“图表标题”按钮，在弹出的下拉列表中选择“图表上方”选项，在图表标题中输入“全年销售情况表”。

第 17 步：选中图表标题，在“开始”选项卡下“字体”组中的“字体”下拉列表中选择“华文行楷”，在“字号”下拉列表中选择“24”磅。在“图表工具”的“格式”选项卡下，在“艺术字样式”组中单击“其他”按钮，在弹出的库中选择“渐变填充 - 蓝色，强调文字颜色 1”艺术字样式；单击“文本效果”按钮，在弹出的下拉列表中选择“映像”选项下的“全映像，接触”的文本效果。

第 18 步：选中整个图表，在“图表工具”的“格式”选项卡下的“形状样式”组中单击“形状填充”按钮，在打开的下拉列表中执行“其他颜色”命令，打开“颜色”对话框，在“自定义”选项卡下输入 RGB 值（255，102，255），单击“确定”按钮。再次单击“形状填充”按钮，在打开的下拉列表框中选择“渐变”选项下“浅色变体”区域的“线性向上”效果。

5. 数据文档的修订与保护：

第 19 步：在“文件”选项卡下选择左侧的“信息”项，在右侧的信息栏中单击“保护工作簿”按钮，在弹出的下拉列表中执行“用密码进行加密”命令。

第 20 步：在弹出的“加密文档”对话框中输入密码“gjks4-20”，单击“确定”按钮。在弹出的“确认密码”对话框中再次输入密码“gjks4-20”，单击“确定”按钮。

第 21 步：执行“文件”→“保存”命令。

第五单元　数据表处理的综合操作

5.1　第 1 题解答

执行“文件”→“打开”命令，在“查找范围”文本框中找到指定路径，选择“A5.xlsx”文件，单击“打开”按钮。

1. 创建图表：

第 1 步：在 Sheet1 工作表中同时选中单元格区域 A2:A9 和 C2:E9，在“插入”选项卡下“图表”组中单击“柱形图”下拉按钮，选中“圆柱图”中的“簇状圆柱图”，如图 5-1 所示，生成基本图表。

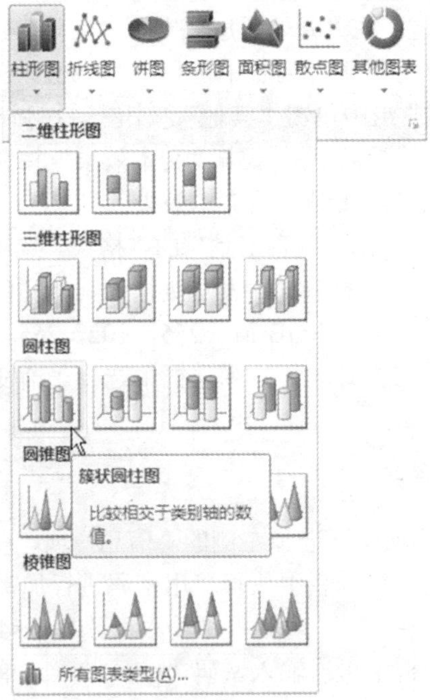

图 5-1

2. 设定图表的格式：

第 2 步：选中新创建的图表，在“图表工具”的“设计”选项卡下，在“图表布局”组中单击“布局 5”，如图 5-2 所示。选中“图表标题”文本“图表标题”，输入新标题文本“第四季度销售统计表”。选中“垂直轴标题”文本“坐标轴标题”，输入新标题文本“单位（元）”。

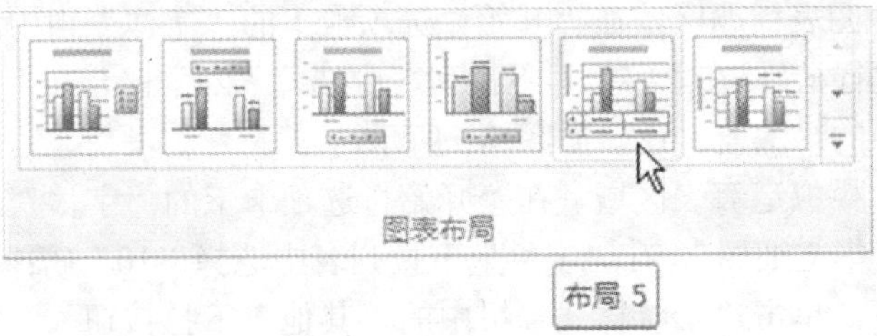

图 5-2

第 3 步：选中图表，在“图表工具”的“设计”选项卡下，在“图表样式”组中单击“其他”下拉按钮，在弹出的库中选择“样式 31”，如图 5-3 所示。

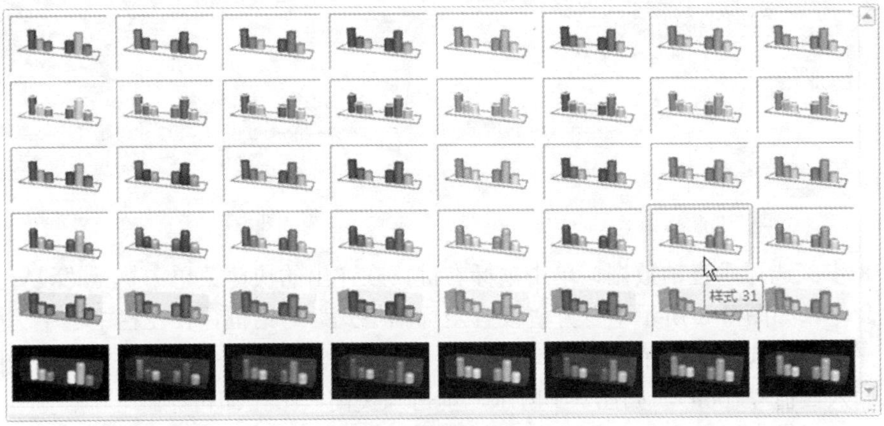

图 5-3

第 4 步：在“图表工具”的“格式”选项卡下，在“大小”组中的“高度”文本框中微调或输入“11 厘米”，在“宽度”文本框中微调或输入“19 厘米”，如图 5-4 所示。

第 5 步：选中图表区，在“图表工具”的“格式”选项卡下，单击“形状样式”组中的“其他”下拉按钮，在弹出的库中选择“彩色轮廓 - 水绿色，强调颜色 5”的形状样式，如图 5-5 所示。

图 5-4

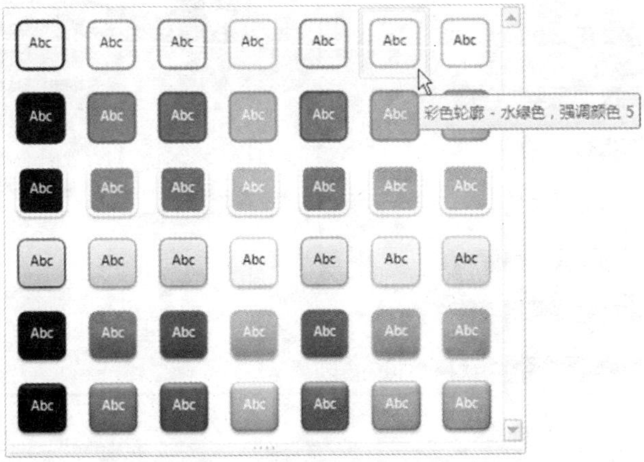

图 5-5

第 6 步：选中图表标题区，在“开始”选项卡下的“字体”组中，在“字体”下拉列表中选择“华文行楷”，在“字号”下拉列表中选择“24”磅，在“字体颜色”下拉列表中选择标准色中的“深蓝”色，如图 5-6 所示。

第 7 步：选中模拟运算表区域，在“开始”选项卡下的“字体”组中，在“字体”下拉列表中选择“华文细黑”，在“字号”下拉列表中选择“10”磅；在“图表工具”的“格式”选项卡下，单击“形状样式”组中的“其他”下拉按钮，在弹出的库中选择“中等线 - 强调颜色 1”的形状样式，如图 5-7 所示。

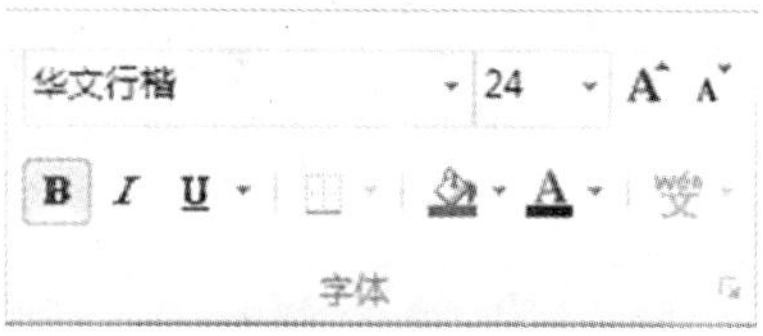

图 5-6

图 5-7

第 8 步：选择垂直轴数据，单击鼠标右键，在弹出的快捷菜单中执行“设置坐标轴格式”命令，如图 5-8 所示。打开“设置坐标轴格式”对话框，在左栏中选中“坐标轴选项”，在右侧的设置栏中的“主要刻度单位”后面点选“固定”单选按钮，在后面的文本框中输入数值“2000”，如图 5-9 所示，单击“关闭”按钮即可。

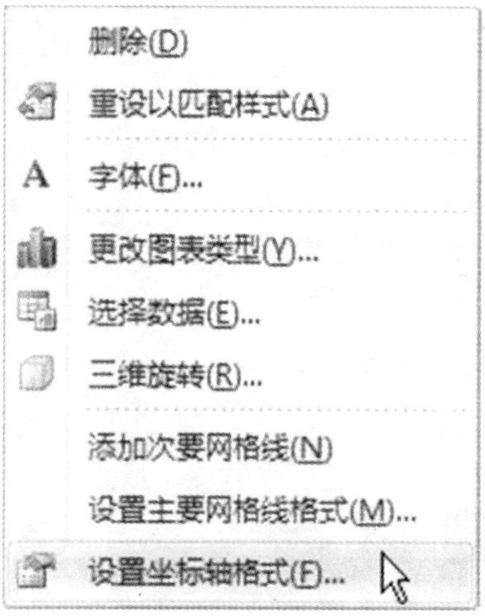

图 5-8

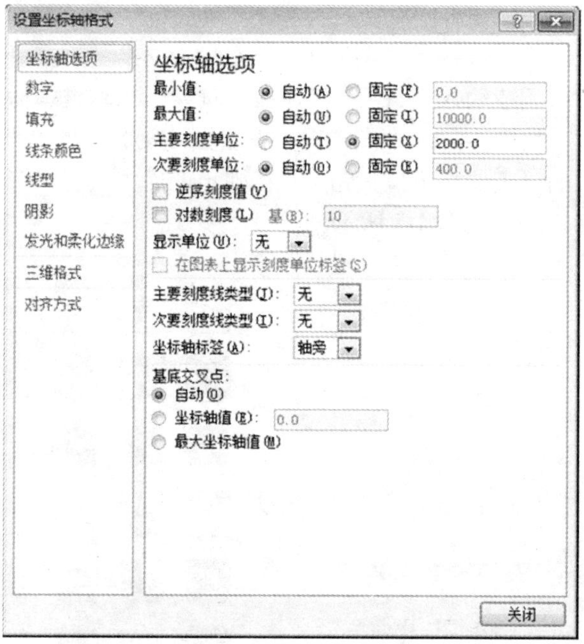

图 5-9

3. 修改图表中的数据：

第 9 步：在图表中选择 11 月“烟酒”的数据点，单击鼠标右键，从弹出的快捷菜单中执行“添加数据标签”命令，如图 5-10 所示。选中该数据标签，在“开始”选项卡下的“字体”组中，在“字号”下拉列表中选择“14”磅，在“字体颜色”下拉列表中选择标准色中的“红色”。在表格单元格区域 D8 位置将数据改为“6000”，数据标签将相应修改，如图 5-11 所示。

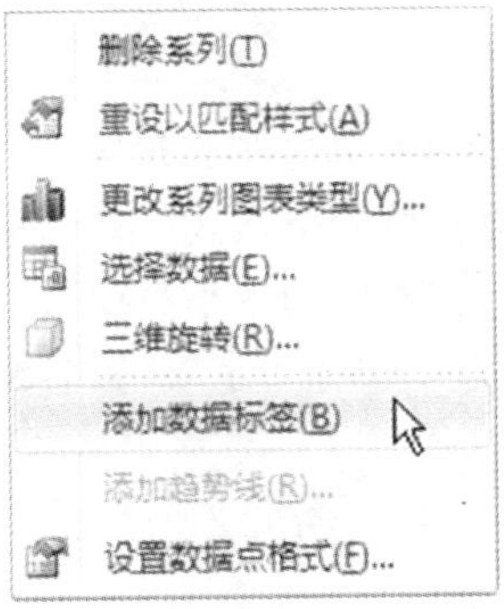

图 5-10

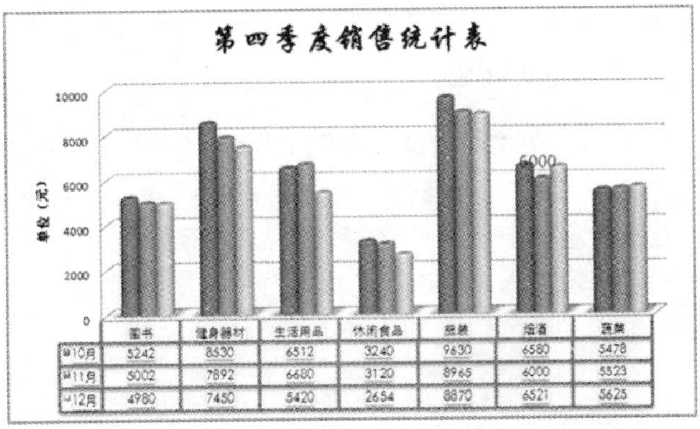

图 5-11

4. 为图表添加外部数据：

第 10 步：在 Sheet2 工作表中，选中单元格区域 A10:E11，单击鼠标右键，在弹出的快捷菜单中执行“复制”命令，将内容暂时存放在剪贴板上。在 Sheet1 工作表中，选中 A10 单元格，单击鼠标右键，在弹出的快捷菜单中执行“粘贴选项”下的“粘贴”命令即可。

第 11 步：选中图表，在“图表工具”的“设计”选项卡的“数据”组中，单击“选择数据”按钮，如图 5-12 所示，打开“选择数据源”对话框。

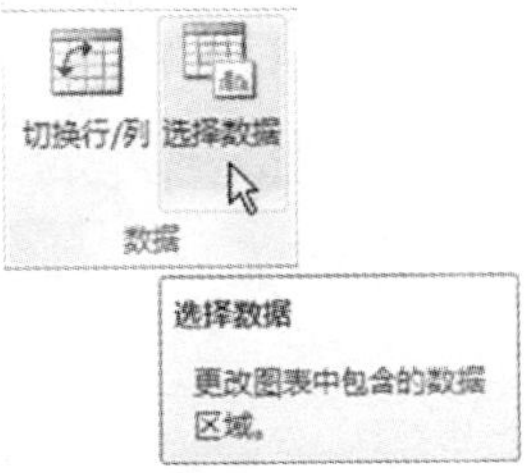

图 5-12

第 12 步：在“选择数据源”对话框中，单击“图表数据区域”文本框后面的折叠按钮，同时选中单元格区域 A2:A11 和 C2:E11 并返回，如图 5-13 所示，单击“确定”按钮即可。

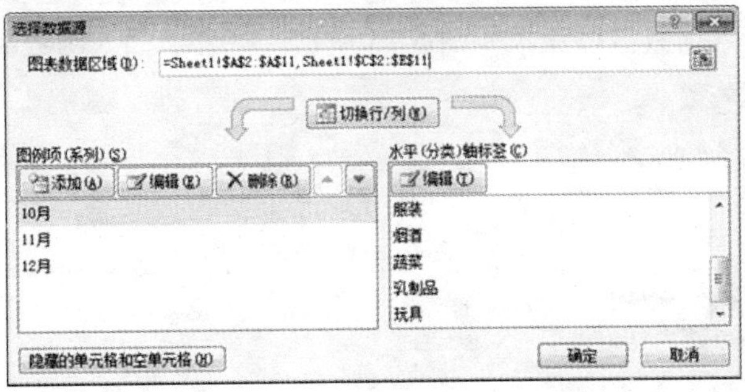

图 5-13

第 13 步：执行“文件”→“保存”命令。

5.2 第 2 题解答

执行“文件”→“打开”命令，在“查找范围”文本框中找到指定路径，选择“A5.xlsx”文件，单击“打开”按钮。在 Sheet1 工作表的标签上单击鼠标右键，在弹出的快捷菜单中执行“重命名”命令，此时的标签会显示黑色背景，便可以输入新的工作表名称“存款试算表”。

1. 数据格式设置:

第 1 步：在“存款试算表”工作表中选中单元格区域 E3:E9，单击在“开始”选项卡下“数字”组右下角的“对话框启动器”按钮，弹出“设置单元格格式”对话框，在“数字”选项卡下的“分类”列表框中选择“货币”选项，在右侧的“小数位数”文本框中选择或输入“2”，在“货币符号（国家/地区）”下拉列表中选择“￥”，如图 5-14 所示，单击“确定”按钮。

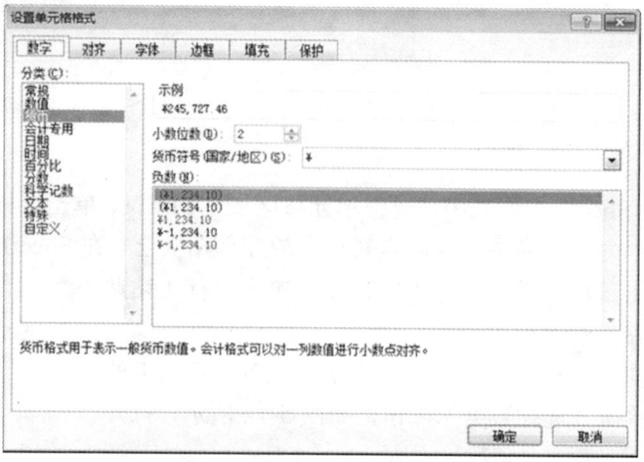

图 5-14

2. 单变量:

第 2 步：在“存款试算表”工作表中选中 E3 单元格，在“公式”选项卡下“函数库”组中单击“插入函数”按钮，如图 5-15 所示，打开“插入函数”对话框。

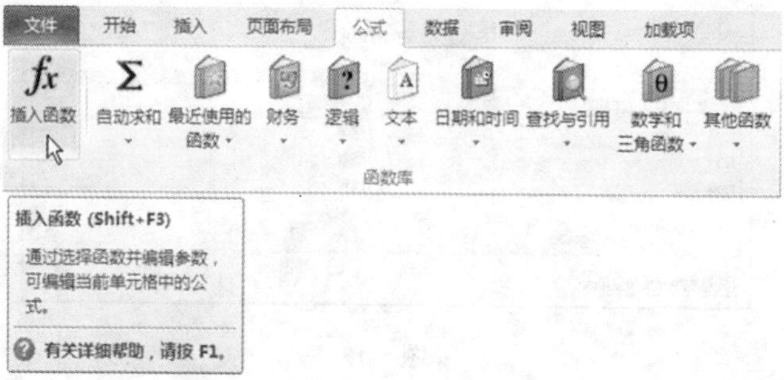

图 5-15

第 3 步：在“插入函数”对话框中，在“或选择类别”下拉列表中选择“财务”选项，在“选择函数”列表框中选择“FV”选项，如图 5-16 所示，单击“确定”按钮。

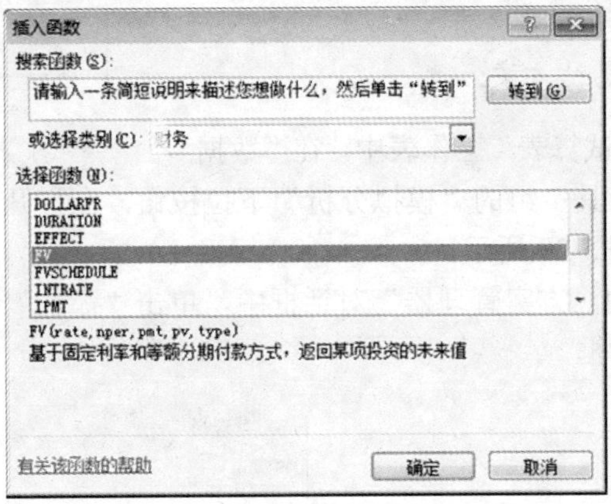

图 5-16

第 4 步：弹出“函数参数”对话框，在“Rate”文本框中输入“C5/12”，在“Nper”文本框中输入“C6”，在“Pmt”文本框中输入“C4”，如图 5-17 所示，单击“确定”按钮即可求出结果。

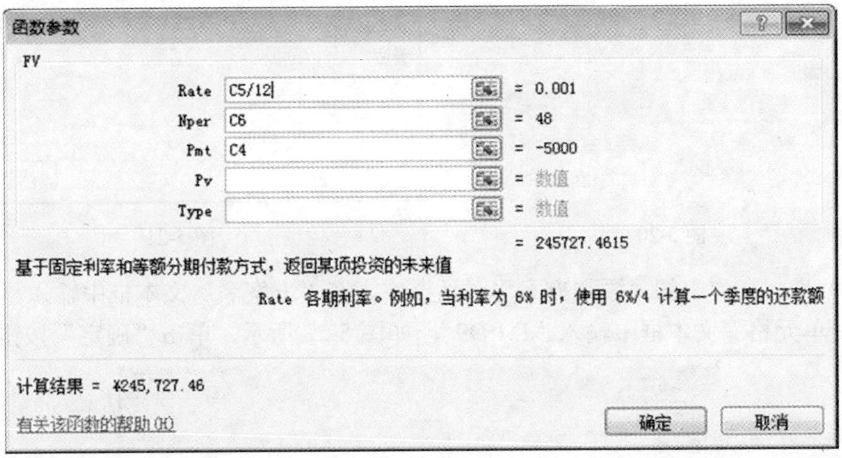

图 5-17

第 5 步：选中单元格区域 D3:E9，在“数据”选项卡下单击“数据工具”组的“模拟分析”下拉按钮，在打开的下拉列表中执行“模拟运算表”命令，如图 5-18 所示。

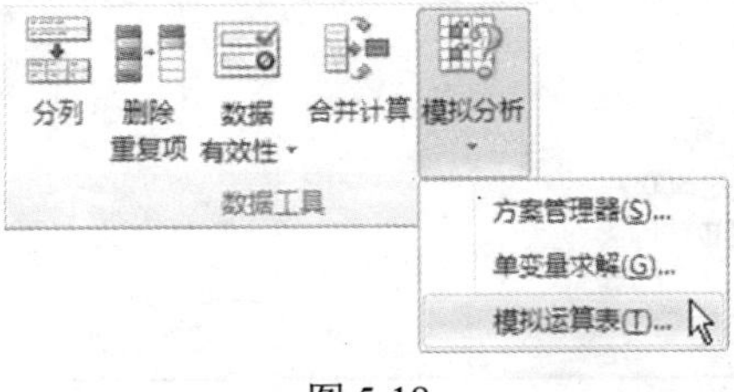

图 5-18

第 6 步：在弹出的“模拟运算表”对话框中，在“输入引用列的单元格”文本框中输入“C4”，如图 5-19 所示，单击“确定”按钮。

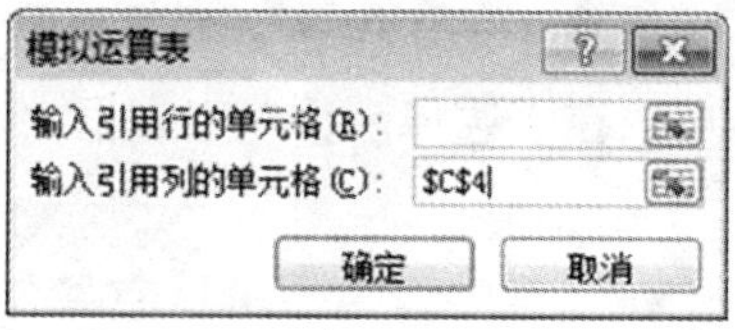

图 5-19

3. 创建、编辑、总结方案：

第 7 步：在“存款试算表”工作表中，在“数据”选项卡下单击“数据工具”组的“模拟分析”下拉按钮，在打开的下拉列表中执行“方案管理器”命令，如图 5-20 所示。

第 8 步：在弹出的“方案管理器”对话框中，单击“添加”按钮，如图 5-21 所示，打开“添加方案”对话框。

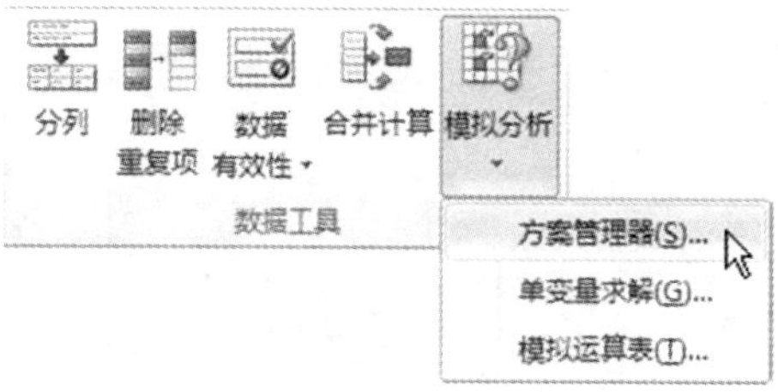

图 5-20

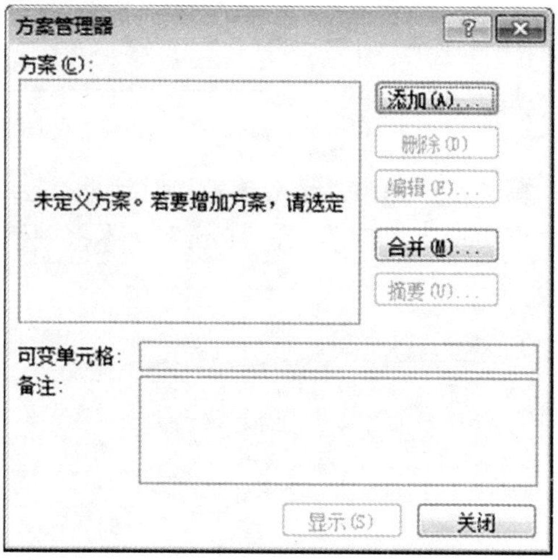

图 5-21

第 9 步：在弹出的“添加方案”对话框中，在“方案名”文本框中输入“KS5-2”，在“可变单元格”文本框中输入“D4:D9”，如图 5-22 所示，单击“确定”按钮。

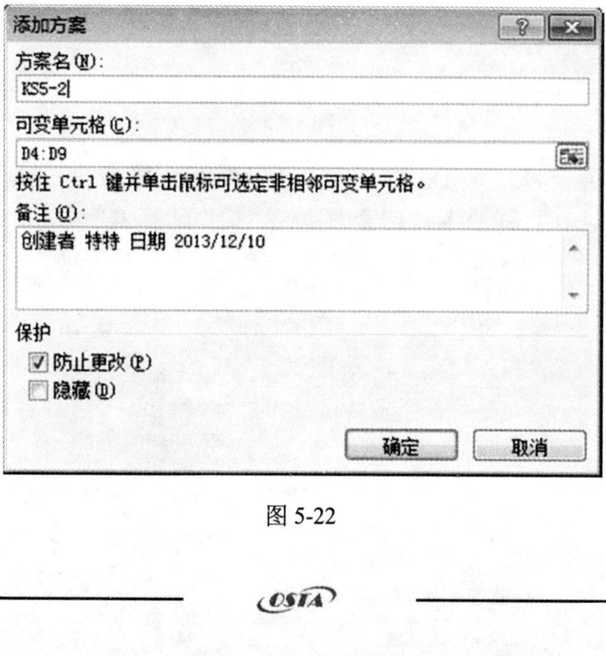

图 5-22

第 10 步：在弹出的“方案变量值”对话框中，在“请输入每个可变单元格的值”下列文本框中分别输入“-8500”、“-9000”、“-9500”、“-10000”、“-10500”，如图 5-23 所示，单击“确定”按钮，返回至“方案管理器”对话框。

第 11 步：在“方案管理器”对话框中，单击“摘要”按钮，如图 5-24 所示。

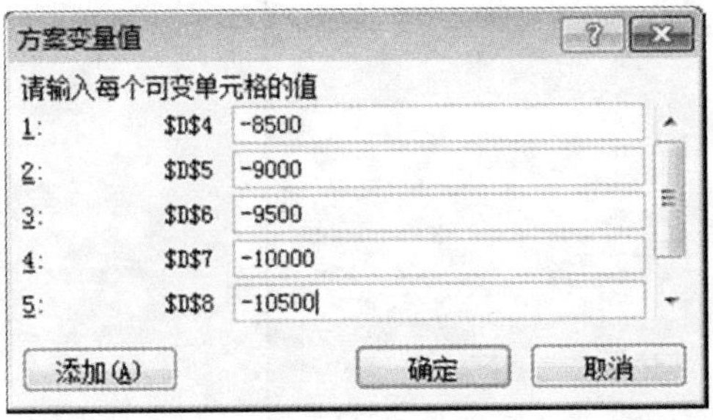

图 5-23

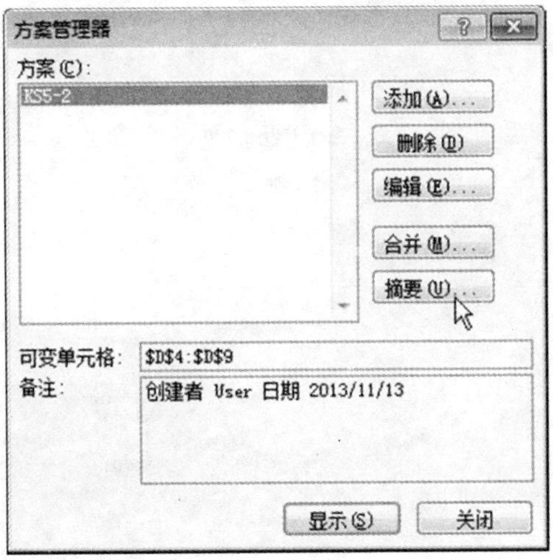

图 5-24

第 12 步：在弹出的“方案摘要”对话框中，在“结果单元格”文本框中输入“E4:E9”，如图 5-25 所示，单击“确定”按钮即可。

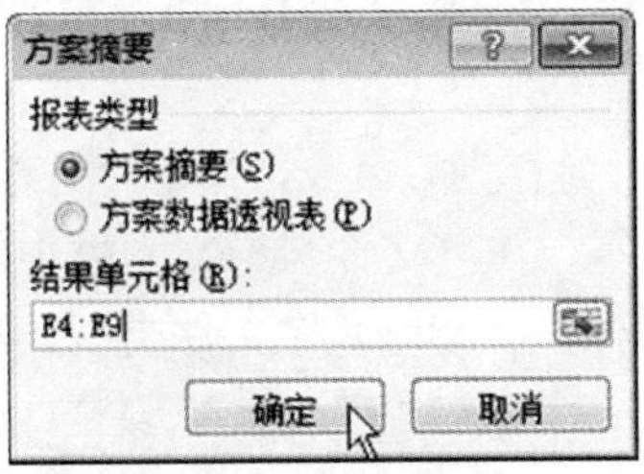

图 5-25

第 13 步：执行“文件”→“保存”命令。

5.3 第 3 题解答

执行“文件”→“打开”命令，在“查找范围”文本框中找到指定路径，选择“A5.xlsx”文件，单击“打开”按钮。

1. 定义单元格名称：

第 1 步：执行“文件”→“打开”命令，在指定目录（C:\Win2010GJW\KSML1 文件夹）中选择“KSWJ5-3A.xlsx”文件，单击“打开”按钮。选中 Sheet1 工作表的单元格区域 B4:F9，在上方的“名称框”编辑栏内输入“上半年”，按 Enter 键。

第 2 步：执行“文件”→“另存为”命令，弹出“另存为”对话框，在“保存位置”列表中选择考生文件夹所在位置，在“文件名”文本框中输入文件名“A5a”，在“保存类型”列表中选择“Excel 工作簿（*.xlsx）”文件类型，如图 5-26 所示，单击“保存”按钮。

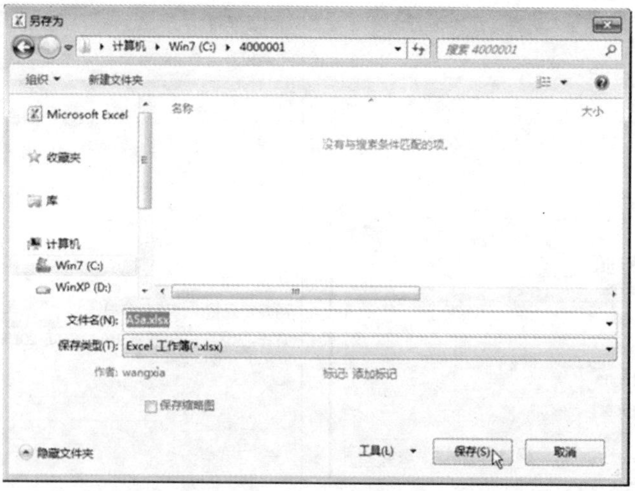

图 5-26

第 3 步：执行“文件”→“打开”命令，在“查找范围”文本框中找到指定路径，在指定目录（C:\Win2010GJW\KSML1 文件夹）中选择“KSWJ5-3B.xlsx”文件，单击“打开”按钮。选中 Sheet1 工作表的单元格区域 B4:F9，在上方的“名称框”编辑栏内输入“下半年”，按 Enter 键。

第 4 步：执行“文件”→“另存为”命令，弹出“另存为”对话框，在“保存位置”列表中选择考生文件夹所在位置，在“文件名”文本框中输入文件名“A5b”，在“保存类型”列表中选择“Excel 工作簿（*.xlsx）”文件类型，单击“保存”按钮。

2. 工作簿间的链接：

第 5 步：打开 A5.xlsx 工作簿，在 Sheet1 工作表中选中 B4 单元格，单击“数据”选项卡下“数据工具”组中的“合并计算”按钮，如图 5-27 所示。

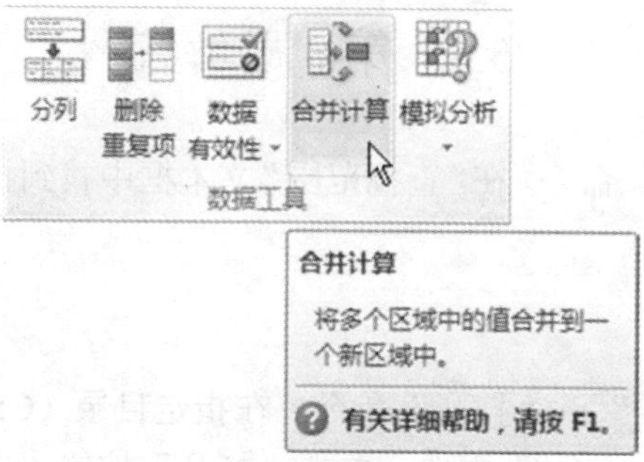

图 5-27

第 6 步：打开“合并计算”对话框，在“函数”下拉列表中选择“求和”选项，单击“引用位置”文本框后面的折叠按钮，选定要进行合并计算的数据为“A5a.xlsx”的 Sheet1 工作表中的 B4:F9 单元格区域并返回，单击“添加”按钮，将其添加到“所有引用位置”下面的文本框中。再次单击“引用位置”文本框后面的折叠按钮，选定要进行合并计算的数据为“A5b.xlsx”的 Sheet1 工作表中的 B4:F9 单元格区域并返回，单击“添加”按钮，也将其添加到“所有引用位置”下面的文本框中，勾选“最左列”复选框，如图 5-28 所示，单击“确定”按钮即可。

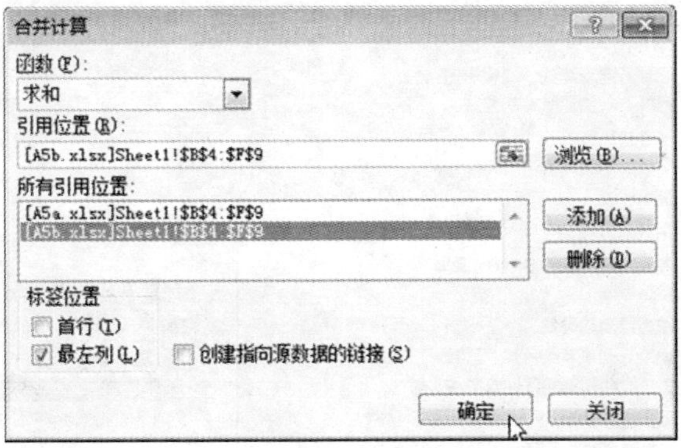

图 5-28

3. 创建图表:

第 7 步：在 Sheet1 工作表中，选中单元格区域 B3:F9，在“插入”选项卡下“图表”组中单击“折线图”下拉按钮，选中“二维折线图”中的“折线图”，生成基本图表，如图 5-29 所示。

第 8 步：选中图表，在“布局”选项卡下“标签”组中单击“图表标题”按钮，在弹出的下拉列表中选择“图表上方”选项，如图 5-30 所示。在图表标题中输入“宏图公司 2010 年图书销售统计”。

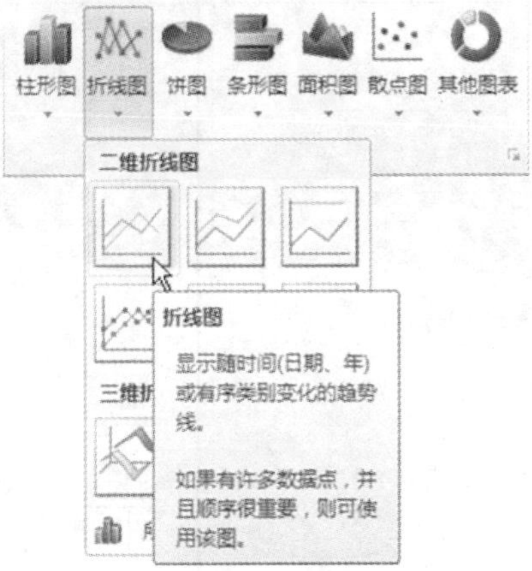

图 5-29

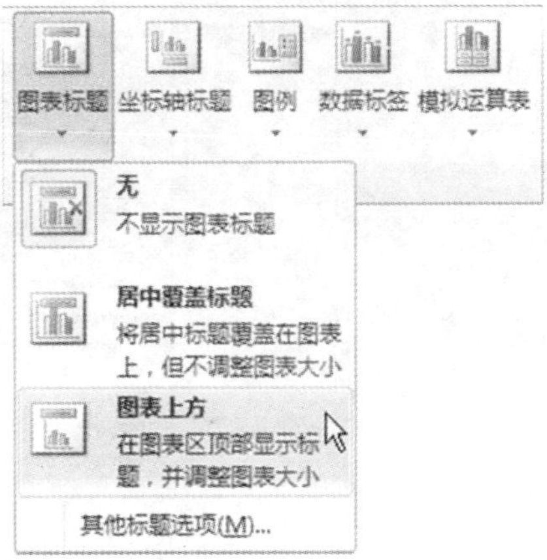

图 5-30

4. 添加趋势线：

第 9 步：选中图表，在“布局”选项卡下“分析”组中单击“趋势线”按钮，在弹出的下拉列表中执行“其他趋势线选项”命令，如图 5-31 所示。

第 10 步：打开“添加趋势线”对话框，选择“电子类（本）”，如图 5-32 所示，单击“确定”按钮。

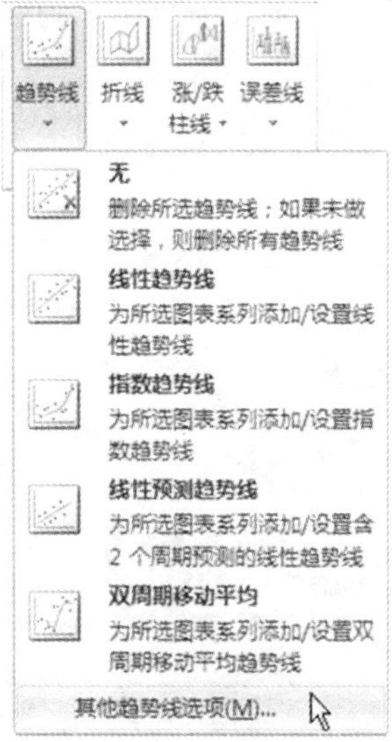

图 5-31

图 5-32

第 11 步：在弹出的“设置趋势线格式”对话框中，选择左栏的“趋势线选项”，在右侧设置栏中点选“对数”单选按钮，如图 5-33 所示。

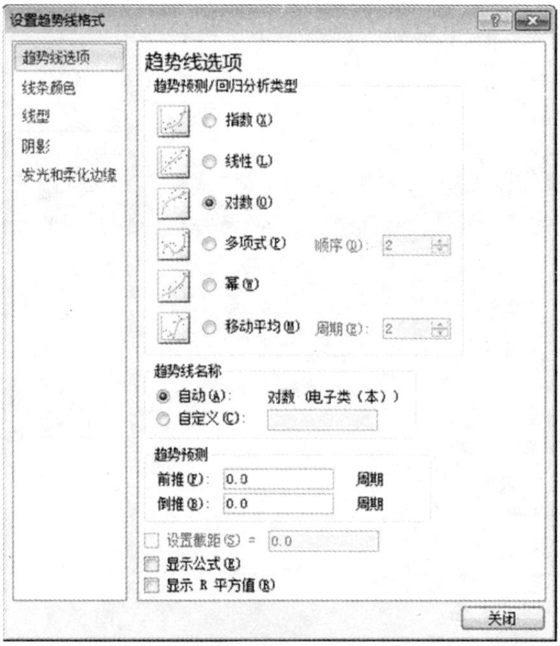

图 5-33

第 12 步：选择左栏的“线条颜色”，在右侧设置栏中点选“实线”单选按钮，在“颜色”下拉列表中选择标准色中的“红色”，如图 5-34 所示。

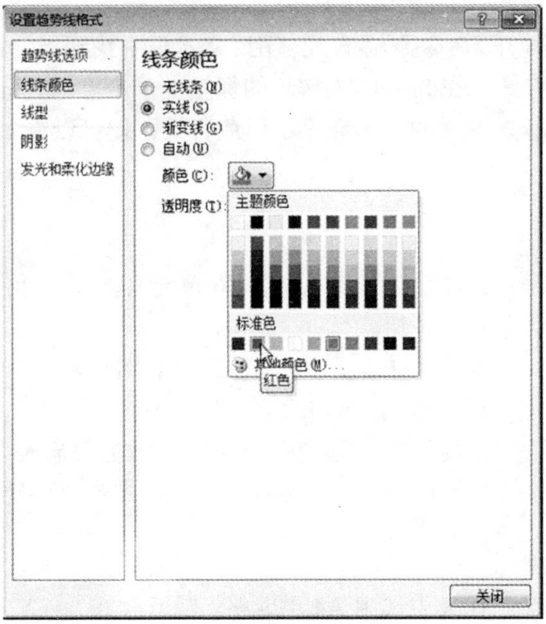

图 5-34

第 13 步：选择左栏的“线型”，在右侧设置栏中“宽度”后面的文本框中选择或输入“1.5 磅”，单击“关闭”按钮，如图 5-35 所示。

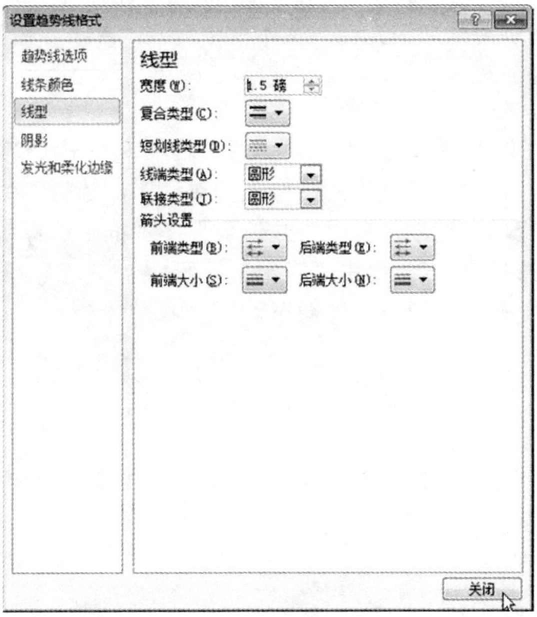

图 5-35

第 14 步：执行“文件”→“保存”命令。

5.4 第 4 题解答

执行“文件”→“打开”命令，在“查找范围”文本框中找到指定路径，选择“A5.xlsx”文件，单击“打开”按钮。在 Sheet1 工作表的标签上单击鼠标右键，在弹出的快捷菜单中执行“重命名”命令，此时的标签会显示黑色背景，便可以输入新的工作表名称“存款计算表”。

1. 公式的运用：

第 1 步：在“存款计算表”工作表中选中 C6 单元格，打开“公式”选项卡，在“函数库”组中单击“插入函数”按钮。

第 2 步：打开“插入函数”对话框，在“或选择类别”下拉列表中选择“财务”，在“选择函数”列表框中选择“FV”，单击“确定”按钮。

第 3 步：打开“函数参数”对话框，在“Rate”文本框中输入“C4/12”，在“Nper”文本框中输入“C5”，在“Pmt”文本框中输入“C3”，单击“确定”按钮。

2. 双变量分析：

第 4 步：在 Sheet2 工作表中选中 A4 单元格，输入公式“=FV（A11/12，60，F4）”，按 Enter 键即可求出结果。

第 5 步：选中单元格区域 A4:E10，在“数据”选项卡下单击“数据工具”组的“模拟分析”下拉按钮，在打开的下拉列表中执行“模拟运算表”命令。

第 6 步：在弹出的“模拟运算表”对话框中，在“输入引用行的单元格”文本框中输入“F4”，在“输入引用列的单元格”文本框中输入“A11”，单击“确定”按钮。

3. 数据格式设置：

第 7 步：选中单元格区域 B5:E10，在“开始”选项卡下单击“数字”组右下角的“对话框启动器”按钮，弹出“设置单元格格式”对话框，选择“数字”选项卡。在“分类”列表框中选择“货币”选项，在“小数位数”文本框中选择或输入“2”，在“货币符号”下拉列表框中选择“￥”，单击“确定”按钮。

第 8 步：执行“文件”→“保存”命令。

5.5 第 5 题解答

执行“文件”→“打开”命令，在“查找范围”文本框中找到指定路径，选择“A5.xlsx”文件，单击“打开”按钮。

1. 创建图表：

第 1 步：在 Sheet1 工作表中选中单元格区域 B3:F10，在“插入”选项卡下“图表”组中单击“柱形图”下拉按钮，选中“三维柱形图”中的“三维簇状柱形图”，生成基本图表。

2. 设定图表的格式：

第 2 步：选中新创建的图表，在“图表工具”的“设计”选项卡下，在“图表布局”组中单击“布局 3”。在“图表样式”组中单击“其他”下拉按钮，在弹出的库中选择“样式 26”。

第 3 步：在“图表工具”的“格式”选项卡下，在“大小”组中的“高度”文本框中微调或输入“9 厘米”，在“宽度”文本框中微调或输入“14 厘米”。

第 4 步：选中图表区，在“图表工具”的“格式”选项卡下，单击“形状样式”组中的“其他”下拉按钮，在弹出的库中选择“细微效果 - 橄榄色，强调颜色 3”的形状样式。

第 5 步：选中“图表标题”文本“图表标题”，输入新标题文本“部门销售业绩表”。选中图表标题区，在“开始”选项卡下的“字体”组中，在“字体”下拉列表中选择“方正姚体”，在“字号”下拉列表中选择“20”磅，在“字体颜色”下拉列表中选择标准色中的“深红”色。

第 6 步：选中图例区，在“开始”选项卡下的“字体”组中，在“字体”下拉列表中选择“微软雅黑”，在“字号”下拉列表中选择“12”磅；在“图表工具”的“格式”选项卡下，单击“形状样式”组中的“其他”下拉按钮，在弹出的库中选择“强烈效果 - 橙色，强调颜色 6”的形状样式。

第 7 步：选择垂直轴数据，单击鼠标右键，在弹出的快捷菜单中执行“设置坐标轴格式”命令，打开“设置坐标轴格式”对话框。在左栏中选中“坐标轴选项”，在右侧的设置栏中的“主要刻度单位”后面点选“固定”单选按钮，在后面的文本框中输入数值“20000”，单击“关闭”按钮即可。

3. 修改图表中的数据：

第 8 步：在图表中选择 4 月“吴佳”的数据点，单击鼠标右键，从弹出的快捷菜单中执行“添加数据标签”命令。选中该数据标签，在“开始”选项卡下的“字体”组中，在“字号”下拉列表中选择“12”磅，在“字体颜色”下拉列表中选择标准色中的“紫色”。在表格单元格区域 F7 位置将数据改为“85000”，数据标签则相应修改。

4. 为图表添加外部数据：

第 9 步：选中图表，在“图表工具”的“设计”选项卡的“数据”组中，单击“选择数据”按钮，打开“选择数据源”对话框。

第 10 步：在“选择数据源”对话框中，单击“图例项（系列）”区域的“添加”按钮。在弹出的“编辑数据系列”对话框中，在“系列名称”文本框中选择 Sheet2 工作表中单元格 G3，在“系列值”文本框中选择 Sheet2 工作表中单元格区域 G4:G10，如图 5-36 所示，单击“确定”按钮。

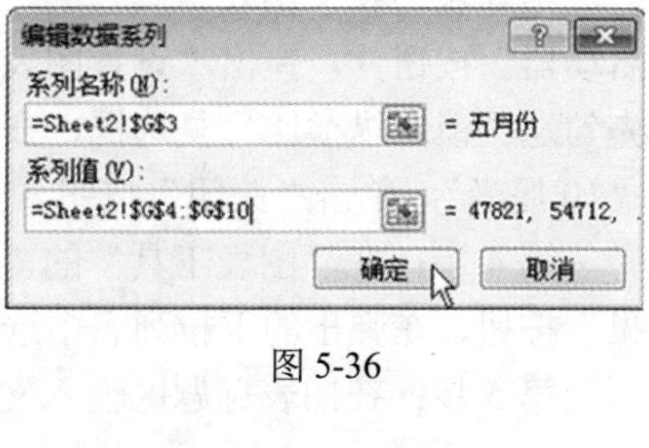

图 5-36

第 11 步:返回至“选择数据源”对话框中，再次单击“添加”按钮，在弹出的“编辑数据系列”对话框中的“系列名称”文本框中选择 Sheet2 工作表的单元格 H3，在“系列值”文本框中选择 Sheet2 工作表的单元格区域 H4:H10，单击“确定”按钮，返回至“选择数据源”对话框中。

第 12 步：此时在“图例项（系列）”区域下的列表框中出现“五月份”和“六月份”两项，如图 5-37 所示，单击“确定”按钮即可。

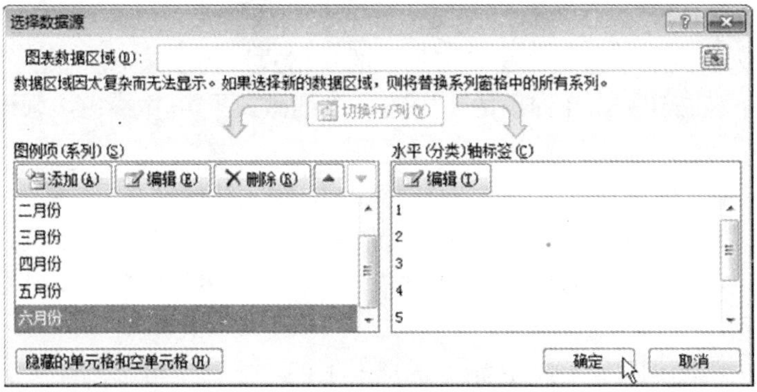

图 5-37

第 13 步：执行“文件”→“保存”命令。

5.6 第 6 题解答

执行“文件”→“打开”命令，在“查找范围”文本框中找到指定路径，选择“A5.xlsx”文件，单击“打开”按钮。

1. 创建图表:

第 1 步：在 Sheet1 工作表中选中单元格区域 B2:B12，按住 Ctrl 键，同时选中单元格区域 F2:G12，在“插入”选项卡下“图表”组中单击“柱形图”下拉按钮，选中“圆锥图”中的“簇状圆锥图”，生成基本图表。

2. 设定图表的格式:

第 2 步：选中新创建的图表，在“图表工具”的“设计”选项卡下，在“图表布局”组中单击“其他”下拉按钮，在弹出的库中选择“布局 9”；在“图表样式”组中单击“其他”下拉按钮，在弹出的库中选择“样式 39”。

第 3 步：在“图表工具”的“格式”选项卡下，单击“大小”组右下角的“对话框启动器”按钮，弹出“设置图表区格式”对话框，在左栏选择“大小”选项，在右栏先勾选“锁定纵横比”复选框，在“尺寸和旋转”区域的“高度”文本框中选择或输入“10 厘米”，单击“关闭”按钮。

第 4 步：在“图表工具”的“格式”选项卡下，单击“形状样式”组中的“形状效果”按钮，在弹出的下拉列表中选择“三维旋转”选项下的“左透视”形状效果。

第 5 步：在图表标题区输入文本“收入税金对照图”。选中图表标题区，在“开始”

选项卡下的“字体”组中，在“字体”下拉列表中选择“华文行楷”，在“字号”下拉列表中选择“24”磅，在“字体颜色”下拉列表中选择标准色中的“绿色”。

第 6 步：选中“水平轴标题”文本“坐标轴标题”，输入新标题文本“姓名”。选中水平轴标题区，在“开始”选项卡下的“字体”组中，在“字体”下拉列表中选择“楷体_GB2312”，在“字号”下拉列表中选择“14”磅，在“字体颜色”下拉列表中选择标准色中的“深红”色。

第 7 步：选中“垂直轴标题”文本“坐标轴标题”，输入新标题文本“金额”。选中垂直轴标题区，在“开始”选项卡下的“字体”组中，在“字体”下拉列表中选择“楷体_GB2312”，在“字号”下拉列表中选择“14”磅，在“字体颜色”下拉列表中选择标准色中的“深红”色。

第 8 步：选中图例区，在“图表工具”的“格式”选项卡下，单击“形状样式”组中的“其他”下拉按钮，在弹出的库中选择“彩色轮廓 - 橙色，强调颜色 6”的形状样式。

第 9 步：选中整个图表，在“图表工具”的“格式”选项卡下，单击“形状样式”组中的“形状填充”按钮，在弹出的下拉列表中选择标准色中的“紫色”；再次单击“形状填充”按钮，在弹出的下拉列表中选择“渐变”选项下“浅色变体”区域中的“线性向上”变体，如图 5-38 所示。

第 10 步：选择垂直轴数据，单击鼠标右键，在弹出的快捷菜单中执行“设置坐标轴格式”命令，打开“设置坐标轴格式”对话框。在左栏中选中“坐标轴选项”，在右侧的设置栏中的“主要刻度单位”后面点选“固定”单选按钮，在后面的文本框中输入数值“3000”，单击“关闭”按钮即可。

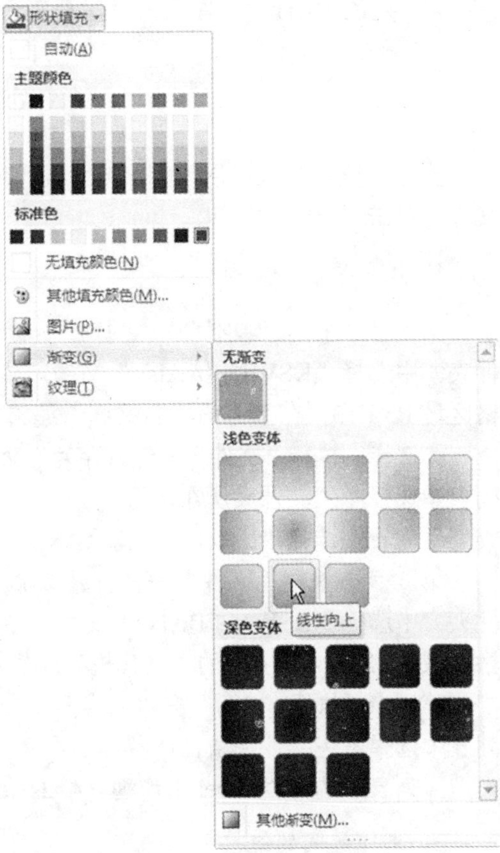

图 5-38

3. 修改图表中的数据：

第 11 步：在图表中选择“李建波”年收入的数据点，单击鼠标右键，从弹出的快捷菜单中执行“添加数据标签”命令。选中该数据标签，在“开始”选项卡下的“字体”组中，在“字号”下拉列表中选择“12”磅，在“字体颜色”下拉列表中选择标准色中的“紫色”，单击“加粗”按钮。在表格 F4 单元格位置将数据改为“25000”，数据标签则相应修改。

4. 为图表添加外部数据：

第 12 步：选中图表，在“图表工具”的“设计”选项卡的“数据”组中单击“选择数据”按钮，打开“选择数据源”对话框。

第 13 步：在“选择数据源”对话框中，单击“图例项（系列）”区域的“添加”按钮。在弹出的“编辑数据系列”对话框中，在“系列名称”文本框中选择 Sheet2 工作表中单元格 H2，在“系列值”文本框中选择 Sheet2 工作表中单元格区域 H3:H12，单击“确定”按钮。此时在“图例项（系列）”区域下的列表框中出现“年纯收入”项，单击“确定”按钮即可。

第 14 步：执行“文件”→“保存”命令。

5.7 第 7 题解答

执行“文件”→“打开”命令，在“查找范围”文本框中找到指定路径，选择“A5.xlsx”文件，单击“打开”按钮。

1. 定义单元格名称：

第 1 步：执行“文件”→“打开”命令，在指定目录（C:\Win2010GJW\KSML1 文件夹）中选择“KSWJ5-7A.xlsx”文件，单击“打开”按钮。选中 Sheet1 工作表的单元格区域 B3:E13，在上方的“名称框”编辑栏内输入“上半年销售”，按 Enter 键。

第 2 步：执行“文件”→“另存为”命令，弹出“另存为”对话框，在“保存位置”列表中选择考生文件夹所在位置，在“文件名”文本框中输入文件名“A5a”，在“保存类型”列表中选择“Excel 工作簿（*.xlsx）”文件类型，单击“保存”按钮。

第 3 步：执行“文件”→“打开”命令，在指定目录（C:\Win2010GJW\KSML1 文件夹）中选择“KSWJ5-7B.xlsx”文件，单击“打开”按钮。选中 Sheet1 工作表的单元格区域 B3:E13，在上方的“名称框”编辑栏内输入“下半年销售”，按 Enter 键。

第 4 步：执行“文件”→“另存为”命令，弹出“另存为”对话框，在“保存位置”列表中选择考生文件夹所在位置，在“文件名”文本框中输入文件名“A5b”，在“保存类型”列表中选择“Excel 工作簿（*.xlsx）”文件类型，单击“保存”按钮。

2. 工作簿间的链接：

第 5 步：打开 A5.xlsx 工作簿，在 Sheet1 工作表中选中 B3 单元格，单击“数据”选项卡下“数据工具”组中的“合并计算”按钮。

第 6 步：打开“合并计算”对话框，在“函数”下拉列表中选择“求和”选项，单击“引用位置”文本框后面的折叠按钮，选定要进行合并计算的数据为“A5a.xlsx”的 Sheet1 工作表中的 B3:E13 单元格区域并返回，单击“添加”按钮，将其添加到“所有引用位置”下面的文本框中。再次单击“引用位置”文本框后面的折叠按钮，选定要进行合并计算的数据为“A5b.xlsx”的 Sheet1 工作表中的 B3:E13 单元格区域并返回，单击“添加”按钮，也将其添加到“所有引用位置”下面的文本框中，单击“确定”按钮即可。

3. 创建图表:

第 7 步：在 Sheet1 工作表中，选中单元格区域 A2:E13，在“插入”选项卡下“图表”组中单击“条形图”下拉按钮，选中“二维条形图”中的“簇状条形图”，生成基本图表。

第 8 步：选中新插入的图表，在“图表工具”的“布局”选项卡下“标签”组中单击“图表标题”按钮，在弹出的下拉列表中选择“图表上方”选项。在图表标题中输入“全年软件销售统计表”。

第 9 步：在“图表工具”的“布局”选项卡下，单击“标签”组中的“坐标轴标题”按钮，在弹出的下拉列表中选择“主要横坐标轴标题”选项下的“坐标轴下方标题”，即可在横坐标轴标题中输入文本“销售量”；再次单击“坐标轴标题”按钮，在弹出的下拉列表中选择“主要纵坐标轴标题”选项下的“旋转过的标题”，即可在纵坐标轴标题中输入文本“地区”。

4. 添加趋势线:

第 10 步：选中整个图表，在“图表工具”的“布局”选项卡下“分析”组中单击“趋势线”按钮，在弹出的下拉列表中执行“其他趋势线选项”命令。打开“添加趋势线”对话框，选择“管理软件”，单击“确定”按钮。

第 11 步：在弹出的“设置趋势线格式”对话框中，选择左栏的“趋势线选项”，在右侧设置栏中点选“指数”单选按钮。

第 12 步：选择左栏的“线条颜色”，在右侧设置栏中点选“渐变线”单选按钮，在“预设颜色”下拉列表中选择“熊熊火焰”，如图 5-39 所示。

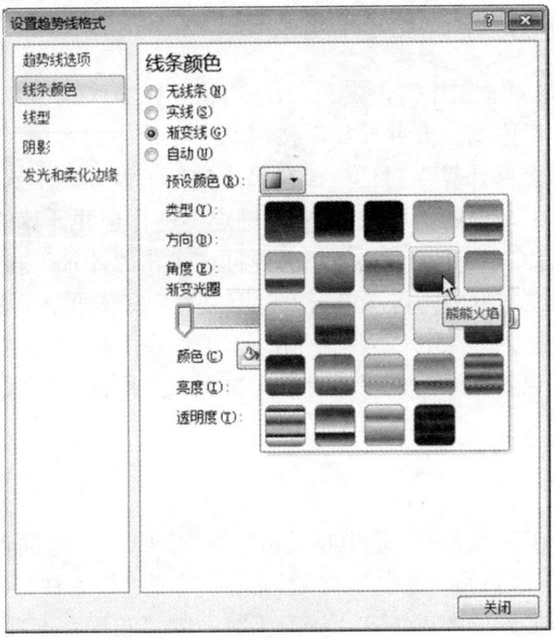

图 5-39

第 13 步：选择左栏的“线型”，在右侧设置栏中“宽度”后面的文本框中选择或输入“2 磅”，在“短划线类型”下拉列表中选择“方点”线，单击“关闭”按钮。

第 14 步：执行“文件”→“保存”命令。

5.8 第 8 题解答

执行“文件”→“打开”命令，在“查找范围”文本框中找到指定路径，选择“A5.xlsx”文件，单击“打开”按钮。

1. 定义单元格名称:

第 1 步：执行“文件”→“打开”命令，在指定目录（C:\Win2010GJW\KSML1 文件夹）中选择“KSWJ5-8A.xlsx”文件，单击“打开”按钮。选中 Sheet1 工作表的单元格区域 C4:F10，在上方的“名称框”编辑栏内输入“一季度”，按 Enter 键。

第 2 步：执行“文件”→“另存为”命令，弹出“另存为”对话框，在“保存位置”列表中选择考生文件夹所在位置，在“文件名”文本框中输入文件名“A5a”，在“保存类型”列表中选择“Excel 工作簿（*.xlsx）”文件类型，单击“保存”按钮。

第 3 步：执行“文件”→“打开”命令，在指定目录（C:\Win2010GJW\KSML1 文件夹）中选择“KSWJ5-8B.xlsx”文件，单击“打开”按钮。选中 Sheet1 工作表的单元格区域 C4:F10，在上方的“名称框”编辑栏内输入“二季度”，按 Enter 键。

第 4 步：执行“文件”→“另存为”命令，弹出“另存为”对话框，在“保存位置”列表中选择考生文件夹所在位置，在“文件名”文本框中输入文件名“A5b”，在“保存类型”列表中选择“Excel 工作簿（*.xlsx）”文件类型，单击“保存”按钮。

2. 工作簿间的链接:

第 5 步：打开 A5.xlsx 工作簿，在 Sheet1 工作表中选中 C4 单元格，单击“数据”选项卡下“数据工具”组中的“合并计算”按钮。

第 6 步：打开“合并计算”对话框，在“函数”下拉列表中选择“求和”选项，单击“引用位置”文本框后面的折叠按钮，选定要进行合并计算的数据为“A5a.xlsx”的 Sheet1 工作表中的 C4:F10 单元格区域并返回，单击“添加”按钮，将其添加到“所有引用位置”下面的文本框中。再次单击“引用位置”文本框后面的折叠按钮，选定要进行合并计算的数据为“A5b.xlsx”的 Sheet1 工作表中的 C4:F10 单元格区域并返回，单击“添加”按钮，也将其添加到“所有引用位置”下面的文本框中，单击“确定”按钮即可。

3. 创建图表:

第 7 步：在 Sheet1 工作表中，选中单元格区域 B3:F10，在“插入”选项卡下“图表”组中单击“柱形图”下拉按钮，选中“二维柱形图”中的“簇状柱形图”，生成基本图表。

第 8 步：选中新插入的图表，在“图表工具”的“布局”选项卡下“标签”组中单击“图表标题”按钮，在弹出的下拉列表中选择“图表上方”选项。在图表标题中输入

"电器商城 2010 年上半年部分商品销售统计"。

第 9 步：选中整个图表，在"图表工具"的"设计"选项卡下，在"图表样式"组中单击"其他"按钮，在弹出的库中选择"样式 10"。

4. 添加趋势线：

第 10 步：选中整个图表，在"图表工具"的"布局"选项卡下"分析"组中单击"趋势线"按钮，在弹出的下拉列表中执行"其他趋势线选项"命令。打开"添加趋势线"对话框，选择"广场店"，单击"确定"按钮。

第 11 步：在弹出的"设置趋势线格式"对话框中，选择左栏的"趋势线选项"，在右侧设置栏中点选"多项式"单选按钮，在"顺序"文本框中选择或输入"6"。

第 12 步：选择左栏的"线条颜色"，在右侧设置栏中点选"实线"单选按钮，在"颜色"下拉列表中执行"其他颜色"命令。打开"颜色"对话框，在"自定义"选项卡下输入 RGB 值（255，0，255），单击"确定"按钮，返回到"设置趋势线格式"对话框；在"透明度"文本框中选择或输入"50%"。

第 13 步：选择左栏的"线型"，在右侧设置栏中"宽度"后面的文本框中选择或输入"2.5 磅"，在"短划线类型"下拉列表中选择"实线"。

第 14 步：选择左栏的"发光和柔化边缘"，在右侧设置栏中单击"预设"按钮，在弹出的库中选择"橙色，5pt 发光，强调文字颜色 6"的效果，如图 5-40 所示，单击"关闭"按钮。

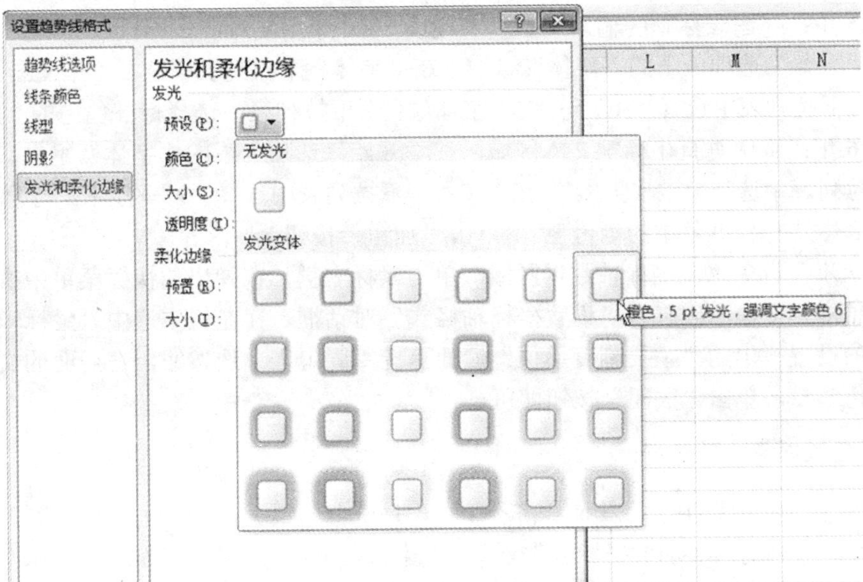

图 5-40

第 15 步：执行"文件"→"保存"命令。

5.9 第 9 题解答

执行“文件”→“打开”命令，在“查找范围”文本框中找到指定路径，选择“A5.xlsx”文件，单击“打开”按钮。

1. 创建图表：

第 1 步：在 Sheet1 工作表中选中单元格区域 B3:F9，在“插入”选项卡下“图表”组中单击“条形图”下拉按钮，选中“圆柱图”中的“簇状水平圆柱图”，生成基本图表。

2. 设定图表的格式：

第 2 步：选中新创建的图表，在“图表工具”的“设计”选项卡下，在“图表布局”组中单击“布局 1”。在“图表样式”组中单击“其他”下拉按钮，在弹出的库中选择“样式 47”。

第 3 步：在“图表工具”的“格式”选项卡下，单击“大小”组右下角的“对话框启动器”按钮，弹出“设置图表区格式”对话框，在左栏选择“大小”选项，在右栏先勾选“锁定纵横比”复选框，在“尺寸和旋转”区域的“高度”文本框中选择或输入“9 厘米”，单击“关闭”按钮。

第 4 步：在“图表工具”的“格式”选项卡下，单击“形状样式”组中的“其他”下拉按钮，在弹出的库中选择“强烈效果 - 紫色，强调颜色 4”的形状样式。

第 5 步：在图表标题区输入文本“某城镇 2010 年主要经济指标快报”。选中图表标题，在“开始”选项卡下的“字体”组中，在“字体”下拉列表中选择“华文彩云”，在“字号”下拉列表中选择“20”磅，在“字体颜色”下拉列表中选择标准色中的“黄色”。

第 6 步：选中垂直坐标轴文本区域，在“开始”选项卡下的“字体”组中，在“字体”下拉列表中选择“微软雅黑”，在“字号”下拉列表中选择“9”磅，在“字体颜色”下拉列表中选择标准色中的“橙色”，单击“加粗”按钮 B。

第 7 步：选中水平坐标轴数据区域，单击鼠标右键，在弹出的快捷菜单中执行“设置坐标轴格式”命令。打开“设置坐标轴格式”对话框，在左栏中选中“坐标轴选项”，在右侧的设置栏中的“主要刻度单位”后面点选“固定”单选按钮，在后面的文本框中输入数值“5”，单击“关闭”按钮即可。

3. 修改图表中的数据：

第 8 步：在图表中选择其他经济类型“6 月份”的数据点，单击鼠标右键，从弹出的快捷菜单中执行“添加数据标签”命令。选中该数据标签，在“开始”选项卡下的“字体”组中，在“字号”下拉列表中选择“14”磅，在“字体颜色”下拉列表中选择标准色中的“绿色”。在表格单元格区域 C9 位置将数据改为“8”，数据标签则相应修改。

4. 为图表添加外部数据：

第 9 步：在 Sheet2 工作表中，选中单元格区域 B3:F4，单击鼠标右键，在弹出的快捷菜单中执行“复制”命令，将内容暂时存放在剪贴板上。在 Sheet1 工作表中，选中 B10 单元格，单击鼠标右键，在弹出的快捷菜单中执行“粘贴选项”下的“粘贴”命令即可。

第 10 步：选中图表，在“图表工具”的“设计”选项卡的“数据”组中，单击“选择数据”按钮，打开“选择数据源”对话框。

第 11 步：在“选择数据源”对话框中，单击“图表数据区域”文本框后面的折叠按钮，选中单元格区域 B3:F11 并返回，单击“确定”按钮即可。

第 12 步：执行“文件”→“保存”命令。

5.10　第 10 题解答

执行“文件”→“打开”命令，在“查找范围”文本框中找到指定路径，选择“A5.xlsx”文件，单击“打开”按钮。

1. 创建图表：

第 1 步：在 Sheet1 工作表中选中单元格区域 C2:C10，按住 Ctrl 键，同时选中单元格区域 E2:G10，在“插入”选项卡下“图表”组中单击“柱形图”下拉按钮，选中“三维柱形图”中的“三维簇状柱形图”，生成基本图表。

第 2 步：选中新插入的图表，在“图表工具”的“设计”选项卡下“数据”组中单击“切换行/列”按钮，将图表调整为样文中所示格式。

2. 设定图表的格式：

第 3 步：选中新创建的图表，在“图表工具”的“设计”选项卡下，在“图表布局”组中单击“其他”下拉按钮，在弹出的库中选择“布局 3”。在“图表样式”组中单击“其他”下拉按钮，在弹出的库中选择“样式 10”。

第 4 步：在“图表工具”的“格式”选项卡下“大小”组中，在“高度”文本框中微调或输入“9 厘米”，在“宽度”文本框中微调或输入“15 厘米”。

第 5 步：在“图表工具”的“格式”选项卡下，单击“形状样式”组中的“形状填充”按钮，在弹出的下拉列表中选择“纹理”选项下的“羊皮纸”纹理效果。

第 6 步：在图表标题区输入文本“学生成绩分布图”。选中图表标题，在“开始”选项卡下的“字体”组中，在“字体”下拉列表中选择“隶书”，在“字号”下拉列表中选择“28”磅。

第 7 步：在“图表工具”的“格式”选项卡下，在“艺术字样式”组中单击“其他”下拉按钮，在弹出的库中选择“渐变填充 - 橙色，强调文字颜色 6，内部阴影”艺术字样式；单击“文本效果”按钮，在弹出的库中选择“映像”选项下的“半映像，接触”文本效果。

第 8 步：选中图例区域，在“开始”选项卡下的“字体”组中，在“字体”下拉列表中选择“华文琥珀”，在“字号”下拉列表中选择“12”磅。

第 9 步：在“图表工具”的“格式”选项卡下，单击“形状样式”组右下角的“对话框启动器”按钮，弹出“设置图例格式”对话框，选择左栏的“边框颜色”，在右侧设置栏中点选“实线”单选按钮，在“颜色”下拉列表中选择标准色中的“红色”；选择左栏的“边框样式”，在右侧设置栏中“宽度”后面的文本框中选择或输入“2 磅”，在“短划线类型”下拉列表中选择“圆点”线，单击“关闭”按钮。

3. 修改图表中的数据：

第 10 步：在图表中选择“李平”数学的数据点，单击鼠标右键，从弹出的快捷菜单中执行“添加数据标签”命令。选中该数据标签，在“开始”选项卡下的“字体”组中，在“字体”下拉列表中选择“华文新魏”，在“字号”下拉列表中选择“14”磅，在“字体颜色”下拉列表中选择标准色中的“红色”。在表格 F9 单元格位置将数据改为“90”，数据标签则相应修改。

4. 为图表添加外部数据：

第 11 步：选中图表，在“图表工具”的“设计”选项卡的“数据”组中，单击“选择数据”按钮，打开“选择数据源”对话框。

第 12 步：在“选择数据源”对话框中，单击“图例项（系列）”区域的“添加”按钮。在弹出的“编辑数据系列”对话框中，在“系列名称”文本框中选择 Sheet2 工作表中单元格 C3，在“系列值”文本框中选择 Sheet2 工作表中单元格区域 E3:G3，单击“确定”按钮返回到“选择数据源”对话框，此时在“图例项（系列）”区域下的列表框中出现“宋佳”项；单击“添加”按钮，在弹出的“编辑数据系列”对话框中，在“系列名称”文本框中选择 Sheet2 工作表中单元格 C4，在“系列值”文本框中选择 Sheet2 工作表中单元格区域 E4:G4，单击“确定”按钮返回到“选择数据源”对话框，此时在“图例项（系列）”区域下的列表框中出现“周敏”项；再次单击“添加”按钮，在弹出的“编辑数据系列”对话框中，在“系列名称”文本框中选择 Sheet2 工作表中单元格 C5，在“系列值”文本框中选择 Sheet2 工作表中单元格区域 E5:G5，单击“确定”按钮返回到“选择数据源”对话框，此时在“图例项（系列）”区域下的列表框中出现“陈俊”项，单击“确定”按钮即可。

第 13 步：执行“文件”→“保存”命令。

5.11 第 11 题解答

执行“文件”→“打开”命令，在“查找范围”文本框中找到指定路径，选择“A5.xlsx”文件，单击“打开”按钮。

1. 创建图表：

第 1 步：在 Sheet1 工作表中选中单元格区域 A2:E8，在“插入”选项卡下“图表”组中单击“折线图”下拉按钮，选中“二维折线图”中的“带数据标记的折线图”，生成基本图表。

2. 设定图表的格式:

第 2 步：选中新创建的图表，在“图表工具”的“设计”选项卡下，在“图表布局”组中单击“其他”下拉按钮，在弹出的库中选择“布局 5”。在“图表样式”组中单击“其他”下拉按钮，在弹出的库中选择“样式 26”。

第 3 步：在“图表工具”的“格式”选项卡下“大小”组中，在“高度”文本框中微调或输入“10 厘米”，在“宽度”文本框中微调或输入“16 厘米”。

第 4 步：在“图表工具”的“格式”选项卡下，单击“形状样式”组中的“其他”下拉按钮，在弹出的库中选择“细微效果 - 水绿色，强调颜色 5”的形状样式。

第 5 步：选中“副食”的所有数据标记，单击鼠标右键，在弹出的快捷菜单中执行“设置数据系列格式”命令，如图 5-41 所示。打开“设置数据系列格式”对话框，在左栏中选中“数据标记选项”，在右侧的设置栏中点选“内置”单选按钮，在“大小”文本框中选择或输入数值“10”，单击“关闭”按钮，如图 5-42 所示。依照同样的方法，把“日常生活用品”、“服装”和“耐用消费品”的数据标记大小设置为 10。

图 5-41

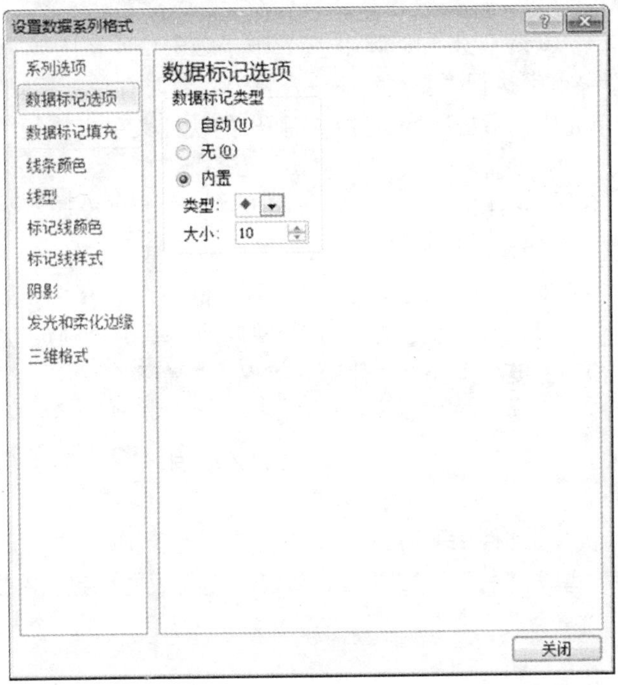

图 5-42

第 6 步：在图表标题区输入文本“2010 年部分城市平均消费水平”。选中图表标题，在“开始”选项卡下的“字体”组中，在“字体”下拉列表中选择“华文行楷”，在“字号”下拉列表中选择“24”磅，在“字体颜色”下拉列表中选择标准色中的“紫色”。

第 7 步：选中模拟运算表区域，在“图表工具”的“格式”选项卡下，单击“形状样式”组中的“其他”下拉按钮，在弹出的库中选择“中等线 - 强调颜色 6”的形状样式。在“开始”选项卡下的“字体”组中，在“字体”下拉列表中选择“方正舒体”，在“字体颜色”下拉列表中选择标准色中的“深红”色。

第 8 步：选中坐标轴数据，单击鼠标右键，在弹出的快捷菜单中执行“设置坐标轴格式”命令。打开“设置坐标轴格式”对话框，在左栏中选中“坐标轴选项”，在右侧的设置栏中的“最小值”后面点选“固定”单选按钮，在后面的文本框中输入数值“70”；在“主要刻度单位”后面点选“固定”单选按钮，在后面的文本框中输入数值“5”，单击“关闭”按钮即可。

3．修改图表中的数据：

第 9 步：在图表中选择合肥“日常生活用品”的数据点，单击鼠标右键，从弹出的快捷菜单中执行“添加数据标签”命令。选中该数据标签，在“开始”选项卡下的“字体”组中，在“字体”下拉列表中选择“华文琥珀”，在“字号”下拉列表中选择“14”磅，在“字体颜色”下拉列表中选择标准色中的“浅蓝”色。在表格单元格区域 C3 位置将数据改为“99”，数据标签则相应修改。

4．为图表添加外部数据：

第 10 步：在 Sheet2 工作表中，选中单元格区域 A3:E5，单击鼠标右键，在弹出的快捷菜单中执行“复制”命令，将内容暂时存放在剪贴板上。在 Sheet1 工作表中，选中 A9 单元格，单击鼠标右键，在弹出的快捷菜单中执行“粘贴选项”下的“粘贴”命令即可。

第 11 步：选中图表，在“图表工具”的“设计”选项卡的“数据”组中，单击“选择数据”按钮，打开“选择数据源”对话框。

第 12 步：在“选择数据源”对话框中，单击“图表数据区域”文本框后面的折叠按钮，选中单元格区域 A2:E11 并返回，单击“确定”按钮即可。

第 13 步：执行“文件”→“保存”命令。

5.12　第 12 题解答

执行“文件”→“打开”命令，在“查找范围”文本框中找到指定路径，选择“A5.xlsx”文件，单击“打开”按钮。在 Sheet1 工作表的标签上单击鼠标右键，在弹出的快捷菜单中执行“重命名”命令，此时的标签会显示黑色背景，输入新的工作表名称“存款计算表”。

1．公式的运用：

第 1 步：在“存款计算表”工作表中选中 C6 单元格，打开“公式”选项卡，在“函数库”组中单击“插入函数”按钮。

第 2 步：打开“插入函数”对话框，在“或选择类别”下拉列表中选择“财务”，在“选择函数”列表框中选择“FV”，单击“确定”按钮。

第 3 步：打开“函数参数”对话框，在“Rate”文本框中输入“C4/12”，在“Nper”文本框中输入“C5”，在“Pmt”文本框中输入“C3”，单击“确定”按钮。

2. 双变量分析：

第 4 步：在 Sheet2 工作表中选中 A4 单元格，输入公式“=FV（A11/12，90，F4）”，按 Enter 键即可求出结果。

第 5 步：选中单元格区域 A4:E10，在“数据”选项卡下单击“数据工具”组的“模拟分析”下拉按钮，在打开的下拉列表中执行“模拟运算表”命令。

第 6 步：在弹出的“模拟运算表”对话框中，在“输入引用行的单元格”文本框中输入“F4”，在“输入引用列的单元格”文本框中输入“A11”，单击“确定”按钮。

3. 数据格式设置：

第 7 步：在 Sheet2 工作表中，选中单元格区域 B5:E10，在“开始”选项卡下，单击“数字”组右下角的“对话框启动器”按钮 ，弹出“设置单元格格式”对话框，选择“数字”选项卡。在“分类”列表框中选择“货币”选项，在“小数位数”文本框中选择或输入“2”，在“货币符号”下拉列表框中选择“￥”，单击“确定”按钮。

第 8 步：执行“文件”→“保存”命令。

5.13　第 13 题解答

执行“文件”→“打开”命令，在“查找范围”文本框中找到指定路径，选择“A5.xlsx”文件，单击“打开”按钮。在 Sheet1 工作表的标签上单击鼠标右键，在弹出的快捷菜单中执行“重命名”命令，此时的标签会显示黑色背景，输入新的工作表名称“还款计算表”。

1. 公式的运用：

第 1 步：在“还款计算表”工作表中选中 C6 单元格，打开“公式”选项卡，在“函数库”组中单击“插入函数”按钮。

第 2 步：打开“插入函数”对话框，在“或选择类别”下拉列表中选择“财务”，在“选择函数”列表框中选择“PMT”，单击“确定”按钮。

第 3 步：打开“函数参数”对话框，在“Rate”文本框中输入“C4/12”，在“Nper”文本框中输入“C5”，在“Pv”文本框中输入“C3”，单击“确定”按钮。

2. 双变量分析：

第 4 步：在 Sheet2 工作表中选中 B4 单元格，输入公式“=PMT（G4/12，120，B12）”，按 Enter 键即可求出结果。

第 5 步：选中单元格区域 B4:F11，在“数据”选项卡下单击“数据工具”组的“模拟分析”下拉按钮，在打开的下拉列表中执行“模拟运算表”命令。

第 6 步：在弹出的“模拟运算表”对话框中，在“输入引用行的单元格”文本框中输入“G4”，在“输入引用列的单元格”文本框中输入“B12”，单击“确定”按钮。

3. 数据格式设置：

第 7 步：在 Sheet2 工作表中，选中单元格区域 C5:F11，在“开始”选项卡下，单击

“数字”组右下角的“对话框启动器”按钮，弹出“设置单元格格式”对话框，选择“数字”选项卡。在“分类”列表框中选择“货币”选项，在“小数位数”文本框中选择或输入“1”，在“货币符号”下拉列表框中选择“￥”，在“负数”区域选择红色“￥-1，234.0”，单击“确定”按钮。

第 8 步：执行“文件”→“保存”命令。

5.14　第 14 题解答

执行“文件”→“打开”命令，在“查找范围”文本框中找到指定路径，选择“A5.xlsx”文件，单击“打开”按钮。在 Sheet1 工作表的标签上单击鼠标右键，在弹出的快捷菜单中执行“重命名”命令，此时的标签会显示黑色背景，输入新的工作表名称“偿还贷款试算表”。

1. 数据格式设置：

第 1 步：在“偿还贷款试算表”工作表中选中单元格区域 E3:E8，在“开始”选项卡下单击“数字”组右下角的“对话框启动器”按钮，弹出“设置单元格格式”对话框，在“数字”选项卡下的“分类”列表框中选择“货币”选项，在“小数位数”文本框中选择或输入“1”，在“货币符号（国家/地区）”下拉列表中选择“￥”，单击“确定”按钮。

2. 单变量：

第 2 步：在“偿还贷款试算表”工作表中选中 E3 单元格，在“公式”选项卡下“函数库”组中单击“插入函数”按钮，打开“插入函数”对话框。

第 3 步：在“插入函数”对话框中，在“或选择类别”下拉列表中选择“财务”选项，在“选择函数”列表框中选择“PMT”选项，单击“确定”按钮。

第 4 步：弹出“函数参数”对话框，在“Rate”文本框中输入“C5/12”，在“Nper”文本框中输入“C6”，在“Pv”文本框中输入“C4”，单击“确定”按钮即可求出结果。

第 5 步：选中单元格区域 D3:E8，在“数据”选项卡下单击“数据工具”组的“模拟分析”下拉按钮，在打开的下拉列表中执行“模拟运算表”命令。

第 6 步：在弹出的“模拟运算表”对话框中，在“输入引用列的单元格”文本框中输入“C5”，单击“确定”按钮。

3. 创建、编辑、总结方案：

第 7 步：在“偿还贷款试算表”工作表中，在“数据”选项卡下单击“数据工具”组的“模拟分析”下拉按钮，在打开的下拉列表中执行“方案管理器”命令。

第 8 步：在弹出的“方案管理器”对话框中，单击“添加”按钮，打开“添加方案”对话框。

第 9 步：在弹出的“添加方案”对话框中，在“方案名”文本框中输入“KS5-14”，在“可变单元格”文本框中输入“D4:D8”，单击“确定”按钮。

第 10 步：在弹出的“方案变量值”对话框中，在“请输入每个可变单元格的值”下列文本框中分别输入“10%”、“11%”、“12%”、“13%”和“14%”，单击“确定”按钮，返回至“方案管理器”对话框。在“方案管理器”对话框中，单击“摘要”按钮。

第 11 步：在弹出的“方案摘要”对话框中，在“结果单元格”文本框中输入“E4:E8”，单击“确定”按钮即可。

第 12 步：执行“文件”→“保存”命令。

5.15　第 15 题解答

执行“文件”→“打开”命令，在“查找范围”文本框中找到指定路径，选择“A5.xlsx”文件，单击“打开”按钮。在 Sheet1 工作表的标签上单击鼠标右键，在弹出的快捷菜单中执行“重命名”命令，此时的标签会显示黑色背景，输入新的工作表名称“最终存款试算表”。

1. 数据格式设置：

第 1 步：在“最终存款试算表”工作表中选中单元格区域 F3:F8，在“开始”选项卡下单击“数字”组右下角的“对话框启动器”按钮，弹出“设置单元格格式”对话框，在“数字”选项卡下的“分类”列表框中选择“数值”选项，在“小数位数”文本框中选择或输入“2”，单击“确定”按钮。

2. 单变量：

第 2 步：在“最终存款试算表”工作表中选中 F3 单元格，在“公式”选项卡下“函数库”组中单击“插入函数”按钮，打开“插入函数”对话框。

第 3 步：在“插入函数”对话框中，在“或选择类别”下拉列表中选择“财务”选项，在“选择函数”列表框中选择“FV”选项，单击“确定”按钮。

第 4 步：弹出“函数参数”对话框，在“Rate”文本框中输入“D5/12”，在“Nper”文本框中输入“D6”，在“Pmt”文本框中输入“D4”，单击“确定”按钮即可求出结果。

第 5 步：选中单元格区域 E3:F8，在“数据”选项卡下单击“数据工具”组的“模拟分析”下拉按钮，在打开的下拉列表中执行“模拟运算表”命令。

第 6 步：在弹出的“模拟运算表”对话框中，在“输入引用列的单元格”文本框中输入“D4”，单击“确定”按钮。

3. 创建、编辑、总结方案：

第 7 步：在“最终存款试算表”工作表中，在“数据”选项卡下单击“数据工具”组的“模拟分析”下拉按钮，在打开的下拉列表中执行“方案管理器”命令。

第 8 步：在弹出的“方案管理器”对话框中，单击“添加”按钮，打开“添加方案”对话框。

第 9 步：在弹出的“添加方案”对话框中，在“方案名”文本框中输入“KS5-15”，在“可变单元格”文本框中输入“E4:E8”，单击“确定”按钮。

第 10 步：在弹出的“方案变量值”对话框中，在“请输入每个可变单元格的值”下列文本框中分别输入“-9000”、“-9500”、“-10000”、“-10500”和“-11000”，单击“确定”按钮，返回至“方案管理器”对话框。在“方案管理器”对话框中，单击“摘要”按钮。

第 11 步：在弹出的“方案摘要”对话框中，在“结果单元格”文本框中输入“F4:F8”，单击“确定”按钮即可。

第 12 步：执行“文件”→“保存”命令。

5.16 第 16 题解答

执行“文件”→“打开”命令，在“查找范围”文本框中找到指定路径，选择“A5.xlsx”文件，单击“打开”按钮。

1. 创建图表:

第 1 步：在 Sheet1 工作表中选中单元格区域 B3:F11，在“插入”选项卡下“图表”组中单击“条形图”下拉按钮，选中“三维条形图”中的“三维簇状条形图”，生成基本图表。

2. 设定图表的格式:

第 2 步：选中新创建的图表，在“图表工具”的“设计”选项卡下，在“图表布局”组中单击“布局 1”。在“图表样式”组中单击“其他”下拉按钮，在弹出的库中选择“样式 29”。

第 3 步：在“图表工具”的“格式”选项卡下，在“大小”组中的“高度”文本框中微调或输入“11 厘米”，在“宽度”文本框中微调或输入“13 厘米”。

第 4 步：选中图表区，在“图表工具”的“格式”选项卡下，单击“形状样式”组中的“其他”下拉按钮，在弹出的库中选择“细微效果 - 橙色，强调颜色 6”的形状样式。

第 5 步：选中“图表标题”文本“图表标题”，输入新标题文本“各部门设备维修费用支出表”。选中图表标题区，在“开始”选项卡下的“字体”组中，在“字体”下拉列表中选择“华文楷体”，在“字号”下拉列表中选择“20”磅，在“字体颜色”下拉列表中选择标准色中的“蓝色”。

第 6 步：在“图表工具”的“格式”选项卡下，在“艺术字样式”组中单击“文本效果”按钮，在弹出的列表中选择“映像”选项下的“半映像，4pt 偏移量”文本效果。

第 7 步：选中水平、垂直坐标轴区域，在“开始”选项卡下的“字体”组中，在“字体”下拉列表中选择“华文琥珀”，在“字号”下拉列表中选择“12”磅，在“字体颜色”下拉列表中选择标准色中的“紫色”。

第 8 步：选中水平坐标轴数据，单击鼠标右键，在弹出的快捷菜单中执行“设置坐标轴格式”命令，打开“设置坐标轴格式”对话框。在左栏中选中“坐标轴选项”，在右侧的设置栏中的“最小值”后面点选“固定”单选按钮，在后面的文本框中输入数值“200”；

在“主要刻度单位”后面点选“固定”单选按钮，在后面的文本框中输入数值“150”，单击“关闭”按钮即可。

3. 修改图表中的数据：

第 9 步：在图表中选择一月份“人事科”的数据点，单击鼠标右键，从弹出的快捷菜单中执行“添加数据标签”命令。选中该数据标签，在“开始”选项卡下的“字体”组中，在“字号”下拉列表中选择“18”磅，在“字体颜色”下拉列表中选择标准色中的“深红”色。在表格单元格区域 C7 位置将数据改为“800”，数据标签则相应修改。

4. 为图表添加外部数据：

第 10 步：选中图表，在“图表工具”的“设计”选项卡的“数据”组中，单击“选择数据”按钮，打开“选择数据源”对话框。

第 11 步：在“选择数据源”对话框中，单击“图例项（系列）”区域的“添加”按钮。在弹出的“编辑数据系列”对话框中，在“系列名称”文本框中选择 Sheet2 工作表中单元格 C3，在“系列值”文本框中选择 Sheet2 工作表中单元格区域 C4:C11，单击“确定”按钮。

第 12 步：返回至“选择数据源”对话框中，再次单击“添加”按钮，在弹出的“编辑数据系列”对话框中的“系列名称”文本框中选择 Sheet2 工作表的单元格 D3，在“系列值”文本框中选择 Sheet2 工作表的单元格区域 D4:D11，单击“确定”按钮，返回至“选择数据源”对话框中。

第 13 步：此时在“图例项（系列）”区域下的列表框中出现“五月份”和“六月份”两项，单击“确定”按钮即可。

第 14 步：执行“文件”→“保存”命令。

5.17　第 17 题解答

执行“文件”→“打开”命令，在“查找范围”文本框中找到指定路径，选择“A5.xlsx”文件，单击“打开”按钮。在 Sheet1 工作表的标签上单击鼠标右键，在弹出的快捷菜单中执行“重命名”命令，此时的标签会显示黑色背景，输入新的工作表名称“偿还贷款试算表”。

1. 数据格式设置：

第 1 步：在“偿还贷款试算表”工作表中选中单元格区域 E3:E8，在“开始”选项卡下单击“数字”组右下角的“对话框启动器”按钮，弹出“设置单元格格式”对话框，在“数字”选项卡下的“分类”列表框中选择“货币”选项，在“小数位数”文本框中选择或输入“2”，在“货币符号（国家/地区）”下拉列表中选择“￥”，根据样文所示，在“负数”区域中选择红色的“￥-1，234.10”，单击“确定”按钮。

2. 单变量:

第 2 步：在“偿还贷款试算表”工作表中选中 E3 单元格，在“公式”选项卡下“函数库”组中单击“插入函数”按钮，打开“插入函数”对话框。

第 3 步：在“插入函数”对话框中，在“或选择类别”下拉列表中选择“财务”选项，在“选择函数”列表框中选择“PMT”选项，单击“确定”按钮。

第 4 步：弹出“函数参数”对话框，在“Rate”文本框中输入“C5/12”，在“Nper”文本框中输入“C6”，在“Pv”文本框中输入“C4”，单击“确定”按钮即可求出结果。

第 5 步：选中单元格区域 D3:E8，在“数据”选项卡下单击“数据工具”组的“模拟分析”下拉按钮，在打开的下拉列表中执行“模拟运算表”命令。

第 6 步：在弹出的“模拟运算表”对话框中，在“输入引用列的单元格”文本框中输入“C5”，单击“确定”按钮。

3. 创建、编辑、总结方案:

第 7 步：在“偿还贷款试算表”工作表中，在“数据”选项卡下单击“数据工具”组的“模拟分析”下拉按钮，在打开的下拉列表中执行“方案管理器”命令。

第 8 步：在弹出的“方案管理器”对话框中，单击“添加”按钮，打开“添加方案”对话框。

第 9 步：在弹出的“添加方案”对话框中，在“方案名”文本框中输入“KS5-17”，在“可变单元格”文本框中输入“D4:D8”，单击“确定”按钮。

第 10 步：在弹出的“方案变量值”对话框中，在“请输入每个可变单元格的值”下列文本框中分别输入“8%”、“9%”、“10%”、“11%”和“12%”，单击“确定”按钮，返回至“方案管理器”对话框。在“方案管理器”对话框中，单击“摘要”按钮。

第 11 步：在弹出的“方案摘要”对话框中，在“结果单元格”文本框中输入“E4:E8”，单击“确定”按钮即可。

第 12 步：执行“文件”→“保存”命令。

5.18 第 18 题解答

执行“文件”→“打开”命令，在“查找范围”文本框中找到指定路径，选择“A5.xlsx”文件，单击“打开”按钮。

1. 定义单元格名称:

第 1 步：执行“文件”→“打开”命令，在指定目录（C:\Win2010GJW\KSML1 文件夹）中选择“KSWJ5-18A.xlsx”文件，单击“打开”按钮。选中 Sheet1 工作表的单元格区域 B4:F11，在上方的“名称框”编辑栏内输入“第一季度”，按 Enter 键。

第 2 步：执行“文件”→“另存为”命令，弹出“另存为”对话框，在“保存位置”列表中选择考生文件夹所在位置，在“文件名”文本框中输入文件名“A5a”，在“保存类型”列表中选择“Excel 工作簿（*.xlsx）”文件类型，单击“保存”按钮。

第 3 步：执行“文件”→“打开”命令，在指定目录（C:\Win2010GJW\KSML1 文件夹）中选择“KSWJ5-18B.xlsx”文件，单击“打开”按钮。选中 Sheet1 工作表的单元格区域 B4:F11，在上方的“名称框”编辑栏内输入“第二季度”，按 Enter 键。

第 4 步：执行“文件”→“另存为”命令，弹出“另存为”对话框，在“保存位置”列表中选择考生文件夹所在位置，在“文件名”文本框中输入文件名“A5b”，在“保存类型”列表中选择“Excel 工作簿（*.xlsx）”文件类型，单击“保存”按钮。

2. 工作簿间的链接：

第 5 步：打开 A5.xlsx 工作簿，在 Sheet1 工作表中选中 B4 单元格，单击“数据”选项卡下“数据工具”组中的“合并计算”按钮。

第 6 步：打开“合并计算”对话框，在“函数”下拉列表中选择“求和”选项，单击“引用位置”文本框后面的折叠按钮，选定要进行合并计算的数据为“A5a.xlsx”的 Sheet1 工作表中的 B4:F11 单元格区域并返回，单击“添加”按钮，将其添加到“所有引用位置”下面的文本框中。再次单击“引用位置”文本框后面的折叠按钮，选定要进行合并计算的数据为“A5b.xlsx”的 Sheet1 工作表中的 B4:F11 单元格区域并返回，单击“添加”按钮，也将其添加到“所有引用位置”下面的文本框中，勾选“最左列”复选框，单击“确定”按钮即可。

3. 创建图表：

第 7 步：在 Sheet1 工作表中，选中单元格区域 B3:F11，在“插入”选项卡下“图表”组中单击“折线图”下拉按钮，选中“二维折线图”中的“带数据标记的折线图”，生成基本图表。

第 8 步：选中新插入的图表，在“图表工具”的“布局”选项卡下“标签”组中单击“图表标题”按钮，在弹出的下拉列表中选择“图表上方”选项。在图表标题中输入“市场部上半年员工销售情况表”。

4. 添加趋势线：

第 9 步：选中整个图表，在“图表工具”的“布局”选项卡下“分析”组中单击“趋势线”按钮，在弹出的下拉列表中执行“其他趋势线选项”命令。打开“添加趋势线”对话框，选择“玻璃类”，单击“确定”按钮。

第 10 步：在弹出的“设置趋势线格式”对话框中，选择左栏的“趋势线选项”，在右侧设置栏中点选“线性”单选按钮。

第 11 步：选择左栏的“线条颜色”，在右侧设置栏中点选“实线”单选按钮，在“颜色”下拉列表中选择标准色中的“黄色”。

第 12 步：选择左栏的“线型”，在右侧设置栏中“宽度”后面的文本框中选择或输入“3 磅”，在“短划线类型”下拉列表中选择“短划线”。

第 13 步：选择左栏的“发光和柔化边缘”，在右侧设置栏中单击“预设”后面的“发光”按钮，在弹出的库中选择“水绿色，5pt 发光，强调文字颜色 5”的效果，单击“关闭”按钮。

第 14 步：执行“文件”→“保存”命令。

5.19 第 19 题解答

执行“文件”→“打开”命令，在“查找范围”文本框中找到指定路径，选择“A5.xlsx”文件，单击“打开”按钮。在 Sheet1 工作表的标签上单击鼠标右键，在弹出的快捷菜单中执行“重命名”命令，此时的标签会显示黑色背景，输入新的工作表名称“还款计算表”。

1. 公式的运用:

第 1 步：在“还款计算表”工作表中选中 C6 单元格，打开“公式”选项卡，在“函数库”组中单击“插入函数”按钮。

第 2 步：打开“插入函数”对话框，在“或选择类别”下拉列表中选择“财务”，在“选择函数”列表框中选择“PMT”，单击“确定”按钮。

第 3 步：打开“函数参数”对话框，在“Rate”文本框中输入“C4/12”，在“Nper”文本框中输入“C5”，在“Pv”文本框中输入“C3”，单击“确定”按钮。

2. 双变量分析:

第 4 步：在 Sheet2 工作表中选中 B4 单元格，输入公式“=PMT（G4/12，60，B12）”，按 Enter 键即可求出结果。

第 5 步：选中单元格区域 B4:F11，在“数据”选项卡下单击“数据工具”组的“模拟分析”下拉按钮，在打开的下拉列表中执行“模拟运算表”命令。

第 6 步：在弹出的“模拟运算表”对话框中，在“输入引用行的单元格”文本框中输入“G4”，在“输入引用列的单元格”文本框中输入“B12”，单击“确定”按钮。

3. 数据格式设置:

第 7 步：在 Sheet2 工作表中，选中单元格区域 C5:F11，在“开始”选项卡下，单击“数字”组右下角的“对话框启动器”按钮，弹出“设置单元格格式”对话框，选择“数字”选项卡。在“分类”列表框中选择“货币”选项，在“小数位数”文本框中选择或输入“2”，在“货币符号”下拉列表框中选择“￥”，根据样文所示，在“负数”区域选择红色的“￥-1，234.10”，单击“确定”按钮。

第 8 步：执行“文件”→“保存”命令。

5.20 第 20 题解答

执行“文件”→“打开”命令，在“查找范围”文本框中找到指定路径，选择“A5.xlsx”文件，单击“打开”按钮。

1. 创建图表:

第 1 步：在 Sheet1 工作表中选中单元格区域 B3:E11，在“插入”选项卡下“图表”组中单击“柱形图”下拉按钮，选中“圆柱图”中的“簇状圆柱图”，生成基本图表。

2. 设定图表的格式:

第 2 步：选中新创建的图表，在“图表工具”的“设计”选项卡下，在“图表布局”组中单击“其他”下拉按钮，在弹出的库中选择“布局 9”。在“图表样式”组中单击“其他”下拉按钮，在弹出的库中选择“样式 26”。

第 3 步：在“图表工具”的“格式”选项卡下“大小”组中，在“高度”文本框中微调或输入“10 厘米”，在“宽度”文本框中微调或输入“15 厘米”。

第 4 步：在“图表工具”的“格式”选项卡下，单击“形状样式”组中的“形状填充”按钮，在弹出的下拉列表中选择“图片”。打开“插入图片”对话框，在指定目录（C:\Win2010GJW\KSML1 文件夹）中选择“KSWJ5-20.jpg”图片文件，单击“插入”按钮。

第 5 步：选中整个图表，在“开始”选项卡下的“字体”组中，在“字体”下拉列表中选择“华文细黑”。在“图表工具”的“格式”选项卡下，在“艺术字样式”组中单击“其他”下拉按钮，在弹出的库中选择“渐变填充 - 蓝色，强调文字颜色 1”艺术字样式。依据样文所示，选中文本“图表标题”，输入新标题文本“小学生运动会金牌榜”；选中“水平（类别）轴标题”文本“坐标轴标题”，输入新标题文本“学校”；选中“垂直（值）轴标题”文本“坐标轴标题”，输入新标题文本“数量”。

第 6 步：选中图例区域，在“图表工具”的“格式”选项卡下，单击“形状样式”组右下角的“对话框启动器”按钮，弹出“设置图例格式”对话框，选择左栏的“边框颜色”，在右侧设置栏中点选“实线”单选按钮，在“颜色”下拉列表中选择标准色中的“绿色”；选择左栏的“边框样式”，在右侧设置栏中“宽度”后面的文本框中选择或输入“2.25 磅”，在“短划线类型”下拉列表中选择“方点”线，单击“关闭”按钮。

3. 修改图表中的数据:

第 7 步：在图表中选择红石街小学“银牌”的数据点，单击鼠标右键，从弹出的快捷菜单中执行“添加数据标签”命令。选中该数据标签，在“开始”选项卡下的“字体”组中，在“字体”下拉列表中选择“微软雅黑”，在“字号”下拉列表中选择“16”磅。

第 8 步：在“图表工具”的“格式”选项卡下，在“艺术字样式”组中单击“其他”下拉按钮，在弹出的库中选择“渐变填充 - 橙色，强调文字颜色 6，内部阴影”艺术字样式。在表格 D6 单元格位置将数据改为“35”，数据标签则相应修改。

4. 为图表添加外部数据:

第 9 步：在 Sheet2 工作表中，选中单元格区域 B4:E5，单击鼠标右键，在弹出的快捷菜单中执行“复制”命令，将内容暂时存放在剪贴板上。在 Sheet1 工作表中，选中 B12 单元格，单击鼠标右键，在弹出的快捷菜单中执行“粘贴选项”下的“粘贴”命令即可。

第 10 步：选中图表，在“图表工具”的“设计”选项卡的“数据”组中，单击“选择数据”按钮，打开“选择数据源”对话框。

第 11 步：在“选择数据源”对话框中，单击“图表数据区域”文本框后面的折叠按钮，选中单元格区域 B3:E13 并返回，单击“确定”按钮即可。

第 12 步：执行“文件”→“保存”命令。

第六单元　演示文稿的制作

6.1　第 1 题解答

执行“文件”→“打开”命令，在“查找范围”文本框中找到指定路径，选择“A6.pptx”文件，单击“打开”按钮。

1．演示文稿的页面设置：

第 1 步：选中第 1 张幻灯片的标题占位符，在“开始”选项卡下“字体”组中，在“字体”下拉列表中选择“华文行楷”，在“字号”下拉列表中选择“72”磅，在“字体颜色”下拉列表中选择标准色中的“浅绿”色，如图 6-1 所示。

第 2 步：在“视图”选项卡下“母版视图”组中单击“幻灯片母版”按钮，如图 6-2 所示。

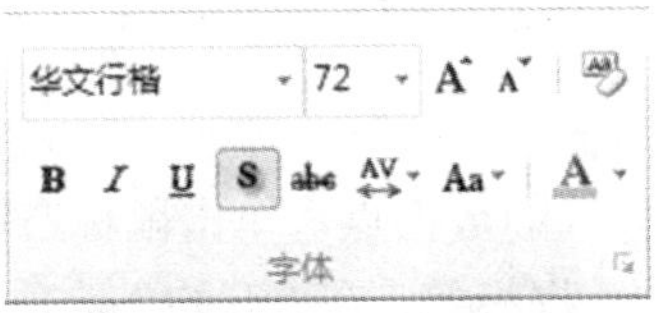

图 6-1

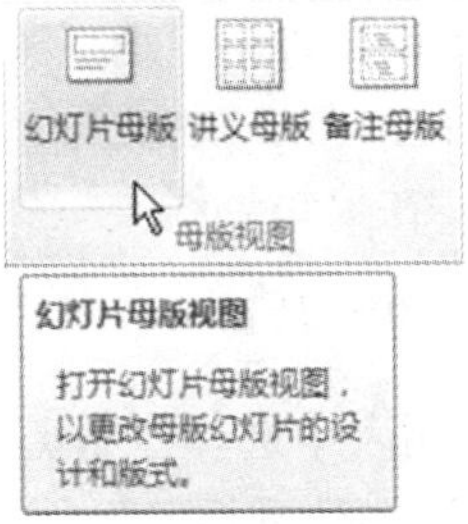

图 6-2

第 3 步：选中左边任务窗格中的“Ripple 幻灯片母版”，如图 6-3 所示。在“插入”选项卡下“文本”组中单击“页眉和页脚”按钮，如图 6-4 所示。

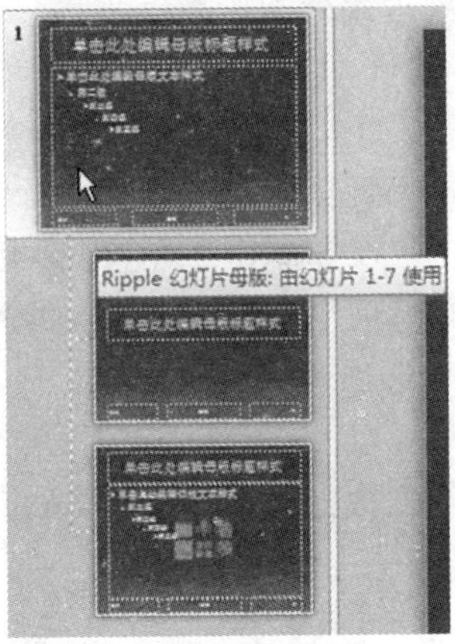

图 6-3

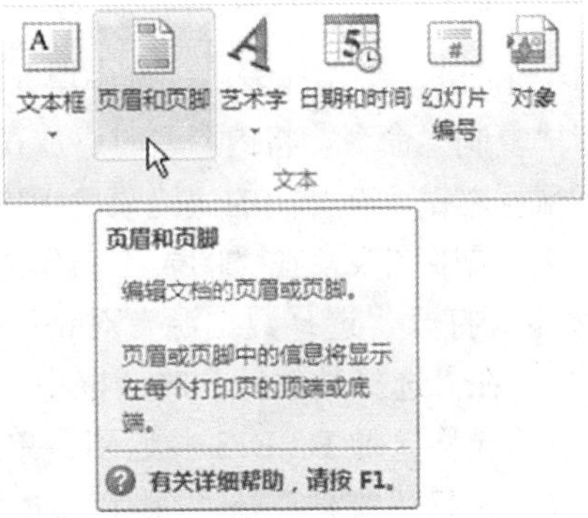

图 6-4

第 4 步：打开“页眉和页脚”对话框，在“幻灯片”选项卡下勾选“页脚”复选框，输入内容“KSWJ6-1”，单击“全部应用”按钮，如图 6-5 所示。

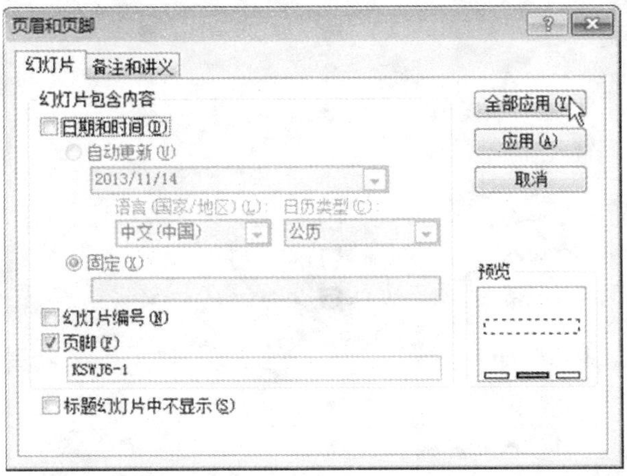

图 6-5

第 5 步：在“Ripple 幻灯片母版”中选中页脚的内容，在“开始”选项卡下“字体”组中，在“字体”下拉列表中选择“微软雅黑”，在“字号”下拉列表中选择“18”磅，单击“加粗”按钮 B ，在“字体颜色”下拉列表中执行“其他颜色”命令，如图 6-6 所示。打开“颜色”对话框，在“自定义”选项卡下输入 RGB 值（112，255，255），单击“确定”按钮即可，如图 6-7 所示。

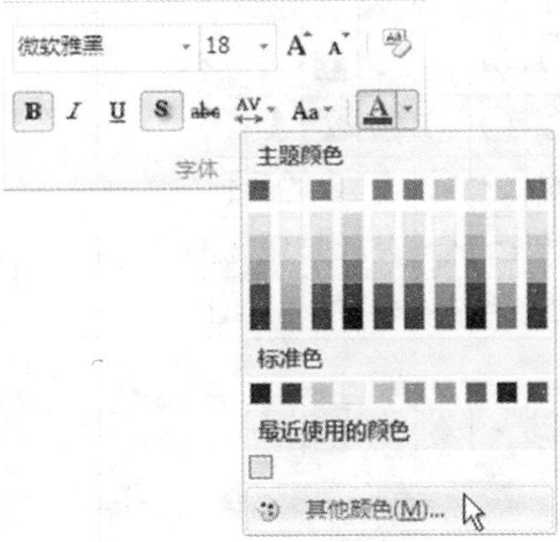

图 6-6

图 6-7

第 6 步：选中“标题和内容 版式”的文本占位符，在“开始”选项卡下“段落”组中单击“项目符号”按钮 右侧的下拉按钮，在打开的列表中执行“项目符号和编号”命令，如图 6-8 所示。

第 7 步：打开“项目符号和编号”对话框，在“项目符号”选项卡中单击“自定义”按钮。打开“符号”对话框，单击“字体”右侧下拉列表选择“Wingdings”，在“符号”框中选择符号样式“♦”，单击“确定”按钮，如图 6-9 所示。

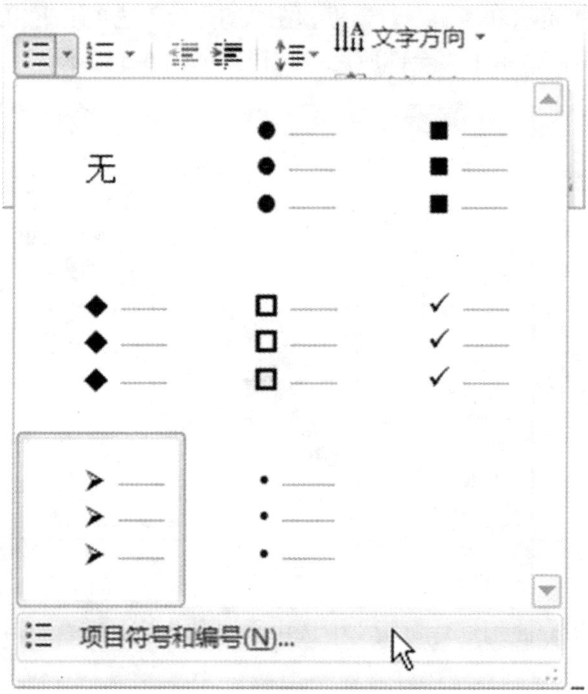

图 6-8

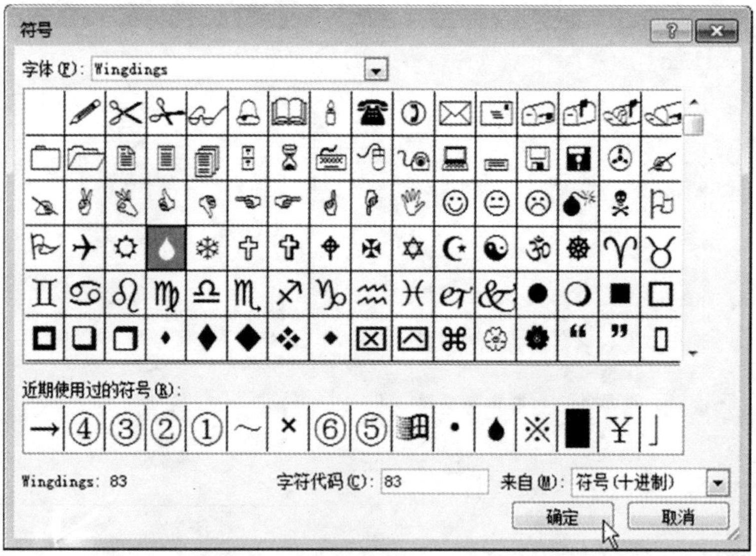

图 6-9

第 8 步：返回到“项目符号和编号”对话框，在“大小”编辑框中输入“115”，单击“颜色”下拉按钮，选择标准色中的“橙色”，单击“确定”按钮，如图 6-10 所示。

第 9 步：在“幻灯片母版”选项卡下“关闭”组中单击“关闭母版视图”按钮，如图 6-11 所示。

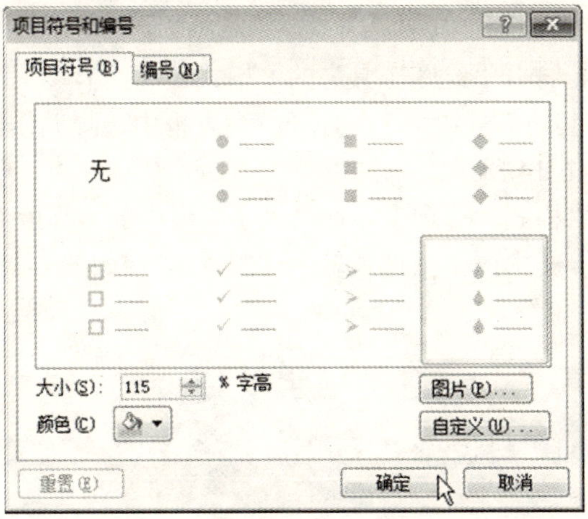

图 6-10

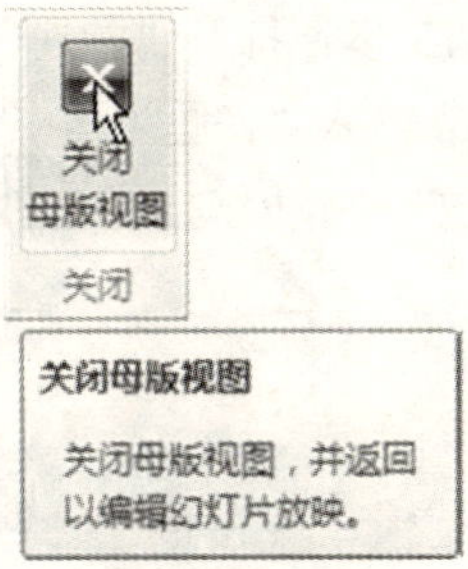

图 6-11

2. 演示文稿的插入设置：

第 10 步：选中第 3 张幻灯片，在“插入”选项卡下“插图”组中单击“形状”按钮，在弹出的下拉列表中选择“动作按钮”下的“动作按钮：第一张”，如图 6-12 所示。参照样文，单击第 3 张幻灯片，弹出“动作设置”对话框，单击“确定”按钮，如图 6-13 所示。

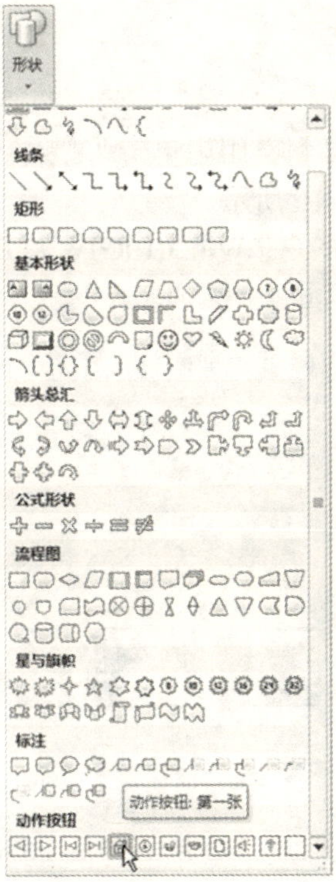

图 6-12

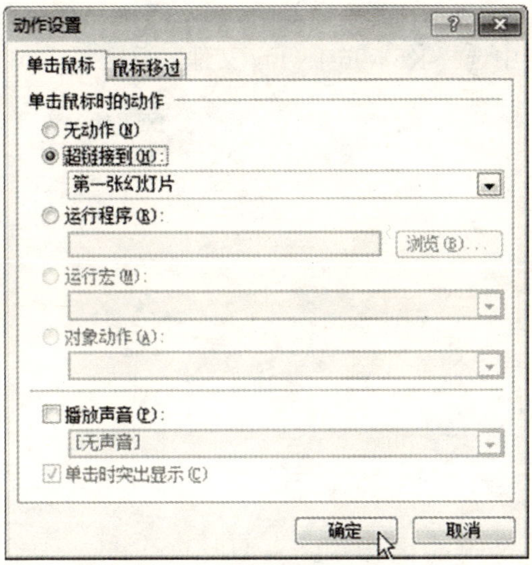

图 6-13

第 11 步：在“插入”选项卡下“插图”组中单击“形状”按钮，选择“动作按钮”下的“动作按钮：前进或下一项”。参照样文，单击第 3 张幻灯片，弹出“动作设置”对话框，单击“确定”按钮。

第 12 步：选中做好的动作按钮，打开“绘图工具”的“格式”选项卡，在“形状样式”组中单击“形状样式”右侧的“其他”按钮，在打开的列表框中选择“强烈效果 - 冰蓝，强调颜色 3”形状样式，如图 6-14 所示。

第 13 步：打开“绘图工具”的“格式”选项卡，在“大小”组中的“高度”文本框中微调或输入“2 厘米”，在“宽度”文本框中微调或输入“2 厘米”，如图 6-15 所示。参照样文，将动作按钮拖拽到对应的位置。

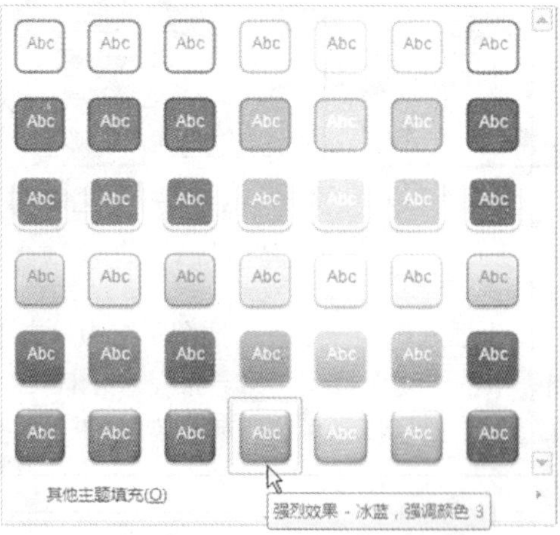

图 6-14

图 6-15

第 14 步：选中第 4 张幻灯片，在“插入”选项卡下“媒体”组中单击“视频”按钮，在打开的下拉列表中执行“文件中的视频”命令，如图 6-16 所示。

第 15 步：打开“插入视频文件”对话框，在指定目录（C:\Win2010GJW\KSML1 文件夹）中选择 KSWJ6-1.wmv 文件，单击“插入”按钮，如图 6-17 所示。

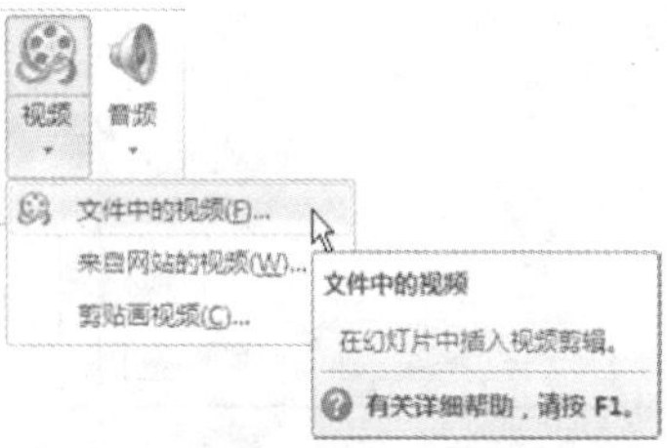

图 6-16

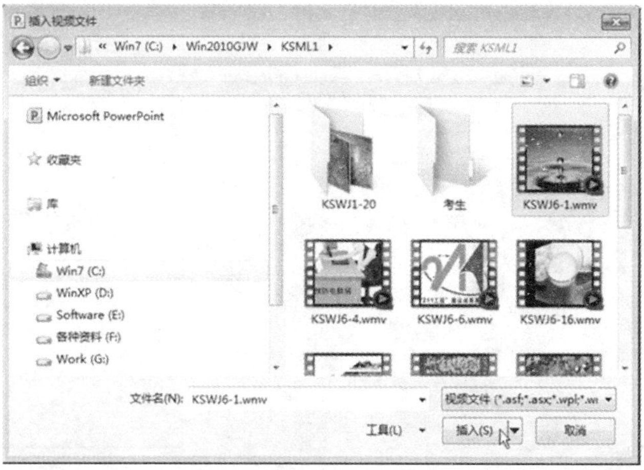

图 6-17

第 16 步：选中新插入的视频，在“视频工具”的“格式”选项卡下，单击“大小”组右下角的“对话框启动器”按钮，弹出“设置视频格式”对话框，选择左栏的“大小”选项，在右侧设置栏的“缩放比例”区域中“高度”和“宽度”文本框中选择或输入“50%”，单击“关闭”按钮，如图 6-18 所示。

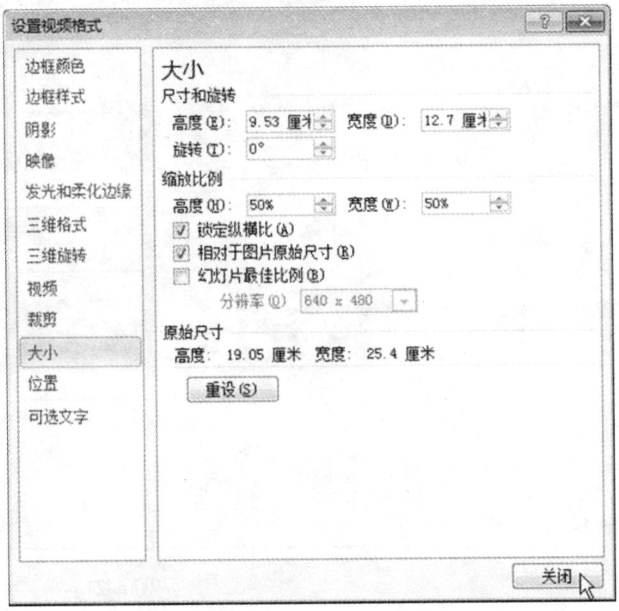

图 6-18

第 17 步：在“视频工具”的“格式”选项卡下，在“视频样式”组中单击“其他”下拉按钮▾，在弹出的库中选择“柔化边缘椭圆”，如图 6-19 所示。

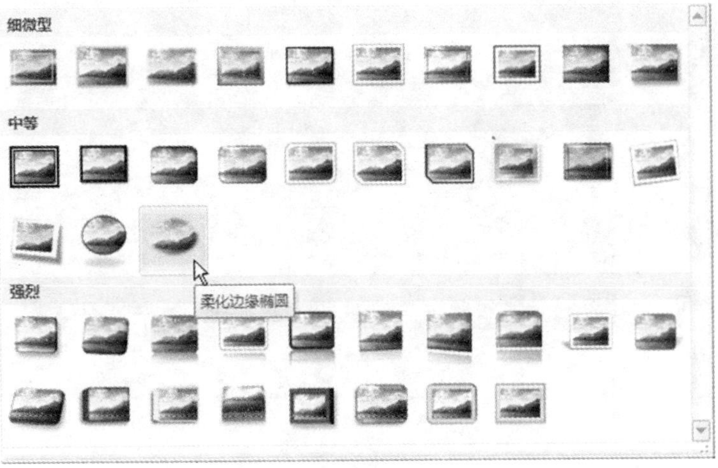

图 6-19

第 18 步：在“视频工具”的“播放”选项卡下，在“编辑”组中单击“剪裁视频”按钮，如图 6-20 所示。

第 19 步：打开“剪裁视频”对话框，在“开始时间”微调框中微调或输入“00:03”，在“结束时间”微调框中微调或输入“00:30”，单击“确定”按钮，如图 6-21 所示。参照样文，将视频图标拖拽到对应的位置。

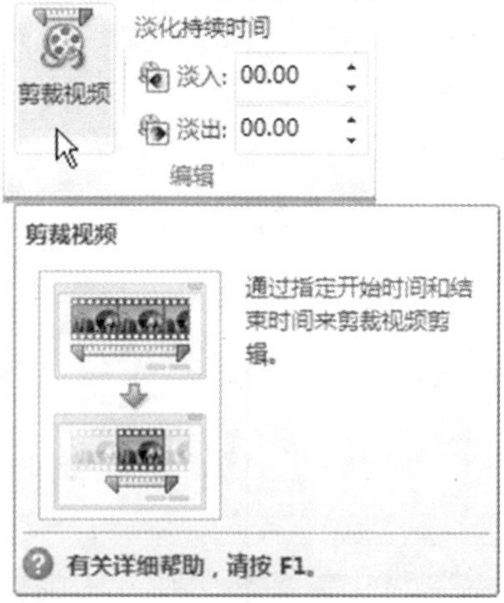

图 6-20

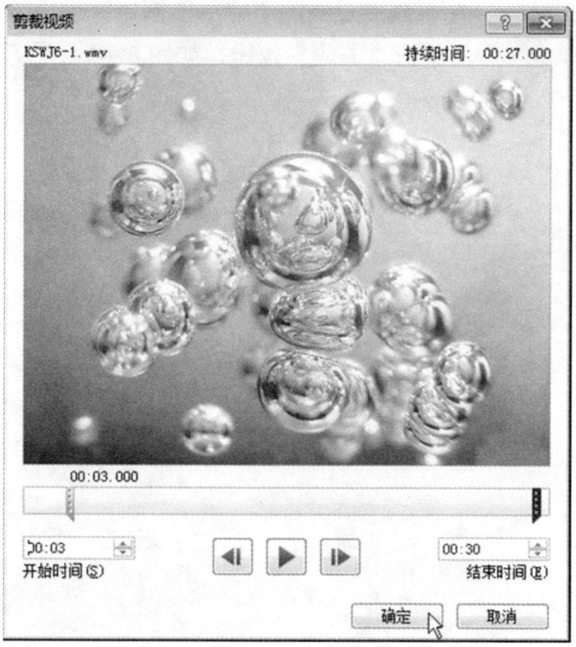

图 6-21

3. 演示文稿的动画设置：

第 20 步：打开“切换”选项卡，在“切换到此幻灯片”组中单击“其他”下拉按钮，在弹出的库中选择“闪耀”，如图 6-22 所示。

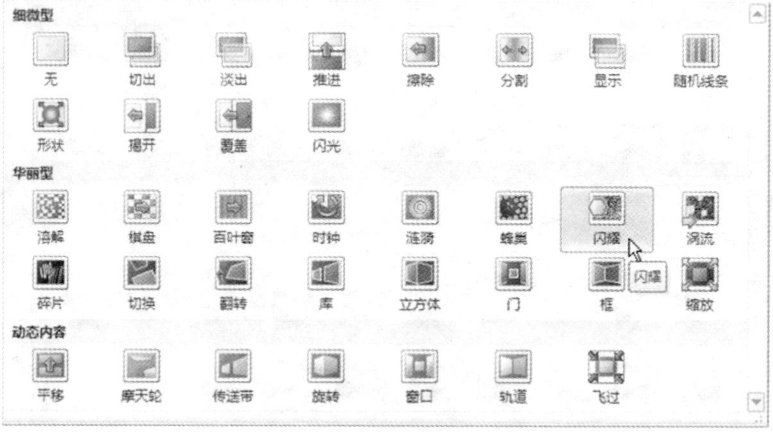

图 6-22

第 21 步：单击“切换到此幻灯片”组中的“效果选项”按钮，在弹出的下拉列表中选择“从下方闪耀的六边形”，如图 6-23 所示。

第 22 步：在“切换”选项卡下“计时”组中，在“声音”后面的下拉列表中选择“风铃”，在“持续时间”后面的微调框中微调或输入“02.00”，勾选“换片方式”区域的“单击鼠标时”复选框，单击“全部应用”按钮，如图 6-24 所示。

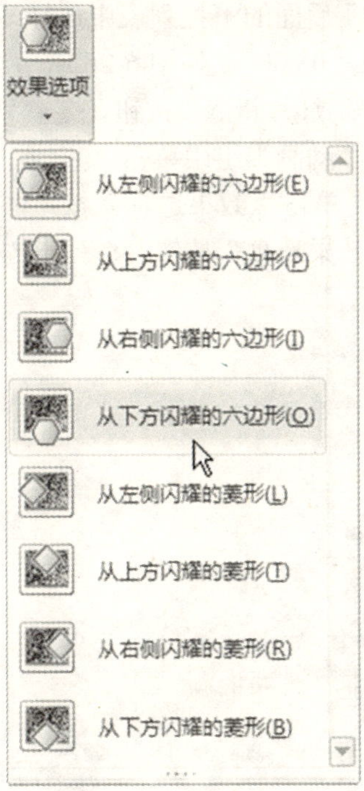

图 6-23

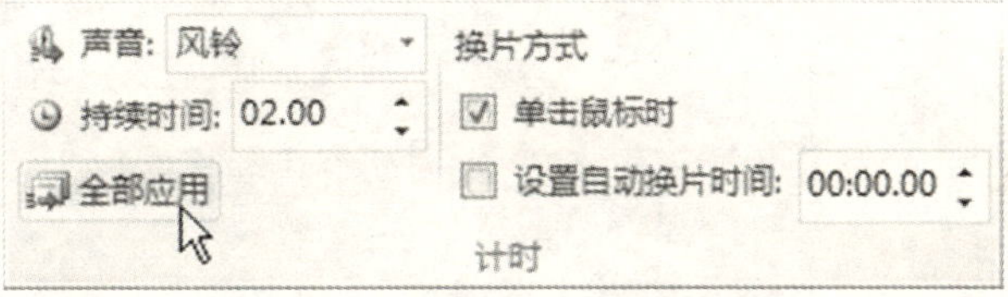

图 6-24

第 23 步：选中第 1 张幻灯片的标题，打开“动画”选项卡，在“动画”组中单击“其他”下拉按钮，在弹出的库中选择“进入”区域下的“弹跳”，如图 6-25 所示。

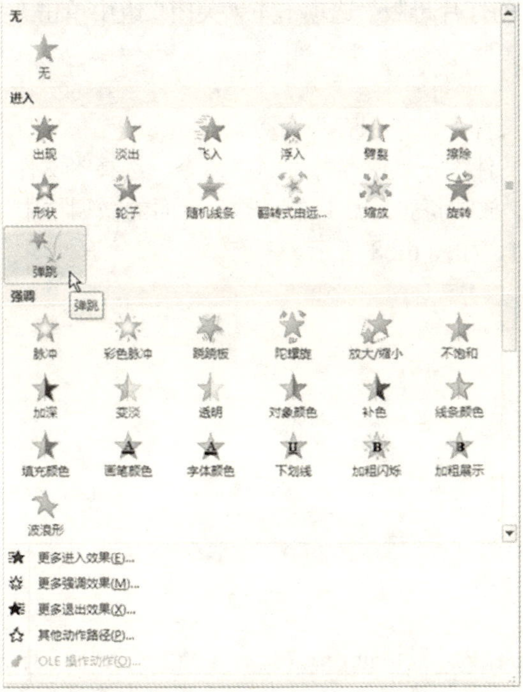

图 6-25

第 24 步：在“动画”选项卡下“计时”组中，在“开始”后面的下拉列表中选择“上一动画之后”，在“持续时间”后面的微调框中微调或输入“03.00”，如图 6-26 所示。

第 25 步：在“视图”选项卡下“母版视图”组中单击“幻灯片母版”按钮，选中“标题和内容 版式”的文本占位符，打开“动画”选项卡，在“动画”组中单击“其他”下拉按钮，在弹出的库中选择“进入”区域下的“浮入”。单击“效果选项”按钮，在弹出的下拉列表中选择“方向”区域中的“下浮”；单击“效果选项”按钮，在弹出的下拉列表中选择“序列”区域中的“按段落”，如图 6-27 所示。

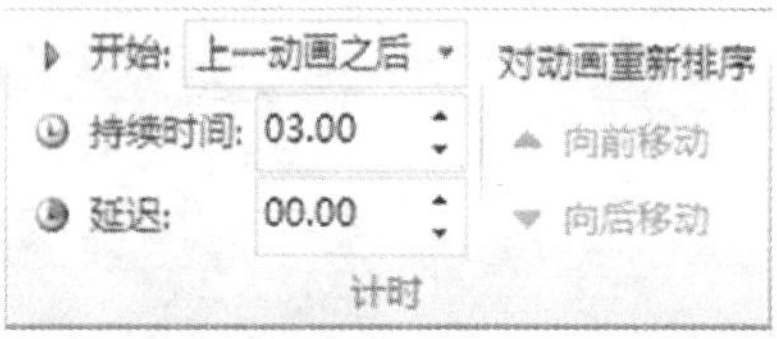

图 6-26

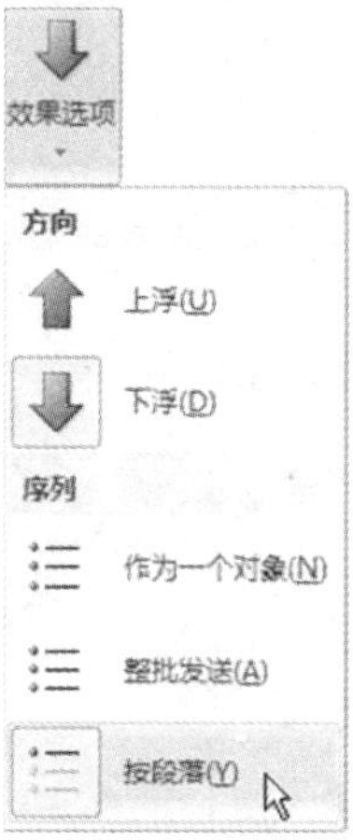

图 6-27

第 26 步：在“动画”选项卡下“计时”组中，在“开始”后面的下拉列表中选择“与上一动画同时”。在“幻灯片母版”选项卡下“关闭”组中单击“关闭母版视图”按钮。

4. 保存演示文稿：

第 27 步：执行“文件”→“保存”命令。

第 28 步：执行“文件”→“保存并发送”命令，选择“文件类型”区域的“创建视频”，在右侧信息栏中“放映每张幻灯片的秒数”后面的微调框中微调或输入“06.00”，单击“创建视频”按钮，如图 6-28 所示。

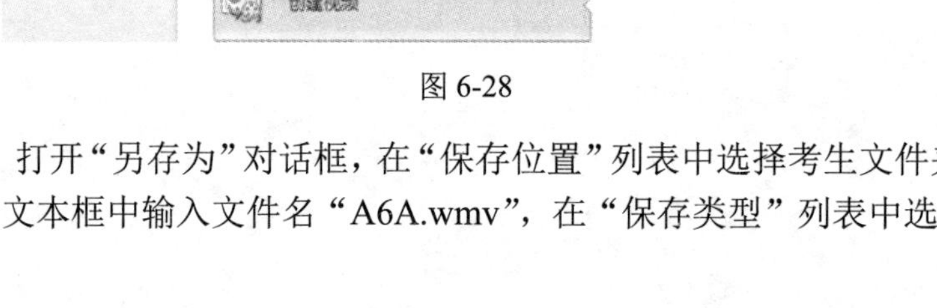

图 6-28

第 29 步：打开“另存为”对话框，在“保存位置”列表中选择考生文件夹所在位置，在“文件名”文本框中输入文件名“A6A.wmv”，在“保存类型”列表中选择“Windows

Media 视频（.wmv）”，单击“保存”按钮，如图 6-29 所示。

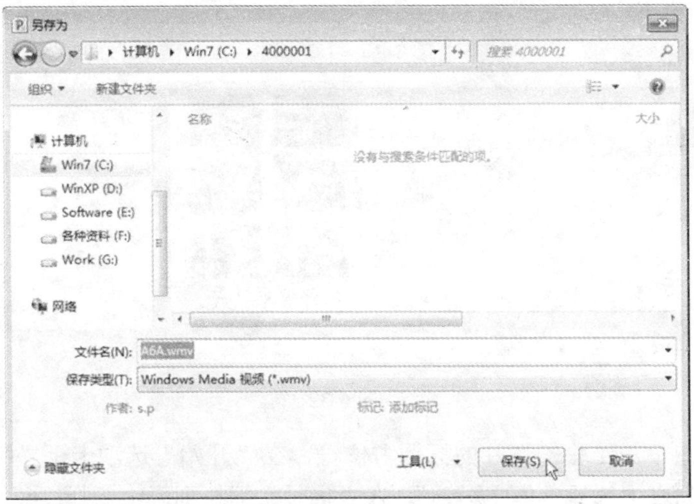

图 6-29

第 30 步：此时 A6.pptx 文件下方会出现一个“正在制作视频 A6A.wmv”的制作框，等待制作完成即可，如图 6-30 所示。

图 6-30

6.2　第 2 题解答

执行“文件”→“打开”命令，在“查找范围”文本框中找到指定路径，选择“A6.pptx”文件，单击“打开”按钮。

1. 演示文稿的页面设置：

第 1 步：打开“设计”选项卡，在“主题”组中单击“其他”下拉按钮，在弹出的库中选择“波形”主题，如图 6-31 所示。

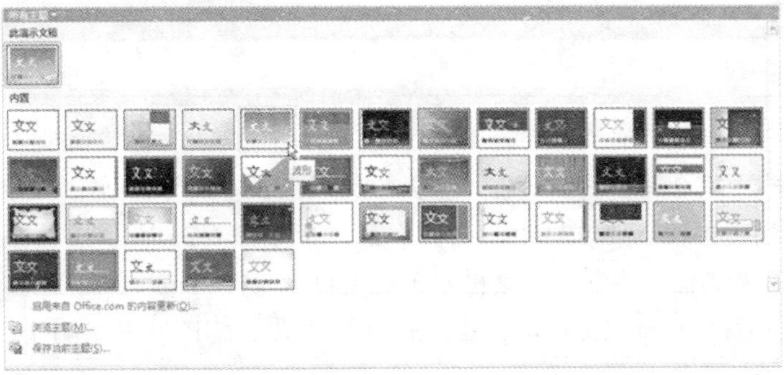

图 6-31

第 2 步：单击“背景”组中的“背景样式”按钮，在弹出的下拉列表中选择“样式 9”，如图 6-32 所示。

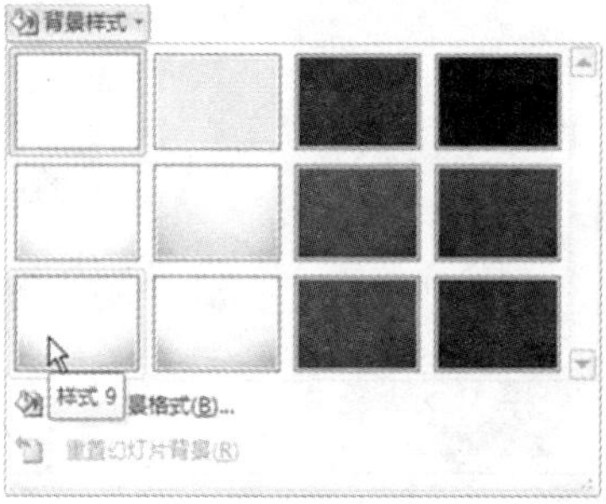

图 6-32

第 3 步：选中第 1 张幻灯片的标题占位符，在“开始”选项卡下“字体”组中，在“字体”下拉列表中选择“华文彩云”，在“字号”下拉列表中选择“66”磅，单击“倾斜”按钮 *I*。

2. 演示文稿的插入设置：

第 4 步：选中第 1 张幻灯片的文本“秋日私语”，在“插入”选项卡下“链接”组中单击“超链接”按钮，如图 6-33 所示。

第 5 步：打开“插入超链接”对话框，在左侧的“链接到”下，单击“本文档中的位置”。在右侧的“请选择文档中的位置”下，单击“2. 秋日私语”，单击“确定”按钮，如图 6-34 所示。按照同样的方法分别把“蓝色多瑙河圆舞曲”、“月光曲”、“致爱丽丝”、“梦幻曲”超链接到第 3、4、5、6 张幻灯片中。

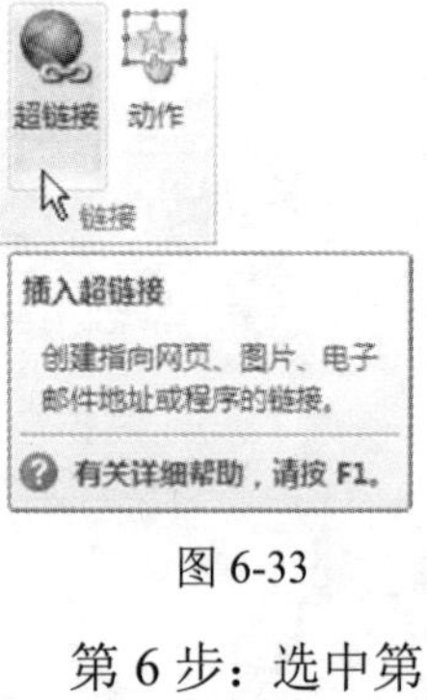

图 6-33

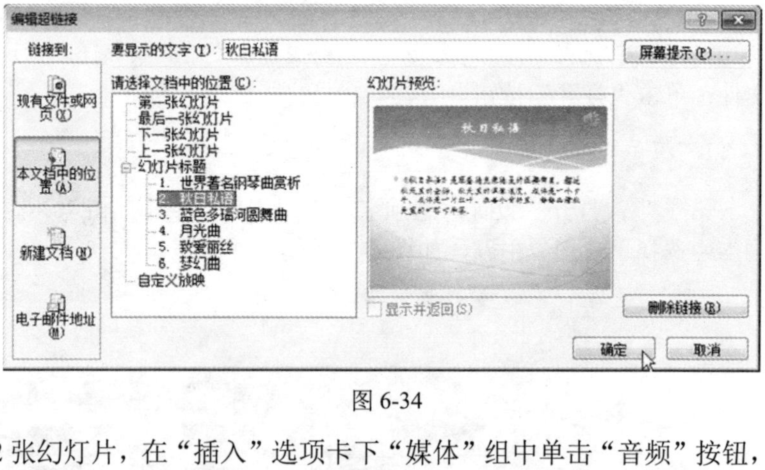

图 6-34

第 6 步：选中第 2 张幻灯片，在“插入”选项卡下“媒体”组中单击“音频”按钮，在打开的下拉列表中执行“文件中的音频”命令，如图 6-35 所示。

第 7 步：打开“插入音频”对话框，在指定目录（C:\Win2010GJW\KSML1 文件夹）中选择“KSWJ6-2A.wma”文件，单击“插入”按钮，如图 6-36 所示。

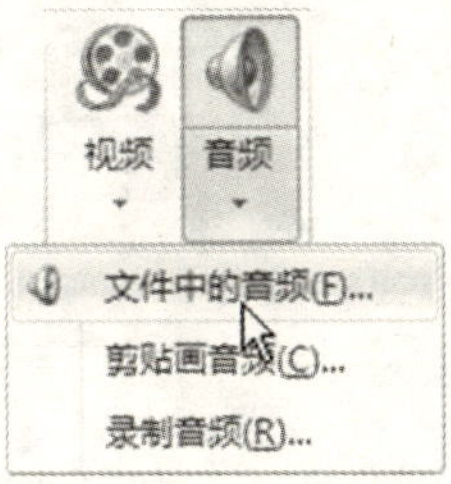

图 6-35

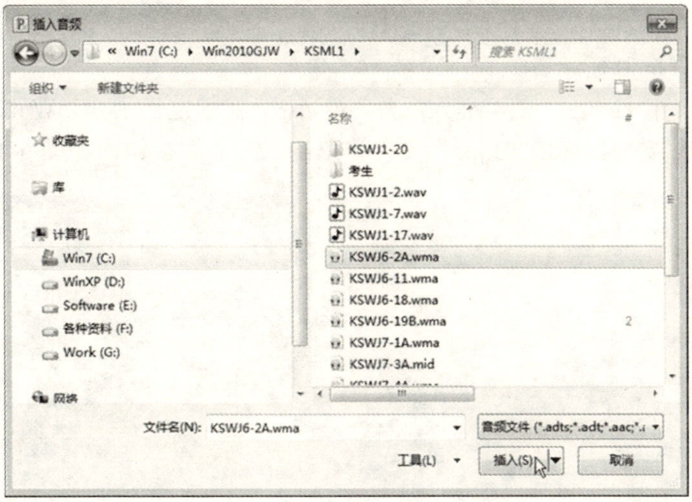

图 6-36

第 8 步：在“音频工具”的“播放”选项卡下，在“编辑”组中单击“剪裁音频”按钮，如图 6-37 所示。

第 9 步：打开“剪裁音频”对话框，在“开始时间”微调框中微调或输入“01:00”，在“结束时间”微调框中微调或输入“02:00”，单击“确定”按钮，如图 6-38 所示。

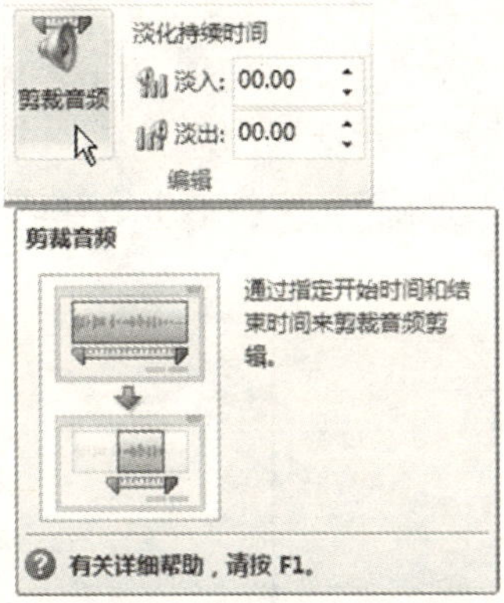

图 6-37

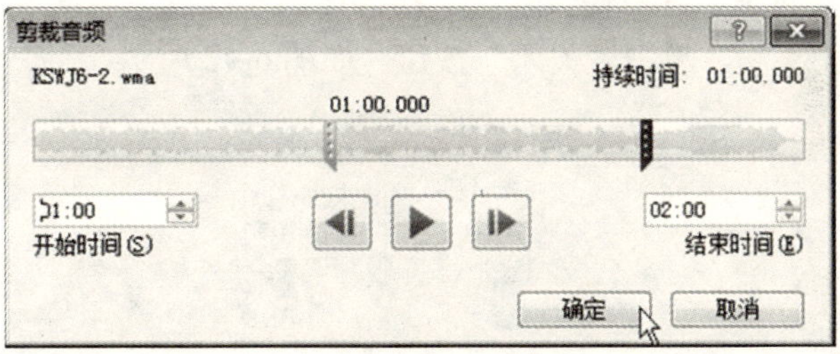

图 6-38

第 10 步：选中插入的音频图标，在“音频工具”的“插入”选项卡下“音频选项”组中，在“开始:”后面的下拉列表中选择“跨幻灯片播放”，勾选“循环播放，直到停止”和“放映时隐藏”复选框，如图 6-39 所示。参照样文，将音频图标拖拽到对应的位置。

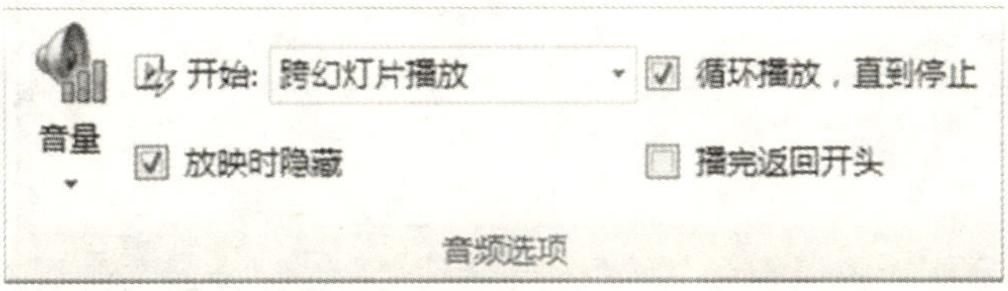

图 6-39

第 11 步：选中第 4 张幻灯片，在“插入”选项卡下“图像”组中单击“图片”按钮，如图 6-40 所示。

第 12 步：打开“插入图片”对话框，在指定目录（C:\Win2010GJW\KSML1 文件夹）中选择“KSWJ6-2B.jpg”文件，单击“插入”按钮，如图 6-41 所示。

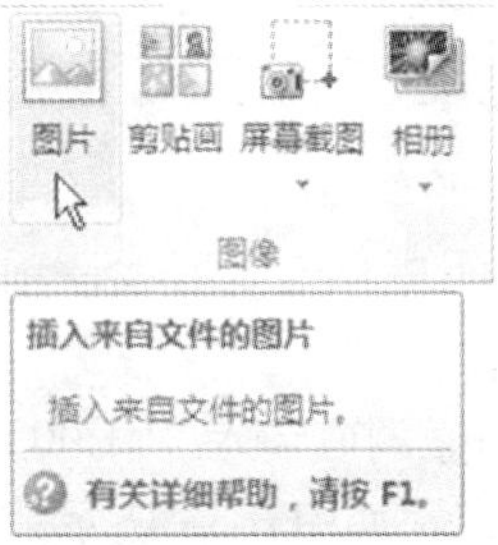

图 6-40

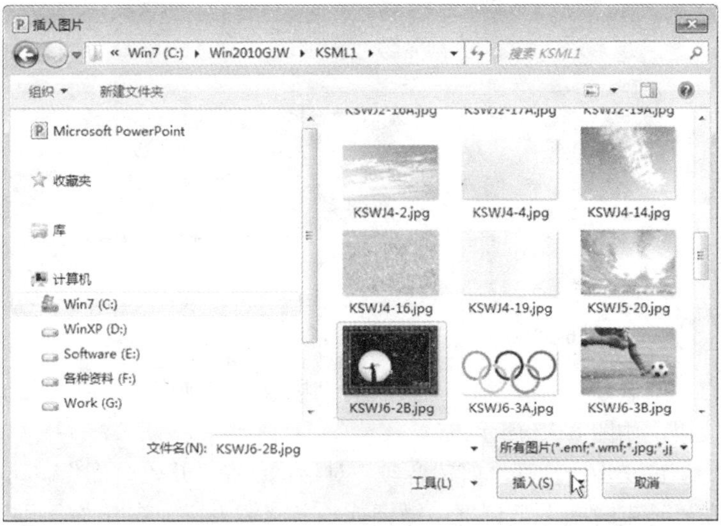

图 6-41

第 13 步：选中新插入的图片，在“图片工具”的“格式”选项卡下，单击“大小”组右下角的“对话框启动器”按钮，弹出“设置图片格式”对话框，选择左栏的“大小”选项，在右侧设置栏“缩放比例”区域中“高度”和“宽度”文本框中选择或输入“45%”，单击“关闭”按钮，如图 6-42 所示。

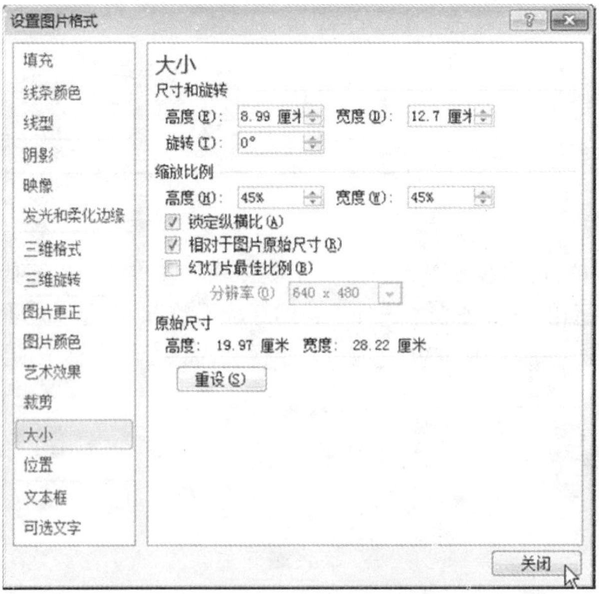

图 6-42

第 14 步：在“图片工具”的“格式”选项卡下，在“图片样式”组中单击“其他”下拉按钮，在弹出的库中选择“映像圆角矩形”，如图 6-43 所示。参照样文，将图片拖拽到对应的位置。

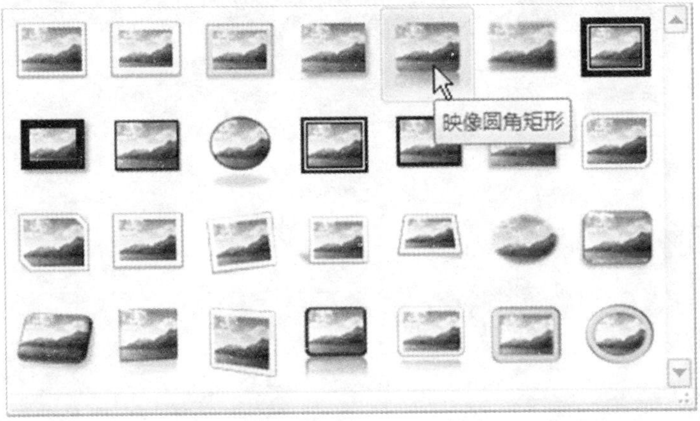

图 6-43

3. 演示文稿的动画设置：

第 15 步：打开“切换”选项卡，在“切换到此幻灯片”组中单击“其他”下拉按钮，在弹出的库中选择“涟漪”。单击“效果选项”按钮，在弹出的下拉列表中选择“居中”。在“计时”组中，在“声音”后面的下拉列表中选择“风声”，在“持续时间”后面的微调框中微调或输入“02.00”，勾选“换片方式”区域的“设置自动换片时间”复选框，在后面的微调框中微调或输入“00:03.00”，单击“全部应用”按钮。

第 16 步：选中第 1 张幻灯片的标题，打开“动画”选项卡，在“动画”组中单击“其他”下拉按钮，在弹出的库中选择“进入”区域下的“轮子”。单击“效果选项”按钮，在弹出的下拉列表中选择“轮辐图案”区域中的“4 轮辐图案”，如图 6-44 所示。

第17步：在“动画”选项卡下“计时”组中，在“开始”后面的下拉列表中选择“上一动画之后”，在“持续时间”后面的微调框中微调或输入“02.50”。

第18步：选中第4张幻灯片中的图片，打开“动画”选项卡，在“动画”组中单击“其他”下拉按钮，在弹出的库中选择“进入”区域下的“翻转式由远及近”。在“计时”组中，在“开始”后面的下拉列表中选择“上一动画之后”，在“持续时间”后面的微调框中微调或输入“02.00”。

图 6-44

4. 保存演示文稿：

第 19 步：执行“文件”→“保存”命令。

第 20 步：执行“文件”→“保存并发送”命令，选择“文件类型”区域的“将演示文稿打包成 CD”，在右侧信息栏中单击“打包成 CD”按钮，如图 6-45 所示。

图 6-45

第 21 步：打开“打包成 CD”对话框，在“将 CD 命名为”后面的文本框中输入“A6A”，单击“选项”按钮，如图 6-46 所示。

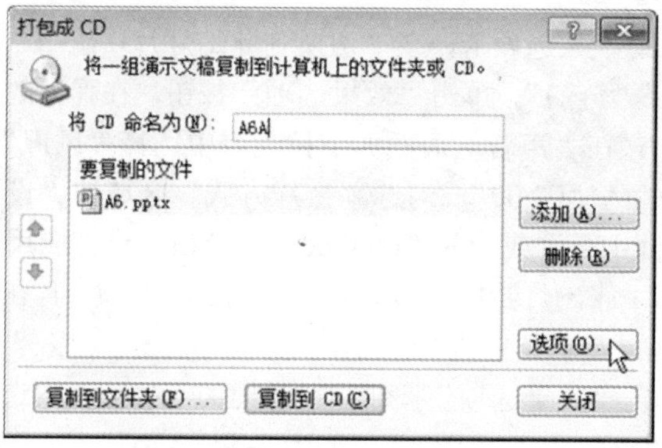

图 6-46

第 22 步：打开“选项”对话框，在“打开每个演示文稿时所用密码”后面的文本框中输入“gjks6-2”，单击“确定”按钮，如图 6-47 所示。弹出“确认密码”对话框，在“重新输入打开权限密码”下面的文本框中再次输入“gjks6-2”，单击“确定”按钮，如图 6-48 所示。

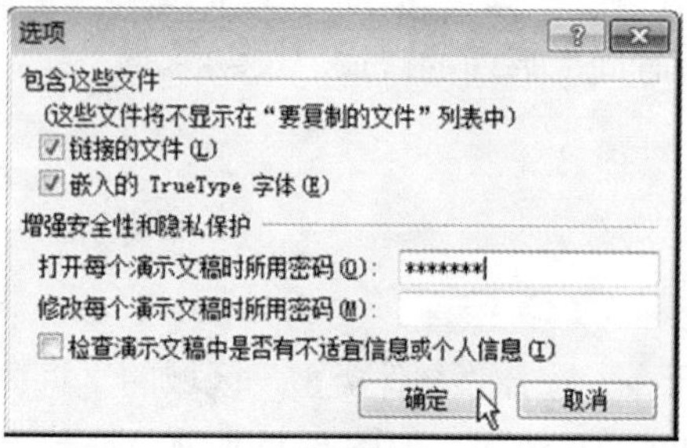

图 6-47

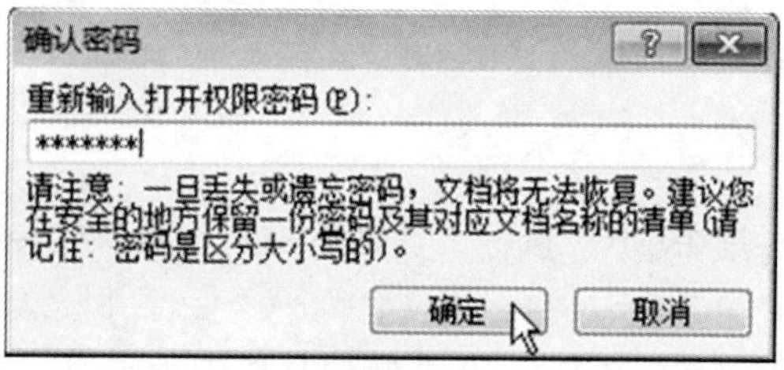

图 6-48

第 23 步：返回到“打包成 CD”对话框，单击“复制到文件夹”按钮，打开“复制到文件夹”对话框，在“文件夹名称”后面的文本框中输入“A6A”，单击“浏览”按钮选择考生文件夹所在位置，单击“确定”按钮，如图 6-49 所示。弹出“Microsoft PowerPoint”确认对话框，单击“是”按钮开始打包 CD，打包完成后返回到“打包成 CD”对话框，单击“关闭”按钮即可。

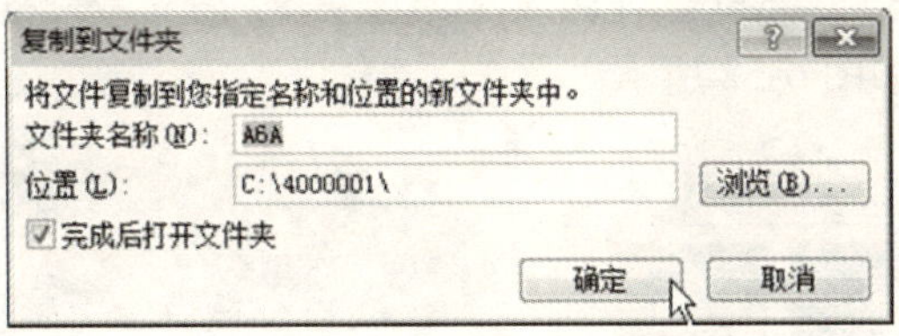

图 6-49

6.3　第 3 题解答

执行“文件”→“打开”命令，在“查找范围”文本框中找到指定路径，选择“A6.pptx”文件，单击“打开”按钮。

1. 演示文稿的页面设置：

第 1 步：在“视图”选项卡下“母版视图”组中单击“幻灯片母版”按钮，选中左边任务窗格中的“流畅 幻灯片母版”。

第 2 步：选中幻灯片母版文本占位符，在“开始”选项卡下“字体”组中，在“字体”下拉列表中选择“方正姚体”。单击“段落”组右下角的“对话框启动器”按钮 ，弹出“段落”对话框。在“缩进和间距”选项卡下的“间距”区域中，在“段前”文本框中选择或输入“12 磅”，在“段后”文本框中选择或输入“6 磅”，在“行距”下拉列表中选择“固定值”，在“设置值”文本框中选择或输入“35 磅”，单击“确定”按钮，如图 6-50 所示。在“幻灯片母版”选项卡下“关闭”组中单击“关闭母版视图”按钮。

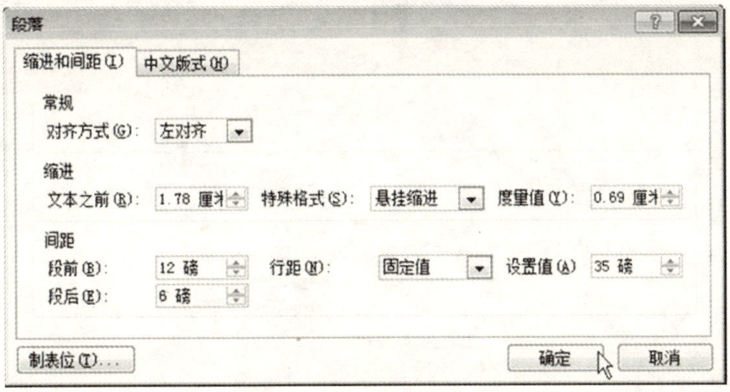

图 6-50

第 3 步：选中第 2 张幻灯片，在“设计”选项卡的“背景”组中，单击“背景样式”下拉按钮，在弹出的库中执行“设置背景格式”命令，如图 6-51 所示。

第 4 步：打开“设置背景格式”对话框，在左侧选择“填充”项，在右侧的信息栏中点选“图片或纹理填充”单选按钮，单击“文件”按钮，打开“插入图片”对话框，在指定目录（C:\Win2010GJW\KSML1 文件夹）中选择“KSWJ6-3A.jpg”文件，单击“插入”按钮。返回至“设置背景格式”对话框，在“透明度”后面微调框中微调或输入“50%”，单击“关闭”按钮，如图 6-52 所示。

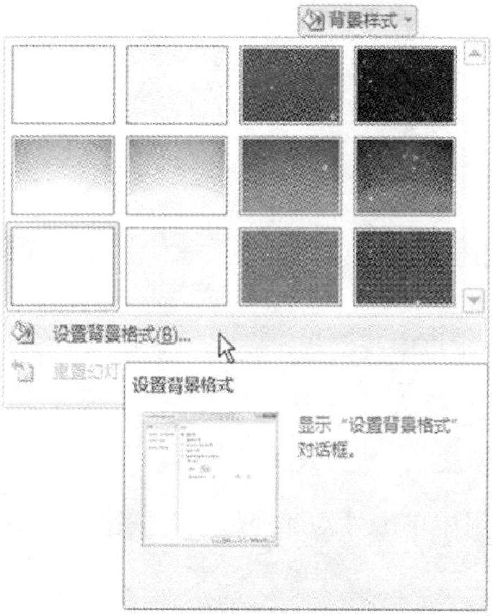

图 6-51

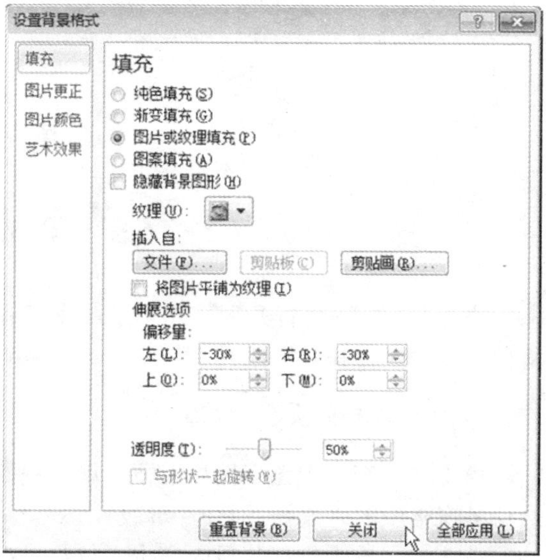

图 6-52

2. 演示文稿的插入设置：

第 5 步：选中第 3 张幻灯片，在“插入”选项卡下“插图”组中单击“SmartArt”按钮，如图 6-53 所示。

图 6-53

第 6 步：打开“选择 SmartArt 图形”对话框，在左侧分类区域中选择“流程”选项，在选项区域中选择“连续块状流程”布局，单击“确定”按钮，如图 6-54 所示。

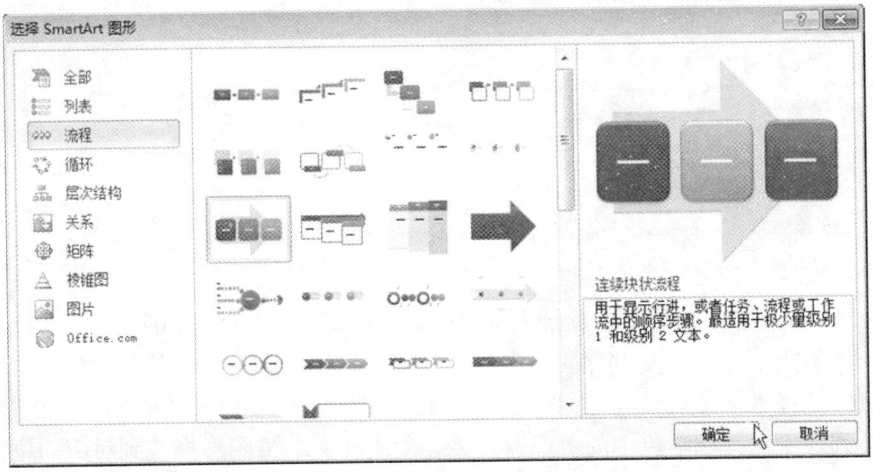

图 6-54

第 7 步：选中已插入的 SmartArt 图形，在“SmartArt 工具”的“设计”选项卡下，单击“SmartArt 样式”组中的“更改颜色”按钮，在弹出的库中选择“彩色 - 强调文字颜色”的形状颜色，如图 6-55 所示。

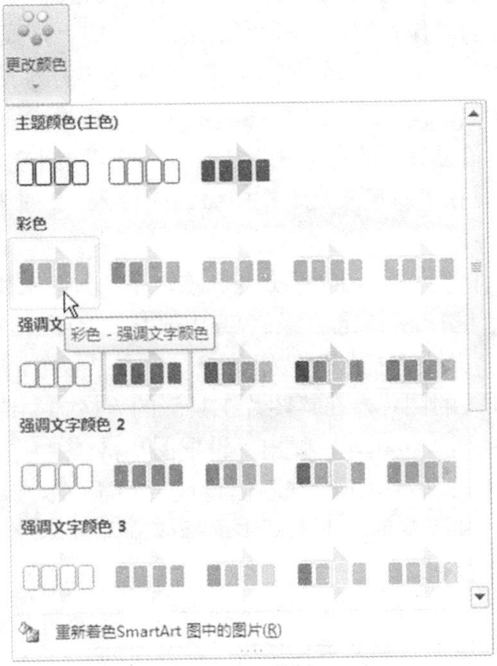

图 6-55

第 8 步：在“SmartArt 工具”的“设计”选项卡下，单击“SmartArt 样式”组中的“其他”按钮，在弹出的库中选择“嵌入”的三维效果，如图 6-56 所示。

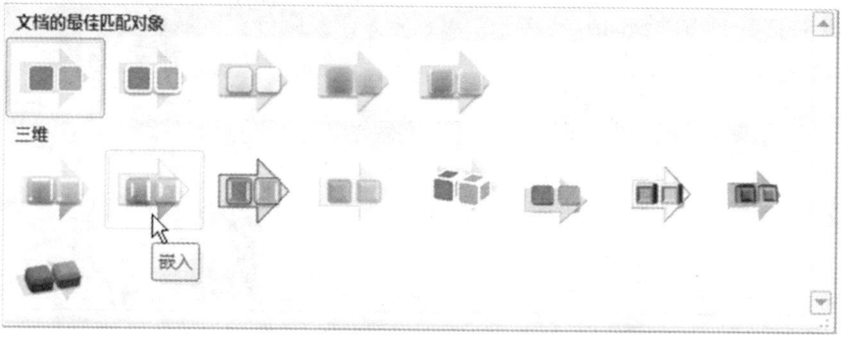

图 6-56

第 9 步：依照样文所示，在新插入的“SmartArt 图形”中录入相应的文本内容，“游伦敦”、“看天下”、“交世界朋友”；在“开始”选项卡下“字体”组中的“字体”下拉列表中选择“华文隶书”，在“字号”下拉列表中选择或输入“36”磅，在“字体颜色”下拉列表中选择标准色中的“深蓝”色。参照样文，将图形拖拽到对应的位置。

第 10 步：选中第 4 张幻灯片，在“插入”选项卡下“插图”组中单击“形状”按钮，在弹出的下拉列表中选择“动作按钮”下的“动作按钮：第一张”。参照样文，单击第 4 张幻灯片，弹出“动作设置”对话框，单击“确定”按钮。在“插入”选项卡下“插图”组中单击“形状”按钮，选择“动作按钮”下的“动作按钮：结束”。参照样文，单击第 4 张幻灯片，弹出“动作设置”对话框，单击“确定”按钮。

第 11 步：选中做好的动作按钮，打开“绘图工具”的“格式”选项卡，在“形状样式”组中单击“形状样式”右侧的“其他”按钮，在打开的列表框中选择“中等效果 - 青绿，强调颜色 2”形状样式。

第 12 步：打开“绘图工具”的“格式”选项卡，在“大小”组中的“高度”文本框中微调或输入“2 厘米”，在“宽度”文本框中微调或输入“2 厘米”。参照样文，将动作按钮拖拽到对应的位置。

第 13 步：选中第 5 张幻灯片，在“插入”选项卡下“图像”组中单击“图片”按钮。打开“插入图片”对话框，在指定目录（C:\Win2010GJW\KSML1 文件夹）中选择“KSWJ6-3B.jpg”文件，单击“插入”按钮。

第 14 步：选中新插入的图片，在“图片工具”的“格式”选项卡下，单击“大小”组右下角的“对话框启动器”按钮，弹出“设置图片格式”对话框，选择左栏的“大小”选项，在右侧设置栏“缩放比例”区域中“高度”和“宽度”文本框中选择或输入“80%”，单击“关闭”按钮。

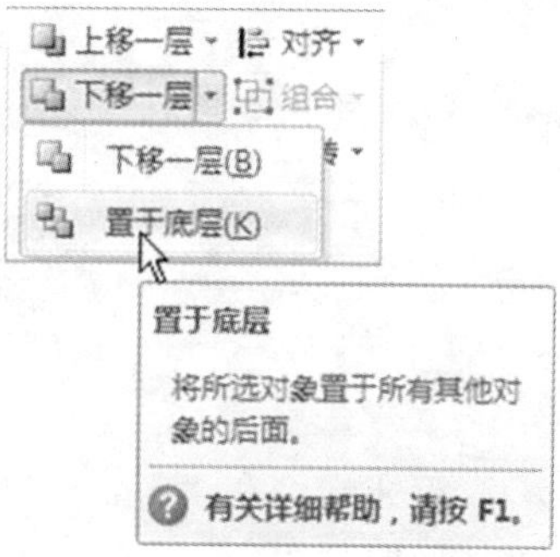

图 6-57

第 15 步：在“图片工具”的“格式”选项卡下“排列”组中，单击“下移一层”右侧的下拉按钮，在弹出的下拉列表中选择“置于底层”，如图 6-57 所示。

第 16 步：在“图片工具”的“格式”选项卡下，在“图片样式”组中单击“其他”下拉按钮，在弹出的库中选择“棱台透视”。参照样文，将图片拖拽到对应的位置。

3. 演示文稿的动画设置：

第 17 步：打开“切换”选项卡，在“切换到此幻灯片”组中单击“其他”下拉按钮，在弹出的库中选择“涡流”。单击“效果选项”按钮，在弹出的下拉列表中选择“自底部”。在“计时”组中，在“声音”后面的下拉列表中选择“鼓掌”，在“持续时间”后面的微调框中微调或输入“03.00”，勾选“换片方式”区域的“设置自动换片时间”复选框，在后面的微调框中微调或输入“00:03.00”，单击“全部应用”按钮。

第 18 步：选中第 1 张幻灯片的标题，打开“动画”选项卡，在“动画”组中单击“其他”下拉按钮，在弹出的库中选择“强调”区域下的“放大/缩小”。单击“效果选项”按钮，在弹出的下拉列表中选择“方向”区域中的“两者”；单击“效果选项”按钮，在弹出的下拉列表中选择“数量”区域中的“较小”。

第 19 步：在“动画”选项卡下“计时”组中，在“开始”后面的下拉列表中选择“单击时”，在“持续时间”后面的微调框中微调或输入“02.00”。

第 20 步：选中第 1 张幻灯片的标题，在“动画”选项卡下“高级动画”组中双击“动画刷”按钮，如图 6-58 所示。

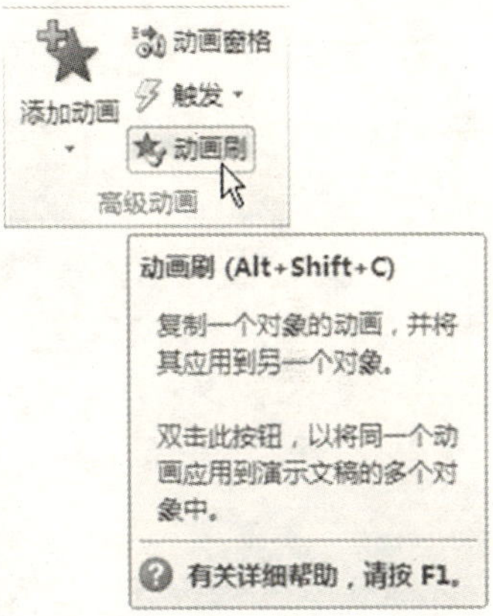

图 6-58

第21步：当鼠标指针变成刷子形状后，依次单击第3张幻灯片中的SmartArt图形和第5张幻灯片中的图片，则该动画效果将被应用至所选的图形和图片中。再次单击“动画刷”按钮便可取消复制动画状态。

4. 保存演示文稿：

第 22 步：执行“文件”→“保存”命令。

第 23 步：执行“文件”→“保存并发送”命令，选择“文件类型”区域的“创建视频”，在右侧信息栏中“放映每张幻灯片的秒数”后面的微调框中微调或输入“07.00”，单击“创建视频”按钮。

第 24 步：打开“另存为”对话框，在“保存位置”列表中选择考生文件夹所在位置，在“文件名”文本框中输入文件名“A6A.wmv”，在“保存类型”列表中选择“Windows Media 视频（*.wmv）”，单击“保存”按钮。

第 25 步：此时 A6.pptx 文件下方会出现一个“正在制作视频 A6A.wmv”的制作框，等待制作完成即可。

6.4　第 4 题解答

执行“文件”→“打开”命令，在“查找范围”文本框中找到指定路径，选择“A6.pptx”文件，单击“打开”按钮。

1. 演示文稿的页面设置：

第 1 步：选中第 1 张幻灯片的标题占位符，在“绘图工具”的“格式”选项卡下，在“艺术字样式”组中单击“艺术字样式”右侧的“其他”按钮，在打开的列表框中选择“填充 - 金色，强调文字颜色 1，金属棱台，映像”，如图 6-59 所示。

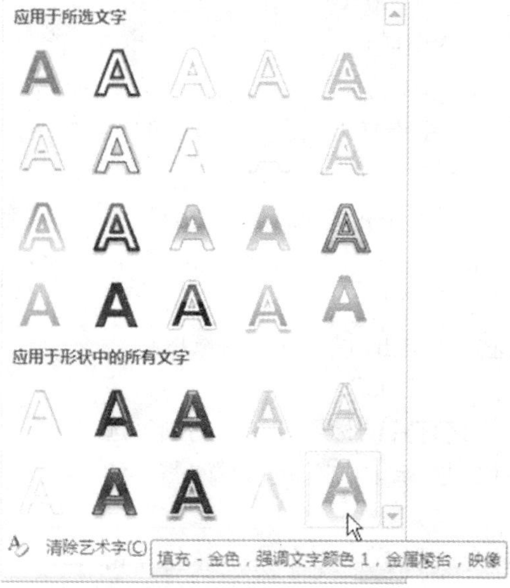

图 6-59

第 2 步：选中艺术字，在“开始”选项卡下“字体”组中，在“字体”下拉列表中选择“华文中宋”，在“字号”下拉列表中选择“48”磅。

第 3 步：在“视图”选项卡下“母版视图”组中单击“幻灯片母版”按钮，选中左边任务窗格中的“幻灯片母版”。

第 4 步：选中幻灯片母版标题占位符，在“开始”选项卡下“字体”组中，在“字体”下拉列表中选择“华文彩云”，在“字号”下拉列表中选择“54”磅，单击“加粗”按钮 B 和“文字阴影”按钮 S，在“字体颜色”下拉列表中执行“其他颜色”命令，打开“颜色”对话框，在“自定义”选项卡下输入 RGB 值（0，100，0），单击“确定”按钮即可。在“幻灯片母版”选项卡下“关闭”组中单击“关闭母版视图”按钮。

2. 演示文稿的插入设置：

第 5 步：选中第 2 张幻灯片的文本“电脑的副作用”，在“插入”选项卡下“链接”组中单击“超链接”按钮，打开“插入超链接”对话框，在左侧的“链接到”下单击“本文档中的位置”。在右侧的“请选择文档中的位置”下，单击“3. 电脑的副作用”，单击“确定”按钮。按照同样的方法分别把“吃什么”、“喝什么”、“做什么”超链接到第 4、5、6 张幻灯片中。

第 6 步：选中第 3 张幻灯片，在“插入”选项卡下“媒体”组中单击“视频”按钮，执行“文件中的视频”命令。打开“插入视频”对话框，在指定目录（C:\Win2010GJW\KSML1

文件夹）中选择“KSWJ6-4.wmv”文件，单击“插入”按钮。

第 7 步：选中新插入的视频，在“视频工具”的“格式”选项卡下，单击“大小”组右下角的“对话框启动器”按钮，弹出“设置视频格式”对话框，选择左栏的“大小”选项，在右侧设置栏“缩放比例”区域中“高度”和“宽度”文本框中选择或输入“50%”，单击“关闭”按钮。

第 8 步：在“视频工具”的“格式”选项卡下，在“视频样式”组中单击“其他”下拉按钮，在弹出的库中选择“映像圆角矩形”。

第 9 步：在“视频工具”的“播放”选项卡下，在“编辑”组中单击“剪裁视频”按钮。打开“剪裁视频”对话框，在“开始时间”微调框中微调或输入“00:02”，在“结束时间”微调框中微调或输入“00:28”，单击“确定”按钮。

第 10 步：在“视频工具”的“播放”选项卡下的“视频选项”组中，在“开始”后面的下拉列表中选择“单击时”，勾选“全屏播放”复选框，如图 6-60 所示。参照样文，将视频图标拖拽到对应的位置。

图 6-60

第 11 步：选中第 4 张幻灯片，在“插入”选项卡下“插图”组中单击“形状”按钮，在弹出的下拉列表中选择“动作按钮”下的“动作按钮：开始”。参照样文，单击第 4 张幻灯片，弹出“动作设置”对话框，单击“确定”按钮。在“插入”选项卡下“插图”组中单击“形状”按钮，选择“动作按钮”下的“动作按钮：结束”。参照样文，单击第 4 张幻灯片，弹出“动作设置”对话框，单击“确定”按钮。

第 12 步：选中做好的动作按钮，打开“绘图工具”的“格式”选项卡，在“形状样式”组中单击“形状样式”右侧的“其他”按钮，在打开的列表框中选择“细微效果 - 深紫，强调颜色 6”形状样式。

第 13 步：打开“绘图工具”的“格式”选项卡，在“大小”组中的“高度”文本框中微调或输入“1.5 厘米”，在“宽度”文本框中微调或输入“1.5 厘米”。参照样文，将动作按钮拖拽到对应的位置。

3. 演示文稿的动画设置：

第 14 步：打开“切换”选项卡，在“切换到此幻灯片”组中单击“其他”下拉按钮，在弹出的库中选择“揭开”。单击“效果选项”按钮，在弹出的下拉列表中选择“从左下部”。

第 15 步：在“切换”选项卡下“计时”组中，在“声音”后面的下拉列表中选择“风声”，在“持续时间”后面的微调框中微调或输入“02.00”，勾选“换片方式”区域的“单击鼠标时”复选框，单击“全部应用”按钮。

第 16 步：选中第 1 张幻灯片的标题，打开“动画”选项卡，在“动画”组中单击“其他”下拉按钮，在弹出的库中选择“进入”区域下的“劈裂”。单击“效果选项”按钮，在弹出的下拉列表中选择“中央向左右展开”。

第 17 步：在“动画”选项卡下“计时”组中，在“开始”后面的下拉列表中选择“上一动画之后”，在“持续时间”后面的微调框中微调或输入“01.00”。

第 18 步：选中第 2 张幻灯片的图片，打开“动画”选项卡，在“动画”组中单击“其他”下拉按钮，在弹出的库中选择“进入”区域下的“弹跳”。

第 19 步：在“动画”选项卡下“计时”组中，在“持续时间”后面的微调框中微调或输入“02.50”，在“开始”后面的下拉列表中选择“上一动画之后”。

4. 保存演示文稿:

第 20 步：执行“文件”→“保存”命令。

第 21 步：执行“文件”→“保存并发送”命令，选择“文件类型”区域的“将演示文稿打包成 CD”，在右侧信息栏中单击“打包成 CD”按钮。打开“打包成 CD”对话框，在“将 CD 命名为”后面的文本框中输入“A6A”，单击“选项”按钮，打开“选项”对话框，在“修改每个演示文稿时所用密码”后面的文本框中输入“gjks6-4”，单击“确定”按钮。弹出“确认密码”对话框，在“重新输入修改权限密码”下面的文本框中再次输入“gjks6-4”，单击“确定”按钮。

第 22 步：返回到“打包成 CD”对话框，单击“复制到文件夹”按钮，打开“复制到文件夹”对话框，在“文件夹名称”后面的文本框中输入“A6A”，单击“浏览”按钮选择考生文件夹所在位置，单击“确定”按钮。弹出“Microsoft PowerPoint”确认对话框，单击“是”按钮开始打包 CD，打包完成后返回到“打包成 CD”对话框，单击“关闭”按钮即可。

6.5 第 5 题解答

执行“文件”→“打开”命令，在“查找范围”文本框中找到指定路径，选择“A6.pptx”文件，单击“打开”按钮。

1. 演示文稿的页面设置:

第 1 步：选中第 1 张幻灯片的标题占位符，在“开始”选项卡下“字体”组中，在“字体”下拉列表中选择“华文新魏”，在“字号”下拉列表中选择“66”磅，单击“文字阴影”按钮 S。

第 2 步：在“视图”选项卡下“母版视图”组中单击“幻灯片母版”按钮，选中左边任务窗格中的“幻灯片母版”，在“插入”选项卡下“文本”组中单击“页眉和页脚”按钮。打开“页眉和页脚”对话框，在“幻灯片”选项卡下勾选“页脚”复选框，输入内容“教学材料”，勾选“幻灯片编号”复选框，单击“全部应用”按钮，如图 6-61 所示。

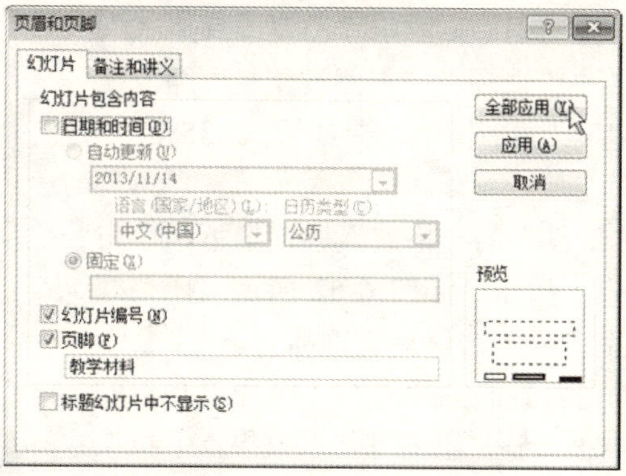

图 6-61

第 3 步：在“幻灯片母版”中选中页脚的内容，在“开始”选项卡下“字体”组中，在“字体”下拉列表中选择“楷体_GB2312”，在“字号”下拉列表中选择“20”磅，单击“加粗”按钮，在“字体颜色”下拉列表中执行“其他颜色”命令。打开“颜色”对话框，在“自定义”选项卡下输入 RGB 值（100，150，255），单击“确定”按钮即可。在“幻灯片母版”选项卡下“关闭”组中单击“关闭母版视图”按钮。

2. *演示文稿的插入设置：*

第 4 步：选中第 1 张幻灯片的文本“电话礼仪要素”，在“插入”选项卡下“链接”组中单击“超链接”按钮，打开“插入超链接”对话框，在左侧的“链接到”下，单击“本文档中的位置”。在右侧的“请选择文档中的位置”下，单击“2. 电话礼仪要素”，单击“确定”按钮。按照同样的方法分别把“打电话礼仪”、“接电话礼仪”、“移动电话礼仪”超链接到第 3、4、5 张幻灯片中。

第 5 步：选中第 2 张幻灯片，在“插入”选项卡下“插图”组中单击“SmartArt”按钮，打开“选择 SmartArt 图形”对话框，在左侧分类区域中选择“循环”选项，在选项区域中选择“不定向循环”布局，单击“确定”按钮。

第 6 步：选中已插入的 SmartArt 图形，在“SmartArt 工具”的“设计”选项卡下，单击“SmartArt 样式”组中的“更改颜色”按钮，在弹出的库中选择“彩色范围 - 强调文字颜色 5 至 6”的形状颜色。

第 7 步：在“SmartArt 工具”的“设计”选项卡下，单击“SmartArt 样式”组中的“其他”按钮，在弹出的库中选择“优雅”的三维效果。

第 8 步：依照样文所示，在新插入的“SmartArt 图形”中录入相应的文本内容，“电话礼仪要素”、“时空选择”、“通话内容”、“时间控制”、“语气态度”；在“开始”选项卡下“字体”组中的“字体”下拉列表中选择“华文彩云”，在“字号”下拉列表中选择或输入“18”磅，单击“加粗”按钮。参照样文，将图形拖拽到对应的位置。

第 9 步：选中第 3 张幻灯片，在“插入”选项卡下“图像”组中单击“图片”按钮。打开“插入图片”对话框，在指定目录（C:\Win2010GJW\KSML1 文件夹）中选择“KSWJ6-5.jpg”文件，单击“插入”按钮。

第 10 步：选中新插入的图片，在“图片工具”的“格式”选项卡下，单击“大小”

组右下角的“对话框启动器”按钮，弹出“设置图片格式”对话框，选择左栏的“大小”选项，在右侧设置栏“缩放比例”区域中“高度”和“宽度”文本框中选择或输入“35%”，单击“关闭”按钮。

第 11 步：在“图片工具”的“格式”选项卡下，单击“调整”组的“删除背景”按钮，如图 6-62 所示。调整好要删除背景的区域，在空白处单击鼠标左键即可。

第 12 步：选中删除完背景的图片，在“图片工具”的“格式”选项卡下，单击“调整”组的“艺术效果”下拉按钮，在弹出的库中选择“影印”艺术效果，如图 6-63 所示。参照样文，将图片拖拽到对应的位置。

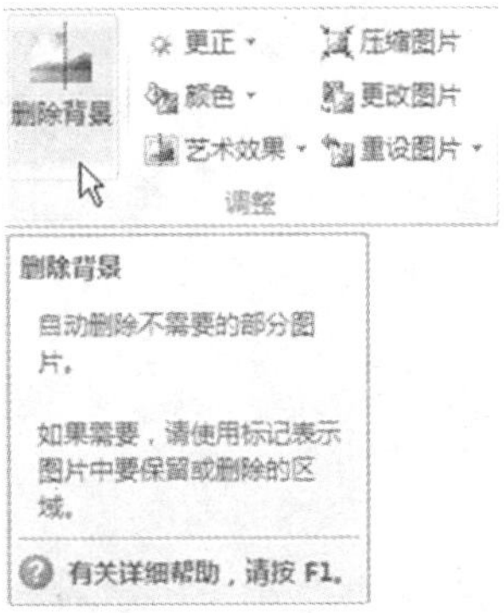

图 6-62

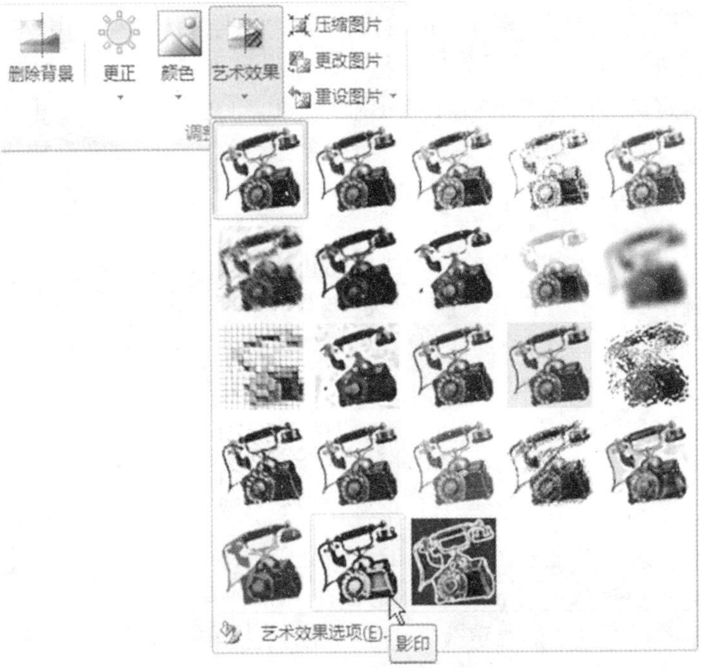

图 6-63

3. *演示文稿的动画设置*：

第 13 步：打开“切换”选项卡，在“切换到此幻灯片”组中单击“其他”下拉按钮，在弹出的库中选择“百叶窗”。单击“效果选项”按钮，在弹出的下拉列表中选择“水平”。

第 14 步：在“切换”选项卡下“计时”组中，在“声音”后面的下拉列表中选择“风铃”，在“持续时间”后面的微调框中微调或输入“02.00”，勾选“换片方式”区域的“设置自动换片时间”复选框，在后面的微调框中微调或输入“00:03.00”，单击“全部应用”按钮。

第 15 步：选中第 2 张幻灯片的 SmartArt 图形，打开“动画”选项卡，在“动画”

组中单击“其他”下拉按钮，在弹出的库中选择“进入”区域下的“旋转”。单击“效果选项”按钮，在弹出的下拉列表中选择“逐个”。

第 16 步：在“动画”选项卡下“计时”组中，在“开始”后面的下拉列表中选择“上一动画之后”，在“持续时间”后面的微调框中微调或输入“02.00”。

第 17 步：打开“幻灯片放映”选项卡，在“设置”组中单击“设置幻灯片放映”按钮，如图 6-64 所示。

第 18 步：打开“设置放映方式”对话框，点选“放映类型”区域的“观众自行浏览（窗口）”单选按钮，勾选“放映选项”区域的“循环放映，按 ESC 键终止”复选框，点选“放映幻灯片”区域的“从”单选按钮，在后面的微调框中微调或输入“1”，在“到”后面的微调框中微调或输入“4”，单击“确定”按钮，如图 6-65 所示。

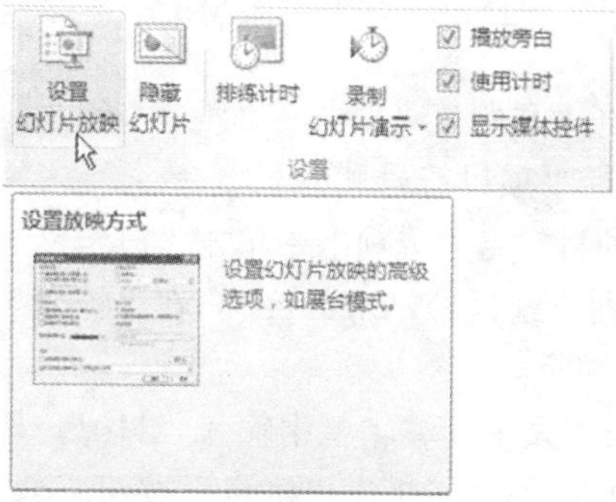

图 6-64

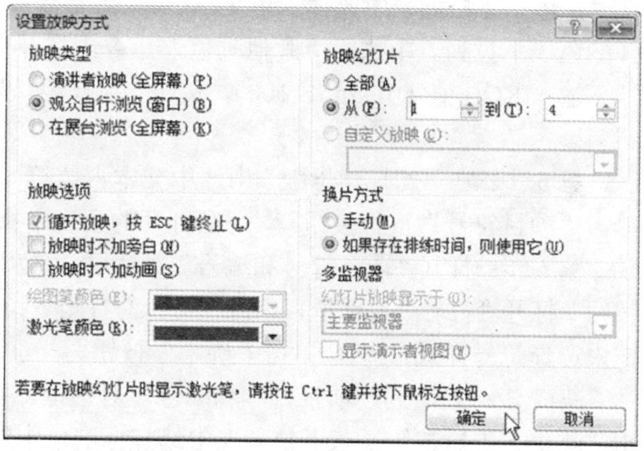

图 6-65

4. 保存演示文稿：

第 19 步：执行“文件”→“保存”命令。

第 20 步：执行“文件”→“保存并发送”命令，选择“文件类型”区域的“创建视频”，在右侧信息栏中“放映每张幻灯片的秒数”后面的微调框中微调或输入“06.00”，单击“创建视频”按钮。

第 21 步：打开“另存为”对话框，在“保存位置”列表中选择考生文件夹所在位置，在“文件名”文本框中输入文件名“A6A.wmv”，在“保存类型”列表中选择“Windows Media 视频（*.wmv）”，单击“保存”按钮。

第 22 步：此时 A6.pptx 文件下方会出现一个“正在制作视频 A6A.wmv”的制作框，等待制作完成即可。

6.6 第 6 题解答

执行“文件”→“打开”命令，在“查找范围”文本框中找到指定路径，选择“A6.pptx”文件，单击“打开”按钮。

1. 演示文稿的页面设置：

第 1 步：选中第 1 张幻灯片的标题占位符，在“开始”选项卡下“字体”组中，在“字体”下拉列表中选择“华文彩云”，在“字号”下拉列表中选择“60”磅，单击“加粗”按钮，在“字体颜色”下拉列表中选择标准色中的“黄色”。

第 2 步：在“视图”选项卡下“母版视图”组中单击“幻灯片母版”按钮。选中左边任务窗格中的“幻灯片母版”，在“插入”选项卡下“文本”组中单击“页眉和页脚”按钮。

第 3 步：打开“页眉和页脚”对话框，在“幻灯片”选项卡下勾选“页脚”复选框，输入内容“211 工程”，单击“全部应用”按钮。

第 4 步：在“幻灯片母版”中选中页脚的内容，在“开始”选项卡下“字体”组中，在“字体”下拉列表中选择“华文琥珀”，在“字号”下拉列表中选择“20”磅，在“字体颜色”下拉列表中执行“其他颜色”命令，打开“颜色”对话框，在“自定义”选项卡下输入 RGB 值（0，255，100），单击“确定”按钮。在“段落”组中单击“居中”按钮。

第 5 步：在“幻灯片母版”中选中文本占位符，在“开始”选项卡下“段落”组中，单击“项目符号”下拉按钮，在打开的列表中执行“项目符号和编号”命令。

第 6 步：打开“项目符号和编号”对话框，在“项目符号”选项卡中单击“自定义”按钮。打开“符号”对话框，单击“字体”右侧下拉列表选择“Wingdings”，在“符号”框中选择符号样式“⚐”，单击“确定”按钮。

第 7 步：返回到“项目符号和编号”对话框，在“大小”编辑框中输入“110”，单击“颜色”下拉按钮，在下拉列表中选择标准色中的“紫色”，单击“确定”按钮。

第 8 步：在“幻灯片母版”选项卡下“关闭”组中单击“关闭母版视图”按钮。

2. 演示文稿的插入设置：

第 9 步：选中第 3 张幻灯片，在“插入”选项卡下“媒体”组中单击“视频”按钮，在打开的下拉列表中执行“文件中的视频”命令。打开“插入视频文件”对话框，在指定目录（C:\Win2010GJW\KSML1 文件夹）中选择“KSWJ6-6.wmv”视频文件，单击“插入”按钮。

第 10 步：选中新插入的视频，在“视频工具”的“格式”选项卡下，单击“大小”组右下角的“对话框启动器”按钮，弹出“设置视频格式”对话框，选择左栏的“大小”选项，在右侧设置栏“缩放比例”区域中“高度”和“宽度”文本框中选择或输入“30%”，单击“关闭”按钮。

第 11 步：在“视频工具”的“格式”选项卡下，在“视频样式”组中单击“其他”下拉按钮，在弹出的库中选择“棱台映像”。

第 12 步：在“视频工具”的“播放”选项卡下，在“编辑”组中单击“剪裁视频”按钮。打开“剪裁视频”对话框，在“开始时间”微调框中微调或输入“00:02”，在“结束时间”微调框中微调或输入“00:35”，单击“确定”按钮。参照样文，将视频图标拖拽到对应的位置。

第 13 步：选中第 4 张幻灯片，在“插入”选项卡下“插图”组中单击“形状”按钮，在弹出的下拉列表中选择“动作按钮”下的“动作按钮：第一张”。参照样文，单击第 4 张幻灯片，弹出“动作设置”对话框，单击“确定”按钮。在“插入”选项卡下“插图”组中单击“形状”按钮，选择“动作按钮”下的“动作按钮：上一张”。参照样文，单击第 4 张幻灯片，弹出“动作设置”对话框，单击“确定”按钮。再次在“插入”选项卡下“插图”组中单击“形状”按钮，选择“动作按钮”下的“动作按钮：前进或下一项”。参照样文，单击第 4 张幻灯片，弹出“动作设置”对话框，单击“确定”按钮。

第 14 步：选中做好的动作按钮，打开“绘图工具”的“格式”选项卡，在“形状样式”组中单击“形状样式”右侧的“其他”按钮，在打开的列表框中选择“强烈效果 - 青色，强调颜色 6”形状样式。

第 15 步：打开“绘图工具”的“格式”选项卡，在“大小”组中的“高度”文本框中微调或输入“1.5 厘米”，在“宽度”文本框中微调或输入“1.5 厘米”。参照样文，将动作按钮拖拽到对应的位置。

3. 演示文稿的动画设置：

第 16 步：打开“切换”选项卡，在“切换到此幻灯片”组中单击“其他”下拉按钮，在弹出的库中选择“闪耀”。单击“效果选项”按钮，在弹出的下拉列表中选择“从下方闪耀的六边形”。

第 17 步：在“切换”选项卡下“计时”组中，在“声音”后面的下拉列表中选择“风铃”，在“持续时间”后面的微调框中微调或输入“02.00”，勾选“换片方式”区域的“单击鼠标时”复选框，单击“全部应用”按钮。

第 18 步：选中第 1 张幻灯片的标题，打开“动画”选项卡，在“动画”组中单击“其他”下拉按钮，在弹出的库中选择“进入”区域下的“弹跳”。

第 19 步：在“动画”选项卡下“计时”组中，在“开始”后面的下拉列表中选择“上一动画之后”，在“持续时间”后面的微调框中微调或输入“03.00”。

第 20 步：在“视图”选项卡下“母版视图”组中单击“幻灯片母版”按钮。选中左边任务窗格中的“幻灯片母版”。

第 21 步：在“幻灯片母版”中选中文本占位符，打开“动画”选项卡，在“动画”组中单击“其他”下拉按钮，在弹出的库中选择“进入”区域下的“浮入”。单击“效果选项”按钮，在弹出的下拉列表中选择“序列”区域的“按段落”；再次单击“效果选项”按钮，在弹出的下拉列表中选择“方向”区域的“下浮”。

第 22 步：在“动画”选项卡下“计时”组中，在“开始”后面的下拉列表中选择“与上一动画同时”。在“幻灯片母版”选项卡下“关闭”组中单击“关闭母版视图”按钮。

4. 保存演示文稿：

第 23 步：执行“文件”→“保存”命令。

第 24 步：执行“文件”→“保存并发送”命令，选择“文件类型”区域的“将演示文稿打包成 CD”，在右侧信息栏中单击“打包成 CD”按钮。打开“打包成 CD”对话框，在“将 CD 命名为”后面的文本框中输入“A6A”，单击“选项”按钮，打开“选项”对话框，在“打开每个演示文稿时所用密码”后面的文本框中输入“gjks6-6”，单击“确定”按钮。弹出“确认密码”对话框，在“重新输入打开权限密码”下面的文本框中再次输入“gjks6-6”，单击“确定”按钮。

第 25 步：返回到“打包成 CD”对话框，单击“复制到文件夹”按钮，打开“复制到文件夹”对话框，在“文件夹名称”后面的文本框中输入“A6A”，单击“浏览”按钮选择考生文件夹所在位置，单击“确定”按钮。弹出“Microsoft PowerPoint”确认对话框，单击“是”按钮开始打包 CD，打包完成后返回到“打包成 CD”对话框，单击“关闭”按钮即可。

6.7 第 7 题解答

执行“文件”→“打开”命令，在“查找范围”文本框中找到指定路径，选择“A6.pptx”文件，单击“打开”按钮。

1. 演示文稿的页面设置：

第 1 步：打开“设计”选项卡，在“主题”组中单击“其他”下拉按钮，在弹出的库中选择“角度”主题。单击“背景”组中的“背景样式”按钮，在弹出的下拉列表中选择“样式 10”。

第 2 步：选中第 1 张幻灯片的标题占位符，在“开始”选项卡下“字体”组中，在“字体”下拉列表中选择“隶书”，在“字号”文本框中输入“50”磅，单击“加粗”按钮 **B**。

2. 演示文稿的插入设置：

第 3 步：选中第 1 张幻灯片的文本“Internet 概论”，在“插入”选项卡下“链接”组中，单击“超链接”按钮。

第 4 步：打开“插入超链接”对话框，在左侧的“链接到”下，单击“本文档中的位置”。在右侧的“请选择文档中的位置”下，单击“2. INTERNET 概论”，单击“确定”按钮。按照同样的方法分别把“INTERNET 的使用”、“万维网 WWW”、“电子邮件 E-MAIL”、“运用 FTP 递交作业”超链接到第 4、5、6、7 张幻灯片中。

第 5 步：选中第 3 张幻灯片，在“插入”选项卡下“插图”组中单击“SmartArt”按钮。打开“选择 SmartArt 图形”对话框，在左侧分类区域中选择“循环”选项，在选项区域中选择“六边形射线”布局，单击“确定”按钮。

第 6 步：选中已插入的 SmartArt 图形，在“SmartArt 工具”的“设计”选项卡下，单击“SmartArt 样式”组中的“更改颜色”按钮，在弹出的库中选择“彩色范围 - 强调文字颜色 3 至 4”的形状颜色。单击“SmartArt 样式”组中的“其他”按钮，在弹出的库中选择“强烈效果”的三维效果。

第 7 步：在“SmartArt 工具”的“格式”选项卡的“大小”组中，在“高度”文本框中微调或输入“8 厘米”，在“宽度”文本框中微调或输入“10 厘米”。

第 8 步：依照样文所示，在新插入的“SmartArt 图形”中录入相应的文本内容，“常用机构域名”、“com 商业网”、“edu 教育网”、“gov 政府机构”、“org 机构网”、“net 网络机构”、“mil 军事网”；选中 SmartArt 图形，并在“开始”选项卡下“字体”组中的“字体”下拉列表中选择“楷体_GB2312”，在“字号”下拉列表中选择或输入“16”磅，在“字体颜色”下拉列表中选择标准色中的“黄色”，单击“加粗”按钮B。参照样文，将图形拖拽到对应的位置。

第 9 步：选中第 5 张幻灯片，在“插入”选项卡下“图像”组中单击“图片”按钮。打开“插入图片”对话框，在指定目录（C:\Win2010GJW\KSML1 文件夹）中选择“KSWJ6-7.jpg”图片文件，单击“插入”按钮。

第 10 步：选中新插入的图片，在“图片工具”的“格式”选项卡下，单击“大小”组右下角的“对话框启动器”按钮，弹出“设置图片格式”对话框，选择左栏的“大小”选项，在右侧设置栏“缩放比例”区域中“高度”和“宽度”文本框中选择或输入“130%”，单击“关闭”按钮。

第 11 步：在“图片工具”的“格式”选项卡下，在“图片样式”组中单击“其他”下拉按钮，在弹出的库中选择“棱台左透视，白色”。参照样文，将图片拖拽到对应的位置。

3. 演示文稿的动画设置:

第 12 步：打开“切换”选项卡，在“切换到此幻灯片”组中单击“其他”下拉按钮，在弹出的库中选择“碎片”。单击“效果选项”按钮，在弹出的下拉列表中选择“粒子输出”。

第 13 步：在“切换”选项卡的“计时”组中，在“声音”后面的下拉列表中选择“抽气”，在“持续时间”后面的微调框中微调或输入“03.00”，勾选“换片方式”区域的“单击鼠标时”复选框，单击“全部应用”按钮。

第 14 步：选中第 1 张幻灯片的标题，打开“动画”选项卡，在“动画”组中单击“其他”下拉按钮，在弹出的库中选择“进入”区域下的“浮入”。单击“效果选项”按钮，在弹出的下拉列表中选择“方向”区域中的“上浮”。

第 15 步：在“动画”选项卡下“计时”组中，在“开始”后面的下拉列表中选择“上一动画之后”，在“持续时间”后面的微调框中微调或输入“02.00”，在“延迟”后面的微调框中微调或输入“00.50”。

第 16 步：选中第 3 张幻灯片的 SmartArt 图形，打开“动画”选项卡，在“动画”组中单击“其他”下拉按钮，在弹出的库中选择“进入”区域下的“劈裂”。在“计时”组中，在“开始”后面的下拉列表中选择“上一动画之后”，在“持续时间”后面的微调框中微调或输入“01.50”。按照同样的方法将第 5 张幻灯片的图片设置相同的动画效果。

4. 保存演示文稿:

第 17 步：执行“文件”→“保存”命令。

第 18 步：执行“文件”→“保存并发送”命令，选择“文件类型”区域的“将演示文稿打包成 CD”，在右侧信息栏中单击“打包成 CD”按钮。打开“打包成 CD”对话框，在“将 CD 命名为”后面的文本框中输入“A6A”，单击“选项”按钮。打开“选项”对话框，在“打开每个演示文稿时所用密码”后面的文本框中输入“gjks6-7”，单击“确定”按钮。弹出“确认密码”对话框，在“重新输入打开权限密码”下面的文本框中再次输入“gjks6-7”，单击“确定”按钮。

第 19 步：返回到“打包成 CD”对话框，单击“复制到文件夹”按钮，打开“复制到文件夹”对话框，在“文件夹名称”后面的文本框中输入“A6A”，单击“浏览”按钮选择考生文件夹所在位置，单击“确定”按钮。弹出“Microsoft PowerPoint”确认对话框，单击“是”按钮开始打包 CD，打包完成后返回到“打包成 CD”对话框，单击“关闭”按钮即可。

6.8 第 8 题解答

执行“文件”→“打开”命令，在“查找范围”文本框中找到指定路径，选择“A6.pptx”文件，单击“打开”按钮。

1. 演示文稿的页面设置：

第 1 步：选中第 1 张幻灯片的标题占位符，在“开始”选项卡下“字体”组中，在“字体”下拉列表中选择“华文行楷”，在“字号”下拉列表中选择“66”磅，在“字体颜色”下拉列表中选择标准色中的“绿色”。打开“绘图工具”的“格式”选项卡，在“形状样式”组中单击“形状样式”右侧的“其他”按钮，在打开的列表框中选择“细微效果 - 蓝-灰，强调颜色 5”形状样式。

第 2 步：在“视图”选项卡下“母版视图”组中单击“幻灯片母版”按钮。选中左边任务窗格中的“幻灯片母版”，在“插入”选项卡下“文本”组中单击“页眉和页脚”按钮。

第 3 步：打开“页眉和页脚”对话框，在“幻灯片”选项卡下勾选“幻灯片编号”复选框，勾选“页脚”复选框，输入内容“培训教程”，单击“全部应用”按钮。

第 4 步：在“幻灯片母版”中选中页脚和编号的内容，在“开始”选项卡下“字体”组中，在“字体”下拉列表中选择“隶书”，在“字号”文本框中输入“30”磅，在“字体颜色”下拉列表中选择标准色中的“蓝色”。

第 5 步：在“幻灯片母版”中选中页脚文本占位符，打开“绘图工具”的“格式”选项卡，在“形状样式”组中单击“形状样式”右侧的“其他”按钮，在打开的列表框中选择“浅色 1 轮廓，彩色填充蓝-灰，强调颜色 5”形状样式。

第 6 步：在“幻灯片母版”选项卡下“关闭”组中单击“关闭母版视图”按钮。

2. 演示文稿的插入设置：

第 7 步：选中第 2 张幻灯片，在“插入”选项卡下“插图”组中单击“SmartArt”按钮，打开“选择 SmartArt 图形”对话框，在左侧分类区域中选择“列表”选项，在选项区域中选择“表格列表”布局，单击“确定”按钮。

第 8 步：选中已插入的 SmartArt 图形，在“SmartArt 工具”的“设计”选项卡下，单击“SmartArt 样式”组中的“更改颜色”按钮，在弹出的库中选择“彩色范围 - 强调文字颜色 5 至 6”的形状颜色。

第 9 步：在“SmartArt 工具”的“设计”选项卡下，单击“SmartArt 样式”组中的“其他”按钮，在弹出的库中选择“强烈效果”。

第 10 步：在“SmartArt 工具”的“格式”选项卡下的“大小”组中，在“高度”文本框中微调或输入“10 厘米”，在“宽度”文本框中微调或输入“13 厘米”。

第 11 步：依照样文所示，在新插入的“SmartArt 图形”中录入相应的文本内容，“课程介绍”、“制作教学幻灯片”、“制作会议演讲稿”、“制作展厅宣传片”。选中 SmartArt 图形，并在“开始”选项卡下“字体”组中的“字体”下拉列表中选择“华文行楷”，在“字号”下拉列表中输入“35”磅，在“字体颜色”下拉列表中选择标准色中的“紫色”。参照样文，将图形拖拽到对应的位置。

第 12 步：选中第 3 张幻灯片，在“插入”选项卡下“插图”组中单击“形状”按钮，在弹出的下拉列表中选择“动作按钮”下的“动作按钮：后退或前一项”。参照样文，单击第 3 张幻灯片，弹出“动作设置”对话框，单击“确定”按钮。再次在“插入”选项卡下“插图”组中单击“形状”按钮，选择“动作按钮”下的“动作按钮：前进或下一项”。参照样文，单击第 3 张幻灯片，弹出“动作设置”对话框，单击“确定”按钮。

第 13 步：选中做好的动作按钮，打开“绘图工具”的“格式”选项卡，在“形状样式”组中单击“形状样式”右侧的“其他”按钮，在打开的列表框中选择“强烈效果 - 金色，强调颜色 6”形状样式。

第 14 步：打开“绘图工具”的“格式”选项卡，在“大小”组中的“高度”文本框中微调或输入“1.5 厘米”，在“宽度”文本框中微调或输入“1.5 厘米”。参照样文，将动作按钮拖拽到对应的位置。

3. 演示文稿的动画设置：

第 15 步：打开“切换”选项卡，在“切换到此幻灯片”组中单击“其他”下拉按钮，在弹出的库中选择“时钟”。单击“效果选项”按钮，在弹出的下拉列表中选择“楔入”。

第 16 步：在“切换”选项卡下“计时”组中，在“声音”后面的下拉列表中选择“鼓掌”，在“持续时间”后面的微调框中微调或输入“02.00”，仅勾选“换片方式”区域的“设置自动换片时间”复选框，在后面的微调框中微调或输入“00:02.50”，单击“全部应用”按钮。

第 17 步：选中第 2 张幻灯片的 SmartArt 图形，打开“动画”选项卡，在“动画”组中单击“其他”下拉按钮，在弹出的库中选择“进入”区域下的“旋转式由远及近”。单击“效果选项”按钮，在弹出的下拉列表中选择“整批发送”。

第 18 步：在“动画”选项卡下“计时”组中，在“开始”后面的下拉列表中选择“上一动画之后”，在“持续时间”后面的微调框中微调或输入“02.00”。

第 19 步：打开“幻灯片放映”选项卡，在“设置”组中单击“设置幻灯片放映”按钮。打开“设置放映方式”对话框，点选“放映类型”区域的“演讲者放映（全屏幕）”单选按钮，勾选“放映选项”区域的“循环放映，按 ESC 键终止”复选框，点选“放映幻灯片”区域的“全部”单选按钮，单击“确定”按钮。

4. 保存演示文稿：

第 20 步：执行“文件”→“保存”命令。

第 21 步：执行“文件”→“保存并发送”命令，选择“文件类型”区域的“将演示文稿打包成 CD”，在右侧信息栏中单击“打包成 CD”按钮。打开“打包成 CD”对话框，在“将 CD 命名为”后面的文本框中输入“A6A”，单击“选项”按钮，打开“选项”对话框，在“修改每个演示文稿时所用密码”后面的文本框中输入“gjks6-8”，单击“确定”按钮。弹出“确认密码”对话框，在“重新输入修改权限密码”下面的文本框中再次输入“gjks6-8”，单击“确定”按钮。

第 22 步：返回到“打包成 CD”对话框，单击“复制到文件夹”按钮，打开“复制到文件夹”对话框，在“文件夹名称”后面的文本框中输入“A6A”，单击“浏览”按钮选择考生文件夹所在位置，单击“确定”按钮。弹出“Microsoft PowerPoint”确认对话框，单击“是”按钮开始打包 CD，打包完成后返回到“打包成 CD”对话框，单击“关闭”按钮即可。

6.9　第 9 题解答

执行“文件”→“打开”命令，在“查找范围”文本框中找到指定路径，选择“A6.pptx”文件，单击“打开”按钮。

1. 演示文稿的页面设置：

第 1 步：在“视图”选项卡下“母版视图”组中单击“幻灯片母版”按钮。选中左边任务窗格中的“幻灯片母版”。在“插入”选项卡下“文本”组中单击“页眉和页脚”按钮。

第 2 步：打开“页眉和页脚”对话框，在“幻灯片”选项卡下勾选“页脚”复选框，输入内容“中国剪纸”，单击“全部应用”按钮。

第 3 步：在“幻灯片母版”中选中页脚的内容，在“开始”选项卡下“字体”组中，在“字体”下拉列表中选择“华文隶书”，在“字号”下拉列表中选择“24”磅，在“字体颜色”下拉列表中选择标准色中的“绿色”。

第 4 步：在“幻灯片母版”选项卡下“关闭”组中单击“关闭母版视图”按钮。

第 5 步：在“设计”选项卡的“背景”组中，单击“背景样式”下拉按钮，在弹出的库中执行“设置背景格式”命令。

第 6 步：打开“设置背景格式”对话框，在左侧选择“填充”项，在右侧的信息栏中点选“图片或纹理填充”单选按钮，单击“文件”按钮，打开“插入图片”对话框，在指定目录（C:\Win2010GJW\KSML1 文件夹）中选择“KSWJ6-9A.jpg”图片文件，单击“插入”按钮。返回至“设置背景格式”对话框，在“透明度”后面微调框中微调或输入“40%”；在左侧选择“艺术效果”项，在右侧的信息栏中单击“艺术效果”按钮，在弹出的库中选择“标记”的艺术效果，单击“全部应用”按钮，单击“关闭”按钮，如图 6-66 所示。

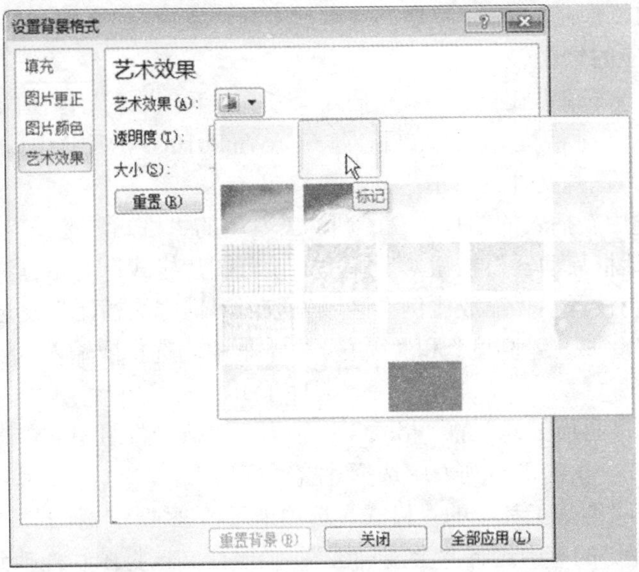

图 6-66

2. 演示文稿的插入设置:

第 7 步：选中第 6 张幻灯片，在“插入”选项卡下“插图”组中单击“SmartArt”按钮。打开“选择 SmartArt 图形”对话框，在左侧分类区域中选择“流程”选项，在选项区域中选择“基本流程”布局，单击“确定”按钮。

第 8 步：选中已插入的 SmartArt 图形，在“SmartArt 工具”的“设计”选项卡下，单击“SmartArt 样式”组中的“更改颜色”按钮，在弹出的库中选择“强调文字颜色 2”区域的“透明渐变范围 - 强调文字颜色 2”的形状颜色。

第 9 步：在“SmartArt 工具”的“设计”选项卡下，单击“SmartArt 样式”组中的“其他”按钮，在弹出的库中选择“卡通”三维效果。

第 10 步：依照样文所示，在新插入的“SmartArt 图形”中录入相应的文本内容，“顶”、“花”、“缀”。选中 SmartArt 图形，并在“开始”选项卡下“字体”组中的“字体”下拉列表中选择“华文琥珀”，在“字号”下拉列表中选择或输入“40”磅，在“字体颜色”下拉列表中选择标准色中的“橙色”。参照样文，将图形拖拽到对应的位置。

第 11 步：选中第 7 张幻灯片，在“插入”选项卡下“插图”组中单击“形状”按钮，在弹出的下拉列表中选择“动作按钮”下的“动作按钮：上一张”。参照样文，单击第 7 张幻灯片，弹出“动作设置”对话框，单击“确定”按钮。再次在“插入”选项卡下“插图”组中单击“形状”按钮，选择“动作按钮”下的“动作按钮：结束”。参照样文，单击第 7 张幻灯片，弹出“动作设置”对话框，单击“确定”按钮。

第 12 步：选中做好的动作按钮，打开“绘图工具”的“格式”选项卡，在“形状样式”组中单击“形状样式”右侧的“其他”按钮，在打开的列表框中选择“彩色填充 - 浅绿，强调颜色 5”形状样式。单击“形状效果”按钮，在弹出的列表框中选择“棱台”选项下的“圆”。

第 13 步：打开“绘图工具”的“格式”选项卡，在“大小”组中的“高度”文本框中微调或输入“1.5 厘米”，在“宽度”文本框中微调或输入“2 厘米”。参照样文，将动作按钮拖拽到对应的位置。

第 14 步：选中第 9 张幻灯片，在“插入”选项卡下“图像”组中单击“图片”按钮。打开“插入图片”对话框，在指定目录（C:\Win2010GJW\KSML1 文件夹）中选择“KSWJ6-9B.jpg”图片文件，单击“插入”按钮。

第 15 步：选中新插入的图片，在“图片工具”的“格式”选项卡下，单击“大小”组右下角的“对话框启动器”按钮，弹出“设置图片格式”对话框，选择左栏的“大小”选项，在右侧设置栏“缩放比例”区域先取消“锁定纵横比”复选框的选中状态，在“尺寸和旋转”区域中“高度”和“宽度”文本框中均选择或输入“8 厘米”，单击“关闭”按钮。

第 16 步：在“图片工具”的“格式”选项卡下“排列”组中，单击“下移一层”右侧的下拉按钮，在弹出的下拉列表中选择“置于底层”。

第 17 步：在“图片工具”的“格式”选项卡下，在“图片样式”组中单击“其他”下拉按钮，在弹出的库中选择“金属椭圆”。参照样文，将图片拖拽到对应的位置。

3. *演示文稿的动画设置:*

第 18 步：打开“切换”选项卡，在“切换到此幻灯片”组中单击“其他”下拉按钮，在弹出的库中选择“溶解”。

第 19 步：在“切换”选项卡的“计时”组中，在“声音”后面的下拉列表中选择“单击”，在“持续时间”后面的微调框中微调或输入“02.50”，仅勾选“换片方式”区域的“设置自动换片时间”复选框，在后面的微调框中微调或输入“00:03.00”，单击“全部应用”按钮。

第 20 步：选中第 1 张幻灯片的图片，打开“动画”选项卡，在“动画”组中单击“其他”下拉按钮，在弹出的库中选择“进入”区域下的“形状”。单击“效果选项”按钮，在弹出的下拉列表中选择“形状”区域中的“圆”。

第 21 步：在“动画”选项卡下“计时”组中，在“开始”后面的下拉列表中选择“上一动画之后”，在“持续时间”后面的微调框中微调或输入“02.00”。

第 22 步：选中第 1 张幻灯片的图片，在“动画”选项卡下“高级动画”组中双击“动画刷”按钮。

第 23 步：当光标变成刷子形状后，依次单击第 6 张幻灯片中的 SmartArt 图形和第 9 张幻灯片中的图片，则该动画效果将被应用至所选的图形和图片中。再次单击“动画刷”按钮便可取消复制动画状态。

4. *保存演示文稿:*

第 24 步：执行“文件”→“保存”命令。

第 25 步：执行“文件”→“保存并发送”命令，选择“文件类型”区域的“创建视频”，在右侧信息栏中“放映每张幻灯片的秒数”后面的微调框中微调或输入“06.00”，单击“创建视频”按钮。

第 26 步：打开“另存为”对话框，在“保存位置”列表中选择考生文件夹所在位置，在“文件名”文本框中输入文件名“A6A.wmv”，在“保存类型”列表中选择“Windows Media 视频（*.wmv）”，单击“保存”按钮。

第 27 步：此时 A6.pptx 文件下方会出现一个“正在制作视频 A6A.wmv”的制作框，等待制作完成即可。

6.10　第 10 题解答

执行“文件”→“打开”命令，在“查找范围”文本框中找到指定路径，选择“A6.pptx”文件，单击“打开”按钮。

1. 演示文稿的页面设置：

第 1 步：选中第 1 张幻灯片的标题占位符，在“开始”选项卡下“字体”组中，在“字体”下拉列表中选择“隶书”，在“字号”下拉列表中选择“60”磅，单击“加粗”按钮和“文字阴影”按钮。

第 2 步：在“视图”选项卡下“母版视图”组中单击“幻灯片母版”按钮，选中左边任务窗格中的“幻灯片母版”，在“插入”选项卡下“文本”组中单击“页眉和页脚”按钮。打开“页眉和页脚”对话框，在“幻灯片”选项卡下勾选“页脚”复选框，输入内容“新天地出版社”，勾选“标题幻灯片中不显示”复选框，单击“全部应用”按钮。

第 3 步：在“幻灯片母版”中选中页脚的内容，在“开始”选项卡下“字体”组中，在“字体”下拉列表中选择“华文新魏”，在“字号”下拉列表中输入“25”磅，在“字体颜色”下拉列表中选择标准色中的“橙色”，单击“加粗”按钮。在“幻灯片母版”选项卡下“关闭”组中单击“关闭母版视图”按钮。

2. 演示文稿的插入设置：

第 4 步：选中第 1 张幻灯片的文本“出版社简介”，在“插入”选项卡下“链接”组中单击“超链接”按钮，打开“插入超链接”对话框，在左侧的“链接到”下，单击“本文档中的位置”。在右侧的“请选择文档中的位置”下，单击“2. 出版社简介”，单击“确定”按钮。按照同样的方法分别把“图书销售情况”、“组织结构”、“学历分配”、“前景展望”超链接到第 3、5、6、7 张幻灯片中。

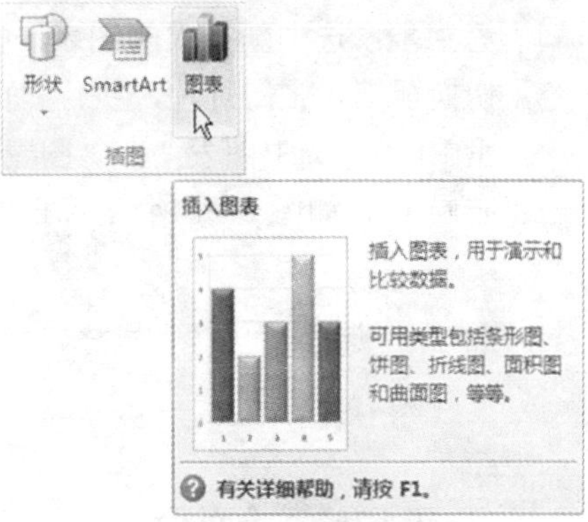

图 6-67

第 5 步：选中第 3 张幻灯片的表格文本内容，执行“开始”选项卡下“剪贴板”组中的“复制”命令。在“插入”选项卡下“插图”组中单击“图表”按钮，如图 6-67 所示。

第 6 步：打开“插入图表”对话框，在左侧分类区域中选择“柱形图”选项，在选项区域中选择“簇状圆柱图”，单击“确定”按钮，如图 6-68 所示。

图 6-68

第 7 步：此时系统会自动打开一个“Microsoft PowerPoint 中的图表 - Microsoft Excel”文件。选中 A1 单元格，在“开始”选项卡下“剪贴板”中执行“粘贴”选项下的“匹配目标格式”命令，如图 6-69 所示。

第 8 步：将鼠标指针置于 D6 单元格的右下角处，当指针变为↘形状时，按住鼠标左键拖拽至 E6 单元格处，释放鼠标左键，即可完成调整图表的数据区域，如图 6-70 所示，然后将“Microsoft PowerPoint 中的图表 - Microsoft Excel”文件关闭。

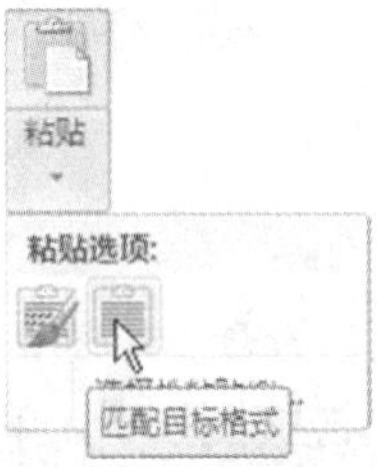

图 6-69

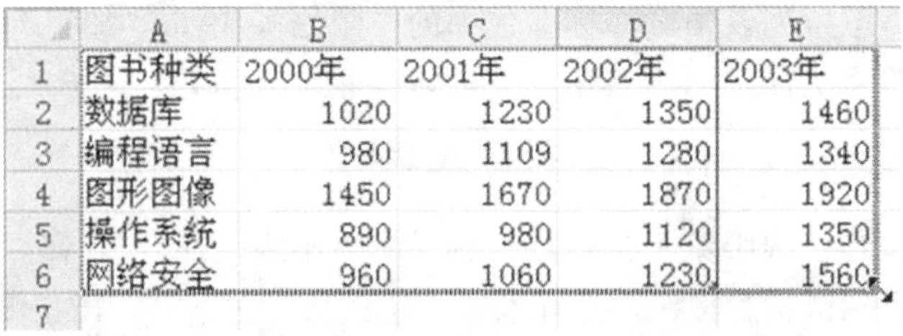

	A	B	C	D	E
1	图书种类	2000年	2001年	2002年	2003年
2	数据库	1020	1230	1350	1460
3	编程语言	980	1109	1280	1340
4	图形图像	1450	1670	1870	1920
5	操作系统	890	980	1120	1350
6	网络安全	960	1060	1230	1560
7					

图 6-70

第 9 步：选中新插入的图表，执行“开始”选项卡下“剪贴板”组中的“剪切”命令，切换至第 4 张幻灯片，执行“剪贴板”中的“粘贴”命令。

第 10 步：选中图表，在“图表工具”的“设计”选项卡下，在“图表布局”组中单击“布局 1”，如图 6-71 所示；在“图表样式”组中单击“样式 2”，如图 6-72 所示。

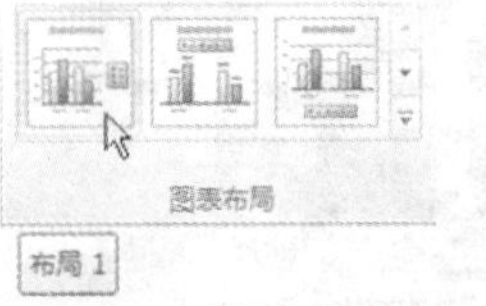

图 6-71

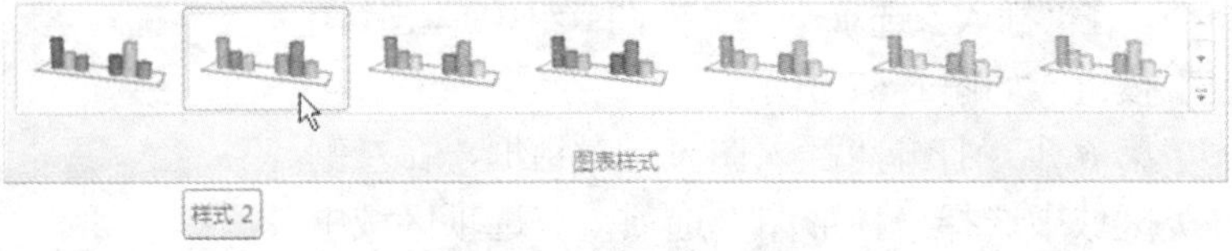

图 6-72

第 11 步：在图表标题中输入“图书销售情况”。选中整个图表，在“图表工具”的

“格式”选项卡下，在“形状样式”组中单击“其他”按钮，在弹出的库中选择“细微效果 - 绿色，强调颜色 3”形状样式，如图 6-73 所示。

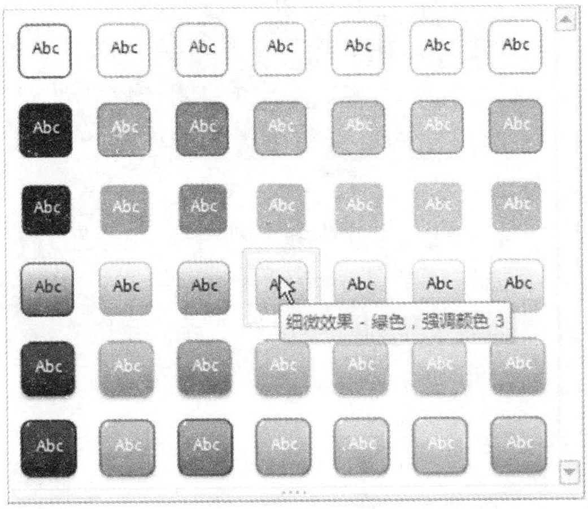

图 6-73

第 12 步：在“图表工具”的“格式”选项卡下，在“形状样式”组中单击“形状效果”按钮，在弹出的下拉列表中选择“三维旋转”选项下的“前透视”，如图 6-74 所示。

第 13 步：在“图表工具”的“格式”选项卡下的“大小”组中，在“高度”文本框中微调或输入“17 厘米”，在“宽度”文本框中微调或输入“24 厘米”，如图 6-75 所示。参照样文，将图形拖拽到对应的位置。

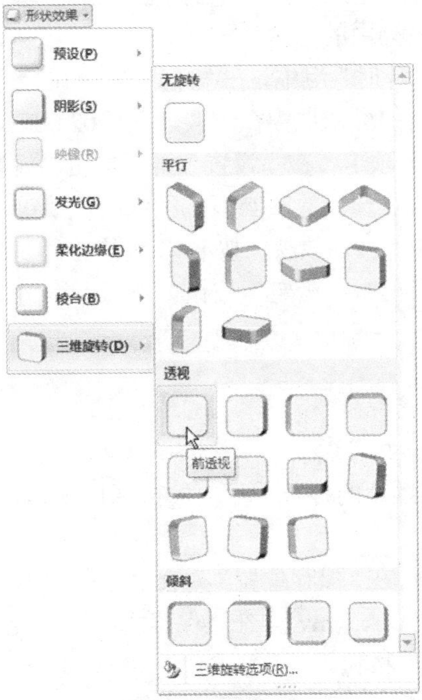

图 6-74

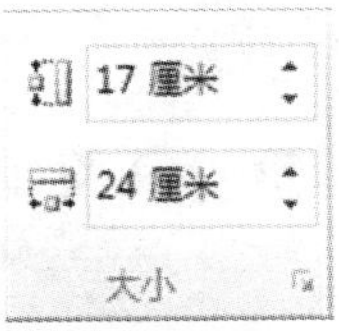

图 6-75

第 14 步：选中第 7 张幻灯片，在“插入”选项卡下“图像”组中单击“图片”按钮。打开“插入图片”对话框，在指定目录（C:\Win2010GJW\KSML1 文件夹）中选择“KSWJ6-10.jpg”图片文件，单击“插入”按钮。

第 15 步：选中新插入的图片，在“图片工具”的“格式”选项卡下，单击“大小”组右下角的“对话框启动器”按钮，弹出“设置图片格式”对话框，选择左栏的“大小”选项，在右侧设置栏“缩放比例”区域中“高度”和“宽度”文本框中选择或输入“50%”，单击“关闭”按钮。

第 16 步：在“图片工具”的“格式”选项卡下，在“图片样式”组中单击“其他”下拉按钮，在弹出的库中选择“剪裁对角线，白色”。在“排列”组中单击“下移一层”右侧的下拉按钮，在弹出的下拉列表中选择“置于底层”。参照样文，将图片拖拽到对应的位置。

3. 演示文稿的动画设置：

第 17 步：打开“切换”选项卡，在“切换到此幻灯片”组中单击“其他”下拉按钮，在弹出的库中选择“摩天轮”。单击“效果选项”按钮，在弹出的下拉列表中选择“自右侧”。

第 18 步：在“切换”选项卡下“计时”组中，在“声音”后面的下拉列表中选择“风铃”，在“持续时间”后面的微调框中微调或输入“02.50”，勾选“换片方式”区域的“单击鼠标时”复选框，单击“全部应用”按钮。

第 19 步：选中第 4 张幻灯片的图表，打开“动画”选项卡，在“动画”组中单击“其他”下拉按钮，在弹出的库中选择“进入”区域下的“弹跳”。单击“效果选项”按钮，在弹出的下拉列表中选择“按系列中的元素”。

第 20 步：在“动画”选项卡下“计时”组中，在“开始”后面的下拉列表中选择“上一动画之后”，在“持续时间”后面的微调框中微调或输入“02.00”。

第 21 步：打开“幻灯片放映”选项卡，在“设置”组中单击“设置幻灯片放映”按钮。打开“设置放映方式”对话框，点选“放映类型”区域的“演讲者放映（全屏幕）”单选按钮，勾选“放映选项”区域的“循环放映，按 ESC 键终止”复选框，点选“放映幻灯片”区域的“全部”单选按钮，单击“确定”按钮。

4. 保存演示文稿：

第 22 步：执行“文件”→“保存”命令。

第 23 步：执行“文件”→“保存并发送”命令，选择“文件类型”区域的“创建视频”，在右侧信息栏中“放映每张幻灯片的秒数”后面的微调框中微调或输入“06.00”，单击“创建视频”按钮。

第 24 步：打开“另存为”对话框，在“保存位置”列表中选择考生文件夹所在位置，在“文件名”文本框中输入文件名“A6A.wmv”，在“保存类型”列表中选择“Windows Media 视频（*.wmv）”，单击“保存”按钮。

第 25 步：此时 A6.pptx 文件下方会出现一个“正在制作视频 A6A.wmv”的制作框，等待制作完成即可。

6.11　第 11 题解答

执行“文件”→“打开”命令，在“查找范围”文本框中找到指定路径，选择“A6.pptx”文件，单击“打开”按钮。

1. *演示文稿的页面设置：*

第 1 步：打开“设计”选项卡，在“主题”组中单击“其他”下拉按钮，在弹出的库中选择“流畅”主题。单击“背景”组中的“背景样式”按钮，在弹出的下拉列表中选择“样式 7”。

第 2 步：选中第 1 张幻灯片的标题占位符，在“开始”选项卡下“字体”组中，在“字体”下拉列表中选择“华文新魏”，在“字号”文本框中输入“70”磅，单击“文字阴影”按钮。

第 3 步：在“视图”选项卡下“母版视图”组中单击“幻灯片母版”按钮。选中左边任务窗格中的“幻灯片母版”，在“插入”选项卡下“文本”组中单击“幻灯片编号”按钮，如图 6-76 所示。

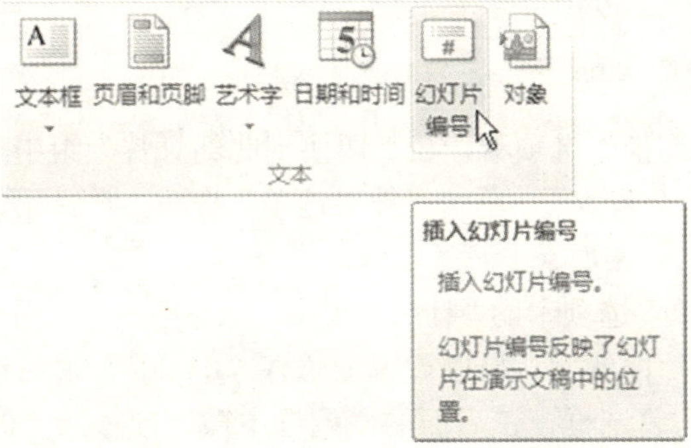

图 6-76

第 4 步：打开“页眉和页脚”对话框，在“幻灯片”选项卡下勾选“幻灯片编号”复选框，单击“全部应用”按钮。

第 5 步：在“幻灯片母版”中选中编号的内容，在“开始”选项卡下“字体”组中，在“字体”下拉列表中选择“华文彩云”，在“字号”文本框中输入“25”磅，在“字体颜色”下拉列表中选择标准色中的“红色”，单击“加粗”按钮和“文字阴影”按钮。

第 6 步：在“幻灯片母版”选项卡下“关闭”组中单击“关闭母版视图”按钮。

2. *演示文稿的插入设置：*

第 7 步：选中第 4 张幻灯片，在“插入”选项卡下“媒体”组中单击“音频”按钮，在打开的下拉列表中执行“文件中的音频”命令。打开“插入音频”对话框，在指定目录（C:\Win2010GJW\KSML1 文件夹）中选择“KSWJ6-11.wma”音频文件，单击“插入”按钮。

第 8 步：在“音频工具”的“播放”选项卡下，在“编辑”组中单击“剪裁音频”按钮。打开“剪裁音频”对话框，在“开始时间”微调框中微调或输入“01:30”，在“结束时间”微调框中微调或输入“03:30”，单击“确定”按钮。

第 9 步：选中插入的音频图标，在“音频工具”的“播放”选项卡下“音频选项”组中，在“开始”后面的下拉列表中选择“自动”，勾选“循环播放，直到停止”复选框，取消“放映时隐藏”复选框的选中状态。参照样文，将音频图标拖拽到对应的位置。

第 10 步：选中第 7 张幻灯片，在“插入”选项卡下“插图”组中单击“SmartArt”按钮。打开“选择 SmartArt 图形”对话框，在左侧分类区域中选择“流程”选项，在选项区域中选择“循环流程”布局，单击“确定”按钮。

第 11 步：选中已插入的 SmartArt 图形，在“SmartArt 工具”的“设计”选项卡下，单击“SmartArt 样式”组中的“更改颜色”按钮，在弹出的库中选择“彩色 - 强调文字颜色”的形状颜色。单击“SmartArt 样式”组中的“其他”按钮，在弹出的库中选择“日落场景”三维效果。

第 12 步：依照样文所示，在新插入的“SmartArt 图形”中录入相应的文本内容，“教材建设”、“实验室建设”、“试题库建设”。选中 SmartArt 图形，并在“开始”选项卡下“字体”组中的“字体”下拉列表中选择“华文行楷”，“字号”文本框中输入“25”磅，在“字体颜色”下拉列表中选择标准色中的“紫色”。参照样文，将图形拖拽到对应的位置。

3. 演示文稿的动画设置：

第 13 步：打开“切换”选项卡，在“切换到此幻灯片”组中单击“其他”下拉按钮，在弹出的库中选择“涡流”。单击“效果选项”按钮，在弹出的下拉列表中选择“自底部”。

第 14 步：在“切换”选项卡的“计时”组中，在“声音”后面的下拉列表中选择“风铃”，在“持续时间”后面的微调框中微调或输入“04.00”，仅勾选“换片方式”区域的“设置自动换片时间”复选框，在后面的微调框中微调或输入“00:04.00”，单击“全部应用”按钮。

第 15 步：选中第 1 张幻灯片的标题，打开“动画”选项卡，在“动画”组中单击“其他”下拉按钮，在弹出的库中选择“强调”区域下的“波浪形”。单击“效果选项”按钮，在弹出的下拉列表中选择“整批发送”。

第 16 步：在“动画”选项卡下“计时”组中，在“开始”后面的下拉列表中选择“上一动画之后”，在“持续时间”后面的微调框中微调或输入“02.00”。

第 17 步：选中第 7 张幻灯片的 SmartArt 图形，打开“动画”选项卡，在“动画”组中单击“其他”下拉按钮，在弹出的库中选择“进入”区域下的“飞入”。单击“效果选项”按钮，在弹出的下拉列表中选择“方向”区域的“自左下部”。在“计时”组中，在“开始”后面的下拉列表中选择“上一动画之后”，在“持续时间”后面的微调框中微调或输入“02.00”。

4. 保存演示文稿：

第 18 步：执行“文件”→“保存”命令。

第 19 步：执行“文件”→“保存并发送”命令，选择“文件类型”区域的“将演示文稿打包成 CD”，在右侧信息栏中单击“打包成 CD”按钮。打开“打包成 CD”对话框，在“将 CD 命名为”后面的文本框中输入“A6A”，单击“选项”按钮，打开“选项”对话框，在“打开每个演示文稿时所用密码”后面的文本框中输入“gjks6-11”，单击“确定”按钮。弹出“确认密码”对话框，在“重新输入打开权限密码”下面的文本框中再次输入“gjks6-11”，单击“确定”按钮。

第 20 步：返回到“打包成 CD”对话框，单击“复制到文件夹”按钮，打开“复制到文件夹”对话框，在“文件夹名称”后面的文本框中输入“A6A”，单击“浏览”按钮选择考生文件夹所在位置，单击“确定”按钮。弹出“Microsoft PowerPoint”确认对话框，单击“是”按钮开始打包 CD，打包完成后返回到“打包成 CD”对话框，单击“关闭”按钮即可。

6.12　第 12 题解答

执行“文件”→“打开”命令，在“查找范围”文本框中找到指定路径，选择“A6.pptx”文件，单击“打开”按钮。

1. 演示文稿的页面设置：

第 1 步：打开“设计”选项卡，在“主题”组中单击“其他”下拉按钮，在弹出的库中选择“春季”主题。单击“背景”组中的“背景样式”按钮，在弹出的下拉列表中选择“样式 10”。

第 2 步：选中第 1 张幻灯片的标题占位符，在“绘图工具”的“格式”选项卡下“艺术字样式”组中，单击“艺术字样式”右侧的“其他”按钮，在弹出库中选择“填充 - 淡紫，强调文字颜色 6，暖色粗糙棱台”的样式。

第 3 步：选中艺术字，在“开始”选项卡下“字体”组中，在“字体”下拉列表中选择“华文隶书”，在“字号”下拉列表中选择“60”磅。

第 4 步：在“绘图工具”的“格式”选项卡下“艺术字样式”组中，单击“文本效果”按钮，在弹出的列表中选择“阴影”选项下的“外部”区域中的“右上斜偏移”。

第 5 步：在“视图”选项卡下“母版视图”组中单击“幻灯片母版”按钮。在“幻灯片母版”中选中标题文本占位符，在“开始”选项卡下“字体”组中，在“字体”下拉列表中选择“华文琥珀”，在“字号”文本框中输入“30”磅，单击“文字阴影”按钮；在“字体颜色”下拉列表中执行“其他颜色”命令，打开“颜色”对话框，在“自定义”选项卡下输入 RGB 值（181，111，244），单击“确定”按钮。

第 6 步：在“幻灯片母版”选项卡下“关闭”组中单击“关闭母版视图”按钮。

2. 演示文稿的插入设置：

第 7 步：选中第 3 张幻灯片，在“插入”选项卡下“插图”组中单击“SmartArt”按钮，打开“选择 SmartArt 图形”对话框，在左侧分类区域中选择“循环”选项，在选项区域中选择“多向循环”布局，单击“确定”按钮。

第 8 步：选中已插入的 SmartArt 图形，在“SmartArt 工具”的“设计”选项卡下，单击“SmartArt 样式”组中的“更改颜色”按钮，在弹出的库中选择“彩色范围 - 强调文字颜色 4 至 5”的形状颜色。

第 9 步：在“SmartArt 工具”的“设计”选项卡下，单击“SmartArt 样式”组中的“其他”按钮，在弹出的库中选择“砖块场景”的三维效果。

第 10 步：依照样文所示，在新插入的“SmartArt 图形”中录入相应的文本内容，“JPEG”、“MNG”、“GIF”。选中 SmartArt 图形，并在“开始”选项卡下“字体”组中的“字体”下拉列表中选择“隶书”，“字号”文本框中输入“30”磅，在“字体颜色”下拉列表中选择标准色中的“深蓝”色，单击“加粗”按钮 **B**。

第 11 步：选中 SmartArt 图形，在“SmartArt 工具”的“格式”选项卡下，单击“大小”组右下角的“对话框启动器”按钮，弹出“设置形状格式”对话框，选择左栏的“大小”选项，在右侧设置栏“缩放比例”区域勾选“锁定纵横比”复选框，在“高度”和“宽度”文本框中选择或输入“70%”，单击“关闭”按钮。参照样文，将图形拖拽到对应的位置。

第 12 步：选中第 5 张幻灯片，在“插入”选项卡下“插图”组中单击“形状”按钮，在弹出的下拉列表中选择“动作按钮”下的“动作按钮：第一张”。参照样文，单击第 5 张幻灯片，弹出“动作设置”对话框，单击“确定”按钮。在“插入”选项卡下“插图”组中单击“形状”按钮，选择“动作按钮”下的“动作按钮：后退或前一项”。参照样文，单击第 5 张幻灯片，弹出“动作设置”对话框，单击“确定”按钮。在“插入”选项卡下“插图”组中单击“形状”按钮，在弹出的下拉列表中选择“动作按钮”下的“动作按钮：前进或下一项”。参照样文，单击第 5 张幻灯片，弹出“动作设置”对话框，单击“确定”按钮。在“插入”选项卡下“插图”组中单击“形状”按钮，在弹出的下拉列表中选择“动作按钮”下的“动作按钮：结束”。参照样文，单击第 5 张幻灯片，弹出“动作设置”对话框，单击“确定”按钮。

第 13 步：选中做好的动作按钮，打开“绘图工具”的“格式”选项卡，在“形状样式”组中单击“形状样式”右侧的“其他”按钮，在打开的列表框中选择“细微效果 - 浅绿，强调颜色 1”形状样式。

第 14 步：打开“绘图工具”的“格式”选项卡，在“大小”组中的“高度”文本框中微调或输入“1.5 厘米”，在“宽度”文本框中微调或输入“1.5 厘米”。参照样文，将动作按钮拖拽到对应的位置。

3. *演示文稿的动画设置：*

第 15 步：打开“切换”选项卡，在“切换到此幻灯片”组中单击“其他”下拉按钮，在弹出的库中选择“覆盖”。单击“效果选项”按钮，在弹出的下拉列表中选择“从右上部”。

第 16 步：在“切换”选项卡下“计时”组中，在“声音”后面的下拉列表中选择“电压”，在“持续时间”后面的微调框中微调或输入“02.00”，勾选“换片方式”区域的“单击鼠标时”复选框，单击“全部应用”按钮。

第 17 步：选中第 1 张幻灯片的标题，打开“动画”选项卡，在“动画”组中单击“其他”下拉按钮▾，在弹出的库中选择“进入”区域下的“旋转”。

第 18 步：在“动画”选项卡下“计时”组中，在“开始”后面的下拉列表中选择“上一动画之后”，在“持续时间”后面的微调框中微调或输入“02.00”。

第 19 步：选中第 3 张幻灯片的 SmartArt 图形，打开“动画”选项卡，在“动画”组中单击“其他”下拉按钮▾，在弹出的库中选择“进入”区域下的“浮入”。单击“效果选项”按钮，在弹出的下拉列表中选择“序列”区域中的“整批发送”。

第 20 步：在“动画”选项卡下“计时”组中，在“开始”后面的下拉列表中选择“上一动画之后”，在“持续时间”后面的微调框中微调或输入“01.50”。

4. 保存演示文稿：

第 21 步：执行“文件”→“保存”命令。

第 22 步：执行“文件”→“保存并发送”命令，选择“文件类型”区域的“将演示文稿打包成 CD”，在右侧信息栏中单击“打包成 CD”按钮。打开“打包成 CD”对话框，在“将 CD 命名为”后面的文本框中输入“A6A”，单击“选项”按钮，打开“选项”对话框，在“修改每个演示文稿时所用密码”后面的文本框中输入“gjks6-12”，单击“确定”按钮。弹出“确认密码”对话框，在“重新输入修改权限密码”下面的文本框中再次输入“gjks6-12”，单击“确定”按钮。

第 23 步：返回到“打包成 CD”对话框，单击“复制到文件夹”按钮，打开“复制到文件夹”对话框，在“文件夹名称”后面的文本框中输入“A6A”，单击“浏览”按钮选择考生文件夹所在位置，单击“确定”按钮。弹出“Microsoft PowerPoint”确认对话框，单击“是”按钮开始打包 CD，打包完成后返回到“打包成 CD”对话框，单击“关闭”按钮即可。

6.13 第 13 题解答

执行“文件”→“打开”命令，在“查找范围”文本框中找到指定路径，选择“A6.pptx”文件，单击“打开”按钮。

1. 演示文稿的页面设置：

第 1 步：在“视图”选项卡下“母版视图”组中单击“幻灯片母版”按钮，选中左边任务窗格中的“幻灯片母版”。

第 2 步：选中幻灯片母版文本占位符，在“开始”选项卡下“字体”组中，在“字体”下拉列表中选择“华文新魏”。单击“段落”组右下角的“对话框启动器”按钮，弹出“段落”对话框。在“缩进和间距”选项卡下的“间距”区域中，在“段前”、“段后”文本框中均选择或输入“6 磅”，在“行距”下拉列表中选择“1.5 倍行距”，单击“确定”按钮。

第 3 步：在“幻灯片母版”选项卡下“关闭”组中单击“关闭母版视图”按钮。

第 4 步：选中第 2 张幻灯片，在“设计”选项卡的“背景”组中，单击“背景样式”下拉按钮，在弹出的库中执行“设置背景格式”命令。

第 5 步：打开“设置背景格式”对话框，在左侧选择“填充”项，在右侧的信息栏中点选“图片或纹理填充”单选按钮，单击“文件”按钮，打开“插入图片”对话框，在指定目录（C:\Win2010GJW\KSML1 文件夹）中选择图片文件“KSWJ6-13A.jpg”，单击“插入”按钮。返回至“设置背景格式”对话框，在“透明度”后面微调框中微调或输入“30%”，单击“关闭”按钮。

2. 演示文稿的插入设置：

第 6 步：选中第 4 张幻灯片，在“插入”选项卡下“插图”组中单击“形状”按钮，在弹出的下拉列表中选择“动作按钮”下的“动作按钮：第一张”。参照样文，单击第 4 张幻灯片，弹出“动作设置”对话框，单击“确定”按钮。再次在“插入”选项卡下“插图”组中单击“形状”按钮，选择“动作按钮”下的“动作按钮：上一张”。参照样文，单击第 4 张幻灯片，弹出“动作设置”对话框，单击“确定”按钮。

第 7 步：选中做好的动作按钮，打开“绘图工具”的“格式”选项卡，在“形状样式”组中单击“形状样式”右侧的“其他”按钮，在打开的列表框中选择“细微效果 - 蓝色，强调颜色 6”形状样式；单击“形状效果”按钮，在弹出的列表中选择“柔化边缘”选项下的“5 磅”。

第 8 步：打开“绘图工具”的“格式”选项卡，在“大小”组中的“高度”文本框中微调或输入“2 厘米”，在“宽度”文本框中微调或输入“2 厘米”。参照样文，将动作按钮拖拽到对应的位置。

第 9 步：选中第 5 张幻灯片，在“插入”选项卡下“图像”组中单击“图片”按钮。打开“插入图片”对话框，在指定目录（C:\Win2010GJW\KSML1 文件夹）中选择“KSWJ6-13B.jpg”图片文件，单击“插入”按钮。

第 10 步：选中新插入的图片，在“图片工具”的“格式”选项卡下，单击“大小”组右下角的“对话框启动器”按钮，弹出“设置图片格式”对话框，选择左栏的“大小”选项，在右侧设置栏“缩放比例”区域中“高度”和“宽度”文本框中选择或输入“80%”，单击“关闭”按钮。

第 11 步：在“图片工具”的“格式”选项卡下“排列”组中，单击“下移一层”右侧的下拉按钮，在弹出的下拉列表中选择“置于底层”。

第 12 步：在“图片工具”的“格式”选项卡下，在“图片样式”组中单击“其他”下拉按钮，在弹出的库中选择“棱台左透视，白色”。参照样文，将图片拖拽到对应的位置。

第 13 步：选中第 6 张幻灯片，在“插入”选项卡下“插图”组中单击“SmartArt”按钮。打开“选择 SmartArt 图形”对话框，在左侧分类区域中选择“循环”选项，在选项区域中选择“不定向循环”布局，单击“确定”按钮。

第 14 步：选中已插入的 SmartArt 图形，在“SmartArt 工具”的“设计”选项卡下，单击“SmartArt 样式”组中的“更改颜色”按钮，在弹出的库中选择“彩色范围 - 强调文字颜色 4 至 5”的形状颜色。

第 15 步：在“SmartArt 工具”的“设计”选项卡下，单击“SmartArt 样式”组中的“其他”按钮，在弹出的库中选择“金属场景”的三维效果。

第 16 步：依照样文所示，在新插入的“SmartArt 图形”中录入相应的文本内容，“滑雪镜”、“防冻伤”、“营养餐”、“防晒霜”、“滑雪服”。选中 SmartArt 图形，并在“开始”选项卡下“字体”组中的“字体”下拉列表中选择“微软雅黑”，在“字号”下拉列表中选择或输入“20”磅，在“字体颜色”下拉列表中选择主题颜色中的“白色，背景 1”，单击“加粗”按钮B。参照样文，将图形拖拽到对应的位置。

3. 演示文稿的动画设置：

第 17 步：打开“切换”选项卡，在“切换到此幻灯片”组中单击“其他”下拉按钮，在弹出的库中选择“棋盘”。单击“效果选项”按钮，在弹出的下拉列表中选择“自左侧”。

第 18 步：在“切换”选项卡的“计时”组中，在“声音”后面的下拉列表中选择“收款机”，在“持续时间”后面的微调框中微调或输入“02.50”，仅勾选“换片方式”区域的“设置自动换片时间”复选框，在后面的微调框中微调或输入“00:03.00”，单击“全部应用”按钮。

第 19 步：选中第 1 张幻灯片的标题，打开“动画”选项卡，在“动画”组中单击“其他”下拉按钮，在弹出的库中选择“动作路径”区域下的“循环”。单击“效果选项”按钮，在弹出的下拉列表中选择“循环”区域中的“反复循环”。

第 20 步：在“动画”选项卡下“计时”组中，在“开始”后面的下拉列表中选择“上一动画之后”，在“持续时间”后面的微调框中微调或输入“02.00”。

第 21 步：选中第 1 张幻灯片的标题，在“动画”选项卡下“高级动画”组中双击“动画刷”按钮。

第 22 步：当光标变成刷子形状后，依次单击第 5 张幻灯片中的图片和第 6 张幻灯片中的 SmartArt 图形，则该动画效果将被应用至所选的图片和图形中。再次单击“动画刷”按钮便可取消复制动画状态。

4. 保存演示文稿：

第 23 步：执行“文件”→“保存”命令。

第 24 步：执行“文件”→“保存并发送”命令，选择“文件类型”区域的“创建视频”，在右侧信息栏中“放映每张幻灯片的秒数”后面的微调框中微调或输入“06.00”，单击“创建视频”按钮。

第 25 步：打开“另存为”对话框，在“保存位置”列表中选择考生文件夹所在位置，在“文件名”文本框中输入文件名“A6A.wmv”，在“保存类型”列表中选择“Windows Media 视频（*.wmv）”，单击“保存”按钮。

第 26 步：此时 A6.pptx 文件下方会出现一个“正在制作视频 A6A.wmv”的制作框，等待制作完成即可。

6.14　第 14 题解答

执行“文件”→“打开”命令，在“查找范围”文本框中找到指定路径，选择“A6.pptx”文件，单击“打开”按钮。

1. 演示文稿的页面设置：

第 1 步：打开“设计”选项卡，在“主题”组中单击“其他”下拉按钮，在弹出的库中选择“凤舞九天”主题。单击“背景”组中的“背景样式”按钮，在弹出的下拉列表中选择“样式 7”。

第 2 步：在“视图”选项卡下“母版视图”组中单击“幻灯片母版”按钮。选中左边任务窗格中的“幻灯片母版”，在“插入”选项卡下“文本”组中单击“页眉和页脚”按钮。

第 3 步：打开“页眉和页脚”对话框，在“幻灯片”选项卡下勾选“幻灯片编号”复选框，勾选“页脚”复选框，并输入内容“20 世纪科学”，单击“全部应用”按钮。

第 4 步：在“幻灯片母版”中选中页脚和编号的内容，在“开始”选项卡下“字体”组中，在“字体”下拉列表中选择“华文行楷”，在“字号”下拉列表中选择“20”磅；在“字体颜色”下拉列表中执行“其他颜色”命令，打开“颜色”对话框，在“自定义”选项卡下输入 RGB 值（35，255，255），单击“确定”按钮。

第 5 步：在“幻灯片母版”选项卡下“关闭”组中单击“关闭母版视图”按钮。

第 6 步：选中第 2 张幻灯片，在“设计”选项卡的“背景”组中，单击“背景样式”下拉按钮，在弹出的库中执行“设置背景格式”命令。

第 7 步：打开“设置背景格式”对话框，在左侧选择“填充”项，在右侧的信息栏中点选“图片或纹理填充”单选按钮，单击“纹理”按钮，在打开的库中选择“胡桃”，在“透明度”后面微调框中微调或输入“20%”，单击“关闭”按钮。

2. 演示文稿的插入设置：

第 8 步：选中第 4 张幻灯片，在“插入”选项卡下“插图”组中单击“形状”按钮，在弹出的下拉列表中选择“动作按钮”下的“动作按钮：后退或前一项”。参照样文，单击第 4 张幻灯片，弹出“动作设置”对话框，单击“确定”按钮。再次在“插入”选项卡下“插图”组中单击“形状”按钮，选择“动作按钮”下的“动作按钮：前进或下一项”。参照样文，单击第 4 张幻灯片，弹出“动作设置”对话框，单击“确定”按钮。

第 9 步：选中做好的动作按钮，打开“绘图工具”的“格式”选项卡，在“形状样式”组中单击“形状样式”右侧的“其他”按钮，在打开的列表框中选择“细微效果 - 青色，强调颜色 4”形状样式。单击“形状效果”按钮，在弹出的列表框中选择“柔化边缘”选项下的“2.5 磅”。

第 10 步：打开“绘图工具”的“格式”选项卡，在“大小”组中的“高度”文本框中微调或输入“1.8 厘米”，在“宽度”文本框中微调或输入“1.8 厘米”。参照样文，将动作按钮拖拽到对应的位置。

第 11 步：选中第 7 张幻灯片，在“插入”选项卡下“图像”组中单击“图片”按钮。打开“插入图片”对话框，在指定目录（C:\Win2010GJW\KSML1 文件夹）中选择“KSWJ6-14.jpg”图片文件，单击“插入”按钮。

第 12 步：选中新插入的图片，在“图片工具”的“格式”选项卡下，单击“大小”组右下角的“对话框启动器”按钮，弹出“设置图片格式”对话框，选择左栏的“大小”选项，在右侧设置栏“缩放比例”区域“高度”和“宽度”文本框中均选择或输入“60%”，单击“关闭”按钮。

第13步：在“图片工具”的“格式”选项卡下“排列”组中，单击“下移一层”右侧的下拉按钮，在弹出的下拉列表中选择“置于底层”。

第14步：在“图片工具”的“格式”选项卡下，在“图片样式”组中单击“其他”下拉按钮，在弹出的库中选择“棱台矩形”。参照样文，将图片拖拽到对应的位置。

3. 演示文稿的动画设置：

第15步：打开“切换”选项卡，在“切换到此幻灯片”组中单击“其他”下拉按钮，在弹出的库中选择“形状”。单击“效果选项”按钮，在弹出的下拉列表中选择“增强”。

第16步：在“切换”选项卡的“计时”组中，在“声音”后面的下拉列表中选择“捶打”，在“持续时间”后面的微调框中微调或输入“02.00”，仅勾选“换片方式”区域的“设置自动换片时间”复选框，在后面的微调框中微调或输入“00:03.00”，单击“全部应用”按钮。

第17步：选中第1张幻灯片的标题，打开“动画”选项卡，在“动画”组中单击“其他”下拉按钮，在弹出的库中选择“进入”区域下的“轮子”。单击“效果选项”按钮，在弹出的下拉列表中选择“轮辐图案”区域中的“2轮辐图案”。

第18步：在“动画”选项卡下“计时”组中，在“开始”后面的下拉列表中选择“上一动画之后”，在“持续时间”后面的微调框中微调或输入“03.00”。

第19步：选中第1张幻灯片的标题，在“动画”选项卡下“高级动画”组中双击“动画刷”按钮。

第20步：当光标变成刷子形状后，依次单击其他八张幻灯片的标题，则该动画效果将被应用至所选的标题中。再次单击“动画刷”按钮便可取消复制动画状态。

4. 保存演示文稿：

第21步：执行“文件”→“保存”命令。

第22步：执行“文件”→“保存并发送”命令，选择“文件类型”区域的“创建视频”，在右侧信息栏中“放映每张幻灯片的秒数”后面的微调框中微调或输入“07.00”，单击“创建视频”按钮。

第23步：打开“另存为”对话框，在“保存位置”列表中选择考生文件夹所在位置，在“文件名”文本框中输入文件名“A6A.wmv”，在“保存类型”列表中选择“Windows Media视频（*.wmv）”，单击“保存”按钮。

第24步：此时A6.pptx文件下方会出现一个“正在制作视频A6A.wmv”的制作框，等待制作完成即可。

6.15　第15题解答

执行“文件”→“打开”命令，在“查找范围”文本框中找到指定路径，选择“A6.pptx”文件，单击“打开”按钮。

1. 演示文稿的页面设置：

第 1 步：打开“设计”选项卡，在“主题”组中单击“其他”下拉按钮，在弹出的库中选择“聚合”主题。单击“背景”组中的“背景样式”按钮，在弹出的下拉列表中选择“样式 6”。

第 2 步：选中第 1 张幻灯片的标题占位符，在“开始”选项卡下“字体”组中，在“字体”下拉列表中选择“华文彩云”，在“字号”下拉列表中选择“66”磅，单击“文字阴影”按钮，在“字体颜色”下拉列表中选择标准色中的“蓝色”。

第 3 步：在“视图”选项卡下“母版视图”组中单击“幻灯片母版”按钮。选中左边任务窗格中的“幻灯片母版”，在“插入”选项卡下“文本”组中单击“幻灯片编号”按钮。

第 4 步：打开“页眉和页脚”对话框，在“幻灯片”选项卡下勾选“幻灯片编号”复选框，勾选“标题幻灯片中不显示”复选框，单击“全部应用”按钮。

第 5 步：在“幻灯片母版”中选中编号的内容，在“开始”选项卡下“字体”组中，在“字体”下拉列表中选择“华文行楷”，在“字号”下拉列表中选择“32”磅，在“字体颜色”下拉列表中选择标准色中的“绿色”，单击“文字阴影”按钮。

第 6 步：在“幻灯片母版”选项卡下“关闭”组中单击“关闭母版视图”按钮。

2. 演示文稿的插入设置：

第 7 步：选中第 4 张幻灯片，在“插入”选项卡下“插图”组中单击“形状”按钮，在弹出的下拉列表中选择“动作按钮”下的“动作按钮：第一张”。参照样文，单击第 4 张幻灯片，弹出“动作设置”对话框，单击“确定”按钮。再次在“插入”选项卡下“插图”组中单击“形状”按钮，选择“动作按钮”下的“动作按钮：前进或下一项”。参照样文，单击第 4 张幻灯片，弹出“动作设置”对话框，单击“确定”按钮。

第 8 步：选中做好的动作按钮，打开“绘图工具”的“格式”选项卡，在“形状样式”组中单击“形状样式”右侧的“其他”按钮，在打开的列表框中选择“强烈效果 - 青绿，强调颜色 1”形状样式。

第 9 步：打开“绘图工具”的“格式”选项卡，在“大小”组中的“高度”文本框中微调或输入“2 厘米”，在“宽度”文本框中微调或输入“2.5 厘米”。参照样文，将动作按钮拖拽到对应的位置。

第 10 步：选中第 7 张幻灯片，在“插入”选项卡下“图像”组中单击“图片”按钮。打开“插入图片”对话框，在指定目录（C:\Win2010GJW\KSML1 文件夹）中选择“KSWJ6-15.jpg”图片文件，单击“插入”按钮。

第 11 步：选中新插入的图片，在“图片工具”的“格式”选项卡下，单击“大小”组右下角的“对话框启动器”按钮，弹出“设置图片格式”对话框，选择左栏的“大小”选项，在右侧设置栏“缩放比例”区域“高度”和“宽度”文本框中均选择或输入“45%”，单击“关闭”按钮。

第 12 步：在“图片工具”的“格式”选项卡下，在“图片样式”组中单击“其他”下拉按钮，在弹出的库中选择“柔化边缘矩形”。

第 13 步：在“图片工具”的“格式”选项卡下“排列”组中，单击“下移一层”右侧的下拉按钮，在弹出的下拉列表中选择“置于底层”。参照样文，将图片拖拽到对应的位置。

3. 演示文稿的动画设置：

第 14 步：打开“切换”选项卡，在“切换到此幻灯片”组中单击“其他”下拉按钮，在弹出的库中选择“百叶窗”。单击“效果选项”按钮，在弹出的下拉列表中选择“水平”。

第 15 步：在“切换”选项卡的“计时”组中，在“声音”后面的下拉列表中选择“激光”，在“持续时间”后面的微调框中微调或输入“02.50”，仅勾选“换片方式”区域的“设置自动换片时间”复选框，在后面的微调框中微调或输入“00:03.00”，单击“全部应用”按钮。

第 16 步：选中第 1 张幻灯片的标题，打开“动画”选项卡，在“动画”组中单击“其他”下拉按钮，在弹出的库中选择“强调”区域下的“陀螺旋”。单击“效果选项”按钮，在弹出的下拉列表中选择“数量”区域中的“旋转两周”。

第 17 步：在“动画”选项卡下“计时”组中，在“开始”后面的下拉列表中选择“上一动画之后”，在“持续时间”后面的微调框中微调或输入“03.50”。

第 18 步：选中第 7 张幻灯片的图片，打开“动画”选项卡，在“动画”组中单击“其他”下拉按钮，在弹出的库中选择“退出”区域下的“收缩并旋转”。

第 19 步：在“动画”选项卡下“计时”组中，在“开始”后面的下拉列表中选择“上一动画之后”，在“持续时间”后面的微调框中微调或输入“02.00”。

4. 保存演示文稿：

第 20 步：执行“文件”→“保存”命令。

第 21 步：执行“文件”→“保存并发送”命令，选择“文件类型”区域的“将演示文稿打包成 CD”，在右侧信息栏中单击“打包成 CD”按钮。打开“打包成 CD”对话框，在“将 CD 命名为”后面的文本框中输入“A6A”，单击“选项”按钮，打开“选项”对话框，在“打开每个演示文稿时所用密码”后面的文本框中输入“gjks6-15”，单击“确定”按钮。弹出“确认密码”对话框，在“重新输入打开权限密码”下面的文本框中再次输入“gjks6-15”，单击“确定”按钮。

第 22 步：返回到“打包成 CD”对话框，单击“复制到文件夹”按钮，打开“复制到文件夹”对话框，在“文件夹名称”后面的文本框中输入“A6A”，单击“浏览”按钮选择考生文件夹所在位置，单击“确定”按钮。弹出“Microsoft PowerPoint”确认对话框，单击“是”按钮开始打包 CD，打包完成后返回到“打包成 CD”对话框，单击“关闭”按钮即可。

6.16　第 16 题解答

执行“文件”→“打开”命令，在“查找范围”文本框中找到指定路径，选择“A6.pptx”文件，单击“打开”按钮。

1. 演示文稿的页面设置：

第 1 步：选中第 1 张幻灯片的标题占位符，在“绘图工具”的“格式”选项卡下，在“艺术字样式”组中单击“艺术字样式”右侧的“其他”按钮，在打开的列表框中选择“渐变填充 - 绿色，强调文字颜色 4，映像”。

第 2 步：选中艺术字，在“开始”选项卡下“字体”组中，在“字体”下拉列表中选择“方正姚体”。在“绘图工具”的“格式”选项卡下，在“艺术字样式”组中单击“文本效果”按钮，在打开的列表框中选择“转换”选项下的“正三角”文本效果。

第 3 步：在“视图”选项卡下“母版视图”组中单击“幻灯片母版”按钮，选中左边任务窗格中的“幻灯片母版”。

第 4 步：选中幻灯片母版标题占位符，在“开始”选项卡下“字体”组中，在“字体”下拉列表中选择“华文隶书”，在“字号”下拉列表中选择“48”磅，在“字体颜色”下拉列表中选择标准色中的“紫色”。在“幻灯片母版”选项卡下“关闭”组中单击“关闭母版视图”按钮。

2. 演示文稿的插入设置：

第 5 步：选中第 1 张幻灯片的文本“牛奶”，在“插入”选项卡下“链接”组中单击“超链接”按钮，打开“插入超链接”对话框，在左侧的“链接到”下，单击“本文档中的位置”。在右侧的“请选择文档中的位置”下，单击“2. 牛奶：”，单击“确定”按钮。按照同样的方法分别把“小米”、“核桃”、“葵花子”、“大枣、蜂蜜”、“醋和全麦面包”超链接到第 3、4、5、6、7 张幻灯片中。

第 6 步：选中第 2 张幻灯片，在“插入”选项卡下“媒体”组中单击“视频”按钮，在打开的下拉列表中执行“文件中的视频”命令。打开“插入视频文件”对话框，在指定目录（C:\Win2010GJW\KSML1 文件夹）中选择“KSWJ6-16.wmv”视频文件，单击“插入”按钮。

第 7 步：选中新插入的视频，在“视频工具”的“格式”选项卡下，单击“大小”组右下角的“对话框启动器”按钮，弹出“设置视频格式”对话框，选择左栏的“大小”选项，在右侧设置栏“缩放比例”区域中“高度”和“宽度”文本框中选择或输入“70%”，单击“关闭”按钮。

第 8 步：在“视频工具”的“格式”选项卡下，在“视频样式”组中单击“其他”下拉按钮，在弹出的库中选择“柔化边缘椭圆”。

第 9 步：在“视频工具”的“播放”选项卡下，在“编辑”组中单击“剪裁视频”按钮。打开“剪裁视频”对话框，在“开始时间”微调框中微调或输入“00:02”，在“结束时间”微调框中微调或输入“00:30”，单击“确定”按钮。

第 10 步：在“视频工具”的“播放”选项卡下的“视频选项”组中，在“开始”后面的下拉列表中选择“单击时”，仅勾选“全屏播放”复选框。参照样文，将视频图标拖拽到对应的位置。

第 11 步：选中第 4 张幻灯片，在“插入”选项卡下“插图”组中单击“形状”按钮，在弹出的下拉列表中选择“动作按钮”下的“动作按钮：上一张”。参照样文，单击第 4

张幻灯片，弹出“动作设置”对话框，单击“确定”按钮。再次单击“形状”按钮，选择“动作按钮”下的“动作按钮：影片”。参照样文，单击第 4 张幻灯片，弹出“动作设置”对话框，单击“确定”按钮。

第 12 步：选中做好的动作按钮，打开“绘图工具”的“格式”选项卡，在“形状样式”组中单击“形状样式”右侧的“其他”按钮，在打开的列表框中选择“浅色 1 轮廓，彩色填充 - 橙色，强调颜色 5”形状样式。

第 13 步：打开“绘图工具”的“格式”选项卡，在“大小”组中的“高度”文本框中微调或输入“2.5 厘米”，在“宽度”文本框中微调或输入“2.5 厘米”。参照样文，将动作按钮拖拽到对应的位置。

3. 演示文稿的动画设置：

第 14 步：打开“切换”选项卡，在“切换到此幻灯片”组中单击“其他”下拉按钮，在弹出的库中选择“溶解”。

第 15 步：在“切换”选项卡下“计时”组中，在“声音”后面的下拉列表中选择“鼓声”，在“持续时间”后面的微调框中微调或输入“02.50”，勾选“换片方式”区域的“单击鼠标时”复选框，单击“全部应用”按钮。

第 16 步：选中第 1 张幻灯片的标题，打开“动画”选项卡，在“动画”组中单击“其他”下拉按钮，在弹出的库中选择“进入”区域下的“形状”。单击“效果选项”按钮，在弹出的下拉列表中选择“形状”区域的“加号”。

第 17 步：在“动画”选项卡下“计时”组中，在“开始”后面的下拉列表中选择“上一动画之后”，在“持续时间”后面的微调框中微调或输入“02.00”。

第 18 步：打开“幻灯片放映”选项卡，在“设置”组中单击“设置幻灯片放映”按钮。打开“设置放映方式”对话框，点选“放映类型”区域的“演讲者放映（全屏幕）”单选按钮，勾选“放映选项”区域的“放映时不加旁白”复选框，点选“放映幻灯片”区域的“全部”单选按钮，单击“确定”按钮。

4. 保存演示文稿：

第 19 步：执行“文件”→“保存”命令。

第 20 步：执行“文件”→“保存并发送”命令，选择“文件类型”区域的“将演示文稿打包成 CD”，在右侧信息栏中单击“打包成 CD”按钮。打开“打包成 CD”对话框，在“将 CD 命名为”后面的文本框中输入“A6A”，单击“选项”按钮，打开“选项”对话框，在“打开每个演示文稿时所用密码”后面的文本框中输入“gjks6-16”，单击“确定”按钮。弹出“确认密码”对话框，在“重新输入打开权限密码”下面的文本框中再次输入“gjks6-16”，单击“确定”按钮。

第 21 步：返回到“打包成 CD”对话框，单击“复制到文件夹”按钮，打开“复制到文件夹”对话框，在“文件夹名称”后面的文本框中输入“A6A”，单击“浏览”按钮选择考生文件夹所在位置，单击“确定”按钮。弹出“Microsoft PowerPoint”确认对话框，单击“是”按钮开始打包 CD，打包完成后返回到“打包成 CD”对话框，单击“关闭”按钮即可。

6.17　第 17 题解答

执行“文件”→“打开”命令，在“查找范围”文本框中找到指定路径，选择“A6.pptx”文件，单击“打开”按钮。

1. 演示文稿的页面设置：

第 1 步：选中第 1 张幻灯片的标题占位符，在“开始”选项卡下“字体”组中，在“字体”下拉列表中选择“华文中宋”，在“字号”下拉列表中选择“48”磅，在“字体颜色”下拉列表中选择标准色中的“深蓝”色。

第 2 步：在“绘图工具”的“格式”选项卡下，在“艺术字样式”组中单击“文本效果”按钮，在打开的下拉列表中选择“发光”选项下的“茶色，8pt 发光，强调文字颜色 2”发光文本效果。

第 3 步：在“视图”选项卡下“母版视图”组中单击“幻灯片母版”按钮，选中左边任务窗格中的“幻灯片母版”，在“插入”选项卡下“文本”组中单击“页眉和页脚”按钮。打开“页眉和页脚”对话框，在“幻灯片”选项卡下勾选“页脚”复选框，输入内容“中国名山”，勾选“幻灯片编号”复选框，单击“全部应用”按钮。

第 4 步：在“幻灯片母版”中选中页脚和编号，在“开始”选项卡下“字体”组中，在“字体”下拉列表中选择“华文新魏”，在“字号”下拉列表中选择“18”磅，在“字体颜色”下拉列表中选择标准色中的“绿色”。在“幻灯片母版”选项卡下“关闭”组中单击“关闭母版视图”按钮。

2. 演示文稿的插入设置：

第 5 步：选中第 1 张幻灯片的文本“东岳泰山”，在“插入”选项卡下“链接”组中单击“超链接”按钮，打开“插入超链接”对话框，在左侧的“链接到”下，单击“本文档中的位置”。在右侧的“请选择文档中的位置”下，单击“3. 东岳泰山”，单击“确定”按钮。按照同样的方法分别把“西岳华山”、“南岳衡山”、“北岳恒山”、“中岳嵩山”超链接到第 4、5、6、7 张幻灯片中。

第 6 步：选中第 2 张幻灯片，在“插入”选项卡下“插图”组中单击“SmartArt”按钮，打开“选择 SmartArt 图形”对话框，在左侧分类区域中选择“循环”选项，在选项区域中选择“分离射线”布局，单击“确定”按钮。

第 7 步：选中已插入的 SmartArt 图形，在“SmartArt 工具”的“设计”选项卡下，单击“SmartArt 样式”组中的“更改颜色”按钮，在弹出的库中选择“彩色 - 强调文字颜色”的形状颜色。

第 8 步：在“SmartArt 工具”的“设计”选项卡下，单击“SmartArt 样式”组中的“其他”按钮，在弹出的库中选择“卡通”三维效果。

第 9 步：依照样文所示，在新插入的“SmartArt 图形”中录入相应的文本内容，“嵩山”、“恒山”、“泰山”、“衡山”、“华山”；并在“开始”选项卡下“字体”组中的“字体”下拉列表中选择“微软雅黑”，在“字号”下拉列表中选择或输入“28”磅，在“字体颜色”

下拉列表中选择标准色中的“黄色”。参照样文，将图形拖拽到对应的位置。

第 10 步：选中第 5 张幻灯片，在“插入”选项卡下“媒体”组中单击“视频”按钮，在打开的下拉列表中执行“文件中的视频”命令。打开“插入视频文件”对话框，在指定目录（C:\Win2010GJW\KSML1 文件夹）中选择“KSWJ6-17.wmv”视频文件，单击“插入”按钮。

第 11 步：选中新插入的视频，在“视频工具”的“格式”选项卡下，单击“大小”组右下角的“对话框启动器”按钮，弹出“设置视频格式”对话框，选择左栏的“大小”选项，在右侧设置栏“缩放比例”区域中“高度”和“宽度”文本框中选择或输入“130%”，单击“关闭”按钮。

第 12 步：在“视频工具”的“格式”选项卡下，在“视频样式”组中单击“其他”下拉按钮，在弹出的库中选择“映像左透视”。

第 13 步：在“视频工具”的“播放”选项卡下，在“编辑”组中单击“剪裁视频”按钮。打开“剪裁视频”对话框，在“开始时间”微调框中微调或输入“00:03”，在“结束时间”微调框中微调或输入“00:28”，单击“确定”按钮。

第 14 步：在“视频工具”的“播放”选项卡下的“视频选项”组中，在“开始”后面的下拉列表中选择“单击时”，仅勾选“全屏播放”复选框。参照样文，将视频图标拖拽到对应的位置。

3. 演示文稿的动画设置：

第 15 步：打开“切换”选项卡，在“切换到此幻灯片”组中单击“其他”下拉按钮，在弹出的库中选择“随机线条”。单击“效果选项”按钮，在弹出的下拉列表中选择“水平”。

第 16 步：在“切换”选项卡下“计时”组中，在“声音”后面的下拉列表中选择“微风”，在“持续时间”后面的微调框中微调或输入“02.50”，仅勾选“换片方式”区域的“设置自动换片时间”复选框，在后面的微调框中微调或输入“00:02.00”，单击“全部应用”按钮。

第 17 步：选中第 1 张幻灯片的标题，打开“动画”选项卡，在“动画”组中单击“其他”下拉按钮，在弹出的库中选择“进入”区域下的“飞入”。单击“效果选项”按钮，在弹出的下拉列表中选择“方向”区域中的“自左侧”。

第 18 步：在“动画”选项卡下“计时”组中，在“开始”后面的下拉列表中选择“上一动画之后”，在“持续时间”后面的微调框中微调或输入“01.50”。

第 19 步：选中第 2 张幻灯片的 SmartArt 图形，打开“动画”选项卡，在“动画”组中单击“其他”下拉按钮，在弹出的库中选择“进入”区域下的“弹跳”。单击“效果选项”按钮，在弹出的下拉列表中选择“逐个”。

第 20 步：在“动画”选项卡下“计时”组中，在“开始”后面的下拉列表中选择“上一动画之后”，在“持续时间”后面的微调框中微调或输入“02.00”。

4. 保存演示文稿：

第 21 步：执行“文件”→“保存”命令。

第 22 步：执行“文件”→“保存并发送”命令，选择“文件类型”区域的“创建视频”，在右侧信息栏中“放映每张幻灯片的秒数”后面的微调框中微调或输入“07.00”，单击“创建视频”按钮。

第 23 步：打开“另存为”对话框，在“保存位置”列表中选择考生文件夹所在位置，在“文件名”文本框中输入文件名“A6A.wmv”，在“保存类型”列表中选择“Windows Media 视频（*.wmv）”，单击“保存”按钮。

第 24 步：此时 A6.pptx 文件下方会出现一个“正在制作视频 A6A.wmv”的制作框，等待制作完成即可。

6.18　第 18 题解答

执行“文件”→“打开”命令，在“查找范围”文本框中找到指定路径，选择“A6.pptx”文件，单击“打开”按钮。

1. 演示文稿的页面设置：

第 1 步：选中第 1 张幻灯片的标题占位符，在“开始”选项卡下“字体”组中，在“字体”下拉列表中选择“华文琥珀”，在“字号”下拉列表中选择“40”磅，在“字体颜色”下拉列表中选择标准色中的“黄色”。

第 2 步：在“绘图工具”的“格式”选项卡下，在“艺术字样式”组中单击“文本效果”按钮，在打开的列表框中选择“映像”选项下的“全映像，8pt 偏移量”文本效果。

第 3 步：在“视图”选项卡下“母版视图”组中单击“幻灯片母版”按钮。选中左边任务窗格中的“幻灯片母版”，在“插入”选项卡下“文本”组中单击“页眉和页脚”按钮。

第 4 步：打开“页眉和页脚”对话框，在“幻灯片”选项卡下勾选“页脚”复选框，输入内容“KSWJ6-18”，单击“全部应用”按钮。

第 5 步：在“幻灯片母版”中选中页脚的内容，在“开始”选项卡下“字体”组中，在“字体”下拉列表中选择“华文彩云”，在“字号”下拉列表中选择“16”磅，单击“加粗”按钮 B。

第 6 步：在“幻灯片母版”中选中文本占位符，在“开始”选项卡下“段落”组中，单击“项目符号”下拉按钮，在打开的列表中执行“项目符号和编号”命令。

第 7 步：打开“项目符号和编号”对话框，在“项目符号”选项卡中单击“自定义”按钮。打开“符号”对话框，单击“字体”右侧下拉列表选择“Wingdings”，在“符号”框中选择符号样式“✪”，单击“确定”按钮。

第 8 步：返回到“项目符号和编号”对话框，在“大小”编辑框中输入“120”，在“颜色”下拉列表中选择标准色中的“深红”色，单击“确定”按钮。在“幻灯片母版”选项卡下“关闭”组中单击“关闭母版视图”按钮。

2. 演示文稿的插入设置：

第 9 步：选中第 3 张幻灯片，在“插入”选项卡下“插图”组中单击“形状”按钮，在弹出的下拉列表中选择“动作按钮”下的“动作按钮：开始”。参照样文，单击第 3 张幻灯片，弹出“动作设置”对话框，单击“确定”按钮。再次单击“形状”按钮，选择“动作按钮”下的“动作按钮：结束”。参照样文，单击第 3 张幻灯片，弹出“动作设置”对话框，单击“确定”按钮。

第 10 步：选中做好的动作按钮，打开“绘图工具”的“格式”选项卡，在“形状样式”组中单击“形状样式”右侧的“其他”按钮，在打开的列表框中选择“强烈效果 - 紫色，强调颜色 2”形状样式。

第 11 步：打开“绘图工具”的“格式”选项卡，在“大小”组中的“高度”文本框中微调或输入“2 厘米”，在“宽度”文本框中微调或输入“2 厘米”。参照样文，将动作按钮拖拽到对应的位置。

第 12 步：选中第 5 张幻灯片，在“插入”选项卡下“媒体”组中单击“音频”按钮，在打开的下拉列表中执行“文件中的音频”命令。打开“插入音频”对话框，在指定目录（C:\Win2010GJW\KSML1 文件夹）中选择“KSWJ6-18.wma”音频文件，单击“插入”按钮。

第 13 步：选中插入的音频图标，在“音频工具”的“播放”选项卡下，在“编辑”组中单击“剪裁音频”按钮。打开“剪裁音频”对话框，在“开始时间”微调框中微调或输入“00:40”，在“结束时间”微调框中微调或输入“04:00”，单击“确定”按钮。

第 14 步：在“音频工具”的“播放”选项卡下“音频选项”组中，在“开始”后面的下拉列表中选择“单击时”，勾选“循环播放，直到停止”和“放映时隐藏”复选框。参照样文，将音频图标拖拽到对应的位置。

3. 演示文稿的动画设置：

第 15 步：打开“切换”选项卡，在“切换到此幻灯片”组中单击“其他”下拉按钮，在弹出的库中选择“蜂巢”。

第 16 步：在“切换”选项卡下“计时”组中，在“声音”后面的下拉列表中选择“硬币”，在“持续时间”后面的微调框中微调或输入“04.00”，勾选“换片方式”区域的“单击鼠标时”复选框，单击“全部应用”按钮。

第 17 步：选中第 1 张幻灯片的标题，打开“动画”选项卡，在“动画”组中单击“其他”下拉按钮，在弹出的库中选择“进入”区域下的“随机线条”。

第 18 步：在“动画”选项卡下“计时”组中，在“开始”后面的下拉列表中选择“上一动画之后”，在“持续时间”后面的微调框中微调或输入“02.00”。

第 19 步：在“视图”选项卡下“母版视图”组中单击“幻灯片母版”按钮。选中左边任务窗格中的“幻灯片母版”，选中“幻灯片母版”的文本占位符，打开“动画”选项卡，在“动画”组中单击“其他”下拉按钮，在弹出的库中选择“进入”区域下的“飞入”。单击“效果选项”按钮，在弹出的下拉列表中选择“序列”区域中的“作为一个对象”；再次单击“效果选项”按钮，在弹出的下拉列表中选择“方向”区域中的“自右侧”。

第 20 步：在“动画”选项卡下“计时”组中，在“开始”后面的下拉列表中选择“上一动画之后”。在“幻灯片母版”选项卡下“关闭”组中单击“关闭母版视图”按钮。

4. 保存演示文稿:

第 21 步：执行“文件”→“保存”命令。

第 22 步：执行“文件”→“保存并发送”命令，选择“文件类型”区域的“创建视频”，在右侧信息栏中“放映每张幻灯片的秒数”后面的微调框中微调或输入“06.00”，单击“创建视频”按钮。

第 23 步：打开“另存为”对话框，在“保存位置”列表中选择考生文件夹所在位置，在“文件名”文本框中输入文件名“A6A.wmv”，在“保存类型”列表中选择“Windows Media 视频（*.wmv）”，单击“保存”按钮。

第 24 步：此时 A6.pptx 文件下方会出现一个“正在制作视频 A6A.wmv”的制作框，等待制作完成即可。

6.19 第 19 题解答

执行“文件”→“打开”命令，在“查找范围”文本框中找到指定路径，选择“A6.pptx”文件，单击“打开”按钮。

1. 演示文稿的页面设置:

第 1 步：在“视图”选项卡下“母版视图”组中单击“幻灯片母版”按钮，选中左边任务窗格中的“幻灯片母版”。

第 2 步：选中幻灯片母版文本占位符，在“开始”选项卡下“字体”组中，在“字体”下拉列表中选择“华文新魏”，在“字号”下拉列表中选择“36”磅，单击“文字阴影”按钮 S 。单击“段落”组右下角的“对话框启动器”按钮，弹出“段落”对话框。在“缩进和间距”选项卡下的“间距”区域中，在“行距”下拉列表中选择“固定值”，在“设置值”文本框中选择或输入“45 磅”，单击“确定”按钮。在“幻灯片母版”选项卡下“关闭”组中单击“关闭母版视图”按钮。

第 3 步：选中第 1 张幻灯片，在“设计”选项卡的“背景”组中，单击“背景样式”下拉按钮，在弹出的库中执行“设置背景格式”命令。

第 4 步：打开“设置背景格式”对话框，在左侧选择“填充”项，在右侧的信息栏中点选“图片或纹理填充”单选按钮，单击“文件”按钮，打开“插入图片”对话框，在指定目录（C:\Win2010GJW\KSML1 文件夹）中选择“KSWJ6-19A.jpg”图片文件，单击“插入”按钮。返回至“设置背景格式”对话框，在“透明度”后面微调框中微调或输入“30%”，单击“关闭”按钮。

2. 演示文稿的插入设置:

第 5 步：选中第 2 张幻灯片，在“插入”选项卡下“媒体”组中单击“音频”按钮，在打开的下拉列表中执行“文件中的音频”命令。打开“插入音频”对话框，在指定目录（C:\Win2010GJW\KSML1 文件夹）中选择“KSWJ6-19B.wma”音频文件，单击“插入”按钮。

第 6 步：选中插入的音频图标，在“音频工具”的“播放”选项卡下，在“编辑”组中单击“剪裁音频”按钮。打开“剪裁音频”对话框，在“开始时间”微调框中微调或输入“00:50”，在“结束时间”微调框中微调或输入“03:40”，单击“确定”按钮。

第 7 步：在“音频工具”的“播放”选项卡下“音频选项”组中，在“开始”后面的下拉列表中选择“跨幻灯片播放”，勾选“循环播放，直到停止”和“放映时隐藏”复选框。参照样文，将音频图标拖拽到对应的位置。

第 8 步：选中第 3 张幻灯片，在“插入”选项卡下“图像”组中单击“图片”按钮。打开“插入图片”对话框，在指定目录（C:\Win2010GJW\KSML1 文件夹）中选择“KSWJ6-19C.jpg”图片文件，单击“插入”按钮。

第 9 步：选中新插入的图片，在“图片工具”的“格式”选项卡下，单击“大小”组右下角的“对话框启动器”按钮，弹出“设置图片格式”对话框，选择左栏的“大小”选项，在右侧设置栏“缩放比例”区域中“高度”和“宽度”文本框中选择或输入“35%”，单击“关闭”按钮。

第 10 步：在“图片工具”的“格式”选项卡下“排列”组中，单击“上移一层”右侧的下拉按钮，在弹出的下拉列表中选择“置于顶层”。

第 11 步：在“图片工具”的“格式”选项卡下，在“图片样式”组中单击“其他”下拉按钮，在弹出的库中选择“柔化边缘椭圆”。参照样文，将图片拖拽到对应的位置。

第 12 步：选中第 4 张幻灯片，在“插入”选项卡下“插图”组中单击“形状”按钮，在弹出的下拉列表中选择“动作按钮”下的“动作按钮：后退或前一项”。参照样文，单击第 4 张幻灯片，弹出“动作设置”对话框，单击“确定”按钮。再次单击“形状”按钮，选择“动作按钮”下的“动作按钮：前进或下一项”。参照样文，单击第 4 张幻灯片，弹出“动作设置”对话框，单击“确定”按钮。

第 13 步：选中做好的动作按钮，打开“绘图工具”的“格式”选项卡，在“形状样式”组中单击“形状样式”右侧的“其他”按钮，在打开的列表框中选择“强烈效果 - 水绿色，强调颜色 5”形状样式。

第 14 步：打开“绘图工具”的“格式”选项卡，在“大小”组中的“高度”文本框中微调或输入“2.3 厘米”，在“宽度”文本框中微调或输入“2.3 厘米”。参照样文，将动作按钮拖动到对应的位置。

3. 演示文稿的动画设置：

第 15 步：打开“切换”选项卡，在“切换到此幻灯片”组中单击“其他”下拉按钮，在弹出的库中选择“分割”。单击“效果选项”按钮，在弹出的下拉列表中选择“中央向上下展开”。

第 16 步：在“切换”选项卡的“计时”组中，在“声音”后面的下拉列表中选择“照相机”，在“持续时间”后面的微调框中微调或输入“02.00”，仅勾选“换片方式”区域的“设置自动换片时间”复选框，在后面的微调框中微调或输入“00:03.00”，单击“全部应用”按钮。

第 17 步：选中第 1 张幻灯片的标题，打开“动画”选项卡，在“动画”组中单击“其他”下拉按钮，在弹出的库中选择“强调”区域下的“陀螺旋”。单击“效果选项”

按钮，在弹出的下拉列表中选择“方向”区域中的“逆时针”；再次单击“效果选项”按钮，在弹出的下拉列表中选择“数量”区域中的“旋转两周”。

第18步：在“动画”选项卡下“计时”组中，在“开始”后面的下拉列表中选择“单击时”，在“持续时间”后面的微调框中微调或输入“02.50”。

第19步：选中第3张幻灯片的图片，打开“动画”选项卡，在“动画”组中单击“其他”下拉按钮，在弹出的库中选择“进入”区域下的“形状”。单击“效果选项”按钮，在弹出的下拉列表中选择“方向”区域中的“缩小”；再次单击“效果选项”按钮，在弹出的下拉列表中选择“形状”区域中的“圆”。

第20步：在“动画”选项卡下“计时”组中，在“开始”后面的下拉列表中选择“上一动画之后”，在“持续时间”后面的微调框中微调或输入“02.00”。

4. 保存演示文稿：

第21步：执行“文件”→“保存”命令。

第22步：执行“文件”→“保存并发送”命令，选择“文件类型”区域的“创建视频”，在右侧信息栏中“放映每张幻灯片的秒数”后面的微调框中微调或输入“05.00”，单击“创建视频”按钮。

第23步：打开“另存为”对话框，在“保存位置”列表中选择考生文件夹所在位置，在“文件名”文本框中输入文件名“A6A.wmv”，在“保存类型”列表中选择“Windows Media视频（*.wmv）”，单击“保存”按钮。

第24步：此时A6.pptx文件下方会出现一个“正在制作视频A6A.wmv”的制作框，等待制作完成即可。

6.20 第20题解答

执行“文件”→“打开”命令，在“查找范围”文本框中找到指定路径，选择“A6.pptx”文件，单击“打开”按钮。

1. 演示文稿的页面设置：

第1步：打开“设计”选项卡，在“主题”组中单击“其他”下拉按钮，在弹出的库中选择“冬季”主题。单击主题“颜色”按钮，在弹出的下拉列表中选择“透明”。

第2步：选中第1张幻灯片的标题占位符，在“开始”选项卡下“字体”组中，在“字体”下拉列表中选择“华文新魏”，在“字号”下拉列表中选择“48”磅，在“字体颜色”下拉列表中选择标准色中的“紫色”，单击“加粗”按钮B。

第3步：在“绘图工具”的“格式”选项卡下，在“艺术字样式”组中单击“文本效果”按钮，在打开的下拉列表中选择“映像”选项下的“全映像，4pt偏移量”文本效果。

2. 演示文稿的插入设置：

第4步：选中第1张幻灯片的文本“扫尘”，在“插入”选项卡下“链接”组中，单击“超链接”按钮。

第 5 步：打开“插入超链接”对话框，在左侧的“链接到”下，单击“本文档中的位置”。在右侧的“请选择文档中的位置”下，单击“2. 扫尘”，单击“确定”按钮。按照同样的方法分别把“贴春联”、“守岁”、“拜年”超链接到第 3、4、5 张幻灯片中。

第 6 步：选中第 3 张幻灯片，在“插入”选项卡下“媒体”组中单击“视频”按钮，执行“文件中的视频”命令。打开“插入视频文件”对话框，在指定目录（C:\Win2010GJW\KSML1 文件夹）中选择“KSWJ6-20A.wmv”视频文件，单击“插入”按钮。

第 7 步：选中新插入的视频，在“视频工具”的“格式”选项卡下，单击“大小”组右下角的“对话框启动器”按钮，弹出“设置视频格式”对话框，选择左栏的“大小”选项，在右侧设置栏“缩放比例”区域中“高度”和“宽度”文本框中选择或输入“70%”，单击“关闭”按钮。

第 8 步：在“视频工具”的“格式”选项卡下，在“视频样式”组中单击“视频形状”按钮，在弹出的库中选择“基本形状”区域的“缺角矩形”，如图 6-77 所示。

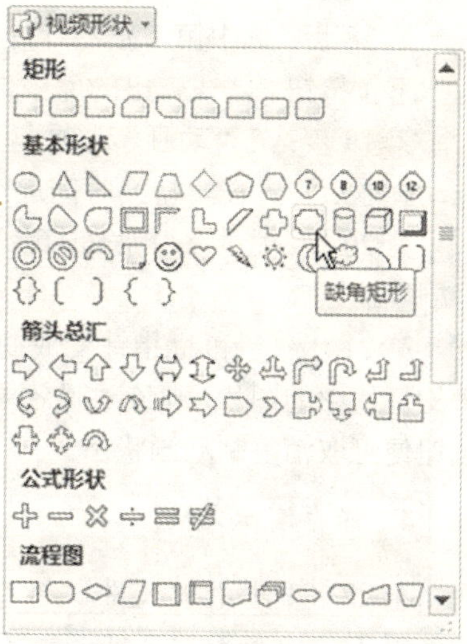

图 6-77

第 9 步：在“视频工具”的“格式”选项卡下，在“视频样式”组中单击“视频边框”按钮，在弹出的库中选择“粗细”选项下的“3 磅”；单击“视频边框”按钮，在弹出的库中选择标准色中的“蓝色”；再次单击“视频边框”按钮，在弹出的库中选择“虚线”选项下的“实线”。

第 10 步：在“视频工具”的“格式”选项卡下，在“视频样式”组中单击“视频效果”按钮，在弹出的库中选择“映像”选项下的“全映像，接触”视频效果。

第 11 步：在“视频工具”的“格式”选项卡下，在“排列”组中单击“下移一层”按钮，在弹出的下拉列表中选择“置于底层”。

第 12 步：在“视频工具”的“播放”选项卡下，在“编辑”组中单击“剪裁视频”按钮。打开“剪裁视频”对话框，在“开始时间”微调框中微调或输入“00:10”，在“结束时间”微调框中微调或输入“00:25”，单击“确定”按钮。参照样文，将视频图标拖拽到对应的位置。

第 13 步：选中第 5 张幻灯片，在“插入”选项卡下“图像”组中单击“图片”按钮。打开“插入图片”对话框，在指定目录（C:\Win2010GJW\KSML1 文件夹）中选择“KSWJ6-20B.jpg”图片文件，单击“插入”按钮。

第 14 步：选中新插入的图片，在“图片工具”的“格式”选项卡下，单击“大小”组右下角的“对话框启动器”按钮，弹出“设置图片格式”对话框，选择左栏的“大小”选项，在右侧设置栏“缩放比例”区域先取消“锁定纵横比”复选框的选中状态。在“尺寸和旋转”区域的“高度”文本框中选择或输入“9 厘米”，在“宽度”文本框中选择或输入“12.5 厘米”，单击“关闭”按钮。

第 15 步：在“图片工具”的“格式”选项卡下，在“图片样式”组中单击“其他”下拉按钮，在弹出的库中选择“金属椭圆”。参照样文，将图片拖拽到对应的位置。

3. 演示文稿的动画设置：

第 16 步：打开“切换”选项卡，在“切换到此幻灯片”组中单击“其他”下拉按钮，在弹出的库中选择“擦除”。单击“效果选项”按钮，在弹出的下拉列表中选择“从右上部”。

第 17 步：在“切换”选项卡的“计时”组中，在“声音”后面的下拉列表中选择“推动”，在“持续时间”后面的微调框中微调或输入“01.50”，仅勾选“换片方式”区域的“设置自动换片时间”复选框，在后面的微调框中微调或输入“00:03.00”，单击“全部应用”按钮。

第 18 步：选中第 1 张幻灯片的标题，打开“动画”选项卡，在“动画”组中单击“其他”下拉按钮，在弹出的库中选择“进入”区域下的“弹跳”。

第 19 步：在“动画”选项卡下“计时”组中，在“开始”后面的下拉列表中选择“上一动画之后”，在“持续时间”后面的微调框中微调或输入“02.00”。

第 20 步：选中第 1 张幻灯片的标题，在“动画”选项卡下“高级动画”组中双击“动画刷”按钮。

第 21 步：当鼠标指针变成刷子形状后，依次单击第 3 张幻灯片中的视频和第 5 张幻灯片中的图片，则该动画效果将被应用至所选的视频和图片中。再次单击“动画刷”按钮便可取消复制动画状态。

4. 保存演示文稿：

第 22 步：执行“文件”→“保存”命令。

第 23 步：执行“文件”→“保存并发送”命令，选择“文件类型”区域的“将演示文稿打包成 CD”，在右侧信息栏中单击“打包成 CD”按钮。打开“打包成 CD”对话框，在“将 CD 命名为”后面的文本框中输入“A6A”，单击“选项”按钮。打开“选项”对话框，在“修改每个演示文稿时所用密码”后面的文本框中输入“gjks6-20”，单击“确定”按钮。弹出“确认密码”对话框，在“重新输入修改权限密码”下面的文本框中再次输入“gjks6-20”，单击“确定”按钮。

第 24 步：返回到“打包成 CD”对话框，单击“复制到文件夹”按钮，打开“复制到文件夹”对话框，在“文件夹名称”后面的文本框中输入“A6A”，单击“浏览”按钮选择考生文件夹所在位置，单击“确定”按钮。弹出“Microsoft PowerPoint”确认对话框，单击“是”按钮开始打包 CD，打包完成后返回到“打包成 CD”对话框，单击“关闭”按钮即可。

第七单元　办公软件的联合应用

7.1　第 1 题解答

执行“文件”→“打开”命令，在“查找范围”文本框中找到指定路径，选择“A7.docx”文件，单击“打开”按钮。

1. 利用文档大纲创建演示文稿：

第 1 步：将光标定位在文档的任意位置，单击快速访问工具栏中的“发送到 Microsoft PowerPoint”按钮，如图 7-1 所示。系统自动运用当前文档的大纲结构创建一组幻灯片。

图 7-1

第 2 步：在新创建的幻灯片文档中，打开“设计”选项卡，在“主题”组中单击“主题”右侧的“其他”按钮，在打开的列表框中选择内置区域的“气流”主题，如图 7-2 所示。

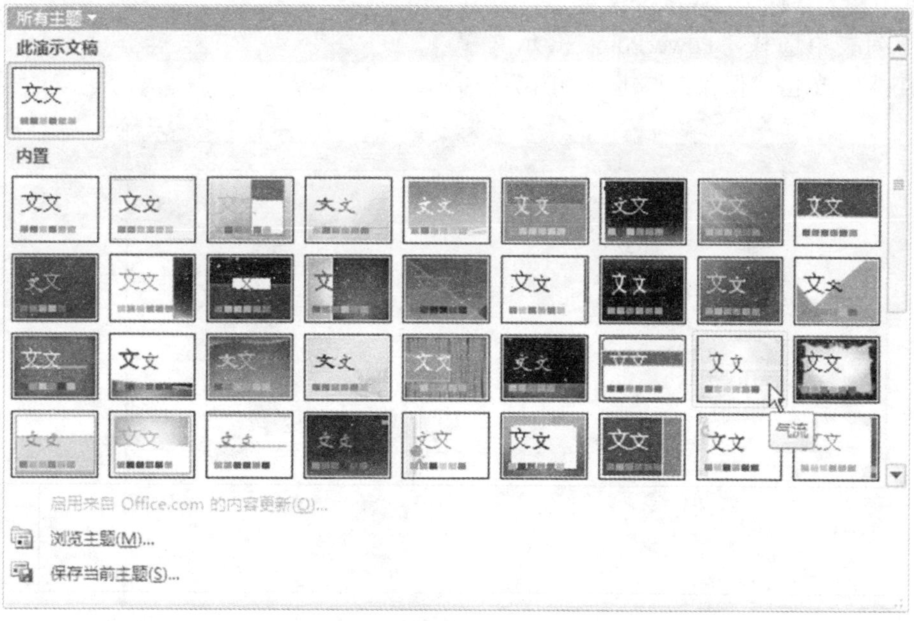

图 7-2

第 3 步：打开“切换”选项卡，在“切换到此幻灯片”组中单击“其他”下拉按钮，在弹出的库中选择“涡流”，如图 7-3 所示。

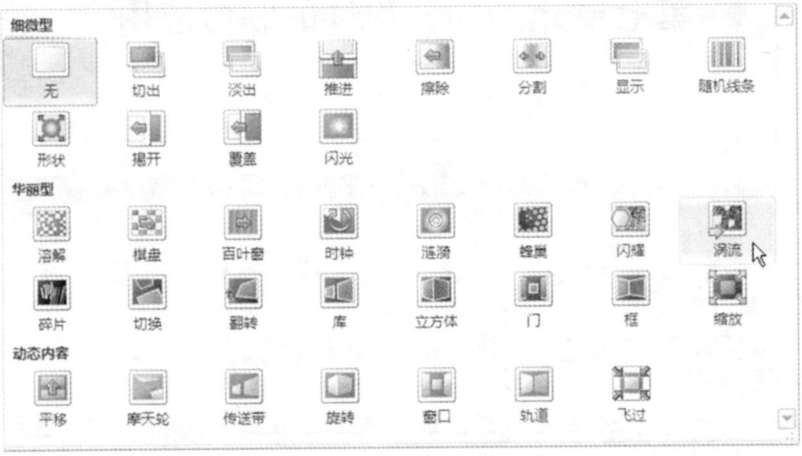

图 7-3

第 4 步：在“切换”选项卡下的“计时”组中，在“持续时间”后面的微调框中微调或输入“05.25”，单击“全部应用”按钮，如图 7-4 所示。

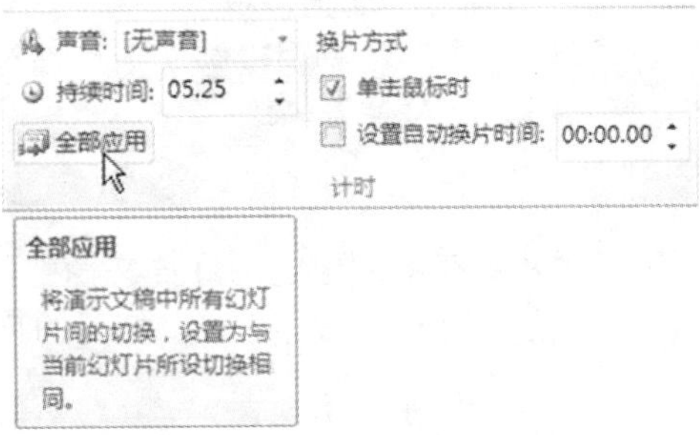

图 7-4

第 5 步：执行“文件”→“保存”命令，弹出“另存为”对话框，在“保存位置”列表中选择考生文件夹所在位置，在“文件名”文本框中输入文件名“A7a.pptx”，在“保存类型”列表中选择“PowerPoint 演示文稿（*.pptx）”，单击“保存”按钮，如图 7-5 所示。

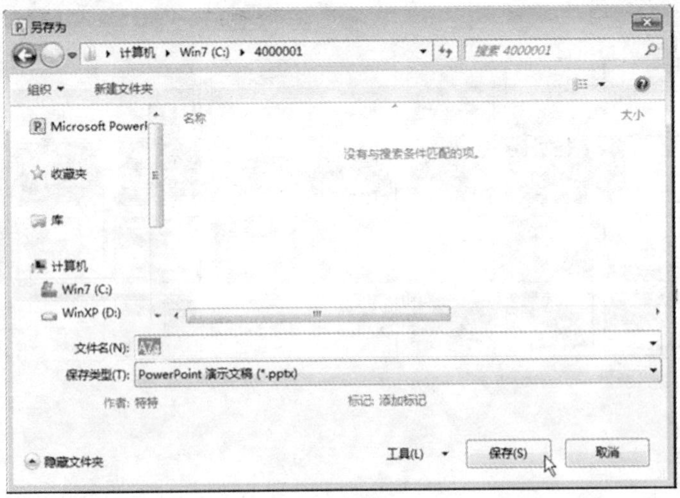

图 7-5

2. 在演示文稿中插入声音文件：

第 6 步：选中第 3 张幻灯片，在“插入”选项卡下“媒体”组中单击“音频”按钮，在打开的下拉列表中执行“文件中的音频”命令，如图 7-6 所示。

第 7 步：打开“插入音频”对话框，在指定目录（C:\Win2010GJW\KSML1 文件夹）中选择“KSWJ7-1A.wma”文件，单击“插入”按钮，如图 7-7 所示。

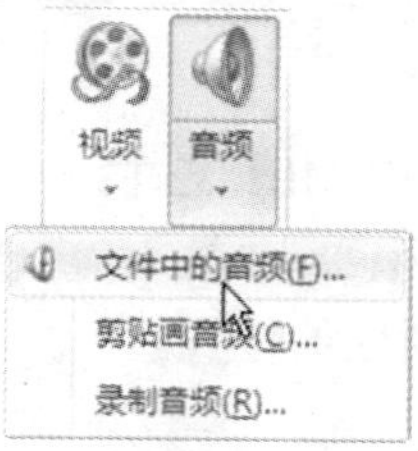

图 7-6

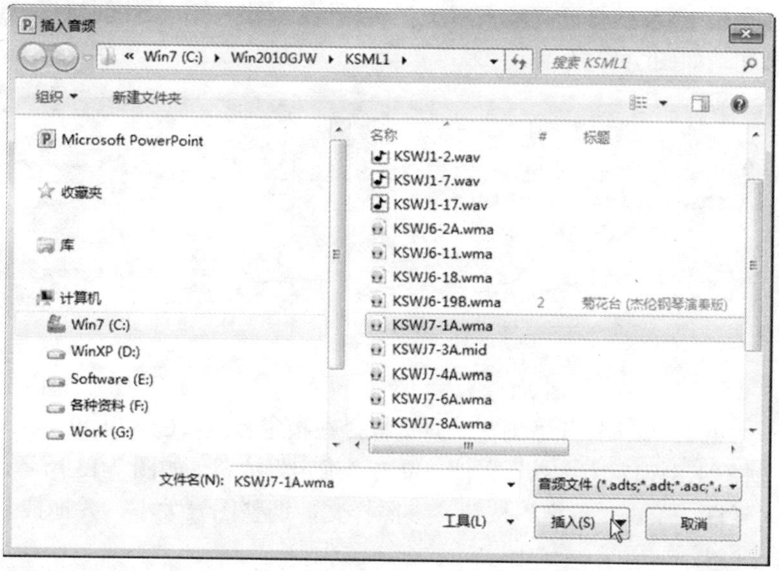

图 7-7

第 8 步：在“音频工具”的“格式”选项卡“调整”组中单击“更改图片”按钮，如图 7-8 所示。

第 9 步：打开“插入图片”对话框，在指定目录（C:\Win2010GJW\KSML1 文件夹）中选择“KSWJ7-1B.png”文件，单击“插入”按钮，如图 7-9 所示。

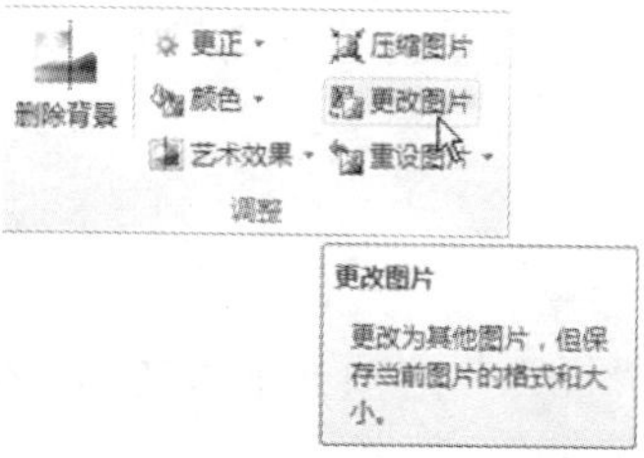

图 7-8

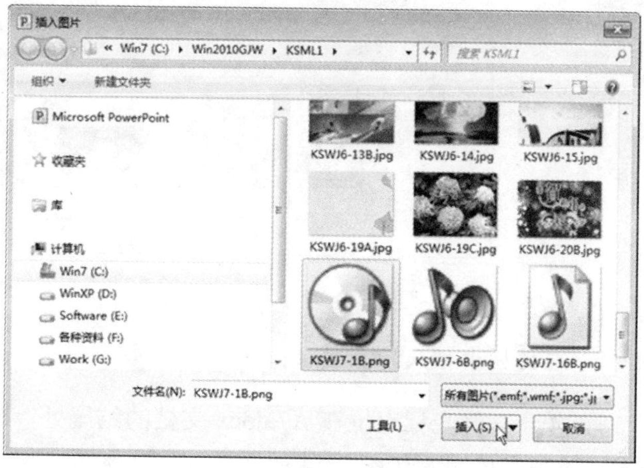

图 7-9

第 10 步：打开“音频工具”的“格式”选项卡，在“大小”组中的“高度”文本框中微调或输入“4 厘米”，在“宽度”文本框中微调或输入“4 厘米”，如图 7-10 所示。参照样文，将动作按钮拖拽到对应的位置。

图 7-10

3. *在演示文稿中插入数据表或图表：*

第 11 步：选中第 8 张幻灯片，在“插入”选项卡下“文本”组中单击“对象”按钮，如图 7-11 所示。

第 12 步：打开“插入对象”对话框，点选“由文件创建”单选按钮，单击“浏览”按钮，如图 7-12 所示。

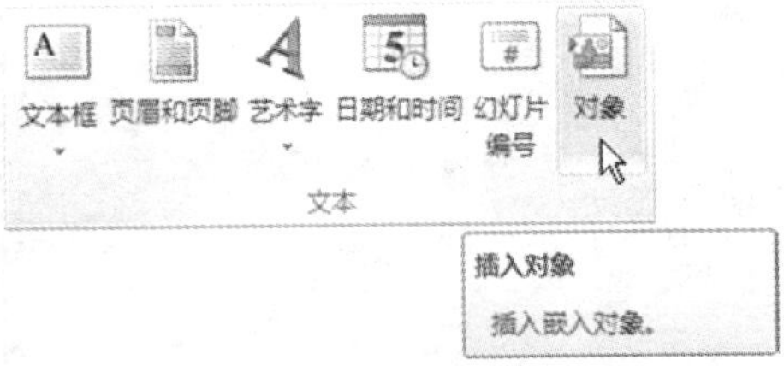

图 7-11

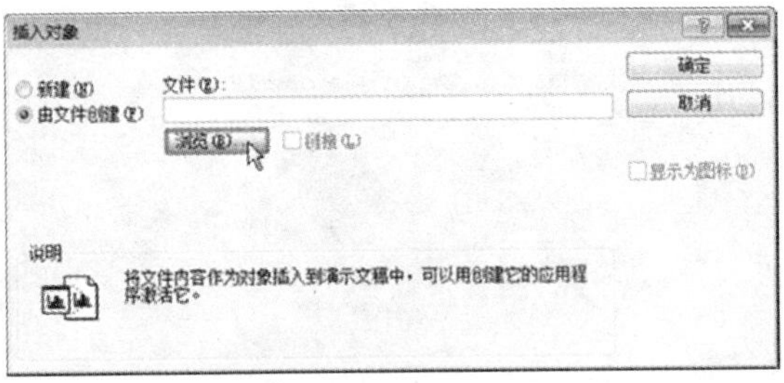

图 7-12

第 13 步：打开“浏览”对话框，在指定目录（C:\Win2010GJW\KSML1 文件夹）中选择“KSWJ7-1C.xlsx”文件，单击“确定”按钮，如图 7-13 所示。返回到“插入对象”对话框，单击“确定”按钮。参照样文，调整图表大小，并拖拽到对应的位置。

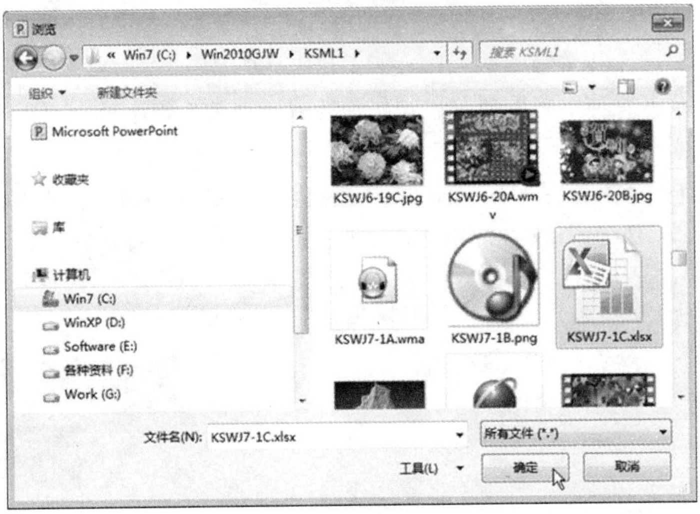

图 7-13

4. *在文档中插入演示文稿：*

第 14 步：将光标定位在 A7.docx 文档的结尾处，在“插入”选项卡下“文本”组中单击“对象”按钮，如图 7-14 所示。

第 15 步：打开“对象”对话框，选择“由文件创建”选项卡，单击“浏览”按钮，如图 7-15 所示。

图 7-14

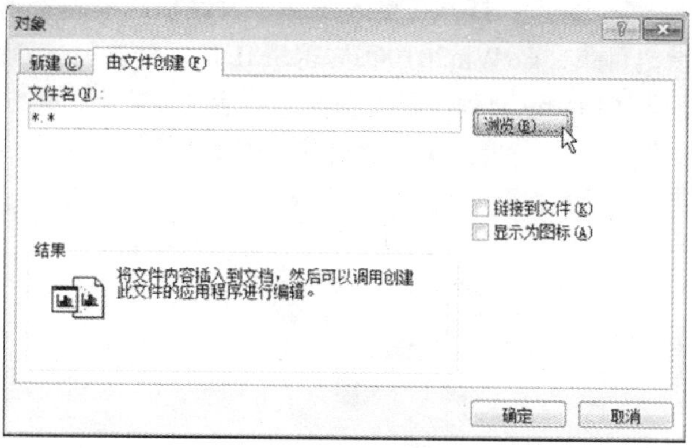

图 7-15

第 16 步：打开“浏览”对话框，在指定目录（C:\Win2010GJW\KSML1 文件夹）中选择“KSWJ7-1D.pptx”文件，单击“插入”按钮，如图 7-16 所示。

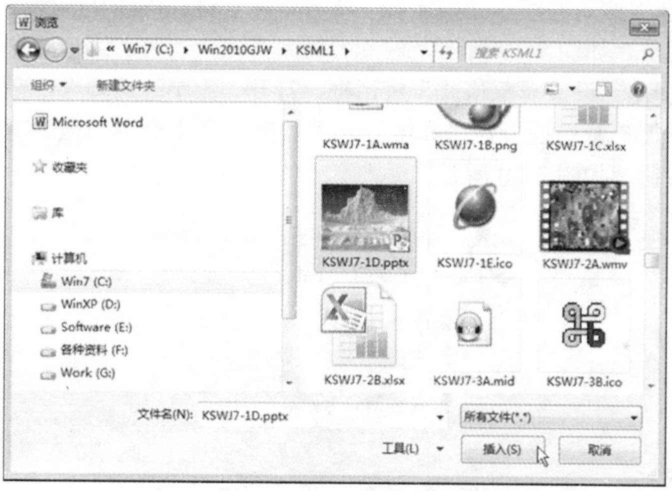

图 7-16

第 17 步：返回到“对象”对话框，勾选“链接到文件”和“显示为图标”复选框，单击“更改图标”按钮，如图 7-17 所示。

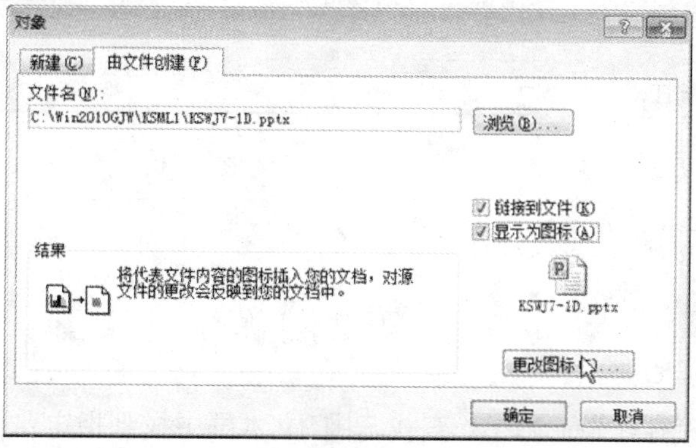

图 7-17

第 18 步：打开“更改图标”对话框，单击“浏览”按钮，打开“浏览”对话框，在指定目录（C:\Win2010GJW\KSML1 文件夹）中选择“KSWJ7-1E.ico”文件，单击“打开”按钮。返回到“更改图标”对话框，单击“确定”按钮，如图 7-18 所示。返回到“对象”对话框，再次单击“确定”按钮。

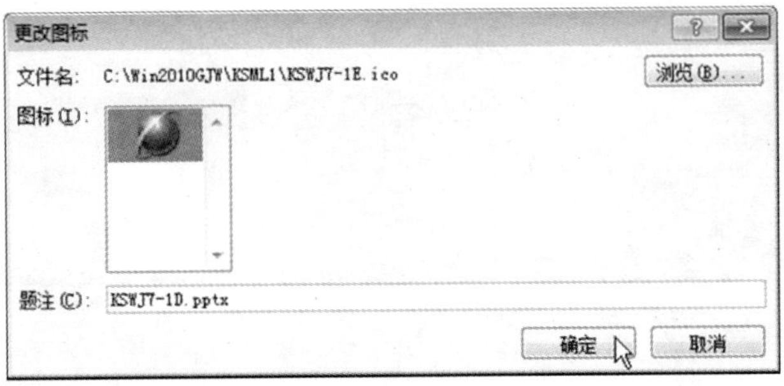

图 7-18

第 19 步：选中插入的演示文稿图标，单击鼠标右键，在打开的快捷菜单中执行“设置对象格式”命令，如图 7-19 所示。

第 20 步：弹出“设置对象格式”对话框，打开“大小”选项卡，在“缩放”区域中勾选“锁定纵横比”复选框，在“高度”和“宽度”文本框中均微调或输入“120%”，单击“确定”按钮，如图 7-20 所示。

图 7-19

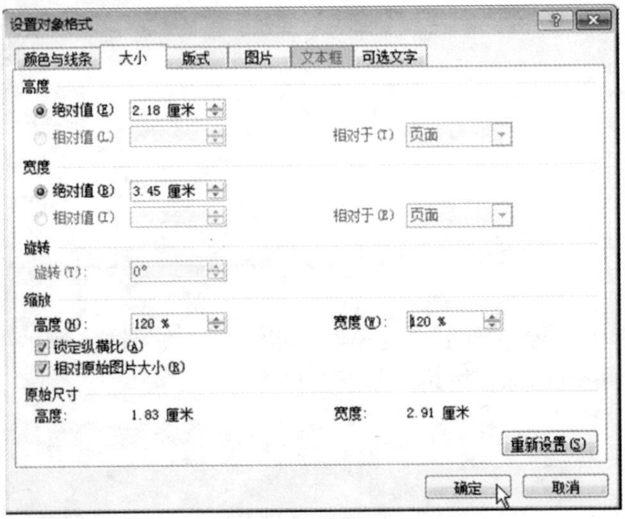

图 7-20

第 21 步：执行“文件”→“保存”命令。

7.2 第 2 题解答

执行“文件”→“打开”命令，在“查找范围”文本框中找到指定路径，选择“A7.docx”文件，单击“打开”按钮。

1. 文档中创建、编辑宏：

第 1 步：在“视图”选项卡下的“宏”组中，单击“宏”按钮下方的下拉按钮，在打开的列表中执行“录制宏”命令，如图 7-21 所示。

第 2 步：弹出“录制宏”对话框，在“宏名”文本框中输入新录制宏的名称“KSMACR01”，在“将宏保存在”下拉列表中选择当前文档，单击“键盘”按钮，如图 7-22 所示。

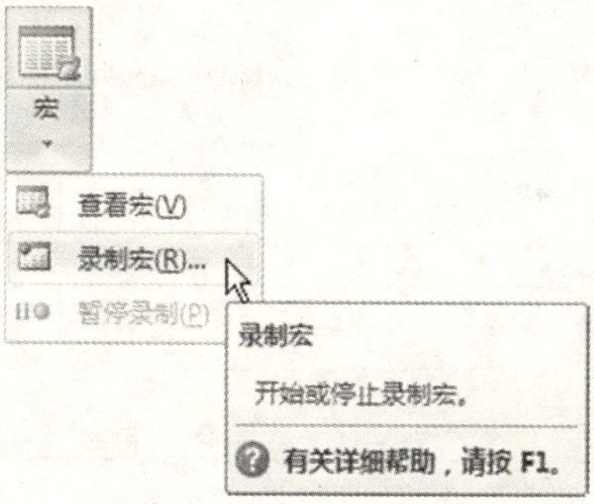

图 7-21

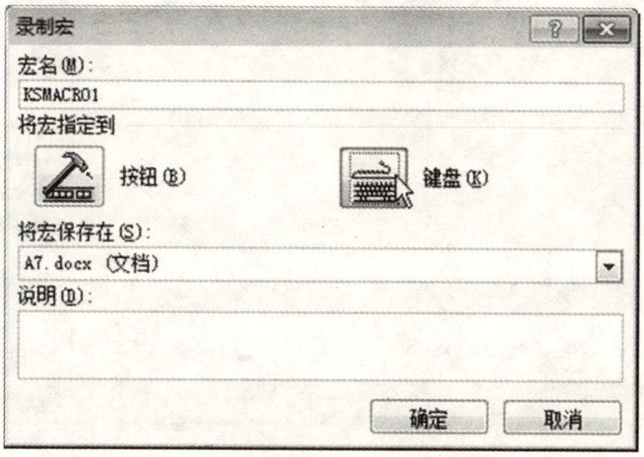

图 7-22

第 3 步：弹出“自定义键盘”对话框，在“请按新快捷键”文本框中按下快捷键“Ctrl+Shift+C”，在“将更改保存在”下拉列表中选择当前文档，然后单击“指定”按钮，如图 7-23 所示，即可指定运行该宏的快捷键了，最后单击“关闭”按钮。

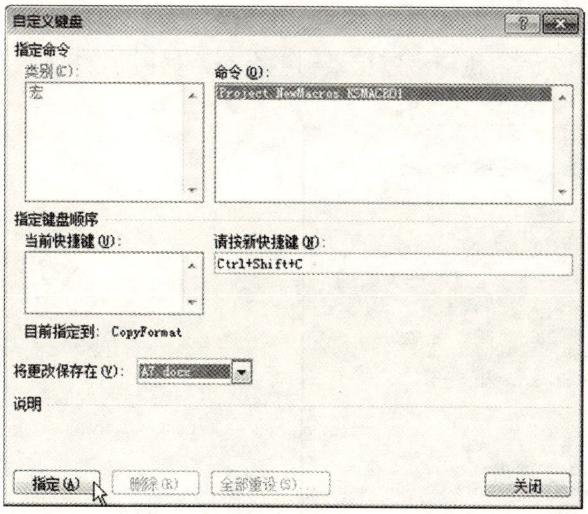

图 7-23

第 4 步：开始录制宏，在“开始”选项卡下“字体”组中，在“字体”下拉列表中选择“华文行楷”，在“字号”下拉列表中选择“二号”，在“字体颜色”下拉列表中选择标准色中的“蓝色”，如图 7-24 所示。

第 5 步：单击“开始”选项卡下“字体”组右下角的“对话框启动器”按钮，弹出“字体”对话框，打开“高级”选项卡，在“间距”下拉列表中选择“加宽”项，在“磅值”文本框中选择或输入“10 磅”，单击“确定”按钮即可，如图 7-25 所示。

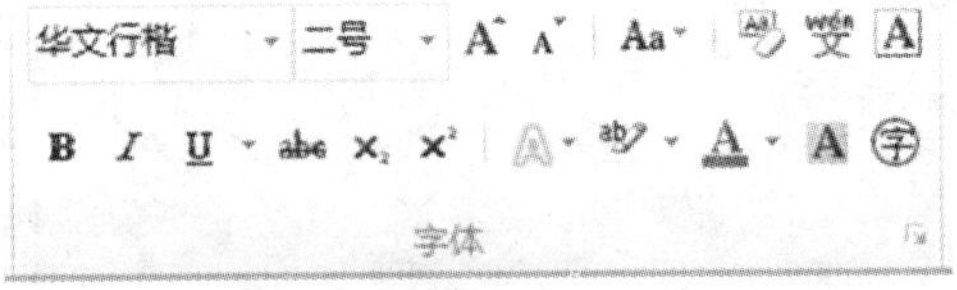

图 7-24

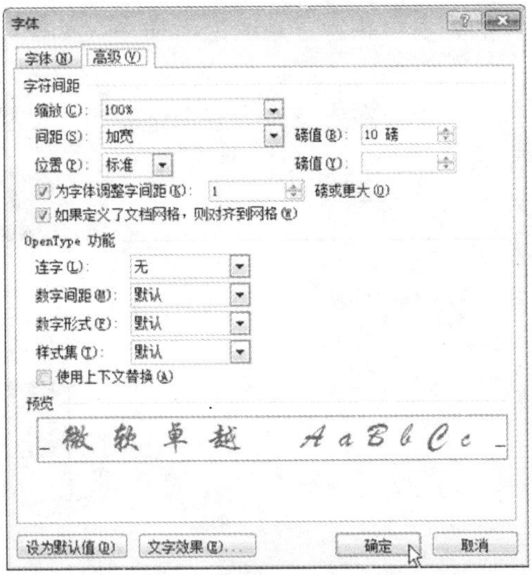

图 7-25

第 6 步：单击“开始”选项卡下“段落”组右下角的“对话框启动器”按钮，弹出“段落”对话框。在“缩进和间距”选项卡下的“对齐方式”下拉列表中选择“居中”选项，在“间距”区域的“段前”文本框中选择或输入“0.5 行”，在“段后”文本框中选择或输入“0.5 行”，单击“确定”按钮即可，如图 7-26 所示。

第 7 步：录制完毕后，在“视图”选项卡下的“宏”组中，单击“宏”按钮下方的下拉按钮，在打开的列表中执行“停止录制”命令，如图 7-27 所示。

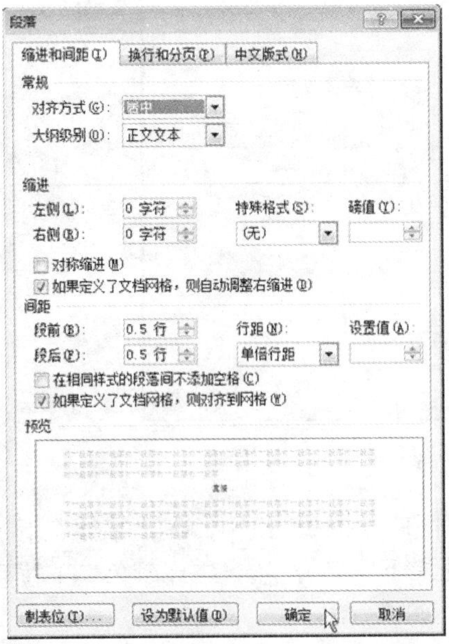

图 7-26

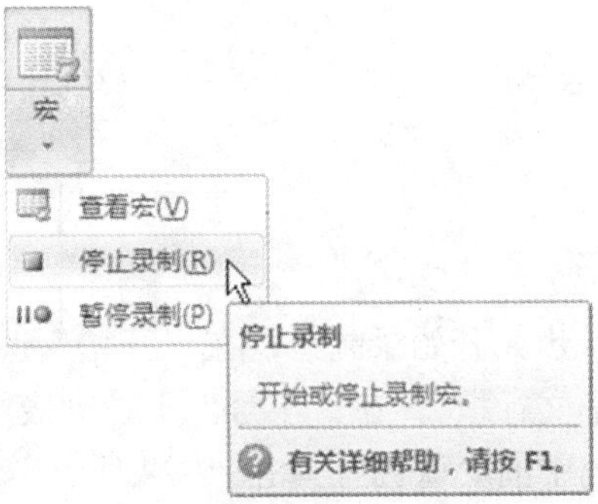

图 7-27

第 8 步：选中正文标题行，按 Ctrl+Shift+C 组合键即可将该宏应用于所选文本。

第 9 步：在“视图”选项卡下的“宏”组中，单击“宏”按钮下方的下拉按钮，在打开的列表中执行“查看宏”命令。弹出“宏”对话框，单击“管理器”按钮，如图 7-28 所示。

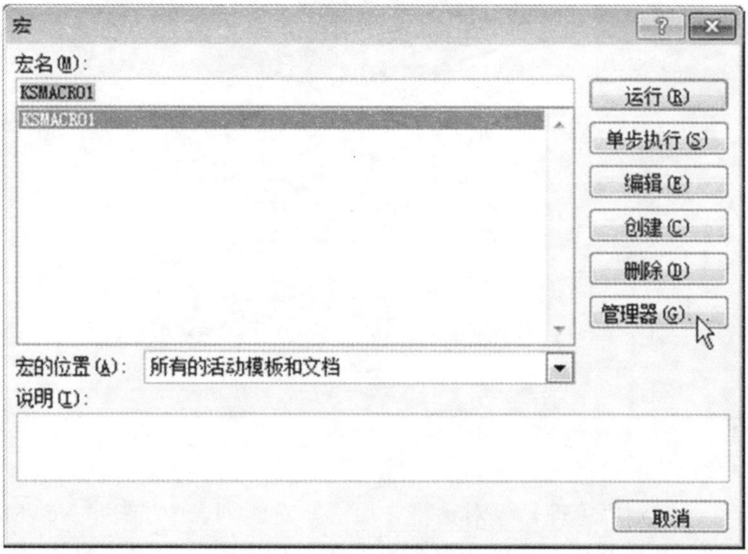

图 7-28

第 10 步：打开“管理器”对话框，在“宏方案项”选项卡下，单击右侧“在 Normal.dotm 中”列表下方的“关闭文件”按钮，如图 7-29 所示。

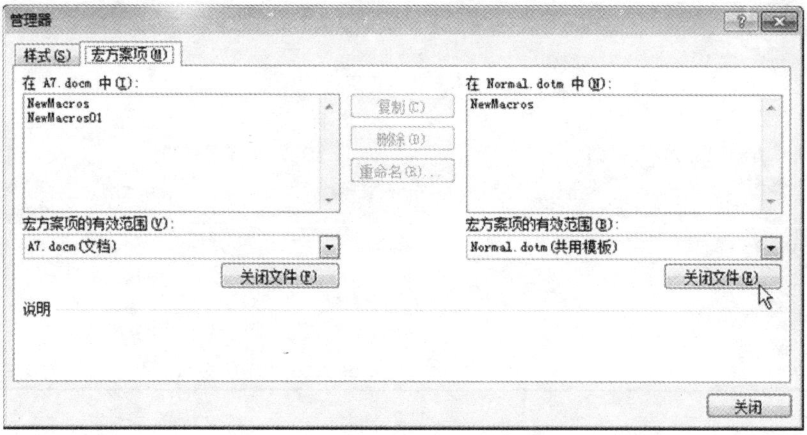

图 7-29

第 11 步：当“关闭文件”按钮变为“打开文件”按钮时，单击该按钮，弹出“打开”对话框，在指定目录（C:\Win2010GJW\KSML1 文件夹）中选择“KSDOTM7.dotm”文件，单击“打开”按钮，如图 7-30 所示。

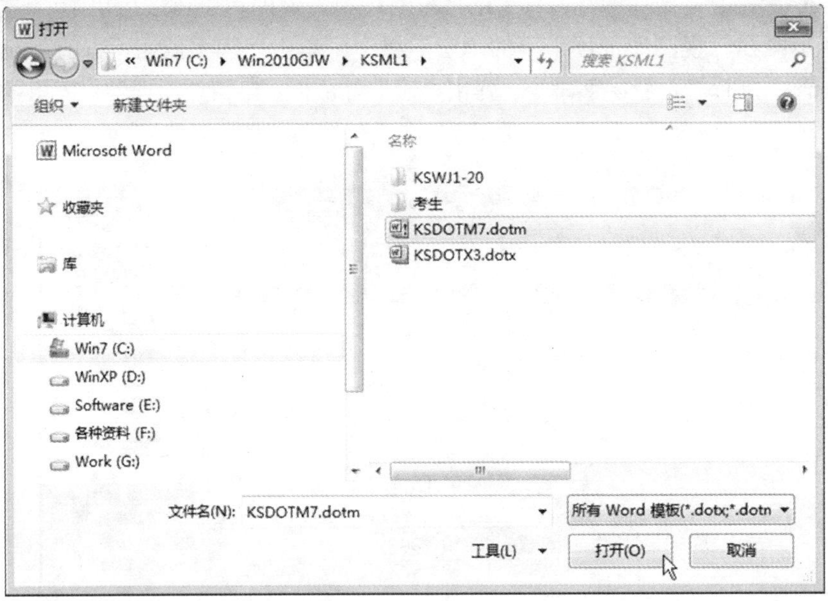

图 7-30

第 12 步：返回到“管理器”对话框之后，在右侧列表中选择“NewMacros01”，单击“复制”按钮，即可将模板中的宏复制到左侧的列表中，如图 7-31 所示，最后，单击“关闭”按钮。

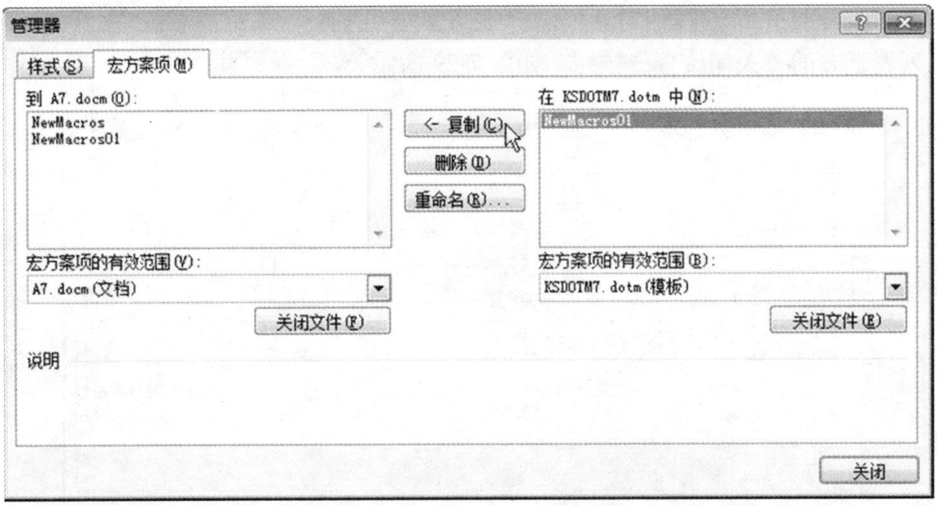

图 7-31

第 13 步：选中文档正文部分，在“视图”选项卡下的“宏”组中，单击“宏”按钮下方的下拉按钮，在打开的列表中执行“查看宏”命令。弹出“宏”对话框，在“宏名”列表框中选择“KSMACR07”宏，单击“运行”按钮，即可将该宏应用于所选文本，如图 7-32 所示。

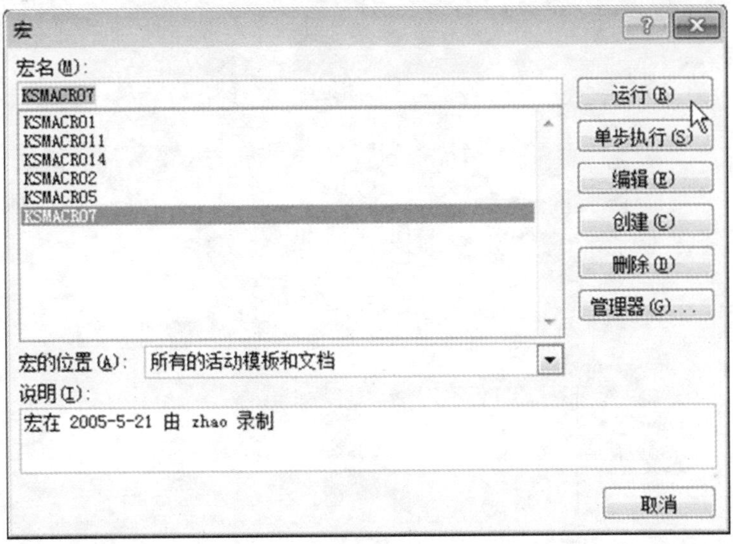

图 7-32

2. 文档中插入视频文件：

第 14 步：将光标定位在文档的结尾处，在“插入”选项卡下“文本”组中单击“对象”按钮。打开“对象”对话框，选择“由文件创建”选项卡，单击“浏览”按钮。打开“浏览”对话框，在指定目录（C:\Win2010GJW\KSML1 文件夹）中选择“KSWJ7-2A.wmv”文件，单击“插入”按钮。返回到“对象”对话框，勾选“链接到文件”和“显示为图标”复选框，单击“确定”按钮。

第 15 步：选中插入的视频文件图标，单击鼠标右健，在打开的快捷菜单中执行“设置对象格式”命令。弹出“设置对象格式”对话框，打开“大小”选项卡，在“缩放”区域中勾选“锁定纵横比”复选框，在“高度”和“宽度”文本框中均微调或输入“130%”。打开“版式”选项卡，在“环绕方式”选项区域中单击“浮于文字上方”按钮，在“水平对齐方式”选项区域中点选“右对齐”单选按钮，单击“确定”按钮。

3. 使用外部数据：

第 16 步：将光标定位在文档的结尾处，在“插入”选项卡下“文本”组中单击“对象”按钮，打开“对象”对话框，选择“由文件创建”选项卡，单击“浏览”按钮。打开“浏览”对话框，在指定目录（C:\Win2010GJW\KSML1 文件夹）中选择“KSWJ7-2B.xlsx”文件，单击“插入”按钮。返回到“对象”对话框，单击“确定”按钮即可。

第 17 步：双击插入的工作簿将其激活，在“宏图公司 2010 年图书销售统计表”工作表中同时选中单元格区域 B3:C9、E3:E9 和 G3:G9，在“插入”选项卡下“图表”组中单击“柱形图”下拉按钮，选中“二维柱形图”中的“簇状柱形图”，生成基本图表，如图 7-33 所示。

第 18 步：选中所创建的图表，在“图表工具”的“设计”选项卡下，单击“数据”组中的“切换行/列”按钮，如图 7-34 所示。

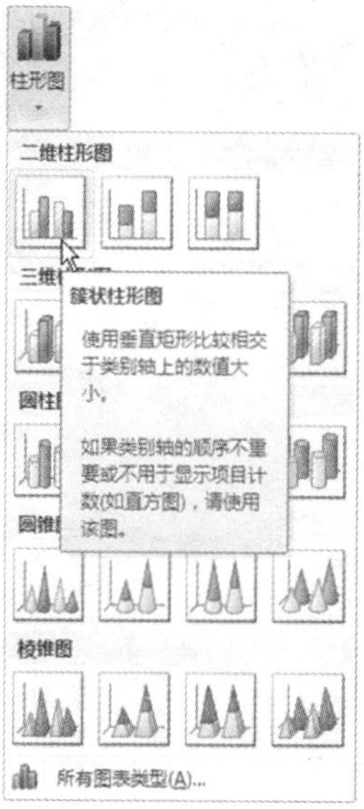

图 7-33

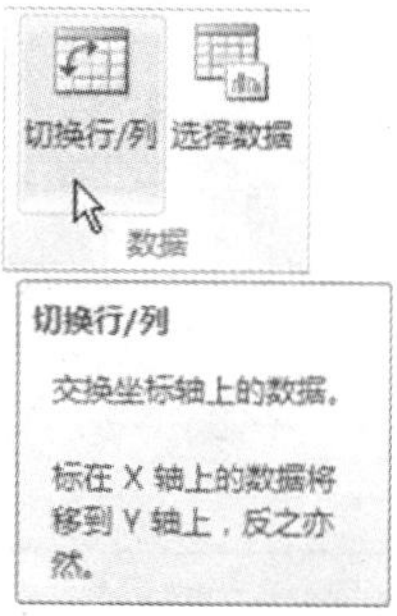

图 7-34

第 19 步：选中图表，在“开始”选项卡下的“剪贴板”组中单击“复制”按钮。在文档中单击，退出激活框。将光标定位文档的结尾处，在“开始”选项卡下的“剪贴板”组中单击“粘贴”按钮下面的下拉按钮，在打开的下拉菜单中执行“选择性粘贴”命令，如图 7-35 所示。

第 20 步：在弹出的“选择性粘贴”对话框中点选“粘贴”单选按钮，然后在“形式”列表中选中“Microsoft Excel 图表 对象”选项，单击“确定”按钮，如图 7-36 所示。

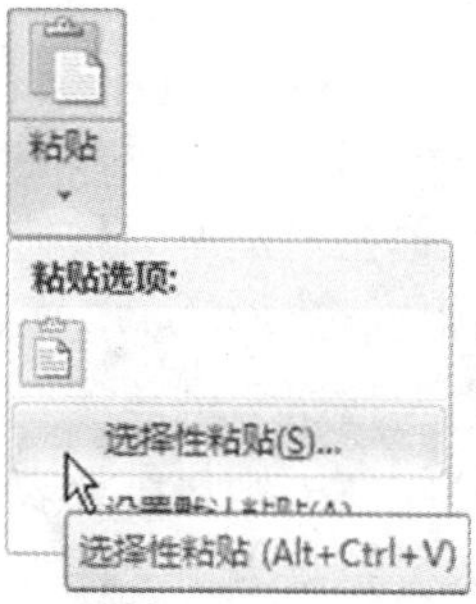

图 7-35

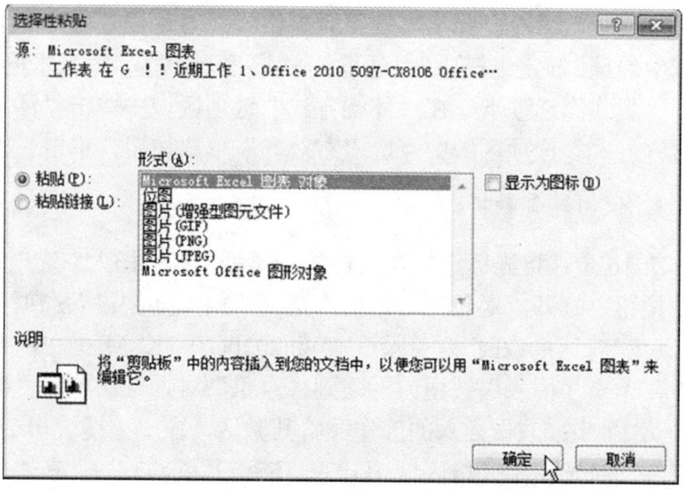

图 7-36

第 21 步：双击复制后的图表将其激活，在选中的图表上单击鼠标右键，在打开的快捷菜单中执行“更改图表类型”命令，如图 7-37 所示。

第 22 步：打开“更改图表类型”对话框，在右侧的“条形图”区域中选择“簇状条形图”，单击“确定”按钮，如图 7-38 所示。

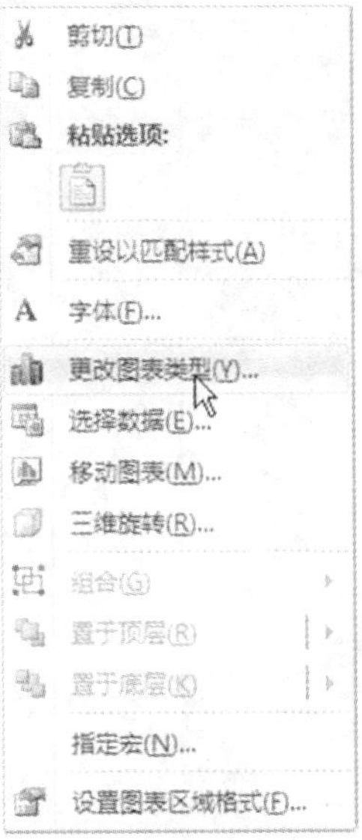

图 7-37

图 7-38

第 23 步：选中新创建的图表，打开“图表工具”的“设计”选项卡，在“图表布局”组中单击“图表布局”右侧的“其他”按钮，在打开的列表框中选择“布局 9”，如图 7-39 所示。

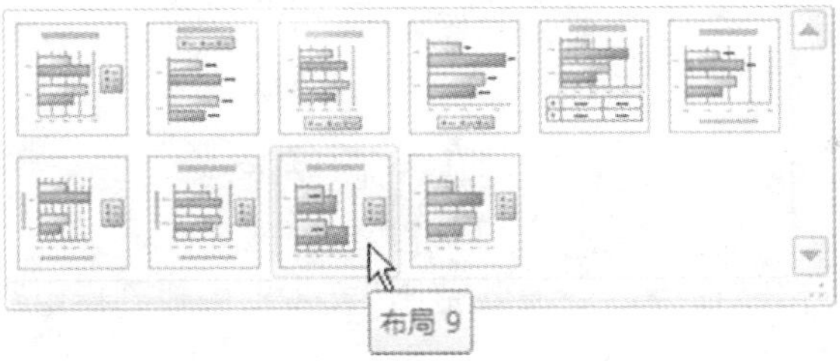

图 7-39

第 24 步：选中自动创建的“图表标题”，在图表标题文本框中输入文本“图书销售统计表”即可。在文档中单击，退出激活框。

4. 办公软件间格式的转换:

第 25 步：执行“文件”→“另保存”命令，弹出“另存为”对话框，在“保存位置”列表中选择考生文件夹所在位置，在“文件名”文本框中输入文件名“A7”，在“保存类型”列表中选择“启用宏的 Word 文档（*.docm）”，单击“保存”按钮，如图 7-40 所示。

第 26 步：执行“文件”→“另保存”命令，弹出“另存为”对话框，在“保存位置”列表中选择考生文件夹所在位置，在“文件名”文本框中输入文件名“A7”，在“保存类型”列表中选择“RTF 格式（*.rtf）”，单击“保存”按钮。

第 27 步：保存文件后弹出确认对话框，单击“是”按钮，如图 7-41 所示，即可完成文件格式的转换。

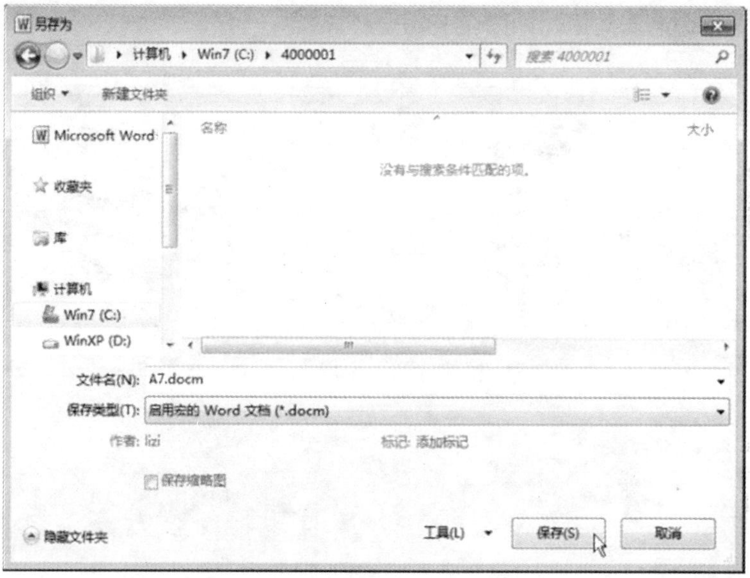

图 7-40

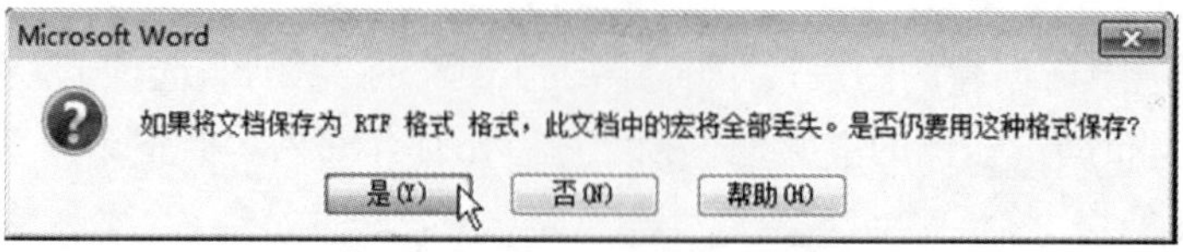

图 7-41

7.3 第 3 题解答

执行“文件”→“打开”命令，在“查找范围”文本框中找到指定路径，选择“A7.docx”文件，单击“打开”按钮。

1. 文档中插入声音文件:

第 1 步：将光标定位在文档的结尾处，在“插入”选项卡下“文本”组中单击“对象”按钮，打开“对象”对话框，选择“由文件创建”选项卡，单击“浏览”按钮。打开“浏览”对话框，在指定目录（C:\Win2010GJW\KSML1 文件夹）中选择“KSWJ7-3A.mid”文件，单击“插入”按钮。

第 2 步：返回到“对象”对话框，勾选“链接到文件”和“显示为图标”复选框，单击“更改图标”按钮。打开“更改图标”对话框，单击“浏览”按钮。打开“浏览”对话框，在指定目录（C:\Win2010GJW\KSML1 文件夹）中选择“KSWJ7-3B.ico”文件，单击“打开”按钮。返回到“更改图标”对话框，单击“确定”按钮，如图 7-42 所示。返回到“对象”对话框，单击“确定”按钮。

第 3 步：选中插入的声音文件图标，单击鼠标右健，在打开的快捷菜单中执行“设置对象格式”命令。弹出“设置对象格式”对话框，打开“大小”选项卡，在“缩放”

区域中勾选“锁定纵横比”复选框，在“高度”和“宽度”文本框中均微调或输入“135%”。打开“版式”选项卡，在“环绕方式”选项区域中单击“紧密型”按钮，在“水平对齐方式”选项区域中点选“居中”单选按钮，单击“确定”按钮。

第 4 步：双击插入的声音图标，弹出“程序包”对话框，单击“打开”按钮，如图 7-43 所示，即可激活对象。

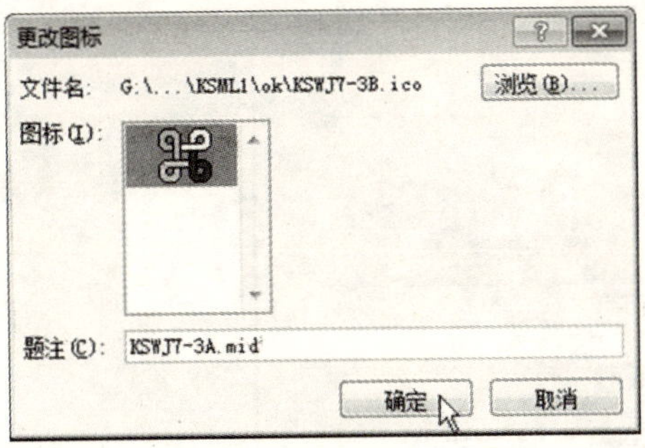

图 7-42

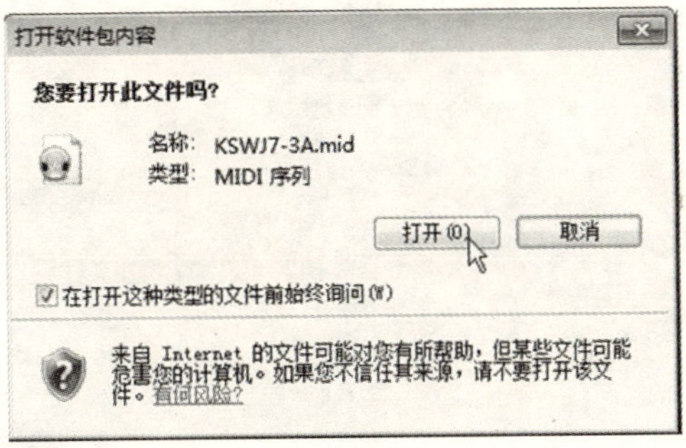

图 7-43

2. 页面中插入水印:

第 5 步：在“页面布局”选项卡下“页面背景”组中单击“水印”按钮，在打开的下拉列表中执行“自定义水印”命令，如图 7-44 所示。

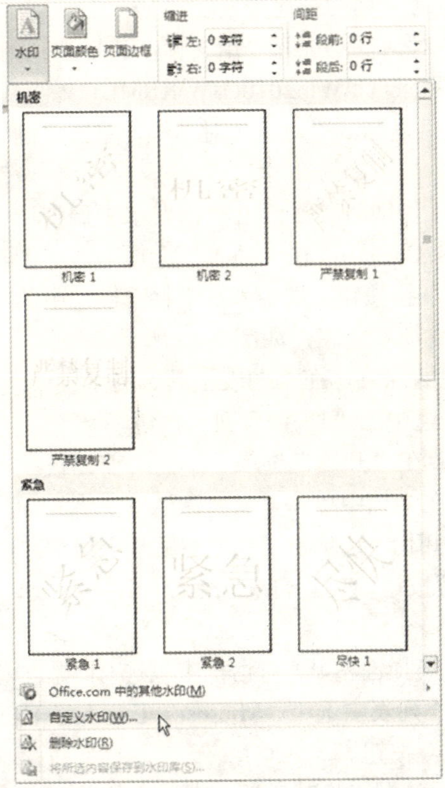

图 7-44

第 6 步：在弹出的“水印”对话框中，点选“文字水印”单选按钮，在“文字”文本框中输入文字“地球的演变”，在“字体”下拉列表中选择“楷体_GB2312”，在“字号”下拉列表中输入“100”磅，在“颜色”下拉列表中选择主题颜色中的“黑色，文字 1”，勾选“半透明”复选框，点选“版式”中的“斜式”单选按钮，单击“确定”按钮即可，如图 7-45 所示。

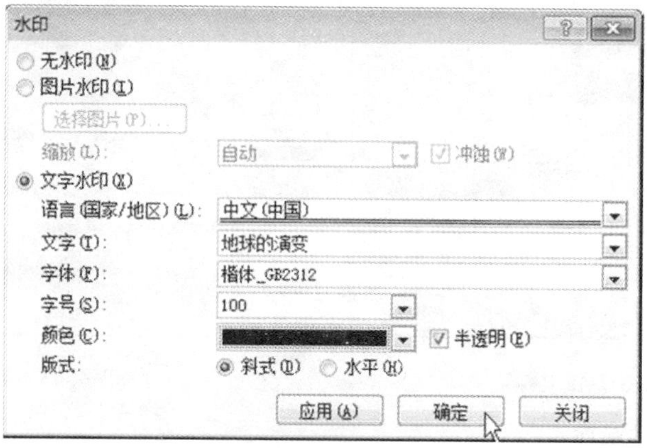

图 7-45

3. 使用外部数据：

第 7 步：将光标定位在文档的结尾处，在“插入”选项卡下“文本”组中单击“对象”按钮，打开“对象”对话框，选择“由文件创建”选项卡，单击“浏览”按钮。打开“浏览”对话框，在指定目录（C:\Win2010GJW\KSML1 文件夹）中选择“KSWJ7-3C.xlsx”文件，单击“插入”按钮。返回到“对象”对话框，单击“确定”按钮即可。

第 8 步：双击插入的工作簿将其激活，在“消费水平调查”工作表中选中单元格区域 B4:F10，在“插入”选项卡下“图表”组中单击“柱形图”下拉按钮，选中“三维柱形图”中的“三维簇状柱形图”，生成基本图表，如图 7-46 所示。

第 9 步：选中所创建的图表，在“图表工具”的“设计”选项卡下，单击“数据”组中的“切换行/列”按钮。

第 10 步：选中图表，在“开始”选项卡下的“剪贴板”组中单击“复制”按钮。在文档中单击，退出激活框。将光标定位文档的结尾处，在“开始”选项卡下的“剪贴板”组中单击“粘贴”按钮下面的下拉按钮，在打开的下拉菜单中执行“选择性粘贴”命令。

第 11 步：在弹出的“选择性粘贴”对话框中点选“粘贴”单选按钮，然后在“形式”列表中选中“Microsoft Excel 图表对象”选项，单击“确定”按钮。

第 12 步：双击复制后的图表将其激活，在选中的图表上

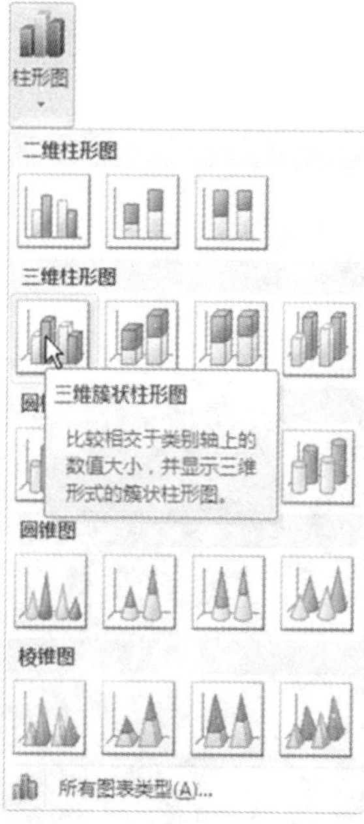

图 7-46

单击鼠标右键，在打开的快捷菜单中执行“更改图表类型”命令。打开“更改图表类型”对话框，在右侧的“柱形图”区域中选择“簇状圆柱图”选项，单击“确定”按钮，如图 7-47 所示。

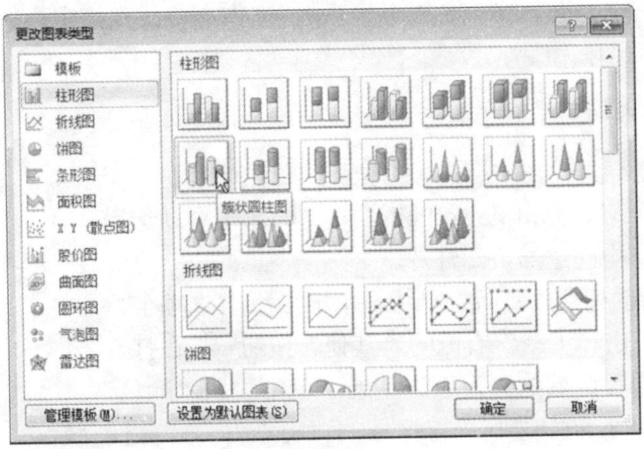

图 7-47

第 13 步：选中新创建的图表，打开“图表工具”的“设计”选项卡，在“图表布局”组中单击“图表布局”右侧的“其他”按钮，在打开的列表框中选择“布局 5”。单击“数据”组中的“切换行/列”按钮。

第 14 步：选中自动创建的“图表标题”，在图表标题文本框中输入文本“消费水平统计”，在坐标标题文本框中输入文本“指数”即可。在文档中单击，退出激活框。

4. 办公软件间格式的转换：

第 15 步：执行“文件”→“保存”命令。

第 16 步：执行“文件”→“另保存”命令，弹出“另存为”对话框，在“保存位置”列表中选择考生文件夹所在位置，在“文件名”文本框中输入文件名“A7”，在“保存类型”列表中选择“纯文本（*.txt）”，单击“保存”按钮。

第 17 步：打开“文件转换”对话框，单击“确定”按钮即可，如图 7-48 所示。

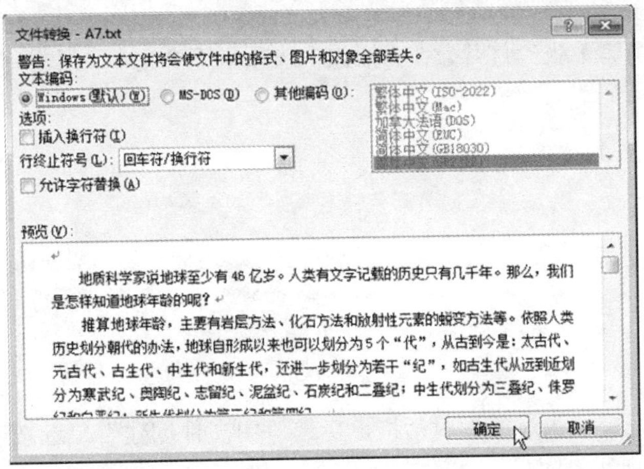

图 7-48

7.4 第 4 题解答

执行“文件”→“打开”命令，在“查找范围”文本框中找到指定路径，选择“A7.docx”文件，单击“打开”按钮。

1. 利用文档大纲创建演示文稿：

第 1 步：将光标定位在文档的任意位置，单击快速访问工具栏中的“发送到 Microsoft PowerPoint”按钮，系统自动运用当前文档的大纲结构创建一组幻灯片。

第 2 步：在新创建的幻灯片文档中，打开“设计”选项卡，在“主题”组中单击“主题”右侧的“其他”按钮，在打开的列表框中选择内置区域的“市镇”主题。单击主题“颜色”按钮，在打开的列表框中选择内置区域的“奥斯汀”，如图 7-49 所示。

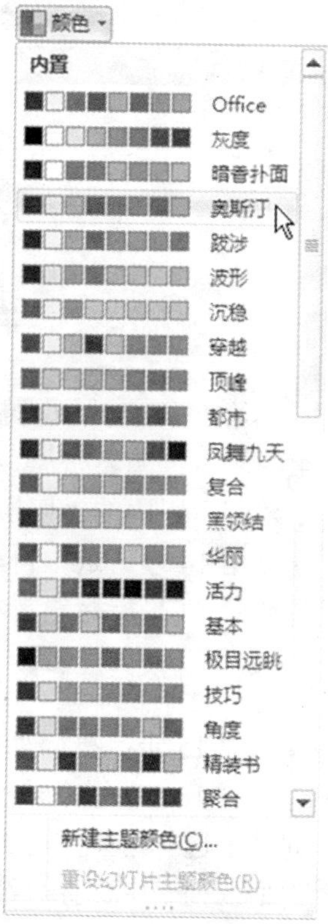

图 7-49

第 3 步：打开“切换”选项卡，在“切换到此幻灯片”组中单击“其他”下拉按钮，在弹出的库中选择“碎片”。在“计时”组中的“持续时间”后面的微调框中微调或输入“04.00”，勾选“换片方式”区域中的“设置自动换片时间”复选框，在后面的微调框中微调或输入“00:03.00”，单击“全部应用”按钮。

第 4 步：执行“文件”→“保存”命令，弹出“另存为”对话框，在“保存位置”列表中选择考生文件夹所在位置，在“文件名”文本框中输入文件名“A7a.pptx”，在“保存类型”列表中选择“PowerPoint 演示文稿（*.pptx）”，单击“保存”按钮。

2. 在演示文稿中插入声音文件：

第 5 步：选中第 1 张幻灯片，在“插入”选项卡下“文本”组中单击“对象”按钮，如图 7-50 所示。

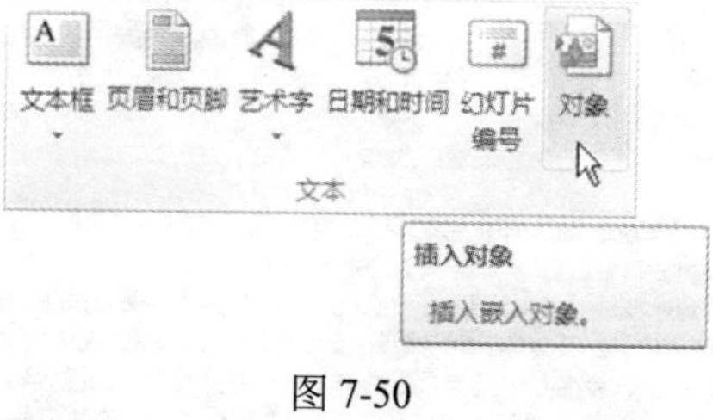

图 7-50

第 6 步：打开“插入对象”对话框，点选“由文件创建”单选按钮，单击“浏览”按钮，如图 7-51 所示。

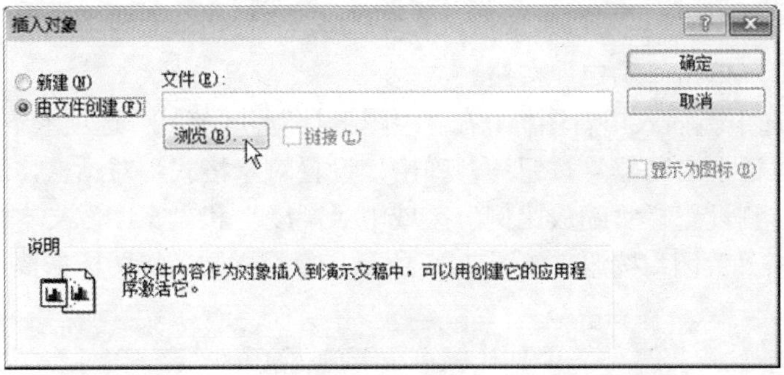

图 7-51

第 7 步：打开“浏览”对话框，在指定目录（C:\Win2010GJW\KSML1 文件夹）中选择“KSWJ7-4A.wma”文件，单击“确定”按钮，如图 7-52 所示。

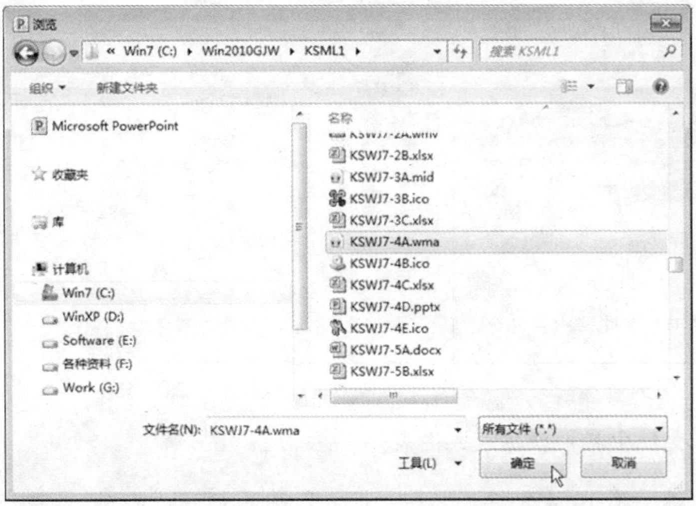

图 7-52

第 8 步：返回到“插入对象”对话框，勾选“显示为图标”复选框，单击“更改图标”按钮，如图 7-53 所示。

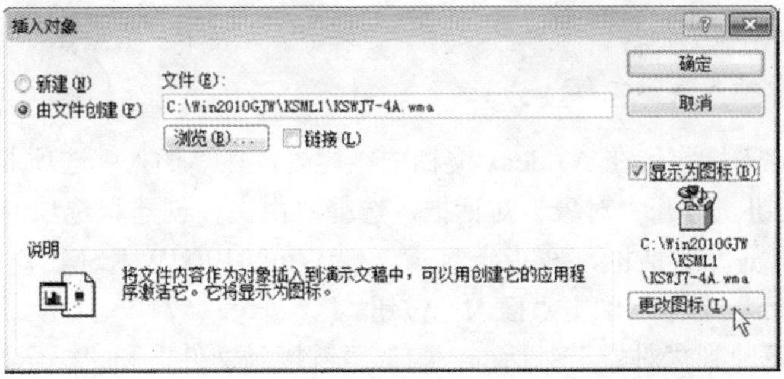

图 7-53

第 9 步：打开“更改图标”对话框，单击“浏览”按钮。打开“浏览”对话框，在指定目录（C:\Win2010GJW\KSML1 文件夹）中选择“KSWJ7-4B.ico”文件，单击“打开”按钮。返回到“更改图标”对话框，单击“确定”按钮，如图 7-54 所示。返回到“插入对象”对话框，单击“确定”按钮。

第 10 步：选中新插入声音图标，在“绘图工具”的“格式”选项卡下，单击“大小”组右下角的“对话框启动器”按钮，弹出“设置对象格式”对话框，选择左栏的“大小”选项，在右侧设置栏“缩放比例”区域中“高度”和“宽度”文本框中选择或输入“200%”，单击“关闭”按钮，如图 7-55 所示。参照样文，将图标拖拽到对应的位置。

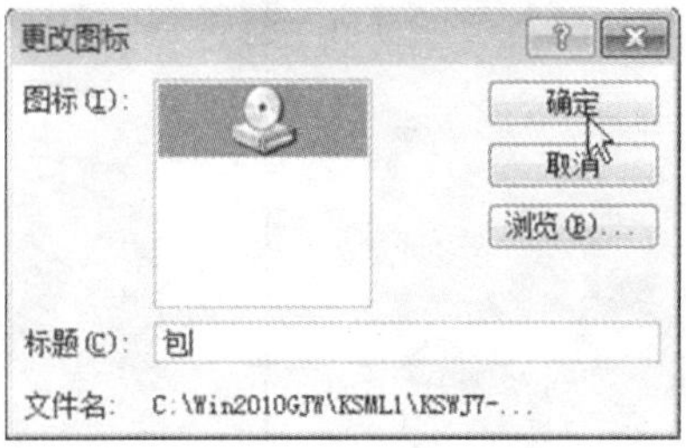

图 7-54

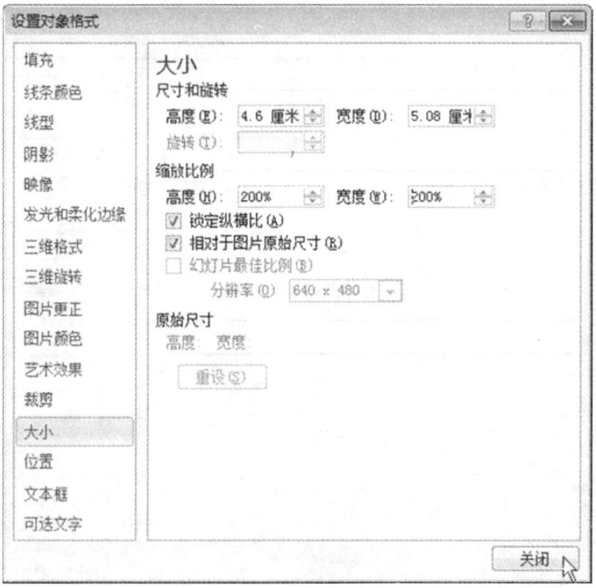

图 7-55

3. *在演示文稿中插入数据表或图表：*

第 11 步：选中第 10 张幻灯片，在“插入”选项卡下“文本”组中单击“对象”按钮。打开“插入对象”对话框，点选“由文件创建”单选按钮，单击“浏览”按钮。打开“浏览”对话框，在指定目录（C:\Win2010GJW\KSML1 文件夹）中选择“KSWJ7-4C.xlsx”文件，单击“确定”按钮。返回到“插入对象”对话框，单击“确定”按钮。参照样文，调整图表大小，并拖拽到对应的位置。

4. *在文档中插入演示文稿：*

第 12 步：将光标定位在 A7.docx 文档的结尾处，在“插入”选项卡下“文本”组中单击“对象”按钮。打开“对象”对话框，选择“由文件创建”选项卡，单击“浏览”按钮。打开“浏览”对话框，在指定目录（C:\Win2010GJW\KSML1 文件夹）中选择“KSWJ7-4D.pptx”文件，单击“插入”按钮。

第 13 步：返回到“对象”对话框，勾选“链接到文件”和“显示为图标”复选框，单击“更改图标”按钮。打开“更改图标”对话框，单击“浏览”按钮。打开“浏览”对话框，在指定目录（C:\Win2010GJW\KSML1 文件夹）中选择“KSWJ7-4E.ico”文件，单击“打开”按钮。返回到“更改图标”对话框，单击“确定”按钮，返回到“对象”

对话框，单击“确定”按钮。

第 14 步：选中插入的演示文稿图标，单击鼠标右键，在打开的快捷菜单中执行“设置对象格式”命令。弹出“设置对象格式”对话框，打开“大小”选项卡，在“缩放”区域中勾选“锁定纵横比”复选框，在“高度”和“宽度”文本框中均微调或输入“150%”，单击“确定”按钮。

第 15 步：执行“文件”→“保存”命令。

7.5　第 5 题解答

执行“文件”→“打开”命令，在“查找范围”文本框中找到指定路径，选择“A7.docx”文件，单击“打开”按钮。

1. 文档中创建、编辑宏：

第 1 步：在“视图”选项卡下的“宏”组中，单击“宏”按钮下方的下拉按钮，在打开的列表中执行“录制宏”命令。弹出“录制宏”对话框，在“宏名”文本框中输入新录制宏的名称“KSMACR02”，在“将宏保存在”下拉列表中选择当前文档，单击“键盘”按钮。

第 2 步：弹出“自定义键盘”对话框，在“请按新快捷键”文本框中按下快捷键“Ctrl+Shift+C”，在“将更改保存在”下拉列表中选择当前文档，然后单击“指定”按钮，即可指定运行该宏的快捷键了，最后单击“关闭”按钮。

第 3 步：开始录制宏，在“开始”选项卡下“字体”组中，在“字体”下拉列表中选择“华文彩云”，在“字形”下拉列表中选择“加粗”，在“字号”下拉列表中选择“四号”，在“字体颜色”下拉列表中执行“其他颜色”命令，如图 7-56 所示。打开“颜色”对话框，在“自定义”选项卡下输入 RGB 值（50，50，255），单击“确定”按钮，如图 7-57 所示。

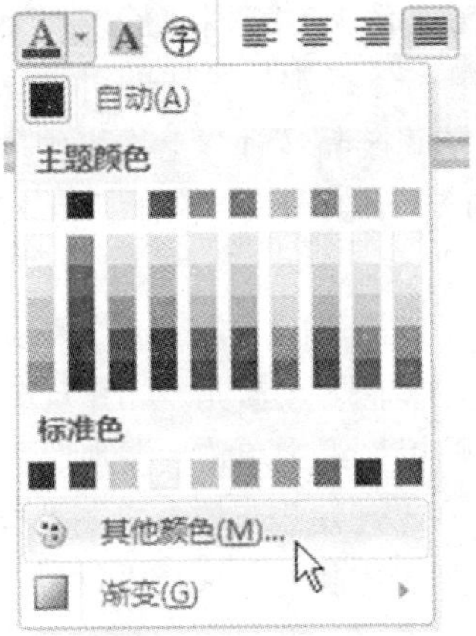

图 7-56

图 7-57

第 4 步：单击“开始”选项卡下“段落”组右下角的“对话框启动器”按钮，弹出“段落”对话框。在“缩进和间距”选项卡下的“行距”下拉列表中选择“固定值”，在“设置值”文本框中选择或输入“24 磅”，单击“确定”按钮即可。

第 5 步：录制完毕后，在“视图”选项卡下的“宏”组中，单击“宏”按钮下方的下拉按钮，在打开的列表中执行“停止录制”命令。选中正文第 1 段文本，按 Ctrl+Shift+C 组合键即可将该宏应用于所选文本。

第 6 步：在“视图”选项卡下的“宏”组中，单击“宏”按钮下方的下拉按钮，在打开的列表中执行“查看宏”命令。弹出“宏”对话框，单击“管理器”按钮。

第 7 步：打开“管理器”对话框，在“宏方案项”选项卡下，单击右侧“在 Normal.dotm 中”列表下方的“关闭文件”按钮。当“关闭文件”按钮变为“打开文件”按钮时，单击该按钮，打开“打开”对话框，在指定目录（C:\Win2010GJW\KSML1 文件夹）中选择“KSDOTM7.dotm”文件，单击“打开”按钮。

第 8 步：返回到“管理器”对话框之后，在右侧列表中选择“NewMacros01”，单击“复制”按钮，即可将模板中的宏复制到左侧的列表中，最后，单击“关闭”按钮。

第 9 步：选中正文第 2 段文本，在“视图”选项卡下的“宏”组中，单击“宏”按钮下方的下拉按钮，在打开的列表中执行“查看宏”命令。弹出“宏”对话框，在“宏名”列表框中选择“KSMACR014”宏，单击“运行”按钮，即可将该宏应用于所选文本。

2. 在文档中插入表格：

第 10 步：将光标定位在文档结尾处，在“插入”选项卡下“文本”组中单击“对象”按钮。打开“对象”对话框，选择“由文件创建”选项卡，单击“浏览”按钮。打开“浏览”对话框，在指定目录（C:\Win2010GJW\KSML1 文件夹）中选择“KSWJ7-5A.docx”文件，单击“插入”按钮。返回到“对象”对话框，单击“确定”按钮。

3. 办公软件间的信息转换：

第 11 步：将光标定位在文档的第 2 页，在“插入”选项卡下“文本”组中单击“对象”按钮，打开“对象”对话框，选择“由文件创建”选项卡，单击“浏览”按钮。打开“浏览”对话框，在指定目录（C:\Win2010GJW\KSML1 文件夹）中选择“KSWJ7-5B.xlsx”文件，单击“插入”按钮。返回到“对象”对话框，单击“确定”按钮即可。

第 12 步：双击插入的工作簿将其激活，在“前六车间产品统计”工作表中同时选中单元格区域 B3:B9 和 D3:D9，在“插入”选项卡下“图表”组中单击“饼图”下拉按钮，选中“三维饼图”中的“分离型三维饼图”，生成基本图表。

第 13 步：根据样文所示，打开“图表工具”的“布局”选项卡，在“标签”组中单击“数据标签”下拉按钮，在弹出的下拉列表中选择“数据标签外”选项，如图 7-58 所示。

第 14 步：选中图表，在“开始”选项卡下的“剪贴板”组中单击“复制”按钮，在文档中单击，退出激活框。将光标定位文档的第 3 页，在“开始”选项卡下的“剪贴板”组中单击“粘贴”按钮下面的下拉按钮，在打开的下拉列表中执行“选择性粘贴”命令。

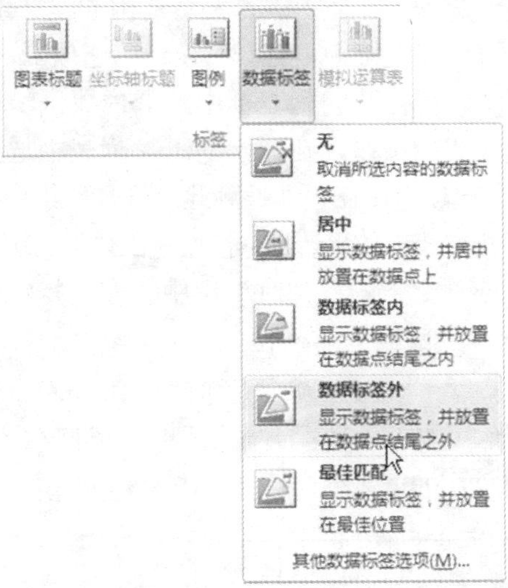

图 7-58

第 15 步：在弹出的“选择性粘贴”对话框中点选“粘贴”单选按钮，然后在“形式”列表中选中“Microsoft Excel 图表 对象”选项，单击“确定”按钮。

第 16 步：双击复制后的图表将其激活，在选中的图表上单击鼠标右键，在打开的快捷菜单中执行“更改图表类型”命令。打开“更改图表类型”对话框，在右侧的“饼图”区域中选择“复合条饼图”选项，单击“确定”按钮。在文档中单击，退出激活框。

4. 办公软件间格式的转换：

第 17 步：打开“文件”选项卡，执行“另存为”命令，弹出“另存为”对话框，在“保存位置”列表中选择考生文件夹所在位置，在“文件名”文本框中输入文件名“A7”，在“保存类型”列表中选择“启用宏的 Word 文档（*.docm）”，单击“保存”按钮。

第 18 步：打开“文件”选项卡，执行“另存为”命令，弹出“另存为”对话框，在“保存位置”列表中选择考生文件夹所在位置，在“文件名”文本框中输入文件名“A7”，在“保存类型”列表中选择“网页（*.htm；*.html）”，单击“更改标题”按钮，弹出“输入文字”对话框，在“页标题”区域文本框中输入文本“沈氏园的传说”，单击“确定”按钮，如图 7-59 所示。返回到“另存为”对话框，单击“保存”按钮。

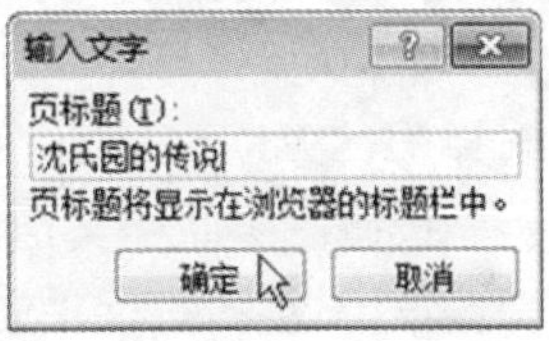

图 7-59

7.6　第 6 题解答

执行“文件”→“打开”命令，在“查找范围”文本框中找到指定路径，选择“A7.docx”文件，单击“打开”按钮。

1. 利用文档大纲创建演示文稿：

第 1 步：将光标定位在文档的任意位置，单击快速访问工具栏中的“发送到 Microsoft

PowerPoint”按钮，系统自动运用当前文档的大纲结构创建一组幻灯片。

第 2 步：在新创建的幻灯片文档中，打开“设计”选项卡，在“主题”组中单击“主题”右侧的“其他”按钮，在打开的列表框中选择内置区域的“龙腾四海”主题。单击“背景”组中的“背景样式”按钮，在弹出的下拉列表中选择“样式 2”。

第 3 步：打开“切换”选项卡，在“切换到此幻灯片”组中单击“其他”下拉按钮，在弹出的库中选择“推进”。单击“效果选项”按钮，在弹出的下拉列表中选择“自顶部”。

第 4 步：在“切换”选项卡下的“计时”组中，在“持续时间”后面的微调框中微调或输入“03.00”，单击“全部应用”按钮。

第 5 步：执行“文件”→“保存”命令，弹出“另存为”对话框，在“保存位置”列表中选择考生文件夹所在位置，在“文件名”文本框中输入文件名“A7a.pptx”，在“保存类型”列表中选择“PowerPoint 演示文稿（*.pptx）”，单击“保存”按钮。

2. *在演示文稿中插入声音文件：*

第 6 步：选中第 2 张幻灯片，在“插入”选项卡下“媒体”组中单击“音频”按钮，执行“文件中的音频”命令。打开“插入音频”对话框，在指定目录（C:\Win2010GJW\KSML1 文件夹）中选择“KSWJ7-6A.wma”音频文件，单击“插入”按钮。

第 7 步：在“音频工具”的“格式”选项卡下，在“调整”组中单击“更改图片”按钮。打开“插入图片”对话框，在指定目录（C:\Win2010GJW\KSML1 文件夹）中选择“KSWJ7-6B.png”图标文件，单击“插入”按钮。

第 8 步：在“音频工具”的“格式”选项卡下，在“大小”组中的“高度”文本框中微调或输入“2.5 厘米”，在“宽度”文本框中微调或输入“2.5 厘米”。参照样文，将动作按钮拖拽到对应的位置。

3. *在演示文稿中插入数据表或图表：*

第 9 步：选中第 8 张幻灯片，在“插入”选项卡下“文本”组中单击“对象”按钮。打开“插入对象”对话框，点选“由文件创建”单选按钮，单击“浏览”按钮。

第 10 步：打开“浏览”对话框，在指定目录（C:\Win2010GJW\KSML1 文件夹）中选择“KSWJ7-6C.xlsx”文件，单击“确定”按钮。返回到“插入对象”对话框，单击“确定”按钮。参照样文，调整图表大小，并拖拽到对应的位置。

第 11 步：执行“文件”→“保存”命令。

4. *在文档中插入演示文稿：*

第 12 步：将光标定位在 A7.docx 文档的结尾处，在“插入”选项卡下“文本”组中单击“对象”按钮。打开“对象”对话框，选择“由文件创建”选项卡，单击“浏览”按钮。

第 13 步：打开“浏览”对话框，在指定目录（C:\Win2010GJW\KSML1 文件夹）中选择“KSWJ7-6D.pptx”文件，单击“插入”按钮。

第 14 步：返回到“对象”对话框，勾选“链接到文件”和“显示为图标”复选框，单击“更改图标”按钮。

第 15 步：打开“更改图标”对话框，单击“浏览”按钮。打开“浏览”对话框，在指定目录（C:\Win2010GJW\KSML1 文件夹）中选择图标文件“KSWJ7-6E.ico”，单击“打开”按钮。返回到“更改图标”对话框，单击“确定”按钮，返回到“对象”对话框，单击“确定”按钮。

第 16 步：选中插入的演示文稿图标，单击鼠标右键，在打开的快捷菜单中执行“设置对象格式”命令。

第 17 步：弹出“设置对象格式”对话框，打开“大小”选项卡，在“缩放”区域中勾选“锁定纵横比”复选框，在“高度”和“宽度”文本框中均微调或输入“150%”，单击“确定”按钮。

第 18 步：执行“文件”→“保存”命令。

7.7　第 7 题解答

执行“文件”→“打开”命令，在“查找范围”文本框中找到指定路径，选择“A7.docx”文件，单击“打开”按钮。

1. 利用文档大纲创建演示文稿:

第 1 步：将光标定位在文档的任意位置，单击快速访问工具栏中的“发送到 Microsoft PowerPoint”按钮，系统自动运用当前文档的大纲结构创建一组幻灯片。

第 2 步：在新创建的幻灯片文档中，打开“设计”选项卡，在“主题”组中单击“主题”右侧的“其他”按钮，在打开的列表框中选择内置区域的“华丽”主题。单击“背景”组中的“背景样式”按钮，在弹出的下拉列表中选择“样式 2”。

第 3 步：打开“切换”选项卡，在“切换到此幻灯片”组中单击“其他”下拉按钮，在弹出的库中选择“蜂巢”。

第 4 步：在“切换”选项卡下的“计时”组中，在“持续时间”后面的微调框中微调或输入“04.00”，单击“全部应用”按钮。

第 5 步：执行“文件”→“保存”命令，弹出“另存为”对话框，在“保存位置”列表中选择考生文件夹所在位置，在“文件名”文本框中输入文件名“A7a.pptx”，在“保存类型”列表中选择“PowerPoint 演示文稿（*.pptx）”，单击“保存”按钮。

2. 在演示文稿中插入视频文件:

第 6 步：选中第 6 张幻灯片，在“插入”选项卡下“文本”组中单击“对象”按钮。打开“插入对象”对话框，勾选“由文件创建”复选框，单击“浏览”按钮。

第 7 步：打开“浏览”对话框，在指定目录（C:\Win2010GJW\KSML1 文件夹）中选择“KSWJ7-7A.wmv”视频文件，单击“确定”按钮。

第 8 步：返回到“插入对象”对话框，勾选“链接”和“显示为图标”复选框，单击“更改图标”按钮。

第 9 步：打开“更改图标”对话框，单击“浏览”按钮。打开“浏览”对话框，在指定目录（C:\Win2010GJW\KSML1 文件夹）中选择“KSWJ7-7B.ico”图标文件，单击

“打开”按钮。返回到“更改图标”对话框，在“标题”文本框中输入“KSWJ7-7A.wmv”，单击“确定”按钮，返回到“插入对象”对话框，再次单击“确定”按钮。

第 10 步：选中插入的视频图标，在“绘图工具”的“格式”选项卡下，在“大小”组的“高度”文本框中选择或输入“3.6 厘米”，在“宽度”文本框中选择或输入“4.6 厘米”。参照样文，将动作按钮拖拽到对应的位置。

第 11 步：执行“文件”→“保存”命令。

3. 在文档中插入演示文稿：

第 12 步：将光标定位在 A7.docx 文档的结尾处，在“插入”选项卡下“文本”组中单击“对象”按钮。打开“对象”对话框，选择“由文件创建”选项卡，单击“浏览”按钮。

第 13 步：打开“浏览”对话框，在指定目录（C:\Win2010GJW\KSML1 文件夹）中选择“KSWJ7-7C.pptx”文件，单击“插入”按钮。

第 14 步：返回到“对象”对话框，勾选“链接到文件”和“显示为图标”复选框，单击“更改图标”按钮。

第 15 步：打开“更改图标”对话框，单击“浏览”按钮。打开“浏览”对话框，在指定目录（C:\Win2010GJW\KSML1 文件夹）中选择“KSWJ7-7D.ico”图标文件，单击“打开”按钮。返回到“更改图标”对话框，单击“确定”按钮，返回到“对象”对话框，单击“确定”按钮。

第 16 步：选中插入的演示文稿图标，单击鼠标右键，在打开的快捷菜单中执行“设置对象格式”命令。

第 17 步：弹出“设置对象格式”对话框，打开“大小”选项卡，在“缩放”区域中勾选“锁定纵横比”复选框，在“高度”和“宽度”文本框中均微调或输入“140%”，单击“确定”按钮。

4. 页面中插入水印：

第 18 步：在“页面布局”选项卡下“页面背景”组中单击“水印”按钮，在打开的下拉列表中执行“自定义水印”命令。

第 19 步：在弹出的“水印”对话框中，选中“文字水印”项，在“文字”文本框中输入文字“中秋节习俗”，在“字体”下拉列表中选择“华文行楷”，在“字号”下拉列表中输入“100”磅，在“颜色”下拉列表中选择标准色中的“橙色”，勾选“半透明”复选框，点选“版式”中的“斜式”单选按钮，单击“确定”按钮即可。

第 20 步：执行“文件”→“保存”命令。

7.8 第 8 题解答

执行“文件”→“打开”命令，在“查找范围”文本框中找到指定路径，选择“A7.docx”文件，单击“打开”按钮。

1. 文档中插入声音文件:

第 1 步：将光标定位在文档的结尾处，在“插入”选项卡下“文本”组中单击“对象”按钮，打开“对象”对话框，选择“由文件创建”选项卡，单击“浏览”按钮。打开“浏览”对话框，在指定目录（C:\Win2010GJW\KSML1 文件夹）中选择“KSWJ7-8A.wma”声音文件，单击“插入”按钮。

第 2 步：返回到“对象”对话框，勾选“链接到文件”和“显示为图标”复选框，单击“更改图标”按钮。打开“更改图标”对话框，单击“浏览”按钮。打开“浏览”对话框，在指定目录（C:\Win2010GJW\KSML1 文件夹）中选择“KSWJ7-8B.ico”图标文件，单击“打开”按钮。返回到“更改图标”对话框，单击“确定”按钮。返回到“对象”对话框，单击“确定”按钮。

第 3 步：选中插入的声音文件图标，单击鼠标右健，在打开的快捷菜单中执行“设置对象格式”命令。弹出“设置对象格式”对话框，打开“大小”选项卡，在“缩放”区域中勾选“锁定纵横比”复选框，在“高度”和“宽度”文本框中均微调或输入“120%”。打开“版式”选项卡，在“环绕方式”选项区域中单击“四周型”按钮，在“水平对齐方式”选项区域中点选“居中”单选按钮，单击“确定”按钮。

第 4 步：双击插入的声音图标，弹出“程序包”对话框，单击“打开”按钮，即可激活对象。

2. 页面中插入水印:

第 5 步：在“页面布局”选项卡下“页面背景”组中单击“水印”按钮，在打开的下拉列表中执行“自定义水印”命令。

第 6 步：在弹出的“水印”对话框中，选中“文字水印”项，在“文字”文本框中输入文字“黄果树瀑布”，在“字体”下拉列表中选择“华文彩云”，在“字号”下拉列表中选择“90”磅，在“颜色”下拉列表中选择标准色中的“黄色”，取消“半透明”复选框的选中状态，点选“版式”中的“斜式”单选按钮，单击“确定”按钮即可。

3. 使用外部数据:

第 7 步：将光标定位在文档的第 2 页，在“插入”选项卡下“文本”组中单击“对象”按钮，打开“对象”对话框，选择“由文件创建”选项卡，单击“浏览”按钮。打开“浏览”对话框，在指定目录（C:\Win2010GJW\KSML1 文件夹）中选择“KSWJ7-8C.xlsx”文件，单击“插入”按钮。返回到“对象”对话框，单击“确定”按钮即可。

第 8 步：双击插入的工作簿将其激活，在“降水量分布表”工作表中选中单元格区域 B2:G9，在“插入”选项卡下“图表”组中单击“柱形图”下拉按钮，选中“圆柱图”中的“簇状圆柱图”，生成基本图表。

第 9 步：选中图表，在“开始”选项卡下的“剪贴板”组中单击“复制”按钮，在文档中单击，退出激活框。将光标定位文档的第 3 页，在“开始”选项卡下的“剪贴板”组中单击“粘贴”按钮下面的下拉按钮，在打开的下拉菜单中执行“选择性粘贴”命令。

第 10 步：在弹出的“选择性粘贴”对话框中点选“粘贴”单选按钮，然后在“形式”

列表中选中“Microsoft Excel 图表 对象”选项，单击“确定”按钮。

第 11 步：双击复制后的图表将其激活，在选中的图表上单击鼠标右键，在打开的快捷菜单中执行“更改图表类型”命令。打开“更改图表类型”对话框，在右侧的“条形图”区域中选择“簇状条形图”选项，单击“确定”按钮。

第 12 步：选中新创建的图表，打开“图表工具”的“设计”选项卡，在“图表布局”组中单击“图表布局”右侧的“其他”按钮，在打开的列表框中选择“布局 1”。

第 13 步：选中自动创建的“图表标题”，在图表标题文本框中输入文本“降水量分布表”。在文档中单击，退出激活框。

4. 办公软件间格式的转换：

第 14 步：执行“文件”→“保存”命令。

第 15 步：执行“文件”→“另保存”命令，弹出“另存为”对话框，在“保存位置”列表中选择考生文件夹所在位置，在“文件名”文本框中输入文件名“A7”，在“保存类型”列表中选择“纯文本（*.txt）”，单击“保存”按钮。

第 16 步：打开“文件转换”对话框，单击“确定”按钮即可。

7.9 第 9 题解答

执行“文件”→“打开”命令，在“查找范围”文本框中找到指定路径，选择“A7.docx”文件，单击“打开”按钮。

1. 文档中插入视频文件：

第 1 步：将光标定位在文档的结尾处，在“插入”选项卡下“文本”组中单击“对象”按钮，打开“对象”对话框，选择“由文件创建”选项卡，单击“浏览”按钮。打开“浏览”对话框，在指定目录（C:\Win2010GJW\KSML1 文件夹）中选择“KSWJ7-9A.wmv”视频文件，单击“插入”按钮。

第 2 步：返回到“对象”对话框，勾选“链接到文件”和“显示为图标”复选框，单击“更改图标”按钮。打开“更改图标”对话框，单击“浏览”按钮。打开“浏览”对话框，在指定目录（C:\Win2010GJW\KSML1 文件夹）中选择“KSWJ7-9B.ico”图标文件，单击“打开”按钮。返回到“更改图标”对话框，单击“确定”按钮。返回到“对象”对话框，单击“确定”按钮。

第 3 步：选中插入的视频文件图标，单击鼠标右健，在打开的快捷菜单中执行“设置对象格式”命令。弹出“设置对象格式”对话框，打开“大小”选项卡，在“缩放”区域中勾选“锁定纵横比”复选框，在“高度”和“宽度”文本框中均微调或输入“140%”。打开“版式”选项卡，在“环绕方式”选项区域中单击“紧密型”按钮，在“水平对齐方式”选项区域中点选“右对齐”单选按钮，单击“确定”按钮。

第 4 步：双击插入的视频图标，弹出“程序包”对话框，单击“打开”按钮，即可激活对象。

2. 页面中插入水印:

第 5 步：在“页面布局”选项卡下“页面背景”组中单击“水印”按钮，在打开的下拉列表中执行“自定义水印”命令。

第 6 步：在弹出的“水印”对话框中，选中“文字水印”项，在“文字”文本框中输入文字“春节话春联”，在“字体”下拉列表中选择“方正舒体”，在“字号”下拉列表中选择“96”磅，在“颜色”下拉列表中选择标准色中的“绿色”，勾选“半透明”复选框，点选“版式”中的“斜式”单选按钮，单击“确定”按钮即可。

3. 使用外部数据:

第 7 步：将光标定位在文档的结尾处，在“插入”选项卡下“文本”组中单击“对象”按钮，打开“对象”对话框，选择“由文件创建”选项卡，单击“浏览”按钮。打开“浏览”对话框，在指定目录（C:\Win2010GJW\KSML1 文件夹）中选择“KSWJ7-9C.xlsx”文件，单击“插入”按钮。返回到“对象”对话框，单击“确定”按钮即可。

第 8 步：双击插入的工作簿将其激活，在“费用统计表”工作表中同时选中单元格区域 A2:A10 和 C2:C10，在“插入”选项卡下“图表”组中单击“饼图”下拉按钮，选中“二维饼图”中的“饼图”，生成基本图表。

第 9 步：选中图表，在“开始”选项卡下的“剪贴板”组中单击“复制”按钮，在文档中单击，退出激活框。将光标定位文档的结尾处，在“开始”选项卡下的“剪贴板”组中单击“粘贴”按钮下面的下拉按钮，在打开的下拉菜单中执行“选择性粘贴”命令。

第 10 步：在弹出的“选择性粘贴”对话框中点选“粘贴”单选按钮，然后在“形式”列表中选中“Microsoft Excel 图表 对象”选项，单击“确定”按钮。

第 11 步：双击复制后的图表将其激活，在选中的图表上单击鼠标右键，在打开的快捷菜单中执行“更改图表类型”命令。打开“更改图表类型”对话框，在右侧的“饼图”区域中选择“分离型三维饼图”选项，单击“确定”按钮。

第 12 步：选中新创建的图表，打开“图表工具”的“设计”选项卡，在“图表布局”组中单击“图表布局”右侧的“其他”按钮，在打开的列表框中选择“布局 6”。

第 13 步：选中自动创建的“图表标题”，在图表标题文本框中输入文本“各辖区物业管理费统计表”。在文档中单击，退出激活框。

4. 办公软件间格式的转换:

第 14 步：执行“文件”→“保存”命令。

第 15 步：执行“文件”→“另保存”命令，弹出“另存为”对话框，在“保存位置”列表中选择考生文件夹所在位置，在“文件名”文本框中输入文件名“A7”，在“保存类型”列表中选择“单个文件网页（*.mht；*.mhtml）”，单击“更改标题”按钮，弹出“输入文字”对话框，在“页标题”区域文本框中输入文本“春节话春联”，单击“确定”按钮，返回到“另存为”对话框，单击“保存”按钮。

7.10 第 10 题解答

执行“文件”→“打开”命令，在“查找范围”文本框中找到指定路径，选择“A7.docx”文件，单击“打开”按钮。

1. 利用文档大纲创建演示文稿：

第 1 步：将光标定位在文档的任意位置，单击快速访问工具栏中的“发送到 Microsoft PowerPoint”按钮，系统自动运用当前文档的大纲结构创建一组幻灯片。

第 2 步：在新创建的幻灯片文档中，打开“设计”选项卡，在“主题”组中单击“主题”右侧的“其他”按钮，在打开的列表框中选择内置区域的“跋涉”主题。单击主题“颜色”按钮，在弹出的下拉列表中选择“精装书”。

第 3 步：打开“切换”选项卡，在“切换到此幻灯片”组中单击“其他”下拉按钮，在弹出的库中选择“翻转”。单击“效果选项”按钮，在弹出的下拉列表中选择“向左”。

第 4 步：在“切换”选项卡下的“计时”组中，在“持续时间”后面的微调框中微调或输入“03.50”，仅勾选“换片方式”区域中的“设置自动换片时间”复选框，在后面的微调框中微调或输入“00:04.00”，单击“全部应用”按钮。

第 5 步：执行“文件”→“保存”命令，弹出“另存为”对话框，在“保存位置”列表中选择考生文件夹所在位置，在“文件名”文本框中输入文件名“A7a.pptx”，在“保存类型”列表中选择“PowerPoint 演示文稿（*.pptx）”，单击“保存”按钮。

2. 在演示文稿中插入视频文件：

第 6 步：选中第 6 张幻灯片，在“插入”选项卡下“文本”组中单击“对象”按钮。打开“插入对象”对话框，勾选“由文件创建”复选框，单击“浏览”按钮。

第 7 步：打开“浏览”对话框，在指定目录（C:\Win2010GJW\KSML1 文件夹）中选择“KSWJ7-10A.wmv”视频文件，单击“确定”按钮。

第 8 步：返回到“插入对象”对话框，勾选“链接”和“显示为图标”复选框，单击“更改图标”按钮。

第 9 步：打开“更改图标”对话框，单击“浏览”按钮。打开“浏览”对话框，在指定目录（C:\Win2010GJW\KSML1 文件夹）中选择“KSWJ7-10B.ico”图标文件，单击“打开”按钮。返回到“更改图标”对话框，单击“确定”按钮，返回到“插入对象”对话框，单击“确定”按钮。

第 10 步：选中插入的视频图标，在“绘图工具”的“格式”选项卡下，在“大小”组的“高度”文本框中选择或输入“3.5 厘米”，在“宽度”文本框中选择或输入“5 厘米”。参照样文，将动作按钮拖拽到对应的位置。

第 11 步：执行“文件”→“保存”命令。

3. 在文档中插入演示文稿：

第 12 步：将光标定位在 A7.docx 文档的结尾处，在“插入”选项卡下“文本”组中单击“对象”按钮。打开“对象”对话框，选择“由文件创建”选项卡，单击“浏览”按钮。

第 13 步：打开“浏览”对话框，在指定目录（C:\Win2010GJW\KSML1 文件夹）中选择“KSWJ7-10C.pptx”文件，单击“插入”按钮。

第 14 步：返回到“对象”对话框，勾选“链接到文件”和“显示为图标”复选框，单击“更改图标”按钮。

第 15 步：打开“更改图标”对话框，单击“浏览”按钮。打开“浏览”对话框，在指定目录（C:\Win2010GJW\KSML1 文件夹）中选择“KSWJ7-10D.ico”图标文件，单击“打开”按钮。返回到“更改图标”对话框，单击“确定”按钮，返回到“对象”对话框，单击“确定”按钮。

第 16 步：选中插入的演示文稿图标，单击鼠标右键，在打开的快捷菜单中执行“设置对象格式”命令。

第 17 步：弹出“设置对象格式”对话框，打开“大小”选项卡，在“缩放”区域中勾选“锁定纵横比”复选框，在“高度”和“宽度”文本框中均微调或输入“120%”，单击“确定”按钮。

4. 页面中插入水印：

第 18 步：在“页面布局”选项卡下“页面背景”组中单击“水印”按钮，在打开的下拉列表中执行“自定义水印”命令。

第 19 步：在弹出的“水印”对话框中，选中“文字水印”项，在“文字”文本框中输入文字“世界七大奇迹”，在“字体”下拉列表中选择“方正姚体”，在“字号”下拉列表中输入“85”磅，在“颜色”下拉列表中选择标准色中的“紫色”，勾选“半透明”复选框，点选“版式”中的“斜式”单选按钮，单击“确定”按钮即可。

第 20 步：执行“文件”→“保存”命令。

7.11　第 11 题解答

执行“文件”→“打开”命令，在“查找范围”文本框中找到指定路径，选择“A7.docx”文件，单击“打开”按钮。

1. 利用文档大纲创建演示文稿：

第 1 步：将光标定位在文档的任意位置，单击快速访问工具栏中的“发送到 Microsoft PowerPoint”按钮，系统自动运用当前文档的大纲结构创建一组幻灯片。

第 2 步：在新创建的幻灯片文档中，打开“设计”选项卡，在“主题”组中单击“主题”右侧的“其他”按钮▾，在打开的列表框中选择内置区域的“流畅”主题。单击“背景”组中的“背景样式”按钮，在弹出的下拉列表中选择“样式 10”。

第 3 步：打开“切换”选项卡，在“切换到此幻灯片”组中单击“其他”下拉按钮▾，在弹出的库中选择“窗口”。单击“效果选项”按钮，在弹出的下拉列表中选择“水平”。

第 4 步：在“切换”选项卡下的“计时”组中，在“持续时间”后面的微调框中微调或输入“03.00”，仅勾选“换片方式”区域中的“设置自动换片时间”复选框，在后面的微调框中微调或输入“00:05.00”，单击“全部应用”按钮。

第 5 步：执行“文件”→“保存”命令，弹出“另存为”对话框，在“保存位置”列表中选择考生文件夹所在位置，在“文件名”文本框中输入文件名“A7a.pptx”，在“保存类型”列表中选择“PowerPoint 演示文稿（*.pptx）”，单击“保存”按钮。

2. 在演示文稿中插入数据表或图表:

第 6 步：选中第 7 张幻灯片，在“插入”选项卡下“文本”组中单击“对象”按钮。打开“插入对象”对话框，勾选“由文件创建”复选框，单击“浏览”按钮。

第 7 步：打开“浏览”对话框，在指定目录（C:\Win2010GJW\KSML1 文件夹）中选择“KSWJ7-11A.xlsx”文件，单击“确定”按钮，返回到“插入对象”对话框，单击“确定”按钮。参照样文，适当调整数据表的大小与位置。

第 8 步：执行“文件”→“保存”命令。

3. 在文档中插入演示文稿:

第 9 步：将光标定位在 A7.docx 文档的结尾处，在“插入”选项卡下“文本”组中单击“对象”按钮。打开“对象”对话框，选择“由文件创建”选项卡，单击“浏览”按钮。

第 10 步：打开“浏览”对话框，在指定目录（C:\Win2010GJW\KSML1 文件夹）中选择“KSWJ7-11B.pptx”文件，单击“插入”按钮。

第 11 步：返回到“对象”对话框，勾选“链接到文件”和“显示为图标”复选框，单击“更改图标”按钮。

第 12 步：打开“更改图标”对话框，单击“浏览”按钮。打开“浏览”对话框，在指定目录（C:\Win2010GJW\KSML1 文件夹）中选择“KSWJ7-11C.ico”图标文件，单击“打开”按钮。返回到“更改图标”对话框，单击“确定”按钮，返回到“对象”对话框，单击“确定”按钮。

第 13 步：选中插入的演示文稿图标，单击鼠标右键，在打开的快捷菜单中执行“设置对象格式”命令。

第 14 步：弹出“设置对象格式”对话框，打开“大小”选项卡，在“缩放”区域中勾选“锁定纵横比”复选框，在“高度”和“宽度”文本框中均微调或输入“140%”，单击“确定”按钮。在“开始”选项卡“段落”组中单击“文本右对齐”按钮。

4. 页面中插入水印:

第 15 步：在“页面布局”选项卡下“页面背景”组中单击“水印”按钮，在打开的下拉列表中执行“自定义水印”命令。

第 16 步：在弹出的“水印”对话框中，选中“文字水印”项，在“文字”文本框中输入文字“张家界自然景观”，在“字体”下拉列表中选择“幼圆”，在“字号”下拉列表中选择“72”磅，在“颜色”下拉列表中选择标准色中的“红色”，勾选“半透明”复选框，点选“版式”中的“斜式”单选按钮，单击“确定”按钮即可。

第 17 步：执行“文件”→“保存”命令。

7.12 第 12 题解答

执行“文件”→“打开”命令，在“查找范围”文本框中找到指定路径，选择“A7.xlsx”文件，单击“打开”按钮。

1. 工作表中创建、编辑宏：

第 1 步：在 Sheet1 工作表中，选中任意单元格。在“视图”选项卡下的“宏”组中，单击“宏”按钮下方的下拉按钮，在打开的列表中执行“录制宏”命令，如图 7-60 所示。

第 2 步：打开“录制宏”对话框，在“宏名”文本框中输入新录制宏的名称“KSMACR12A”，在“保存在”下拉列表中选择“当前工作簿”，单击“确定”按钮，如图 7-61 所示。

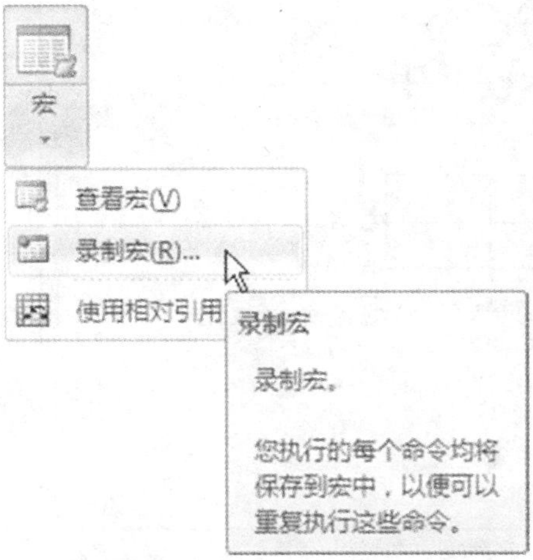

图 7-60

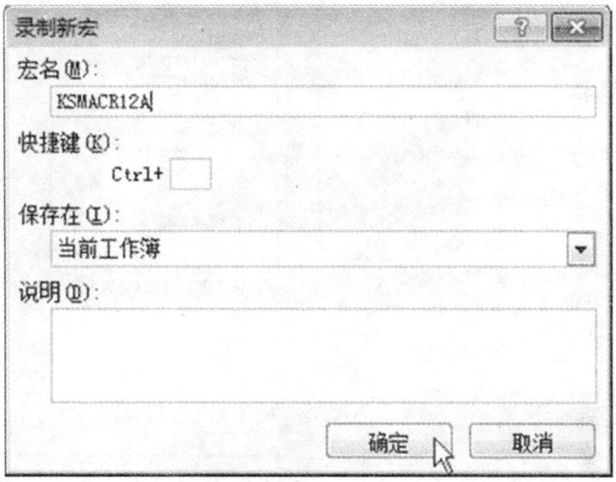

图 7-61

第 3 步：开始录制宏，在 Sheet1 工作表中，选中单元格区域 B3:L9，在“开始”选项卡下的“字体”组中的“字体”下拉列表中选择“华文细黑”，在“字号”下拉列表中选择“12”磅，在“字体颜色”下拉列表中选择标准色中的“深红”色，如图 7-62 所示。

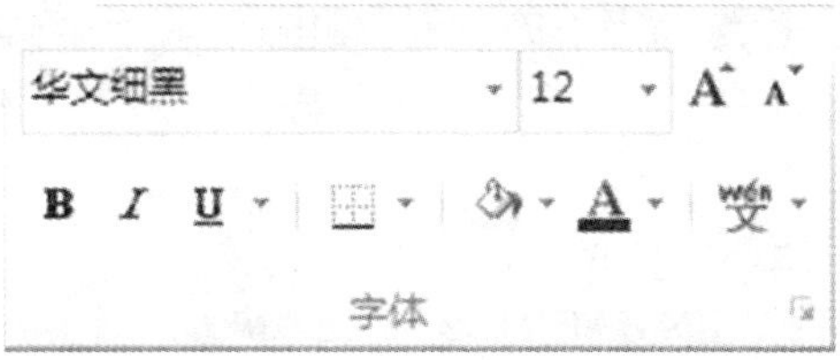

图 7-62

第 4 步：在“开始”选项卡下的“字体”组中，单击“框线”按钮右侧的下拉按钮，在弹出的下拉列表中执行“其他边框”命令，如图 7-63 所示。

第 5 步：打开“设置单元格格式”对话框，在“边框”选项卡中，在“样式”列表框中选择“粗实线”（第 5 行第 2 列）的样式，在“颜色”下拉列表中选择标准色中的“深蓝”色，在“预置”区域中单击“外边框”按钮；在“样式”列表框中选择“细实线”（第 7 行第 1 列）的样式，在“预置”区域中单击“内部”按钮，最后单击“确定”按钮，如图 7-64 所示。

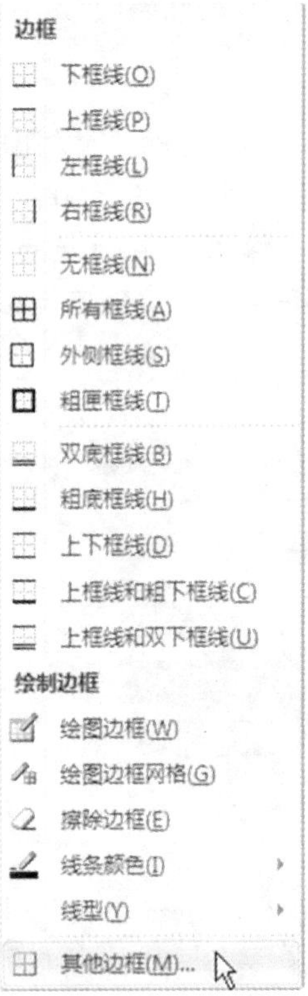

图 7-63

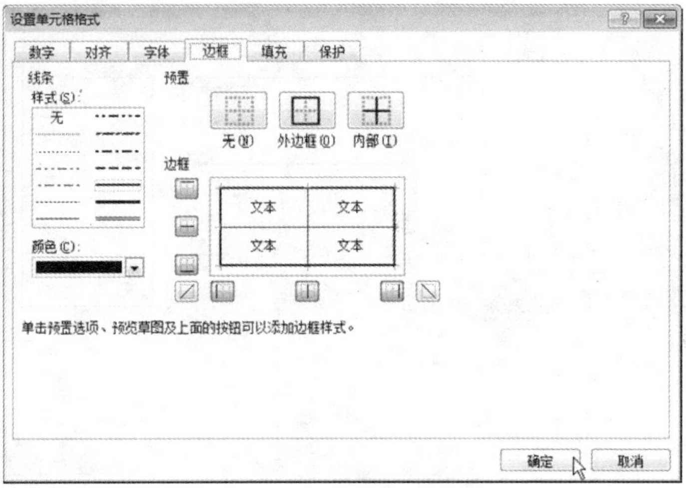

图 7-64

第 6 步：录制完毕后，在“视图”选项卡下的“宏”组中，单击“宏”按钮下方的下拉按钮，在打开的列表中执行“停止录制”命令，如图 7-65 所示。

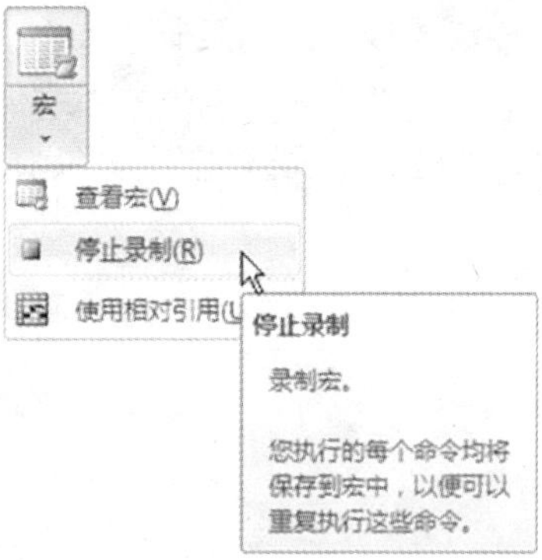

图 7-65

第 7 步：在 Sheet1 工作表中，选中任意四个以上空白单元格区域。在“视图”选项卡下的“宏”组中，单击“宏”按钮下方的下拉按钮，在打开的列表中执行“录制宏”命令。

第 8 步：打开“录制宏”对话框，在“宏名”文本框中输入新录制宏的名称“KSMACR12B”，在“快捷键”文本框中按下快捷键“Shift+C”，在“保存在”下拉列表中选择“当前工作簿”，单击“确定”按钮。

第 9 步：开始录制宏，在 Sheet1 工作表中，在“开始”选项卡下的“字体”组中的“字体”下拉列表中选择“隶书”，在“字号”下拉列表中选择“18”磅，单击“加粗”按钮 **B**。

第 10 步：在“开始”选项卡下的“字体”组中，单击“框线”按钮右侧的下拉按钮，在弹出的下拉列表中执行“其他边框”命令。

第 11 步：打开“设置单元格格式”对话框，在“边框”选项卡中，在“样式”列表框中选择“粗实线”（第 6 行第 2 列）的样式，在“颜色”下拉列表中选择标准色中的“紫色”，在“预置”区域中单击“外边框”按钮；在“样式”列表框中选择“细虚线”（第 6 行第 1 列）的样式，在“颜色”下拉列表中选择标准色中的“深红”色，在“预置”区域中单击“内部”按钮。选择“填充”选项卡，单击“其他颜色”按钮，如图 7-66 所示。

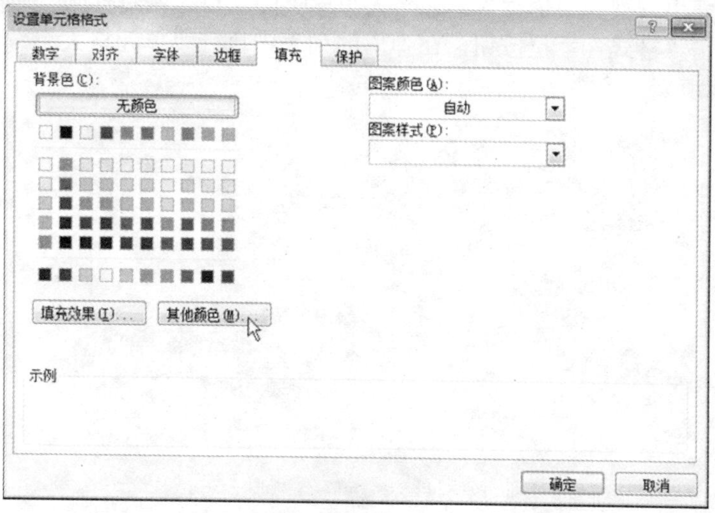

图 7-66

第 12 步：打开“颜色”对话框，在“自定义”选项卡下输入 RGB 值（255，255，153），单击“确定”按钮，如图 7-67 所示。返回到“设置单元格格式”对话框，单击“确定”按钮。

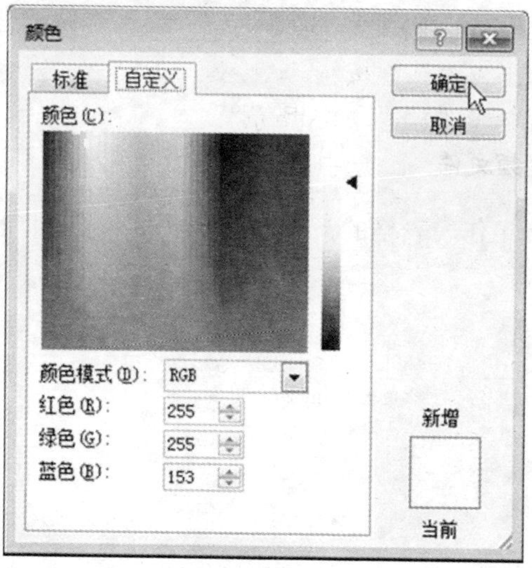

图 7-67

第 13 步：录制完毕后，在“视图”选项卡下的“宏”组中，单击“宏”按钮下方的下拉按钮，在打开的列表中执行“停止录制”命令。

2. 工作表中运行宏：

第 14 步：在 Sheet2 工作表中，选中单元格区域 B2:L9，按 Ctrl+Shift+C 组合键即可将该宏应用于所选单元格中。

第 15 步：选中单元格区域 B2:L9，在“开始”选项卡的“单元格”组中单击“格式”下拉按钮，在弹出的列表中执行“单元格大小”下的“自动调整行高”命令，如图 7-68 所示；再次单击“格式”下拉按钮，在弹出的列表中执行“单元格大小”下的“自动调整列宽”命令。

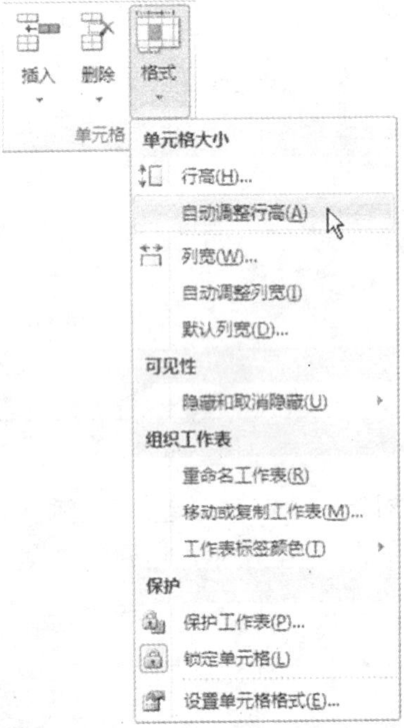

图 7-68

3. 工作表中插入视频文件：

第 16 步：在 Sheet2 工作表表格的下方，在“插入”选项卡下“文本”组中单击“对象”按钮，如图 7-69 所示。

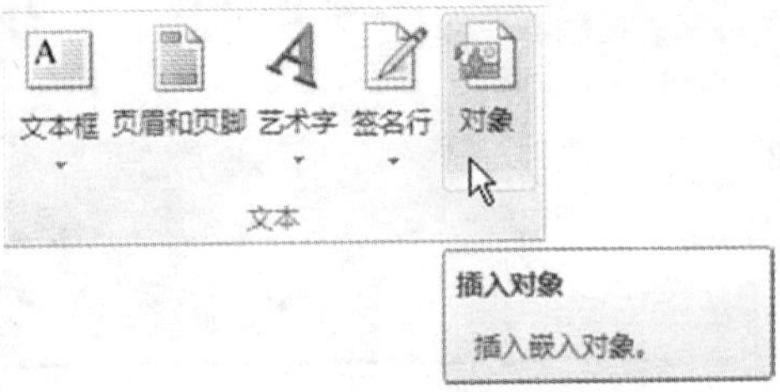

图 7-69

第 17 步：打开“对象”对话框，选择“由文件创建”选项卡，单击“浏览”按钮，如图 7-70 所示。

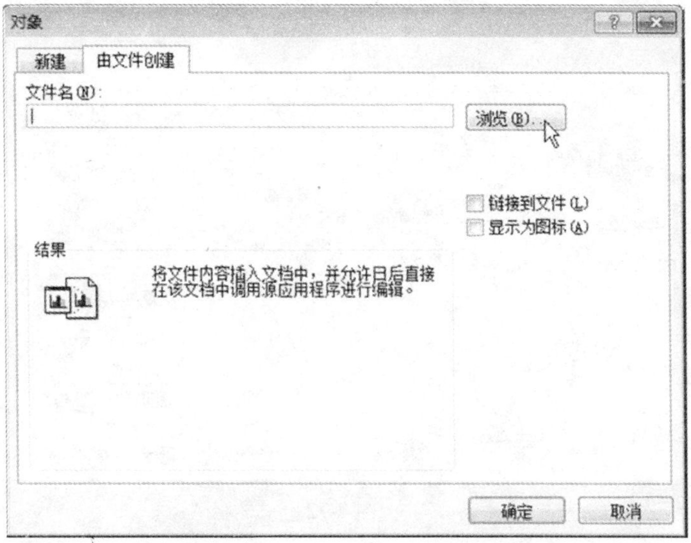

图 7-70

第 18 步：打开“浏览”对话框，在指定目录（C:\Win2010GJW\KSML1 文件夹）中选择“KSWJ7-12A.wmv”视频文件，单击“插入”按钮，如图 7-71 所示。

图 7-71

第 19 步：返回到“对象”对话框，勾选“链接到文件”和“显示为图标”复选框，单击“更改图标”按钮，如图 7-72 所示。

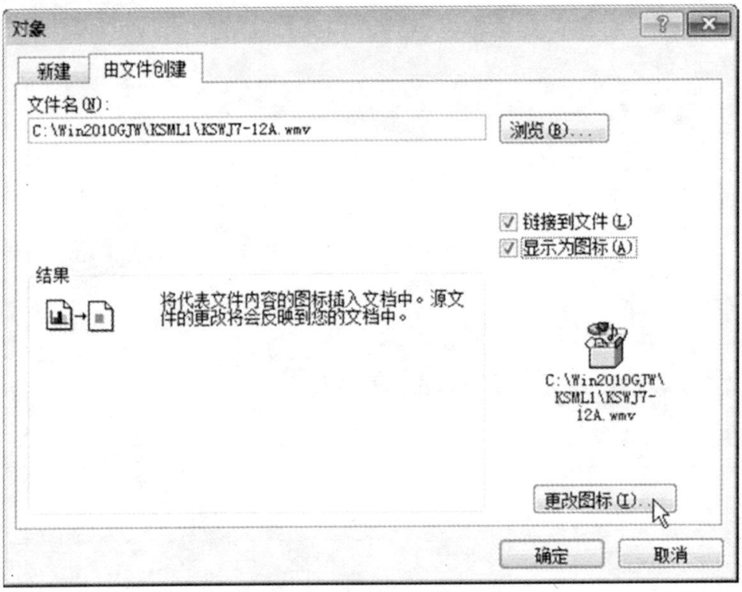

图 7-72

第 20 步：打开“更改图标”对话框，单击“浏览”按钮，如图 7-73 所示。

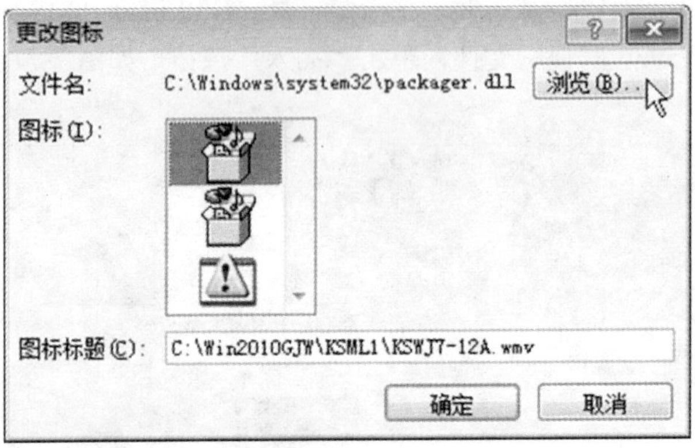

图 7-73

第 21 步：打开“浏览”对话框，在指定目录（C:\Win2010GJW\KSML1 文件夹）中选择“KSWJ7-12B.ico”图标文件，单击“确定”按钮。返回到“更改图标”对话框，在“图标标题”文本框中输入“KSWJ7-12A.wmv”，单击“确定”按钮，返回到“对象”对话框，单击“确定”按钮。

第 22 步：选中插入的视频文件图标，单击鼠标右键，在打开的快捷菜单中执行“设置对象格式”命令，如图 7-74 所示。

第 23 步：弹出“设置对象格式”对话框，打开“大小”选项卡，在“比例”区域中先取消“锁定纵横比”复选框的选中状态；在“大小和转角”区域中，在“高度”文本框中微调或输入“2.5 厘米”，在“宽度”文本框中微调或输入“3.5 厘米”，如图 7-75 所示。

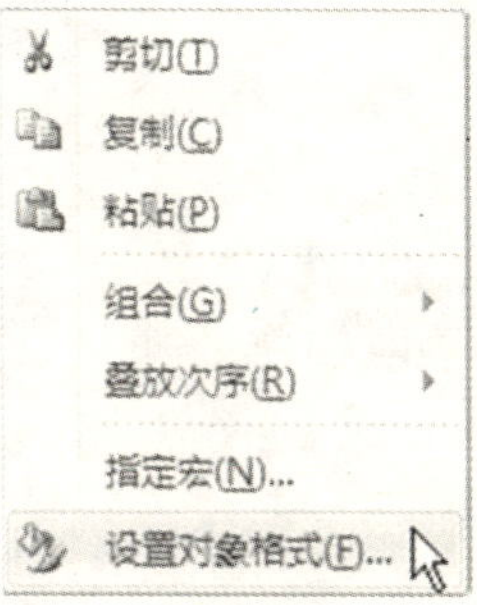

图 7-74

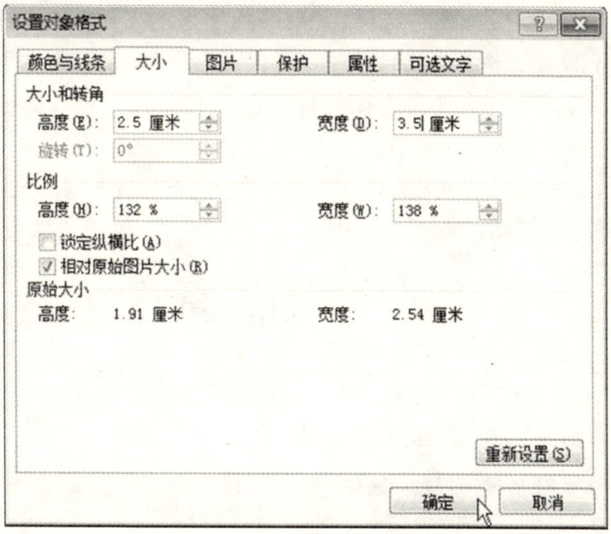

图 7-75

第 24 步：在“颜色与线条”选项卡中，在“线条”区域的“虚实”下拉列表中选择“长划线”线型，在“粗细”文本框中微调或输入“3 磅”，在“颜色”下拉列表中选择标准色中的“蓝色”。在“填充”区域的“颜色”下拉列表中执行“其他颜色”命令，打开“颜色”对话框，在“自定义”选项卡下输入 RGB 值（255，204，153），单击“确定”按钮返回到“设置对象格式”对话框，单击“确定”按钮，如图 7-76 所示。参照样文，将视频对象图标拖拽到对应的位置。

第 25 步：双击插入的视频对象图标，弹出“程序包”对话框，单击“打开”按钮，即可激活对象，如图 7-77 所示。

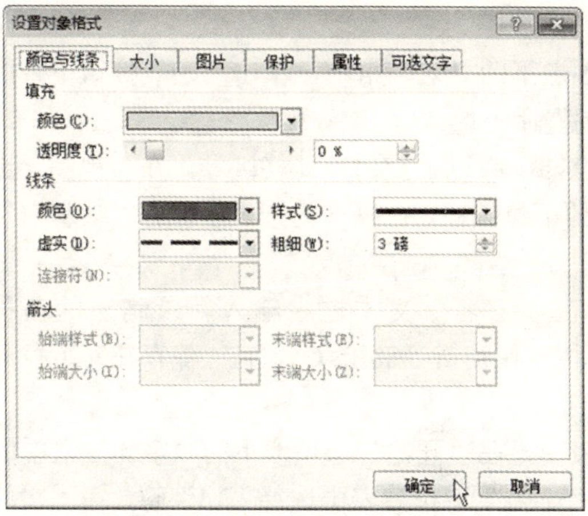

图 7-76

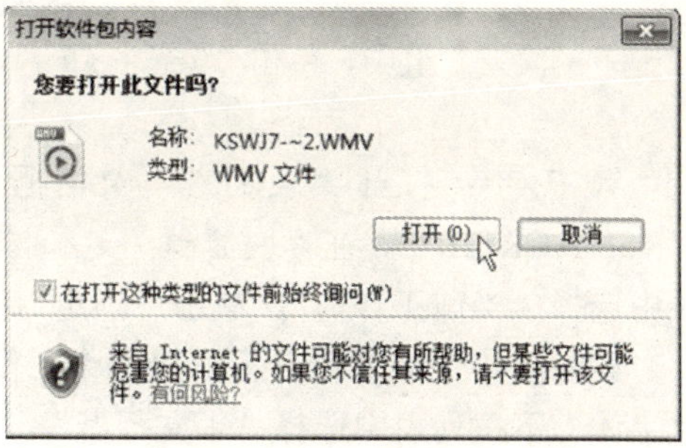

图 7-77

4. 办公软件间格式的转换：

第 26 步：打开“文件”选项卡，执行“另存为”命令，弹出“另存为”对话框，在“保存位置”列表中选择考生文件夹所在位置，在“文件名”文本框中输入文件名“A7”，在“保存类型”列表中选择“Excel 启用宏的工作簿（*.xlsm）”，单击“保存”按钮。

第 27 步：执行“文件”→“另保存”命令，弹出“另存为”对话框，在“保存位置”列表中选择考生文件夹所在位置，在“文件名”文本框中输入文件名“A7”，在“保存类型”列表中选择“单个文件网页（*.mht；*.mhtml）”，单击“更改标题”按钮，弹出“输入文字”对话框，在“页标题”区域文本框中输入文本“服装超市销售情况表”，单击“确定”按钮，返回到“另存为”对话框，单击“保存”按钮。

7.13　第 13 题解答

执行“文件”→“打开”命令，在“查找范围”文本框中找到指定路径，选择“A7.xlsx”文件，单击“打开”按钮。

1. 工作表中创建、编辑宏：

第 1 步：在 Sheet1 工作表中，选中任意单元格。在“视图”选项卡下的“宏”组中，单击“宏”按钮下方的下拉按钮，在打开的列表中执行“录制宏”命令。

第 2 步：打开“录制宏”对话框，在“宏名”文本框中输入新录制宏的名称“KSMACR13A”，在“保存在”下拉列表中选择“当前工作簿”，单击“确定”按钮。

第 3 步：开始录制宏，在 Sheet1 工作表中，选中单元格区域 B3:I10，在“开始”选项卡下的“字体”组中，在“字体”下拉列表中选择“华文中宋”。单击“框线”按钮右侧的下拉按钮，在弹出的下拉列表中执行“其他边框”命令。

第 4 步：打开“设置单元格格式”对话框，在“边框”选项卡中，在“样式”列表框中选择“细实线”（第 7 行第 1 列）的样式，在“预置”区域中单击“外边框”按钮；在“样式”列表框中选择“细虚线”（第 6 行第 1 列）的样式，在“预置”区域中单击“内部”按钮，最后单击“确定”按钮。

第 5 步：录制完毕后，在“视图”选项卡下的“宏”组中，单击“宏”按钮下方的下拉按钮，在打开的列表中执行“停止录制”命令。

第 6 步：在 Sheet1 工作表中，选中任意四个或以上空白单元格区域。在“视图”选项卡下的“宏”组中，单击“宏”按钮下方的下拉按钮，在打开的列表中执行“录制宏”命令。

第 7 步：打开“录制宏”对话框，在“宏名”文本框中输入新录制宏的名称“KSMACR13B”，在“快捷键”文本框中按下快捷键“Shift+C”，在“保存在”下拉列表中选择“当前工作簿”，单击“确定”按钮。

第 8 步：开始录制宏，在 Sheet1 工作表中，在“开始”选项卡下的“字体”组中的“字体”下拉列表中选择“华文行楷”，在“字号”下拉列表中选择“14”磅，在“字体颜色”下拉列表中执行“其他颜色”命令，打开“颜色”对话框，在“自定义”选项卡下输入 RGB 值（0，0，255），单击“确定”按钮，单击“加粗”按钮。

第 9 步：在“开始”选项卡下的“字体”组中，单击“框线”按钮右侧的下拉按钮，在弹出的下拉列表中执行“其他边框”命令。

第 10 步：打开“设置单元格格式”对话框，在“边框”选项卡中，在“样式”列表框中选择“粗实线”(第6行第2列)的样式，在“颜色”下拉列表中选择标准色中的“紫色”，在“预置”区域中分别单击“外边框”按钮和“内部”按钮。

第11步：选择“填充”选项卡，单击“其他颜色”按钮。打开“颜色”对话框，在“自定义”选项卡下输入RGB值（204，255，153），单击“确定”按钮返回到“设置单元格格式”对话框，单击“确定”按钮。

第12步：录制完毕后，在“视图”选项卡下的“宏”组中，单击“宏”按钮下方的下拉按钮，在打开的列表中执行“停止录制”命令。

2. 工作表中运行宏：

第13步：在Sheet2工作表中，选中单元格区域C4:G10，按Ctrl+Shift+C组合键即可将该宏应用于所选单元格中。

3. 工作表中插入声音文件：

第14步：在Sheet2工作表表格的下方，在“插入”选项卡下“文本”组中单击“对象”按钮。

第15步：打开“对象”对话框，选择“由文件创建”选项卡，单击“浏览”按钮。

第16步：打开“浏览”对话框，在指定目录（C:\Win2010GJW\KSML1文件夹）中选择“KSWJ7-13A.wma”声音文件，单击“插入”按钮。

第17步：返回到“对象”对话框，勾选“链接到文件”和“显示为图标”复选框，单击“更改图标”按钮。打开“更改图标”对话框，单击“浏览”按钮。

第18步：打开“浏览”对话框，在指定目录（C:\Win2010GJW\KSML1文件夹）中选择“KSWJ7-13B.ico”图标文件，单击“确定”按钮。返回到“更改图标”对话框，在“图标标题”文本框中输入“KSWJ7-13A.wma”，单击“确定”按钮，返回到“对象”对话框，单击“确定”按钮。

第19步：选中插入的声音文件图标，单击鼠标右键，在打开的快捷菜单中执行“设置对象格式”命令。

第20步：弹出“设置对象格式”对话框，打开“大小”选项卡，在“比例”区域中勾选“锁定纵横比”复选框，在“高度”和“宽度”文本框中微调或输入“150%”。

第21步：选择“颜色与线条”选项卡，在“线条”区域的“虚实”下拉列表中选择“实线”线型，在“粗细”文本框中微调或输入“2.25磅”，在“颜色”下拉列表中选择标准色中的“红色”。在“填充”区域的“颜色”下拉列表中执行“其他颜色”命令，打开“颜色”对话框，在“自定义”选项卡下输入RGB值（255，204，255），单击“确定”按钮返回到“设置对象格式”对话框，单击“确定”按钮。参照样文，将声音对象图标拖拽至相应的位置。

第22步：双击插入的声音对象图标，弹出“程序包”对话框，单击“打开”按钮，即可激活对象。

4. 办公软件间格式的转换：

第23步：打开“文件”选项卡，执行“另存为”命令，弹出“另存为”对话框，在

“保存位置”列表中选择考生文件夹所在位置，在“文件名”文本框中输入文件名“A7”，在“保存类型”列表中选择“Excel 启用宏的工作簿（*.xlsm）”，单击“保存”按钮。

第 24 步：执行“文件”→“另保存”命令，弹出“另存为”对话框，在“保存位置”列表中选择考生文件夹所在位置，在“文件名”文本框中输入文件名“A7”，在“保存类型”列表中选择“文本文件（制表符分隔）（*.txt）”，单击“保存”按钮。打开提示对话框，单击“确定”按钮，如图 7-78 所示。

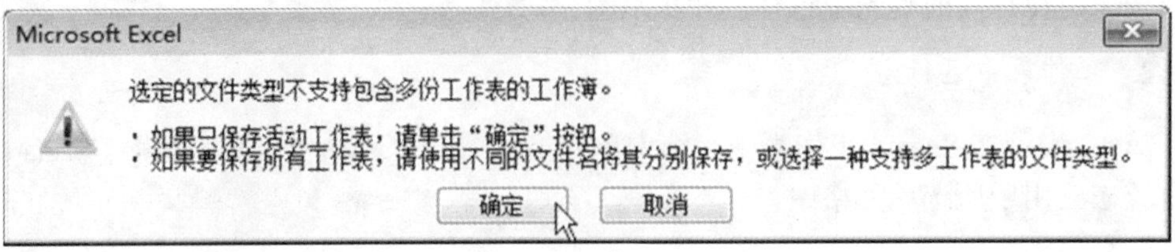

图 7-78

第 25 步：打开提示对话框，单击“是”按钮即可，如图 79 所示。

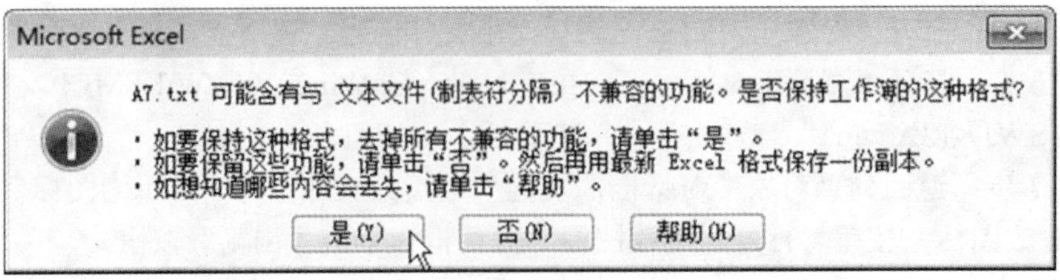

图 7-79

7.14 第 14 题解答

执行“文件”→“打开”命令，在“查找范围”文本框中找到指定路径，选择“A7.docx”文件，单击“打开”按钮。

1. 文档中创建、编辑宏：

第 1 步：在“视图”选项卡下的“宏”组中，单击“宏”按钮下方的下拉按钮，在打开的列表中执行“录制宏”命令。

第 2 步：弹出“录制宏”对话框，在“宏名”文本框中输入新录制宏的名称“KSMACR14”，在“将宏保存在”下拉列表中选择当前文档，单击“键盘”按钮。

第 3 步：弹出“自定义键盘”对话框，在“请按新快捷键”文本框中按下快捷键“Ctrl+Shift+C”，在“将更改保存在”下拉列表中选择当前文档，然后单击“指定”按钮，即可指定运行该宏的快捷键了，最后单击“关闭”按钮。

第 4 步：开始录制宏，在“开始”选项卡下“字体”组中，在“字体”下拉列表中选择“方正姚体”，在“字号”下拉列表中选择“四号”，在“字体颜色”下拉列表中选择标准色中的“橙色”。

第 5 步：单击“开始”选项卡下“段落”组右下角的“对话框启动器”按钮，弹出“段落”对话框。在“缩进和间距”选项卡下的“间距”区域的“段前”文本框中选择或输入“0.5 行”，在“段后”文本框中选择或输入“0.5 行”，在“行距”下拉列表中选择“固定值”项，在“设置值”文本框中选择或输入“18 磅”，单击“确定”按钮即可。

第 6 步：录制完毕后，在“视图”选项卡下的“宏”组中，单击“宏”按钮下方的下拉按钮，在打开的列表中执行“停止录制”命令。

第 7 步：选中正文第 2 段文本，按 Ctrl+Shift+C 组合键即可将该宏应用于所选文本。

第 8 步：在“视图”选项卡下的“宏”组中，单击“宏”按钮下方的下拉按钮，在打开的列表中执行“查看宏”命令。弹出“宏”对话框，单击“管理器”按钮。

第 9 步：打开“管理器”对话框，在“宏方案项”选项卡下，单击右侧“在 Normal.dotm 中”列表下方的“关闭文件”按钮。

第 10 步：当“关闭文件”按钮变为“打开文件”按钮时，单击该按钮，打开“打开”对话框，在指定目录（C:\Win2010GJW\KSML1 文件夹）中选择“KSDOTM7.dotm”模板文件，单击“打开”按钮。

第 11 步：返回到“管理器”对话框之后，在右侧列表中选择“NewMacros01”，单击“复制”按钮，即可将模板中的宏复制到左侧的列表中，最后，单击“关闭”按钮。

第 12 步：选中文档正文第 3 段文本，在“视图”选项卡下的“宏”组中，单击“宏”按钮下方的下拉按钮，在打开的列表中执行“查看宏”命令。弹出“宏”对话框，在“宏名”列表框中选择“KSMACR02”宏，单击“运行”按钮，即可将该宏应用于所选文本。

2. 文档中插入演示文稿文件：

第 13 步：将光标定位在文档的结尾处，在“插入”选项卡下“文本”组中单击“对象”按钮。打开“对象”对话框，选择“由文件创建”选项卡，单击“浏览”按钮。打开“浏览”对话框，在指定目录（C:\Win2010GJW\KSML1 文件夹）中选择“KSWJ7-14A.pptx”文件，单击“插入”按钮。返回到“对象”对话框，单击“确定”按钮。

第 14 步：选中插入的幻灯片，单击鼠标右健，在打开的快捷菜单中执行“设置对象格式”命令。弹出“设置对象格式”对话框，打开“大小”选项卡，在“缩放”区域中勾选“锁定纵横比”复选框，在“高度”和“宽度”文本框中均微调或输入“70%”。打开“版式”选项卡，在“环绕方式”选项区域中单击“紧密型”按钮，在“水平对齐方式”选项区域中点选“居中”对齐单选按钮，单击“确定”按钮。

3. 使用外部数据：

第 15 步：将光标定位在文档的第 2 页，在“插入”选项卡下“文本”组中单击“对象”按钮，打开“对象”对话框，选择“由文件创建”选项卡，单击“浏览”按钮。打开“浏览”对话框，在指定目录（C:\Win2010GJW\KSML1 文件夹）中选择“KSWJ7-14B.xlsx”文件，单击“插入”按钮。返回到“对象”对话框，单击“确定”按钮。

第 16 步：双击插入的工作簿将其激活，在“试验室仪器统计表”工作表中选中单元格区域 A2:F9，在“插入”选项卡下“图表”组中单击“柱形图”下拉按钮，选中“圆锥图”中的“簇状圆锥图”，生成基本图表。

第 17 步：选中图表，在“开始”选项卡下的“剪贴板”组中单击“复制”按钮，在文档中单击，退出激活框。将光标定位文档的第 3 页，在“开始”选项卡下的“剪贴板”组中单击“粘贴”按钮下面的下拉按钮，在打开的下拉菜单中执行“选择性粘贴”命令。

第 18 步：在弹出的“选择性粘贴”对话框中点选“粘贴”单选按钮，然后在“形式”列表中选中“Microsoft Excel 图表 对象”选项，单击“确定”按钮。

第 19 步：双击复制后的图表将其激活，在选中的图表上单击鼠标右键，在打开的快捷菜单中执行“更改图表类型”命令。

第 20 步：打开“更改图表类型”对话框，在右侧的“条形图”区域中选择“簇状水平棱锥图”选项，单击“确定”按钮。

第 21 步：选中整个图表，打开“图表工具”的“设计”选项卡，在“图表布局”组中单击“图表布局”右侧的“其他”按钮，在打开的列表框中选择“布局 8”。

第 22 步：选中自动创建的“图表标题”，在图表标题文本框中输入文本“试验室仪器统计表”，在横坐标轴文本框中输入文本“数量”，在纵坐标轴文本框中输入文本“学校”。在文档中单击，退出激活框。

4. 办公软件间格式的转换：

第 23 步：打开“文件”选项卡，执行“另存为”命令，弹出“另存为”对话框，在“保存位置”列表中选择考生文件夹所在位置，在“文件名”文本框中输入文件名“A7”，在“保存类型”列表中选择“启用宏的 Word 文档（*.docm）”，单击“保存”按钮。

第 24 步：执行“文件”→“另保存”命令，弹出“另存为”对话框，在“保存位置”列表中选择考生文件夹所在位置，在“文件名”文本框中输入文件名“A7”，在“保存类型”列表中选择“网页（*.htm；*.html）”，单击“更改标题”按钮，弹出“输入文字”对话框，在“页标题”区域文本框中输入文本“海底山脉”，单击“确定”按钮，返回到“另存为”对话框，单击“保存”按钮。

7.15 第 15 题解答

执行“文件”→“打开”命令，在“查找范围”文本框中找到指定路径，选择“A7.docx”文件，单击“打开”按钮。

1. 文档中插入视频文件：

第 1 步：将光标定位在文档的结尾处，在“插入”选项卡下“文本”组中单击“对象”按钮，打开“对象”对话框，选择“由文件创建”选项卡，单击“浏览”按钮。打开“浏览”对话框，在指定目录（C:\Win2010GJW\KSML1 文件夹）中选择“KSWJ7-15A.wmv”视频文件，单击“插入”按钮。

第 2 步：返回到“对象”对话框，勾选“链接到文件”和“显示为图标”复选框，单击“更改图标”按钮。打开“更改图标”对话框，单击“浏览”按钮。打开“浏览”对话框，在指定目录（C:\Win2010GJW\KSML1 文件夹）中选择 “KSWJ7-15B.ico” 图标文件，单击“打开”按钮。返回到“更改图标”对话框，单击“确定”按钮。返回到“对象”对话框，单击“确定”按钮。

第 3 步：选中插入的视频文件图标，单击鼠标右健，在打开的快捷菜单中执行“设置对象格式”命令。弹出“设置对象格式”对话框，打开“大小”选项卡，在“缩放”区域中勾选“锁定纵横比”复选框，在“高度”和“宽度”文本框中均微调或输入“145%”。打开“版式”选项卡，在“环绕方式”选项区域中单击“四周型”按钮，在“水平对齐方式”选项区域中点选“左对齐”单选按钮，选择“颜色与线条”选项卡。

第 4 步：在“颜色与线条”选项卡中，在“线条”区域的“虚实”下拉列表中选择“实线”线型，在“粗细”文本框中微调或输入“1.5 磅”，在“颜色”下拉列表中选择标准色中的“绿色”，单击“确定”按钮，如图 7-80 所示。

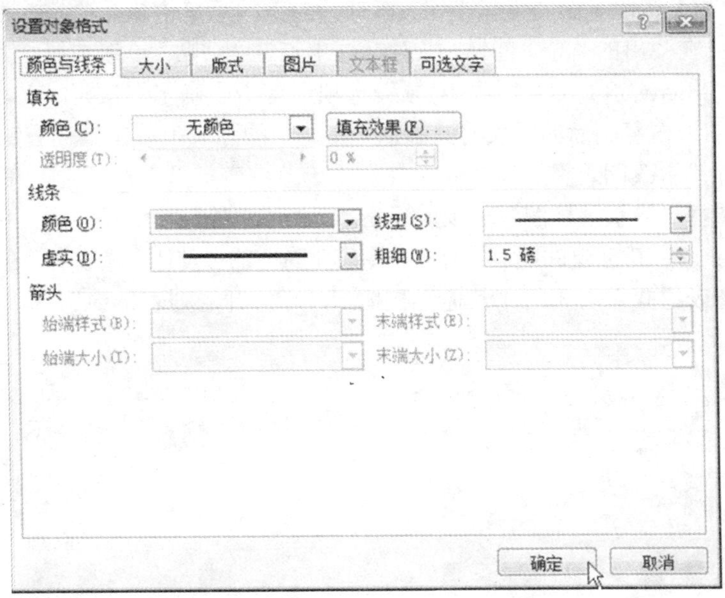

图 7-80

第 5 步：双击插入的视频图标，弹出“程序包”对话框，单击“打开”按钮，即可激活对象。

2. 页面中插入水印：

第 6 步：在“页面布局”选项卡下“页面背景”组中单击“水印”按钮，在打开的下拉列表中执行“自定义水印”命令。

第 7 步：在弹出的“水印”对话框中，选中“文字水印”项，在“文字”文本框中输入文字“插花艺术”，在“字体”下拉列表中选择“华文新魏”，在“字号”下拉列表中选择“96”磅，在“颜色”下拉列表中选择标准色中的“紫色”，取消“半透明”复选框的选中状态，点选“版式”中的“水平”单选按钮，单击“确定”按钮即可。

3. 使用外部数据：

第 8 步：将光标定位在文档的结尾处，在“插入”选项卡下“文本”组中单击“对象”按钮，打开“对象”对话框，选择“由文件创建”选项卡，单击“浏览”按钮。打开“浏览”对话框，在指定目录（C:\Win2010GJW\KSML1 文件夹）中选择“KSWJ7-15C.xlsx”文件，单击“插入”按钮。返回到“对象”对话框，单击“确定”按钮即可。

第 9 步：双击插入的工作簿将其激活，在“图书销售情况表”工作表中同时选中单元格区域 A2:A12 和 C2:C12，在“插入”选项卡下“图表”组中单击“饼图”下拉按钮，选中“二维饼图”中的“分离型饼图”，生成基本图表。

第 10 步：选中图表，在“开始”选项卡下的“剪贴板”组中单击“复制”按钮，在文档中单击，退出激活框。将光标定位文档的结尾处，在“开始”选项卡下的“剪贴板”组中单击“粘贴”按钮下面的下拉按钮，在打开的下拉菜单中执行“选择性粘贴”命令。

第 11 步：在弹出的“选择性粘贴”对话框中点选“粘贴”单选按钮，然后在“形式”列表中选中“Microsoft Excel 图表 对象”选项，单击“确定”按钮。

第 12 步：双击复制后的图表将其激活，在选中的图表上单击鼠标右键，在打开的快捷菜单中执行“更改图表类型”命令。打开“更改图表类型”对话框，在右侧的“柱形图”区域中选择“簇状圆柱图”选项，单击“确定”按钮。

第 13 步：选中新创建的图表，打开“图表工具”的“设计”选项卡，在“图表样式”组中单击“图表样式”右侧的“其他”按钮，在打开的列表框中选择“样式 32”，如图 7-81 所示。

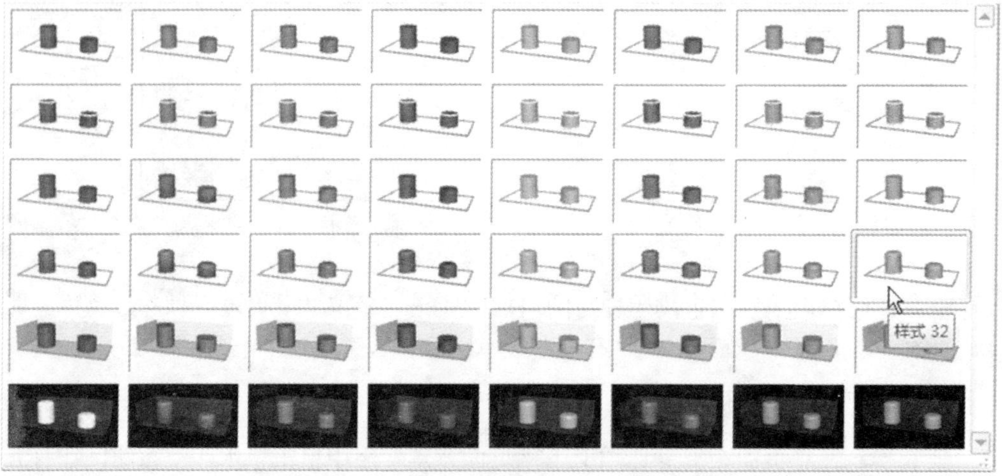

图 7-81

第 14 步：选中自动创建的“图表标题”，在图表标题文本框中输入文本“图书销售数量表”。

第 15 步：在“图表工具”的“格式”选项卡下，在“形状样式”组中单击“形状样式”右侧的“其他”按钮，在打开的库中选择“细微效果 - 水绿色，强调颜色 5”形状样式，如图 7-82 所示。在文档中单击，退出激活框。

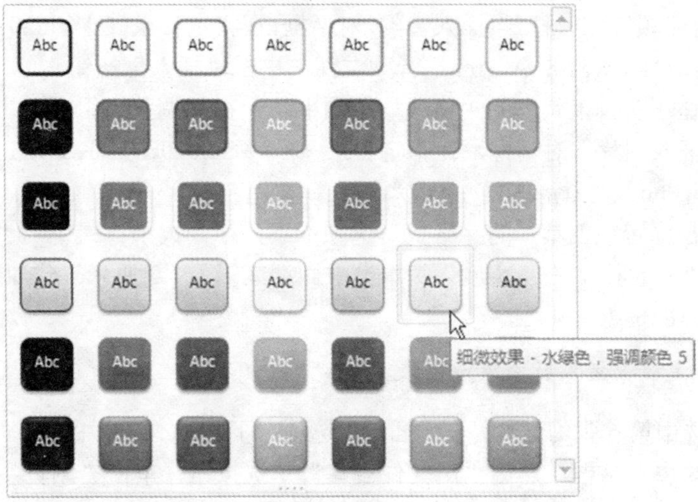

图 7-82

4. 办公软件间格式的转换:

第 16 步：执行“文件”→“保存”命令。

第 17 步：执行“文件”→“另保存”命令，弹出“另存为”对话框，在“保存位置”列表中选择考生文件夹所在位置，在“文件名”文本框中输入文件名“A7”，在“保存类型”列表中选择“PDF（*.pdf）”，单击“保存”按钮。

7.16　第 16 题解答

执行“文件”→“打开”命令，在“查找范围”文本框中找到指定路径，选择“A7.docx”文件，单击“打开”按钮。

1. 利用文档大纲创建演示文稿:

第 1 步：将光标定位在文档的任意位置，单击快速访问工具栏中的“发送到 Microsoft PowerPoint”按钮，系统自动运用当前文档的大纲结构创建一组幻灯片。

第 2 步：在新创建的幻灯片文档中，打开“设计”选项卡，在“主题”组中单击“主题”右侧的“其他”按钮，在打开的列表框中选择内置区域的“跋涉”主题。

第 3 步：打开“切换”选项卡，在“切换到此幻灯片”组中单击“其他”下拉按钮，在弹出的库中选择“涟漪”。

第 4 步：在“切换”选项卡下的“计时”组中，在“持续时间”后面的微调框中微调或输入“03.00”，单击“全部应用”按钮。

第 5 步：执行“文件”→“保存”命令，弹出“另存为”对话框，在“保存位置”列表中选择考生文件夹所在位置，在“文件名”文本框中输入文件名“A7a.pptx”，在“保存类型”列表中选择“PowerPoint 演示文稿（*.pptx）”，单击“保存”按钮。

2. 在演示文稿中插入声音文件:

第 6 步：选中第 4 张幻灯片，在“插入”选项卡下“媒体”组中单击“音频”按钮，执行"文件中的音频"命令。打开"插入音频"对话框，在指定目录（C:\Win2010GJW\KSML1 文件夹）中选择"KSWJ7-16A.wma"音频文件，单击"插入"按钮。

第 7 步：在"音频工具"的"格式"选项卡下，在"调整"组中单击"更改图片"按钮。打开"插入图片"对话框，在指定目录（C:\Win2010GJW\KSML1 文件夹）中选择"KSWJ7-16B.png"图标文件，单击"插入"按钮。

第 8 步：在"音频工具"的"格式"选项卡下，在"大小"组中的"高度"文本框中微调或输入"3 厘米"，在"宽度"文本框中微调或输入"3 厘米"。参照样文，将动作按钮拖拽到对应的位置。

3. 在演示文稿中插入数据表或图表：

第 9 步：选中第 6 张幻灯片，在"插入"选项卡下"文本"组中单击"对象"按钮。打开"插入对象"对话框，点选"由文件创建"单选按钮，单击"浏览"按钮。

第 10 步：打开"浏览"对话框，在指定目录（C:\Win2010GJW\KSML1 文件夹）中选择"KSWJ7-16C.xlsx" 文件，单击"确定"按钮。返回到"插入对象"对话框，单击"确定"按钮。参照样文，调整图表大小，并拖拽到对应的位置。

第 11 步：执行"文件"→"保存"命令。

4. 在文档中插入演示文稿：

第 12 步：将光标定位在 A7.docx 文档的结尾处，在"插入"选项卡下"文本"组中单击"对象"按钮。打开"对象"对话框，选择"由文件创建"选项卡，单击"浏览"按钮。

第 13 步：打开"浏览"对话框，在指定目录（C:\Win2010GJW\KSML1 文件夹）中选择"KSWJ7-16D.pptx"文件，单击"插入"按钮。

第 14 步：返回到"对象"对话框，勾选"链接到文件"和"显示为图标"复选框，单击"更改图标"按钮。

第 15 步：打开"更改图标"对话框，单击"浏览"按钮。打开"浏览"对话框，在指定目录（C:\Win2010GJW\KSML1 文件夹）中选择"KSWJ7-16E.ico"图标文件，单击"打开"按钮。返回到"更改图标"对话框，单击"确定"按钮，返回到"对象"对话框，单击"确定"按钮。

第 16 步：选中插入的演示文稿图标，单击鼠标右键，在打开的快捷菜单中执行"设置对象格式"命令。

第 17 步：弹出"设置对象格式"对话框，打开"大小"选项卡，在"缩放"区域中勾选"锁定纵横比"复选框，在"高度"和"宽度"文本框中均微调或输入"140%"，单击"确定"按钮。

第 18 步：执行"文件"→"保存"命令。

7.17　第 17 题解答

执行"文件"→"打开"命令，在"查找范围"文本框中找到指定路径，选择"A7.docx"文件，单击"打开"按钮。

1. 文档中创建、编辑宏:

第 1 步：在“视图”选项卡下的“宏”组中，单击“宏”按钮下方的下拉按钮，在打开的列表中执行“录制宏”命令。

第 2 步：弹出“录制宏”对话框，在“宏名”文本框中输入新录制宏的名称“KSMACR17”，在“将宏保存在”下拉列表中选择当前文档，单击“键盘”按钮。

第 3 步：弹出“自定义键盘”对话框，在“请按新快捷键”文本框中按下快捷键“Ctrl+Shift+C”，在“将更改保存在”下拉列表中选择当前文档，然后单击“指定”按钮，即可指定运行该宏的快捷键了，最后单击“关闭”按钮。

第 4 步：开始录制宏，在“开始”选项卡下的“字体”组中的“字体”下拉列表中选择“华文新魏”，在“字号”下拉列表中选择“小一”，单击“加粗”按钮 B 。单击“段落”组中的“居中”按钮。

第 5 步：单击“开始”选项卡下“段落”组右下角的“对话框启动器”按钮，弹出“段落”对话框。在“缩进和间距”选项卡下的“间距”区域的“段前”文本框中选择或输入“1 行”，在“段后”文本框中选择或输入“1 行”，单击“确定”按钮即可。

第 6 步：录制完毕后，在“视图”选项卡下的“宏”组中，单击“宏”按钮下方的下拉三角箭头，在打开的列表中执行“停止录制”命令。

第 7 步：选中正文标题行，按 Ctrl+Shift+C 组合键即可将该宏应用于所选文本。

第 8 步：在“视图”选项卡下的“宏”组中，单击“宏”按钮下方的下拉三角箭头，在打开的列表中执行“查看宏”命令。弹出“宏”对话框，单击“管理器”按钮。

第 9 步：打开“管理器”对话框，在“宏方案项”选项卡下，单击右侧“在 Normal.dotm 中”列表下方的“关闭文件”按钮。

第 10 步：当“关闭文件”按钮变为“打开文件”按钮时，单击该按钮，打开“打开”对话框，在指定目录（C:\Win2010GJW\KSML1 文件夹）中选择 “KSDOTM7.dotm”模板文件，单击“打开”按钮。

第 11 步：返回到“管理器”对话框之后，在右侧列表中选择“NewMacros01”，单击“复制”按钮，即可将模板中的宏复制到左侧的列表中，最后，单击“关闭”按钮。

第 12 步：选中文档正文部分，在“视图”选项卡下的“宏”组中，单击“宏”按钮下方的下拉三角箭头，在打开的列表中执行“查看宏”命令。弹出“宏”对话框，在“宏名”列表框中选择“KSMACR05”宏，单击“运行”按钮，即可将该宏应用于所选文本。

2. 文档中插入视频文件:

第 13 步：将光标定位在文档的结尾处，在“插入”选项卡下“文本”组中单击“对象”按钮。打开“对象”对话框，选择“由文件创建”选项卡，单击“浏览”按钮。打开“浏览”对话框，在指定目录（C:\Win2010GJW\KSML1 文件夹）中选择 “KSWJ7-17A.wmv”视频文件，单击“插入”按钮。返回到“对象”对话框，勾选“链接到文件”和“显示为图标”复选框，单击“确定”按钮。

第 14 步：选中插入的视频文件图标，单击鼠标右健，在打开的快捷菜单中执行“设置对象格式”命令。弹出“设置对象格式”对话框，打开“大小”选项卡，在“缩放”区域中勾选“锁定纵横比”复选框，在“高度”和“宽度”文本框中均微调或输入“150%”。

打开“版式”选项卡，在“环绕方式”选项区域中单击“四周型”按钮，在“水平对齐方式”选项区域中点选“居中”对齐单选按钮，单击“确定”按钮。

3. 使用外部数据：

第 15 步：将光标定位在文档的结尾处，在“插入”选项卡下“文本”组中单击“对象”按钮，打开“对象”对话框，选择“由文件创建”选项卡，单击“浏览”按钮。打开“浏览”对话框，在指定目录（C:\Win2010GJW\KSML1 文件夹）中选择“KSWJ7-17B.xlsx”文件，单击“插入”按钮。返回到“对象”对话框，单击“确定”按钮即可。

第 16 步：双击插入的工作簿将其激活，在“氨基酸需要量统计表”工作表中同时选中单元格区域 B3:B11 和 G3:G11，在“插入”选项卡下“图表”组中单击“饼图”下拉按钮，选中“三维饼图”中的“三维饼图”，生成基本图表。

第 17 步：选中图表，在“开始”选项卡下的“剪贴板”组中单击“复制”按钮。在文档中单击，退出激活框。将光标定位文档的结尾处，在“开始”选项卡下的“剪贴板”组中单击“粘贴”按钮下面的下拉按钮，在打开的下拉菜单中执行“选择性粘贴”命令。

第 18 步：在弹出的“选择性粘贴”对话框中点选“粘贴”单选按钮，然后在“形式”列表中选中“Microsoft Excel 图表 对象”选项，单击“确定”按钮。

第 19 步：双击复制后的图表将其激活，在选中的图表上单击鼠标右键，在打开的快捷菜单中执行“更改图表类型”命令。

第 20 步：打开“更改图表类型”对话框，在右侧的“饼图”区域中选择“分离型三维饼图”选项，单击“确定”按钮。

第 21 步：选中新创建的图表，打开“图表工具”的“设计”选项卡，在“图表布局”组中单击“图表布局”右侧的“其他”按钮，在打开的列表框中选择“布局 6”。

第 22 步：选中自动创建的“图表标题”，在图表标题文本框中输入文本“人体每天氨基酸需要量平均数”即可。在文档中单击，退出激活框。

4. 办公软件间格式的转换：

第 23 步：执行“文件”→“另保存”命令，弹出“另存为”对话框，在“保存位置”列表中选择考生文件夹所在位置，在“文件名”文本框中输入文件名“A7”，在“保存类型”列表中选择“启用宏的 Word 文档（*.docm）”，单击“保存”按钮。

第 24 步：执行“文件”→“另保存”命令，弹出“另存为”对话框，在“保存位置”列表中选择考生文件夹所在位置，在“文件名”文本框中输入文件名“A7”，在“保存类型”列表中选择“RTF 格式（*.rtf）”，单击“保存”按钮。

第 25 步：保存文件后弹出提示对话框，单击“是”按钮，即可完成文件格式的转换。

7.18 第 18 题解答

执行“文件”→“打开”命令，在“查找范围”文本框中找到指定路径，选择“A7.docx”文件，单击“打开”按钮。

1. 文档中插入声音文件：

第 1 步：将光标定位在文档的结尾处，在“插入”选项卡下“文本”组中单击“对象”按钮，打开“对象”对话框，选择“由文件创建”选项卡，单击“浏览”按钮。打开“浏览”对话框，在指定目录（C:\Win2010GJW\KSML1 文件夹）中选择“KSWJ7-18A.wma”声音文件，单击“插入”按钮。

第 2 步：返回到“对象”对话框，勾选“链接到文件”和“显示为图标”复选框，单击“更改图标”按钮。打开“更改图标”对话框，单击“浏览”按钮。打开“浏览”对话框，在指定目录（C:\Win2010GJW\KSML1 文件夹）中选择“KSWJ7-18B.ico”图标文件，单击“打开”按钮。返回到“更改图标”对话框，单击“确定”按钮。返回到“对象”对话框，单击“确定”按钮。

第 3 步：选中插入的声音文件图标，单击鼠标右健，在打开的快捷菜单中执行“设置对象格式”命令。弹出“设置对象格式”对话框，打开“大小”选项卡，在“缩放”区域中勾选“锁定纵横比”复选框，在“高度”和“宽度”文本框中均微调或输入“150%”。打开“版式”选项卡，在“环绕方式”选项区域中单击“浮于文字上方”按钮，在“水平对齐方式”选项区域中点选“右对齐”单选按钮，单击“确定”按钮。

第 4 步：双击插入的声音图标，弹出“程序包”对话框，单击“打开”按钮，即可激活对象。

2. 页面中插入水印：

第 5 步：在“页面布局”选项卡下“页面背景”组中单击“水印”按钮，在打开的下拉列表中执行“自定义水印”命令。

第 6 步：在弹出的“水印”对话框中，选中“文字水印”项，在“文字”文本框中输入文字“母亲节的来历”，在“字体”下拉列表中选择“微软雅黑”，在“字号”下拉列表中选择“80”磅，在“颜色”下拉列表中选择标准色中的“浅蓝”色，勾选“半透明”复选框，点选“版式”中的“斜式”单选按钮，单击“确定”按钮即可。

3. 使用外部数据：

第 7 步：将光标定位在文档的结尾处，在“插入”选项卡下“文本”组中单击“对象”按钮，打开“对象”对话框，选择“由文件创建”选项卡，单击“浏览”按钮。打开“浏览”对话框，在指定目录（C:\Win2010GJW\KSML1 文件夹）中选择“KSWJ7-18C.xlsx”文件，单击“插入”按钮。返回到“对象”对话框，单击“确定”按钮即可。

第 8 步：双击插入的工作簿将其激活，在“鲜花销量统计表”工作表中选中单元格区域 B3:E10，在“插入”选项卡下“图表”组中单击“折线图”下拉按钮，选中“二维折线图”中的“折线图”，生成基本图表。

第 9 步：选中图表，在“开始”选项卡下的“剪贴板”组中单击“复制”按钮，在文档中单击，退出激活框。将光标定位文档的结尾处，在“开始”选项卡下的“剪贴板”组中单击“粘贴”按钮下面的下拉按钮，在打开的下拉菜单中执行“选择性粘贴”命令。

第 10 步：在弹出的“选择性粘贴”对话框中点选“粘贴”单选按钮，然后在“形式”

列表中选中“Microsoft Excel 图表 对象”选项，单击“确定”按钮。

第 11 步：双击复制后的图表将其激活，在选中的图表上单击鼠标右键，在打开的快捷菜单中执行“更改图表类型”命令。打开“更改图表类型”对话框，在右侧的“折线图”区域中选择“三维折线图”选项，单击“确定”按钮。

第 12 步：选中新创建的图表，打开“图表工具”的“设计”选项卡，在“图表布局”组中单击“图表布局”右侧的“其他”按钮，在打开的列表框中选择“布局 10”。

第 13 步：选中自动创建的“图表标题”，在图表标题文本框中输入文本“鲜花销量统计表”，在横坐标标题文本框中输入文本“品种”，在纵坐标标题文本框中输入文本“数量”。在文档中单击，退出激活框。

4. 办公软件间格式的转换：

第 14 步：执行“文件”→“保存”命令。

第 15 步：执行“文件”→“另保存”命令，弹出“另存为”对话框，在“保存位置”列表中选择考生文件夹所在位置，在“文件名”文本框中输入文件名“A7”，在“保存类型”列表中选择“单个文件网页（*.mht；*.mhtml）”，单击“更改标题”按钮，弹出“输入文字”对话框，在“页标题”区域文本框中输入文本“母亲节的来历”，单击“确定”按钮，返回到“另存为”对话框，单击“保存”按钮。

7.19 第 19 题解答

执行“文件”→“打开”命令，在“查找范围”文本框中找到指定路径，选择“A7.docx”文件，单击“打开”按钮。

1. 利用文档大纲创建演示文稿：

第 1 步：将光标定位在文档的任意位置，单击快速访问工具栏中的“发送到 Microsoft PowerPoint”按钮，系统自动运用当前文档的大纲结构创建一组幻灯片。

第 2 步：在新创建的幻灯片文档中，打开“设计”选项卡，在“主题”组中单击“主题”右侧的“其他”按钮，在打开的列表框中选择内置区域的“流畅”主题。单击“背景”组中的“背景样式”按钮，在弹出的下拉列表中选择“样式 10”。

第 3 步：打开“切换”选项卡，在“切换到此幻灯片”组中单击“其他”下拉按钮，在弹出的库中选择“棋盘”。

第 4 步：在“切换”选项卡下的“计时”组中，在“持续时间”后面的微调框中微调或输入“03.00”，仅勾选“换片方式”区域中的“设置自动换片时间”复选框，在后面的微调框中微调或输入“00:04.00”，单击“全部应用”按钮。

第 5 步：执行“文件”→“保存”命令，弹出“另存为”对话框，在“保存位置”列表中选择考生文件夹所在位置，在“文件名”文本框中输入文件名“A7a.pptx”，在“保存类型”列表中选择“PowerPoint 演示文稿（*.pptx）”，单击“保存”按钮。

2. 在演示文稿中插入声音文件：

第6步：选中第2张幻灯片，在“插入”选项卡下“文本”组中，单击的“对象”按钮。打开“插入对象”对话框，勾选“由文件创建”复选框，单击“浏览”按钮。

第7步：打开“浏览”对话框，在指定目录（C:\Win2010GJW\KSML1文件夹）中选择“KSWJ7-19A.wma”声音文件，单击“确定”按钮。

第8步：返回到“插入对象”对话框，勾选“链接”和“显示为图标”复选框，单击“更改图标”按钮。

第9步：打开“更改图标”对话框，单击“浏览”按钮。打开“浏览”对话框，在指定目录（C:\Win2010GJW\KSML1文件夹）中选择“KSWJ7-19B.ico”图标文件，单击“打开”按钮。返回到“更改图标”对话框，单击“确定”按钮，返回到“插入对象”对话框，单击“确定”按钮。

第10步：选中插入的声音图标，在“音频工具”的“格式”选项卡下，单击“大小”组右下角的“对话框启动器”按钮，弹出“设置音频格式”对话框，选择左栏的“大小”选项，在右侧设置栏“缩放比例”区域中“高度”和“宽度”文本框中选择或输入“300%”，单击“关闭”按钮。参照样文，将动作按钮拖拽到对应的位置。

3. 在演示文稿中插入数据表或图表：

第11步：选中第5张幻灯片，在“插入”选项卡下“文本”组中单击“对象”按钮。打开“插入对象”对话框，点选“由文件创建”单选按钮，单击“浏览”按钮。

第12步：打开“浏览”对话框，在指定目录（C:\Win2010GJW\KSML1文件夹）中选择“KSWJ7-19C.xlsx”文件，单击“确定”按钮。返回到“插入对象”对话框，单击“确定”按钮。参照样文，调整图表大小，并拖拽到对应的位置。

第13步：执行“文件”→“保存”命令。

4. 在文档中插入演示文稿：

第14步：将光标定位在A7.docx文档的结尾处，在“插入”选项卡下“文本”组中单击“对象”按钮。打开“对象”对话框，选择“由文件创建”选项卡，单击“浏览”按钮。

第15步：打开“浏览”对话框，在指定目录（C:\Win2010GJW\KSML1文件夹）中选择“KSWJ7-19D.pptx”文件，单击“插入”按钮。

第16步：返回到“对象”对话框，勾选“链接到文件”和“显示为图标”复选框，单击“更改图标”按钮。

第17步：打开“更改图标”对话框，单击“浏览”按钮。打开“浏览”对话框，在指定目录（C:\Win2010GJW\KSML1文件夹）中选择“KSWJ7-19E.ico”图标文件，单击“打开”按钮。返回到“更改图标”对话框，单击“确定”按钮，返回到“对象”对话框，单击“确定”按钮。

第18步：选中插入的演示文稿图标，单击鼠标右键，在打开的快捷菜单中执行“设置对象格式”命令。

第 19 步：弹出“设置对象格式”对话框，打开“大小”选项卡，在“缩放”区域中勾选“锁定纵横比”复选框，在“高度”和“宽度”文本框中均微调或输入“200%”，单击“确定”按钮。

第 20 步：执行“文件”→“保存”命令。

7.20　第 20 题解答

执行“文件”→“打开”命令，在“查找范围”文本框中找到指定路径，选择“A7.docx”文件，单击“打开”按钮。

1. 文档中创建、编辑宏：

第 1 步：在“视图”选项卡下的“宏”组中，单击“宏”按钮下方的下拉按钮，在打开的列表中执行“录制宏”命令。弹出“录制宏”对话框，在“宏名”文本框中输入新录制宏的名称“KSMACR20”，在“将宏保存在”下拉列表中选择当前文档，单击“键盘”按钮。

第 2 步：弹出“自定义键盘”对话框，在“请按新快捷键”文本框中按下快捷键“Ctrl+Shift+C”，在“将更改保存在”下拉列表中选择当前文档，然后单击“指定”按钮，即可指定运行该宏的快捷键了，最后单击“关闭”按钮。

第 3 步：开始录制宏，在“开始”选项卡下的“字体”组中的“字体”下拉列表中选择“华文细黑”，在“字号”下拉列表中选择“小四”，单击“加粗”按钮 B 。

第 4 步：单击“开始”选项卡下“段落”组右下角的“对话框启动器”按钮 ，弹出“段落”对话框。在“缩进和间距”选项卡下的“段前”、“段后”文本框中均选择或输入“0.5 行”，在“行距”下拉列表中选择“固定值”，在“设置值”文本框中选择或输入“20 磅”，单击“确定”按钮。

第 5 步：录制完毕后，在“视图”选项卡下的“宏”组中，单击“宏”按钮下方的下拉按钮，在打开的列表中执行“停止录制”命令。选中正文第 1、2 段文本，按 Ctrl+Shift+C 组合键即可将该宏应用于所选文本。

第 6 步：在“视图”选项卡下的“宏”组中，单击“宏”按钮下方的下拉按钮，在打开的列表中执行“查看宏”命令。弹出“宏”对话框，单击“管理器”按钮。

第 7 步：打开“管理器”对话框，在“宏方案项”选项卡下，单击右侧“在 Normal.dotm 中”列表下方的“关闭文件”按钮。当“关闭文件”按钮变为“打开文件”按钮时，单击该按钮，打开“打开”对话框，在指定目录（C:\Win2010GJW\KSML1 文件夹）中选择“KSDOTM7.dotm”模板文件，单击“打开”按钮。

第 8 步：返回到“管理器”对话框之后，在右侧列表中选择“NewMacros01”，单击“复制”按钮，即可将模板中的宏复制到左侧的列表中，最后，单击“关闭”按钮。

第 9 步：选中正文第 3 段文本，在“视图”选项卡下的“宏”组中，单击“宏”按钮下方的下拉按钮，在打开的列表中执行“查看宏”命令。弹出“宏”对话框，在“宏名”列表框中选择“KSMACR014”宏，单击“运行”按钮，即可将该宏应用于所选文本。

2. 在文档中插入表格:

第 10 步：将光标定位在文档结尾处，在“插入”选项卡下“文本”组中单击“对象”按钮。打开“对象”对话框，选择“由文件创建”选项卡，单击“浏览”按钮。打开“浏览”对话框，在指定目录（C:\Win2010GJW\KSML1 文件夹）中选择“KSWJ7-20A.docx”文件，单击“插入”按钮。返回到“对象”对话框，单击“确定”按钮。

3. 办公软件间的信息转换:

第 11 步：将光标定位在文档的第 2 页，在“插入”选项卡下“文本”组中单击“对象”按钮，打开“对象”对话框，选择“由文件创建”选项卡，单击“浏览”按钮。打开“浏览”对话框，在指定目录（C:\Win2010GJW\KSML1 文件夹）中选择“KSWJ7-20B.xlsx”文件，单击“插入”按钮。返回到“对象”对话框，单击“确定”按钮。

第 12 步：双击插入的工作簿将其激活，在“预算财政支出表”工作表中选中单元格区域 A2:G10，在“插入”选项卡下“图表”组中单击“柱形图”下拉按钮，选中“三维柱形图”中的“三维簇状柱形图”，生成基本图表。

第 13 步：选中图表，在“开始”选项卡下的“剪贴板”组中单击“复制”按钮，在文档中单击，退出激活框。将光标定位文档的第 3 页，在“开始”选项卡下的“剪贴板”组中单击“粘贴”按钮下面的下拉按钮，在打开的下拉菜单中执行“选择性粘贴”命令。

第 14 步：在弹出的“选择性粘贴”对话框中点选“粘贴”单选按钮，然后在“形式”列表中选中“Microsoft Excel 图表 对象”选项，单击“确定”按钮。

第 15 步：双击复制后的图表将其激活，在选中的图表上单击鼠标右键，在打开的快捷菜单中执行“更改图表类型”命令。

第 16 步：打开“更改图表类型”对话框，在右侧的“柱形图”区域中选择“簇状圆锥图”选项，单击“确定”按钮。

第 17 步：选中整个图表，打开“图表工具”的“设计”选项卡，在“图表布局”组中单击“图表布局”右侧的“其他”按钮，在打开的列表框中选择“布局 3”。

第 18 步：选中自动创建的“图表标题”，在图表标题文本框中输入文本“预算财政支出表”即可。在文档中单击，退出激活框。

4. 办公软件间格式的转换:

第 19 步：执行“文件”→“另保存”命令，弹出“另存为”对话框，在“保存位置”列表中选择考生文件夹所在位置，在“文件名”文本框中输入文件名“A7”，在“保存类型”列表中选择“启用宏的 Word 文档（*.docm）”，单击“保存”按钮。

第 20 步：执行“文件”→“另保存”命令，弹出“另存为”对话框，在“保存位置”列表中选择考生文件夹所在位置，在“文件名”文本框中输入文件名“A7”，在“保存类型”列表中选择“网页（*.htm; *.html）”，单击“更改标题”按钮，弹出“输入文字”对话框，在“页标题”区域文本框中输入文本“岛屿简介”，单击“确定”按钮，返回到“另存为”对话框，单击“保存”按钮。

第八单元　桌面信息管理程序应用

8.1　第 1 题解答

进入 Outlook，在“文件”选项卡下，单击“打开”选项下的“导入”按钮，根据“导入和导出向导”，将考生文件夹中的 A8.pst 导入 Outlook。

1. 处理电子邮件：

第 1 步：在“收件箱”中，选择“王天楠”的邮件，单击“开始”选项卡下“响应”组中的“答复”按钮，如图 8-1 所示。

第 2 步：在答复邮件中的“邮件”选项卡下单击“添加”组中的“附加文件”按钮，如图 8-2 所示。

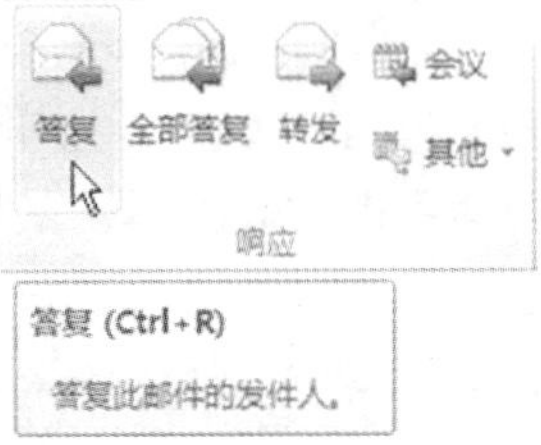

图 8-1

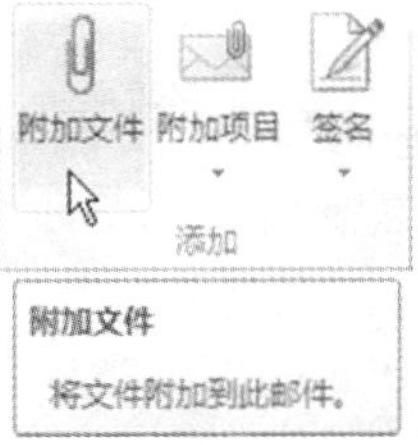

图 8-2

第 3 步：打开“插入文件”对话框，根据试题描述所给路径，选择“KSWJ8-1.docx”文件，单击“插入”按钮，如图 8-3 所示。

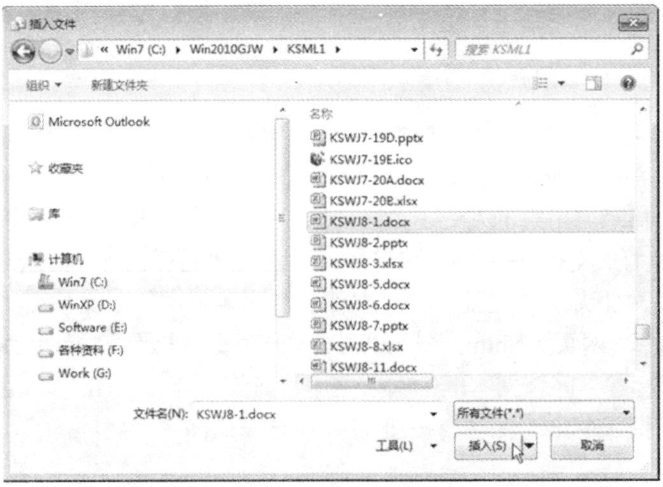

图 8-3

第 4 步：根据【样文 8-1A】所示，在邮件中添加答复内容，单击“发送”按钮即可，如图 8-4 所示。

图 8-4

第 5 步：在“收件箱”中，选择“李明”的邮件，单击“开始”选项卡下“响应”组中的“转发”按钮，如图 8-5 所示。

第 6 步：在转发邮件中，在“收件人”后面的文本框中输入“王霞”的电子邮件地址“wangxia1013@163.com”，如图 8-6 所示。

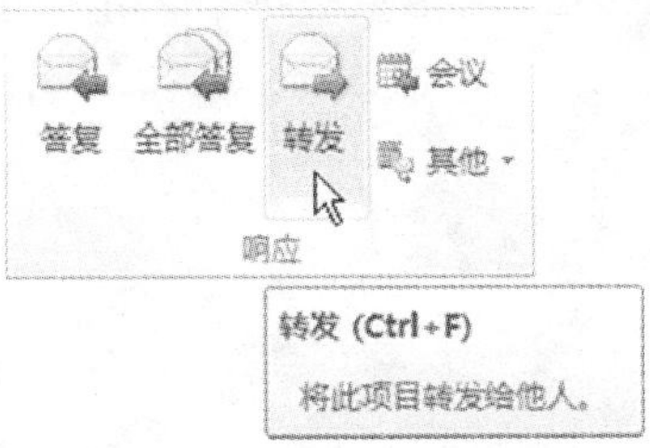

图 8-5

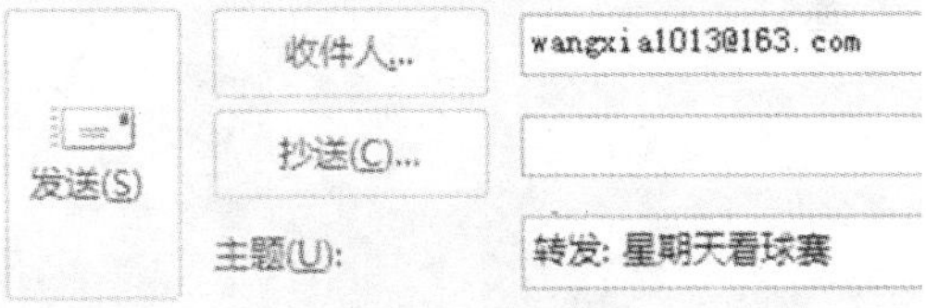

图 8-6

第 7 步：单击“抄送”按钮，打开“选择姓名：联系人”对话框，双击“王冰”，即可将其添加到“抄送”后面的文本框中，单击“确定”按钮，如图 8-7 所示，

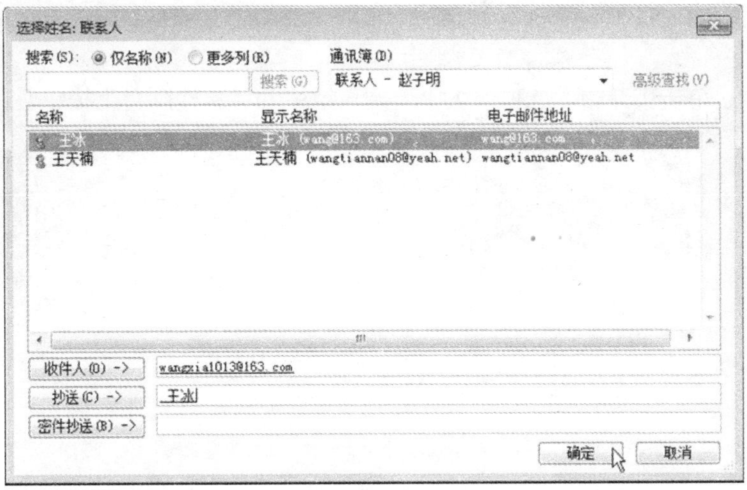

图 8-7

第 8 步：在“邮件”选项卡下单击“标记”组中的“后续标志”按钮，在弹出的下拉列表中执行“自定义”命令，如图 8-8 所示。

第9步：打开“自定义”对话框，仅勾选“为收件人标记”复选框，在“标志”下拉列表中选择“仅供参考”，单击“确定”按钮，如图8-9所示。

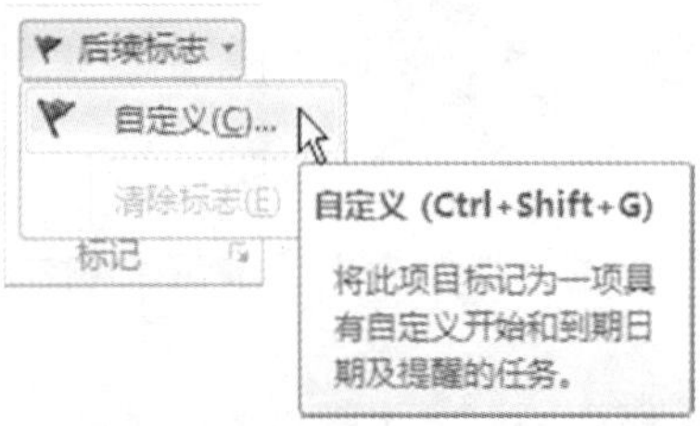

图 8-8

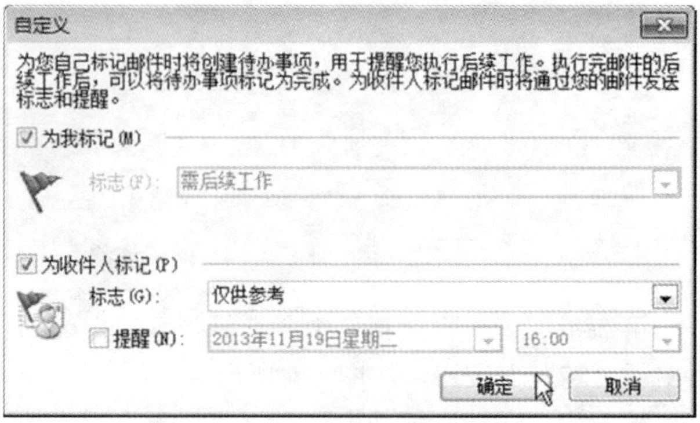

图 8-9

第10步：在“邮件”选项卡下单击“标记”组中的“重要性 - 高”按钮，如图8-10所示，单击“发送”按钮即可。

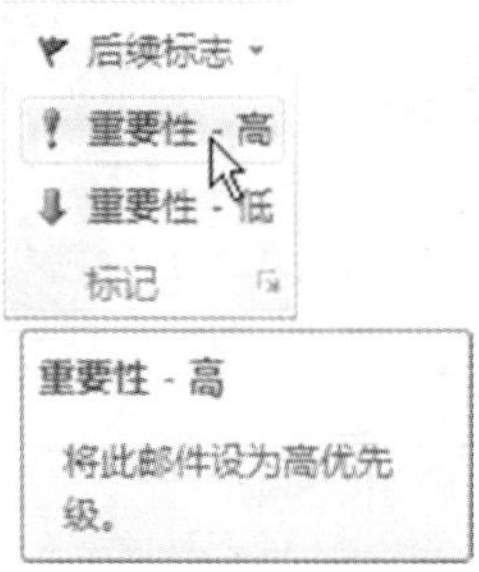

图 8-10

2. 调度日常安排：

第 11 步：单击“开始”选项卡下“新建”组中的“新建项目”按钮，在弹出的下拉菜单中选择“约会”，如图 8-11 所示。

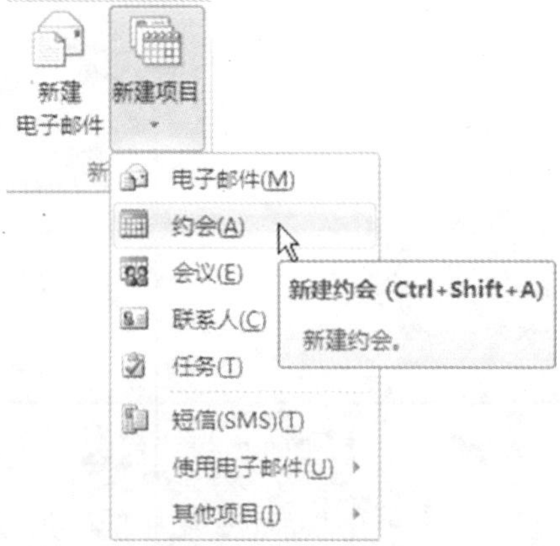

图 8-11

第 12 步：在约会邮件中，在“主题”文本框中输入“张蕴华老师的生日”，在“地点”文本框中输入“张老师的家”，在“开始时间”选择“2012 年 9 月 25 日，18:00”，在“结束时间”选择“2012 年 9 月 25 日，22:00”，如图 8-12 所示。

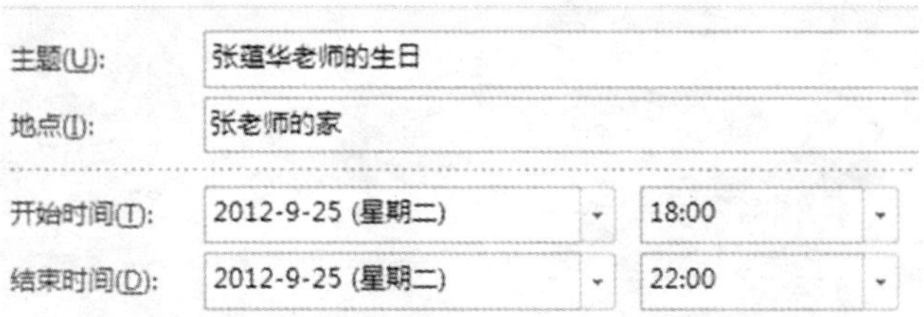

图 8-12

第 13 步：在“约会”选项卡下的“选项”组中，单击“提醒”文本框后面的下拉按钮，在弹出的下拉列表中选择“3 天”。

第 14 步：单击“重复周期”按钮，如图 8-13 所示。打开“约会周期”对话框，在“定期模式”区域中，点选“按年”单选按钮，单击“确定”按钮，如图 8-14 所示。

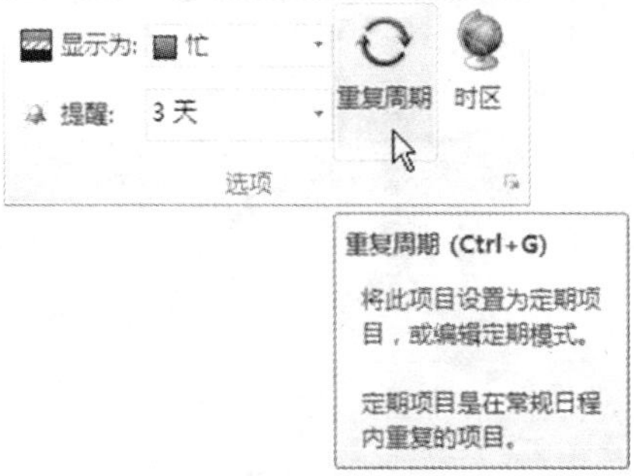

图 8-13

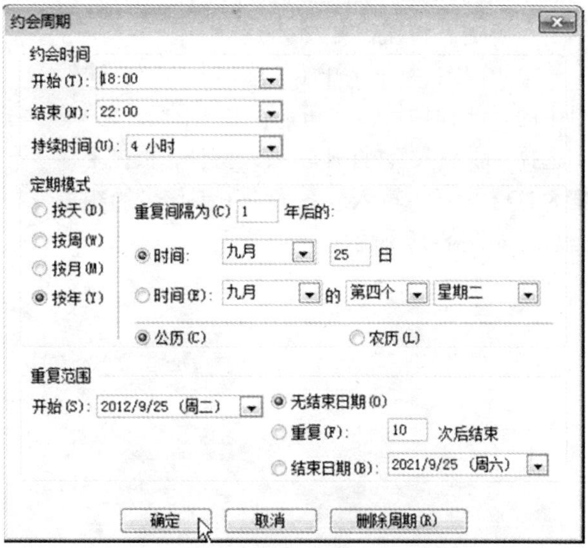

图 8-14

第 15 步：单击“约会系列”选项卡下“标记”组中的“私密”按钮，如图 8-15 所示。

第 16 步：在“约会系列”选项卡下的“动作”组中单击“保存并关闭”按钮，如图 8-16 所示。

第17步：在“收件箱”中，选择主题为“教师节快乐”的邮件，单击“开始”选项卡下“标记”组的“后续标志”按钮，在弹出的下拉列表中执行“添加提醒”命令，如图8-17所示。

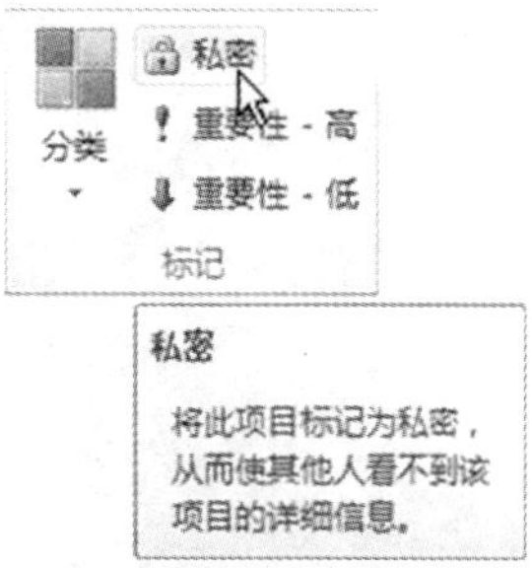

图 8-15

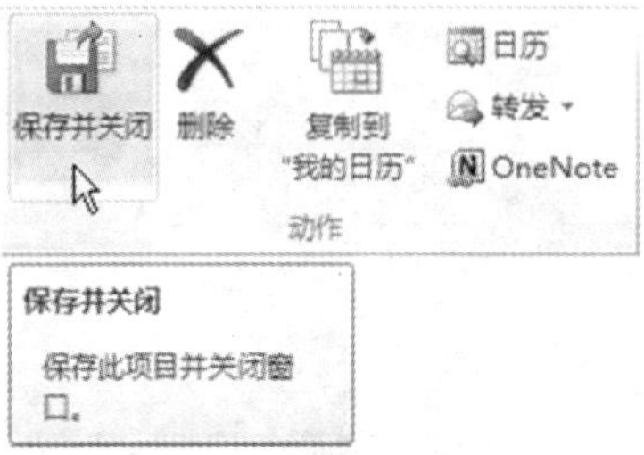

图 8-16

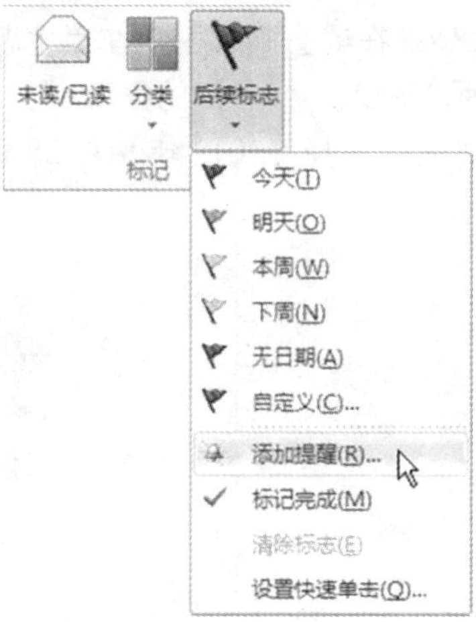

图 8-17

第 18 步：打开“自定义”对话框，勾选“提醒”复选框，在日期下拉列表中选择“2012 年 9 月 9 日”，在时间下拉列表中选择“10:00”，单击“确定”按钮，如图 8-18 所示。

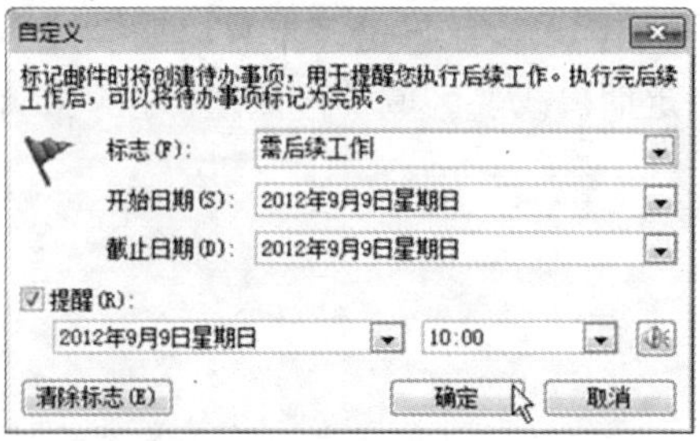

图 8-18

第 19 步：单击“开始”选项卡下“新建”组中的“新建项目”按钮，在弹出的下拉菜单中选择“联系人”。打开联系人窗体，根据【样文 8-1D】所示，输入联系人“王天楠”的相关信息，如图 8-19 所示。

图 8-19

第 20 步：填写完成后，在“联系人”选项卡下的“动作”组中单击“保存并关闭”

按钮，如图 8-20 所示。

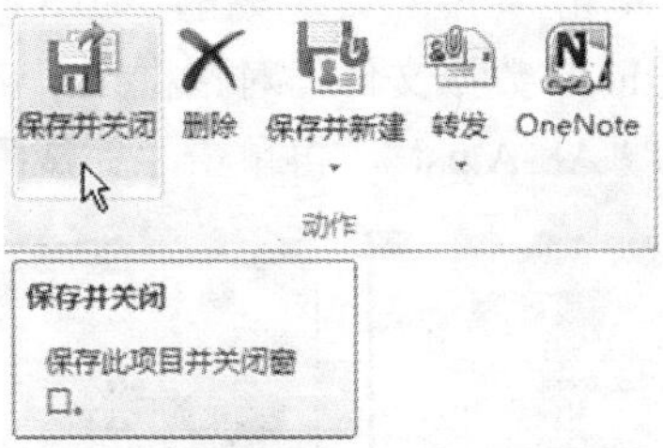

图 8-20

3. 保存电子邮件:

第 21 步：在“文件”选项卡下，单击“打开”选项下的“导入”按钮，如图 8-21 所示。

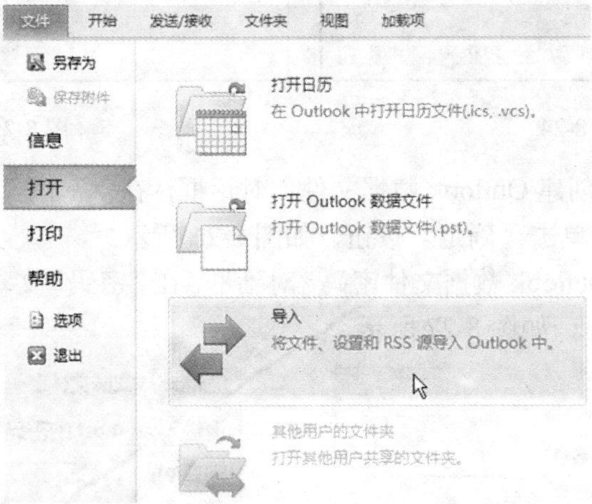

图 8-21

第 22 步：打开“导入和导出向导”对话框，选择“导出到文件”，再单击“下一步”按钮，如图 8-22 所示。

第 23 步：打开“导出到文件”对话框，选择“Outlook 数据文件（.pst)”，再单击“下一步”按钮，如图 8-23 所示。

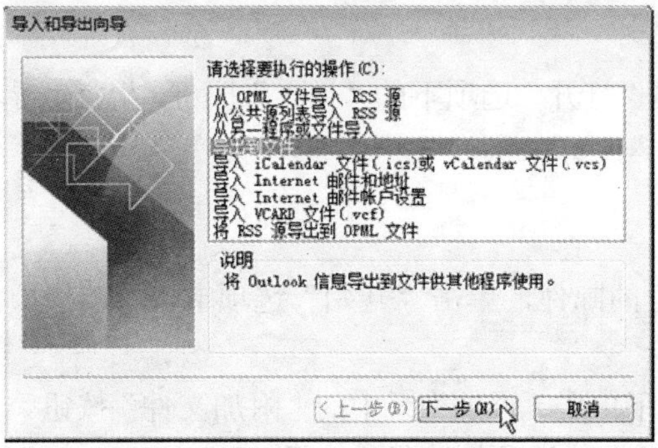

图 8-22

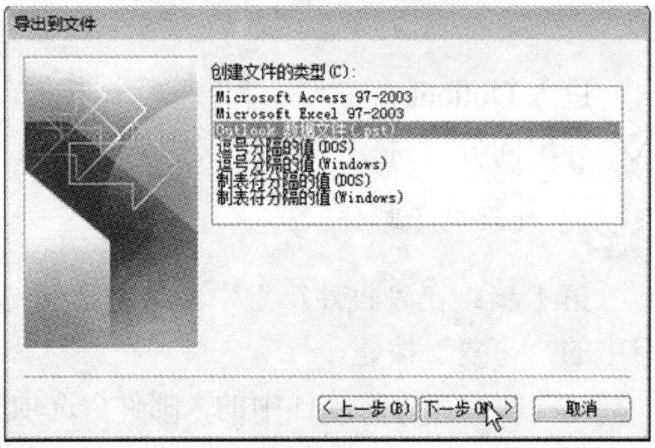

图 8-23

第 24 步：打开“导出 Outlook 数据文件”对话框，选择“Outlook 数据文件”，勾选“包括子文件夹”复选框，再单击“下一步”按钮，如图 8-24 所示。

第 25 步：打开“导出 Outlook 数据文件”对话框，单击“浏览”按钮，选择考生文件夹所在位置并输入文件名为“A8-A.pst”，再单击“完成”按钮，如图 8-25 所示。

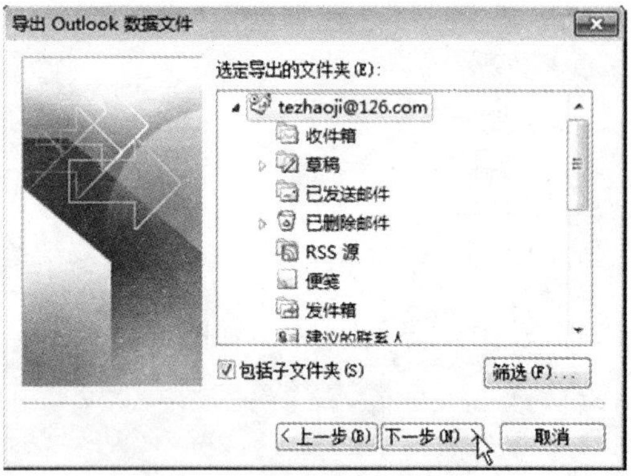

图 8-24

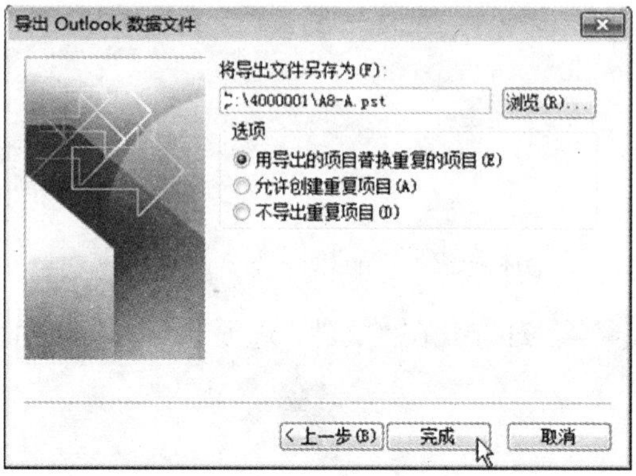

图 8-25

第 26 步：打开“创建 Outlook 数据文件”对话框，在“密码”和“验证密码”文本框中均输入“ks8-1”，单击“确定”按钮，如图 8-26 所示。

第 27 步：打开“Outlook 数据文件密码”对话框，在“密码”文本框中输入“ks8-1”，单击“确定”按钮即可，如图 8-27 所示。

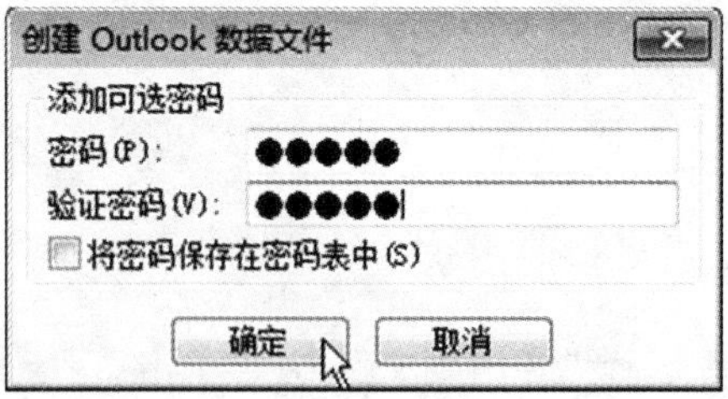

图 8-26

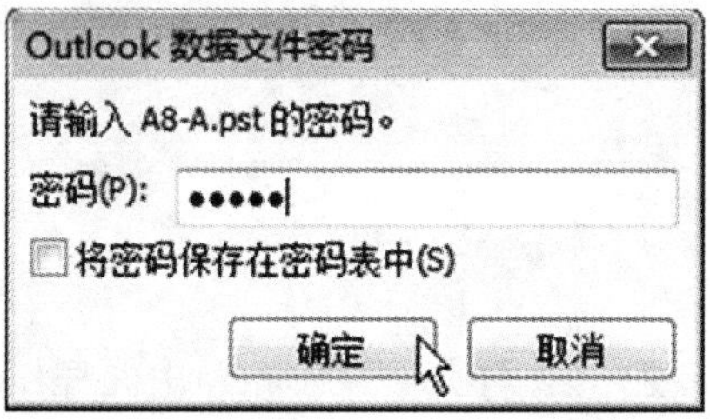

图 8-27

8.2 第 2 题解答

进入 Outlook，在“文件”选项卡下，单击“打开”选项下的“导入”按钮，根据“导入和导出向导”，将考生文件夹中的 A8.pst 导入 Outlook。

1. 处理电子邮件：

第 1 步：在“收件箱”中，选择“王霞”的邮件，单击“开始”选项卡下“响应”组中的“答复”按钮。

第 2 步：在答复邮件中的“邮件”选项卡下单击“添加”组中的“附加文件”按钮。

第 3 步：打开“插入文件”对话框，根据试题描述所给路径，选择“KSWJ8-2.pptx”文件，单击“插入”按钮。

第 4 步：根据【样文 8-2A】所示，在邮件中添加答复内容，单击“发送”按钮即可。

第 5 步：在“收件箱”中，选择“赵瑜”的邮件，单击“开始”选项卡下“响应”组中的“答复”按钮。

第 6 步：在答复邮件中，在“抄送”后面的文本框中输入“赵树林”的电子邮件地址“zhaoshulin@163.com”。

第 7 步：在“邮件”选项卡下单击“标记”组中的“后续标志”按钮，在弹出的下拉列表中执行“自定义”命令。

第 8 步：打开“自定义”对话框，仅勾选“为收件人标记”复选框，在“标志”下拉列表中选择“无须响应”，单击“确定”按钮。

第 9 步：在“邮件”选项卡下单击“标记”组中的“重要性 - 高”按钮，单击“发送”按钮即可。

2. 调度日常安排：

第 10 步：单击“开始”选项卡下“新建”组中的“新建项目”按钮，在弹出的下拉菜单中选择“约会”。

第 11 步：在约会邮件中，在“主题”文本框中输入“庆祝建校二十周年”，在“地点”文本框中输入“学校操场”，在“开始时间”选择“2012 年 8 月 29 日，8:00”，在“结束时间”选择“2012 年 8 月 29 日，12:00”。

第 12 步：在“约会”选项卡下的“选项”组中，单击“提醒”文本框后面的下拉按钮，在弹出的下拉列表中选择“1 天”。

第 13 步：在“约会”选项卡下的“标记”组中，单击“私密”按钮。

第 14 步：在“约会”选项卡下的“动作”组中，单击“保存并关闭”按钮。

第 15 步：在“收件箱”中，选择主题为“参加同学联欢会”的邮件，在“开始”选项卡下的“响应”组中单击“会议”按钮，如图 8-28 所示。

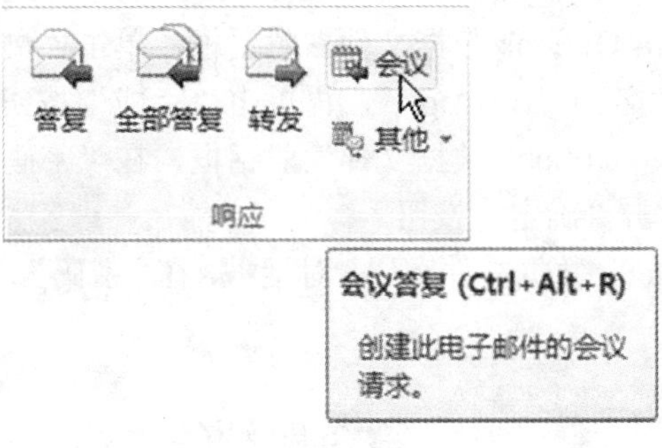

图 8-28

第 16 步：在会议邮件中，在“地点”文本框中输入“青年宾馆”，在“开始时间”选择“2012 年 9 月 30 日，19:00”，在“结束时间”选择“2012 年 9 月 30 日，21:00”，在“收件人”文本框中输入“sunting80@sohu.com”，如图 8-29 所示。

图 8-29

第 17 步：在“会议”选项卡下的“选项”组中，单击“提醒”文本框后面的下拉按钮，在弹出的下拉列表中选择“1 小时”。单击“发送”按钮即可。

第 18 步：单击“开始”选项卡下“新建”组中的“新建项目”按钮，在弹出的下拉菜单中选择“联系人”。打开联系人窗体，根据【样文 8-2E】所示，输入联系人“杨立明”的相关信息。

第 19 步：填写完成后，在“联系人”选项卡下的“动作”组中，单击“保存并关闭”按钮。

3. 保存电子邮件：

第 20 步：在“文件”选项卡下，单击“打开”选项下的“导入”按钮。

第 21 步：打开“导入和导出向导”对话框，选择“导出到文件”，再单击“下一步”按钮。

第 22 步：打开“导出到文件”对话框，选择“Outlook 数据文件（.pst)”，再单击“下一步”按钮。

第 23 步：打开“导出 Outlook 数据文件”对话框，选择“Outlook 数据文件”，勾选“包括子文件夹”复选框，再单击“下一步”按钮。

第 24 步：打开“导出 Outlook 数据文件”对话框，单击“浏览”按钮，选择考生文件夹所在位置并输入文件名为“A8-A.pst”，再单击“完成”按钮。

第 25 步：打开“创建 Outlook 数据文件”对话框，在“密码”和“验证密码”文本框中均输入“ks8-2”，单击“确定”按钮。

第 26 步：打开“Outlook 数据文件密码”对话框，在“密码”文本框中输入“ks8-2”，单击“确定”按钮即可。

8.3 第 3 题解答

进入 Outlook，在“文件”选项卡下，单击“打开”选项下的“导入”按钮，根据“导入和导出向导”，将考生文件夹中的 A8.pst 导入 Outlook。

1. 处理电子邮件：

第 1 步：在“收件箱”中，选择主题为“五一快乐”的邮件，在“开始”选项卡下单击“响应”组中的“转发”按钮。

第 2 步：在转发邮件中单击“收件人”按钮，打开“选择姓名：联系人”对话框，双击“张兰”，即可将其添加到“收件人”后面的文本框中，单击“确定”按钮。

第 3 步：在“邮件”选项卡下单击“添加”组中的“附加文件”按钮，打开“插入文件”对话框，根据试题描述所给路径，选择“KSWJ8-3.xlsx”文件，单击“插入”按钮。

第 4 步：根据【样文 8-3A】所示，在邮件中添加答复内容，单击“发送”按钮即可。

第 5 步：在“收件箱”中，选择主题为“坚持不懈”的邮件，单击“开始”选项卡下“响应”组中的“答复”按钮。

第 6 步：在答复邮件中单击“抄送”按钮，打开“选择姓名：联系人”对话框，双击“李明”，即可将其添加到“抄送”后面的文本框中，单击“确定”按钮。

第 7 步：在“邮件”选项卡下单击“标记”组中的“后续标志”按钮，在弹出的下拉列表中执行“自定义”命令。

第 8 步：打开“自定义”对话框，仅勾选“为收件人标记”复选框，在“标志”下拉列表中选择“仅供参考”，单击“确定”按钮。

第 9 步：在“邮件”选项卡下单击“标记”组右下角的“对话框启动器”按钮，打开“属性”对话框，在“敏感度”下拉列表中选择“私密”，勾选“请在送达此邮件后给出‘送达’回执”复选框，单击“关闭”按钮，如图 8-30 所示。

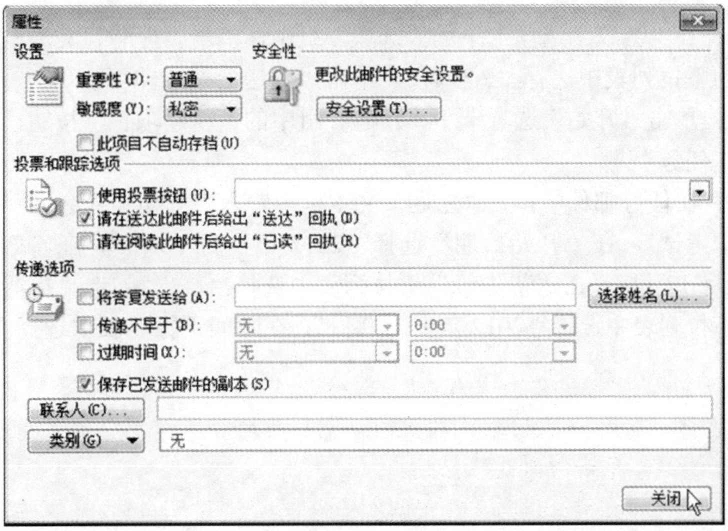

图 8-30

第 10 步：根据【样文 8-3B】所示，在邮件中添加答复内容，单击“发送”按钮即可。

2. 调度日常安排：

第 11 步：单击“开始”选项卡下“新建”组中的“新建项目”按钮，在弹出的下拉菜单中选择“会议”。

第 12 步：在会议邮件中，在“主题”文本框中输入“关于绿云小区物业管理费的收缴”，在“地点”文本框中输入“物业管理办公室”，在“开始时间”选择“2012 年 6 月 5 日，16:30”，在“结束时间”选择“2012 年 6 月 5 日，17:30”。

第 13 步：单击“收件人”按钮，打开“选择与会者及资源：联系人”对话框，双击“郑琳琳”，即可将其添加到“必选”后面的文本框中，单击“确定”按钮，如图 8-31 所示。

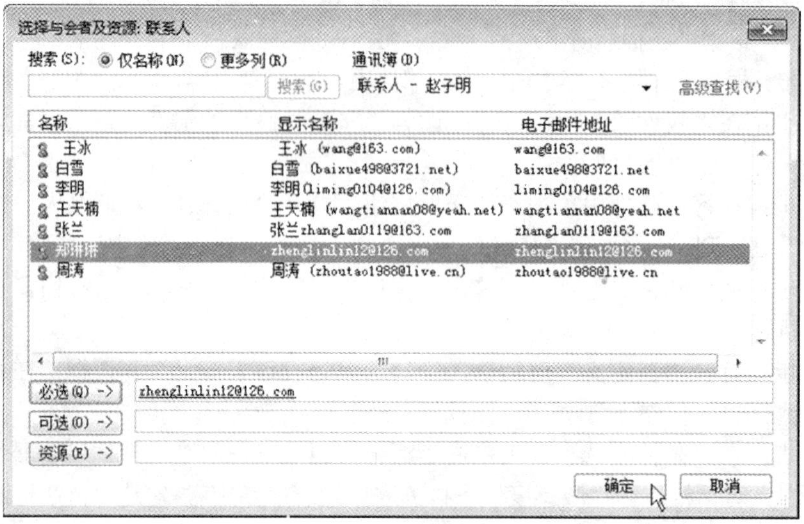

图 8-31

第 14 步：在“会议”选项卡下的“选项”组中，单击“提醒”文本框后面的下拉按钮，在弹出的下拉列表中选择“2 小时”。单击“发送”按钮即可。

第 15 步：单击“开始”选项卡下“新建”组中的“新建项目”按钮，在弹出的下拉菜单中选择“任务”。

第 16 步：在任务邮件中，在“主题”文本框中输入“劳动和社会保障部全国计算机信息高新技术考试”，在“开始日期”选择“2012 年 9 月 10 日”，在“截止日期”选择“2012 年 9 月 12 日”，在“优先级”下拉列表中选择“高”，勾选“提醒”复选框，在后面的日期下拉列表中选择“2012 年 9 月 9 日”，在时间下拉列表中选择“18:00”，如图 8-32 所示。

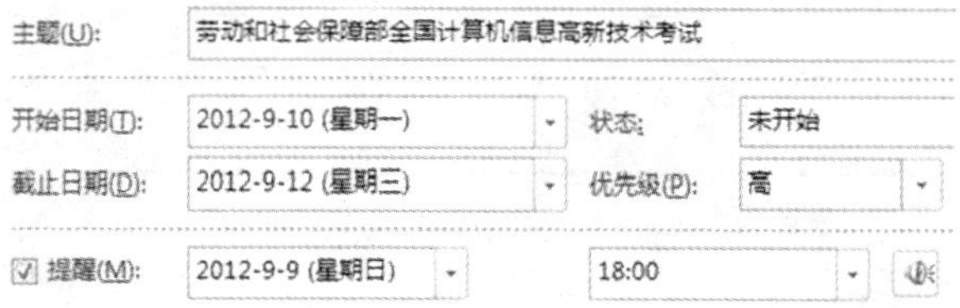

图 8-32

第 17 步：在“任务”选项卡下的“动作”组中单击“保存并关闭”按钮。

第 18 步：单击“开始”选项卡下“新建”组中的“新建项目”按钮，在弹出的下拉菜单中选择“联系人”。打开联系人窗体，根据【样文 8-3E】所示，输入联系人“白雪”的相关信息。

第 19 步：填写完成后，在“联系人”选项卡下的“动作”组中，单击“保存并关闭”按钮。

3. 保存电子邮件：

第 20 步：在“文件”选项卡下，单击“打开”选项下的“导入”按钮。

第 21 步：打开“导入和导出向导”对话框，选择“导出到文件”，再单击“下一步”按钮。

第 22 步：打开“导出到文件”对话框，选择“Outlook 数据文件（.pst）”，再单击“下一步”按钮。

第 23 步：打开“导出 Outlook 数据文件”对话框，选择“Outlook 数据文件”，勾选“包括子文件夹”复选框，再单击“下一步”按钮。

第 24 步：打开“导出 Outlook 数据文件”对话框，单击“浏览”按钮，选择考生文件夹所在位置并输入文件名为“A8-A.pst”，再单击“完成”按钮。

第 25 步：打开“创建 Outlook 数据文件”对话框，在“密码”和“验证密码”文本框中均输入“ks8-3”，单击“确定”按钮。

第 26 步：打开“Outlook 数据文件密码”对话框，在“密码”文本框中输入“ks8-3”，单击“确定”按钮即可。

8.4　第 4 题解答

进入 Outlook，在“文件”选项卡下，单击“打开”选项下的“导入”按钮，根据“导入和导出向导”，将考生文件夹中的 A8.pst 导入 Outlook。

1. 处理电子邮件：

第 1 步：单击“开始”选项卡下“新建”组中的“新建项目”按钮，在弹出的下拉菜单中选择“电子邮件”。

第 2 步：在电子邮件中，在“主题”文本框中输入“元旦快乐”，单击“收件人”按钮，打开“选择姓名：联系人”对话框，双击“李明”，即可将其添加到“收件人”后面的文本框中，单击“确定”按钮。

第 3 步：在“插入”选项卡下单击“添加”组的“名片”按钮，在弹出的下拉列表中执行“其他名片”命令，如图 8-33 所示。

第 4 步：打开“插入名片”对话框，选中联系人中的“赵小虎”，单击“确定”按钮，如图 8-34 所示，即可在电子邮件中插入赵小虎的名片。

第 5 步：根据【样文 8-4A】所示，在邮件中添加邮件内容，单击“发送”按钮即可。

第 6 步：在“收件箱”中，选择“王琪”的邮件，在“开始”选项卡下单击“响应”组中的“转发”按钮。

第 7 步：在转发邮件中单击“收件人”按钮，打开“选择姓名：联系人”对话框，双击“张兰”，即可将其添加到“收件人”后面的文本框中。单击“王天楠”，再单击下面的“抄送”按钮，如图 8-35 所示，即可将其添加到“抄送”后面的文本框中，单击“确定”按钮。

图 8-33

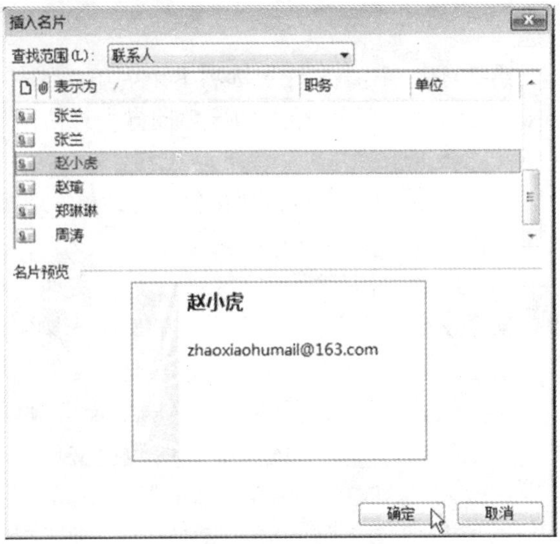

图 8-34

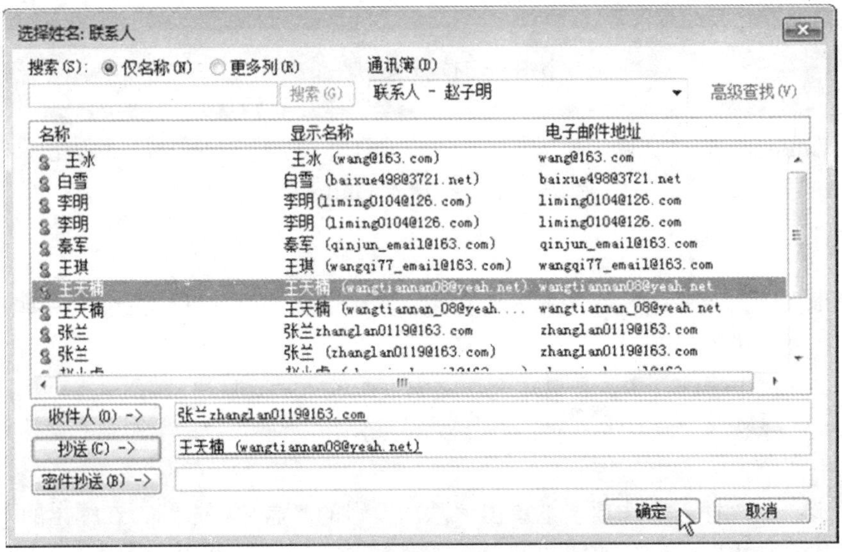

图 8-35

第 8 步：在“邮件”选项卡下单击“标记”组中的“后续标志”按钮，在弹出的下拉列表中执行“自定义”命令。

第 9 步：打开“自定义”对话框，仅勾选“为收件人标记”复选框，在“标志”下拉列表中选择“请阅读”，单击“确定”按钮。

第 10 步：在“邮件”选项卡下单击“标记”组中的“重要性 - 高”按钮，单击“发送”按钮即可。

2. 调度日常安排：

第 11 步：单击“开始”选项卡下“新建”组中的“新建项目”按钮，在弹出的下拉菜单中选择“约会”。

第 12 步：在约会邮件中，在“主题”文本框中输入“参加老乡聚会”，在“地点”文本框中输入“学校操场”，在“开始时间”选择“2012 年 10 月 10 日，18:00”，在“结束时间”选择“2012 年 10 月 10 日，22:00”。

第 13 步：在“约会”选项卡下的“选项”组中，单击“提醒”文本框后面的下拉按钮，在弹出的下拉列表中选择“3 小时”。

第 14 步：单击“重复周期”按钮，打开“约会周期”对话框，在“定期模式”区域中，点选“按年”单选按钮。在“重复范围”区域中，点选“重复”单选按钮，在“次后结束”前的文本框中输入“3”，单击“确定”按钮。

第 15 步：在“约会系列”选项卡下的“动作”组中单击“保存并关闭”按钮。

第 16 步：在“收件箱”中，选择主题为“教师节快乐”的邮件，单击“开始”选项卡下“标记”组的“后续标志”按钮，在弹出的下拉列表中执行“自定义”命令。

第 17 步：打开“自定义”对话框，在“标志”下拉列表中选择“请打电话”选项，在“开始日期”下拉列表中选择“2012 年 9 月 8 日”，在“截止日期”下拉列表中选择“2012 年 9 月 10 日”，单击“确定”按钮，如图 8-36 所示。

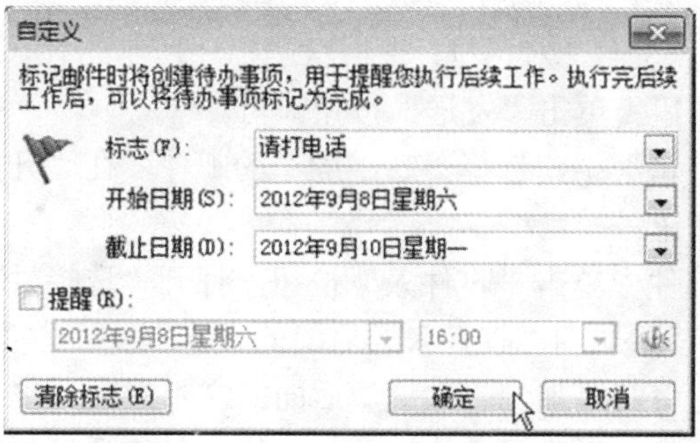

图 8-36

第 18 步：单击“开始”选项卡下“新建”组中的“新建项目”按钮，在弹出的下拉菜单中选择“联系人”。打开联系人窗体，根据【样文 8-4E】所示，输入联系人“秦军”的相关信息。

第 19 步：填写完成后，在“联系人”选项卡下的“动作”组中，单击“保存并关闭”按钮。

3. 保存电子邮件:

第 20 步：在“文件”选项卡下，单击“打开”选项下的“导入”按钮。

第 21 步：打开“导入和导出向导”对话框，选择“导出到文件”，再单击“下一步”按钮。

第 22 步：打开“导出到文件”对话框，选择“Outlook 数据文件（.pst）”，再单击“下一步”按钮。

第 23 步：打开“导出 Outlook 数据文件”对话框，选择“Outlook 数据文件”，勾选“包括子文件夹”复选框，再单击“下一步”按钮。

第 24 步：打开“导出 Outlook 数据文件”对话框，单击“浏览”按钮，选择考生文件夹所在位置并输入文件名为“A8-A.pst”，再单击“完成”按钮。

第 25 步：打开“创建 Outlook 数据文件”对话框，在“密码”和“验证密码”文本框中均输入“ks8-4”，单击“确定”按钮。

第 26 步：打开“Outlook 数据文件密码”对话框，在“密码”文本框中输入“ks8-4”，单击“确定”按钮即可。

8.5 第 5 题解答

进入 Outlook，在“文件”选项卡下，单击“打开”选项下的“导入”按钮，根据“导入和导出向导”，将考生文件夹中的 A8.pst 导入 Outlook。

1. 处理电子邮件：

第 1 步：在“收件箱”中，选择主题为“上大学的建议”的邮件，单击“开始”选项卡下“响应”组中的“答复”按钮。

第 2 步：在答复邮件中的“邮件”选项卡下单击“添加”组中的“附加文件”按钮。

第 3 步：打开“插入文件”对话框，根据试题描述所给路径，选择“KSWJ8-5.docx”文件，单击“插入”按钮。单击“发送”按钮即可。

第 4 步：在“收件箱”中，选择“赵小虎”的邮件，在“开始”选项卡下单击“响应”组中的“转发”按钮。

第 5 步：在转发邮件中单击“收件人”按钮，打开“选择姓名：联系人”对话框，双击“王霞”，即可将其添加到“收件人”后面的文本框中。单击“张兰”，再单击下面的“抄送”按钮，即可将其添加到“抄送”后面的文本框中，单击“确定”按钮。

第 6 步：在“邮件”选项卡下单击“标记”组中的“后续标志”按钮，在弹出的下拉列表中执行“自定义”命令。

第 7 步：打开“自定义”对话框，仅勾选“为收件人标记”复选框，在“标志”下拉列表中选择“请答复”，单击“确定”按钮。

第 8 步：在“邮件”选项卡下单击“标记”组中的“重要性 - 高”按钮，单击“发送”按钮即可。

2. 调度日常安排：

第 9 步：单击“开始”选项卡下“新建”组中的“新建项目”按钮，在弹出的下拉菜单中选择“约会”。

第 10 步：在约会邮件中，在“主题”文本框中输入“面试”，在“地点”文本框中输入“办公室”，在“开始时间”选择“2012 年 8 月 20 日，8:00”，在“结束时间”选择“2012 年 8 月 20 日，9:00”。

第 11 步：在“约会”选项卡下的“选项”组中，单击“提醒”文本框后面的下拉按钮，在弹出的下拉列表中选择“30 分钟”。

第 12 步：在“约会”选项卡下的“标记”组中，分别单击“私密”按钮和“重要性 - 高”按钮。

第 13 步：在“约会”选项卡下的“动作”组中，单击“保存并关闭”按钮。

第 14 步：在“收件箱”中，选择主题为“学习刑法”的邮件，在“开始”选项卡下的“响应”组中，单击“会议”按钮。

第 15 步：在会议邮件中，在“地点”文本框中输入“学校演播大厅”，在“开始时间”选择“2012 年 10 月 1 日，8:00”，在“结束时间”选择“2012 年 10 月 1 日，11:00”。

第 16 步：在“会议”选项卡下的“选项”组中，单击“提醒”文本框后面的下拉按钮，在弹出的下拉列表中选择“1 天”。

第 17 步：在会议邮件中单击“收件人”按钮，打开“选择与会者及资源：联系人”对话框，双击“赵小虎”，即可将其添加到“必选”后面的文本框中。单击“李明”，再单击下面的“可选”按钮，即可将其添加到“可选”后面的文本框中，单击“确定”按钮，如图 8-37 所示，单击“发送”按钮即可。

第 18 步：单击“开始”选项卡下“新建”组中的“新建项目”按钮，在弹出的下拉菜单中选择“联系人”。打开联系人窗体，根据【样文 8-5E】所示，输入联系人“李博”的相关信息。

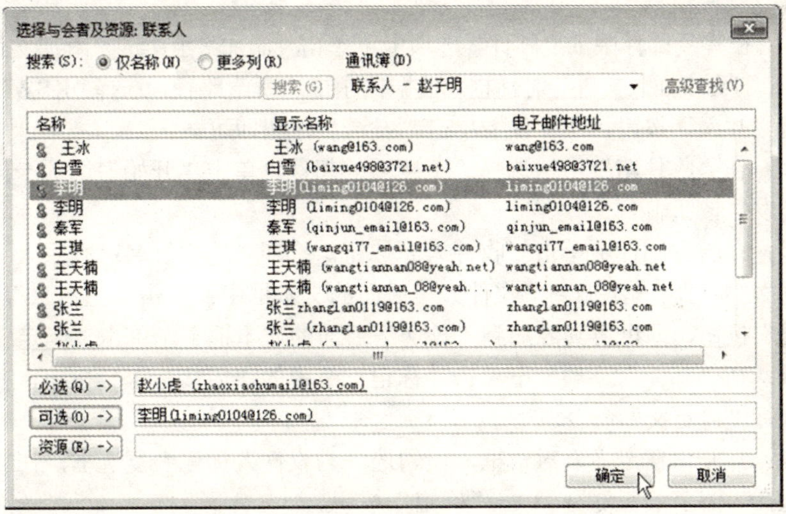

图 8-37

第 19 步：填写完成后，在“联系人”选项卡下的“动作”组中，单击“保存并关闭”按钮。

3. 保存电子邮件：

第 20 步：在“文件”选项卡下，单击“打开”选项下的“导入”按钮。

第 21 步：打开“导入和导出向导”对话框，选择“导出到文件”，再单击“下一步”按钮。

第 22 步：打开“导出到文件”对话框，选择“Outlook 数据文件（.pst）”，再单击“下一步”按钮。

第 23 步：打开“导出 Outlook 数据文件”对话框，选择“Outlook 数据文件”，勾选“包括子文件夹”复选框，再单击“下一步”按钮。

第 24 步：打开“导出 Outlook 数据文件”对话框，单击“浏览”按钮，选择考生文件夹所在位置并输入文件名为“A8-A.pst”，再单击“完成”按钮。

第 25 步：打开“创建 Outlook 数据文件”对话框，在“密码”和“验证密码”文本框中均输入“ks8-5”，单击“确定”按钮。

第 26 步：打开“Outlook 数据文件密码”对话框，在“密码”文本框中输入“ks8-5”，单击“确定”按钮即可。

8.6 第 6 题解答

进入 Outlook，在“文件”选项卡下，单击“打开”选项下的“导入”按钮，根据“导入和导出向导”，将考生文件夹中的 A8.pst 导入 Outlook。

1. 处理电子邮件：

第 1 步：在“收件箱”中，选择“秦军”的邮件，单击“开始”选项卡下“响应”组中的“答复”按钮。

第 2 步：在答复邮件中的“邮件”选项卡下单击“添加”组中的“附加文件”按钮。

第 3 步：打开“插入文件”对话框，根据试题描述所给路径，选择“KSWJ8-6.docx”文件，单击“插入”按钮。在邮件中单击“发送”按钮即可。

第 4 步：在“收件箱”中，选择“王冰”的邮件，单击“开始”选项卡下“响应”组中的“转发”按钮。

第 5 步：在转发邮件中单击“收件人”按钮，打开“选择姓名：联系人”对话框，双击“丁丽”，即可将其添加到“收件人”后面的文本框中；单击“王占永”，再单击下面的“抄送”按钮，即可将其添加到“抄送”后面的文本框中，单击“确定”按钮。

第 6 步：在“邮件”选项卡下单击“标记”组中的“后续标志”按钮，在弹出的下拉列表中执行“自定义”命令。

第 7 步：打开“自定义”对话框，仅勾选“为收件人标记”复选框，在“标志”下拉列表中选择“请全部答复”，单击“确定”按钮。

第 8 步：在“邮件”选项卡下单击“标记”组中的“重要性 - 低”按钮，单击“发送”按钮即可。

2. 调度日常安排：

第 9 步：单击“开始”选项卡下“新建”组中的“新建项目”按钮，在弹出的下拉菜单中选择“约会”。

第 10 步：在约会邮件中，在“主题”文本框中输入“常规训练”，在“地点”文本框中输入“学校操场”，在“开始时间”选择“2012 年 9 月 29 日，8:00”，在“结束时间”选择“2012 年 9 月 29 日，10:00”。

第 11 步：在“约会”选项卡下的“选项”组中，单击“提醒”文本框后面的下拉按钮，在弹出的下拉列表中选择“1 天”。

第 12 步：单击“重复周期”按钮，打开“约会周期”对话框，在“定期模式”区域中，点选“按周”单选按钮，单击“确定”按钮。在“约会系列”选项卡下的“标记”组中，分别单击“私密”按钮和“重要性 - 高”按钮。

第 13 步：在“约会系列”选项卡下的“动作”组中单击“保存并关闭”按钮。

第 14 步：单击“开始”选项卡下“新建”组中的“新建项目”按钮，在弹出的下拉菜单中选择“其他项目”选项下的“日记条目”，如图 8-38 所示。

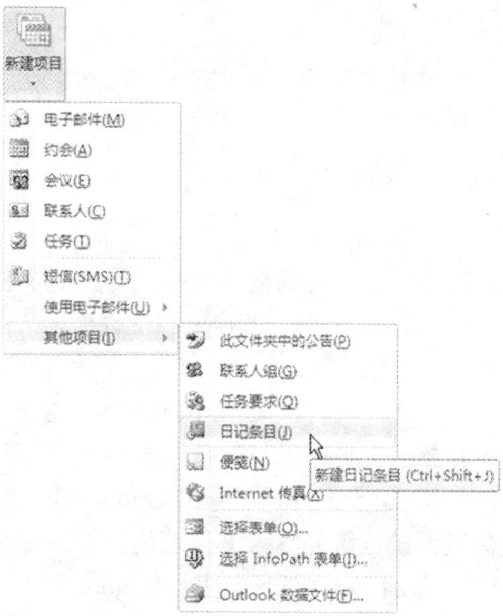

图 8-38

第 15 步：在日记条目邮件中，在“主题”文本框中输入“打扫卫生”，在“条目类型”下拉列表中选择“电子邮件”，在“开始时间”选择“2012 年 9 月 28 日，8:30”，在“持续时间”下拉列表中选择“30 分钟”，如图 8-39 所示。

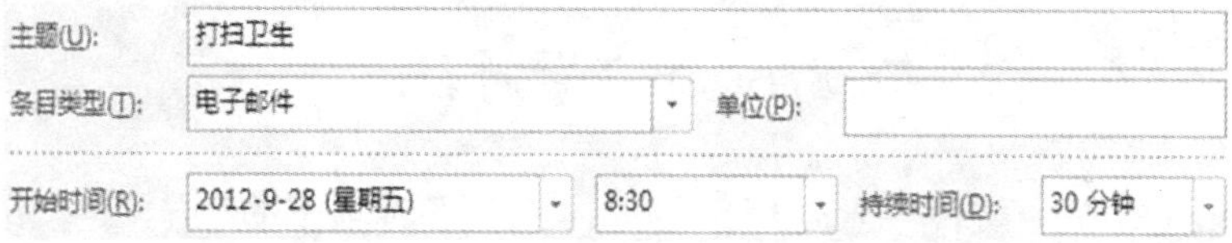

图 8-39

第 16 步：在“日记条目”选项卡下的“标记”组中，单击“私密”按钮；单击该组的“分类”按钮，在弹出的下拉列表中选择“紫色类别”，如图 8-40 所示。

第 17 步：在“日记条目”选项卡下的“动作”组中，单击“保存并关闭”按钮，如图 8-41 所示。

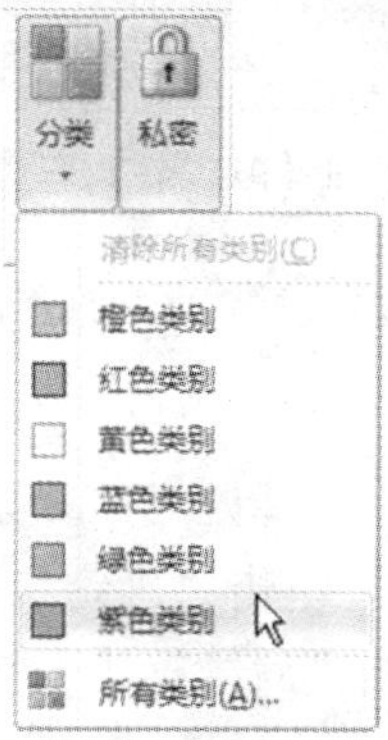

图 8-40

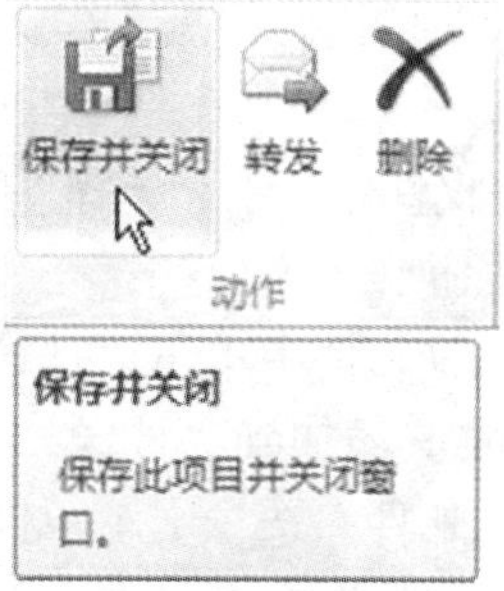

图 8-41

第 18 步：单击“开始”选项卡下“新建”组中的“新建项目”按钮，在弹出的下拉菜单中选择“联系人”。打开联系人窗体，根据【样文 8-6E】所示，输入联系人“刘建”的相关信息。

第 19 步：填写完成后，在“联系人”选项卡下的“动作”组中，单击“保存并关闭”按钮。

3. 保存电子邮件：

第 20 步：在“文件”选项卡下，单击“打开”选项下的“导入”按钮。打开“导入和导出向导”对话框，选择“导出到文件”，再单击“下一步”按钮。

第 21 步：打开“导出到文件”对话框，选择“Outlook 数据文件（.pst）”，再单击“下一步”按钮。

第 22 步：打开“导出 Outlook 数据文件”对话框，选择“Outlook 数据文件”，勾选“包括子文件夹”复选框，再单击“下一步”按钮。

第 23 步：打开“导出 Outlook 数据文件”对话框，单击“浏览”按钮，选择考生文件夹所在位置并输入文件名为“A8-A.pst”，再单击“完成”按钮。

第 24 步：打开“创建 Outlook 数据文件”对话框，在“密码”和“验证密码”文本框中均输入“ks8-6”，单击“确定”按钮。

第 25 步：打开“Outlook 数据文件密码”对话框，在“密码”文本框中输入“ks8-6”，单击“确定”按钮即可。

8.7 第 7 题解答

进入 Outlook，在“文件”选项卡下，单击“打开”选项下的“导入”按钮，根据“导入和导出向导”，将考生文件夹中的 A8.pst 导入 Outlook。

1. 处理电子邮件：

第 1 步：在“收件箱”中，选择“赵瑜”的邮件，单击“开始”选项卡下“响应”组中的“答复”按钮。

第 2 步：在答复邮件中的“邮件”选项卡下单击“添加”组中的“附加文件”按钮。

第 3 步：打开“插入文件”对话框，根据试题描述所给路径，选择“KSWJ8-7.pptx”文件，单击“插入”按钮。根据【样文 8-7A】所示，在邮件中添加答复内容，单击“发送”按钮即可。

第 4 步：在“收件箱”中，选择“王天楠”的邮件，单击“开始”选项卡下“响应”组中的“答复”按钮。

第 5 步：在答复邮件中单击“抄送”按钮，打开“选择姓名：联系人”对话框，双击“路瑶”，即可将其添加到“抄送”后面的文本框中，单击“确定”按钮。

第 6 步：在“邮件”选项卡下单击“标记”组中的“后续标志”按钮，在弹出的下拉列表中执行“自定义”命令。

第 7 步：打开“自定义”对话框，仅勾选“为收件人标记”复选框，在“标志”下拉列表中选择“请审阅”，单击“确定”按钮。

第 8 步：在“邮件”选项卡下单击“标记”组右下角的“对话框启动器”按钮，打开“属性”对话框。在“重要性”下拉列表中选择“高”，在“敏感度”下拉列表中选择“机密”，单击“关闭”按钮，如图 8-42 所示。根据【样文 8-7B】所示，在邮件中添加答复内容，单击“发送”按钮即可。

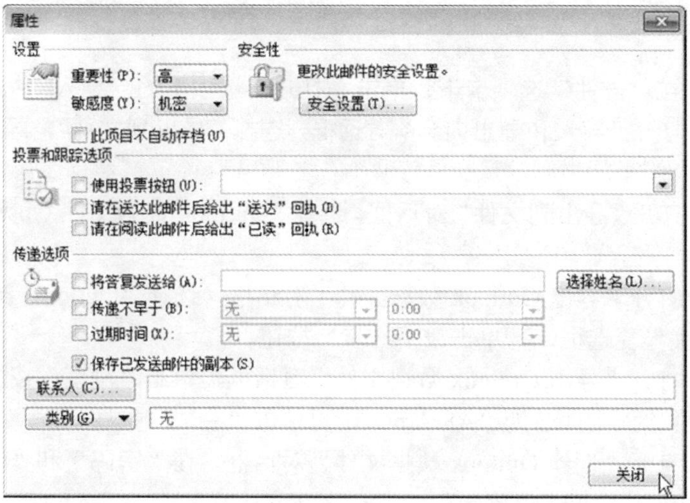

图 8-42

2. 调度日常安排:

第 9 步：单击“开始”选项卡下“新建”组中的“新建项目”按钮，在弹出的下拉菜单中选择“约会”。

第 10 步：在约会邮件中，在“主题”文本框中输入“学习 Flash 动画”，在“地点”文本框中输入“学校演播大厅”，在“开始时间”选择“2012 年 11 月 29 日，9:00”，在“结束时间”选择“2012 年 11 月 29 日，11:00”。

第 11 步：在“约会”选项卡下的“选项”组中，单击“提醒”文本框后面的下拉按钮，在弹出的下拉列表中选择“6 小时”。

第 12 步：在“约会”选项卡下的“标记”组中，单击“私密”按钮。在“动作”组中，单击“保存并关闭”按钮即可。

第 13 步：在“收件箱”中，选择主题为“生日快乐”的邮件，在“开始”选项卡下的“响应”组中，单击“会议”按钮。

第 14 步：在会议邮件中，在“地点”文本框中输入“李灵珊的家”，在“开始时间”选择“2012 年 5 月 15 日，10:00”，在“结束时间”选择“2012 年 5 月 15 日，14:00”。

第 15 步：在“会议”选项卡下的“选项”组中，单击“提醒”文本框后面的下拉按钮，在弹出的下拉列表中选择“1 小时”。

第 16 步：在会议邮件中单击“收件人”按钮，打开“选择与会者及资源：联系人”对话框，双击“王霞”，即可将其添加到“必选”后面的文本框中，单击“确定”按钮，单击“发送”按钮即可。

第 17 步：单击“开始”选项卡下“新建”组中的“新建项目”按钮，在弹出的下拉菜单中选择“联系人”。打开联系人窗体，根据【样文 8-7E】所示，输入联系人“孙淼”的相关信息。

第 18 步：填写完成后，在“联系人”选项卡下的“动作”组中，单击“保存并关闭”按钮。

3. 保存电子邮件:

第 19 步：在“文件”选项卡下，单击“打开”选项下的“导入”按钮。

第 20 步：打开“导入和导出向导”对话框，选择“导出到文件”，再单击“下一步”按钮。

第 21 步：打开“导出到文件”对话框，选择“Outlook 数据文件（.pst）”，再单击“下一步”按钮。

第 22 步：打开“导出 Outlook 数据文件”对话框，选择“Outlook 数据文件”，勾选“包括子文件夹”复选框，再单击“下一步”按钮。

第 23 步：打开“导出 Outlook 数据文件”对话框，单击“浏览”按钮，选择考生文件夹所在位置并输入文件名为“A8-A.pst”，再单击“完成”按钮。

第 24 步：打开“创建 Outlook 数据文件”对话框，在“密码”和“验证密码”文本框中均输入“ks8-7”，单击“确定”按钮。

第 25 步：打开“Outlook 数据文件密码”对话框，在“密码”文本框中输入“ks8-7”，单击“确定”按钮即可。

8.8 第 8 题解答

进入 Outlook，在“文件”选项卡下，单击“打开”选项下的“导入”按钮，根据“导入和导出向导”，将考生文件夹中的 A8.pst 导入 Outlook。

1. 处理电子邮件:

第 1 步：在“收件箱”中，选择主题为“参考资料”的邮件，在“开始”选项卡下单击“响应”组中的“转发”按钮。

第 2 步：在转发邮件中单击“收件人”按钮，打开“选择姓名：联系人”对话框，双击“林丽娟”，即可将其添加到“收件人”后面的文本框中，单击“确定”按钮。

第 3 步：在“邮件”选项卡下单击“添加”组中的“附加文件”按钮，打开“插入文件”对话框，根据试题描述所给路径，选择“KSWJ8-8.xlsx”文件，单击“插入”按钮。单击“发送”按钮即可。

第 4 步：在“收件箱”中，选择主题为“接收硬盘”的邮件，单击“开始”选项卡下“响应”组中的“答复”按钮。

第 5 步：在答复邮件中单击“抄送”按钮，打开“选择姓名：联系人”对话框，双击“李宁”，即可将其添加到“抄送”后面的文本框中，单击“确定”按钮。

第 6 步：在“邮件”选项卡下单击“标记”组中的“后续标志”按钮，在弹出的下拉列表中执行“自定义”命令。

第 7 步：打开“自定义”对话框，仅勾选“为收件人标记”复选框，在“标志”下拉列表中选择“请打电话”，单击“确定”按钮。

第 8 步：在“邮件”选项卡下单击“标记”组右下角的“对话框启动器”按钮，打开“属性”对话框，在“敏感度”下拉列表中选择“个人”，勾选“请在送达此邮件后给出‘送达’回执”复选框，单击“关闭”按钮。单击“发送”按钮即可。

2. 调度日常安排：

第 9 步：单击“开始”选项卡下“新建”组中的“新建项目”按钮，在弹出的下拉菜单中选择“会议”。

第 10 步：在会议邮件中，在“主题”文本框中输入“经济宏观调控”，在“地点”文本框中输入“高法宾馆八楼”，在“开始时间”选择“2012 年 9 月 5 日，14:00”，在“结束时间”选择“2012 年 9 月 5 日，17:00”。

第 11 步：单击“收件人”按钮，打开“选择与会者及资源：联系人”对话框，双击“刘云”，即可将其添加到“必选”后面的文本框中，单击“确定”按钮。

第 12 步：在“会议”选项卡下的“选项”组中，单击“提醒”文本框后面的下拉按钮，在弹出的下拉列表中选择“4 小时”。单击“发送”按钮即可。

第 13 步：单击“开始”选项卡下“新建”组中的“新建项目”按钮，在弹出的下拉菜单中选择“任务”。

第 14 步：在任务邮件中，在“主题”文本框中输入“维修德银商贸城供电线路”，在“开始日期”选择“2012 年 8 月 12 日”，在“截止日期”选择“2012 年 8 月 14 日”，在“优先级”下拉列表中选择“高”，勾选“提醒”复选框，在后面的日期下拉列表中选择“2012 年 8 月 11 日”，在时间下拉列表中选择“14:00”。

第 15 步：在“任务”选项卡下的“标记”组中，单击“分类”按钮，在弹出的下拉列表中选择“橙色类别”，如图 8-43 所示。

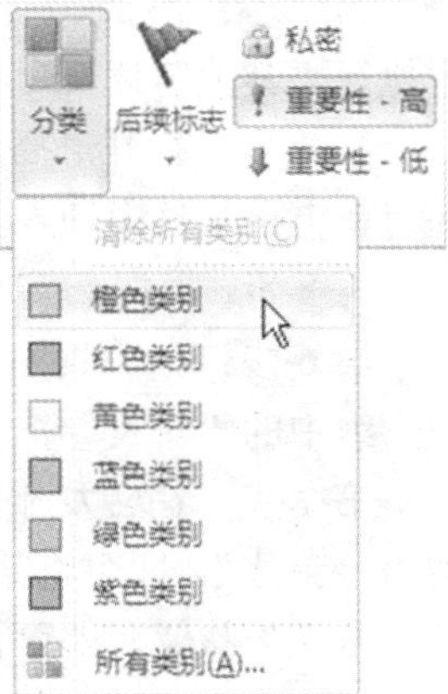

图 8-43

第16步：在“任务”选项卡下的“动作”组中，单击“保存并关闭”按钮。

第17步：单击“开始”选项卡下“新建”组中的“新建项目”按钮，在弹出的下拉菜单中选择“联系人”。打开联系人窗体，根据【样文8-8E】所示，输入联系人“刘源”的相关信息。

第18步：填写完成后，在“联系人”选项卡下的“动作”组中，单击“保存并关闭”按钮。

3. 保存电子邮件：

第 19 步：在“文件”选项卡下，单击“打开”选项下的“导入”按钮。

第 20 步：打开“导入和导出向导”对话框，选择“导出到文件”，再单击“下一步”按钮。

第 21 步：打开“导出到文件”对话框，选择“Outlook 数据文件（.pst）”，再单击“下一步”按钮。

第 22 步：打开“导出 Outlook 数据文件”对话框，选择“Outlook 数据文件”，勾选“包括子文件夹”复选框，再单击“下一步”按钮。

第 23 步：打开“导出 Outlook 数据文件”对话框，单击“浏览”按钮，选择考生文件夹所在位置并输入文件名为“A8-A.pst”，再单击“完成”按钮。

第 24 步：打开“创建 Outlook 数据文件”对话框，在“密码”和“验证密码”文本框中均输入“ks8-8”，单击“确定”按钮。

第 25 步：打开“Outlook 数据文件密码”对话框，在“密码”文本框中输入“ks8-8”，单击“确定”按钮即可。

8.9　第 9 题解答

进入 Outlook，在“文件”选项卡下，单击“打开”选项下的“导入”按钮，根据“导入和导出向导”，将考生文件夹中的 A8.pst 导入 Outlook。

1. 处理电子邮件：

第 1 步：单击“开始”选项卡下“新建”组中的“新建项目”按钮，在弹出的下拉菜单中选择“电子邮件”。

第 2 步：在电子邮件中，在“主题”文本框中输入“周末愉快”，单击“收件人”按钮，打开“选择姓名：联系人”对话框，双击“宋圆圆”，即可将其添加到“收件人”后面的文本框中，单击“确定”按钮。

第 3 步：在“插入”选项卡下单击“添加”组的“名片”按钮，在弹出的下拉列表中执行“其他名片”命令。

第 4 步：打开“插入名片”对话框，选中联系人中的“张涛”，单击“确定”按钮，即可在电子邮件中插入张涛的名片。

第 5 步：根据【样文 8-9A】所示，在邮件中添加邮件内容，单击“发送”按钮即可。

第 6 步：在“收件箱”中，选择“李灵珊”的邮件，在“开始”选项卡下单击“响应”组中的“转发”按钮。

第 7 步：在转发邮件中单击“收件人”按钮，打开“选择姓名：联系人”对话框，双击“王冰”，即可将其添加到“收件人”后面的文本框中。单击“刘云”，再单击下面的“抄送”按钮，即可将其添加到“抄送”后面的文本框中，单击“确定”按钮。

第 8 步：在“邮件”选项卡下单击“标记”组中的“后续标志”按钮，在弹出的下拉列表中执行“自定义”命令。

第 9 步：打开“自定义”对话框，仅勾选“为收件人标记”复选框，在“标志”下拉列表中选择“请答复”，单击“确定”按钮。

第 10 步：在“邮件”选项卡下单击“标记”组中的“重要性 - 高”按钮，再单击“发送”按钮即可。

2. 调度日常安排：

第 11 步：单击“开始”选项卡下“新建”组中的“新建项目”按钮，在弹出的下拉菜单中选择“约会”。

第 12 步：在约会邮件中，在“主题”文本框中输入“一周总结”，在“地点”文本框中输入“会议室”，在“开始时间”选择“2012 年 4 月 8 日，8:30”，在“结束时间”选择“2012 年 4 月 8 日，10:30”。

第 13 步：在“约会”选项卡下的“选项”组中，单击“提醒”文本框后面的下拉按钮，在弹出的下拉列表中选择“30 分钟”。

第 14 步：单击“重复周期”按钮，打开“约会周期”对话框，在“定期模式”区域中，点选“按周”单选按钮。在“重复范围”区域中，点选“结束日期”单选按钮，在后面的日期下拉列表中选择“2012 年 6 月 24 日”，单击“确定”按钮。

第 15 步：在“约会系列”选项卡下的“动作”组中单击“保存并关闭”按钮。

第 16 步：在“收件箱”中，选择主题为“参考资料”的邮件，单击“开始”选项卡下“标记”组的“后续标志”按钮，在弹出的下拉列表中执行“自定义”命令。

第 17 步：打开“自定义”对话框，在“标志”下拉列表中选择“请转发”，在“开始日期”下拉列表中选择“2012 年 12 月 3 日”，在“截止日期”下拉列表中选择“2012 年 12 月 8 日”，单击“确定”按钮。

第 18 步：在“开始”选项卡下单击“标记”组的“分类”按钮，在弹出的下拉列表中选择“绿色类别”。

第 19 步：单击“开始”选项卡下“新建”组中的“新建项目”按钮，在弹出的下拉菜单中选择“联系人”。打开联系人窗体，根据【样文 8-9E】所示，输入联系人“董建光”的相关信息。

第 20 步：填写完成后，在“联系人”选项卡下的“动作”组中，单击“保存并关闭”按钮。

3. 保存电子邮件：

第 21 步：在“文件”选项卡下，单击“打开”选项下的“导入”按钮。

第 22 步：打开“导入和导出向导”对话框，选择“导出到文件”，再单击“下一步”按钮。

第 23 步：打开“导出到文件”对话框，选择“Outlook 数据文件（.pst)”，再单击“下一步”按钮。

第 24 步：打开“导出 Outlook 数据文件”对话框，选择“Outlook 数据文件”，勾选“包括子文件夹”复选框，再单击“下一步”按钮。

第 25 步：打开“导出 Outlook 数据文件”对话框，单击“浏览”按钮，选择考生文件夹所在位置并输入文件名为“A8-A.pst”，再单击“完成”按钮。

第 26 步：打开“创建 Outlook 数据文件”对话框，在“密码”和“验证密码”文本框中均输入“ks8-9”，单击“确定”按钮。

第 27 步：打开“Outlook 数据文件密码”对话框，在“密码”文本框中输入“ks8-9”，单击“确定”按钮即可。

8.10 第 10 题解答

进入 Outlook，在“文件”选项卡下，单击“打开”选项下的“导入”按钮，根据“导入和导出向导”，将考生文件夹中的 A8.pst 导入 Outlook。

1. 处理电子邮件：

第 1 步：单击“开始”选项卡下“新建”组中的“新建项目”按钮，在弹出的下拉菜单中选择“电子邮件”。

第 2 步：在电子邮件中，在“主题”文本框中输入“项目报价单”，单击“收件人”按钮，打开“选择姓名：联系人”对话框，双击“张兰”，即可将其添加到“收件人”后面的文本框中，单击“确定”按钮。

第 3 步：在“插入”选项卡下单击“添加”组的“名片”按钮，在弹出的下拉列表中执行“其他名片”命令。

第 4 步：打开“插入名片”对话框，选中联系人中的“丁丽”，单击“确定”按钮，即可在电子邮件中插入丁丽的名片。

第 5 步：根据【样文 8-10A】所示，在邮件中添加邮件内容，单击“发送”按钮即可。

第 6 步：在“收件箱”中，选择“李宁”的邮件，在“开始”选项卡下单击“响应”组中的“转发”按钮。

第 7 步：在转发邮件中单击“收件人”按钮，打开“选择姓名：联系人”对话框，双击“史明”，即可将其添加到“收件人”后面的文本框中。单击“王天楠”，再单击下面的“抄送”按钮，即可将其添加到“抄送”后面的文本框中，单击“确定”按钮。

第 8 步：在“邮件”选项卡下单击“标记”组中的“后续标志”按钮，在弹出的下拉列表中执行“自定义”命令。

第 9 步：打开“自定义”对话框，仅勾选“为收件人标记”复选框，在“标志”下拉列表中选择“请转发”，单击“确定”按钮。

第 10 步：在“邮件”选项卡下单击“标记”组中的“重要性 - 高”按钮，单击“发送”按钮即可。

2. 调度日常安排：

第 11 步：单击“开始”选项卡下“新建”组中的“新建项目”按钮，在弹出的下拉菜单中选择“其他项目”选项下的“日记条目”。

第 12 步：在日记条目邮件中，在“主题”文本框中输入“参加篮球比赛”，在“条目类型”下拉列表中选择“任务”，在“开始时间”选择“2012 年 8 月 14 日，15:00”，在“持续时间”下拉列表中选择“2 小时”。

第 13 步：在“日记条目”选项卡下的“标记”组中，单击“私密”按钮；单击该组的“分类”按钮，在弹出的下拉列表中选择“黄色类别”。

第 14 步：在“日记条目”选项卡下的“动作”组中，单击“保存并关闭”按钮。

第 15 步：在“收件箱”中，选择主题为“招生考试”的邮件，在“开始”选项卡下的“响应”组中，单击“会议”按钮。

第 16 步：在会议邮件中，在“地点”文本框中输入“学校二楼会议室”，在“开始时间”选择“2012 年 7 月 4 日，13:00”，在“结束时间”选择“2012 年 7 月 4 日，15:00”。

第 17 步：在“会议”选项卡下的“选项”组中，单击“提醒”文本框后面的下拉按钮，在弹出的下拉列表中选择“2 小时”。

第 18 步：在会议邮件中单击“收件人”按钮，打开“选择与会者及资源：联系人”对话框，双击“白雪”，即可将其添加到“必选”后面的文本框中。单击“路瑶”，再单击下面的“可选”按钮，即可将其添加到“可选”后面的文本框中，单击“确定”按钮，单击“发送”按钮即可。

第 19 步：单击“开始”选项卡下“新建”组中的“新建项目”按钮，在弹出的下拉菜单中选择“联系人”。打开联系人窗体，根据【样文 8-10E】所示，输入联系人“沈叙”的相关信息。

第 20 步：填写完成后，在“联系人”选项卡下的“动作”组中，单击“保存并关闭”按钮。

3. 保存电子邮件：

第 21 步：在“文件”选项卡下，单击“打开”选项下的“导入”按钮。

第 22 步：打开“导入和导出向导”对话框，选择“导出到文件”，再单击“下一步”按钮。

第 23 步：打开“导出到文件”对话框，选择“Outlook 数据文件（.pst）”，再单击“下一步”按钮。

第 24 步：打开“导出 Outlook 数据文件”对话框，选择“Outlook 数据文件”，勾选“包括子文件夹”复选框，再单击“下一步”按钮。

第 25 步：打开“导出 Outlook 数据文件”对话框，单击“浏览”按钮，选择考生文件夹所在位置并输入文件名为“A8-A.pst”，再单击“完成”按钮。

第 26 步：打开“创建 Outlook 数据文件”对话框，在“密码”和“验证密码”文本框中均输入“ks8-10”，单击“确定”按钮。

第 27 步：打开“Outlook 数据文件密码”对话框，在“密码”文本框中输入“ks8-10”，单击“确定”按钮即可。

8.11　第 11 题解答

进入 Outlook，在“文件”选项卡下，单击“打开”选项下的“导入”按钮，根据“导入和导出向导”，将考生文件夹中的 A8.pst 导入 Outlook。

1. 处理电子邮件：

第 1 步：在“收件箱”中，选择“张兰”的邮件，单击“开始”选项卡下“响应”组中的“答复”按钮。

第 2 步：在答复邮件中的“邮件”选项卡下单击“添加”组中的“附加文件”按钮。

第 3 步：打开“插入文件”对话框，根据试题描述所给路径，选择“KSWJ8-11.docx”文件，单击“插入”按钮。根据【样文 8-11A】所示，在邮件中添加答复内容，单击“发送”按钮即可。

第 4 步：在“收件箱”中，选择“王占永”的邮件，单击“开始”选项卡下“响应”组中的“转发”按钮。

第 5 步：在转发邮件中单击“收件人”按钮，打开“选择姓名：联系人”对话框，双击“孙婷”，即可将其添加到“收件人”后面的文本框中；单击“张涛”，再单击下面的“抄送”按钮，即可将其添加到“抄送”后面的文本框中，单击“确定”按钮。

第 6 步：在“邮件”选项卡下单击“标记”组中的“后续标志”按钮，在弹出的下拉列表中执行“自定义”命令。

第 7 步：打开“自定义”对话框，仅勾选“为收件人标记”复选框，在“标志”下拉列表中选择“请答复”，单击“确定”按钮。

第 8 步：在“邮件”选项卡下单击“标记”组中的“重要性 - 低”按钮，根据【样文 8-11B】所示，在邮件中添加邮件内容，单击“发送”按钮即可。

2. 调度日常安排：

第 9 步：单击“开始”选项卡下“新建”组中的“新建项目”按钮，在弹出的下拉菜单中选择“其他项目”选项下的“日记条目”。

第 10 步：在日记条目邮件中，在“主题”文本框中输入“全国测量工资格培训考试”，在“条目类型”下拉列表中选择“传真”，在“开始时间”选择“2012 年 7 月 20 日，9:00”，在“持续时间”下拉列表中选择“1 小时”。

第 11 步：在“日记条目”选项卡下的“标记”组中，单击“私密”按钮，再次单击该组的“分类”按钮，在弹出的下拉列表中选择“红色类别”。

第 12 步：在“日记条目”选项卡下的“动作”组中，单击“保存并关闭”按钮。

第 13 步：在“收件箱”中，选择主题为“新书宣传”的邮件，在“开始”选项卡下的“响应”组中单击“会议”按钮。

第 14 步：在会议邮件中，在“地点”文本框中输入“图书馆”，在“开始时间”选择“2012 年 6 月 21 日，14:30”，在“结束时间”选择“2012 年 6 月 21 日，16:30”。

第 15 步：在“会议”选项卡下的“选项”组中，单击“提醒”文本框后面的下拉按钮，在弹出的下拉列表中选择“3 小时”。

第 16 步：在会议邮件中单击“收件人”按钮，打开“选择与会者及资源：联系人”对话框，双击“张辉”，即可将其添加到“必选”后面的文本框中。单击“宋圆圆”，再单击下面的“可选”按钮，即可将其添加到“可选”后面的文本框中，单击“确定”按钮，单击“发送”按钮即可。

第 17 步：单击“开始”选项卡下“新建”组中的“新建项目”按钮，在弹出的下拉菜单中选择“联系人”。打开联系人窗体，根据【样文 8-11E】所示，输入联系人“卢华”的相关信息。

第 18 步：填写完成后，在“联系人”选项卡下的“动作”组中，单击“保存并关闭”按钮。

3. 保存电子邮件:

第 19 步：在“文件”选项卡下，单击“打开”选项下的“导入”按钮。

第 20 步：打开“导入和导出向导”对话框，选择“导出到文件”，再单击“下一步”按钮。

第 21 步：打开“导出到文件”对话框，选择“Outlook 数据文件（.pst）”，再单击“下一步”按钮。

第 22 步：打开“导出 Outlook 数据文件”对话框，选择“Outlook 数据文件”，勾选“包括子文件夹”复选框，再单击“下一步”按钮。

第 23 步：打开“导出 Outlook 数据文件”对话框，单击“浏览”按钮，选择考生文件夹所在位置并输入文件名为“A8-A.pst”，再单击“完成”按钮。

第 24 步：打开“创建 Outlook 数据文件”对话框，在“密码”和“验证密码”文本框中均输入“ks8-11”，单击“确定”按钮。

第 25 步：打开“Outlook 数据文件密码”对话框，在“密码”文本框中输入“ks8-11”，单击“确定”按钮即可。

8.12 第 12 题解答

进入 Outlook，在“文件”选项卡下，单击“打开”选项下的“导入”按钮，根据“导入和导出向导”，将考生文件夹中的 A8.pst 导入 Outlook。

1. 处理电子邮件:

第 1 步：在“收件箱”中，选择主题为“参加足球比赛”的邮件，在“开始”选项卡下单击“响应”组中的“转发”按钮。

第 2 步：在转发邮件中单击“收件人”按钮，打开“选择姓名：联系人”对话框，双击“王天楠”，即可将其添加到“收件人”后面的文本框中，单击“确定”按钮。

第 3 步：在“邮件”选项卡下单击“添加”组中的“附加文件”按钮，打开“插入文件”对话框，根据试题描述所给路径，选择“KSWJ8-12.xlsx”文件，单击“插入”按钮。根据【样文 8-12A】所示，在邮件中添加邮件内容，单击“发送”按钮即可。

第 4 步：在“收件箱”中，选择主题为“中秋节快乐”的邮件，单击“开始”选项卡下“响应”组中的“答复”按钮。

第 5 步：在答复邮件中单击“抄送”按钮，打开“选择姓名：联系人”对话框，双击“丁丽”，即可将其添加到“抄送”后面的文本框中，单击“确定”按钮。

第 6 步：在“邮件”选项卡下单击“标记”组中的“后续标志”按钮，在弹出的下拉列表中执行“自定义”命令。

第 7 步：打开“自定义”对话框，仅勾选“为收件人标记”复选框，在“标志”下拉列表中选择“仅供参考”，单击“确定”按钮。

第 8 步：在“邮件”选项卡下单击“标记”组右下角的“对话框启动器”按钮，打开“属性”对话框，在“敏感度”下拉列表中选择“个人”，勾选“请在阅读此邮件后给出‘已读’回执”复选框，单击“关闭”按钮。单击“发送”按钮即可。

2. 调度日常安排:

第 9 步：单击“开始”选项卡下“新建”组中的“新建项目”按钮，在弹出的下拉菜单中选择“会议”。

第 10 步：在会议邮件中，在“主题”文本框中输入“股东年会”，在“地点”文本框中输入“新月俱乐部”，在“开始时间”选择“2012 年 12 月 25 日，18:00”，在“结束时间”选择“2012 年 12 月 25 日，21:00”。

第 11 步：单击“收件人”按钮，打开“选择与会者及资源：联系人”对话框，双击“史明”，即可将其添加到“必选”后面的文本框中，单击“确定”按钮。

第 12 步：在“会议”选项卡下的“选项”组中，单击“提醒”文本框后面的下拉按钮，在弹出的下拉列表中选择“1 小时”。单击“发送”按钮即可。

第 13 步：单击“开始”选项卡下“新建”组中的“新建项目”按钮，在弹出的下拉菜单中选择“任务”。

第 14 步：在任务邮件中，在“主题”文本框中输入“英语答辩赛”，在“开始日期”选择“2012 年 10 月 27 日”，在“截止日期”选择“2012 年 10 月 30 日”，在“优先级”下拉列表中选择“高”，勾选“提醒”复选框，在后面的日期下拉列表中选择“2012 年 10 月 26 日”，在时间下拉列表中选择“15:00”。

第 15 步：在“任务”选项卡下的“动作”组中，单击“保存并关闭”按钮。

第 16 步：单击“开始”选项卡下“新建”组中的“新建项目”按钮，在弹出的下拉菜单中选择“联系人”。打开联系人窗体，根据【样文 8-12E】所示，输入联系人“陆伟”的相关信息。

第 17 步：填写完成后，在“联系人”选项卡下的“动作”组中，单击“保存并关闭”按钮。

3. 保存电子邮件:

第 18 步：在“文件”选项卡下，单击“打开”选项下的“导入”按钮。

第 19 步：打开“导入和导出向导”对话框，选择“导出到文件”，再单击“下一步”按钮。

第 20 步：打开“导出到文件”对话框，选择“Outlook 数据文件（.pst）”，再单击“下一步”按钮。

第 21 步：打开“导出 Outlook 数据文件”对话框，选择“Outlook 数据文件”，勾选“包括子文件夹”复选框，再单击“下一步”按钮。

第 22 步：打开“导出 Outlook 数据文件”对话框，单击“浏览”按钮，选择考生文件夹所在位置并输入文件名为“A8-A.pst”，再单击“完成”按钮。

第 23 步：打开“创建 Outlook 数据文件”对话框，在“密码”和“验证密码”文本框中均输入“ks8-12”，单击“确定”按钮。

第 24 步：打开“Outlook 数据文件密码”对话框，在“密码”文本框中输入“ks8-12”，单击“确定”按钮即可。

8.13　第 13 题解答

进入 Outlook，在“文件”选项卡下，单击“打开”选项下的“导入”按钮，根据“导入和导出向导”，将考生文件夹中的 A8.pst 导入 Outlook。

1. 处理电子邮件：

第 1 步：单击“开始”选项卡下“新建”组中的“新建项目”按钮，在弹出的下拉菜单中选择“电子邮件”。

第 2 步：在电子邮件中，在“主题”文本框中输入“人事调动”，单击“收件人”按钮，打开“选择姓名：联系人”对话框，双击“赵瑜”，即可将其添加到“收件人”后面的文本框中；单击“王冰”，再单击下面的“抄送”按钮，即可将其添加到“抄送”后面的文本框中，单击“确定”按钮。

第 3 步：在“插入”选项卡下单击“添加”组的“名片”按钮，在弹出的下拉列表中执行“其他名片”命令。

第 4 步：打开“插入名片”对话框，选中联系人中的“秦军”，单击“确定”按钮，即可在电子邮件中插入秦军的名片。

第 5 步：根据【样文 8-13A】所示，在邮件中添加邮件内容，单击“发送”按钮即可。

第 6 步：在“收件箱”中，选择“李宁”的邮件，在“开始”选项卡下单击“响应”组中的“转发”按钮。

第 7 步：在转发邮件中单击“收件人”按钮，打开“选择姓名：联系人”对话框，双击“张辉”，即可将其添加到“收件人”后面的文本框中；单击“林丽娟”，再单击下面的“抄送”按钮，即可将其添加到“抄送”后面的文本框中，单击“确定”按钮。

第 8 步：在“邮件”选项卡下单击“标记”组中的“后续标志”按钮，在弹出的下拉列表中执行“自定义”命令。

第 9 步：打开“自定义”对话框，仅勾选“为收件人标记”复选框，在“标志”下拉列表中选择“无须响应”，单击“确定”按钮。

第 10 步：在“邮件”选项卡下单击“标记”组中的“重要性 - 低”按钮。在邮件中单击“发送”按钮即可。

2. 调度日常安排：

第 11 步：单击“开始”选项卡下“新建”组中的“新建项目”按钮，在弹出的下拉菜单中选择“约会”。

第 12 步：在约会邮件中，在“主题”文本框中输入“欢度元旦”，在“地点”文本框中输入“青年体育馆”，在“开始时间”选择“2012 年 1 月 1 日，10:00”，在“结束时间”选择“2012 年 1 月 1 日，15:00”。

第 13 步：在“约会”选项卡下的“选项”组中，单击“提醒”文本框后面的下拉按钮，在弹出的下拉列表中选择“1 周”。

第 14 步：单击“重复周期”按钮，打开“约会周期”对话框，在“定期模式”区域中，点选“按年”单选按钮。在“重复范围”区域中，点选“重复”单选按钮，在“次后结束”前的文本框中输入“2”，单击“确定”按钮。

第 15 步：在“约会系列”选项卡下的“动作”组中单击“保存并关闭”按钮。

第 16 步：在“收件箱”中，选择主题为“购买硬盘”的邮件，单击“开始”选项卡下“标记”组的“后续标志”按钮，在弹出的下拉列表中执行“自定义”命令。

第 17 步：打开“自定义”对话框，在“标志”下拉列表中选择“请打电话”，在“开始日期”下拉列表中选择“2012 年 9 月 16 日”，在“截止日期”下拉列表中选择“2012 年 9 月 18 日”，单击“确定”按钮。

第 18 步：在“开始”选项卡下的“标记”组中单击“分类”按钮，在弹出的下拉列表中选择“蓝色类别”。

第 19 步：单击“开始”选项卡下“新建”组中的“新建项目”按钮，在弹出的下拉菜单中选择“联系人”。打开联系人窗体，根据【样文 8-13E】所示，输入联系人“林志强”的相关信息。

第 20 步：填写完成后，在“联系人”选项卡下的“动作”组中，单击“保存并关闭”按钮。

3. 保存电子邮件：

第 21 步：在“文件”选项卡下，单击“打开”选项下的“导入”按钮。

第 22 步：打开“导入和导出向导”对话框，选择“导出到文件”，再单击“下一步”按钮。

第 23 步：打开“导出到文件”对话框，选择“Outlook 数据文件（.pst）”，再单击“下一步”按钮。

第 24 步：打开“导出 Outlook 数据文件”对话框，选择“Outlook 数据文件”，勾选“包括子文件夹”复选框，再单击“下一步”按钮。

第 25 步：打开“导出 Outlook 数据文件”对话框，单击“浏览”按钮，选择考生文件夹所在位置并输入文件名为“A8-A.pst”，再单击“完成”按钮。

第 26 步：打开“创建 Outlook 数据文件”对话框，在“密码”和“验证密码”文本框中均输入“ks8-13”，单击“确定”按钮。

第 27 步：打开“Outlook 数据文件密码”对话框，在“密码”文本框中输入“ks8-13”，单击“确定”按钮即可。

8.14 第 14 题解答

进入 Outlook，在“文件”选项卡下，单击“打开”选项下的“导入”按钮，根据“导入和导出向导”，将考生文件夹中的 A8.pst 导入 Outlook。

1. 处理电子邮件：

第 1 步：在“收件箱”中，选择“王霞”的邮件，单击“开始”选项卡下“响应”组中的“答复”按钮。

第 2 步：在答复邮件中的“邮件”选项卡下单击“添加”组中的“附加文件”按钮。

第 3 步：打开“插入文件”对话框，根据试题描述所给路径，选择“KSWJ8-14.pptx”文件，单击“插入”按钮。在邮件中单击“发送”按钮即可。

第 4 步：在“收件箱”中，选择“王冰”的邮件，单击“开始”选项卡下“响应”组中的“转发”按钮。

第 5 步：在转发邮件中单击“收件人”按钮，打开“选择姓名：联系人”对话框，双击“宋圆圆”，即可将其添加到“收件人”后面的文本框中；单击“李明”，再单击下面的“抄送”按钮，即可将其添加到“抄送”后面的文本框中，单击“确定”按钮。

第 6 步：在“邮件”选项卡下单击“标记”组中的“后续标志”按钮，在弹出的下拉列表中执行“自定义”命令。

第 7 步：打开“自定义”对话框，仅勾选“为收件人标记”复选框，在“标志”下拉列表中选择“请阅读”，单击“确定”按钮。

第 8 步：在“邮件”选项卡下单击“标记”组右下角的“对话框启动器”按钮，打开“属性”对话框，在“重要性”下拉列表中选择“低”，在“敏感度”下拉列表中选择“个人”，单击“关闭”按钮。在邮件中单击“发送”按钮即可。

2. 调度日常安排：

第 9 步：单击“开始”选项卡下“新建”组中的“新建项目”按钮，在弹出的下拉菜单中选择“约会”。

第 10 步：在约会邮件中，在“主题”文本框中输入“到建设兵团参加劳动”，在“地点”文本框中输入“建设兵团农场”，在“开始时间”选择“2012 年 4 月 20 日，8:00”，在“结束时间”选择“2012 年 4 月 20 日，17:00”。

第 11 步：在“约会”选项卡下的“选项”组中，单击“提醒”文本框后面的下拉按钮，在弹出的下拉列表中选择“1 天”。

第 12 步：在“约会”选项卡下的“标记”组中，分别单击“私密”按钮和“重要性 - 高”按钮，再次单击该组的“分类”按钮，在弹出的下拉列表中选择“橙色类别”。

第 13 步：在“约会”选项卡下的“动作”组中，单击“保存并关闭”按钮。

第 14 步：单击“开始”选项卡下“新建”组中的“新建项目”按钮，在弹出的下拉菜单中选择“其他项目”选项下的“日记条目”。

第 15 步：在日记条目邮件中，在“主题”文本框中输入“参加考试”，在“条目类型”下拉列表中选择“信件”，在“开始时间”选择“2012 年 7 月 16 日，14:00”，在“持续时间”下拉列表中选择“2 小时”。

第 16 步：在“日记条目”选项卡下的“标记”组中，单击“私密”按钮，再次单击该组的“分类”按钮，在弹出的下拉列表中选择“所有类别”，如图 8-44 所示。

第 17 步：打开“颜色类别”对话框，单击“新建”按钮，如图 8-45 所示。

第 18 步：打开“添加新类别”对话框，在“名称”文本框中输入“青色类别”，在“颜色”下拉列表中选择“青色”，单击“确定”按钮，如图 8-46 所示。返回到“颜色类别”对话框，勾选新创建的“青色类别”复选框，单击“确定”按钮即可。

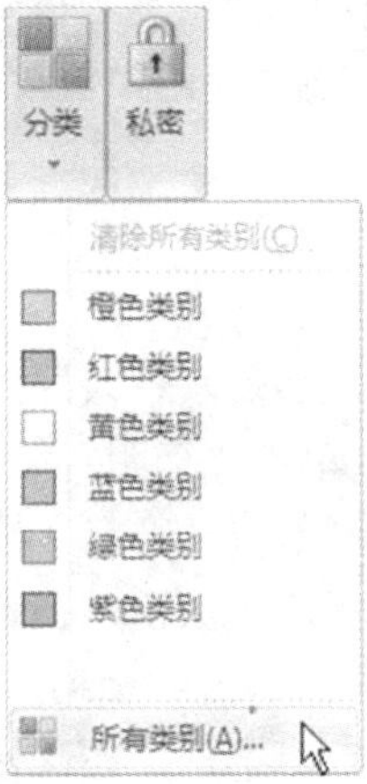

图 8-44

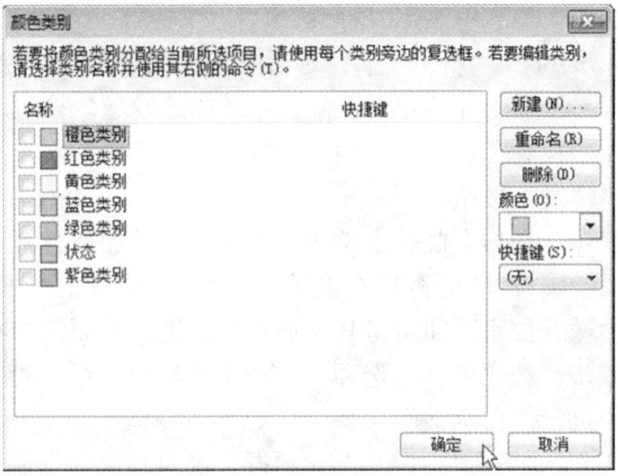

图 8-45

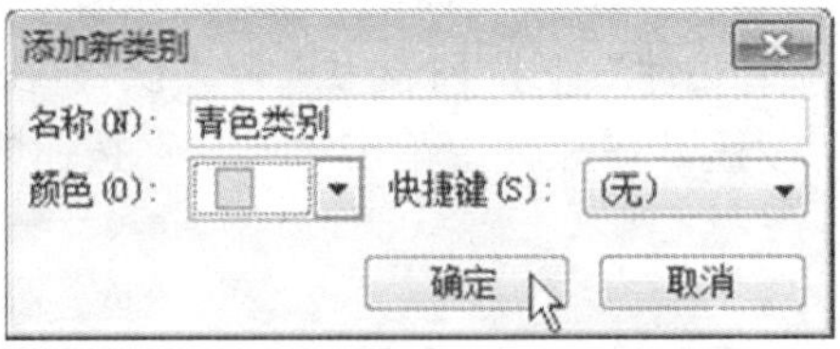

图 8-46

第 19 步：在“日记条目”选项卡下的“动作”组中，单击“保存并关闭”按钮。

第 20 步：单击“开始”选项卡下“新建”组中的“新建项目”按钮，在弹出的下拉菜单中选择“联系人”。打开联系人窗体，根据【样文 8-14E】所示，输入联系人“杜彭飞”的相关信息。

第 21 步：填写完成后，在“联系人”选项卡下的“动作”组中，单击“保存并关闭”按钮。

3. 保存电子邮件：

第 22 步：在“文件”选项卡下，单击“打开”选项下的“导入”按钮。打开“导入和导出向导”对话框，选择“导出到文件”，再单击“下一步”按钮。

第 23 步：打开“导出到文件”对话框，选择“Outlook 数据文件（.pst）”，再单击“下一步”按钮。

第 24 步：打开“导出 Outlook 数据文件”对话框，选择“Outlook 数据文件”，勾选“包括子文件夹”复选框，再单击“下一步”按钮。

第 25 步：打开“导出 Outlook 数据文件”对话框，单击“浏览”按钮，选择考生文件夹所在位置并输入文件名为“A8-A.pst”，再单击“完成”按钮。

第 26 步：打开“创建 Outlook 数据文件”对话框，在“密码”和“验证密码”文本框中均输入“ks8-14”，单击“确定”按钮。

第 27 步：打开“Outlook 数据文件密码”对话框，在“密码”文本框中输入“ks8-14”，单击“确定”按钮即可。

8.15　第 15 题解答

进入 Outlook，在“文件”选项卡下，单击“打开”选项下的“导入”按钮，根据“导入和导出向导”，将考生文件夹中的 A8.pst 导入 Outlook。

1. 处理电子邮件:

第 1 步：在“收件箱”中，选择主题为“招生考试”的邮件，在“开始”选项卡下单击“响应”组中的“转发”按钮。

第 2 步：在转发邮件中单击“收件人”按钮，打开“选择姓名：联系人”对话框，双击“张辉”，即可将其添加到“收件人”后面的文本框中；单击“孙婷”，再单击下面的“抄送”按钮，即可将其添加到“抄送”后面的文本框中，单击“确定”按钮。

第 3 步：在“邮件”选项卡下单击“添加”组中的“附加文件”按钮，打开“插入文件”对话框，根据试题描述所给路径，选择“KSWJ8-15.xlsx”文件，单击“插入”按钮。在邮件中单击“发送”按钮即可。

第 4 步：在“收件箱”中，选择主题为“想让你请我吃饭”的邮件，单击“开始”选项卡下“响应”组中的“答复”按钮。

第 5 步：在答复邮件中单击“抄送”按钮，打开“选择姓名：联系人”对话框，双击“李灵珊”，即可将其添加到“抄送”后面的文本框中，单击“确定”按钮。

第 6 步：在“邮件”选项卡下单击“标记”组中的“后续标志”按钮，在弹出的下拉列表中执行“自定义”命令。

第 7 步：打开“自定义”对话框，仅勾选“为收件人标记”复选框，在“标志”下拉列表中选择“仅供参考”，单击“确定”按钮。

第 8 步：在“邮件”选项卡下单击“标记”组右下角的“对话框启动器”按钮，打开“属性”对话框，在“敏感度”下拉列表中选择“私密”，勾选“请在送达此邮件后给出‘送达’回执”复选框，单击“关闭”按钮。在邮件中单击“发送”按钮即可。

2. 调度日常安排:

第 9 步：单击“开始”选项卡下“新建”组中的“新建项目”按钮，在弹出的下拉菜单中选择“约会”。

第 10 步：在约会邮件中，在“主题”文本框中输入“房地产交易会”，在“地点”文本框中输入“人民广场”，在“开始日期”选择“2012 年 11 月 13 日，8:30”，在“结束时间”选择“2012 年 11 月 13 日，11:30”。

第 11 步：在“约会”选项卡下的“选项”组中，单击“提醒”文本框后面的下拉按钮，在弹出的下拉列表中选择“4 小时”。

第 12 步：在“约会”选项卡下的“标记”组中，单击“私密”按钮，单击“重要性 - 高”按钮。

第 13 步：在“约会”选项卡下的“动作”组中，单击“保存并关闭”按钮。

第 14 步：单击“开始”选项卡下“新建”组中的“新建项目”按钮，在弹出的下拉菜单中选择“会议”。

第 15 步：在会议邮件中，在“主题”文本框中输入“经济技术工作会议”，在“地点”文本框中输入“永乐路天都宾馆”，在“开始时间”选择“2012 年 8 月 10 日，15:00”，在“结束时间”选择“2012 年 8 月 10 日，17:00”。

第 16 步：单击“收件人”按钮，打开“选择与会者及资源：联系人”对话框，双击“李明”，即可将其添加到“必选”后面的文本框中，单击“确定”按钮。

第 17 步：在“会议”选项卡下的“选项”组中，单击“提醒”文本框后面的下拉按钮，在弹出的下拉列表中选择“30 分钟”。在邮件中单击“发送”按钮即可。

第 18 步：单击“开始”选项卡下“新建”组中的“新建项目”按钮，在弹出的下拉菜单中选择“联系人”。打开联系人窗体，根据【样文 8-15E】所示，输入联系人“陈俊”的相关信息。

第 19 步：填写完成后，在“联系人”选项卡下的“动作”组中，单击“保存并关闭”按钮。

3. 保存电子邮件：

第 20 步：在“文件”选项卡下，单击“打开”选项下的“导入”按钮。

第 21 步：打开“导入和导出向导”对话框，选择“导出到文件”，再单击“下一步”按钮。

第 22 步：打开“导出到文件”对话框，选择“Outlook 数据文件（.pst）”，再单击“下一步”按钮。

第 23 步：打开“导出 Outlook 数据文件”对话框，选择“Outlook 数据文件”，勾选“包括子文件夹”复选框，再单击“下一步”按钮。

第 24 步：打开“导出 Outlook 数据文件”对话框，单击“浏览”按钮，选择考生文件夹所在位置并输入文件名为“A8-A.pst”，再单击“完成”按钮。

第 25 步：打开“创建 Outlook 数据文件”对话框，在“密码”和“验证密码”文本框中均输入“ks8-15”，单击“确定”按钮。

第 26 步：打开“Outlook 数据文件密码”对话框，在“密码”文本框中输入“ks8-15”，单击“确定”按钮即可。

8.16 第 16 题解答

进入 Outlook，在“文件”选项卡下，单击“打开”选项下的“导入”按钮，根据“导入和导出向导”，将考生文件夹中的 A8.pst 导入 Outlook。

1. 处理电子邮件：

第 1 步：在“收件箱”中，选择“王霞”的邮件，单击“开始”选项卡下“响应”组中的“答复”按钮。

第 2 步：在答复邮件中的“邮件”选项卡下单击“添加”组中的“附加文件”按钮。

第 3 步：打开“插入文件”对话框，根据试题描述所给路径，选择“KSWJ8-16.docx”

文件，单击“插入”按钮。在邮件中单击“发送”按钮即可。

第 4 步：在“收件箱”中，选择“张兰”的邮件，单击“开始”选项卡下“响应”组中的“转发”按钮。

第 5 步：在转发邮件中单击“收件人”按钮，打开“选择姓名：联系人”对话框，双击“孙婷”，即可将其添加到“收件人”后面的文本框中；单击“王志勇”，再单击下面的“抄送”按钮，即可将其添加到“抄送”后面的文本框中，单击“确定”按钮。

第 6 步：在“邮件”选项卡下单击“标记”组中的“后续标志”按钮，在弹出的下拉列表中执行“自定义”命令。

第 7 步：打开“自定义”对话框，仅勾选“为收件人标记”复选框，在“标志”下拉列表中选择“请阅读”，单击“确定”按钮。

第 8 步：在“邮件”选项卡下单击“标记”组中的“重要性 - 高”按钮。单击“发送”按钮即可。

2. 调度日常安排：

第 9 步：单击“开始”选项卡下“新建”组中的“新建项目”按钮，在弹出的下拉菜单中选择“约会”。

第 10 步：在约会邮件中，在“主题”文本框中输入“庆祝元旦”，在“地点”文本框中输入“南二楼大教室”，在“开始时间”选择“2012 年 1 月 1 日，18:30”，在“结束时间”选择“2012 年 1 月 1 日，21:30”。

第 11 步：在“约会”选项卡下的“选项”组中，单击“提醒”文本框后面的下拉按钮，在弹出的下拉列表中选择“2 天”。

第 12 步：单击“重复周期”按钮，打开“约会周期”对话框，在“定期模式”区域中，点选“按年”单选按钮，单击“确定”按钮。单击“约会系列”选项卡下“标记”组中的“私密”按钮。

第 13 步：在“约会系列”选项卡下的“动作”组中单击“保存并关闭”按钮。

第 14 步：在“收件箱”中，选择主题为“上大学的建议”的邮件，单击“开始”选项卡下“标记”组的“后续标志”按钮，在弹出的下拉列表中执行“添加提醒”命令。

第 15 步：打开“自定义”对话框，勾选“提醒”复选框，在日期下拉列表中选择“2012 年 8 月 30 日”，在时间下拉列表中选择“12:00”，单击“确定”按钮。

第 16 步：单击“开始”选项卡下“新建”组中的“新建项目”按钮，在弹出的下拉菜单中选择“联系人”。打开联系人窗体，根据【样文 8-16D】所示，输入联系人“赵龙”的相关信息。

第 17 步：填写完成后，在“联系人”选项卡下的“动作”组中，单击“保存并关闭”按钮。

3. 保存电子邮件：

第 18 步：在“文件”选项卡下，单击“打开”选项下的“导入”按钮。打开“导入和导出向导”对话框，选择“导出到文件”，再单击“下一步”按钮。

第 19 步：打开“导出到文件”对话框，选择“Outlook 数据文件（.pst)”，再单击“下一步”按钮。

第 20 步：打开“导出 Outlook 数据文件”对话框，选择“Outlook 数据文件”，勾选“包括子文件夹”复选框，再单击“下一步”按钮。

第 21 步：打开“导出 Outlook 数据文件”对话框，单击“浏览”按钮，选择考生文件夹所在位置并输入文件名为“A8-A.pst”，再单击“完成”按钮。

第 22 步：打开“创建 Outlook 数据文件”对话框，在“密码”和“验证密码”文本框中均输入“ks8-16”，单击“确定”按钮。

第 23 步：打开“Outlook 数据文件密码”对话框，在“密码”文本框中输入“ks8-16”，单击“确定”按钮即可。

8.17 第 17 题解答

进入 Outlook，在“文件”选项卡下，单击“打开”选项下的“导入”按钮，根据“导入和导出向导”，将考生文件夹中的 A8.pst 导入 Outlook。

1. 处理电子邮件：

第 1 步：在“收件箱”中，选择“王志勇”的邮件，单击“开始”选项卡下“响应”组中的“答复”按钮。

第 2 步：在答复邮件中的“邮件”选项卡下单击“添加”组中的“附加文件”按钮。

第 3 步：打开“插入文件”对话框，根据试题描述所给路径，选择“KSWJ8-17.pptx”文件，单击“插入”按钮。在邮件中单击“发送”按钮即可。

第 4 步：在“收件箱”中，选择“秦军”的邮件，单击“开始”选项卡下“响应”组中的“答复”按钮。

第 5 步：在答复邮件中单击“抄送”按钮，打开“选择姓名：联系人”对话框，双击“周涛”，即可将其添加到“抄送”后面的文本框中，单击“确定”按钮。

第 6 步：在“邮件”选项卡下单击“标记”组中的“后续标志”按钮，在弹出的下拉列表中执行“自定义”命令。

第 7 步：打开“自定义”对话框，仅勾选“为收件人标记”复选框，在“标志”下拉列表中选择“请打电话”，单击“确定”按钮。

第 8 步：在“邮件”选项卡下单击“标记”组中的“重要性 - 高”按钮，单击“发送”按钮即可。

2. 调度日常安排：

第 9 步：单击“开始”选项卡下“新建”组中的“新建项目”按钮，在弹出的下拉菜单中选择“约会”。

第 10 步：在约会邮件中，在“主题”文本框中输入“月底工作报告”，在“地点”文本框中输入“经理办公室”，在“开始时间”选择“2012 年 10 月 31 日，9:00”，在“结束时间”选择“2012 年 10 月 31 日，11:00”。

第 11 步：在“约会”选项卡下的“选项”组中，单击“提醒”文本框后面的下拉按钮，在弹出的下拉列表中选择“15 分钟”。

第 12 步：在“约会”选项卡下的“标记”组中，单击“私密”按钮，单击“重要性 - 高”按钮。

第 13 步：在“约会”选项卡下的“动作”组中，单击“保存并关闭”按钮。

第 14 步：在“收件箱”中，选择主题为“参加考试”的邮件，单击“开始”选项卡下“标记”组的“后续标志”按钮，在弹出的下拉列表中执行“自定义”命令。

第 15 步：打开“自定义”对话框，在“标志”下拉列表中选择“请答复”，在“开始日期”下拉列表中选择“2012 年 8 月 18 日”，在“截止日期”下拉列表中选择“2012 年 8 月 21 日”，单击“确定”按钮。

第 16 步：单击“开始”选项卡下“新建”组中的“新建项目”按钮，在弹出的下拉菜单中选择“联系人”。打开联系人窗体，根据【样文 8-17E】所示，输入联系人“江璐”的相关信息。

第 17 步：填写完成后，在“联系人”选项卡下的“动作”组中，单击“保存并关闭”按钮。

3. 保存电子邮件：

第 18 步：在“文件”选项卡下，单击“打开”选项下的“导入”按钮。

第 19 步：打开“导入和导出向导”对话框，选择“导出到文件”，再单击“下一步”按钮。

第 20 步：打开“导出到文件”对话框，选择“Outlook 数据文件（.pst）”，再单击“下一步”按钮。

第 21 步：打开“导出 Outlook 数据文件”对话框，选择“Outlook 数据文件”，勾选“包括子文件夹”复选框，再单击“下一步”按钮。

第 22 步：打开“导出 Outlook 数据文件”对话框，单击“浏览”按钮，选择考生文件夹所在位置并输入文件名为“A8-A.pst”，再单击“完成”按钮。

第 23 步：打开“创建 Outlook 数据文件”对话框，在“密码”和“验证密码”文本框中均输入“ks8-17”，单击“确定”按钮。

第 24 步：打开“Outlook 数据文件密码”对话框，在“密码”文本框中输入“ks8-17”，单击“确定”按钮即可。

8.18　第 18 题解答

进入 Outlook，在“文件”选项卡下，单击“打开”选项下的“导入”按钮，根据“导入和导出向导”，将考生文件夹中的 A8.pst 导入 Outlook。

1. 处理电子邮件：

第 1 步：在“收件箱”中，选择主题为“参加同学联欢会”的邮件，在“开始”选项卡下单击“响应”组中的“转发”按钮。

第 2 步：在转发邮件中单击“收件人”按钮，打开“选择姓名：联系人”对话框，双击“王琪”，即可将其添加到“收件人”后面的文本框中，单击“确定”按钮。

第 3 步：在“邮件”选项卡下单击“添加”组中的“附加文件”按钮，打开“插入文件”对话框，根据试题描述所给路径，选择“KSWJ8-18.xlsx”文件，单击“插入”按钮。

第 4 步：根据【样文 8-18A】所示，在邮件中添加邮件内容，单击“发送”按钮即可。

第 5 步：在“收件箱”中，选择主题为“参加考试”的邮件，单击“开始”选项卡下“响应”组中的“答复”按钮。

第 6 步：在答复邮件中单击“抄送”按钮，打开“选择姓名：联系人”对话框，双击“张波”，即可将其添加到“抄送”后面的文本框中，单击“确定”按钮。

第 7 步：在“邮件”选项卡下单击“标记”组中的“后续标志”按钮，在弹出的下拉列表中执行“自定义”命令。

第 8 步：打开“自定义”对话框，仅勾选“为收件人标记”复选框，在“标志”下拉列表中选择“无须响应”，单击“确定”按钮。

第 9 步：在“邮件”选项卡下单击“标记”组右下角的“对话框启动器”按钮 ，打开“属性”对话框，在“敏感度”下拉列表中选择“私密”，勾选“请在阅读此邮件后给出‘已读’回执”复选框，单击“关闭”按钮。

第 10 步：根据【样文 8-18B】所示，在邮件中添加答复内容，单击“发送”按钮即可。

2. 调度日常安排:

第 11 步：单击“开始”选项卡下“新建”组中的“新建项目”按钮，在弹出的下拉菜单中选择“会议”。

第 12 步：在会议邮件中，在“主题”文本框中输入“工作总结会议”，在“地点”文本框中输入“会议室”，在“开始时间”选择“2012 年 3 月 7 日，15:00”，在“结束时间”选择“2012 年 3 月 7 日，16:00”。

第 13 步：单击“收件人”按钮，打开“选择与会者及资源：联系人”对话框，双击“王天楠”，即可将其添加到“必选”后面的文本框中，单击“确定”按钮。

第 14 步：在“会议”选项卡下的“选项”组中，单击“提醒”文本框后面的下拉按钮，在弹出的下拉列表中选择“30 分钟”。单击“发送”按钮即可。

第 15 步：单击“开始”选项卡下“新建”组中的“新建项目”按钮，在弹出的下拉菜单中选择“任务”。

第 16 步：在任务邮件中，在“主题”文本框中输入“采购打印机”，在“开始日期”选择“2012 年 10 月 23 日”，在“截止日期”选择“2012 年 10 月 25 日”，在“优先级”下拉列表中选择“低”，勾选“提醒”复选框，在后面的日期下拉列表中选择“2012 年 10 月 22 日”，在时间下拉列表中选择“20:00”。

第 17 步：在“任务”选项卡下的“动作”组中，单击“保存并关闭”按钮。

第 18 步：单击“开始”选项卡下“新建”组中的“新建项目”按钮，在弹出的下拉菜单中选择“联系人”。打开联系人窗体，根据【样文 8-18E】所示，输入联系人“孔明”的相关信息。

第 19 步：填写完成后，在“联系人”选项卡下的“动作”组中，单击“保存并关闭”按钮。

3. 保存电子邮件:

第 20 步：在“文件”选项卡下，单击“打开”选项下的“导入”按钮。

第 21 步：打开“导入和导出向导”对话框，选择“导出到文件”，再单击“下一步”按钮。

第 22 步：打开“导出到文件”对话框，选择“Outlook 数据文件（.pst）”，再单击“下一步”按钮。

第 23 步：打开“导出 Outlook 数据文件”对话框，选择“Outlook 数据文件”，勾选“包括子文件夹”复选框，再单击“下一步”按钮。

第 24 步：打开“导出 Outlook 数据文件”对话框，单击“浏览”按钮，选择考生文件夹所在位置并输入文件名为“A8-A.pst”，再单击“完成”按钮。

第 25 步：打开“创建 Outlook 数据文件”对话框，在“密码”和“验证密码”文本框中均输入“ks8-18”，单击“确定”按钮。

第 26 步：打开“Outlook 数据文件密码”对话框，在“密码”文本框中输入“ks8-18”，单击“确定”按钮即可。

8.19　第 19 题解答

进入 Outlook，在“文件”选项卡下，单击“打开”选项下的“导入”按钮，根据“导入和导出向导”，将考生文件夹中的 A8.pst 导入 Outlook。

1. 处理电子邮件:

第 1 步：单击“开始”选项卡下“新建”组中的“新建项目”按钮，在弹出的下拉菜单中选择“电子邮件”。

第 2 步：在电子邮件中，在“主题”文本框中输入“感谢你帮助了我！”，单击“收件人”按钮，打开“选择姓名：联系人”对话框，双击“孙婷”，即可将其添加到“收件人”后面的文本框中，单击“确定”按钮。

第 3 步：在“插入”选项卡下单击“添加”组的“名片”按钮，在弹出的下拉列表中执行“其他名片”命令。

第 4 步：打开“插入名片”对话框，选中联系人中的“郑琳琳”，单击“确定”按钮，即可在电子邮件中插入郑琳琳的名片。

第 5 步：根据【样文 8-19A】所示，在邮件中添加邮件内容，单击“发送”按钮即可。

第 6 步：在“收件箱”中，选择“赵子明”的邮件，在“开始”选项卡下单击“响应”组中的“转发”按钮。

第 7 步：在转发邮件中单击“收件人”按钮，打开“选择姓名：联系人”对话框，双击“王琪”，即可将其添加到“收件人”后面的文本框中；单击“赵小虎”，再单击下面的“抄送”按钮，即可将其添加到“抄送”后面的文本框中，单击“确定”按钮。

第 8 步：在“邮件”选项卡下单击“标记”组中的“后续标志”按钮，在弹出的下拉列表中执行“自定义”命令。

第 9 步：打开“自定义”对话框，仅勾选“为收件人标记”复选框，在“标志”下拉列表中选择“请转发”，单击“确定”按钮。

第 10 步：在“邮件”选项卡下单击“标记”组中的“重要性 - 高”按钮，单击“发送”按钮即可。

2. 调度日常安排:

第 11 步：单击“开始”选项卡下“新建”组中的“新建项目”按钮，在弹出的下拉菜单中选择“约会”。

第 12 步：在约会邮件中，在“主题”文本框中输入“电子产品交易会”，在“地点”文本框中输入“红生体育馆”，在“开始时间”选择“2012 年 5 月 20 日，9:00”，在“结束时间”选择“2012 年 5 月 20 日，12:00”。

第 13 步：在“约会”选项卡下的“选项”组中，单击“提醒”文本框后面的下拉按钮，在弹出的下拉列表中选择“1 天”。

第 14 步：单击“重复周期”按钮，打开“约会周期”对话框，在“定期模式”区域中，点选“按月”单选按钮。在“重复范围”区域中，点选“重复”单选按钮，在“次后结束”前的文本框中输入“5”，单击“确定”按钮。

第 15 步：在“约会系列”选项卡下的“动作”组中单击“保存并关闭”按钮。

第 16 步：在“收件箱”中，选择主题为“星期天看球赛”的邮件，在“开始”选项卡下的“响应”组中，单击“会议”按钮。

第 17 步：在会议邮件中，在“地点”文本框中输入“学校操场”，在“开始时间”选择“2012 年 6 月 25 日，14:00”，在“结束时间”选择“2012 年 6 月 25 日，16:00”，单击“收件人”按钮，打开“选择与会者及资源：联系人”对话框，双击“王志勇”，即可将其添加到“必选”后面的文本框中，单击“确定”按钮。

第 18 步：在“会议”选项卡下的“选项”组中，单击“提醒”文本框后面的下拉按钮，在弹出的下拉列表中选择“2 小时”。单击“发送”按钮即可。

第 19 步：单击“开始”选项卡下“新建”组中的“新建项目”按钮，在弹出的下拉菜单中选择“联系人”。打开联系人窗体，根据【样文 8-19E】所示，输入联系人“刘华”的相关信息。

第 20 步：填写完成后，在“联系人”选项卡下的“动作”组中，单击“保存并关闭”按钮。

3. 保存电子邮件:

第 21 步：在“文件”选项卡下，单击“打开”选项下的“导入”按钮。

第 22 步：打开“导入和导出向导”对话框，选择“导出到文件”，再单击“下一步”按钮。

第 23 步：打开“导出到文件”对话框，选择“Outlook 数据文件（.pst）”，再单击“下一步”按钮。

第 24 步：打开“导出 Outlook 数据文件”对话框，选择“Outlook 数据文件”，勾选“包括子文件夹”复选框，再单击“下一步”按钮。

第 25 步：打开“导出 Outlook 数据文件”对话框，单击“浏览”按钮，选择考生文件夹所在位置并输入文件名为“A8-A.pst”，再单击“完成”按钮。

第 26 步：打开“创建 Outlook 数据文件”对话框，在“密码”和“验证密码”文本框中均输入“ks8-19”，单击“确定”按钮。

第 27 步：打开“Outlook 数据文件密码”对话框，在“密码”文本框中输入“ks8-19”，单击“确定”按钮即可。

8.20　第 20 题解答

进入 Outlook，在“文件”选项卡下，单击“打开”选项下的“导入”按钮，根据“导入和导出向导”，将考生文件夹中的 A8.pst 导入 Outlook。

1. 处理电子邮件：

第 1 步：在“收件箱”中，选择主题为“星期天去看海”的邮件，单击“开始”选项卡下“响应”组中的“答复”按钮。

第 2 步：在答复邮件中的“邮件”选项卡下单击“添加”组中的“附加文件”按钮。

第 3 步：打开“插入文件”对话框，根据试题描述所给路径，选择“KSWJ8-20.docx”文件，单击“插入”按钮。单击“发送”按钮即可。

第 4 步：在“收件箱”中，选择“王霞”的邮件，在“开始”选项卡下单击“响应”组中的“转发”按钮。

第 5 步：在转发邮件中单击“收件人”按钮，打开“选择姓名：联系人”对话框，双击“张兰”，即可将其添加到“收件人”后面的文本框中；单击“李明”，再单击下面的“抄送”按钮，即可将其添加到“抄送”后面的文本框中，单击“确定”按钮。

第 6 步：在“邮件”选项卡下单击“标记”组中的“后续标志”按钮，在弹出的下拉列表中执行“自定义”命令。

第 7 步：打开“自定义”对话框，仅勾选“为收件人标记”复选框，在“标志”下拉列表中选择“仅供参考”，单击“确定”按钮。

第 8 步：在“邮件”选项卡下单击“标记”组中的“重要性 - 高”按钮，单击“发送”按钮即可。

2. 调度日常安排：

第 9 步：单击“开始”选项卡下“新建”组中的“新建项目”按钮，在弹出的下拉菜单中选择“约会”。

第 10 步：在约会邮件中，在“主题”文本框中输入“关于大中专分配”，在“地点”文本框中输入“二楼小会议室”，在“开始时间”选择“2012 年 7 月 10 日，14:00”，在“结束时间”选择“2012 年 7 月 10 日，15:00”。

第 11 步：在“约会”选项卡下的“选项”组中，单击“提醒”文本框后面的下拉按钮，在弹出的下拉列表中选择“1 小时”。

第 12 步：在“约会”选项卡下的“标记”组中，分别单击“私密”按钮和“重要性 - 高”按钮。

第 13 步：在“约会”选项卡下的“动作”组中，单击“保存并关闭”按钮。

第 14 步：在“收件箱”中，选择主题为“假期如何过？”的邮件，在“开始”选项卡下的“响应”组中，单击“会议”按钮。

第 15 步：在会议邮件中，在“地点”文本框中输入“赵子明的家”，在“开始时间”选择“2012 年 8 月 10 日，9:30”，在“结束时间”选择“2012 年 8 月 10 日，13:30”。

第 16 步：在“会议”选项卡下的“选项”组中，单击“提醒”文本框后面的下拉按钮，在弹出的下拉列表中选择“3 小时”。

第 17 步：在会议邮件中单击“收件人”按钮，打开“选择与会者及资源：联系人”对话框，双击“王霞”，即可将其添加到“必选”后面的文本框中；单击“李明”，再单击下面的“可选”按钮，即可将其添加到“可选”后面的文本框中，单击“确定”按钮，单击“发送”按钮即可。

第 18 步：单击“开始”选项卡下“新建”组中的“新建项目”按钮，在弹出的下拉菜单中选择“联系人”。打开联系人窗体，根据【样文 8-20E】所示，输入联系人“周佳”的相关信息。

第 19 步：填写完成后，在“联系人”选项卡下的“动作”组中，单击“保存并关闭”按钮。

3. 保存电子邮件：

第 20 步：在“文件”选项卡下，单击“打开”选项下的“导入”按钮。

第 21 步：打开“导入和导出向导”对话框，选择“导出到文件”，再单击“下一步”按钮。

第 22 步：打开“导出到文件”对话框，选择“Outlook 数据文件（.pst）”，再单击“下一步”按钮。

第 23 步：打开“导出 Outlook 数据文件”对话框，选择“Outlook 数据文件”，勾选“包括子文件夹”复选框，再单击“下一步”按钮。

第 24 步：打开“导出 Outlook 数据文件”对话框，单击“浏览”按钮，选择考生文件夹所在位置并输入文件名为“A8-A.pst”，再单击“完成”按钮。

第 25 步：打开“创建 Outlook 数据文件”对话框，在“密码”和“验证密码”文本框中均输入“ks8-20”，单击“确定”按钮。

第 26 步：打开“Outlook 数据文件密码”对话框，在“密码”文本框中输入“ks8-20”，单击“确定”按钮即可。